中国国家标准汇编

446

GB 24712～24743

（2009 年制定）

中国标准出版社　编

中国标准出版社

北　京

图书在版编目（CIP）数据

中国国家标准汇编：2009 年制定. 446：GB 24712～24743/中国标准出版社编. —北京：中国标准出版社，2010

ISBN 978-7-5066-6064-8

Ⅰ.①中… Ⅱ.①中… Ⅲ.①国家标准-汇编-中国-2009 Ⅳ.①T-652.1

中国版本图书馆 CIP 数据核字(2010)第 171044 号

中国标准出版社出版发行
北京复兴门外三里河北街 16 号
邮政编码：100045

网址 www.spc.net.cn
电话：68523946 68517548
中国标准出版社秦皇岛印刷厂印刷
各地新华书店经销

*

开本 880×1230 1/16 印张 36.75 字数 1 075 千字
2010 年 10 月第一版 2010 年 10 月第一次印刷

*

定价 220.00 元

ISBN 978-7-5066-6064-8

出 版 说 明

1.《中国国家标准汇编》是一部大型综合性国家标准全集。自1983年起，按国家标准顺序号以精装本、平装本两种装帧形式陆续分册汇编出版。它在一定程度上反映了我国建国以来标准化事业发展的基本情况和主要成就，是各级标准化管理机构，工矿企事业单位，农林牧副渔系统，科研、设计、教学等部门必不可少的工具书。

2.《中国国家标准汇编》收入我国每年正式发布的全部国家标准，分为"制定"卷和"修订"卷两种编辑版本。

"制定"卷收入上一年度我国发布的、新制定的国家标准，顺延前年度标准编号分成若干分册，封面和书脊上注明"20××年制定"字样及分册号，分册号一直连续。各分册中的标准是按照标准编号顺序连续排列的，如有标准顺序号缺号的，除特殊情况注明外，暂为空号。

"修订"卷收入上一年度我国发布的、修订的国家标准，视篇幅分设若干分册，但与"制定"卷分册号无关联，仅在封面和书脊上注明"20××年修订-1，-2，-3，……"字样。"修订"卷各分册中的标准，仍按标准编号顺序排列(但不连续)；如有遗漏的，均在当年最后一分册中补齐。需提请读者注意的是，个别非顺延前年度标准编号的新制定的国家标准没有收入在"制定"卷中，而是收入在"修订"卷中。

读者配套购买《中国国家标准汇编》"制定"卷和"修订"卷则可收齐上一年度我国制定和修订的全部国家标准。

3. 由于读者需求的变化，自1996年起，《中国国家标准汇编》仅出版精装本。

4. 2009年我国制修订国家标准共3 158项。本分册为"2009年制定"卷第446分册，收入国家标准GB 24712～24743的最新版本。

中国标准出版社

2010年8月

目　　录

ICS 67.060
B 23

中华人民共和国国家标准

GB/T 24712—2009

地理标志产品 宝清大白板南瓜籽

Product of geographical indication—Baoqing pumpkin seed

2009-11-30 发布 2010-05-01 实施

中华人民共和国国家质量监督检验检疫总局
中国国家标准化管理委员会 发布

前　言

本标准依据《地理标志产品保护规定》及 GB/T 17924《地理标志产品标准通用要求》制定。

本标准的附录 A 为规范性附录。

本标准由全国原产地域产品标准化工作组提出并归口。

本标准起草单位：宝清县地理标志产品保护办公室、宝清县质量技术监督局。

本标准主要起草人：韩振民、王柏军、郭牧、韩迪南、汪常青。

地理标志产品　宝清大白板南瓜籽

1　范围

本标准规定了宝清大白板南瓜籽地理标志产品的术语和定义、保护范围、生物学条件、质量要求、试验方法、检验规则、标签、标志、包装、贮存和运输。

本标准适用于宝清县行政区域内生产、加工、收购、销售及出口贸易等过程中对宝清大白板南瓜籽质量的检验、评价和鉴定。

2　规范性引用文件

下列文件中的条款通过本标准的引用而成为本标准的条款。凡是注日期的引用文件，其随后所有的修改单(不包括勘误的内容)或修订版均不适用于本标准，然而，鼓励根据本标准达成协议的各方研究是否可使用这些文件的最新版本。凡是不注日期的引用文件，其最新版本适用于本标准。

GB 3095　环境空气质量标准

GB 5491　粮食、油料检验　扦样、分样法

GB/T 5492　粮油检验　粮食、油料的色泽、气味、口味鉴定

GB/T 5494　粮油检验　粮食、油料的杂质、不完善粒检验

GB/T 5497　粮食、油料检验　水分测定法

GB 7718　预包装食品标签通则

GB/T 8321(所有部分)　农药合理使用准则

GB 19641　植物油料卫生标准

NY/T 3　谷类、豆类作物种子粗蛋白测定法(半微量凯氏法)

NY/T 4　谷类、油料作物种子粗脂肪测定法

NY/T 496　肥料合理使用准则　通则

JJF 1070　定量包装商品净含量计量检验规则

3　术语和定义

下列术语和定义适用于本标准。

3.1

宝清大白板南瓜籽　Baoqing pumpkin seed

在第4章规定的范围内，按本标准进行管理、生产，其质量符合本标准要求的南瓜籽。

3.2

不完善粒　faultiness seed

包括翘板(先天性畸形引起弯翘的籽粒)、划板(机械取籽时造成表皮伤害的籽粒)、脏板(清洗晾晒过程中，受泥土、灰尘污染清洗不净的籽粒)等有缺陷的南瓜籽粒。

3.3

无机杂质　inorganic impunity

泥土、沙石及其他无机物。

3.4

有机杂质　organic impurity

南瓜壳、瘪粒、霉变粒、冻板(晾晒脱水期间造成冻害的籽粒)、水洗板(烂瓜产出的、表皮失去光泽，但不伤及籽仁的籽粒)及通过直径8.0 mm圆孔筛的筛下物等有机物。

3.5

净仁率 kernel ratio

脱壳后的籽仁质量(其中不完善粒折半计算)占试样质量的百分率。

3.6

纯质率 pure seed ratio

试样除去杂质和不完善粒(不完善粒折半计算)后的质量占试样质量的百分率。

4 地理标志产品保护范围

宝清大白板南瓜籽地理标志产品保护范围限于国家质量监督检验检疫行政主管部门根据《地理标志产品保护规定》批准的区域,即黑龙江省宝清县现辖行政区域内,见附录A。

5 生物学条件

5.1 自然环境

5.1.1 气候

年均降水量550 mm～650 mm,年均气温2.4 ℃～4.1 ℃,年均日照2 450 h～2 550 h,年活动积温2 300 ℃～2 600 ℃,无霜期135 d～145 d。

5.1.2 土壤

轻粘土、岗地沙壤土,排水方便;有机质含量大于3%,耕层厚度大于30 cm、疏松、透气好。pH值6.2～6.7。无豆磺隆、普施特、阿特拉津等农药残留。

5.2 环境空气

符合GB 3095中二级规定。

5.3 生物学特性

5.3.1 植株

茎蔓稍硬、呈圆筒状、有粗茸毛;叶近圆形、心脏形或肾形,叶片无裂刻或极浅裂,叶全缘;花蕾圆柱形,花筒呈圆筒状,花冠裂片柔软,向下垂掉,花色多为黄色;果梗短,软木质或海绵质,圆筒形,基部不膨大或稍膨大呈圆弧状。

5.3.2 果实

果肉含水量高,味淡,不宜直接食用。

5.3.3 生育期

105 d～115 d。

5.3.4 生育温度

开花结实期适宜温度≥15 ℃,果实发育期适宜温度25 ℃～27 ℃。

5.4 生产技术要求

5.4.1 种子

选用适合宝清地域种植的白板籽用南瓜品种。

5.4.2 栽培技术

5.4.2.1 选地、选茬

选择地势高、排水良好的偏酸性轻粘土或沙壤土,最好前作为禾谷类或葱蒜类作物。与同科同属作物及茄科作物实行2 a以上轮作。

5.4.2.2 施肥

根据地力合理施肥。基肥:每公顷施腐熟农家肥20 t～30 t,氮、磷、钾复合肥80 kg～120 kg;追肥:开花期前后或瓜膨大期,每公顷施磷酸二铵50 kg～75 kg,硫酸钾50 kg～75 kg;坐果期进行2遍～3遍叶面追肥。

施肥原则应按NY/T 496规定执行。

5.4.2.3 栽培

起垄栽培，采用隔垄定向种植，隔一垄种一垄，株行距为 45 cm～50 cm×130 cm，每公顷保苗 1.5 万～1.8 万株。最佳播期为 5 月 10 日至 5 月 15 日。人工播种每公顷播种量 15 kg～20 kg，每穴 2 粒～3 粒；机械播种量每公顷 18 kg～23 kg。覆土厚度 3 cm～5 cm。播种应种肥分开。

5.4.3 田间管理

每穴留一株；单蔓整枝，开花前应打杈 1 次～2 次，中耕培土 2 次～3 次，摘除距根部 8 节以内的根瓜，每株留 1 个～2 个果；蔓长 70 cm 时，应将瓜蔓向垄垂直方向及顺风或旁风方向引蔓培土，培土位置应压在节上。各株间引蔓方向须一致，以免相互交叉影响生长。从结瓜处前后节处压蔓。坐瓜后，瓜前 10 节～12 节、瓜秧 2 m～2.5 m 时主蔓摘心。阴雨天或昆虫较少时应采取人工授粉或放养蜜蜂。

5.4.4 病虫害防治

5.4.4.1 农业防治

实行 2 a 以上轮作。选择抗病良种，注意种子消毒、雨后排水防涝，加强田间管理。

5.4.4.2 化学防治

禁止使用国家明令禁止的高毒、剧毒、高残留的农药及其混配农药品种。使用药剂防治时，应按 GB/T 8321(所有部分)的规定执行。

5.4.5 收获

果梗网状龟裂、木质化，瓜壳变硬时采收，采收后应存放 10 d～15 d 后破碎取籽。取籽后及时漂洗晾晒，晾晒时籽粒表皮未干切忌翻动，应防止产生冻板。

5.4.6 档案管理

建立田间生产档案，对生产技术、病虫害防治及收获加工等各环节所采取的措施进行详细记录。

6 质量要求

6.1 感官指标

感官指标见表 1。

表 1 感官指标

项 目	指 标
基本特征	籽粒大、皮薄、籽仁厚
色泽	雪白有光泽
形状	椭圆或长圆形
气味	具有正常的气味，无异味

6.2 等级指标

等级指标见表 2。

表 2 等级指标

等级	籽粒宽/mm	纯质率/% ≥	不完善粒/% ≤	杂质/% ≤		混等率/% ≤	水分/% ≤
				有机杂质	无机杂质		
一等	>12.5	96.5	4.0	1.5	不得检出	10	9.5
二等	12.0～≤12.5						
三等	10～<12.0						
四等	8～<10						

6.3 质量指标

质量指标见表 3。

表 3 质量指标

项目	粗脂肪/% ≥	粗蛋白/% ≥	净仁率/% ≥
指标	50	35	70

6.4 卫生指标

按 GB 19641 规定执行。

7 试验方法

7.1 抽样

按 GB 5491 规定执行。

7.2 感官指标

7.2.1 色泽、气味

按 GB/T 5492 规定执行。

7.2.2 形状

将试样置于散射光线下,肉眼鉴别全部试样的形状是否符合要求。

7.3 等级指标

7.3.1 杂质、不完善粒、纯质率

按 GB/T 5494 规定执行。

7.3.2 水分

按 GB/T 5497 规定执行。

7.3.3 籽粒宽

随机抽取样品,重复 4 次,每次抽取 10 粒。用游标卡尺测量单粒的最大横径。计算平均值,保留小数点后一位数值。

7.3.4 混等率

随机抽取样品 1 000 g,在相应等级的标准圆孔筛上充分筛选,称取非规定等级籽粒的质量(m_1),按式(1)计算混等率:

$$X=\frac{m_1}{m}\times 100 \quad \cdots\cdots(1)$$

式中:

X——混等率(非规定等级的籽粒占样品总量的质量分数),%;

m_1——非规定等级的籽粒质量,单位为克(g);

m——样品质量,单位为克(g)。

在相同条件下,获得的两次独立测试结果的差值不大于 1%,求其平均数,即为测试结果。测试结果保留至整数值。

7.4 质量指标

7.4.1 粗蛋白

按 NY/T 3 规定执行。

7.4.2 粗脂肪

按 NY/T 4 规定执行。

7.4.3 净仁率

按 GB/T 5494 规定执行。

7.5 卫生指标

按 GB 19641 规定执行。

8 检验规则

8.1 检验分类

8.1.1 出厂检验

a) 每批产品出厂时，均应由企业质检部门检验合格并签发合格证后，方可出厂销售。

b) 出厂检验项目包括感官要求和等级指标。

8.1.2 型式检验

8.1.2.1 要求

正常生产时，每年在加工初期进行一次。有下列情况之一时，应进行型式检验。

a) 新产品投产时；

b) 原料、工艺、设备等有较大改变，可能影响产品质量时；

c) 出厂检验与上次型式检验有较大差别时；

d) 国家质量监督机构提出型式检验要求时。

8.1.2.2 项目

型式检验项目为 6.1～6.4 规定的内容。

8.2 判定规则

卫生指标有一项不合格，即判该批产品为不合格。感官指标、等级指标、质量指标综合判定不符合规定等级的，可进行复检，复检仍不合格，则判不合格。

9 标签、标志、包装、运输和贮存

9.1 标签、标志

应符合 GB 7718 和《地理标志产品保护规定》的规定要求。

9.2 包装

包装材料应符合国家食品包装材料卫生规定；包装应清洁、牢固；包装净含量应符合 JJF 1070 规定要求。

9.3 运输

应防雨、防潮，不得与有毒、有害物品混装混运。

9.4 贮存

贮存场所应满足防雨、通风、干燥、清洁、无阳光直射的要求，贮存时应架起，避免受潮，防止鼠害。严禁与有毒、有害或易影响产品质量的物品混放。

附　录　A
（规范性附录）
宝清大白板南瓜籽地理标志产品保护范围图

宝清大白板南瓜籽地理标志产品保护范围见图 A.1。

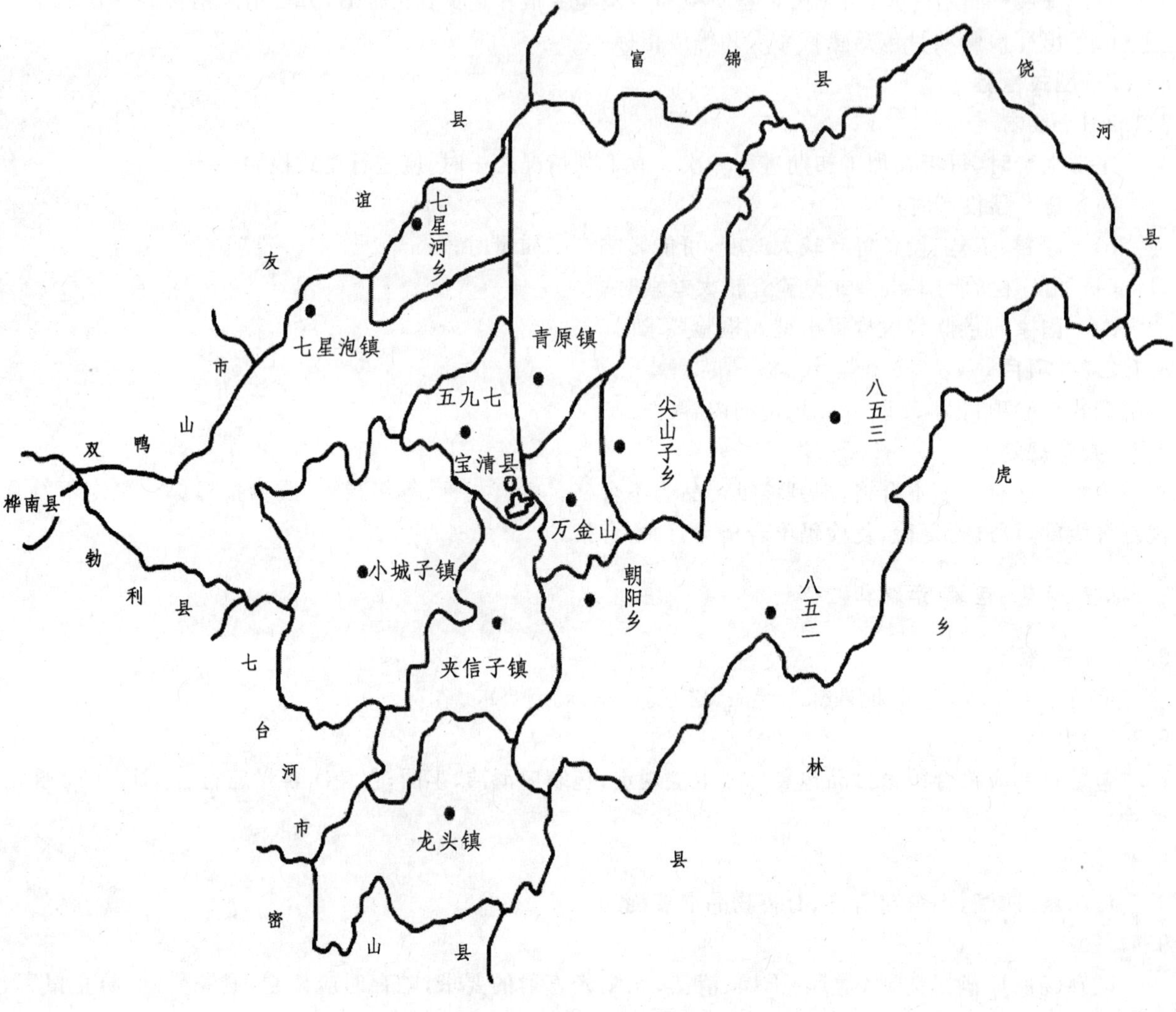

图 A.1　宝清大白板南瓜籽地理标志产品保护范围图

ICS 49.100
V 50

中华人民共和国国家标准

GB/T 24713.1—2009/ISO 8267-1:2005

飞机　牵引杆连接件接口要求 第1部分:干线飞机

Aircraft—Tow bar attachment fittings interface requirements—Part 1:Main line aircraft

(ISO 8267-1:2005,Aircraft—Tow bar attachment fittings interface requirements,Part 1:Main line aircraft,IDT)

2009-11-30 发布　　　　2010-07-01 实施

中华人民共和国国家质量监督检验检疫总局
中国国家标准化管理委员会　发布

前　言

GB/T 24713《飞机　牵引杆连接件接口要求》分为两个部分：

——第1部分：干线飞机；

——第2部分：支线飞机。

本部分为GB/T 24713的第1部分。本部分等同采用ISO 8267-1:2005《飞机　牵引杆连接件接口要求　第1部分：干线飞机》。

为便于使用，本标准做了下列编辑性修改：

a）范围的段落顺序作了调整；

b）规范性引用文件由FAR/JAR 25.509改为CCAR 25；

c）删除国际标准的前言、介绍和书目；

d）用小数点“.”代替作为小数点的“，”。

本部分由中国航空工业第一集团公司提出。

本部分由全国航空器标准化技术委员会(SAC/TC 435)归口。

本部分起草单位：中国航空综合技术研究所、中国航空工业第一集团公司第一飞机设计研究院。

本部分主要起草人：师阿农、王洪、王偕偕、李勇、吕光琳。

飞机　牵引杆连接件接口要求
第1部分:干线飞机

1　范围

GB/T 24713的本部分规定了常规三点式起落架飞机的辅助起落架上的牵引杆连接件(当从辅助起落架进行正常牵引操作时)的接口要求。

本部分适用于CCAR 25适航审定的最大停机质量大于50 000 kg(110 000 1b)的干线飞机。

本部分不适用于CCAR 25适航审定的最大停机质量不大于50 000 kg(110 000 1b)的飞机,这类飞机在本标准的第2部分中规定。

本部分的目的是按飞机质量分级(飞机质量决定牵引杆载荷)对牵引杆连接件接口进行标准化,以确保有标准接头的牵引杆可用于该质量分级内或靠近该质量分级的所有飞机型号,从而减少所使用的牵引杆的种类。

当某一系列现存或预期的飞机型号跨越两个质量分级时,它们宜使用同一牵引杆连接件接口,并且考虑使用该系列中较高质量分级的标准尺寸。

本部分适用于在本部分发布后投入使用或设计的所有新型干线飞机。

2　规范性引用文件

下列文件中的条款通过GB/T 24713的本部分的引用而成为本部分的条款。凡是注日期的引用文件,其随后所有的修改单(不包括勘误的内容)或修订版均不适用于本部分,然而,鼓励根据本部分达成协议的各方研究是否可使用这些文件的最新版本。凡是不注日期的引用文件,其最新版本适用于本部分。

CCAR 25　运输类飞机适航标准

3　术语和定义

下列术语和定义适用于本部分。

3.1

干线飞机　main line aircraft

最大停机质量大于50 000 kg(110 000 lb)的客机和货机。

3.2

支线飞机　regional aircraft

最大停机质量大于10 000 kg(22 000 lb)并小于等于50 000 kg(110 000 lb)的客机和货机。

3.3

最大停机质量　maximum ramp mass

MRW

飞机在其自身动力或牵引下离开停机位置时的最大许可质量,包括最大起飞质量(MTOW)和滑行燃油预留量。

4　要求

4.1　连接件位置

连接件的设计应能在辅助起落架前部直接连接牵引杆。在适用的情况下,在辅助起落架后部可设置连接件。

注：对于双轮布置的辅助起落架，如果牵引载荷不超过本部分规定值，并且飞机据此进行设计，允许用轮轴作为连接件。

4.2 牵引载荷

4.2.1 辅助起落架允许的牵引载荷由飞机制造商规定，并应符合4.2.2～4.2.6的规定。

4.2.2 牵引载荷适用于牵引杆连接接头及其直接连接的结构。

4.2.3 表1规定的牵引载荷应分别考虑，这些载荷应作用于连接件并平行于地面。并且：

a) 应考虑等于1.0的垂直载荷因子作用于飞机重心；

b) 缓冲支柱和轮胎应处在稳定状态。

4.2.4 牵引载荷应按下列公式计算：

$$F_{tow} = 0.15Mg$$

式中：

F_{tow}——牵引载荷，单位为牛顿(N)；

M——最大停机质量，单位为千克(kg)；

g——重力加速度。

4.2.5 在不能达到规定的偏转角度时，牵引载荷应按可能达到的最大偏转角选择。

4.2.6 规定的牵引载荷应按表1的规定。

表1 规定的牵引载荷

辅助起落架状态	数 值	方 向
转向前	$1.0F_{tow}$	向前 向后
转向后	$1.0F_{tow}$	向前 向后
从前面转45°	$0.5F_{tow}$	向前[a] 向后[a]
从后面转45°	$0.5F_{tow}$	向前[a] 向后[a]

[a] 介于两轮平面中间且平行。

4.3 飞机质量分级

飞机质量分级见表2。

牵引杆连接件的选择应考虑使该种飞机在发展中接头型式保持不变的可能性。对于质量接近某质量分级上限的飞机，可按较高一级选择牵引杆连接件以适应以后飞机质量的增加。

表2 飞机质量分级

单位为千克(英磅)

分 级	最大停机质量 M
Ⅰ	50 000(110 000)$<M\leqslant$100 000(220 000)
Ⅱ	100 000(220 000)$<M\leqslant$180 000(400 000)
Ⅲ	180 000(400 000)$<M\leqslant$350 000(770 000)
Ⅳ	350 000(770 000)$<M\leqslant$500 000(1 100 000)
Ⅴ	$M>$500 000(1 100 000)

4.4 牵引杆连接件外形、尺寸和间隙

连接件标准外形应是一个水平圆柱销，其尺寸见图 1 和表 3。间隙所要求的空间包络线应符合图 1，在牵引销中心线上、下均为 3*A*。

表 3 连接件尺寸

单位为毫米(英寸)

尺 寸	分 级				
	Ⅰ	Ⅱ	Ⅲ	Ⅳ	Ⅴ
直径 *A*	38.10 (1.50)	44.45 (1.75)	57.15 (2.25)	63.50 (2.50)	85.85 (3.38)
长度 *B*	113.03 (4.45)	133.35 (5.25)	184.15 (7.25)	203.20 (8.00)	203.20 (8.00)

4.5 牵引杆接头的配合

连接在水平圆柱销上的牵引杆接头应设计成：

a) 均匀地扣住水平圆柱销长度 *B* 的 96%～98%以上；

b) 可以调节，以便在上锁的情况下与水平圆柱销可靠配合。

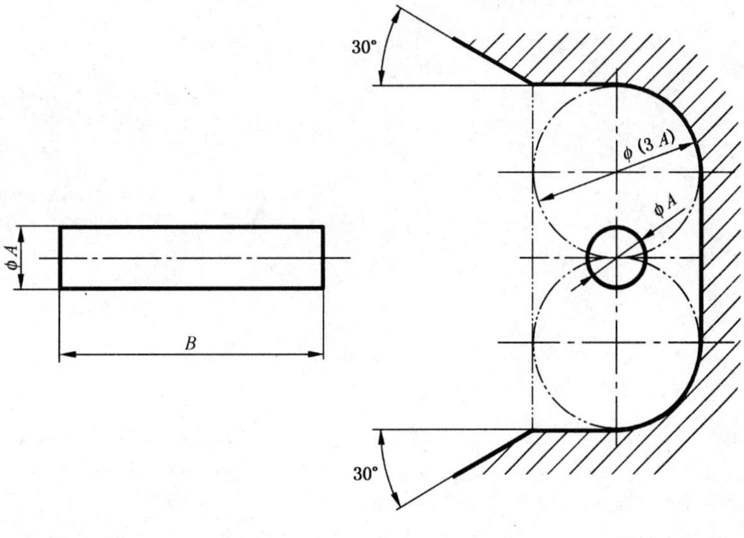

直径 $A_{-0.125}^{\ 0}$ mm($_{-0.005}^{\ 0}$ in)

长度 $B_{\ 0}^{+0.5}$ mm($_{\ 0}^{+0.020}$ in)

图 1 连接件要求的空间包络线尺寸

ICS 49.100
V 50

GB

中华人民共和国国家标准

GB/T 24713.2—2009/ISO 8267-2:2005

飞机 牵引杆连接件接口要求 第2部分:支线飞机

Aircraft—Tow bar attachment fittings interface requirements—Part 2:Regional aircraft

(ISO 8267-2:2005,Aircraft—Tow bar attachment fittings interface requirements,Part 2:Regional aircraft,IDT)

2009-11-30 发布 2010-07-01 实施

中华人民共和国国家质量监督检验检疫总局
中国国家标准化管理委员会 发布

前　言

GB/T 24713《飞机　牵引杆连接件接口要求》分为两个部分：

——第1部分：干线飞机；

——第2部分：支线飞机。

本部分为GB/T 24713的第2部分。本部分等同采用ISO 8267-2:2005《飞机　牵引杆连接件接口要求　第2部分：支线飞机》。

为便于使用，本标准做了下列编辑性修改：

a) 范围的段落顺序作了调整；

b) 规范性引用文件由FAR/JAR 25.509改为CCAR 25；

c) 修正了牵引载荷公式(2)的印刷错误；

d) 删除国际标准的前言、介绍和书目；

e) 用小数点“.”代替作为小数点的“,”。

本部分由中国航空工业第一集团公司提出。

本部分由全国航空器标准化技术委员会(SAC/TC 435)归口。

本部分起草单位：中国航空综合技术研究所、中国航空工业第一集团公司第一飞机设计研究院。

本部分主要起草人：师阿农、王洪、王偕偕、李勇、吕光琳。

飞机　牵引杆连接件接口要求
第2部分:支线飞机

1　范围

GB/T 24713的本部分规定了常规三点式起落架飞机的辅助起落架上的牵引杆连接件(当从辅助起落架进行正常牵引操作时)的接口要求。

本部分适用于CCAR 25适航审定的最大停机质量不大于50 000 kg(110 000 lb)的支线飞机。

本部分不适用于:

——通过CCAR 23适航审定的通勤类飞机;

——通过CCAR 25适航审定,但最大停机质量大于50 000 kg(110 000 lb)的干线飞机,这类飞机在本标准的第1部分中规定。

本部分的目的是按飞机质量分级(飞机质量决定牵引杆载荷)标准化牵引杆连接件接口,以确保有标准接头的牵引杆可用于该质量分级内或靠近该质量分级的所有飞机型号,从而减少所使用的牵引杆的种类。

当某一系列现存或预期的飞机型号跨越两个质量分级时,它们宜使用同一牵引杆连接件接口,并且考虑使用该系列中较高质量分级的标准尺寸,不论这个系列中的飞机属于本部分还是第1部分。

本部分适用于在本部分发布后投入使用或设计的所有新型支线飞机。

本部分不适用于本部分发布前投入使用的支线飞机,这些飞机有不同的牵引杆连接件。为了在机场方便操作,适宜时,可以进行简单的改进,使其牵引杆连接件与本部分的要求相适应。

2　规范性引用文件

下列文件中的条款通过GB/T 24713的本部分的引用而成为本部分的条款。凡是注日期的引用文件,其随后所有的修改单(不包括勘误的内容)或修订版均不适用于本部分,然而,鼓励根据本部分达成协议的各方研究是否可使用这些文件的最新版本。凡是不注日期的引用文件,其最新版本适用于本部分。

CCAR 25　运输类飞机适航标准

3　术语和定义

下列术语和定义适用于本部分。

3.1

干线飞机　main line aircraft

最大停机质量大于50 000 kg(110 000 lb)的客机和货机。

3.2

支线飞机　regional aircraft

最大停机质量大于10 000 kg(22 000 lb)并小于等于50 000 kg(110 000 lb)的客机和货机。

3.3

最大停机质量　maximum ramp mass

MRW

飞机在其自身动力或牵引下离开停机位置时的最大许可质量,包括最大起飞质量(MTOW)和滑行燃油预留量。

4 要求

4.1 连接件位置

连接件的设计应能在辅助起落架前部方便地连接牵引杆，实现飞机的推/拉操作。不要求在辅助起落架后部设置连接件。

注：对于双轮布置的辅助起落架，如果牵引载荷不超过本部分规定值，并且飞机据此进行设计，允许用轮轴作为连接件。

4.2 牵引载荷

飞机辅助起落架牵引杆连接件应能承受 CCAR 25 中 25.509(a)、(c)、(d)规定的牵引载荷。牵引载荷按下列公式计算：

a) 当 $M \leqslant 13\ 600$ kg 时

$$F_{tow} = 0.30Mg \qquad \cdots\cdots(1)$$

b) 当 $13\ 600$ kg $< M \leqslant 45\ 360$ kg 时

$$F_{tow} = (6M + 204\ 100)g/70 \qquad \cdots\cdots(2)$$

c) 当 $M > 45\ 360$ kg 时

$$F_{tow} = 0.15Mg \qquad \cdots\cdots(3)$$

式中：

F_{tow}——牵引载荷，单位为牛顿(N)；

M——最大停机质量，单位为公斤(kg)；

g——重力加速度。

4.3 飞机质量分级

飞机质量分级见表 1。

牵引杆连接件的选择应考虑使该种飞机在发展中接头型式保持不变的可能性。对于质量接近某质量分级上限的飞机，可按较高一级选择牵引杆连接件以适应以后飞机质量的增加。

表 1 飞机质量分级

单位为千克(英磅)

分 级	最大停机质量 M
Ⅰ	10 000(22 000) $< M \leqslant$ 22 680(50 000)
Ⅱ	13 600(30 000) $< M \leqslant$ 50 000(110 000)

4.4 牵引杆连接件外形、尺寸、间隙

连接件标准外形应是一个水平圆柱销，其尺寸见图 1 和表 2。间隙所要求的空间包络线应符合图 1，在牵引销中心线上下均为 3A。

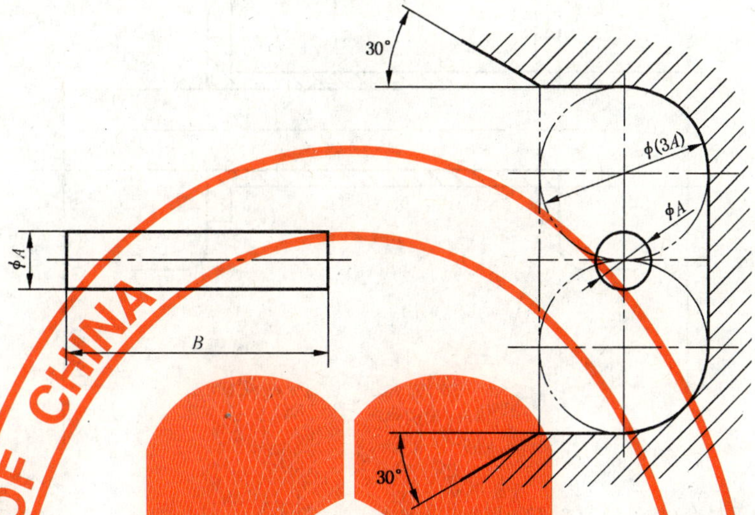

直径 $A_{-0.125}^{\ 0}$ mm($_{-0.005}^{\ 0}$ in)
长度 $B_{\ 0}^{+0.5}$ mm($_{\ 0}^{+0.020}$ in)

图 1　连接轴及要求的空间包络线尺寸

表 2　连接件尺寸

单位为毫米(英寸)

尺寸	分级	
	Ⅰ	Ⅱ
直径 A	19.05(0.75)	25.40(1.00)
长度 B	38.10(1.50)	63.50(2.50)

4.5　与牵引杆接头的配合

连接在水平圆柱销上的牵引杆接头应设计成：

a)　均匀地扣住水平圆柱销长度 B 的 93%～95%以上；

b)　可以调节，以便在上锁的情况下与水平圆柱销可靠配合。

5　可选型式

如果在规定的最大停机质量范围内的已经投入使用的支线飞机的牵引杆连接件虽然有不同尺寸但可以修改，适宜时，为了使这些飞机在机场方便操作，可以进行简单的修改，使其牵引杆连接件与符合本部分的牵引杆接头相适应。这种可以接受的改型示例见图 2。

单位为毫米

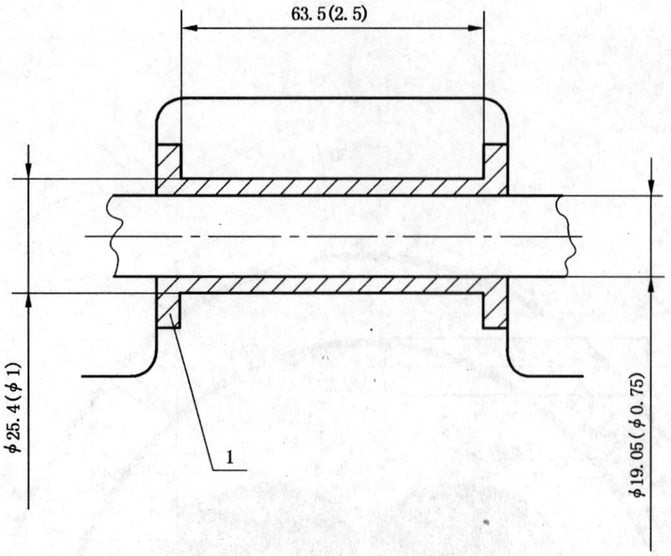

1——机械加工的钢衬套(质量约为 0.23 kg(0.5 lb))。

图 2　用于直径 19.05 mm(0.75 in)、长度 76 mm(3.00 in)的牵引杆连接件改型示例

ICS 49.080
V 44

中华人民共和国国家标准

GB/T 24714—2009

氧气浓缩器

Oxygen concentrator

2009-11-30 发布　　2010-07-01 实施

中华人民共和国国家质量监督检验检疫总局
中国国家标准化管理委员会　发布

前　言

本标准由中国航空工业集团公司提出。

本标准由全国航空器标准化技术委员会(SAC/TC 435)归口。

本标准起草单位:安徽江淮航空供氧制冷设备有限公司。

本标准主要起草人:吴大庆、孙兵、张燕平、赵宏韬、汪斌生、金惠杰。

氧 气 浓 缩 器

1 范围

本标准规定了机载分子筛制氧氧气系统用氧气浓缩器的术语和定义、要求、试验方法、检验规则、标志、包装、运输和贮存等要求。

本标准适用于机载分子筛制氧氧气系统用氧气浓缩器的设计、制造和验收等。

2 规范性引用文件

下列文件中的条款通过本标准的引用而成为本标准的条款。凡是注日期的引用文件，其随后所有的修改单(不包括勘误的内容)或修订版均不适用于本标准，然而，鼓励根据本标准达成协议的各方研究是否可使用这些文件的最新版本。凡是不注日期的引用文件，其最新版本适用于本标准。

GB/T 191—2008 包装储运图示标志(ISO 780:1997,MOD)

GJB 33 半导体器件总规范

GJB 145A—1993 防护包装规范

GJB 150.1—1986 军用设备环境试验方法 总则

GJB 150.3—1986 军用设备环境试验方法 高温试验

GJB 150.4—1986 军用设备环境试验方法 低温试验

GJB 150.6—1986 军用设备环境试验方法 温度-高度试验

GJB 150.9—1986 军用设备环境试验方法 湿热试验

GJB 150.10—1986 军用设备环境试验方法 霉菌试验

GJB 150.11—1986 军用设备环境试验方法 盐雾试验

GJB 150.15—1986 军用设备环境试验方法 加速度试验

GJB 150.16—1986 军用设备环境试验方法 振动试验

GJB 150.18—1986 军用设备环境试验方法 冲击试验

GJB 151A—1997 军用设备和分系统电磁发射和敏感度要求

GJB 152A—1997 军用设备和分系统电磁发射和敏感度测量

GJB 181A—2003 飞机供电特性

GJB 228 硅橡胶制品

GJB 362A—1996 刚性印制板总规范

GJB/Z 457—2006 机载电子设备通用规范

GJB/Z 594A—2000 金属镀层和化学覆盖层选择原则与厚度系列

GJB 597 微电路总规范

HB 0-44—2008 航空人体供氧和防护救生装备产品型号命名方法

HB 6-67—2003 航空仪表产品商标

HB 5870—1985 航空辅机产品运输包装通用技术条件

HB 5888—2008 航空辅机产品用字体和符号

3 术语和定义

下列术语和定义适用于本标准。

3.1

氧气浓缩器　oxygen concentrator

采用变压吸附法,以分子筛为吸附介质分离空气的机载制氧装置。

3.2

引气　bleed air

机载分子筛制氧引入的压缩空气。

3.3

产品气　product gas

氧气浓缩器产出的富氧气体。

4　要求

4.1　一般要求

4.1.1　氧气浓缩器的外观应无毛刺、锐边、污点和锈蚀,其镀层、化学覆盖层及表面粗糙度等应满足产品图样及 GJB/Z 594A—2000 的规定。

4.1.2　氧气浓缩器尺寸及重量应满足相关专用规范的要求。

4.1.3　同一型号氧气浓缩器的成品和部件应保证互换使用。

4.2　性能

4.2.1　气密性

额定压力下,2 min 内因泄漏引起的氧气浓缩器内腔压力降不大于 0.05 MPa。

4.2.2　储气罐与单向活门的气密性

氧气浓缩器的储气罐与单向活门的气密性应满足专用规范的要求。

4.2.3　产品气氧浓度

额定工作条件下,各高度的产品气氧浓度(氧分压)应满足专用规范及生理卫生学相关标准的要求。

4.2.4　产品气压力

额定工作条件下,各高度的产品气压力应满足专用规范的要求。

4.2.5　氧气监控器的准备时间

氧气监控器自通电工作开始达到稳定工作的时间应小于或等于 70 s。

4.2.6　产品气分析取样的耗气量

产品气分析取样耗气量为 100 mL/min～500 mL/min。

4.2.7　告警输出

氧气浓缩器应具备产品气氧分压实时监测和监控器自身工作状态机上自检测(BIT)功能。当产品气氧分压低于专用规范规定的告警阈值时,应发出缺氧告警信号;氧气监控器在实施自检测后应给出其工作状态正常与否的指示信号。

4.2.8　电源适应性

氧气浓缩器在规定的电压波动范围内能正常工作,产品气氧分压及所需电流符合专用规范的规定。

4.2.9　绝缘介电强度

氧气浓缩器电路与外壳之间应能承受直流电压 500 V 作用时间 60 s,不被击穿。

4.2.10　绝缘电阻

试验电压 500 V 直流,正常试验条件下,氧气浓缩器的绝缘电阻应大于或等于 20 MΩ;湿热试验条件下,绝缘电阻应大于或等于 1 MΩ。

4.3 环境适应性

4.3.1 低温

4.3.1.1 低温贮存

低温贮存结束后，产品气氧浓度应满足专用规范的要求。

4.3.1.2 低温工作

低温停放结束后，氧气浓缩器在低温环境下启动运行，产品气氧浓度应满足专用规范的要求。

4.3.2 高温

4.3.2.1 高温贮存

高温贮存结束后，产品气氧浓度应满足专用规范的要求。

4.3.2.2 高温工作

高温停放结束后，氧气浓缩器在高温环境下启动运行，产品气氧浓度应满足专用规范的要求。

4.3.3 温度-高度

试验期间及试验后氧气浓缩器应运行正常，性能满足专用规范的要求。

4.3.4 温度冲击

温度冲击试验后氧气浓缩器应工作正常，性能满足专用规范的要求。

4.3.5 湿热

湿热试验后氧气浓缩器应能够正常运行，外观应符合下列要求：

a) 金属结合处无严重腐蚀；

b) 金属防护层腐蚀面积不超过金属防护层总面积的 20%；

c) 非金属件不允许有明显的泛白、膨胀、起泡、皱裂及麻坑等现象；

d) 涂漆层应无气泡、起皱、开裂或脱落。

4.3.6 霉菌

霉菌试验后，氧气浓缩器表面长霉程度等级应不超过 2 级（长霉等级由 GJB 150.10—1986 定义）；凡不影响成品工作、观察及操作的非金属外表面的长霉等级允许不超过 3 级。

4.3.7 盐雾

盐雾试验后氧气浓缩器应能够正常运行，外观应符合下列要求：

a) 金属接合处无严重腐蚀；

b) 金属防护层腐蚀面积占防腐层总面积的 30%以下；

c) 非金属材料无明显泛白、膨胀、起泡、皱裂及凹坑等现象。

4.3.8 加速度

加速度性能试验期间氧气浓缩器应通电运行正常，加速度结构试验结束后，产品气氧浓度满足专用规范的要求。

4.3.9 振动

振动试验结束后，氧气浓缩器产品气氧浓度及缺氧告警性能应满足专用规范的要求。

4.3.10 机械冲击

基本冲击及坠撞冲击试验结束后，氧气浓缩器产品气氧浓度及缺氧告警性能应满足专用规范的要求。

4.3.11 炮振

当订货方有炮振试验要求时，应按技术协议规定量值进行炮振试验。炮振试验结束后，氧气浓缩器产品气氧浓度及缺氧告警性能应满足专用规范的要求。

4.3.12 电磁兼容性

氧气浓缩器电磁兼容的电磁发射、敏感度要求应符合 GJB 151A—1997 有关规定及专用规范的要求。

4.4 可靠性

4.4.1 定性要求

氧气浓缩器可靠性定性要求规定如下：

a) 氧气浓缩器应进行可靠性设计计算，包括建立可靠性模型、可靠性分配和可靠性预计；

b) 氧气浓缩器应进行可靠性设计分析，包括失效模式、影响及危害性分析(FMECA)；

c) 氧气浓缩器应制定可靠性设计准则，包括确定可靠性关键件和重要件，以及确定功能测试、包装、储存、装卸、运输及维修对可靠性的影响。

4.4.2 定量要求

氧气浓缩器可靠性定量要求规定如下：

a) 氧气浓缩器首翻期一般应等于飞机首翻期；

b) 氧气浓缩器设计定型时平均无故障间隔时间(MTBF)最低可接受值不小于 1 200 h；

c) 氧气浓缩器成熟期的目标值满足专用规范的要求。

4.4.3 寿命

氧气浓缩器的贮存期限为三年。

氧气浓缩器的首翻期及总寿命应满足专用规范的要求。

4.5 维修性

4.5.1 定性要求

氧气浓缩器维修性定性要求规定如下：

a) 应最大限度地采用通用件和标准件；

b) 应按功能进行单元体设计，各单元体应能够分别进行检查、调整和更换；

c) 为防止装配、安装和使用中的人为差错，在实现标准化的同时，应进行防错性设计；

d) 应最大限度地考虑使用通用工具，以便快速分解和安装。

4.5.2 定量要求

氧气浓缩器一级平均修复时间(MTTR)应满足专用规范的要求。

4.6 保障性

产品的设计特性和计划保障资源应符合平时战备完好性及战时使用的要求，其使用可靠度、执行任务率等指标由专用规范规定。

4.7 安全性

为防止氧气与油类接触而发生爆炸，氧气浓缩器装配前所有零件应进行除油，并避免产品在使用中接触油脂类物质。

4.8 人体生理卫生学要求

氧气浓缩器性能应满足相关生理卫生学要求。

4.9 材料

4.9.1 金属材料

所有金属材料均应进行防腐处理，或由专用规范规定。

4.9.2 非金属材料

氧气浓缩器非金属材料选用应满足如下要求：

a) 不得使用在高氧浓度气氛中长期使用会受到有害影响的非金属材料；

b) 非密封部位，应避免使用宜于霉菌滋生的材料，如不能避免时应进行防霉处理；

c) 橡胶件应由不会起霜的抗臭氧成分制成，其使用应满足 GJB 228 的相关要求。

4.10 元器件

无源元器件应选用符合 GJB/Z 457—2006 规定的军用元器件，半导体器件应按 GJB 33 中有关规定选择、筛选，其他非标准器件应选用等于或优于同类型军用标准件。微电子电路的选用应符合

GJB 597 的规定。

4.11 电线和电缆

氧气浓缩器选用的电线和电缆应符合 GJB/Z 457—2006 中 4.4.11 的规定。

4.12 印制电路板

氧气浓缩器中印制电路板的设计制作应符合 GJB 362A—1996 的规定。

4.13 电连接器

氧气浓缩器选用的电连接器应符合 GJB/Z 457—2006 中 4.3.8 的规定。

4.14 软件

氧气浓缩器软件的使用管理应符合专用规范的规定。

4.15 气体管路连接和电气的交联

氧气浓缩器气体管路接嘴与机上的气体管路接头以及电连接器插座与机上电连接器插头应配套一致,并按相关要求固定。

4.16 输入条件要求

4.16.1 引气

引气应满足下列要求:

a) 单乘员用氧气浓缩器引气压力应不小于 0.15 MPa,多乘员用氧气浓缩器最低引气压力应符合专用规范的规定;

b) 正常引气温度为 15 ℃～60 ℃。引气温度为－20 ℃～15 ℃、60 ℃～80 ℃时,允许氧气浓缩器降级运行;

c) 引气含湿量应小于 10 g/kg. d. a,短时间允许最大含湿量为 30 g/kg. d. a;

d) 引气流量(平均)应满足产氧要求,单乘员用氧气浓缩器引气流量应大于或等于 30 kg/h、多乘员用氧气浓缩器引气流量应满足专用规范要求;

e) 引气颗粒状杂质含量及油污含量应符合专用规范的要求。

4.16.2 电源

氧气浓缩器的工作电源应符合 GJB 181A—2003 的要求,供直流电 28 V。

4.17 设计准则

4.17.1 入口空气过滤

氧气浓缩器入口过滤器微粒过滤精度不低于 0.8 μm,并应具有足够的有效过滤面积。

4.17.2 出口稳压设计

采用两床型结构的氧气浓缩器应设计有产品气稳压储气罐,以减少产品气的压力波动。

4.17.3 氧气监控器的安装位置要求

氧气监控器应尽可能地靠近产品气输出管路,产品气取样管路总长度应小于 20 cm。

4.17.4 安全阀门的设置

为保证氧气浓缩器的安全使用,内部引气管路应设置有安全阀门。

4.17.5 管路接口设计

氧气浓缩器管路交联接口应与系统配套产品接口相协调,并有防错措施。

4.17.6 排气管路设计

氧气浓缩器排气管路的管径、管长、转弯半径应考虑尽量减少排气流阻。

4.17.7 接地设计

氧气浓缩器应有良好的接地设计。

4.18 机上安装

4.18.1 安装位置

氧气浓缩器机上安装位置应远离高振动区。

4.18.2 安装固定

氧气浓缩器的安装固定应可靠，能承受飞机的振动、冲击、温度变化的影响，不撞击飞机构件，不出现因摩擦引起局部发热、静电打火和磨损现象。

4.18.3 间隙要求

氧气浓缩器与飞机固定件的间隙应不小于 3 mm，与活动件的间隙应不小于 5 mm。

4.18.4 多台产品的安装

同时安装两台及其以上氧气浓缩器时，则它们的安装位置应尽可能分开。

5 试验方法

5.1 试验条件

5.1.1 环境要求

除另有规定外，各项检验按 GJB 150.1—1986 中 3.1.1 所规定的条件进行。

5.1.2 设备要求

试验检测设备应满足以下条件：

a) 仪器仪表和测量装置应有计量合格证；

b) 电源特性应符合 GJB 181A—2003 供电要求的规定。

5.2 试验项目

5.2.1 外观质量、重量及互换性

用目视法对产品进行外观检查，必要时与标准样件对照，其结果应符合 4.1.1 的规定。

由订货方代表提出试验和计量部件清单，并抽取其中的部分或全部部件进行互换试验和计量，其结果应符合 4.1.2 的规定。

在精度高于 50 g 的衡器上称重，若结果符合 4.1.3 的规定。

5.2.2 性能检验

5.2.2.1 气密性

气密性试验按以下规定进行：

a) 由氧气浓缩器引气入口输入额定压力的压缩空气，并连接压力表指示内腔压力；

b) 待氧气浓缩器内腔压力稳定在额定压力后，关闭引气管路开关，并记录氧气浓缩器内腔压力降。

试验结果应符合 4.2.1 的规定。

5.2.2.2 储气罐与单向活门的气密性

储气罐与单向活门的气密性检验方法按专用规范规定，试验结果应符合 4.2.2 的规定。

5.2.2.3 产品气氧浓度

产品气氧浓度试验按以下规定进行：

a) 将氧气浓缩器放置于高度舱内，在专用规范规定的额定工况条件(引气压力、产品气流量、环境高度等)下通电运行；

b) 设置采用旁路对产品气进行实时采样，并用测氧仪测取采样气的氧浓度(氧分压)。

试验结果应符合 4.2.3 的规定。

5.2.2.4 产品气压力

产品气压力试验按以下规定进行：

a) 将氧气浓缩器放置于高度舱内，在专用规范规定的额定工况条件(引气压力、产品气流量、环境高度等)下通电运行；

b) 用压力表测量产品气压力。

试验结果应符合 4.2.4 的规定。

5.2.2.5 氧气监控器的准备时间

用秒表记录氧气监控器的准备时间，其结果应符合 4.2.5 的规定。

5.2.2.6 产品气分析取样的耗气量

试验时氧气浓缩器处于非工作状态，由产品气输出管路反向供入压力为 0.2 MPa 的压缩空气，用流量计测得通座舱管路接嘴处的输出流量，该流量即分析取样的耗气量。

试验结果应满足 4.2.6 的规定。

5.2.2.7 告警输出

氧气监控器自检信号输出性能试验方法由专用规范规定，其结果应符合 4.2.7 的规定。

缺氧告警输出试验按以下规定进行：

a) 氧气浓缩器应处于只通电不供气的非工作状态，通座舱管路与高度室连接；

b) 由产品气输出管路反向供入压力为 0.2 MPa 的压缩空气，并缓慢上升高度室的高度直至氧气浓缩器输出缺氧告警；

c) 读取告警时对应的高度室高度值，该高度对应的空气氧分压值应符合氧气监控器设定的氧分压告警阈值。

缺氧告警试验结果应符合 4.2.7 的规定。

5.2.2.8 电源适应性

电源适应性试验方法及氧气浓缩器的额定工况条件按专用规范规定，测得产品气氧浓度（氧分压）及消耗电流，产品气氧浓度及所需电流应符合 4.2.8 的规定。

5.2.2.9 绝缘介电强度

标准大气条件下，用专用绝缘介质抗电强度试验器在氧气浓缩器电插座电源正极端子与外壳之间施加直流 500 V 电压，试验周期 60 s，试验其结果应符合 4.2.9 的规定。

5.2.2.10 绝缘电阻

标准大气条件及 30 ℃、相对湿度 95%的湿热条件下，用 500 V 兆欧表检验氧气浓缩器电插座电源正极端子与外壳之间的绝缘电阻。其结果应符合 4.2.10 的规定。

5.2.3 低温

5.2.3.1 低温贮存

低温贮存试验按以下规定进行：

a) 氧气浓缩器放置于−55 ℃低温室中，按 GJB 150.4—1986 规定的试验方法进行 24 h 低温贮存试验；

b) 贮存结束后，按规定恢复至正常试验条件；

c) 氧气浓缩器温度稳定后，在专用规范规定的工况条件下运行工作，测得产品气氧浓度。

试验结果应符合 4.3.1.1 的规定。

5.2.3.2 低温工作

低温工作试验按以下规定进行：

a) 氧气浓缩器放置于−55 ℃的低温室内，保温 2 h；

b) 在该低温环境中按专用规范规定的工况条件启动运行，测得产品气氧浓度。

试验结果应符合 4.3.1.2 的规定。

5.2.4 高温

5.2.4.1 高温贮存

高温贮存试验按以下规定进行：

a) 氧气浓缩器放置于 70 ℃高温室中，按 GJB 150.3—1986 规定的试验方法进行 48 h 高温贮存试验；

b) 贮存结束后，按规定恢复至正常试验条件；

c) 氧气浓缩器温度稳定后，在专用规范规定的工况条件下运行工作，测得产品气氧浓度。

试验结果应符合 4.3.2.1 的规定。

5.2.4.2 高温工作

高温工作试验按以下规定进行：

a) 氧气浓缩器放置于 70 ℃的高温室内，保温 2 h；

b) 在该高温环境中按专用规范规定的工况条件启动运行，测得产品气氧浓度。

试验结果应符合 4.3.2.2 的规定。

5.2.5 温度-高度

温度-高度试验按以下规定进行：

a) 按 GJB 150.6—1986 的规定确定产品等级，并按等级要求进行试验；

b) 试验步骤、温度-高度条件以及测试点由专用规范规定；

c) 在专用规范规定的工况条件下测定产品气氧浓度。

试验结果应符合 4.3.3 的规定。

5.2.6 温度冲击

温度冲击试验按以下规定进行：

a) 氧气浓缩器所有管路接嘴用堵帽堵上，并封扎好电连接器的插座；

b) 试验样件放置于环境温度为 70 ℃的高温室内，保温 2 h；

c) 在 5min 内将试验样件转换到－55 ℃的低温室中，保温 2 h；

d) 重复 b)、c)项的试验，完成三个循环周期；

e) 按专用规范的规定的项目及方法进行性能试验。

试验结果应符合 4.3.4 的规定。

5.2.7 湿热

湿热试验按以下规定进行：

a) 按 GJB 150.9—1986 的要求和方法进行湿热试验；

b) 试验完成后取出被试样件，在 25 ℃±10 ℃、相对湿度 50％的条件下放置 12 h；

c) 通电检查被试样件运行情况；

d) 分解试验样件，检查零组件外观。

试验结果应符合 4.3.5 的规定。

5.2.8 霉菌

霉菌试验按以下规定进行：

a) 按 GJB 150.10—1986 的要求和方法进行 28 d 的霉菌试验；

b) 试验结束后取出被试验样件，检查其表面长霉情况。

试验结果应符合 4.3.6 的规定。

5.2.9 盐雾

盐雾试验按以下规定进行：

a) 按 GJB 150.11—1986 的要求试验方法进行盐雾试验，试验时间由专用规范确定；

b) 试验结束后取出，在正常的试验大气条件下放置 48 h；

c) 通电检查被试样件运行情况；

d) 分解试验样件，检查零组件外观。

试验结果应符合 4.3.7 的规定。

5.2.10 加速度

加速度试验按以下规定进行：

a) 按 GJB 150.15—1986 的试验方法进行性能试验和结构试验；

b） 性能试验期间及试验后，通电检查被试样件运行情况；

c） 结构试验期间被试样件处于非工作状态，试验结束后样件按专用规范规定的工况运行工作，测得产品气氧浓度。

试验结果应符合 4.3.8 的规定。

5.2.11 振动

振动试验按以下规定进行：

a） 按 GJB 150.16—1986 的试验方法进行振动试验，振动量值由专用规范规定；

b） 功能振动试验期间，被试样件按规定的工况保持运行工作，功能振动结束后，检验被试样件的缺氧告警性能并测得专用规范规定的工况条件下的产品气氧浓度；

c） 耐久振动期间，被试样件处于非工作状态，耐久振动结束后，检验被试样件的缺氧告警性能并测得专用规范规定的工况条件下的产品气氧浓度。

试验结果应符合 4.3.9 的规定。

5.2.12 机械冲击

基本冲击试验按半正弦冲击脉冲波形，峰值加速度 15 g，持续时间 11 ms，速度变化量 1.05 m/s，进行 3 个互相垂直轴 6 个轴向，每个轴向施加 3 次(共 18 次)冲击。

坠撞冲击试验按半正弦冲击脉冲波形，峰值加速度 30 g，持续时间 11 ms，速度变化量 2.10 m/s，进行 3 个互相垂直轴 6 个轴向，每个方向施加 2 次(共 12 次)冲击。

机械冲击试验按以下规定进行：

a） 按 GJB 150.18—1986 的试验方法进行；

b） 试验结束后，检验被试样件的缺氧告警性能并测得专用规范规定的工况条件下的产品气氧浓度。

试验结果应符合 4.3.10 的规定。

5.2.13 炮振

氧气浓缩器炮振试验方法由专用规范规定，试验结果应符合 4.3.11 的规定。

5.2.14 电磁兼容性

电磁兼容性试验按 GJB 152A—1997 的有关规定及专用规范规定的项目进行，试验结果应符合 4.3.12 的规定。

5.2.15 可靠性

按专用可靠性试验大纲进行试验，试验结果应符合 4.4 的规定。

5.2.16 维修性

按专用维修性试验大纲进行试验，试验结果应符合 4.5 的规定。

6 检验规则

6.1 检验分类

本标准规定的检验分类如下：

a） 鉴定检验；

b） 质量一致性检验。

6.2 鉴定检验

6.2.1 检验项目和顺序

鉴定检验项目和顺序见表 1。

6.2.2 抽样方案

试验样品在经验收合格的产品中随机抽样取得。样品数量应由承制方与订购方共同商定，并在合同中加以明确。若无明确规定时，承制方应至少提交二套产品用于鉴定检验。

6.2.3 合格判据

全部鉴定检验项目合格时判为合格。若检验过程中任一项不符合规范要求时，承制方应分析原因，采取措施排除故障后，允许重新提交检验一次，若检验合格，则判定该产品为合格。反之为不合格。

6.2.4 检验时机

产品在设计定型、生产定型时应通过鉴定检验。在改型、重大工艺更改或停产多年恢复生产时，应重新进行定型检验。

表1 检验项目及顺序

序号	检验项目	鉴定检验	质量一致性检验		要求	检验方法
			验收试验	型式试验		
1	外观质量	●	●	●	4.1.1	5.2.1
2	重量	●	●	●	4.1.2	5.2.1
3	互换性	●	—	—	4.1.3	5.2.1
4	性能	●	●	●	4.2	5.2.2
5	高温贮存	●	—	—	4.3.2.1	5.2.4.1
6	高温工作	●	●	●	4.3.2.2	5.2.4.2
7	低温贮存	●	—	—	4.3.1.1	5.2.3.1
8	低温工作	●	●	●	4.3.1.2	5.2.3.2
9	温度-高度	●	—	—	4.3.3	5.2.5
10	温度冲击	●	—	—	4.3.4	5.2.6
11	湿热	●	—	●	4.3.5	5.2.7
12	霉菌	●	—	—	4.3.6	5.2.8
13	盐雾	●	—	—	4.3.7	5.2.9
14	加速度	●	—	—	4.3.8	5.2.10
15	机械冲击	●	—	—	4.3.10	5.2.12
16	振动	●	—	●(耐久)	4.3.9	5.2.11
17	炮振	○	—	—	4.3.11	5.2.13
18	电磁兼容性	●	—	—	4.3.12	5.2.14
19	可靠性	●	—	—	4.4	5.2.15
20	维修性	●	—	—	4.5	5.2.16
注：“●”必检项目；○视订货方要求决定；“—”不检项目。						

6.3 质量一致性检验

6.3.1 检验项目

a) 验收检验；

b) 型式试验。

6.3.2 验收检验

6.3.2.1 检验要求

承制方提交检验的产品必须是经检验部门检验合格的产品。

6.3.2.2 检验项目和顺序

验收检验的项目和顺序见表1。

6.3.2.3 **检验数量**

每批提交的产品应按10%随机抽样检验，最少抽样数量不低于3台。

6.3.2.4 **合格判据**

判断产品是否检验合格，以及检验不合格时如何进行复验，应遵循以下四项原则：

a) 按表1所列项目检验，各项检验结果均符合要求时，则检验合格；

b) 若某个项目不符合要求，应暂停检验，承制方必须进行原因分析。如原因与产品本身无关时，经处理后可恢复检验；如原因为产品本身故障或缺陷，应判为一次检验不合格；

c) 对第一次检验不合格的产品，承制方应分析原因，制定纠正措施，提出返修方案，在采取纠正措施后，允许组织第二次提交；

d) 第二次提交的抽样数量应加倍，检验结果达到要求，则可判为合格。如仍达不到要求，应判本批产品不合格。

6.3.3 **型式试验**

6.3.3.1 **检验要求**

承制方提交的产品必须是经检验部门检验合格的产品，并由订购方随机抽取。

6.3.3.2 **检验项目和顺序**

型式试验的项目和顺序见表1。

6.3.3.3 **检验数量**

型式试验的样本数量由专用规范规定。

6.3.3.4 **合格判据**

判断产品是否检验合格，以及若检验不合格如何进行复验，应遵循以下四项原则：

a) 按表1所列项目检验，各项检验结果均符合要求时，则检验合格；

b) 若某个项目不符合要求，应暂停检验。承制方必须进行原因分析，如原因与产品本身无关时，经处理可恢复检验；如原因为产品本身故障或缺陷，应判为一次检验不合格；

c) 对第一次检验不合格的产品，承制方应分析原因，制定纠正措施，提出返修方案，在采取纠正措施后，允许组织第二次提交；

d) 第二次提交的抽样数量应加倍，检验结果达到要求，则可判为合格。如仍达不到要求，应判本期(批)产品型式检验不合格。

7 分类

氧气浓缩器按组成筛床个数的多少，其结构可分为：

a) 两床型氧气浓缩器；

b) 三床或多床型氧气浓缩器。

8 标志、包装和贮存

8.1 标志

氧气浓缩器的标志应满足下列要求：

a) 在氧气浓缩器的明显部位应清晰并永久性地标出生产厂商标、产品型号和产品编号：

   1) 命名按HB 0-44—2008的规定；

   2) 标志按HB 6-67—2003中商标Ⅰ型的规定；

   3) 字体和符号按HB 5888—2008的规定。

b) 不允许调整和拆卸的部位，应用红色标记进行点封。

8.2 包装

氧气浓缩器封存包装应符合GJB 145A—1993的规定。

包装储运图示标志应符合 GB/T 191—2008 的规定。

产品运输包装符合 HB 5870—1985 的规定。

8.3 贮存

包装好的成品应放置在库房内，不得露天存放。库房温度应为 0 ℃～40 ℃，相对湿度不大于 80%。包装好的成品应平放在干燥的台面上，堆放时，应按包装箱外表面标志的堆放层数堆码。

8.4 随机文件

氧气浓缩器出厂时应有随机产品履历本、使用维护说明书、装箱单以及专用规范规定应提交的文件。

ICS 49.080
V 44

中华人民共和国国家标准

GB/T 24715—2009

氧 源 转 换 器

Oxygen supply convertor

2009-11-30 发布

2010-07-01 实施

中华人民共和国国家质量监督检验检疫总局
中 国 国 家 标 准 化 管 理 委 员 会 发布

前　言

本标准由中国航空工业集团公司提出。

本标准由全国航空器标准化技术委员会(SAC/TC 435)归口。

本标准起草单位:安徽江淮航空供氧制冷设备有限公司。

本标准主要起草人:彭光梅、邓长权、赵宏韬、金惠杰、尉卫东、汪斌生、田坤。

氧 源 转 换 器

1 范围

本标准规定了机载分子筛制氧氧气系统用氧源转换器(以下简称转换器)的术语和定义、要求、试验方法、检验规则、标志、包装、运输和贮存等要求。

本标准适用于机载分子筛制氧氧气系统用转换器的设计、制造和验收等。

2 规范性引用文件

下列文件中的条款通过本标准的引用而成为本标准的条款。凡是注日期的引用文件,其随后所有的修改单(不包括勘误的内容)或修订版均不适用于本标准,然而,鼓励根据本标准达成协议的各方研究是否可使用这些文件的最新版本。凡是不注日期的引用文件,其最新版本适用于本标准。

GB/T 191—2008 包装储运图示标志(ISO 780:1997,MOD)
GJB 145A—1993 防护包装规范
GJB 150.1—1986 军用设备环境试验方法 总则
GJB 150.3—1986 军用设备环境试验方法 高温试验
GJB 150.4—1986 军用设备环境试验方法 低温试验
GJB 150.6—1986 军用设备环境试验方法 温度-高度试验
GJB 150.9—1986 军用设备环境试验方法 湿热试验
GJB 150.10—1986 军用设备环境试验方法 霉菌试验
GJB 150.11—1986 军用设备环境试验方法 盐雾试验
GJB 150.15—1986 军用设备环境试验方法 加速度试验
GJB 150.16—1986 军用设备环境试验方法 振动试验
GJB 150.18—1986 军用设备环境试验方法 冲击试验
GJB 151A—1997 军用设备和分系统电磁发射和敏感度要求
GJB 152A—1997 军用设备和分系统电磁发射和敏感度测量
GJB 181A—2003 飞机供电特性
GJB 360A—1996 电子及电气元件试验方法
GJB/Z 594A—2000 金属镀覆层和化学覆盖层选择原则与厚度系列
GJB 599 耐环境快速分离高密度小圆形电连接器总规范
HB 0-44-2008 航空人体供氧和防护救生装备产品型号命名方法
HB 6-67-2003 航空仪表产品商标
HB 5028 航空辅机产品干燥空气封存
HB 5870 航空辅机产品运输包装通用技术条件
HB 5888—2008 航空辅机产品用字体和符号

3 术语和定义

下列术语和定义适用于本标准。

3.1

氧源转换器 oxygen supply convertor

在机载分子筛制氧氧气系统中,用于转换供氧氧源的装置。

3.2

产品气　product gas

分子筛制氧氧源提供的富氧气体。

4　要求

4.1　一般要求

4.1.1　转换器的外观应无毛刺、锐边、污点和锈蚀，其镀层和化学覆盖层及表面粗糙度等应满足产品图样及 GJB/Z 594A—2000 的规定。

4.1.2　转换器的材料应满足环境条件和寿命要求，且不因接触氧气而发生有害反应。

4.1.3　除非有适当的抗电解腐蚀保护，转换器不同类金属彼此紧密接触的零件应符合 GJB/Z 594A—2000 的规定。

4.1.4　转换器机械接口应与系统中相应产品接口相协调。

4.1.5　转换器选用的电连接器应符合 GJB 599。

4.1.6　转换器尺寸及重量应满足相关专用规范的要求。

4.1.7　同一型号转换器的成品和部件应保证互换使用。

4.2　性能

4.2.1　工作压力

在产品气工作压力为 0.08 MPa～0.38 MPa，备用氧源供氧的工作压力为 0.40 MPa～1.18 MPa 条件下，转换器应能正常工作。

4.2.2　工作电压

在额定电压直流 28 V，工作电压直流 16 V～32 V 条件下，转换器应能正常工作。

4.2.3　转换

4.2.3.1　转换响应时间

当机上制氧氧源不能正常供氧或手动接通转换开关时，转换器接收到转换信号，转换成备用氧源供氧；转换信号消失，由分子筛制氧氧源供氧。其供氧氧源转换响应时间应不大于 1 s。

4.2.3.2　转换高度

座舱高度低于设定值，由分子筛制氧氧源供氧；座舱高度达到设定值，转换成备用氧源供氧。其供氧氧源转换的高度应符合航空生理卫生学的要求。

4.2.4　流通能力

在正常工作压力下，转换器输出峰值流量应满足供氧系统的流通能力要求。

4.2.5　气密性

在正常工作压力下，转换器高压腔及产品气活门的气密性应符合专用规范规定。

4.2.6　电绝缘

4.2.6.1　绝缘电阻

在试验电压为直流 500 V，正常大气条件下，转换器绝缘电阻不小于 20 MΩ；在温度为 30 ℃、相对湿度为 95%的湿热环境条件下，绝缘电阻不小于 1 MΩ。

4.2.6.2　绝缘介电强度

在正常大气条件下，转换器电路与壳体之间应能承受 50 Hz、500 V 交流电压作用时间 1 min 的试验，不被击穿。

4.3　环境适应性

4.3.1　低温

4.3.1.1　低温贮存

在－55 ℃低温条件下贮存后，转换器性能应满足 4.2.3 的要求。

4.3.1.2 低温工作

在专用规范规定的最低工作环境温度下，转换器性能应满足4.2.3的要求。

4.3.2 高温

4.3.2.1 高温贮存

在70 ℃高温条件下贮存后，转换器性能应满足4.2.3的要求。

4.3.2.2 高温工作

在专用规范规定的最高工作环境温度下，转换器性能应满足4.2.3的要求。

4.3.3 温度-高度

在专用规范规定的温度-高度环境条件下，转换器性能应满足4.2.3的要求。

4.3.4 湿热

在专用规范规定的湿热环境条件下，转换器性能应满足4.2.3的要求，绝缘电阻应满足4.2.6.1的要求，且外观应符合下列要求：

a) 金属结构件允许轻度发暗变黑，但不应腐蚀；

b) 金属结合处应无严重腐蚀；

c) 金属防护层腐蚀面积不应超过金属防护层总面积的20%；

d) 涂漆层应无气泡、起皱、开裂或脱落；除局部边棱处外且底金属应无腐蚀；

e) 非金属件不应有明显的泛白、膨胀、起泡、皱裂及麻坑等。

4.3.5 霉菌

在专用规范规定的霉菌环境条件下，转换器的长霉程度应不大于2级。

4.3.6 盐雾

在专用规范规定的盐雾环境条件下，转换器性能应满足4.2.3的要求，且外观应符合下列要求：

a) 金属结构件允许轻度发暗变黑；

b) 金属结合处应无严重腐蚀；

c) 金属防护层腐蚀面积应不超过金属防护层总面积的30%；

d) 涂漆层应无气泡、起皱、开裂或脱落；

e) 非金属件不应有明显的泛白、膨胀、起泡、皱裂及麻坑等。

4.3.7 加速度

在专用规范规定的加速度作用后，转换器结构不应发生损伤和变形，且性能满足4.2.3的要求。

4.3.8 振动

在专用规范规定的振动作用后，转换器结构不应发生损伤和变形，且性能满足4.2.3的要求。

4.3.9 冲击

在专用规范规定的冲击作用后，转换器结构不应发生损伤和变形，且性能满足4.2.3的要求。

4.4 电磁兼容性

转换器的电磁发射和敏感度要求应符合GJB 151A—1997的规定，试验项目由专用规范规定。

4.5 可靠性

4.5.1 定量要求

转换器平均无故障间隔时间(MTBF)应满足专用规范的要求。

4.5.2 寿命

转换器的贮存期限按HB 5028第三类规定；

转换器的首翻期和总寿命应满足专用规范的要求。

4.6 维修性

4.6.1 定性要求

转换器维修性定性要求规定如下：

a) 转换器应最大限度地采用通用件和标准件；

b) 转换器应按功能进行单元体设计，各单元体应能够分别进行检查、调整或更换；

c) 为防止装配、安装和使用中的人为差错，在实现标准化的同时，应进行防差错设计；

d) 转换器设计中应最大限度地考虑使用通用工具。

4.6.2 定量要求

转换器一级平均修复时间(MTTR)应满足专用规范的要求。

4.7 安全性

为防止氧气与油类接触而发生爆炸，转换器所有零件应进行除油。

5 试验方法

5.1 试验条件

5.1.1 环境要求

除另有规定外，各项试验按GJB 150.1—1986中3.1.1规定的条件进行，试验条件允许误差应符合GJB 150.1—1986中3.2的规定。

5.1.2 设备要求

试验检测设备应满足以下条件：

a) 设备精度应符合GJB 150.1—1986中3.3的规定；

b) 仪器仪表和测量装置应有计量合格证；

c) 电源特性应符合GJB 181A—2003的规定。

5.2 试验项目

5.2.1 一般要求检查

5.2.1.1 外观质量

目测转换器的外观，应符合4.1.1的规定。

5.2.1.2 尺寸和重量

用专用或通用量具检验产品及其零部件的尺寸，用专用或通用衡量具进行称重。其结果应符合4.1.6的要求。

5.2.1.3 互换性

随机抽取组装成产品的部分零件进行计量，选配件和调整件不计量。其结果应符合4.1.7的要求。

5.2.2 转换

5.2.2.1 向转换器备用氧入口和产品气入口输入按专用规范规定压力的气体，接通直流电压为16 V的电源后，检查能否正常转换。其结果应符合4.2.3.1的要求。

5.2.2.2 在真空室内，向转换器备用氧入口和产品气入口输入按专用规范规定压力的气体，接通直流电压为16 V的电源后，使真空室内的高度缓慢上升，当转为备用氧源供氧时，记下真空室内高度；然后使真空室内高度缓慢下降，当断开备用氧源供氧而转为产品气供氧时，记下真空室内高度。其结果应符合4.2.3.2的要求。

5.2.3 流通能力

向转换器产品气入口输入正常工作压力的气体，检测出口输出流量。

接通电源，向转换器备用氧入口输入正常工作压力的气体，检测出口输出流量。

其结果应符合4.2.4的要求。

5.2.4 气密性

向转换器备用氧入口输入按专用规范规定压力的气体，检测高压腔的泄漏量。

在产品气活门关闭状态下，按专用规范规定，检测产品气活门的泄漏量。

其结果应符合4.2.5的要求。

5.2.5 电绝缘

5.2.5.1 绝缘电阻

按GJB 360A—1996中302的规定，将引线接在一起，试验电压为直流500 V，用电阻测试仪测量引线和转换器壳体之间的绝缘电阻。其结果应符合4.2.6.1的要求。

5.2.5.2 绝缘介电强度

按GJB 360A—1996中301的规定，将引线接在一起，用介电强度试验仪在引线和转换器壳体之间加交流电压50 Hz、500 V进行试验。其结果应符合4.2.6.2的要求。

5.2.6 低温

5.2.6.1 低温贮存

按GJB 150.4—1986规定的方法进行试验，其结果应符合4.3.1.1的要求。

5.2.6.2 低温工作

按GJB 150.4—1986规定的方法进行试验，其结果应符合4.3.1.2的要求。

5.2.7 高温

5.2.7.1 高温贮存

按GJB 150.3—1986规定的方法进行试验，其结果应符合4.3.2.1的要求。

5.2.7.2 高温工作

按GJB 150.3—1986规定的方法进行试验，其结果应符合4.3.2.2的要求。

5.2.8 温度-高度

按GJB 150.6—1986规定的方法进行试验，其结果应符合4.3.3的要求。

5.2.9 湿热

按GJB 150.9—1986规定的方法进行试验，其结果应符合4.3.4的要求。

5.2.10 霉菌

按GJB 150.10—1986规定的方法进行试验，其结果应符合4.3.5的要求。

5.2.11 盐雾

按GJB 150.11—1986规定的方法进行试验，其结果应符合4.3.6的要求。

5.2.12 加速度

按GJB 150.15—1986规定的方法进行试验，其结果应符合4.3.7的要求。

5.2.13 振动

按GJB 150.16—1986规定的方法进行试验，其结果应符合4.3.8的要求。

5.2.14 冲击

按GJB 150.18—1986规定的方法进行试验，其结果应符合4.3.9的要求。

5.2.15 电磁兼容性

转换器的电磁发射和敏感度测量按GJB 152A—1997中规定的方法进行，其结果应符合4.4的要求。

5.2.16 寿命

转换器备用氧接嘴输入工作压力气体，接通电源，以每分钟12次～20次进行转换试验。

若失效前累计转换次数满足首翻期要求，则其结果合格。

5.2.17 维修性

按专用维修性试验大纲进行试验，其结果应符合4.6和相关专用规范的规定。

6 检验规则

6.1 检验分类

本标准规定的检验分类如下：

a） 鉴定检验；

b） 质量一致性检验；

c） 型式检验。

6.2 鉴定检验

6.2.1 检验项目

鉴定检验项目见表1。

表1 检验项目表

序号	检验项目		鉴定检验	质量一致性检验	型式检验	要求章条号	检验方法章条号
1	外观质量		●	●	●	4.1.1	5.2.1.1
2	尺寸和重量		●	—	●	4.1.6	5.2.1.2
3	互换性		●	—	●	4.1.7	5.2.1.3
4	转换		●	●	●	4.2.3	5.2.2
5	流通能力		●	●	●	4.2.4	5.2.3
6	气密性		●	●	●	4.2.5	5.2.4
7	电绝缘	绝缘电阻	●	●	●	4.2.6.1	5.2.5.1
		绝缘介电强度	●	—	●	4.2.6.2	5.2.5.2
8	低温	贮存	●	—	—	4.3.1.1	5.2.6.1
		工作	●	●	●	4.3.1.2	5.2.6.2
9	高温	贮存	●	—	—	4.3.2.1	5.2.7.1
		工作	●	●	●	4.3.2.2	5.2.7.2
10	温度-高度		●	—	—	4.3.3	5.2.8
11	湿热		●	—	●	4.3.4	5.2.9
12	霉菌		●	—	—	4.3.5	5.2.10
13	盐雾		●	—	—	4.3.6	5.2.11
14	加速度		●	—	—	4.3.7	5.2.12
15	振动		●	—	●	4.3.8	5.2.13
16	冲击		●	—	—	4.3.9	5.2.14
17	电磁兼容性		●	—	—	4.4	5.2.15
18	寿命		●	—	—	4.5.2	5.2.16
19	维修性		●	—	—	4.6	5.2.17
注：●必检项目，—不检项目							

6.2.2 抽样方案

试验样品在经质量一致性检验合格的产品中随机抽样取得。样品数量应由承制方与订购方共同商定，并在合同中加以规定。若无明确规定时，承制方应至少提交二套产品用于鉴定检验。

6.2.3 合格判据

全部鉴定检验项目合格时判为合格。若检验过程中任一项不符合专用规范要求时，承制方应分析原因，采取措施排除故障后，允许重新提交检验一次，若检验合格，则判定该产品为合格。反之为不合格。

6.2.4 检验时机

产品在设计定型、生产定型时应通过鉴定检验。在改型、重大工艺更改或停产多年恢复生产时，应重新进行鉴定检验。

6.3 质量一致性检验

6.3.1 检验要求

承制方提交检验的产品必须是经检验部门检验合格的产品。

6.3.2 检验项目

质量一致性检验的项目见表1。

6.3.3 检验数量

每批提交的产品应按10%随机抽样检验，最少抽样数量不低于3台。

6.3.4 合格判据

判断产品是否检验合格，以及若检验不合格如何进行复验，应遵循以下四项原则：

a) 检验按表1所列检验项目，经检验符合专用规范要求，则检验合格；

b) 在检验中若某个项目不符合专用规范要求时，应暂停检验。承制方必须进行原因分析，如果问题原因与产品本身无关时，经处理可恢复检验；如果是产品本身故障或缺陷，应判为一次提交检验不合格；

c) 对第一次提交检验不合格的产品，承制方应分析原因，制定纠正措施，提出返修方案，在采取纠正措施后，允许组织第二次提交；

d) 第二次提交的抽样数量加倍，检验结果达到规定的要求，则可判为合格。若仍达不到规定的要求，应判该批产品不合格。

6.4 型式检验

6.4.1 检验项目

型式检验项目见表1。

6.4.2 受检样品数

型式检验的产品从质量一致性检验合格的产品中随机抽取，数量为2台～3台。

6.4.3 合格判据

按表1中规定的项目进行型式检验时，若某项性能不符合专用规范规定，则判为第一次型式检验不合格。承制方应制定纠正措施，在验证实施效果后，允许进行第二次型式检验。若第二次型式检验仍不合格，则判定本次型式检验不合格。

6.4.4 检验时机

一至三年内产量累计达到或超过100台之当年进行一次型式检验。三年内累计仍小于100台时，第三年要进行一次型式检验。

7 分类

转换器根据其高度控制机构的结构型式，分为机械式转换器和电子式转换器。

8 标志、包装和贮存

8.1 标志

转换器的标志应满足下列要求：

a) 在转换器的明显部位应清晰并永久性地标出生产厂商标、产品型号和产品编号：

1) 命名按HB 0-44-2008的规定；

2) 标志按HB 6-67-2003中商标Ⅰ型的规定；

3) 字体和符号按HB 5888—2008的规定。

b） 不允许调整和拆卸的部位，应用红色标记进行点封。

8.2 包装

转换器封存包装应符合 GJB 145A—1993 的规定。

转换器包装储运图示标志应符合 GB/T 191—2008 的规定。

转换器的运输包装应符合 HB 5870 的规定。

8.3 贮存

包装好的转换器成品应放置在库房内，不得露天存放。库房温度应为 0 ℃～40 ℃，相对湿度不大于 80％。包装好的成品应平放在干燥的台面上，堆放时，应按包装箱外表面标志的堆放层数堆码。

8.4 随机文件

转换器出厂时应有产品履历本、装箱单或相关专用规范规定应提交的文件。

ICS 03.220.20
P 66

中华人民共和国国家标准

GB/T 24716—2009

公路沿线设施太阳能供电系统通用技术规范

General specifications of solar energy power system for highway facilities

2009-11-30 发布　　2010-04-01 实施

中华人民共和国国家质量监督检验检疫总局
中国国家标准化管理委员会　发布

前　言

本标准由全国交通工程设施(公路)标准化技术委员会(SAC/TC 223)提出并归口。

本标准起草单位:交通部公路科学研究院、国家交通安全设施质量监督检验中心。

本标准主要起草人:韩文元、杨勇、包左军、朱传征、杨丰艳、崔晓飞、蒋海峰、李伟。

公路沿线设施太阳能供电系统
通用技术规范

1 范围

本标准规定了公路沿线设施用太阳能供电系统的术语和定义、系统组成与分类、技术要求、检验规则以及标志、包装、运输与贮存等内容。

本标准适用于硅太阳电池供电系统，不适用于带聚光器的太阳电池供电系统。

2 规范性引用文件

下列文件中的条款通过本标准的引用而成为本标准的条款。凡是注日期的引用文件，其随后所有的修改单(不包括勘误的内容)或修订版均不适用于本标准，然而，鼓励根据本标准达成协议的各方研究是否可使用这些文件的最新版本。凡是不注日期的引用文件，其最新版本适用于本标准。

GB/T 191 包装储运图示标志(GB/T 191—2008,ISO 780:1997,MOD)

GB/T 2423.17 电工电子产品环境试验 第2部分:试验方法 试验Ka:盐雾(GB/T 2423.17—2008,IEC 60068-2-11:1981,IDT)

GB/T 9535—1998 地面用晶体硅光伏组件 设计鉴定和定型(eqv IEC 1215:1993)

GB/T 15142 方形开口镉镍单体蓄电池总规范(GB/T 15142—2002,IEC 60623:1990,MOD)

GB/T 16422.3—1997 塑料实验室光源暴露试验方法 第3部分:荧光紫外灯(eqv ISO 4892-3:1994)

GB/T 22040—2008 公路沿线设施塑料制品耐候性要求及测试方法

GB/T 22084.1 含碱性或其他非酸性电解质的蓄电池和蓄电池组——便携式密封单体蓄电池 第1部分:镉镍电池(GB/T 22084.1—2008,IEC 61951-1:2003,IDT)

GB/T 22084.2 含碱性或其他非酸性电解质的蓄电池和蓄电池组——便携式密封单体蓄电池 第2部分:金属氢化物镍电池(GB/T 22084.2—2008,IEC 61951-2:2003,IDT)

GB/T 22473 储能用铅酸蓄电池(GB/T 22473—2008,IEC 61427:2005,NEQ)

GB/T 23828—2009 高速公路LED可变信息标志

GJB 1431.1 空间用TDJ和TDB系列单晶硅太阳电池规范

SJ/T 10698 非晶硅标准太阳电池

3 术语和定义

下列术语和定义适合于本标准。

3.1

太阳电池 solar cell

系指将太阳辐射能直接转换成电能的一种器件。

[GB/T 2297—1989,定义2.2]

3.2

硅太阳电池 silicon solar cell

系指以硅为基体材料的太阳电池。

[GB/T 2297—1989,定义2.3]

3.3

单晶硅太阳电池　single crystalline silicon solar cell

系指以单晶硅为基体材料的太阳电池。

[GB/T 2297—1989,定义 2.4]

3.4

多晶硅太阳电池　polycrystalline silicon solar cell

系指以多晶硅为基体材料的太阳电池。

[GB/T 2297—1989,定义 2.8]

3.5

聚光太阳电池　concentrator solar cell

在基体电阻率、结深和栅线结构等方面进行特殊设计的、适用于聚光条件下工作的太阳电池。

[GB/T 2297—1989,定义 2.19]

3.6

开路电压　open-circuit voltage

在一定的温度和辐照条件下,光伏发电器在空载(开路)情况下的端电压,通常用 V_{oc} 表示。

[GB/T 2297—1989,定义 3.8]

3.7

短路电流　short-circuit current

在一定的温度和辐照度条件下,光伏发电器在端电压为零时的输出电流,通常用 I_{sc} 表示。

[GB/T 2297—1989,定义 3.6]

3.8

太阳电池的伏安特性曲线　*I-V* characteristic curve of solar cell

系指受光照的太阳电池,在一定的辐照度和温度以及不同的外电路负载下,流入负载的电流 I 和电池端电压 V 的关系曲线。

[GB/T 2297—1989,定义 3.5]

3.9

填充因子(曲线因子)　fill factor(curve factor)

系指太阳电池的最大功率与开路电压和短路电流乘积之比。通常用 FF(或 CF)表示。

[GB/T 2297—1989,定义 3.14]

3.10

最大功率　maximum power

在太阳电池的伏安特性曲线上,电流电压乘积的最大值。

[GB/T 2297—1989,定义 3.9]

3.11

最大功率点　maximum power point

在太阳电池的伏安特性曲线上对应最大功率的点,亦称最佳工作点。

[GB/T 2297—1989,定义 3.10]

3.12

最佳负载　optimum load

使受光照射的太阳电池工作在最大功率点时的负载。

[GB/T 2297—1989,定义 3.11]

3.13

最佳工作电压　optimum operating voltage

太阳电池伏安特性曲线上最大功率点所对应的电压，通常用 V_m 表示。

[GB/T 2297—1989，定义 3.12]

3.14

最佳工作电流　optimum operating current

太阳电池伏安特性曲线上最大功率点所对应的电流，通常用 I_m 表示。

[GB/T 2297—1989，定义 3.13]

3.15

转换效率　conversion efficiency

系指受光照太阳电池的最大功率与入射到该太阳电池上的全部幅射功率的百分比。

[GB/T 2297—1989，定义 3.22]

3.16

太阳模拟器　solar simulator

模拟太阳光谱和辐照度的一种光源设备，通常用作测试太阳电池的电性能的光源。

[GB/T 2297—1989，定义 5.35]

3.17

标准太阳电池　standard solar cell

用规定的标定方法标定过的太阳电池，用作测量光源的辐照度，也用来比较同类型太阳电池的电性能，实际上是一种标准的接收器或仪表。

注：改写 GB/T 2297—1989，定义 5.29。

3.18

标准工作条件　standard operating conditions

标准工作条件是用标准太阳电池测量的辐照度为 1 000 W/m^2 并具有标准的太阳光谱辐照度分布，太阳电池温度为组件的电池额定工作温度(NOCT)。

[GB/T 2297—1989，定义 4.55]

3.19

额定电压　rated voltage

在规定的工作条件下，依据同一类型光伏发电器的特性选择确定其输出电压，使这一类光伏发电器件的输出功率都接近最大功率，这个电压叫额定电压。

注：改写 GB/T 2297—1989，定义 4.56。

3.20

额定电流　rated current

在规定的工作条件下，光伏发电器在额定电压下所规定电流。

[GB/T 2297—1989，定义 4.58]

3.21

额定功率　rated power

在规定的工作条件下，光伏发电器在额定电压下所规定的输出功率。

[GB/T 2297—1989，定义 4.57]

3.22

浮充电　floating charge

把充电电路和储能元件的供电电路并联接到负载上，充电电路在向负载供电的同时，仍向储能元件充电，只有当充电电路断开时储能元件才向负载供电的一种充电运行方式。

4 系统组成与分类

4.1 组成

公路太阳能供电系统一般由太阳电池、蓄能装置、充放电控制器及稳压电路等组成。对于道班、小型收费站等需要交流供电的场所还应配备逆变器等装置。

4.2 分类

4.2.1 按负载性质分为直流供电系统和交流供电系统。

4.2.2 按负载大小分为低功率型、中功率型和大功率型：

a) 低功率型适用于太阳能突起路标、轮廓标等小于0.5 W的设施；

b) 中功率型适用于弯道诱导标、警告标志、闪烁警示灯、紧急电话等小于5 W的设施；

c) 大功率型适用于太阳能LED可变信息标志、LED交通标志、监控外场摄像机、无线基站、无人值守的通信站、小型收费站、道班等大于5 W的设施。

4.2.3 按太阳电池的基体材料又分为单晶硅、多晶硅、非晶硅等供电系统。

4.2.4 按光谱响应类型分为强光谱型和散射光谱型等供电系统。

5 技术要求

5.1 选用原则

5.1.1 公路沿线设施应根据供电条件，本着经济适用、环保、安全、节约的原则选用太阳能供电系统。

5.1.2 公路沿线设施的用电负载宜采用直流供电方式，避免直流变换到交流，再由交流变换到直流产生的无效电能损失。

5.1.3 太阳能突起路标、轮廓标等低功耗安全设施可选用散射光谱型太阳电池。

5.1.4 其他耗电较大的设施宜选用转换效率较高的单晶硅太阳电池，以减小外形尺寸。

5.1.5 收费站、公路养护道班等可选用单晶硅或多晶硅太阳电池阵列。

5.2 工作电压分级

公路沿线设施太阳能供电负载的工作电压分为1.5 V，2 V，3 V，6 V，9 V，12 V，15 V，24 V，36 V，48 V以及交流220 V等系列，公路沿线设施太阳能供电系统应优先按上述电压系列进行设计。

5.3 太阳电池

5.3.1 单晶硅太阳电池的性能要求应符合GJB 1431.1和GB/T 9535的规定。

5.3.2 非晶硅太阳电池的性能要求应符合SJ/T 10698和GB/T 9535的规定。

5.3.3 太阳电池的外形尺寸应与沿线设施产品自身和周围环境协调一致。

5.3.4 太阳电池应根据年平均日照时间、安装环境、气象条件及负载和蓄电池大小等参数进行容量设计，保证太阳电池、蓄电池和负载等匹配良好。

5.4 蓄电池

5.4.1 铅酸蓄电池的性能要求应符合GB/T 22473的规定。

5.4.2 镉镍碱性蓄电池的性能要求应符合GB/T 22084.1或GB/T 15142的规定。

5.4.3 金属氢蓄电池的性能要求应符合GB/T 22084.2的规定。

5.5 耐环境适应性能

5.5.1 一般要求

5.5.1.1 公路沿线设施用太阳电池，除了符合GB/T 9535要求的环境试验外，还应满足5.5.2～5.5.5的规定。

5.5.1.2 太阳能供电系统中的蓄能装置、充放电控制器及稳压电路等电子部件应经过高低温试验，满足安装场所的环境温度条件要求。

5.5.1.3 太阳能供电系统的其他外露部件应耐腐蚀、抗老化，其耐盐雾、耐SO_2腐蚀和耐候性能应符合 GB/T 22040—2008 表 2 中 2.4、2.5、2.8 的规定。

5.5.2 太阳电池耐 UV 紫外辐射性能

5.5.2.1 按 GB/T 16422.3—1997 中 5.1.1 的规定，用 UV-A340 灯，样品架在 340 nm 时的辐照度控制在(0.78±0.02)W/m^2 · nm，按照 GB/T 16422.3—1997 中 7.8 的暴露方式 2，连续照射 480 h。

5.5.2.2 试验结束后，外观无 GB/T 9535—1998 中 10.1.2 所列的缺陷，标准测试条件下太阳电池和蓄电池的最大输出功率衰减不应超过试验前的 5%；绝缘电阻按照 GB/T 9535—1998 中 10.3 规定的方法测试应不小于 50 MΩ。

5.5.3 太阳电池耐盐雾腐蚀性能

按 GB/T 2423.17 的规定经过 168 h 的试验后，应符合 5.5.2.2 的要求。

5.5.4 太阳电池耐风沙性能

按 GB/T 22040—2008 中要求的试验后，对太阳电池进行测试，应符合 5.5.2.2 的要求。

5.5.5 太阳电池耐机械振动性能

按 GB/T 23828—2009 中 5.10.5 的要求进行试验后，太阳电池无 GB/T 9535—1998 中 10.1.2 所列的缺陷；整个系统工作正常，输出工作电压达到初始试验前的要求。

6 检验规则

单晶硅太阳电池、多晶硅太阳电池、铅酸蓄电池、镍铬蓄电池、金属氢蓄电池等产品分别按 GJB 1431.1、SJ/T 10698、GB/T 22473、GB/T 15142、GB/T 22084.1、GB/T 22084.2 有关检验规则章节进行。

7 标志、包装、运输与贮存

7.1 铅酸蓄电池按 GB/T 22473 有关规定执行。

7.2 圆形镍铬蓄电池按 GB/T 22084.1 有关规定执行。

7.3 方形镍铬蓄电池按 GB/T 15142 有关规定执行。

7.4 金属氢蓄电池按 GB/T 22084.2 有关规定执行。

7.5 单晶硅太阳电池按 GJB 1431.1 有关规定执行。

7.6 多晶硅太阳电池按 SJ/T 10698 有关规定执行。

7.7 对于供电系统，由系统集成单位对上述单元进行汇总，提交供货清单、组装原理图及注意事项，并符合 GB/T 191 的有关规定。

参 考 文 献

［1］ GB/T 2297—1989 太阳光伏能源系统术语.

ICS 03.220.20;93.080.30
P 66

GB

中华人民共和国国家标准

GB/T 24717—2009

道路预成形标线带

Preformed pavement marking tape

2009-11-30 发布　　　　2010-04-01 实施

中华人民共和国国家质量监督检验检疫总局
中国国家标准化管理委员会　发布

前　言

本标准的附录A和附录B为规范性附录。

本标准由全国交通工程设施(公路)标准化技术委员会(SAC/TC 223)提出并归口。

本标准起草单位:交通部公路科学研究院、国家交通安全设施质量监督检验中心、北京中交华安科技有限公司。

本标准主要起草人:苏文英、杜玲玲、郭东华、匡金和、刘恒权、包敏。

道路预成形标线带

1 范围

本标准规定了道路预成形标线带的技术要求、试验方法、检验规则、标志、包装、运输及贮存。

本标准适用于各类道路交通标线所使用的预成形标线带，机场、港口、厂矿、住宅区等道路上的预成形标线带(以下简称标线带)可参照使用。

2 规范性引用文件

下列文件中的条款通过本标准的引用而成为本标准的条款。凡是注日期的引用文件，其随后所有的修改单(不包括勘误的内容)或修订版均不适用于本标准，然而，鼓励根据本标准达成协议的各方研究是否可使用这些文件的最新版本。凡是不注日期的引用文件，其最新版本适用于本标准。

GB/T 1768 色漆和清漆 耐磨性的测定 旋转橡胶砂轮法(GB/T 1768—2006，ISO 7784-2：1997，IDT)

GB/T 2918 塑料试样状态调节和试验的标准环境(GB/T 2918—1998，idt ISO 291：1997)

GB/T 16311 道路交通标线质量要求和检测方法

JT/T 688 逆反射术语

JT/T 690 逆反射体光度性能测试方法

JT/T 691 水平涂层逆反射亮度系数测试方法

3 术语和定义

JT/T 688 确立的以及下列术语和定义适用于本标准。

3.1

长效标线带 marking tape for extended service life

按照厂商推荐的工序铺设在每车道平均日交通量不大于 15 000 PCU 的路面上，使用寿命达到 12 个月以上的标线带。

3.2

临时标线带 marking tape for limited service life

按照厂商推荐的工序铺设在每车道平均日交通量不大于 15 000 PCU 的路面上，使用寿命达到 3 个月以上的标线带。

3.3

亮度因数 luminance factor

在相同照明和观测条件下，标线带表面的亮度与标准漫反射白板的亮度之比。

3.4

表面花纹 surface pattern

一种突起高度在 0.8 mm 以上，约占标线带总面积 50% 的表面突起花纹。

4 产品分类

4.1 长效标线带

4.1.1 长效标线带根据是否预涂压敏胶，分为Ⅰ型长效标线带和Ⅱ型长效标线带：

——Ⅰ型长效标线带：标线带无预涂胶，使用时涂敷液态粘合剂；

——Ⅱ型长效标线带：标线带预涂压敏胶，使用时预备或不预备粘接剂或底胶。

4.1.2 长效标线带根据初始逆反射亮度系数的大小，分为Ⅰ级反光长效标线带和Ⅱ级反光长效标线带：

——Ⅰ级反光长效标线带：初始逆反射亮度系数满足表1中Ⅰ级要求的标线带；

——Ⅱ级反光长效标线带：初始逆反射亮度系数满足表1中Ⅱ级要求的标线带。

4.1.3 长效标线带根据抗滑性能，分为A级抗滑长效标线带和B级抗滑长效标线带：

——A级抗滑长效标线带：抗滑值至少为45 BPN的标线带；

——B级抗滑长效标线带：抗滑值至少为55 BPN的标线带。

4.2 临时标线带

临时标线带根据可清除的方便程度，分为Ⅰ型临时标线带和Ⅱ型临时标线带：

——Ⅰ型临时标线带：标线带材料使用期限超过预计的有限寿命之后，可以人工或使用机械手段，在4 ℃以上从沥青或水泥混凝土路面整块或以大于60 cm的碎片除去。不应使用加热、溶解、击碎或炸开等破坏性手段对路面留下痕迹。

——Ⅱ型临时标线带：标线带材料不必具备可清除的特性。

5 技术要求

5.1 物理性能

5.1.1 标线带应柔韧、易成型。

5.1.2 标线带应清洁、无裂纹，边界清晰、顺直、无破损。

5.1.3 标线带厚度一般为0.3 mm～2.5 mm。

5.1.4 标线带应按照厂商推荐的工序，在使用温度至10 ℃之间粘贴在沥青或水泥路面。

5.2 色度性能

标线带的颜色，包括表面色和逆反射色，应符合GB/T 16311的要求。

5.3 光度性能

反光标线带干态的初始逆反射亮度系数 R_L 应达到表1的要求。

表1 标线带干态的初始逆反射亮度系数 R_L

标线带类型		初始逆反射亮度系数 R_L/(mcd·m^{-2}·lx^{-1})	
		白	黄
临时	Ⅰ型	500	300
	Ⅱ型	500	300
长效	Ⅰ级反光	500	300
	Ⅱ级反光	250	175

5.4 耐水性能

标线带在水中浸泡后，应无明显的褪色、起皮、收缩、开裂等异常现象。

5.5 耐碱性能

标线带在饱和 $Ca(OH)_2$ 溶液中浸泡后，应无明显的褪色、起皮、收缩、开裂等异常现象。

5.6 耐磨性能

标线带在正常的使用寿命期间，应无明显的褪色、起皮或收缩。长效标线带在1 000 g载荷200转后，减重不大于60 mg；临时标线带Ⅰ型在每1 000 g载荷2 000转后、Ⅱ型在每1 000 g载荷1 000转试验后，不应磨损穿透。

5.7 粘接性能

标线带最小粘接值见表2。

表 2　粘接性能

使用温度/℃	测试温度/℃	最小粘接力/N
10	10	4.88
24	24	4.88
46	46	4.88

5.8　抗滑性能

长效标线带 A 级抗滑的最小抗滑值为 45 BPN，B 级抗滑的最小抗滑值为 55 BPN；临时标线带的最小抗滑值为 45 BPN。

注：带有表面花纹的标线带，不做抗滑性能要求。

6　试验方法

6.1　测试条件

除非另有规定，试样测试前应遵照 GB/T 2918 中的规定，在温度 23 ℃±2 ℃、相对湿度 50%±10%的环境中进行 24 h 的状态调节。测试工作宜在温度 23 ℃±2 ℃、相对湿度 50%±10%的环境中进行。

6.2　色度性能

裁取 1 000 mm 长的标线带试样，按 GB/T 16311 规定的方法进行测试。

6.3　光度性能

裁取 1 000 mm 长的标线带试样，按照 JT/T 690 或 JT/T 691 规定的方法，在观测角 1.05°、入射角 88.76°的条件下，测量试样表面的逆反射亮度系数 R_L。

6.4　耐水性能

裁取 25 mm 长的标线带试样，在 23 ℃±2 ℃的水中浸泡 24 h，然后检查其现象。

6.5　耐碱性能

裁取 25 mm 长的标线带试样，在饱和 $Ca(OH)_2$ 溶液中浸泡 24 h，然后检查其现象。

6.6　耐磨性能

按 GB/T 1768 规定的方法进行测试。

6.7　粘接性能

按附录 A 进行测试。

6.8　抗滑性能

按附录 B 进行测试。

7　检验规则

7.1　出厂检验

产品出厂前，应进行随机抽样，对 5.1～5.6 的性能进行自检，合格者附合格证才可出厂。

7.2　型式检验

有下列情况发生时，应按本标准要求，对第 5 章的性能进行型式检验：

a)　老产品转厂生产时；

b)　停产一年或一年以上的产品再生产时；

c)　正常生产的产品经历两年生产时；

d)　产品结构、材料、工艺有较大改变时；

e)　国家授权的质量监督部门提出质量抽查或复查时。

8 标志、包装、运输和贮存

8.1 标线带应有清晰、耐久的产品标志(标识),内容包括:

a) 生产厂商的名称、商标或其他有关信息;

b) 应用的标准号,如 GB/T 24717—2009;

c) 标线带的类别、生产日期及批号等。

8.2 标线带应整卷包装,每 50 m 长度内其接头数不应超过 3 个。

8.3 标线带宜在 10 ℃～38 ℃的环境下贮存。

附　录　A
（规范性附录）
粘接性能试验方法

A.1　试验装置

A.1.1　试验机

恒定拉伸速率、示值误差在±1%范围内的拉力试验机。其上下两个夹具中心位于同一平面，该平面平行于受力夹具的移动方向，保持样品完全在同一平面。

A.1.2　测试板

尺寸为 50 mm×125 mm×1.5 mm 的平面不锈钢钢板，表面平整。

A.1.3　表面覆盖橡胶的钢质滚轮

钢质滚轮直径为 80 mm±2.5 mm，宽度为 45 mm±1 mm，表面覆盖厚约 6 mm、硬度为(80±5)邵氏 A 的橡胶。滚轴重量为 2 000 g±50 g。使用时手柄重量不加到滚轮上。

A.2　测试样品

A.2.1　试样长 250 mm、宽 25 mm，从整卷中裁取。保持粘接面洁净，操作者的手指或其他外部物品不准接触测试样品表面。

A.2.2　每卷准备 3 个测试样品。

A.3　测试步骤

A.3.1　准备测试板，用蘸有可利于除掉粘接残余物的溶剂纱布彻底擦洗。每次擦拭完毕将纱布丢弃。溶剂挥发后，用干纱布将其痕迹擦去。

注：对于仲裁试验，使用新的干净钢板。

A.3.2　从卷中裁取样品，让它自然放置 2 min 以上。将样品粘接面朝下贴到钢板的光亮面。样品的 125 mm 伸出钢板的一端。

A.3.3　对于宽度小于 25 mm 的样品，从同一卷中另外剪下一条，靠近测试样品平行粘贴，以保证总的宽度为 25 mm。不另外施加压力，使滚轴在样品背面沿长度方向每次以大约 300 mm/min 的速度通过。样品粘在钢板上 20 min 后，以 180°双折测试样品自由端，并由打折端部从板上剥去 25 mm。用拉力机样品夹下部夹住钢板突出部位，用样品夹上部夹住样品自由端。样品夹移动速度为 300 mm/min。样品从钢板剥离 25 mm 之后，以约 13 mm 间隔读取接下来大约 50 mm 的粘接值。样品从钢板剥离的最后 25 mm 不要读取数值。

注：为加速试验，除仲裁试验之外，样品粘贴到钢板之后可立即测试。这样得出的数值略微偏低，离散较大。

附　录　B
（规范性附录）
抗滑性能试验方法

B.1　仪器

B.1.1　摆式仪

带有滑块的摆锤重1 500 g±30 g。振荡中心到摆锤重心的距离为411 mm±5 mm。仪器可上下调节。以保证测试时滑块在平整表面的接触路径为125 mm±1.6 mm。

B.1.2　滑块

B.1.2.1　滑块由铝质支撑盘和固定在其上的橡胶条组成。橡胶条尺寸为6 mm×25 mm×76 mm。橡胶为天然橡胶或人工合成橡胶。

B.1.2.2　新滑块使用前应使用60号砂纸在干燥状态摆动10次。摆动前应做测试校准。

B.1.2.3　滑块边缘的撞击磨损水平方向不应超过3.2 mm，垂直方向不应超过1.6 mm。

B.1.3　附件

B.1.3.1　接触路径度量工具由一薄板尺组成，根据测试需要测量路径长度在124 mm～127 mm之间。

B.1.3.2　准备盛水容器、表面温度计、刷子等器具备用。

B.2　测试样品

B.2.1　测试表面应清洁、无松散颗粒并固定牢固，受摆锤冲击时不致移动。

B.2.2　测试面积至少为90 mm×150 mm。

B.3　仪器准备

B.3.1　水平调整

仔细调整调平旋钮，直到水准仪的气泡位于中心。

B.3.2　零点调整

松开锁定旋钮，升高摆锤装置，拧动测试仪器中心部位的一对移动旋钮，使滑块离开测试表面摆动。拧紧锁定旋钮。将摆锤置于自由状态，逆时针旋转拖动指针直到指针靠近摆锤臂调节旋钮。释放摆锤并记录指针读值。如果读值非零，松开锁定环，轻轻旋转支撑轴上的摩擦环然后再锁定。重复试验并调整摩擦环直到摆锤摆动指针值为零。

B.3.3　滑动长度调整

B.3.3.1　摆锤悬空，将调整架放在提升手柄的旋钮之下。放低摆锤使滑块边缘正好接触测试表面。锁紧摆锤头，提升手柄，移去调整架。

B.3.3.2　用提升手柄升高滑块，将摆锤移动到稍低于滑块，使摆锤缓慢移动直到滑块边缘接触测试表面。将标尺与摆动方向平行放在滑块边，以调整接触路径的滑动长度。用提升手柄升高滑块，将摆锤移开，然后缓慢降低直到滑块边缘再次接触表面。如果滑动长度测试不在124 mm～127 mm之间，通过调整调平旋钮升降仪器，再次测量橡胶滑块边缘从轨迹一边到另一边的长度。如有必要，重新调整仪器使其水平。将摆锤放置到自然状态，逆时针旋转拖动指针，直到指针靠在摆锤调整旋钮上。

B.4 测试步骤

B.4.1 用水将测试表面整个浇一遍，进行一次摆动，但不记录数据。

注：摆锤摆动返回早期应一直抓住摆锤，用手柄升高滑块以阻止滑块和测试表面的接触。每次摆动之前指针应返回直到靠住调节旋钮。

B.4.2 立刻再进行四次摆动，记录测试结果。每次测试重新浇湿测试面，并检查滑动长度。

注：注意滑动期间保持滑块与测试表面平行。

ICS 03.220.20;93.080.30
P 66

中华人民共和国国家标准

GB/T 24718—2009

防　眩　板

Anti-glare board

2009-11-30 发布　　　　2010-04-01 实施

中华人民共和国国家质量监督检验检疫总局
中国国家标准化管理委员会　发布

前　言

本标准的附录 A 为规范性附录。

本标准由全国交通工程设施(公路)标准化技术委员会(SAC/TC 223)提出并归口。

本标准负责起草单位:交通部公路科学研究院、国家交通安全设施质量监督检验中心、公路交通安全实验室。

本标准参加起草单位:北京中交华安科技有限公司。

本标准主要起草人:张智勇、郭东华、陆宇红、高捍忠、马学峰、徐东、王超。

防　眩　板

1　范围

本标准规定了防眩板的产品分类、命名、技术要求、试验方法、检验规则以及标识、包装、运输和贮存。

本标准适用于道路交通用板类防眩设施。

2　规范性引用文件

下列文件中的条款通过本标准的引用而成为本标准的条款。凡是注日期的引用文件，其随后所有的修改单(不包括勘误的内容)或修订版均不适用于本标准，然而，鼓励根据本标准达成协议的各方研究是否可使用这些文件的最新版本。凡是不注日期的引用文件，其最新版本适用于本标准。

GB/T 700　碳素结构钢(GB/T 700—2006,ISO 630:1995,NEQ)

GB/T 1446—2005　纤维增强塑料性能试验方法总则

GB/T 2573　玻璃纤维增强塑料老化性能试验方法

GB/T 1463—2005　纤维增强塑料密度和相对密度试验方法(ASTM D792—1998,NEQ)

GB/T 2918　塑料试样状态调节和试验的标准环境(GB/T 2918—1998,idt ISO 291:1997)

GB/T 3854　增强塑料巴柯尔硬度试验方法(GB/T 3854—2005,ASTM D2583—1995,MOD)

GB/T 4956　磁性基体上非磁性覆盖层　覆盖层厚度测量　磁性法(GB/T 4956—2003,ISO 2178:1982,IDT)

GB/T 8924—2005　纤维增强塑料燃烧性能试验方法　氧指数法

GB/T 9286　色漆和清漆　漆膜的划格试验(GB/T 9286—1998,eqv ISO 2409:1992)

GB/T 11547　塑料　耐液体化学试剂性能的测定(GB/T 11547—2008,ISO 175:1999,MOD)

GB/T 16422.2—1999　塑料实验室光源暴露试验方法　第2部分:氙弧灯(GB/T 16422.2—1999,idt ISO 4892-2:1994)

GB/T 18226—2000　高速公路交通工程钢构件防腐技术条件

GB/T 22040—2008　公路沿线设施塑料制品耐候性要求及测试方法

GB/T 24721.1—2009　公路用玻璃纤维增强塑料产品　第1部分:通则

JT/T 281—2007　公路波形梁钢护栏

JT/T 495—2004　公路交通安全设施质量检验抽样及判定

JT/T 600.1—2004　公路用防腐蚀粉末涂料及涂层　第1部分:通则

3　产品分类与命名

3.1　产品分类

按产品结构划分：

a)　Z——中空型；

b)　S——实体型；

c)　T——特殊造型。

按板体材料划分：

a) P——塑料板体型；

b) F——玻璃纤维增强塑料(玻璃钢)板体型；

c) M——钢质金属板体型；

d) Q——其他材质板体型。

3.2 型号

防眩板产品的型号名称符合以下规定：

□ □ □ □×□

——板宽，单位为毫米(mm)；

——板高，单位为毫米(mm)；

——类型：表示产品类型 Z、S、T；

——板体材料：表示板体材料类型 P、F、M、Q；

——产品名称：FXS。

示例：以高密度聚乙烯为原材料的规格为高 900 mm、宽 220 mm 的中空塑料防眩板应表示为"FXS P Z 900×220"。

4 技术要求

4.1 一般要求

4.1.1 原材料

原材料要求如下：

a) 塑料防眩板树脂原材料应符合相应的国家标准对于各类树脂的相关规定；

b) 玻璃纤维增强塑料(玻璃钢)防眩板的原材料性能应符合 GB/T 24721.1—2009 中 4.1.1 的规定；

c) 金属板体的钢质基板应符合 GB/T 700 中相关型号钢板的规定，涂塑层应用的粉末涂料应符合 JT/T 600.1—2004 的规定。

4.1.2 外观质量

产品表面颜色均匀一致，无明显的反光现象，边缘圆滑、无毛刺、无飞边；表面无剥离、无裂纹、无气泡、无沙眼等缺陷，整体成型完整、无明显歪斜。

4.1.3 结构尺寸

除特殊造型防眩板产品外，产品主要结构尺寸见表 1。

表 1 防眩板主要结构尺寸

单位为毫米

高 度 H	宽 度 W	厚 度 t		固定螺孔直径 ϕ
700～1 000	80～250	中空塑料板体型	≥1.5	8～10
		钢质金属板体型	2～4	
		玻璃钢及其他实体型	2.5～4	

结构尺寸的公差应符合下列规定：

a) 高度 H 的允许偏差为 $^{+5}_{0}$ mm；

b) 宽度 W 的允许偏差为±2 mm；

c) 钢质金属板体型等规则厚度防眩板，其厚度 t 的允许偏差为±0.3 mm，其他非规则厚度板体的厚度允许偏差应满足表1中的上下限要求；

d) 固定螺孔直径允许偏差为$^{+0.5}_{0}$ mm；

e) 纵向直线度不大于2 mm/m。

4.2 理化性能

防眩板产品的理化性能要求应符合表2～表5的要求。

表2 防眩板通用理化性能

序号	项目	单位	技术要求
1	抗风荷载 F	N	F应不小于C与S的乘积，其中C为抗风荷载常数，取值为1 647.5N/m^2，S为该规格防眩板的有效承风面积
2	抗变形量 R	mm/m	≤10
3	抗冲击性能		经抗冲击性能试验后，以冲击点为圆心，半径6 mm区域外，试样表面或板体无开裂、剥离或其他破坏现象

表3 塑料防眩板理化性能

序号	项目		技术要求
1	耐溶剂性能	耐汽油性能	经耐溶剂试验后，试样表面不应出现软化、皱纹、起泡、开裂、被溶解、溶剂浸入等痕迹
		耐酸性能	
		耐碱性能	
2	环境适应性能	耐低温坠落性能	经低温坠落试验后，试样应无开裂、破损现象
		耐候性能	经总辐照能量大于3.5×10^6 kJ/m^{2}的人工加速老化试验后，试样无明显变色、龟裂、粉化等老化现象，试样的耐候质量等级评定应符合GB/T 22040—2008中5.2的规定

表4 玻璃钢防眩板理化性能

序号	项目		单位	技术要求
1	密度		g/cm^3	≥1.5
2	巴柯尔硬度		—	≥40
3	氧指数(阻燃性能)		%	≥26
4	耐溶剂性能	耐汽油性能	—	经耐溶剂试验后，试样表面不应出现软化、皱纹、起泡、开裂、被溶解、溶剂浸入等痕迹
		耐酸性能		
		耐碱性能		
5	耐水性能		—	经144 h加速耐水试验后，试样表面不应出现软化、皱纹、起泡、开裂、被溶解、溶剂浸入等痕迹
6	环境适应性能	耐低温坠落性能	—	经低温坠落试验后，产品应无开裂、破损现象
		耐候性能		经总辐照能量大于3.5×10^6 kJ/m^{2}的人工加速老化试验后，试样无明显变色、龟裂、粉化等老化现象，试样耐候质量等级评定应符合GB/T 22040—2008中5.2的规定

表 5　钢质金属基材防眩板理化性能

<table>
<tr><th>序号</th><th colspan="5">项目</th><th>单位</th><th>技术要求</th></tr>
<tr><td rowspan="4">1</td><td colspan="2" rowspan="4">涂塑层厚度</td><td colspan="2" rowspan="2">热塑性涂层</td><td>单涂层</td><td rowspan="4">mm</td><td>0.38～0.80</td></tr>
<tr><td>双涂层</td><td>0.25～0.60</td></tr>
<tr><td colspan="2" rowspan="2">热固性涂层</td><td>单涂层</td><td>0.076～0.150</td></tr>
<tr><td>双涂层</td><td>0.076～0.120</td></tr>
<tr><td>2</td><td colspan="5">双涂层基板镀锌层附着量</td><td>g/m²</td><td>≥270</td></tr>
<tr><td rowspan="2">3</td><td colspan="3" rowspan="2">涂层附着性能</td><td colspan="2">热塑性粉末涂料涂层</td><td>—</td><td>一般不低于 2 级</td></tr>
<tr><td colspan="2">热固性粉末涂料涂层</td><td>—</td><td>0 级</td></tr>
<tr><td rowspan="4">4</td><td rowspan="4">环境适应性能</td><td colspan="2" rowspan="3">耐盐雾性能</td><td colspan="2">钢质基底无其他防护层</td><td rowspan="3">—</td><td>经 8 h 试验后，划痕部位任何一侧 0.5 mm 外，涂层应无气泡、剥离的现象</td></tr>
<tr><td rowspan="2">金属防护层基底</td><td>第Ⅰ段(8 h)</td><td>经 8 h 试验后，划痕部位任何一侧 0.5 mm 外，涂层应无气泡、剥离的现象</td></tr>
<tr><td>第Ⅱ段(200 h)</td><td>经 200 h 试验后，基底金属无锈蚀</td></tr>
<tr><td colspan="4">涂层耐湿热性能</td><td>—</td><td>经 8 h 试验后，划痕部位任何一侧 0.5 mm 外，涂层应无气泡、剥离的现象</td></tr>
</table>

5 试验方法

5.1 试样状态调节和试验环境条件

除特殊规定外，试样应按 GB/T 2918 的规定进行 24 h 状态调节，并且在此条件下进行试验：

a) 试验环境温度：23 ℃±2 ℃；

b) 试验环境相对湿度：50%±5%。

5.2 试剂

应包括下列试剂：

a) 固体试剂：NaOH(化学纯)、NaCl(化学纯)；

b) 液体试剂：H_2SO_4(化学纯)、无铅汽油(90 号)。

5.3 试验仪器和设备

试验应包括下列主要仪器和设备：

a) 力学性能试验机：应符合 GB/T 1446—2005 中 5.1 的规定；

b) 人工加速氙弧灯老化试验箱：应符合 GB/T 16422.2—1999 中第 4 章的规定；

c) 盐雾试验箱：80 cm^2 的接收面内每小时的盐雾沉降量为 1 mL～2 mL；

d) 高低温湿热试验箱：高温上限不低于 100 ℃，低温下限温度不高于－40 ℃，温度波动范围不超过±1 ℃；最大相对湿度不低于 95%，相对湿度波动范围不超过±2.5%，并应能符合 GB/T 2573规定；

e) 试验平台：等级不低于 1 级。

5.4 试样

玻璃钢防眩板的试样要求应符合 GB/T 24721.1—2009 中 5.4 的相关规定。

塑料防眩板及玻璃钢防眩板耐溶剂性能试样应尽可能从防眩板平缓部位截取，试样面积大小应不小于 100 cm^2。

5.5 试验程序

5.5.1 外观质量

在正常光线下，目测直接观察。

5.5.2 结构尺寸

5.5.2.1 高度 H

将试样做平面投影，用分度值 1 mm 的钢卷尺，在试样投影的最大长度位置量取 3 个数值，取算术平均值作为测量结果。

5.5.2.2 宽度 W

将试样做平面投影，用分度值 1 mm 的钢板尺，在试样投影的上、中、下 3 个部位分别量取 3 个测量值，取算术平均值作为测量结果。

5.5.2.3 厚度 t

对板材厚度均匀的试样，用分度值 0.02 mm 的千分尺分别在板的中部及边缘部分量取 3 个测量值，取算术平均值作为测量结果。对厚度不均匀的试样，对其板面的极限厚度值各量取 3 个测量值，取算术平均值作为厚度区间的测量结果。对于中空型的防眩板，厚度 t 为材料实壁单层厚度。

5.5.2.4 固定螺孔直径 Φ

用分度值 0.01 mm 的游标卡尺在不同方向量取 3 个测量值，取算术平均值作为测量结果。

5.5.2.5 纵向直线度

在试验平台上，用分度值为 0.01 mm 的塞尺，量取板侧与试验平台间的 3 个最大缝隙值 d，取算术平均值 $\bar{d}$，则纵向直线度按公式(1)求出：

$$纵向直线度 = \bar{d}/H \times 100\% \qquad \cdots\cdots(1)$$

式中：

$\bar{d}$——最大缝隙值算术平均值，单位为毫米(mm)；

H——防眩板高度，单位为毫米(mm)。

5.5.2.6 端部不垂直度

对于规则方形防眩板，以万能角度尺在其板端量取 3 个测量值，取算术平均值作为测量结果。对于非规则方形防眩板，不作要求。

5.5.3 整体力学性能

5.5.3.1 抗风荷载 F

将防眩板底部固定于试验平台上，板的中部用标准夹具夹持，以标准夹具的中点为力学牵引点，用刚性连接介质通过定滑轮与力学试验机牵引系统牢固连接，牵引点应与定滑轮下缘在同一直线上，且牵引方向应垂直于防眩板板面，在连接介质完全松弛的情况下，以 100 mm/min 的速度牵引，直至板面破裂或已经达到最大负荷时，停止试验，所受最大牵引负荷即为试样的抗风荷载。如此共进行 3 组试验，取 3 次试验结果的算术平均值为测试结果。

试验牵引装置的设置按照附录 A 的要求进行。

5.5.3.2 抗变形量 R

试验设备设置同抗风荷载，将防眩板固定于试验平台上，并与试验机良好连接。标记出板上端到操作台平面的投影 S_0，启动试验机，以 15 mm/min 的速度进行牵引，当牵引负荷达到表 2 中相应规格的抗风荷载时，停止牵引，卸掉施加负荷，使防眩板自由弹性恢复，5 min 后作板上端到操作台平面的投影，标记为 S_1，则防眩板抗变形量 R 可用公式(2)表示为：

$$R = (S_1 - S_0)/H \qquad \cdots\cdots(2)$$

式中：

R——抗变形量，单位为毫米每米(mm/m)；

S_1——终了投影位移，单位为毫米(mm)；

S_0——初始投影位移，单位为毫米(mm)；

H——板高,单位为米(m)。

如此共进行3组试验,取3次试验结果的算术平均值为测试结果。

5.5.3.3 抗冲击性能

将试样放置在标准环境条件下调节24 h后进行试验。试样应平整放置于硬质地面或试验台上,用重量为1 kg钢球从距板面高度1 m处自由下落,冲击试样,保证在冲击的过程中钢球与试样只接触一次,每件试样冲击点应选择上、中、下3个部位进行冲击试验,观测试验结果应符合4.2表2中的规定。

5.5.4 耐溶剂性能

5.5.4.1 塑料防眩板

常规耐溶剂性能按照GB/T 11547的方法进行,浸泡温度为23 ℃±2 ℃,浸泡时间为168 h。试验试剂选用以下类型:

a) 30%的 H_2SO_4 溶液;

b) 10%的NaOH溶液;

c) 90号汽油。

5.5.4.2 玻璃钢防眩板

按GB/T 24721.1—2009中5.5.5规定。

5.5.5 耐水性能

玻璃钢防眩板耐水性能按照GB/T 2573规定的方法进行,试验用水应为蒸馏水或去离子水,试验水温为80 ℃±2 ℃,试验144 h后进行外观测试。

5.5.6 环境适应性能

5.5.6.1 耐低温坠落性能

将长度为500 mm试样放置在低温试验箱中,温度降至−40 ℃±3 ℃,恒温调节2 h后取出试样,板面平行于地面由1 m高度处自由坠落至硬质地面,观测试验结果。

5.5.6.2 耐候性能(氙弧灯人工加速老化试验)

按GB/T 22040—2008中6.9规定执行。

5.5.7 玻璃钢防眩板理化性能

5.5.7.1 密度

按GB/T 1463—2005规定执行,采用浮力法。

5.5.7.2 巴柯尔硬度

按GB/T 3854规定执行。

5.5.7.3 氧指数(阻燃性能)

按GB/T 8924—2005规定执行。

5.5.8 钢质金属基材防眩板理化性能

5.5.8.1 基板厚度

试样经剥离外部涂塑层后,用分度值0.02 mm的板厚千分尺分别在板的上、中、下边缘部分量取3个测量值,取算术平均值作为测量结果。

5.5.8.2 涂塑层厚度

涂层厚度按GB/T 4956的规定进行,以测量值的算术平均值表示测试结果,若测试值中10%以上的值超出技术要求范围,即使算术平均值符合技术要求,但该结果仍为不符合本标准的技术要求。

5.5.8.3 双涂层基板镀锌层附着量

按JT/T 281—2007中附录A的规定执行。

5.5.8.4 涂层附着性能

5.5.8.4.1 热固性粉末涂料涂层

按照GB/T 9286的方法进行。

5.5.8.4.2 热塑性粉末涂料涂层

用锋利的刀片在涂塑层上划出两条平行的长度为5 cm的切口，切入深度应达到涂层附着基底的表面，板状或柱状试样两条切口间距为3 mm，丝状试样的两条切口位于沿丝的轴向的180°对称面。在切口的一端垂直于原切口作一竖直切口，用尖锐的器具将竖直切口挑起少许，用手指捏紧端头尽量将涂层扯起。以扯起涂层状态将涂层附着性能区分为0级～4级如下：

——0级：不能扯起或扯起点断裂；

——1级：小于1 cm长的涂层能被扯起；

——2级：非常仔细的情况下可将涂层扯起1 cm～2 cm；

——3级：有一定程度附着，但比较容易可将涂层扯起1 cm～2 cm；

——4级：切开后可轻易完全剥离。

5.5.8.5 耐盐雾性能

按GB/T 18226—2000中6.3.7的规定执行。

5.5.8.6 涂层耐湿热性能

按照GB/T 18226中相关规定执行。

温度47 ℃±1 ℃，相对湿度96%±2%。

6 检验规则

产品的检验分为两类，即型式检验和出厂检验。

6.1 型式检验

6.1.1 型式检验应在生产线终端或生产单位成品库内抽取足够的样品，按第4章规定进行全部项目的检验。

6.1.2 型式检验为每两年进行一次，如有下列情况之一时，也应进行型式检验：

a) 新设计试制的产品；

b) 正式生产过程中，如原材料、工艺有较大改变，可能影响产品性能时；

c) 出厂检验结果与上次型式检验有较大差异时；

d) 国家质量监督机构提出型式检验时。

6.1.3 在生产企业首次批量定型生产时，型式检验中的耐候性能为必检项目，若检验合格，在产品配方不发生变化的情况下，耐候性能四年检验一次。若生产配方发生变化，应立即提请质检机构进行耐候性能测试。

6.1.4 型式检验时，如有任一项指标不符合本标准要求时，则需重新抽取双倍试样，对该项目进行复验，复验结果仍然不合格时，则判该型式检验为不合格，反之判定为合格。

6.2 出厂检验

6.2.1 产品需经生产单位质量部门检验合格并附产品质量合格证方可出厂。

6.2.2 用同一批号原材料，同一配方和同一工艺生产的产品可组成一批。

6.2.3 取样方法按JT/T 495—2004中5.1的规定进行。

6.2.4 出厂检验项目：4.1.2、4.1.3、表2第3项、7.1、7.2。

7 标识、包装、运输及贮存

7.1 标识

交货时，产品整包装应该附有一张制造标签和一张合格证标签。

制造标签内容包括：产品名称、型号、生产日期、批号、产品标准号、生产企业名称、联系地址。

合格证标签内容包括：合格证、检验合格、检验证编号、检验人员代号、检验日期等内容。

7.2 包装

产品外包装应能保证产品在运输和储存过程中，不受外力的轻微影响，保持外观完整。

7.3 运输

产品在运输时，不得受剧烈的撞击和重压。

7.4 贮存

存放场地应有明显的“禁止烟火”标志。贮存和使用过程中，应防止利器刮碰，不与高温热源或明火接触。

附 录 A
（规范性附录）
防眩板整体力学性能牵引装置设置要求

A.1 整体力学性能牵引装置设置图

防眩板整体力学性能牵引装置的设置应按图 A.1 图示的要求进行。

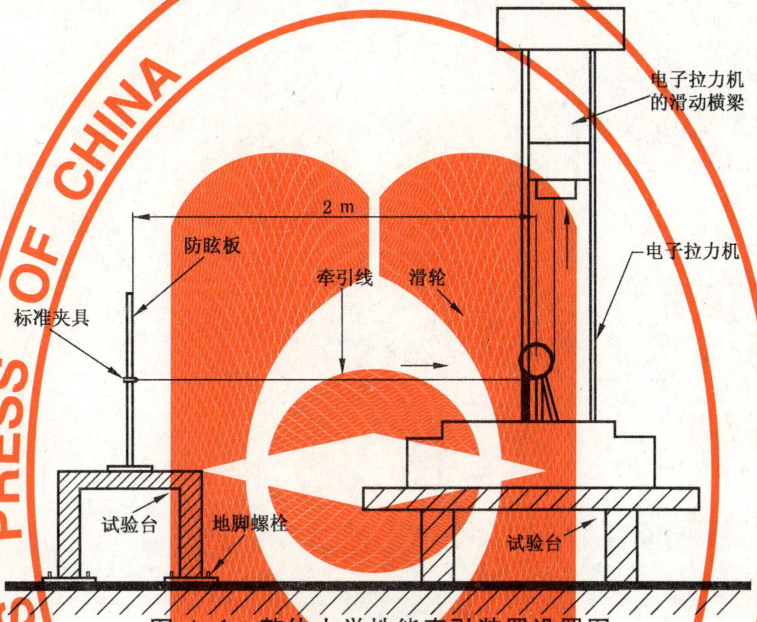

图 A.1 整体力学性能牵引装置设置图

A.2 抗变形量 *R* 的立面投影示意图

防眩板抗变形量 *R* 的立面投影示意图示见图 A.2。

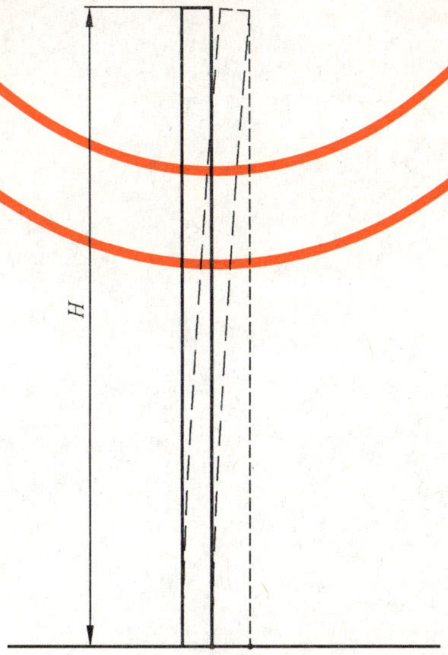

图 A.2 抗变形量 ***R*** 的立面投影示意图

ICS 03.220.20;93.080.30
P 66

中华人民共和国国家标准

GB/T 24719—2009

公路收费亭

Toll booth of highway

2009-11-30 发布 2010-04-01 实施

中华人民共和国国家质量监督检验检疫总局
中国国家标准化管理委员会 发布

前言

本标准由全国交通工程设施(公路)标准化技术委员会(SAC/TC 223)提出并归口。

本标准负责起草单位:交通部公路科学研究院、国家交通安全设施质量监督检验中心、公路交通安全实验室。

本标准参加起草单位:北京中交华安科技有限公司。

本标准主要起草人:张智勇、张璇、钱昭、周志伟、彭森、李伟、刘铁、王峣。

公 路 收 费 亭

1 范围

本标准规定了公路收费亭的分类、代号、技术要求、试验方法、检验规则、标志、包装、运输和贮存等。

本标准适用于公路交通使用的公路收费亭。

2 规范性引用文件

下列文件中的条款通过本标准的引用而成为本标准的条款。凡是注日期的引用文件，其随后所有的修改单(不包括勘误的内容)或修订版均不适用于本标准，然而，鼓励根据本标准达成协议的各方研究是否可使用这些文件的最新版本。凡是不注日期的引用文件，其最新版本适用于本标准。

GB/T 706 热轧型钢

GB/T 2518 连续热镀锌钢板及钢带

GB/T 3280 不锈钢冷轧钢板和钢带

GB/T 4237 不锈钢热轧钢板和钢带

GB/T 6723 通用冷弯开口型钢 尺寸、外形、重量及允许偏差

GB/T 6728 结构用冷弯空心型钢 尺寸、外形、重量及允许偏差

GB/T 8924 纤维增强塑料燃烧性能试验方法 氧指数法

GB/T 11944 中空玻璃

GB/T 12754 彩色涂层钢板及钢带

GB/T 13306 标牌

GB/T 15763.2 建筑用安全玻璃 第2部分:钢化玻璃

GB/T 17748 建筑幕墙用铝塑复合板

GB/T 18226—2000 高速公路交通工程钢构件防腐技术条件

GB 18580—2001 室内装饰装修材料 人造板及其制品中甲醛释放限量

GB 18583 室内装饰装修材料 胶粘剂中有害物质限量

GB 18586 室内装饰装修材料 聚氯乙烯卷材地板中有害物质限量

GB 19517 国家电气设备安全技术规范

GB/T 24721.1—2009 公路用玻璃纤维增强塑料产品 第1部分:通则

JB/T 5943 工程机械 焊接件通用技术条件

3 产品分类与结构尺寸

3.1 产品分类

3.1.1 公路收费亭按用途可分为单向收费亭和双向收费亭两类。

3.1.2 公路收费亭按外部表面材料可分为彩色钢板收费亭、不锈钢板收费亭、镀锌薄钢板收费亭和玻璃钢收费亭等。

3.2 产品代号

3.2.1 代号定义

3.2.1.1 用途代号

D——单向收费亭；

S——双向收费亭。

3.2.1.2 **表面材料代号**

C——彩色钢板；

B——不锈钢板；

DX——镀锌薄钢板；

BZ——玻璃钢(玻璃纤维增强塑料)板；

LS——铝塑复合板；

Q——其他类型表面材料。

3.2.1.3 **附属设施代号**

K——空调设施；

R——取暖设施；

F——通风设施。

3.2.2 **型号**

公路收费亭产品代号标注方法如下：

□-□-□

包含附属设施代号；

表面材料代号；

用途代号。

示例：不锈钢板外蒙皮单向收费亭(带空调设施)表示为：D-B-K

3.3 结构尺寸及允许偏差

3.3.1 **结构尺寸**

3.3.1.1 公路收费亭外形尺寸应符合表1的规定，一般情况下应采用表1中的推荐值。使用年限小于5年的临时收费亭或简易收费亭可采用表中一般值的低限，寒冷地区宜取表中一般值的高限。

表1 收费亭整体规格尺寸 单位为米

	推荐值		一般值	
	单向	双向	单向	双向
长度	2.5	3.8(无隔断)、4.4(有隔断)	2.4～2.8	3.6～4.4
宽度	1.6	1.6	1.4～2.0	1.4～2.0
高度	2.6	2.6	2.4～2.8	2.4～2.8

3.3.1.2 收费亭的壁厚(含外蒙皮、保温层、内装饰层等)一般地区应为4.5 cm～6 cm，寒冷地区应不小于8 cm。

3.3.2 **允许偏差**

收费亭宽度的允许偏差为±5 mm。

收费亭长度和高度的允许偏差为±8 mm。

4 技术要求

4.1 一般要求

4.1.1 **原材料**

4.1.1.1 型钢

用于收费亭的型钢应满足GB/T 706、GB/T 6723、GB/T 6728的要求。

4.1.1.2 金属材质外蒙皮

用于收费亭外蒙皮的镀锌钢板厚度应满足GB/T 2518的规定；彩色钢板厚度应满足GB/T 12754

的规定,钢板基材应采用热浸镀锌基材。不锈钢板不应采用镜面板,应满足 GB/T 3280 或 GB/T 4237 的要求。铝塑复合板应满足 GB/T 17748 的规定。

4.1.1.3 玻璃钢(玻璃纤维增强塑料)外层材料

用于收费亭外层的玻璃钢(玻璃纤维增强塑料)材料应符合 GB/T 24721.1—2009 的规定。

4.1.1.4 玻璃

使用的中空玻璃应使用安全玻璃,并满足 GB/T 11944 的规定,原片玻璃应使用安全钢化玻璃或夹胶玻璃,其性能应满足 GB/T 15763.2 的要求。

4.1.1.5 内饰材料

亭内应用内饰材料应选用环保型材料,人造板及其制品中甲醛释放限量应符合 GB 18580—2001 中 E2 级释放限量标准,聚氯乙烯卷材地板及使用的胶粘剂中的有害物质限量应符合 GB 18583 及 GB 18586的规定。

4.1.1.6 电气设施及元件

收费亭内各种电气设施的设计安装应符合 GB 19517 的规定,使用的电气设施及元件应满足国家相关标准的要求。

4.1.1.7 收费亭内焊接件应符合 JB/T 5943 规定。

4.1.2 外观质量

4.1.2.1 收费亭外观应平整、光滑,无凹凸现象,不得有焊接及铆接痕迹,紧固件不得外露。

4.1.2.2 收费亭外观颜色应均匀、简洁、醒目,宜进行外观颜色搭配设计,可采用桔红、红色、桔黄、浅蓝、不锈钢板本色或白色与其他颜色的搭配图案。

4.1.2.3 收费亭门窗、转角及接缝处不得有明显缝隙。

4.1.2.4 收费亭内部装饰应具有简洁明快、舒适高雅的效果。

4.1.2.5 收费亭内部地板应铺设平整、紧密、无松动、翘曲现象。

4.2 结构及设置要求

4.2.1 收费亭应采用型钢作结构骨架,骨架应不易变形,稳定牢固。型钢一般可选用管状型钢、角钢、槽钢等类型,车辆碰撞收费亭几率较大的区域,结构骨架宜选用管状型钢,以利提高安全性。

4.2.2 收费亭骨架宜采用整体拼装或焊接加工,且保证骨架不变形、变弯,整体稳定牢固。

4.2.3 收费亭整体设计重心应低于亭子高度的 1/2。

4.2.4 为保证收费亭整体加工性能,收费亭和部件宜采用模具加工,尤其是外部边角及开孔处,圆角过渡应光滑平整。

4.2.5 收费亭钢质外蒙皮可采用焊接或铆接工艺拼接成形,且应将拼接处打磨光滑使其平整,经处理后应无焊接或铆接痕迹。

4.2.6 收费亭接缝处应采用焊接、铆接、压条、密封胶条、玻璃胶等工艺或专用材料进行处理,保证亭身具有良好的密封性。

4.2.7 收费亭应设置一扇通行门,门的宽度为 0.60 m～0.90 m,高度为 1.75 m～2.00 m。门的上半部应设置玻璃窗。单向收费亭的通行门设置在亭的背面,而双向收费亭则设置在亭的一侧(正对收费员上下岗方向)。门应设门锁,门锁机构应灵活可靠,门锁在门外侧锁止时,应能从门内侧将其开启。收费亭通行门应推拉方便,单向收费亭通行门应向外开启并可采用闭门器,双向收费亭宜采用推拉门方式,推移应灵活可靠,无卡滞现象。

4.2.8 收费亭正对来车方向的正面及左右两侧共三面应设置玻璃窗,正前面应为固定玻璃窗,收费一侧玻璃窗可左右或上下推拉开启。上下开启窗可在任一高度随意锁定。活动开启窗的范围为 0.40 m～0.60 m。玻璃窗下缘距收费亭底部的高度为 0.85 m～1.05 m,玻璃窗上缘距收费亭顶部为 0.25 m～0.60 m。玻璃窗宜采用密封胶条嵌装等密封形式。

4.2.9 收费窗口应采用推拉窗方式,推移应灵活可靠,无卡滞现象,必要时可采用电动玻璃窗。

4.2.10 一般地区的收费玻璃窗应采用原片玻璃厚 8 mm 的钢化玻璃或夹胶玻璃，设计中有造型曲面时可选择使用原片玻璃厚 5 mm 的钢化玻璃，北方地区应采用双层中空玻璃制作，其原片玻璃应为不小于 5 mm 厚的钢化玻璃或夹胶玻璃。推拉窗可选用公称厚度小于 17 mm 的中空玻璃或 8 mm 的原片玻璃。

4.2.11 适用的中空玻璃应采用专用密封胶条夹持工艺安装。

4.2.12 为方便安装和运输，收费亭应设置安全可靠的吊装环(或吊装孔)。

4.2.13 应在收费亭适宜位置布设配电箱，外开门并加锁。配电箱内设置接线端子或接线排，方便亭内收费设备和电器设施电源的引入，每路电源应独立设置漏电保护器。

4.2.14 收费亭内应设置照明设备。

4.2.15 亭内应预埋各种管线孔槽，方便各种设备管线的引入。各种线缆的敷设应采用暗线方式，内设电线应采用 2.5 mm^2 以上的铜芯线，不应在亭内敷设明线。

4.2.16 收费亭应设置安全接地装置，收费亭安装就位后，应能方便地与收费岛上的接地体相连。

4.2.17 收费亭成品应在外蒙皮与内壁之间充填隔热、保温和阻燃性能良好的环保型材料。

4.2.18 收费亭内部地板宜采用双层结构，底层为承重及找平层，可采用防水性能好的木地板；面层为装饰层，宜具有良好的绝缘、保温性能，如防静电地板、木制复合地板或整体橡胶地板。

4.2.19 四壁和顶棚尽量采用同一装饰材料板，且选择保温、阻燃、绝缘的轻质材料为宜。

4.3 材料物化性能

4.3.1 钢构件防腐蚀性能

4.3.1.1 用于收费亭外蒙皮的镀锌钢板、彩色钢板厚度不得小于 1.0 mm。

4.3.1.2 收费亭外蒙皮采用彩色钢板时，钢板基材镀锌量应不小于 275 g/m^2，耐中性盐雾时间不少于 1 000 h。

4.3.1.3 收费亭外蒙皮采用镀锌薄钢板时，表层应采取喷塑或喷涂油漆进行涂层保护处理，镀锌层及涂塑层的防腐层厚度或质量应符合 GB/T 18226—2000 中表 3 的要求，耐中性盐雾时间不少于 200 h。

4.3.1.4 收费亭使用的除外蒙皮外的其他外露铁件应采用热浸镀锌方法进行涂层保护处理，镀锌层质量应符合 GB/T 18226—2000 中表 1 的要求，耐中性盐雾时间不少于 200 h。

4.3.2 玻璃钢(玻璃纤维增强塑料)物化性能

当收费亭外层材料选用玻璃钢(玻璃纤维增强塑料)材料时，材料的物化性能应符合表 2 的规定。

表 2 玻璃钢(玻璃纤维增强塑料)产品理化性能

序号	项目		单位	技术要求
1	通用物理力学性能	拉伸强度	MPa	≥140
		压缩强度	MPa	≥130
		弯曲强度	MPa	≥140
		冲击强度	kJ/m^2	≥80
		密度	g/cm^3	≥1.5
		巴柯尔硬度	—	≥40
		热变形温度	℃	≥135
2	氧指数(阻燃 2 级)		%	≥26
3	耐水性能		—	经规定时间试验后，产品表面不应出现软化、皱纹、起泡、开裂、被溶解、溶剂浸入等痕迹

表 2（续）

序号	项　　目	单位	技　术　要　求
4	耐化学介质性能(90＃汽油)	—	经规定时间试验后，产品表面不应出现软化、皱纹、起泡、开裂、被溶解、溶剂浸入等痕迹
5	耐候性能(氙弧灯人工加速老化试验)	—	经总辐照能量不小于 3.5×10^{6} kJ/m^2 的氙灯人工加速老化试验后，试样无变色、龟裂、粉化等明显老化现象

4.3.3　内饰材料阻燃性能

内饰材料应选用不燃或难燃类材料，难燃类材料的氧指数应不小于30%。

4.4　电气安全性能

配电箱中电气系统动力线与地线间及动力线之间的绝缘电阻均应不小于2 MΩ。

4.5　结构力学性能

收费亭顶部任意部位应能承受20 kPa的荷载。

4.6　防护性能

经淋水试验后，亭内部顶部、正面玻璃窗及侧壁(包括门、窗)不得有漏水现象。

4.7　照明条件

在只有亭内照明设施提供照明的条件下，收费亭内工作台面的照度达到100 lx～200 lx。

5　试验方法

5.1　试样状态调节和试验环境条件

金属材料试验环境为常温状态，纤维增强塑料及内饰材料等材料应在以下环境进行状态调节24 h，并且在下列条件进行试验：

a)　试验环境温度：23 ℃±2 ℃；

b)　试验环境相对湿度：50%±10%。

5.2　试样

纤维增强塑料材料试验的试样要求应符合GB/T 24721.1—2009中5.4的规定。

设计材料物化性能试验的试样要求选用收费亭生产用同批次原材料或构件，生产方应保留适量同批次原材料或构件样本，应包括型钢、外蒙皮、内饰材料、紧固件等。

5.3　试验程序及结果

5.3.1　外观质量

在正常光线下，目测直接观察。

5.3.2　材料物化性能

5.3.2.1　钢构件防腐蚀性能

按GB/T 18226—2000规定执行。

5.3.2.2　纤维增强塑料物化性能

按GB/T 24721.1—2009中5.5规定执行。

5.3.2.3　内饰材料阻燃性能

按GB/T 8924规定执行。

5.3.3　电气安全性能

按GB/T 8924规定执行。

5.3.4　结构力学性能

采用模拟重物抗压法。将底面积约为0.05 m^2 的托块(可选用不易变形的矩形或圆形轻质材料，如木块、轻质砖等)置于收费亭顶部任意位置,托盘上稳固放置一面积不小于 0.3 m^2 的承载板(可选用硬质木板、树脂板等),将质量为 100 kg 的重物平稳置于承载板上,放置 5 min,测试点至少应分布在收费亭顶部的中心及靠近边缘的 5 个部位。试验过程中,应无因承重导致的异响,试验完成后,收费亭顶部应无明显变形、开裂等缺陷。

5.3.5 防护性能

采用人工淋雨法。试验人员应手持水源站在与收费亭等高的高台或固定支撑物上,支撑物距收费亭距离 1.5 m～2.0 m,以 5 mm/min～7 mm/min 的强度,与铅垂线成 45°角的人工雨对亭子进行 30 min 淋雨,淋雨方向应包括收费亭正面方向和两个侧面方向。停止淋雨后擦干亭身及电气控制柜外部水迹,检查亭内,应无明显渗漏现象。

5.3.6 照明条件

采用标准照度计进行测量,均布测量工作台面照度值不少于 10 点,测试值应符合 4.7 的规定。

6 检验规则

本标准对产品的检验分为两类,即型式检验和出厂检验。

6.1 型式检验

6.1.1 型式检验应在生产线终端或生产单位成品库内抽取足够的样品,按第 3 章和第 4 章的要求进行全部性能检验。

6.1.2 型式检验为每两年进行一次,如有下列情况之一时,也应进行型式检验:

a) 新设计试制的产品;

b) 正式生产过程中,如原材料、工艺有较大改变,可能影响产品性能时;

c) 出厂检验结果与上次型式检验有较大差异时;

d) 国家质量监督机构提出型式检验时。

6.2 出厂检验

6.2.1 产品需经生产单位质量检验部门检验合格并附产品质量合格证方可出厂。

6.2.2 出厂检验项目:3.3、4.1.2、4.2、4.4、4.5、4.6。

7 标志、包装、运输及贮存

7.1 标志

收费亭产品应有产品标牌,产品标牌应固定于收费亭内大门上方或收费亭内后部适当位置。产品标牌型式尺寸应符合 GB/T 13306 的规定,并应包含下列主要内容:

a) 产品名称;

b) 产品型号;

c) 产品标准号;

d) 产品质量(kg);

e) 外型尺寸:长(mm)×宽(mm)×高(mm);

f) 生产单位全称;

g) 生产单位地址;

h) 出厂编号;

i) 出厂日期。

交货时,产品整包装应该附有合格证标签。合格证标签内容包括:合格证、检验合格、检验证编号、检验人员代号、检验日期等内容。

7.2 包装与运输

7.2.1 收费亭产品出厂前应进行必要的包装,门窗及内部配件应可靠关闭并包封,并符合运输部门的要求。

7.2.2　装卸时应用专用吊具，装车后应可靠固定，防止损伤收费亭。

7.3　贮存

收费亭产品应存放于通风、干燥的环境中，不应露天存放。对电气等应采取防护措施，防止受潮。

7.4　使用证明书

产品出厂应附使用说明书，使用说明书应包括如下内容：

a)　收费亭结构简图；

b)　电气线路图；

c)　安装使用注意事项；

d)　维护保养要点；

e)　主要附件、备件明细表。

ICS 03.220.20;93.080.30
P 66

中华人民共和国国家标准

GB/T 24720—2009

交通锥

Traffic cones

2009-11-30 发布　　　　2010-04-01 实施

中华人民共和国国家质量监督检验检疫总局
中国国家标准化管理委员会　发布

前　言

本标准由全国交通工程设施(公路)标准化技术委员会(SAC/TC 223)提出并归口。

本标准负责起草单位:交通部公路科学研究院、国家交通安全设施质量监督检验中心。

本标准参加起草单位:北京中交华安科技有限公司。

本标准主要起草人:苏文英、李丹、王蕊、王玮、马骏。

交　通　锥

1　范围

本标准规定了交通锥的产品分类、技术要求、试验方法、检验规则以及标志、包装、运输和贮存。

本标准适用于道路交通中用以临时阻挡或分隔车流、引导交通的交通锥，用作其他用途的锥形交通路标可参照使用。

2　规范性引用文件

下列文件中的条款通过本标准的引用而成为本标准的条款。凡是注日期的引用文件，其随后所有的修改单(不包括勘误的内容)或修订版均不适用于本标准，然而，鼓励根据本标准达成协议的各方研究是否可使用这些文件的最新版本。凡是不注日期的引用文件，其最新版本适用于本标准。

GB/T 3681　塑料大气暴露试验方法(GB/T 3681—2000，neq ISO 877:1994)

GB/T 3978　标准照明体和几何条件

GB/T 3979　物体色的测量方法

GB/T 10111　随机数的产生及其在产品质量抽样检验中的应用程序

GB/T 16422.2　塑料实验室光源暴露试验方法　第2部分：氙弧灯(GB/T 16422.2—1999，idt ISO 4892-2:1994)

GB/T 18833　公路交通标志反光膜

JT/T 495　公路交通安全设施质量检验抽样及判定

JT/T 688　逆反射术语

3　术语和定义

JT/T 688 确立的以及下列术语和定义适用于本标准。

3.1

交通锥　traffic cone

由一个或多个部分组成，包括底座、锥体、反光面的锥形物体。

3.2

锥体　cone body

交通锥除底座之外的锥形部分。

3.3

底座　base plate

交通锥底部与支撑面接触的部分。

3.4

反光面　retroreflective surface

固定于交通锥锥体表面的逆反射材料，具有符合本标准要求的光度性能。

4　产品分类

交通锥分为A、B两类：

——A类：交通锥锥体被反光面全部覆盖；

——B类：交通锥锥体被反光面部分覆盖。

5 技术要求

5.1 材料及外观

5.1.1 交通锥宜采用塑料或橡胶制作而成，并应满足相应材料性能要求及本标准规定的要求。

5.1.2 交通锥表面应平整光洁、颜色均匀一致，无明显的划痕、变形及其他缺陷。

5.1.3 交通锥表面应无与使用功能无关的图案或文字。

5.1.4 交通锥的反光面，在正常使用中不应与交通锥剥离脱开，且在湿状态下应保持逆反射性能。

5.2 形状及质量

5.2.1 交通锥的锥体应为圆锥形或多边锥形，顶部外径或外切圆直径为 60 mm±15 mm，其上表面可有一直径为 40 mm～70 mm、边缘光滑的圆孔。

5.2.2 交通锥的底座应为边数不小于 4 而不大于 8 的正多边形或圆形。

5.2.3 当底座外边缘的厚度大于 15 mm 时，底座外边缘的内切圆直径一般为交通锥高度的 0.75 倍。当底座外边缘的厚度小于或等于 15 mm 时，底座外边缘的内切圆直径一般为交通锥高度的 0.9 倍。

5.2.4 交通锥的设计应确保在叠放后能方便分离，并不会损坏其反光面。两个交通锥当一个叠放在另一个上时，其总体高度不超过单个交通锥高度的 1.3 倍。

5.2.5 交通锥顶部下端可设计有手持的结构，该部分不反光，并且高度不超过交通锥总高的 0.1 倍或从顶部测量不超过 60 mm。

5.2.6 交通锥的反光面至少为一条，每条反光面的最小宽度为 8 cm，反光面顶部距交通锥顶部 10 cm。

5.2.7 交通锥内部允许放置填充物，以增加自重。但填充物不能是可能对车辆行人造成二次伤害的物品。

5.2.8 交通锥的未注公差不超过本标准规定尺寸和质量的 5%。

5.2.9 交通锥的质量分级应符合表 1 的规定。

表 1 交通锥高度与最小质量

高度 H/mm	最小质量/kg		
	1 级	2 级	3 级
900<H≤1 000	4.80	6.00	7.50
750<H≤900	3.20	4.00	5.00
500<H≤750	1.30	1.90	2.50
450<H≤500	1.10	1.80	1.90
300<H≤450	0.80	0.80	0.80
注：表中最小质量为交通锥自重。			

5.3 颜色

交通锥锥体的内部、外部均宜为红色，反光面为白色。交通锥的普通材料色和反光面的逆反射材料色，其色品坐标和亮度因数应符合表 2 和图 1 的要求。

表 2 色品坐标和亮度因数

颜色		色品坐标 光源为标准照明体 D_{65}，观测条件为 45/0								亮度因数
		1		2		3		4		
		x	y	x	y	x	y	x	y	
普通材料色	红色	0.690	0.310	0.595	0.315	0.569	0.341	0.655	0.345	≥0.07
逆反射材料色	白色	0.350	0.360	0.300	0.310	0.290	0.320	0.340	0.370	≥0.27

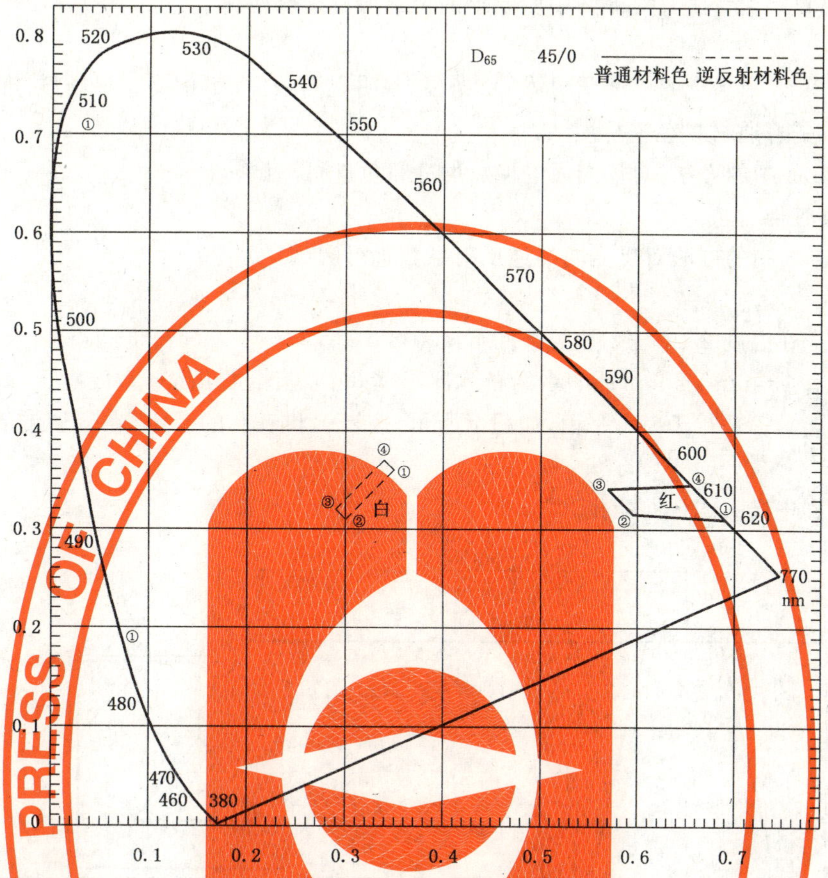

图 1 颜色范围图

5.4 反光面光度性能

交通锥反光面的光度性能分 R1 级和 R2 级。R1 级反光面的逆反射系数值，应不低于 GB/T 18833 中二级反光膜的要求；R2 级反光面的逆反射系数值，应不低于 GB/T 18833 中四级反光膜的要求。

5.5 稳定性能

交通锥应稳定，不同质量的交通锥分别承受 5 N～13 N 的顶部水平作用力时，不应出现翻倒现象。

5.6 抗坠落性能

交通锥由 1 500 mm 处自由落下后，其任何一部分，包括填充物，不应出现碎裂、破损、分离、散落等现象。

5.7 低温抗撞击性能

低温撞击试验后，交通锥的任何一部分，包括反光面不得脱落、破裂或损坏，锥体冲击后应恢复原状。

5.8 耐候性能

自然暴露 1 年或人工加速老化试验 600 h 后，交通锥及其反光面应无变形、开裂、剥离或其他损坏，其颜色应符合表 2 和 GB/T 18833 的要求，反光面的逆反射系数不能低于 GB/T 18833 中的相应规定。

6 试验方法

6.1 材料及外观

检查交通锥所使用的塑料、橡胶、逆反射材料等材质证明单或检测报告。外观质量在光线良好的条件下进行目测。

6.2　形状及质量

用尺子、称重仪等测量工具对5.2中所要求的全部项目进行检测。

6.3　颜色

采用GB/T 3978中规定的标准照明体D_{65}光源、照明观测条件45/0及2°视场角，按GB/T 3979中的方法，对交通锥的普通材料色进行测试。

按GB/T 18833中的方法，对反光面的逆反射材料色进行测试。

6.4　反光面光度性能

按GB/T 18833中的方法对反光面的逆反射系数进行测试。

6.5　稳定性能

样品测试前应在温度23 ℃±2 ℃的条件下放置2 h。

需提供一个有12 mm±2 mm垂直台阶的水平参考平面。测试样品竖直放置于参考平面上，其底座与台阶的立面接触。平行于参考平面，如图2所示，按表1和表3的规定，在交通锥的顶部施加水平作用力。

记录测试过程中样品的任何变化。

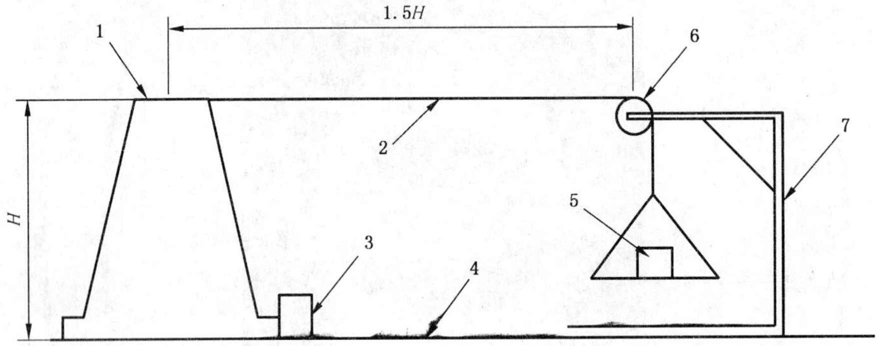

1——交通锥样品；
2——绳索；
3——台阶；
4——参考平面；
5——重物；
6——滑轮；
7——支架。

图2　稳定性能试验

表3　水平作用力

高度 H/mm	不同质量分级的水平作用力/N	
	1级、2级	3级
900<H≤1 000	13	13
750<H≤900	7.4	9.3
500<H≤750	6	7
450<H≤500	5	6
300<H≤450	5	6

6.6　抗坠落性能

6.6.1　交通锥在32 ℃±2 ℃的温度下放置至少2 h，然后在1 min内将交通锥移出并完成测试工作。

6.6.2　交通锥在−18 ℃±2 ℃的温度下放置至少2 h，然后在1 min内将交通锥移出并完成测试工作。

6.6.3 测试时样品应锥底朝下水平悬挂，由静止状态自由落下。样品最低部分至刚性水平测试表面的距离应为 1 500 mm±5 mm。

6.6.4 记录测试过程中样品的任何变化。

6.7 低温抗撞击性能

6.7.1 交通锥在－18 ℃±2 ℃温度下放置至少 2 h，然后在 1 min 内将交通锥移出并完成测试工作。

6.7.2 将交通锥固定在参考平面上。质量为 0.9 kg±0.045 kg 的实心钢球悬挂在直径不超过 1 mm 的钢丝上做摆锤运动，摆动半径为 1 750 mm±10 mm。将钢球自摆动最高点自由释放，钢球与测试样品的撞击点应位于摆球悬挂点的垂直底部，距支撑面的高度为 $H/3 \sim H/2$ 之间（H 为交通锥的高度）。示意图见图 3。

6.7.3 记录测试过程中样品的任何变化。

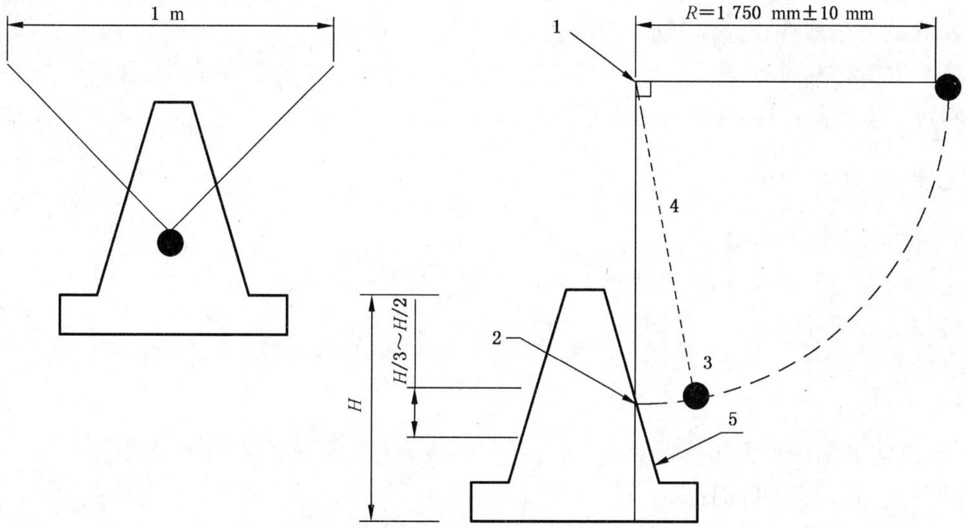

1——摆球中心；
2——撞击点；
3——钢球；
4——摆线；
5——交通锥试样。

图 3 低温抗撞击性能试验

6.8 耐候性能

6.8.1 自然暴露试验

按 GB/T 3681 的要求，将交通锥放置在平坦空旷的场地进行自然暴露试验，时间为 1 年。

6.8.2 人工加速老化试验

按 GB/T 16422.2 的要求，从交通锥上裁取 65 mm×142 mm 的试样放置于老化箱中进行试验，试验时间为 600 h。

7 检验规则

7.1 出厂检验

产品出厂前，应按 GB/T 10111 的方法随机抽样，对 5.1～5.7 的性能进行自检，合格者附合格证才可出厂。

7.2 型式检验

有下列情况发生时，应对第 5 章产品的全项性能进行型式检验：

a) 老产品转厂生产时；

b） 停产一年或一年以上的产品再生产时；

c） 正常生产的产品经历两年生产时；

d） 产品结构、材料、工艺有较大改变时；

e） 合同规定时；

f） 国家授权的质量监督部门提出质量抽查时。

7.3 抽样方法

对每批产品进行随机抽样或依据JT/T 495进行抽样检测。本标准要求的各项试验，宜抽样3个或以上。

7.4 判定规则

本标准中的各项试验，其检测频率及结果判定应符合如下规定：

a） 每项试验至少检测3个数据（宜在不同试样上进行），取其平均值为检测结果；

b） 检测数据全部符合标准要求，则判定该批产品合格；

c） 检测数据有一项不符合标准要求，抽取双倍数量的产品对该项指标进行复检。若复检合格，则判定该批产品合格；若复检不合格，则判定该批产品不合格。

8 标志、包装、运输和贮存

8.1 交通锥应清晰、耐久地做出如下标志：

a） 生产厂商的名称、商标或其他有关信息；

b） 应用的标准号，如：GB/T 24720—2009；

c） 交通锥的类别；

d） 生产日期及批号等。

8.2 标志在正常的视认距离应清晰易读，并且在交通锥的有效使用期限内牢固耐用。

8.3 交通锥的包装、运输和贮存要求如下：

a） 交通锥的包装、运输和贮存应考虑方便、安全，并保证交通锥的性能不会下降；

b） 每个独立的包装应附有产品合格证、使用说明书等必要的信息。

ICS 03.220.20;93.080.30
P 66

GB

中华人民共和国国家标准

GB/T 24721.1—2009

公路用玻璃纤维增强塑料产品
第1部分:通则

Glass fiber reinforced plastic product for highway—
Part 1:General rule

2009-11-30 发布　　2010-04-01 实施

中华人民共和国国家质量监督检验检疫总局
中国国家标准化管理委员会　发布

前　言

GB/T 24721《公路用玻璃纤维增强塑料产品》分为 5 个部分：

——第 1 部分：通则；

——第 2 部分：管箱；

——第 3 部分：管道；

——第 4 部分：非承压通信井盖；

——第 5 部分：标志底板。

本部分为 GB/T 24721 的第 1 部分。

本部分由全国交通工程设施(公路)标准化技术委员会(SAC/TC 223)提出并归口。

本部分负责起草单位：交通部公路科学研究院、国家交通安全设施质量监督检验中心、公路交通安全实验室。

本部分参加起草单位：北京中交华安科技有限公司。

本部分主要起草人：张智勇、韩文元、陆宇红、郭东华、马学峰、白媛媛。

公路用玻璃纤维增强塑料产品
第1部分：通则

1 范围

GB/T 24721的本部分规定了公路用玻璃纤维增强塑料(通常称为玻璃钢)产品的产品分类、技术要求、试验方法、检验规则、标志、包装、运输和贮存等内容。

本部分适用于公路用玻璃纤维增强塑料产品，其他道路用玻璃纤维增强塑料产品可参照使用。

2 规范性引用文件

下列文件中的条款通过GB/T 24721的本部分的引用而成为本部分的条款。凡是注日期的引用文件，其随后所有的修改单(不包括勘误的内容)或修订版均不适用于本部分，然而，鼓励根据本部分达成协议的各方研究是否可使用这些文件的最新版本。凡是不注日期的引用文件，其最新版本适用于本部分。

GB/T 1446—2005 纤维增强塑料性能试验方法总则

GB/T 1447—2005 纤维增强塑料拉伸试验方法(ISO 527-4:1997,NEQ)

GB/T 1448 纤维增强塑料压缩性能试验方法

GB/T 1449 纤维增强塑料弯曲性能试验方法(GB/T 1449—2005,ISO 14125:1998,NEQ)

GB/T 1451 纤维增强塑料简支梁式冲击韧性 试验方法

GB/T 1463—2005 纤维增强塑料密度和相对密度试验方法(ASTM D 792—1998,NEQ)

GB/T 1634.2—2004 塑料 负荷变形温度的测定 第2部分：塑料、硬橡胶和长纤维增强复合材料(ISO 75-2:2003,IDT)

GB/T 2573 玻璃纤维增强塑料老化性能试验方法

GB/T 3854 增强塑料巴柯尔硬度试验方法(GB/T 3854—2005,ASTM D 2583—1995,MOD)

GB/T 3857 玻璃纤维增强热固性塑料耐化学介质性能试验方法(GB/T 3857—2005,ASTM C 581—2000,MOD)

GB/T 8237 纤维增强塑料用液体不饱和聚酯树脂

GB/T 8924 纤维增强塑料燃烧性能试验方法 氧指数法

GB/T 16422.2—1999 塑料实验室光源暴露试验方法 第2部分：氙弧灯(idt ISO 4892-2:1994)

GB/T 17470 玻璃纤维短切原丝毡和连续原丝毡

GB/T 18369 玻璃纤维无捻粗纱

GB/T 18370 玻璃纤维无捻粗纱布

GB/T 18371 连续玻璃纤维纱

GB/T 22040—2008 公路沿线设施塑料制品耐候性要求及测试方法

JT/T 495—2004 公路交通安全设施质量检验抽样及判定

3 产品分类

依据成型工艺的不同，公路用玻璃纤维增强塑料产品分为以下几类：

a) 模压成型玻璃纤维增强塑料；

b) 缠绕成型玻璃纤维增强塑料；

c) 拉挤成型玻璃纤维增强塑料；

d) 模塑成型玻璃纤维增强塑料；

e) 手糊成型玻璃纤维增强塑料；

f) 其他成型玻璃纤维增强塑料。

4 技术要求

4.1 一般要求

4.1.1 原材料

4.1.1.1 树脂

热固性树脂的性能指标应符合 GB/T 8237 的要求，并应具有良好的机械强度、较好的耐化学性和耐候性能。

4.1.1.2 增强材料

增强材料的性能指标应符合 GB/T 17470、GB/T 18369、GB/T 18370、GB/T 18371 的要求，应选用无碱玻璃纤维或中碱玻璃纤维制成的纱制品和织物。

4.1.2 外观质量

4.1.2.1 产品表面平整光滑、色泽均匀，不得有起皱、裂纹、颗粒、流胶、树脂剥落、纤维裸露和表面发粘等缺陷。

4.1.2.2 含胶量均匀、固化稳定，无分层，单件产品表面的气泡累积面积不得大于 100 mm^2，单个最大气泡面积不得大于 15 mm^2。

4.2 理化性能

4.2.1 通用物理力学性能

公路用玻璃纤维增强塑料产品的通用物理力学性能要求见 GB/T 24721 的其他部分。

4.2.2 氧指数

公路用玻璃纤维增强塑料产品的氧指数应依据使用环境相应符合表 1 的阻燃等级。

表 1 玻璃纤维增强塑料产品氧指数技术要求

项 目		技术要求
氧指数(阻燃性能)	阻燃 1 级(特殊用途)	≥32%
	阻燃 2 级(一般用途)	≥26%

4.2.3 耐水性能

经规定时间耐水性能试验后，样品表面不应出现软化、皱纹、起泡、开裂、被溶解、溶剂浸入等痕迹，材料弯曲强度性能保留率不小于试验前的 85% 。

4.2.4 耐化学介质性能

公路用玻璃纤维增强塑料产品的耐化学介质性能应符合表 2 的规定。

表 2 玻璃纤维增强塑料产品耐化学介质性能技术要求

<table>
<tr><th>介质种类</th><th colspan="2">技术要求</th></tr>
<tr><td>汽油</td><td rowspan="3">经规定时间试验后，样品表面不应出现软化、皱纹、起泡、开裂、被溶解、溶剂浸入等痕迹，材料弯曲强度不小于右侧所列数据要求。</td><td>≥90</td></tr>
<tr><td>酸</td><td>≥80</td></tr>
<tr><td>碱</td><td>—</td></tr>
</table>

4.2.5 环境适应性能

4.2.5.1 耐湿热性能

经 240 h 的耐湿热试验后，样品不应有变色或被侵蚀的痕迹，材料弯曲强度性能保留率不小于试验前的80%。

4.2.5.2 耐低温冲击性能

经低温冲击试验后，以冲击点为圆心，半径6 mm区域外，试样无开裂、分层、剥离或其他破坏现象。

4.2.5.3 耐低温坠落性能

经低温坠落试验后，产品应无折断、开裂、破损现象。

4.2.5.4 耐人工加速老化性能(氙弧灯光源)

经总辐照能量不小于3.5×10^{6} kJ/m^{2}的氙灯人工加速老化试验后，试样无变色、龟裂、粉化等明显老化现象，材料弯曲强度性能保留率不小于试验前的80%。

4.2.5.5 耐自然曝露性能

经5年自然曝露试验后，试样无变色、龟裂、粉化等明显老化现象，材料弯曲强度性能保留率不小于试验前的60%。

4.2.6 特殊规定

经过耐水性能、耐化学介质性能、环境适应性能试验后，材料弯曲强度的保留率应符合以上条款的规定或其弯曲强度值不小于材料试验前的规定(各产品相应要求见GB/T 24721的其他部分)。

5 试验方法

5.1 试样状态调节和试验环境条件

除特殊规定外，试样应按GB/T 1446—2005的规定进行24 h状态调节，并且在下列条件进行试验：

a) 试验环境温度：23 ℃±2 ℃；

b) 试验环境相对湿度：50%±10%。

5.2 试剂

试剂应包括下列试剂：

a) 固体试剂：NaOH(化学纯)、NaCl(化学纯)；

b) 液体试剂：H_2SO_4(化学纯)、汽油(90号)。

5.3 试验仪器和设备

试验应包括下列主要仪器和设备：

a) 力学性能试验机：应符合GB/T 1446—2005中5.1的规定。

b) 人工加速氙弧灯老化试验箱：应符合GB/T 16422.2—1999中第4章的规定。

c) 高低温湿热试验箱：高温上限不低于100 ℃，低温下限温度不高于−40 ℃，温度波动范围不超过±1 ℃；最大相对湿度不低于95%，相对湿度波动范围不超过±2.5%，并应能符合GB/T 2573的规定。

d) 试验平台：等级不低于1级。

5.4 试样

一般情况下，试样制备和试样数量按GB/T 1446—2005中4.1的规定，各性能试验的试样特殊要求按性能试验条款及GB/T 24721的其他部分的规定执行。

试样厚度符合相关标准要求的条件下，用于性能试验的试样在成型产品上截取。比对试验所需样品应尽可能在相邻位置截取，并做好标记，以保证试验结果前后的可比性。

在试样厚度不符合相关标准的要求时，应依据标准要求选用与产品相同原材料及工艺制备所需试验样品。

5.5 试验程序及结果

5.5.1 外观质量

在正常光线下，目测直接观察。

5.5.2 通用物理力学性能

5.5.2.1 拉伸强度

按 GB/T 1447—2005 规定执行，非模压短切纤维塑料样品宜优先选用Ⅱ型试样。

5.5.2.2 压缩强度

按 GB/T 1448 规定执行。

5.5.2.3 弯曲强度

按 GB/T 1449 规定执行。

5.5.2.4 冲击强度

按 GB/T 1451 规定执行。

5.5.2.5 密度

按 GB/T 1463—2005 规定执行，形状规则的产品试样宜优先采用几何法，异型产品试样可采用浮力法。

5.5.2.6 巴柯尔硬度

按 GB/T 3854 规定执行。

5.5.2.7 负荷变形温度

按 GB/T 1634.2—2004 规定执行，最大弯曲应力选用 A 法，为 1.80 MPa。

5.5.3 氧指数(阻燃性能)

按 GB/T 8924 规定执行。

5.5.4 耐水性能

仲裁试验按 GB/T 2573 规定执行，试验用水应为蒸馏水或去离子水，试验水温为 23 ℃±2 ℃，试验 720 h 后，测定试样的外观质量和弯曲强度保留率。

一般常规试验和型式检验可按 GB/T 2573 规定的方法进行，试验用水应为蒸馏水或去离子水，试验水温为 80 ℃±2 ℃，试验 144 h 后，测定试样的外观质量和弯曲强度保留率。

5.5.5 耐化学介质性能

5.5.5.1 耐汽油性能

按 GB/T 3857 规定的方法进行，试验介质为 90 号汽油，常温(10 ℃～35 ℃)浸泡 360 h 或加温(80 ℃±2 ℃)浸泡 72 h 后，测定试样的外观质量和弯曲强度保留率。

5.5.5.2 耐酸性能

按 GB/T 3857 规定的方法进行，试验介质为 30%的硫酸溶液，常温(10 ℃～35 ℃)浸泡 360 h 或加温(80 ℃±2 ℃)浸泡 72 h 后，测定试样的外观质量和弯曲强度保留率。

5.5.5.3 耐碱性能

按 GB/T 3857 规定的方法进行，试验介质为 10%的氢氧化钠溶液，常温(10 ℃～35 ℃)浸泡 168 h 或加温(80 ℃±2 ℃)浸泡 24 h 后，测定试样的外观质量。

注：以上耐化学介质试验如有特殊使用环境，可根据使用双方的协商结果决定试液浓度和试验周期。

5.5.6 环境适应性能

5.5.6.1 耐湿热性能

按 GB/T 2573 规定的方法进行，选择恒定湿热试验条件，温度 60 ℃±2 ℃；相对湿度 93%±2%，以 24 h 为一试验周期进行试验，一般不少于 10 个连续周期。

5.5.6.2 耐低温冲击性能

将长度不小于 300 mm 或不小于其样品总长度的 50%的试样放置在低温试验箱中，温度降至 −40 ℃±2 ℃后，恒温 2 h 后取出试样，立即用质量为 1 kg 的钢球在离试样正上方 1 m 处，自由落下冲击样品，观测试验结果。

5.5.6.3 耐低温坠落性能

将长度不小于 300 mm 或不小于其样品总长度的 50%的试样放置在低温试验箱中，温度降至

−40 ℃±2 ℃后，恒温 2 h 后取出试样，试样长度方向或样品正面平行于地面由 1 m 高度处自由坠落至硬质地面，观测试验结果。

5.5.6.4 人工加速老化试验(氙弧灯光源)

按 GB/T 22040—2008 中 6.9 规定执行，型式检验应采用人工加速老化试验。

5.5.6.5 耐自然曝露试验

按 GB/T 2573 规定执行，仲裁试验应采用自然曝露试验。

5.5.7 材料性能保留率

选取试验后样品和试验前样品各一组，进行规定试验后，按式(1)计算技术参数性能保留率：

$$性能保留率 = \overline{X'}/\overline{X} \times 100\% \qquad \cdots\cdots(1)$$

式中：

$\overline{X'}$——试验后技术参数算术平均值；

$\overline{X}$——试验前技术参数算术平均值。

5.5.8 试验结果

试验结果一般采用算术平均值表示，有效数字位数按相关试验方法标准规定执行，若无规定一般有效数字位数保留 3 位。

6 检验规则

本部分对产品的检验分为两类，即型式检验和出厂检验。

6.1 型式检验

6.1.1 型式检验应在生产线终端或生产单位成品库内抽取足够的样品，按 GB/T 24721 的其他部分的要求进行全部性能检验，无特殊要求时，耐自然曝露试验不列入型式检验。

6.1.2 型式检验为每两年进行一次，如有下列情况之一时，也应进行型式检验：

a) 新设计试制的产品；

b) 正式生产过程中，如原材料、工艺有较大改变，可能影响产品性能时；

c) 出厂检验结果与上次型式检验有较大差异时；

d) 国家质量监督机构提出型式检验时。

6.1.3 判定规则

型式检验时，如有任何一项指标不符合标准要求时，则需在同批产品中重新抽取双倍试样，对该项目进行复验，复验结果仍然不合格时，则判该型式检验为不合格，反之判定为合格。

6.2 出厂检验

6.2.1 产品需经生产单位质量检验部门检验合格并附产品质量合格证方可出厂。

6.2.2 组批

同一配方、原料、工艺和生产条件的产品可组成一批。

6.2.3 抽样方法

按照 JT/T 495—2004 中 5.1 规定执行。

6.2.4 出厂检验项目

各种产品要求的检验项目根据 GB/T 24721 其他部分的规定选择。

7 标志、包装、运输及贮存

7.1 标志

交货时，产品整包装应该附有一张制造标签和一张合格证标签。

制造标签内容包括：产品名称、生产日期、批号、产品标准号、生产企业名称、联系地址。

合格证标签内容包括：合格证、检验合格、检验证编号、检验人员代号、检验日期等内容。

7.2 包装

产品外包装应能保证产品在运输和贮存过程中，不发生外力导致的表面损伤。

7.3 运输

产品在运输过程中应固定牢固，装卸过程中应轻装轻卸，避免产品受到碰撞、重压。

7.4 贮存

产品应存贮在防雨、防潮、避光、无腐蚀的环境中，不与高温热源或明火接触。

ICS 03.220.20;93.080.30
P 66

GB

中华人民共和国国家标准

GB/T 24721.2—2009

公路用玻璃纤维增强塑料产品 第2部分:管箱

Glass fiber reinforced plastic product for highway—
Part 2:Trunk

2009-11-30 发布 2010-04-01 实施

中华人民共和国国家质量监督检验检疫总局
中国国家标准化管理委员会 发布

前　言

GB/T 24721《公路用玻璃纤维增强塑料产品》分为5个部分：

——第1部分：通则；

——第2部分：管箱；

——第3部分：管道；

——第4部分：非承压通信井盖；

——第5部分：标志底板。

本部分为GB/T 24721的第2部分。

本部分的附录B为规范性附录，附录A为资料性附录。

本部分由全国交通工程设施（公路）标准化技术委员会（SAC/TC 223）提出并归口。

本部分负责起草单位：交通部公路科学研究院、国家交通安全设施质量监督检验中心、公路交通安全实验室。

本部分参加起草单位：杭州天韵新型材料有限公司、北京中交华安科技有限公司、杭州余杭天允工贸有限公司。

本部分主要起草人：张智勇、陆宇红、郭东华、马学峰、王成虎、杨勇。

公路用玻璃纤维增强塑料产品
第2部分：管箱

1 范围

GB/T 24721的本部分规定了公路用玻璃纤维增强塑料管箱（以下简称玻璃钢管箱）的产品分类、结构、尺寸及偏差、技术要求、试验方法、检验规则、标志、包装、运输和贮存等内容。

本部分适用于公路用玻璃钢管箱，其他道路用玻璃纤维增强塑料管箱可参照使用。

2 规范性引用文件

下列文件中的条款通过GB/T 24721的本部分的引用而成为本部分的条款。凡是注日期的引用文件，其随后所有的修改单（不包括勘误的内容）或修订版均不适用于本部分，然而，鼓励根据本部分达成协议的各方研究是否可使用这些文件的最新版本。凡是不注日期的引用文件，其最新版本适用于本部分。

GB/T 24721.1—2009　公路用玻璃纤维增强塑料产品　第1部分：通则

3 产品分类、结构、尺寸及偏差

3.1 分类

玻璃钢管箱按用途分为普通管箱（Ⅰ类）和接头管箱（Ⅱ类）。

3.2 结构、尺寸及偏差

3.2.1 结构及尺寸

玻璃钢管箱由管箱体、管箱盖、连接件构成，常规结构形式和各部件名称参见附录A，规格尺寸符合表1的规定。

表1　玻璃钢管箱规格和尺寸

单位为毫米

型号		长度 L	宽度 W	高度 H	壁厚 t
普通管箱（Ⅰ类）	BX250×150×5	4 000	250	150	5
	BX310×190×5	4 000	310	190	5
	BX340×230×5	4 000	340	230	5
接头管箱（Ⅱ类）	BX310×190×5	2 000	310	190	5
	BX370×240×5	2 000	370	240	5

3.2.2 偏差

应符合下列规定：

a) 长度 L 允许偏差为 ${}^{+10}_{0}$ mm；

b) 宽度 W、高度 H 允许偏差为±5 mm；

c) 厚度 t 允许偏差为±0.2 mm。

3.3 型号

玻璃钢管箱的型号名称符合以下规定：

B X □×□×□-□

——管箱分类；

——管箱壁厚，单位为毫米(mm)；

——管箱高度，单位为毫米(mm)；

——管箱宽度，单位为毫米(mm)；

——管箱；

——玻璃钢。

示例：长 2 000 mm，宽 370 mm，高 240 mm，壁厚 5 mm 的接头玻璃钢管箱标记为：BX370×240×5-Ⅱ。

4 技术要求

4.1 一般要求

4.1.1 原材料

树脂及增强材料的原材料性能应符合 GB/T 24721.1—2009 中 4.1.1 的规定。

4.1.2 外观质量

玻璃钢管箱应外形平直，无明显歪斜，管箱盖与管箱体配合紧密，具有良好的防水效果。其他外观质量要求应符合 GB/T 24721.1—2009 的 4.1.2 的规定。

4.2 理化性能

玻璃钢管箱理化性能应符合表 2 的要求。

表 2 玻璃钢管箱理化性能要求

<table>
<tr><th>序号</th><th colspan="3">项　目</th><th>单位</th><th colspan="2">技术要求</th></tr>
<tr><td rowspan="8">1</td><td rowspan="8">通用物理力学性能</td><td colspan="2">拉伸强度</td><td>MPa</td><td>≥160
(管箱长度方向)</td><td>≥96
(管箱宽度方向)</td></tr>
<tr><td colspan="2">压缩强度</td><td>MPa</td><td colspan="2">≥130</td></tr>
<tr><td colspan="2">弯曲强度</td><td>MPa</td><td>≥170
(管箱长度方向)</td><td>≥102
(管箱宽度方向)</td></tr>
<tr><td colspan="2">冲击强度</td><td>kJ/m^2</td><td colspan="2">≥80</td></tr>
<tr><td colspan="2">密度</td><td>g/cm^3</td><td colspan="2">≥1.6</td></tr>
<tr><td colspan="2">巴柯尔硬度</td><td>—</td><td colspan="2">≥45</td></tr>
<tr><td colspan="2">负荷变形温度</td><td>℃</td><td colspan="2">≥150</td></tr>
<tr><td colspan="2">管箱内壁静摩擦系数</td><td>—</td><td colspan="2">≤0.363</td></tr>
<tr><td>2</td><td colspan="3">氧指数(阻燃 2 级)[a]</td><td>%</td><td colspan="2">≥26</td></tr>
<tr><td>3</td><td colspan="3">耐水性能</td><td>—</td><td colspan="2">GB/T 24721.1—2009 中 4.2.3</td></tr>
<tr><td>4</td><td colspan="3">耐化学介质性能</td><td>—</td><td colspan="2">GB/T 24721.1—2009 中 4.2.4 的全部化学介质种类</td></tr>
<tr><td rowspan="4">5</td><td rowspan="4">环境适应性能</td><td colspan="2">耐湿热性能</td><td>—</td><td colspan="2">GB/T 24721.1—2009 中 4.2.5.1</td></tr>
<tr><td colspan="2">耐低温冲击性能</td><td>—</td><td colspan="2">GB/T 24721.1—2009 中 4.2.5.2</td></tr>
<tr><td rowspan="2">耐候性能</td><td>氙弧灯人工加速老化试验</td><td>—</td><td colspan="2">GB/T 24721.1—2009 中 4.2.5.4</td></tr>
<tr><td>自然曝露试验</td><td>—</td><td colspan="2">GB/T 24721.1—2009 中 4.2.5.5</td></tr>
<tr><td colspan="7">a 氧指数要求阻燃 2 级为一般要求，特殊要求可根据供求双方协商决定是否采用阻燃 1 级。</td></tr>
</table>

5 试验方法

5.1 试样状态调节和试验环境条件

按 GB/T 24721.1—2009 中 5.1 规定。

5.2 试剂

按 GB/T 24721.1—2009 中 5.2 规定。

5.3 试验仪器和设备

按 GB/T 24721.1—2009 中 5.3 规定。

5.4 试样

5.4.1 通用要求

按 GB/T 24721.1—2009 中 5.4 规定。

5.4.2 特殊规定

试样应从成型后的管箱箱体的 3 个侧面和管箱箱盖截取,拉伸强度和弯曲强度试样应在管箱长度与宽度方向分别截取相同数量的试样,每项性能试验的每组试样最少数量为 5 件,弯曲强度试样在进行型式检验时长度方向和宽度方向均应不少于 8 组 40 件。

一般对样品的成型表面不宜进行机械加工,如确有需要,只能对单面进行加工。

5.5 试验程序及结果

5.5.1 外观质量

按 GB/T 24721.1—2009 中 5.5.1 的规定。

5.5.2 结构尺寸

5.5.2.1 长度 *L*

用分度值 0.5 mm 的钢卷尺,在管箱体的 3 个面,沿轴向分别量取 3 个数值,取算术平均值作为测量结果。

5.5.2.2 宽度 *W*

用分度值 0.5 mm 的钢板尺或钢卷尺,在管箱体的两上、中、下 3 个部位共量取 6 个测量值,取算术平均值作为测量结果。

5.5.2.3 高度 *H*

用分度值 0.5 mm 的钢板尺或钢卷尺沿管箱体长度方向,任取 3 个截面,量取 3 个高度测量值,取算术平均值作为测量结果。

5.5.2.4 厚度 *t*

用分度值 0.02 mm 的板厚千分尺在盖板、箱体的 3 个面各量取 3 个测量值,取算术平均值作为测量结果。

5.5.3 通用物理力学性能

5.5.3.1 管箱内壁静摩擦系数

按附录 B 的方法进行。

5.5.3.2 其他物理力学性能

按 GB/T 24721.1—2009 中 5.5.2 规定。

5.5.4 氧指数(阻燃性能)

按 GB/T 24721.1—2009 中 5.5.3 规定。

5.5.5 耐水性能

按 GB/T 24721.1—2009 中 5.5.4 规定。

5.5.6 耐化学介质性能

按 GB/T 24721.1—2009 中 5.5.5 规定。

5.5.7 环境适应性能

5.5.7.1 耐湿热性能

按 GB/T 24721.1—2009 中 5.5.6.1 规定。

5.5.7.2 耐低温冲击性能

按 GB/T 24721.1—2009 中 5.5.6.2 规定。

5.5.7.3 人工加速老化试验(氙弧灯灯源)

按 GB/T 24721.1—2009 中 5.5.6.4 规定。

5.5.7.4 耐自然曝露试验

按 GB/T 24721.1—2009 中 5.5.6.5 规定。

6 检验规则

检验规则应符合 GB/T 24721.1—2009 第 6 章规定,检验项目还应符合以下玻璃钢管箱的检验规则:

a) 型式检验项目:第 3 章和第 4 章中除耐自然曝露试验外规定的全部项目;

b) 出厂检验项目:4.1.2、3.2.1、3.2.2、表 2 中的巴柯尔硬度、管箱内壁静摩擦系数及产品的标志、包装。

7 标志、包装、运输及贮存

应符合 GB/T 24721.1—2009 第 7 章的规定。

附 录 A
（资料性附录）
结构形式及部件

管箱的结构形式及部件图见图 A.1。

单位为毫米

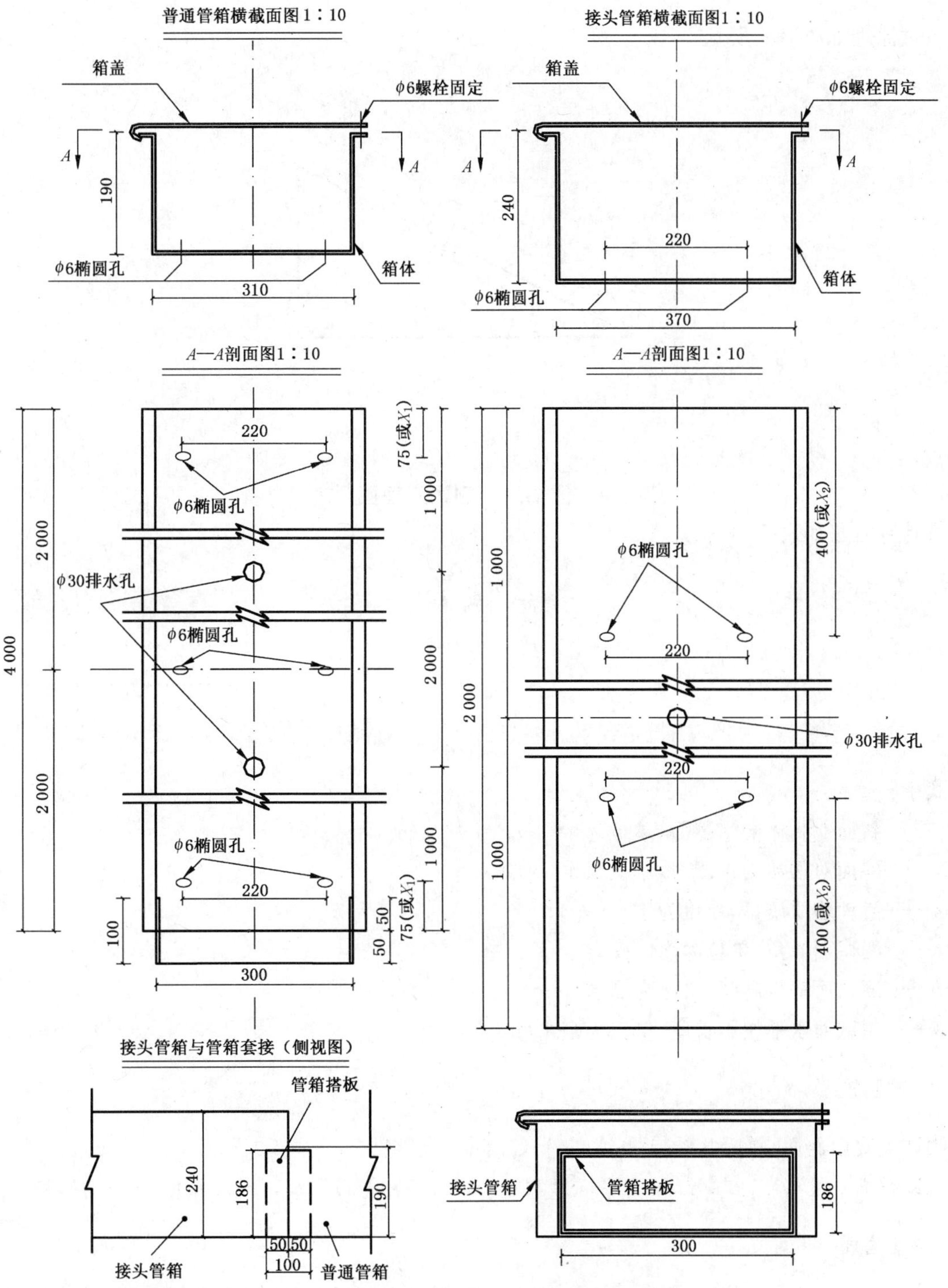

本图为管箱结构示意图，其他规格和 X_1、X_2 等具体结构值由工程设计图纸决定。

图 A.1 管箱的结构形式及部件图

附 录 B
（规范性附录）
管箱内壁静摩擦系数测定方法

B.1 测试原理

测试原理如图 B.1 所示。

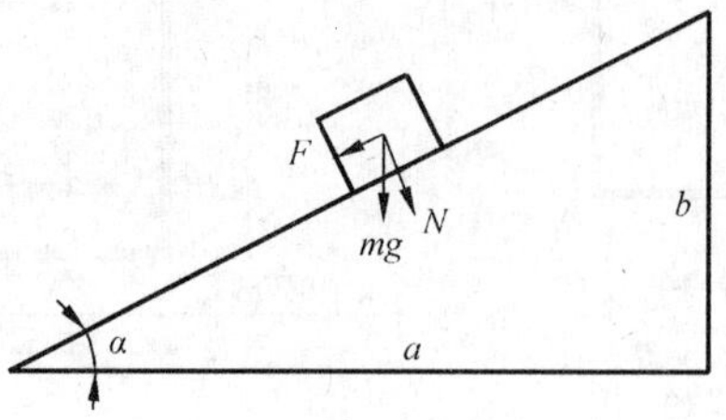

图 B.1 测试原理图

其计算方法如式(B.1)～式(B.4)：

$$\mu = \frac{F}{N} \quad \cdots\cdots(B.1)$$

$$F = mg \cdot \sin\alpha \quad \cdots\cdots(B.2)$$

$$N = mg \cdot \cos\alpha \quad \cdots\cdots(B.3)$$

$$\mu = \frac{F}{N} = \frac{mg \cdot \sin\alpha}{mg \cdot \cos\alpha} = \tan\alpha = \frac{b}{a} \quad \cdots\cdots(B.4)$$

式中：

F——斜面对物体的摩擦力，单位为牛(N)；

N——斜面对物体的正压力，单位为牛(N)；

m——滑动物质质量，单位为千克(kg)；

α——测试面倾角，单位为度(°)；

b——测试面垂直高度，单位为毫米(mm)；

a——测试面水平投影长度，单位为毫米(mm)。

B.2 测试装置

测试装置由斜面、斜面升降装置、水平标尺、竖直标尺组成；

测试斜面长度 L=1 000 mm，水平标尺和竖直标尺可用分度值 0.5 mm 精度 A 级的钢板尺组成。

B.3 滑动物质

选用外壁硬度在 59～61(邵氏 D 型)且规格为 ϕ40/33 的 HDPE(高密度聚乙烯)硅芯塑料管作为标准滑动物质，管道两端应平齐，无裂口等不规则缺陷。每一根试样使用次数不可超过 100 次。

B.4 测试方法

将长度 500 mm 的管箱体底部平放在测试斜面上，并与斜面紧固，把长度为 200 mm 的标准 HDPE（高密度聚乙烯）硅芯塑料管放置在管箱底面上，长度方向与管箱体边线平行，硅芯塑料管离管箱外缘距离大于 20 mm。用升降装置将斜面缓慢升起，直到硅芯塑料管向下滑动为止，记下水平标尺和垂直标尺的数值，并按公式(B.4)计算摩擦系数。如此共试验 9 次，取算术平均值作为测试结果。

ICS 03.220.20;93.080.30
P 66

GB

中华人民共和国国家标准

GB/T 24721.3—2009

公路用玻璃纤维增强塑料产品 第3部分:管道

**Glass fiber reinforced plastic product for highway—
Part 3:Duct**

2009-11-30 发布　　2010-04-01 实施

中华人民共和国国家质量监督检验检疫总局
中国国家标准化管理委员会　发布

前言

GB/T 24721《公路用玻璃纤维增强塑料产品》分为5个部分：

——第1部分：通则；

——第2部分：管箱；

——第3部分：管道；

——第4部分：非承压通信井盖；

——第5部分：标志底板。

本部分为GB/T 24721的第3部分。

本部分由全国交通工程设施(公路)标准化技术委员会(SAC/TC 223)提出并归口。

本部分负责起草单位：交通部公路科学研究院、国家交通安全设施质量监督检验中心、公路交通安全实验室。

本部分参加起草单位：杭州余杭天允工贸有限公司、北京中交华安科技有限公司、杭州天韵新型材料有限公司。

本部分主要起草人：张智勇、马学峰、陆宇红、郭东华、孙岳、李晓戈。

公路用玻璃纤维增强塑料产品
第3部分：管道

1 范围

GB/T 24721的本部分规定了公路用玻璃纤维增强塑料管道(以下简称玻璃钢管道)的产品分类、结构、尺寸及偏差、技术要求、试验方法、检验规则、标志、包装、运输和贮存等内容。

本部分适用于公路用玻璃钢管道，不适用于玻璃钢管件及配件。其他道路用玻璃纤维增强塑料管道可参照使用。

2 规范性引用文件

下列文件中的条款通过GB/T 24721的本部分的引用而成为本部分的条款。凡是注日期的引用文件，其随后所有的修改单(不包括勘误的内容)或修订版均不适用于本部分，然而，鼓励根据本部分达成协议的各方研究是否可使用这些文件的最新版本。凡是不注日期的引用文件，其最新版本适用于本部分。

GB/T 1458 纤维缠绕增强塑料环形试样力学性能试验方法

GB/T 5352 纤维增强热固性塑料管平行板 外载性能试验方法(GB/T 5352—2005，ASTM D 2412—1996，NEQ)

GB/T 14152 热塑性塑料管材耐外冲击性能试验方法 时针旋转法(GB/T 14152—2001，eqv ISO 3127:1994)

GB/T 24721.1—2009 公路用玻璃纤维增强塑料产品 第1部分：通则

GB/T 24721.2—2009 公路用玻璃纤维增强塑料产品 第2部分：管箱

QB/T 2803—2006 硬质塑料管材弯曲度测量方法

3 产品分类、结构、尺寸及偏差

3.1 分类

玻璃钢管道按成型工艺分为以下3种：

a) J——卷制成型玻璃钢管道；

b) C——缠绕成型玻璃钢管道；

c) Q——其他成型玻璃钢管道。

3.2 结构、尺寸及偏差

3.2.1 结构及尺寸

玻璃钢管道产品结构如图1所示，结构尺寸应符合表1的规定。

3.2.2 偏差

应符合下列规定：

a) 内径D允许偏差为$^{+0.75}_{0}$ mm。

b) 壁厚t：

——壁厚为5 mm，允许偏差为$^{+0.5}_{0}$ mm；

——壁厚为8 mm，允许偏差为$^{+0.8}_{0}$ mm。

c) 承插端内径 D' 允许偏差为 $^{+0.5}_{\ 0}$ mm。

d) 长度 L：

——长度为 4 000 mm，允许偏差为 $^{+20}_{\ 0}$ mm；

——长度为 6 000 mm，允许偏差为 $^{+30}_{\ 0}$ mm。

e) 管道弯曲度应不大于 0.5%。

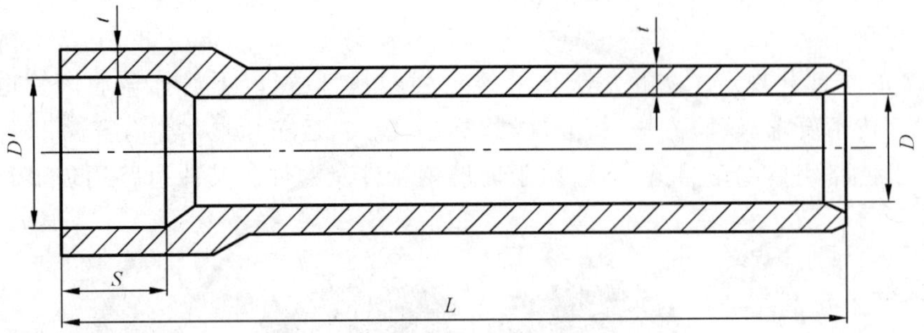

D——内径；
D'——承插端内径；
S——承插深度；
L——长度；
t——壁厚。

图 1 玻璃钢管道产品结构示意图

表 1 玻璃钢管道结构尺寸

单位为毫米

规格($D \times t$)	内径 D	壁厚 t	承插端内径 D'	承插深度 S	长度 L
90×5	90	5	110	80	4 000
100×5	100	5	120	80	
125×5	125	5	145	100	4 000(6 000)
150×8	150	8	176	100	
175×8	175	8	205	100	
注：管道的承插端和插入端可进行车削加工，以满足结构尺寸的偏差要求；其他型号规格由供需双方协商确定。					

3.3 型号

玻璃钢管道的型号名称符合以下规定：

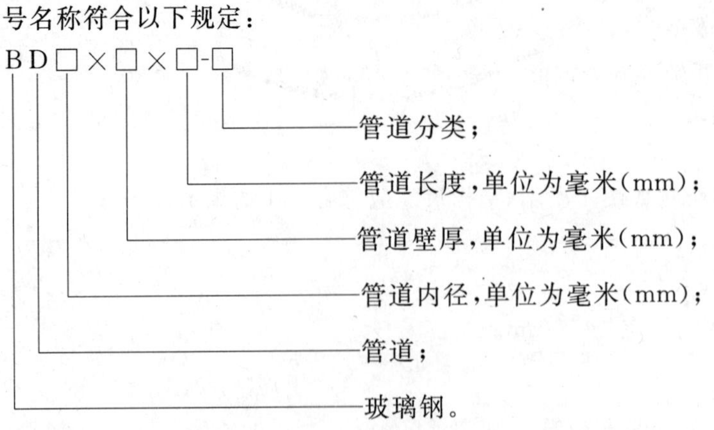

示例：内径为 200 mm，壁厚 10 mm，长度 4 000 mm 的管道标记为：BD 200×10×4000-C

4 技术要求

4.1 一般要求

4.1.1 原材料

树脂及增强材料的原材料性能应符合 GB/T 24721.1—2009 的 4.1.1 的规定。

4.1.2 外观质量

玻璃钢管道外形要求平直，管端平齐，无毛刺、飞边等现象。其他外观质量要求应符合 GB/T 24721.1—2009 的 4.1.2 的规定。

4.2 理化性能

玻璃钢管道理化性能应符合表 2 的要求。

表 2 玻璃钢管道理化性能要求

序号	项目		单位	技术要求	
				卷制成型玻璃钢管道	缠绕成型玻璃钢管道
1	通用物理力学性能	拉伸强度	MPa	≥160(轴向)	≥180(环向)
		弯曲强度	MPa	≥140(轴向)	≥180(环向)
		密度	g/cm³	≥1.5	
		巴柯尔硬度	—	≥40	
		负荷变形温度	℃	≥130	
		管道内壁静摩擦系数(对 HDPE 硅芯塑料管)	—	≤0.363	
		管刚度	MPa	≥3.0	
		耐落锤冲击性能	—	10 次冲击 9 次通过	
2	氧指数(阻燃 2 级)		%	≥26	
3	耐水性能		—	GB/T 24721.1—2009 中 4.2.3	
4	耐化学介质性能		—	GB/T 24721.1—2009 中 4.2.4 的全部化学介质种类	
5	环境适应性能	耐湿热性能	—	GB/T 24721.1—2009 中 4.2.5.1	
		耐低温坠落性能	—	GB/T 24721.1—2009 中 4.2.5.3	

5 试验方法

5.1 试样状态调节和试验环境条件

按 GB/T 24721.1—2009 中 5.1 规定。

5.2 试剂

按 GB/T 24721.1—2009 中 5.2 规定。

5.3 试验仪器和设备

按 GB/T 24721.1—2009 中 5.3 规定。

5.4 试样

5.4.1 通用要求

按 GB/T 24721.1—2009 中 5.4 规定。

5.4.2 特殊规定

卷制成型玻璃钢管道试样从成型后的管道轴向方向截取试样，缠绕成型玻璃钢管道及其他类型试样从成型后的管道环向方向截取试样。

弯曲强度试样制备应包含同数量的耐水性能、耐湿热性能保留率比对试样。

5.5 试验程序及结果

5.5.1 外观质量

按 GB/T 24721.1—2009 中 5.5.1 的规定。

5.5.2 结构尺寸

5.5.2.1 内径 *D*

用分度值 0.02 mm 的游标卡尺，在管道插入端量取 3 个数值，取算术平均值作为测量结果。

5.5.2.2 壁厚 *t*

用分度值 0.01 mm 的千分尺，在承插端和其他部位各量取 3 个测量值，取算术平均值作为测量结果。

5.5.2.3 承插端内径 *D′*

用分度值 0.02 mm 的游标卡尺，在管道承插端量取 3 个数值，取算术平均值作为测量结果。

5.5.2.4 长度 *l*

用分度值 0.5 mm 的钢卷尺，沿管道轴向分别量取 3 个数值，取算术平均值作为测量结果。

5.5.2.5 弯曲度

按 QB/T 2803—2006 的规定。

5.5.3 通用物理力学性能

5.5.3.1 拉伸强度

卷制成型玻璃钢管道按 GB/T 24721.1—2009 中 5.5.2.1 规定执行；

缠绕成型玻璃钢管道按 GB/T 1458 规定执行。

5.5.3.2 弯曲强度

卷制成型玻璃钢管道按 GB/T 24721.1—2009 中 5.5.2.3 规定执行；

缠绕成型玻璃钢管道按 GB/T 5352 规定执行，环向弯曲强度计算按式(1)：

$$\sigma_D = 1.91 \frac{2PD}{L(D-d)^2} \qquad \cdots\cdots(1)$$

式中：

σ_D——环向弯曲强度，单位为兆帕(MPa)；

P——最大抗压荷载，单位为牛(N)；

D——管道外径，单位为毫米(mm)；

d——管道内径，单位为毫米(mm)；

L——试样长度，单位为毫米(mm)。

5.5.3.3 密度

按 GB/T 24721.1—2009 中 5.5.2.5 规定。

5.5.3.4 巴柯尔硬度

按 GB/T 24721.1—2009 中 5.5.2.6 规定。

5.5.3.5 热变形温度

按 GB/T 24721.1—2009 中 5.5.2.7 规定。

5.5.3.6 管道内壁静摩擦系数(对 HDPE 硅芯塑料管)

按 GB/T 24721.2—2009 附录 B 的规定执行，要求管道试样长度不小于 500 mm，标准滑动物质不变。

5.5.3.7 管刚度

按 GB/T 5352 的规定，试样长度为 300 mm，试验结果为管道径向变化率为内径的 10%时的管刚度。

5.5.3.8 耐落锤冲击性能

按 GB/T 14152 的规定，试样长度为 200 mm，试验温度为(20±2)℃，选用 D90 型锤头，锤重为 6.3 kg，落锤高度为 1 m。每个试样冲击一次，冲击后试样冲击点的内壁应无明显开裂痕迹。

5.5.4 耐水性能

按 GB/T 24721.1—2009 中 5.5.4 规定。

5.5.5 耐化学介质性能

按 GB/T 24721.1—2009 中 5.5.5 规定。

5.5.6 环境适应性能

5.5.6.1 耐湿热性能

按 GB/T 24721.1—2009 中 5.5.6.1 规定。

5.5.6.2 耐低温坠落性能

按 GB/T 24721.1—2009 中 5.5.6.3 的方法进行。

6 检验规则

检验规则应符合 GB/T 24721.1—2009 第 6 章规定，检验项目还应符合以下玻璃钢管道的检验规则：

a) 型式检验项目：第 3 章和第 4 章中规定的全部项目；

b) 出厂检验项目：4.1.2、3.2.1、3.2.2、表 2 中的巴柯尔硬度、管道内壁静摩擦系数、落锤冲击试验及产品的标志、包装。

7 标志、包装、运输及贮存

应符合 GB/T 24721.1—2009 第 7 章的规定。

ICS 03.220.20;93.080.30
P 66

中华人民共和国国家标准

GB/T 24721.4—2009

公路用玻璃纤维增强塑料产品 第4部分:非承压通信井盖

Glass fiber reinforced plastic product for highway—
Part 4:Non-pressure communications well lid

2009-11-30 发布

2010-04-01 实施

中华人民共和国国家质量监督检验检疫总局
中国国家标准化管理委员会
发布

前　言

GB/T 24721《公路用玻璃纤维增强塑料产品》分为 5 个部分：

——第 1 部分：通则；

——第 2 部分：管箱；

——第 3 部分：管道；

——第 4 部分：非承压通信井盖；

——第 5 部分：标志底板。

本部分为 GB/T 24721 的第 4 部分。

本部分的附录 A 为规范性附录。

本部分由全国交通工程设施(公路)标准化技术委员会(SAC/TC 223)提出并归口。

本部分起草单位：交通部公路科学研究院、国家交通安全设施质量监督检验中心、公路交通安全实验室。

本部分主要起草人：陆宇红、郭东华、龚柏岩、张建平、马学锋、蒋旭峰、张智勇。

公路用玻璃纤维增强塑料产品 第4部分：非承压通信井盖

1 范围

GB/T 24721的本部分规定了公路用非承压玻璃纤维增强塑料通信井盖(以下简称非承压玻璃钢通信井盖)产品的分类、结构、尺寸及偏差、技术要求、试验方法、检验规则、标志、包装、运输和贮存等内容。

本部分适用于公路非车辆行驶区域用非承压玻璃钢通信井盖，其他道路以及聚合物基复合材料产品可参照使用。

2 规范性引用文件

下列文件中的条款通过GB/T 24721本部分中的引用而成为本部分的条款。凡是注日期的引用文件，其随后所有的修改单(不包括勘误的内容)或修订版均不适用于本部分，然而，鼓励根据本部分达成协议的各方研究是否可使用这些文件的最新版本。凡是不注日期的引用文件，其最新版本适用于本部分。

GB/T 14486 塑料模塑件尺寸公差(GB/T 14486—2008,DIN 16901:1982,NEQ)

GB/T 24721.1—2009 公路用玻璃纤维增强塑料产品 第1部分：通则

3 术语和定义

下列术语和定义适用于GB/T 24721的本部分。

3.1

通信井盖 communications well lid

通信井口可开启的封闭物，由支座(口圈)和井盖组成。

3.2

支座 seating

固定于井口处，用于安放和支承井盖。

3.3

嵌入深度 depth of insertion

支座支承面至支座顶面的距离。

3.4

缝宽 total clearance

支座与井盖间的间隙和。

3.5

接触面 interface

井盖与支座支承面相接触的平面。

3.6

井盖净宽 clear opening of well lid

支座孔口的最大内切圆直径，如图1中所示的D_0。

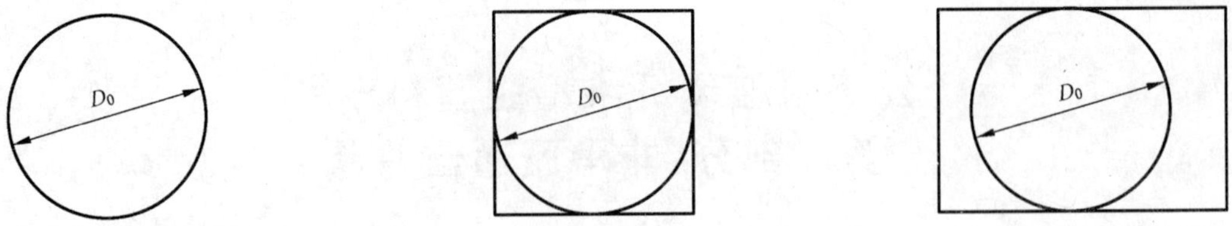

a) 圆形井盖　　b) 正方形井盖　　c) 矩形井盖

图 1　井盖净宽示意图

4　产品分类、结构、尺寸及偏差

4.1　产品分类

玻璃钢通信井盖按成型工艺分为以下两种方式：

a)　M——模压成型玻璃钢通信井盖；

b)　Q——其他成型玻璃钢通信井盖。

4.2　结构、尺寸及偏差

4.2.1　结构及尺寸

玻璃钢通信井盖产品的结构如图 2 所示，结构尺寸应符合表 1 规定。

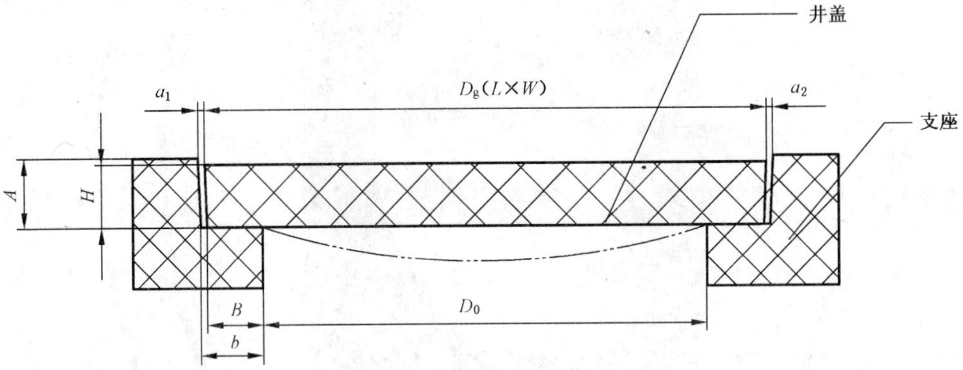

A——井盖嵌入深度；

H——井盖的接触面高度；

a_1,a_2——单侧间隙，井盖缝宽 $a=a_1+a_2$；

b——支座支承面宽度；

B——井盖接触面宽度；

D_0——井盖净宽；

$D_g(L\times W)$——井盖公称外径(矩形井盖的长×宽)。

图 2　玻璃钢通信井盖示意图

表 1　玻璃钢通信井盖产品的结构尺寸　　单位为毫米

井盖净宽 D_0	$D_0<600$						$D_0\geqslant600$		
型　　号	350×350	Φ450	450×450	730×530	Φ550	550×550	Φ650	Φ700	Φ730
支座孔口公称尺寸	350×350	Φ450	450×450	730×530	Φ550	550×550	Φ650	Φ700	Φ730
井盖公称外径或边长	400×400	Φ500	500×500	800×600	Φ600	600×600	Φ700	Φ760	Φ800
嵌入深度 A	≥20						≥30		
最大允许缝宽 $a=a_1+a_2$	≤6						≤8		
支承面宽度 b	≥15						≥20		

4.2.2 偏差

应符合下列规定：

a) 支座孔口尺寸允许偏差为±10 mm。

b) 井盖最大外径 D_g 或边长($L \times W$)：

——公称尺寸小于 600 mm，允许偏差为±3 mm；

——公称尺寸不小于 600 mm，允许偏差为±4 mm。

c) 井盖嵌入深度 A 与井盖的接触面高度 H 之差为－2 mm～＋1 mm。

4.3 型号

玻璃钢通信井盖的型号名称应符合以下规定：

B G-□-□

承载能力，单位为千牛(kN)；

井盖主参数(圆形井盖：净宽 D_0；矩形井盖：支座孔口的长×宽，mm×mm)；

井盖；

玻璃钢。

示例：承压能力为 20 kN、净宽为 Φ600 mm 的非承压玻璃钢圆形井盖的型号表示为 BG-Φ600-20。

5 技术要求

5.1 一般要求

5.1.1 原材料性能

原材料性能应满足 GB/T 24721.1—2009 中 4.1.1 的规定。

5.1.2 外观质量

5.1.2.1 井盖与支座表面应光滑、平整、配合紧密，具有良好的防水效果。其外观质量应符合 GB/T 24721.1—2009 的 4.1.2 的规定。

5.1.2.2 井盖表面应有凸起高度为 2 mm～5 mm 的防滑花纹，且标识清晰。井盖设有开启和锁止装置。

5.1.2.3 井盖与支座装配结构尺寸应符合 GB/T 14486 的要求。其公差等级不应低于 GB/T 14486 中 MT5 的规定并保证井盖与支座的互换性。

5.2 理化性能

玻璃钢通信井盖理化性能应符合表 2 的要求。

表 2 玻璃钢通信井盖理化性能要求

序号	项目		单位	技术要求
1	通用物理性能	密度	g/cm^3	≥1.6
		巴柯尔硬度	—	≥45
		氧指数(阻燃 2 级)	%	≥26
2	承载性能（试验荷载：20 kN）	残留变形	mm	反复施加 2/3 倍试验荷载 5 次后的残留变形量≤1%D_0
		承载力	kN	加荷至试验荷载，保持 5 min 后卸载，井盖、支座无裂纹
3	耐水性能[a]		—	GB/T 24721.1—2009 的 4.2.3，弯曲强度保留率或整体破坏荷载保留率≥80%
4	耐化学介质性能			GB/T 24721.1—2009 的 4.2.4 的全部化学介质种类，检查外观

表 2（续）

序号	项　　目			单位	技 术 要 求
5	环境适应性能	耐湿热性能[a]		—	GB/T 24721.1—2009 的 4.2.5.1 弯曲强度保留率或整体破坏荷载保留率≥80%
		耐低温冲击性能		—	GB/T 24721.1—2009 的 4.2.5.2
		耐候性能	人工加速老化试验	—	GB/T 24721.1—2009 表 2 中 4.2.5.4
			自然曝露试验[a]	—	GB/T 24721.1—2009 的 4.2.5.5， 整体破坏荷载保留率≥60%
[a] 经耐水性能、耐湿热性能、自然曝露试验后，整体破坏荷载保留率应符合表中规定或破坏荷载值不低于试验荷载值。					

6 试验方法

6.1 试样状态调节和试验环境条件

按 GB/T 24721.1—2009 中 5.1 的规定进行。

6.2 试剂

按 GB/T 24721.1—2009 中 5.2 的规定进行。

6.3 试验仪器和设备

按 GB/T 24721.1—2009 中 5.3 的规定进行。

6.4 试样

6.4.1 通用要求

按 GB/T 24721.1—2009 中 5.4 的规定进行。

6.4.2 特殊规定

在成品上无法制取试验样品时，应使用与产品相同的原材料及相同的工艺方法，制备出厚度为 5.0 mm±0.2 mm 的均一平面结构的试验样品。对试样大小不作特殊限定，但至少应保证可冲裁出 200 mm×200 mm 的试片，试样总面积应不小于 0.24 m^2。

弯曲强度试样制备还应包含同数量的耐水性能、耐湿热性能、耐候性能保留率的比对试样。

6.5 试验程序及结果

6.5.1 外观质量

按 GB/T 24721.1—2009 中 5.5.1 的方法进行。

6.5.2 结构尺寸

6.5.2.1 井盖最大外径或边长

用分度值 0.05 mm 的钢板尺或钢卷尺测量。在井盖表面均匀量取 3 个直径或长宽各 3 个边长值，取其平均值作为测量结果。

6.5.2.2 嵌入深度

用分度值 0.02 mm 的卡尺测量井盖两相互垂直的轴线处的嵌入深度，取 4 个值的平均值作为测量结果。

6.5.2.3 井盖的接触面高度

用分度值 0.02 mm 的卡尺测量井盖两相互垂直的轴线处的接触面高度，取 4 个值的平均值作为测量结果。

6.5.2.4 支承面宽度

用分度值 0.02 mm 的卡尺测量支座两相互垂直的轴线处的支承面宽度值。

6.5.2.5 防滑花纹凸起高度

用分度值 0.02 mm 的卡尺测量任意 3 点，取其平均值为测量结果。

6.5.3 通用物理力学性能

6.5.3.1 密度

按 GB/T 24721.1—2009 中 5.5.2.5 的方法进行。

6.5.3.2 巴柯尔硬度

按 GB/T 24721.1—2009 中 5.5.2.6 的方法进行。

6.5.3.3 氧指数

按 GB/T 24721.1—2009 中 5.5.3 的方法进行。

6.5.4 整体承载性能

按附录 A 的方法进行。

6.5.5 耐水性能

按 GB/T 24721.1—2009 中 5.5.4 的方法进行。

6.5.6 耐化学介质性能

按 GB/T 24721.1—2009 中 5.5.5 的方法进行。

6.5.7 环境适应性能

6.5.7.1 耐湿热性能

按 GB/T 24721.1—2009 中 5.5.6.1 的方法进行。

6.5.7.2 耐低温冲击试验

按 GB/T 24721.1—2009 中 5.5.6.2 的方法进行。

6.5.7.3 人工加速老化试验

按 GB/T 24721.1—2009 中 5.5.6.4 的方法进行。

6.5.7.4 自然曝露试验

按 GB/T 24721.1—2009 中 5.5.6.5 的方法进行。

6.5.7.5 材料性能保留率

按 GB/T 24721.1—2009 中 5.5.7 的方法进行。

7 检验规则

检验规则应符合 GB/T 24721.1—2009 第 6 章的规定，检验项目还应符合以下要求：

a) 型式检验项目：第 4 章和第 5 章中除耐自然曝露试验外规定的全部项目；

b) 出厂检验项目：5.1.2、4.2.1、4.2.2、表 2 中的巴柯尔硬度及产品的标志、包装。

8 标志、包装、运输及贮存

应符合 GB/T 24721.1—2009 第 7 章的规定，还应符合以下要求：

a) 每套井盖正面应有永久性的产品型号、生产企业名称、生产年份及“通信”专用标志，支座也应有产品型号的标志；

b) 无特殊要求时不包装；

c) 使用叉车装卸时，产品底部应有托架且层高不高于 10 层。

附　录　A
（规范性附录）
整体承载性能测定方法

A.1　样品

取3组成套产品进行承载性能试验。

A.2　试验设备

能施加不小于40 kN的荷载，且操作台面的尺寸应大于井盖支座最外缘尺寸。仪器的测量误差不大于±2%，试验加载装置如图A.1所示。

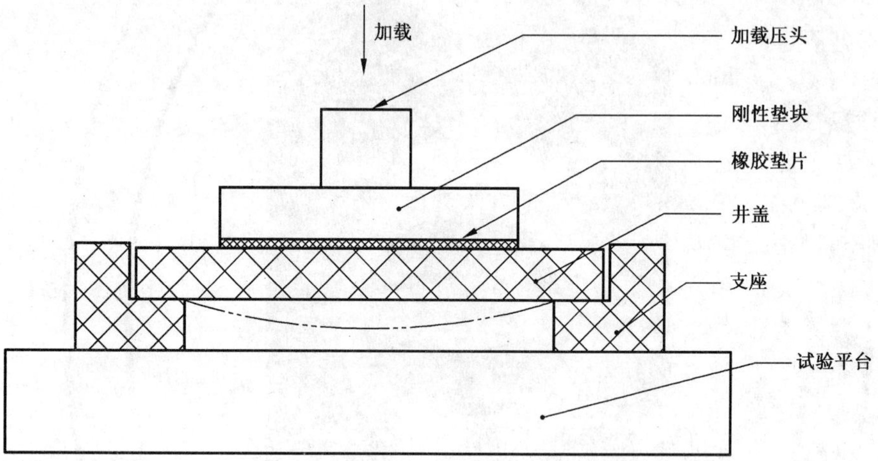

刚性垫块——直径356 mm、厚度≥40 mm、边缘1×45°倒角的圆形钢板，上下表面平整、表面粗糙度 Ra 为12.5 μm；

橡胶垫片——放置在刚性垫块与井盖之间的直径356 mm、厚度6 mm～10 mm的橡胶垫片。

注：井盖净宽尺寸 D_0＜400时，刚性垫块和橡胶垫片的直径为250 mm。

图A.1　整体承载力试验装置示意图

A.3　试验步骤

A.3.1　如图A.1所示，将试验样品置于试验平台上，调整样品位置，使加载压头、刚性垫块和试验样品的几何中心重合。

A.3.2　以1 kN/s～3 kN/s的速度加载至2/3试验荷载后卸载，重复5次。测量第1次加载前与第5次卸载后试验样品几何中心点的变形量，精确至0.01 mm，此值即为残留变形量。

A.3.3　按A.3.2的速度加载至试验荷载，保持5 min后卸载，检查井盖和支座有无裂纹。

A.3.4　按A.3.2的速度加载至破坏，记录整体破坏荷载力。

A.3.5　每组成套样品均需按以上顺序进行试验。

ICS 03.220.20;93.080.30
P 66

中华人民共和国国家标准

GB/T 24721.5—2009

公路用玻璃纤维增强塑料产品 第5部分:标志底板

Glass fiber reinforced plastic product for highway—Part 5:Sign base panel

2009-11-30 发布　　2010-04-01 实施

中华人民共和国国家质量监督检验检疫总局
中国国家标准化管理委员会　发布

前　言

GB/T 24721《公路用玻璃纤维增强塑料产品》分为5个部分：

——第1部分：通则；

——第2部分：管箱；

——第3部分：管道；

——第4部分：非承压通信井盖；

——第5部分：标志底板。

本部分为GB/T 24721的第5部分。

本部分的附录A为规范性附录。

本部分由全国交通工程设施(公路)标准化技术委员会(SAC/TC 223)提出并归口。

本部分负责起草单位：交通部公路科学研究院、国家交通安全设施质量监督检验中心、公路交通安全实验室。

本部分参加起草单位：杭州余杭天允工贸有限公司、北京中交华安科技有限公司、广东新粤交通投资有限公司。

本部分主要起草人：郭东华、陆宇红、任娟、张智勇、王玮、马骏。

公路用玻璃纤维增强塑料产品
第5部分:标志底板

1 范围

GB/T 24721的本部分规定了公路用玻璃纤维增强塑料标志底板(以下简称玻璃钢标志底板)的产品分类、结构、尺寸及偏差、技术要求、试验方法、检验规则、标志、包装、运输和贮存等内容。

本部分适用于公路用玻璃钢标志底板,其他道路用玻璃钢标志底板可参照使用。

2 规范性引用文件

下列文件中的条款通过GB/T 24721的本部分的引用而成为本部分的条款。凡是注日期的引用文件,其随后所有的修改单(不包括勘误的内容)或修订版均不适用于本部分,然而,鼓励根据本部分达成协议的各方研究是否可使用这些文件的最新版本。凡是不注日期的引用文件,其最新版本适用于本部分。

GB 5768.2 道路交通标志和标线 第2部分:道路交通标志

GB/T 18226—2000 高速公路交通工程钢构件防腐技术条件

GB/T 24721.1—2009 公路用玻璃纤维增强塑料产品 第1部分:通则

GB/T 23827—2009 道路交通标志板及支撑件

3 产品分类、结构、尺寸及偏差

3.1 分类

玻璃钢标志底板按成型工艺分为以下3种:

a) S——手糊成型玻璃钢标志底板;

b) M——模压成型玻璃钢标志底板;

c) Q——其他成型玻璃钢标志底板。

3.2 结构、尺寸及偏差

3.2.1 直径或最长边不大于100 cm的玻璃钢标志底板宜采用整体成型的方式,厚度应不小于2 mm,其余尺寸底板的厚度应不小于3 mm。底板采取拼接方式成型时,底板上任意拼接螺孔边缘距底板边缘和拼接缝的最小距离应不小于2 cm,底板厚度应不小于3 mm。底板宜具有加强筋等可靠的增强措施,当底板为拼接方式成型或底板厚度小于3 mm时,应采取增强处理。

3.2.2 其余结构尺寸按照GB 5768.2中的规定执行,偏差按照GB/T 23827—2009中的规定。

4 技术要求

4.1 一般要求

4.1.1 原材料

树脂及增强材料的原材料性能应符合GB/T 24721.1—2009中4.1.1的规定。

4.1.2 外观质量

玻璃钢标志底板应外形平整,无明显歪斜,板面不平度不应大于7 mm/m。其他外观质量要求应符合GB/T 24721.1—2009中4.1.2的规定。

4.1.3 成型标志板要求

在玻璃钢标志底板上增加标志板面材料后成型的标志板产品的技术要求应符合GB/T 23827—

2009 的相关规定。

4.2 理化性能

用于悬臂式、门架式和附着在道路上方结构物上的玻璃钢标志底板理化性能应符合表 1 中 A 类的要求。用于单柱式、双柱式和附着在除道路上方结构物上的玻璃钢标志底板理化性能应符合表 1 中 B 类的要求。

表 1 玻璃钢标志底板理化性能要求

序号	项目			单位	技术要求 A类	技术要求 B类
1	通用物理力学性能	拉伸强度		MPa	≥150	—
1	通用物理力学性能	压缩强度		MPa	≥130	—
1	通用物理力学性能	弯曲强度		MPa	≥240	—
1	通用物理力学性能	冲击强度		kJ/m^2	≥80	—
1	通用物理力学性能	密度		g/cm^3	≥1.6	≥1.5
1	通用物理力学性能	巴柯尔硬度		—	≥45	≥40
1	通用物理力学性能	负荷变形温度		℃	≥150	—
2	氧指数(阻燃 2 级)[a]			%	≥26	≥26
3	抗冲击性能			—	—	以冲击点为圆心,半径 6 mm 区域外,试样无开裂、分层、剥离或其他破坏现象
4	耐水性能			—	GB/T 24721.1—2009 中 4.2.3 的外观质量要求,材料弯曲强度性能保留率不小于 90%	GB/T 24721.1—2009 中 4.2.3 的外观质量要求
5	耐酸性能			—	GB/T 24721.1—2009 中 4.2.4 的酸的要求	GB/T 24721.1—2009 中 4.2.4 的酸的外观质量要求
6	环境适应性能	耐湿热性能		—	GB/T 24721.1—2009 中 4.2.5.1 的外观质量要求,材料弯曲强度性能保留率不小于 90%	—
6	环境适应性能	耐低温冲击性能		—	GB/T 24721.1—2009 中 4.2.5.2	—
6	环境适应性能	耐低温坠落性能		—	—	GB/T 24721.1—2009 中 4.2.5.3
6	环境适应性能	耐候性能	氙弧灯人工加速老化试验	—	GB/T 24721.1—2009 中 4.2.5.4 的外观质量要求,材料弯曲强度性能保留率不小于 90%	GB/T 24721.1—2009 中 4.2.5.4 的外观质量要求
6	环境适应性能	耐候性能	自然曝露试验	—	GB/T 24721.1—2009 中 4.2.5.5 的外观质量要求,材料弯曲强度性能保留率不小于 80%	—
7	整体荷载 F			N	F 应不小于 CS 的乘积,其中 C 为荷载常数,取值为 1 647.5 N/m^2,S 为该规格标志底板的有效承风面积	

[a] 氧指数要求阻燃 2 级为一般要求,特殊要求可根据供求双方协商决定是否采用阻燃 1 级。

4.3 钢质构件防腐蚀性能

玻璃钢标志底板的钢质构件的防腐蚀涂层性能指标应符合 GB/T 18226—2000 中第 4 章和第 5 章的相关规定。

5 试验方法

5.1 试样状态调节和试验环境条件

按 GB/T 24721.1—2009 中 5.1 规定。

5.2 试剂

按 GB/T 24721.1—2009 中 5.2 规定。

5.3 试验仪器和设备

按 GB/T 24721.1—2009 中 5.3 规定。

5.4 试样

5.4.1 通用要求

按 GB/T 24721.1—2009 中 5.4 规定。

5.4.2 特殊规定

5.4.2.1 整体荷载试验用成型标志底板进行试验。

5.4.2.2 拉伸强度和弯曲强度试样应在标志底板竖向与横向分别截取相同数量的试样，每项性能试验的每组试样最少数量为 5 件，弯曲强度试样在进行型式检验时竖向和横向均应不少于 6 组 30 件。

5.4.2.3 一般对样品的成型表面不宜进行机械加工，如确有需要，只能对单面进行加工。

5.5 试验程序及结果

5.5.1 外观质量

将标志底板板面朝上自由放在试验平台上，用 1 m 的直尺测量板面任意处与直尺之间的最大间隙，即得出板面不平度，其余试验方法按 GB/T 24721.1—2009 中 5.5.1 的规定。

5.5.2 结构尺寸

按 GB/T 23827—2009 中 6.2 规定。

5.5.3 通用物理力学性能

按 GB/T 24721.1—2009 中 5.5.2 规定。

5.5.4 抗冲击性能

将试样放置在标准环境条件下调节 24 h 后进行试验。试样应平整放置于硬质地面或试验台上，用重量为 1 kg 钢球从距板面高度 1 m 处自由下落，冲击试样，保证在冲击的过程中钢球与试样只接触 1 次，每件试样冲击点应选择上、中、下 3 个部位进行冲击试验。

5.5.5 氧指数(阻燃性能)

按 GB/T 24721.1—2009 中 5.5.3 规定。

5.5.6 耐水性能

按 GB/T 24721.1—2009 中 5.5.4 规定。

5.5.7 耐酸性能

按 GB/T 24721.1—2009 中 5.5.5.2 规定。

5.5.8 环境适应性能

5.5.8.1 耐湿热性能

按 GB/T 24721.1—2009 中 5.5.6.1 规定。

5.5.8.2 耐低温冲击性能

按 GB/T 24721.1—2009 中 5.5.6.2 规定。

5.5.8.3 耐低温坠落性能

按 GB/T 24721.1—2009 中 5.5.6.3 规定。

5.5.8.4 人工加速老化试验(氙弧灯灯源)

按 GB/T 24721.1—2009 中 5.5.6.4 规定。

5.5.8.5 耐自然曝露试验

按 GB/T 24721.1—2009 中 5.5.6.5 规定。

5.5.9 整体荷载 *F*

5.5.9.1 将玻璃钢标志底板置于两个覆盖有橡胶片(邵尔 A 型硬度为 65～70,厚度为 8 mm～10 mm)的 400 mm×50 mm 的水平支撑面上,并保证底板的外缘与支撑面的外边缘在同一竖直平面内,和底板在支撑面间尽可能对称布置并具有最大跨度。

5.5.9.2 将底板上的全部连接螺栓按产品装配说明装配于连接件上,以连接件的中点为力学牵引点,用刚性连接介质通过定滑轮与力学试验机牵引系统牢固连接,并保证两定滑轮下缘在同一直线上和对底板进行垂直牵引(试验牵引装置的设置按照附录 A 的要求进行)。在连接介质完全松弛的情况下,以 100 mm/min 的速度牵引,直至板面破裂或已经达到最大负荷时,停止试验,最大拉伸负荷与连接件的重量和连接介质竖直部分的重量之和即为整体荷载。

5.5.9.3 如此共进行 3 组试验,取 3 次试验结果的算术平均值为测试结果。

5.5.10 钢质构件防腐蚀性能

按照 GB/T 18226—2000 的方法进行。

6 检验规则

检验规则应符合 GB/T 24721.1—2009 第 6 章规定,检验项目还应符合以下玻璃钢标志底板的检验规则:

a) 型式检验项目:第 3 章和第 4 章中除耐自然曝露试验外规定的全部项目;

b) 出厂检验项目:外观质量、结构尺寸、巴柯尔硬度及产品的标志、包装。

7 标志、包装、运输及贮存

应符合 GB/T 24721.1—2009 第 7 章的规定。

附 录 A
（规范性附录）
整板荷载牵引装置设置要求

整板荷载牵引装置的设置应按图 A.1 所示的要求进行。

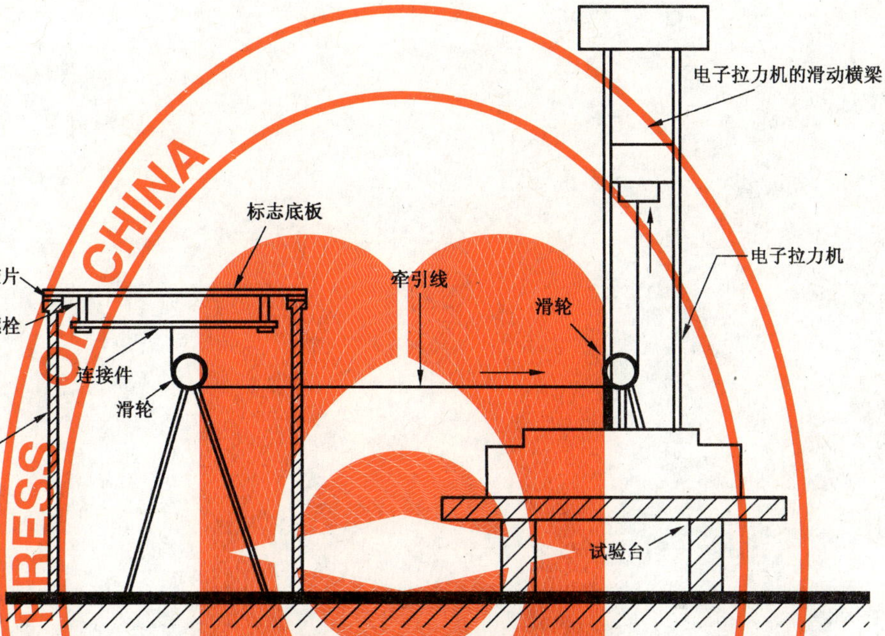

图 A.1 整板荷载牵引装置设置图

ICS 03.220.20;93.080.30
P 66

中华人民共和国国家标准

GB/T 24722—2009

路面标线用玻璃珠

Glass beads for road markings

2009-11-30 发布　　2010-04-01 实施

中华人民共和国国家质量监督检验检疫总局
中国国家标准化管理委员会　发布

前言

本标准的附录A是资料性附录。

本标准由全国交通工程设施(公路)标准化技术委员会(SAC/TC 223)提出并归口。

本标准负责起草单位:交通部公路科学研究院、北京中交华安科技有限公司、国家交通安全设施质量监督检验中心、交通部公路交通安全工程研究中心。

本标准参加起草单位:绵阳光耀新材料有限公司、永清县驰野玻璃珠有限公司。

本标准主要起草人:郭东华、奚必仁、杜玲玲、李秉杰、刘文杰、刘恒权、马骏。

路面标线用玻璃珠

1 范围

本标准规定了路面标线用玻璃珠的术语和定义、产品分类与用途、技术要求、试验方法、检验规则、标志、包装、运输和贮存。

本标准适用于路面标线涂料用玻璃珠，雨夜标线所使用的反光珠可参照执行。

2 规范性引用文件

下列文件中的条款通过在本标准的引用而成为本标准的条款。凡是注日期的引用文件其随后所有的修改单(不包括勘误的内容)或修订版均不适用于本标准，然而，鼓励根据本标准达成协议的各方研究是否可使用这些文件的最新版本。凡是不注日期的引用文件，其最新版本适用于本标准。

GB/T 6003.1 金属丝编织网试验筛(GB/T 6003.1—1997，eqv ISO 3310-1：1990)

JT/T 674 玻璃珠选形器

3 术语和定义

下列术语和定义适用于本标准。

3.1

面撒玻璃珠 drop on glass beads

涂料在路面划出标线后，播撒在未干的标线涂料表面的玻璃珠。

3.2

预混玻璃珠 premix glass beads

在路面标线涂料划线以前，均匀混合在该涂料中的玻璃珠。

3.3

镀膜玻璃珠 coated glass beads

为改善玻璃珠的性能，在其表面覆盖有特定涂层的玻璃珠。

3.4

贝克线 becke line

在两种不同光程的介质边界上成像的一条明亮线。

4 产品分类与用途

4.1 产品分类

4.1.1 根据玻璃珠与路面标线涂料的结合方式不同，玻璃珠可分为面撒玻璃珠和预混玻璃珠两种。

4.1.2 根据玻璃珠的折射率不同，玻璃珠可分为低折射率玻璃珠、中折射率玻璃珠、高折射率玻璃珠三种，其折射率(RI)依次分别为 $1.50 \leqslant RI < 1.70$、$1.70 \leqslant RI < 1.90$、$RI \geqslant 1.90$。

4.1.3 根据玻璃珠表面处理与否，玻璃珠可分为镀膜玻璃珠和普通玻璃珠。

4.1.4 路面标线用玻璃珠根据粒径分布不同，可分为 1 号、2 号、3 号三个型号，其粒径分布见表 1。

表 1 玻璃珠的粒径分布

型 号	玻璃珠粒径 S/μm	玻璃珠质量百分比/%
1号	$S>850$	0
	$600<S\leqslant 850$	15～30
	$300<S\leqslant 600$	30～75
	$106<S\leqslant 300$	10～40
	$S\leqslant 106$	0～5
2号	$S>600$	0
	$300<S\leqslant 600$	50～90
	$150<S\leqslant 300$	5～50
	$S\leqslant 150$	0～5
3号	$S>212$	0
	$S\leqslant 90$	0～4

4.2 产品用途

4.2.1 1号玻璃珠宜用作热熔型、双组份、水性路面标线涂料的面撒玻璃珠。

4.2.2 2号玻璃珠宜用作热熔型、双组份、水性路面标线涂料的预混玻璃珠。

4.2.3 3号玻璃珠宜用作溶剂型路面标线涂料的面撒玻璃珠。

5 技术要求

5.1 外观要求

玻璃珠应为无色松散球状，清洁无明显杂物。在显微镜或投影仪下，玻璃珠应为无色透明的球体，光洁圆整，玻璃珠内无明显气泡或杂质。

5.2 粒径分布

玻璃珠粒径分布应符合表1中的相关规定。

5.3 成圆率

有缺陷的玻璃珠，如椭圆形珠、不圆的颗粒、失透的珠、熔融粘连的珠、有气泡的玻璃珠和杂质等的质量应小于玻璃珠总质量的20%，即玻璃珠成圆率不小于80%，其中粒径在850 μm～600 μm范围内玻璃珠的成圆率不应小于70%。

5.4 密度

玻璃珠的密度应在(2.4～4.3)g/cm^3 的范围内。

5.5 折射率

玻璃珠的折射率应符合4.1.2中的相关规定。

5.6 耐水性

在沸腾的水浴中加热后，玻璃珠表面不应呈现发雾现象。对1号和2号玻璃珠，中和所用0.01 mol/L盐酸应在10 mL以下；对3号玻璃珠，中和所用0.01 mol/L盐酸应在15 mL以下。

5.7 磁性颗粒含量

玻璃珠中磁性颗粒的含量不得大于0.1%。

5.8 防水涂层要求

所有玻璃珠应通过漏斗而无停滞现象。

6 试验方法

6.1 试样的制备

随机抽取有代表性的整袋玻璃珠产品。将该袋玻璃珠倒入一容器中，然后再从这个容器倒入另一个容器，如此重复三次，以保证整袋玻璃珠在分选前能混合均匀。混合均匀的玻璃珠倒入二份分割器(见图1)中重复分割，最后得到约1 000 g玻璃珠，作为试样。

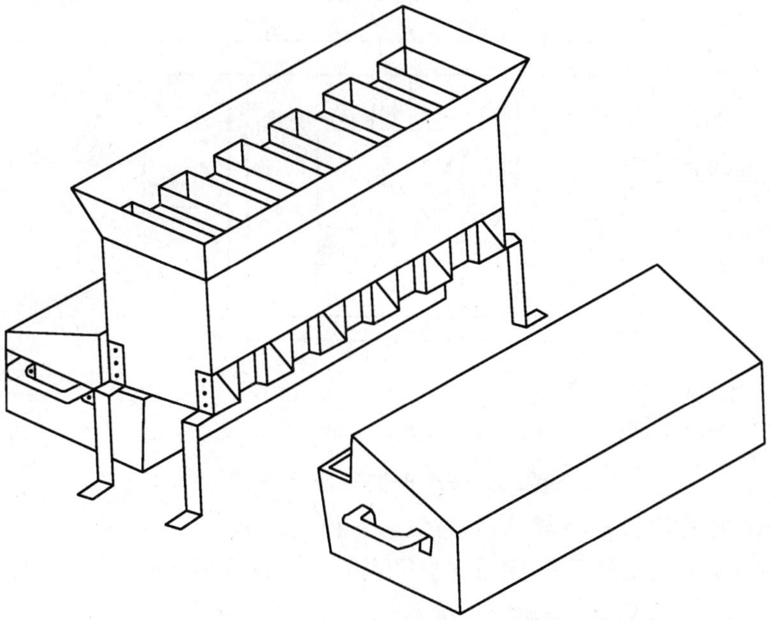

图1 二份分割器结构示意图

6.2 试验条件

试验工作应在温度23 ℃±2 ℃，相对湿度50%±5%的环境中进行。

6.3 外观检查

目测玻璃珠在容器中的状态，同时把少许玻璃珠样品放在载玻片上，用放大倍数不小于10倍的显微镜或投影仪进行观察检查。

6.4 粒径分布

6.4.1 将若干玻璃珠试样在105 ℃～110 ℃的温度下干燥1 h。在干燥器中冷却至室温后，称取约200 g样品，精确到0.1 g，倒入一组标准试验筛中。

6.4.2 该组筛网的孔径应依次为850 μm，600 μm，300 μm，212 μm，150 μm，106 μm，90 μm，标准试验筛的质量应符合GB/T 6003.1的有关规定，标准筛网孔尺寸与目数对照表参见附录A。

6.4.3 盖上试验筛网盖，开动振筛机，振筛机的摇动次数为290次/min，拍击次数156次/min，振动5 min，然后将试验筛从振筛机上取下，分别称出各筛网上的样品质量及托盘上留存的样品质量，精确到0.1 g。若网眼被玻璃珠堵住，可用刷子从下面将其刷出，作为该筛网上筛余的样品。如果筛后玻璃珠总质量少于最初所取样品的98%，需要重新取样测试。

6.4.4 根据式(1)，分别计算出各筛网筛余样品的质量百分比，精确到小数点后1位。

$$G = \frac{m}{M} \times 100 \qquad (1)$$

式中：

G——各试验筛网或托盘上筛余样品的质量百分比，%；

M——筛后样品的总质量，单位为克(g)；

m——各试验筛网或托盘上筛余样品的质量，单位为克(g)。

根据各标准试验筛网和托盘上筛余样品的质量百分比，对照表1的规定，检查玻璃珠的粒径分布。

6.5 成圆率

6.5.1 使用满足JT/T 674要求的玻璃珠选形器进行成圆率试验。

6.5.2 用蘸有少许工业酒精的脱脂棉球，清洁玻璃珠选形器(见图2)的玻璃平板及玻璃珠收集器。

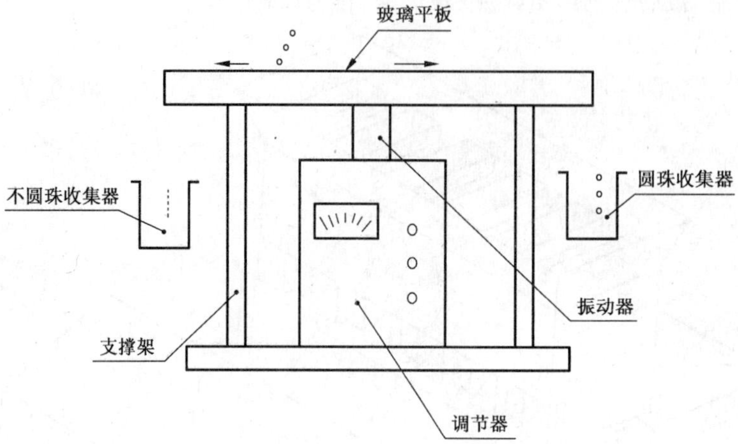

图2 玻璃珠选形器示意图

6.5.3 从玻璃珠试样中称取约20 g样品，精确到0.1 g。

6.5.4 开启玻璃珠选形器的电源开关，调节玻璃平板的斜度和振动器的振幅，使玻璃板上有缺陷的玻璃珠慢慢向上移动，圆的玻璃珠向下滚动。

6.5.5 用小勺慢慢往选形器玻璃平板上喂料，应使玻璃珠不在玻璃平板上堆积或大量滑落。所有圆珠将滚落到圆珠收集器中，而有缺陷的玻璃珠慢慢进入不圆珠收集器内，直至玻璃珠样品全部分离完毕。

6.5.6 把收集到的圆玻璃珠和有缺陷的玻璃珠分别再通过玻璃珠选形器进行分离。直至所有的圆玻璃珠通过选形器后，没有带缺陷的玻璃珠分离出来；而所有有缺陷玻璃珠通过选形器后，没有圆玻璃珠分离出来。

6.5.7 分别称出分离得到的所有圆玻璃珠的总质量N(g)和有缺陷玻璃珠的总质量C(g)，精确到0.1 g。

6.5.8 玻璃珠的成圆率P用式(2)计算：

$$P=\frac{N}{N+C}\times 100 \qquad \cdots\cdots(2)$$

式中：

P——成圆率，%；

N——圆玻璃珠的总质量，单位为克(g)；

C——有缺陷的玻璃珠的总质量，单位为克(g)。

6.5.9 按6.4规定的方法，筛得一定量粒径为850 μm～600 μm范围的玻璃珠。称取约20 g样品，精确到0.1 g。重复步骤6.5.4～6.5.8即可得到该粒径范围玻璃珠的成圆率。

6.6 密度

6.6.1 把若干玻璃珠用蒸馏水或去离子水清洗干净，然后置于110 ℃±5 ℃的烘箱内干燥1 h，取出冷却至室温。称取约100 g玻璃珠样品的质量W_1，精确到1 g，待测密度。

6.6.2 把化学纯的二甲苯倒入100 mL量筒内，至刻度100 mL处。称其质量W_2，精确到1 g，然后把二甲苯从量筒内倒出来。

6.6.3 把待测密度的、质量为 W_1 的玻璃珠样品倒入量筒内，加入二甲苯至 100 mL 刻度，称其质量 W_3，精确到 1 g。

6.6.4 按式(3)计算出玻璃珠密度，精确到小数点后 2 位。

$$D = \frac{W_1 \cdot d}{W_1 + W_2 - W_3} \quad \cdots\cdots (3)$$

式中：

D——玻璃珠的密度，单位为克每立方厘米(g/cm^3)；

W_1——玻璃珠样品的质量，单位为克(g)；

W_2——装有 100 mL 二甲苯后量筒的质量，单位为克(g)；

W_3——加入玻璃珠样品和二甲苯至刻度 100 mL 后量筒的质量，单位为克(g)；

d——在该室温下二甲苯密度，单位为克每立方厘米(g/cm^3)。

6.7 **折射率**

6.7.1 把少许玻璃珠放在研钵里粉碎，然后置于载玻片上。往载玻片滴 1 滴～2 滴折射率与玻璃珠折射率相同或相近的浸油，使浸油完全浸没玻璃粉。

6.7.2 把载玻片置于放大倍数为 100 倍的显微镜的载物台上，使用钠光灯作光源供给透过光线。调整显微镜的照明灯光，从下方以暗淡光线照射玻璃粉覆盖区域，将显微镜聚焦在玻璃粉上。

6.7.3 缓慢提升显微镜镜筒，观察每颗玻璃粉周围贝克线的移动，若贝克线向玻璃粉中心方向移动，则玻璃的折射率大于浸油的折射率；若贝克线向浸油方向移动，则玻璃的折射率小于浸油的折射率。当提升或下降显微镜镜筒时，玻璃粉的轮廓呈模糊状态；当完全聚焦时，玻璃粉几乎不可见，此时玻璃的折射率与浸油的折射率相等。

6.8 **耐水性**

6.8.1 称取 10.0 g 玻璃珠，倒入 250 mL 的锥形瓶中，然后往瓶内注入 100 mL 的蒸馏水，把锥形瓶置于沸腾的水浴中加热 1 h，从锥形瓶中直接观察玻璃珠表面的状态。

6.8.2 等瓶中的水冷却至室温，用酚酞作指示剂，接着用 0.01 mol/L 的盐酸溶液滴定至中性，盐酸溶液的用量为 V_1。

6.8.3 进行空白试验，空白值为 V_2。

6.8.4 盐酸溶液的最终用量 V 用式(4)计算：

$$V = V_1 - V_2 \quad \cdots\cdots (4)$$

式中：

V——盐酸溶液的最终用量，单位为毫升(mL)；

V_1——不扣除空白值时盐酸溶液的用量，单位为毫升(mL)；

V_2——空白值，单位为毫升(mL)。

6.9 **磁性颗粒含量**

6.9.1 从玻璃珠试样中称取约 200 g 样品 m_1，精确到 0.01 g。

6.9.2 把永久磁铁安装在一框架上，如图 3 所示。在磁铁上放一块玻璃板，组成一个磁性颗粒分选架。

单位为毫米

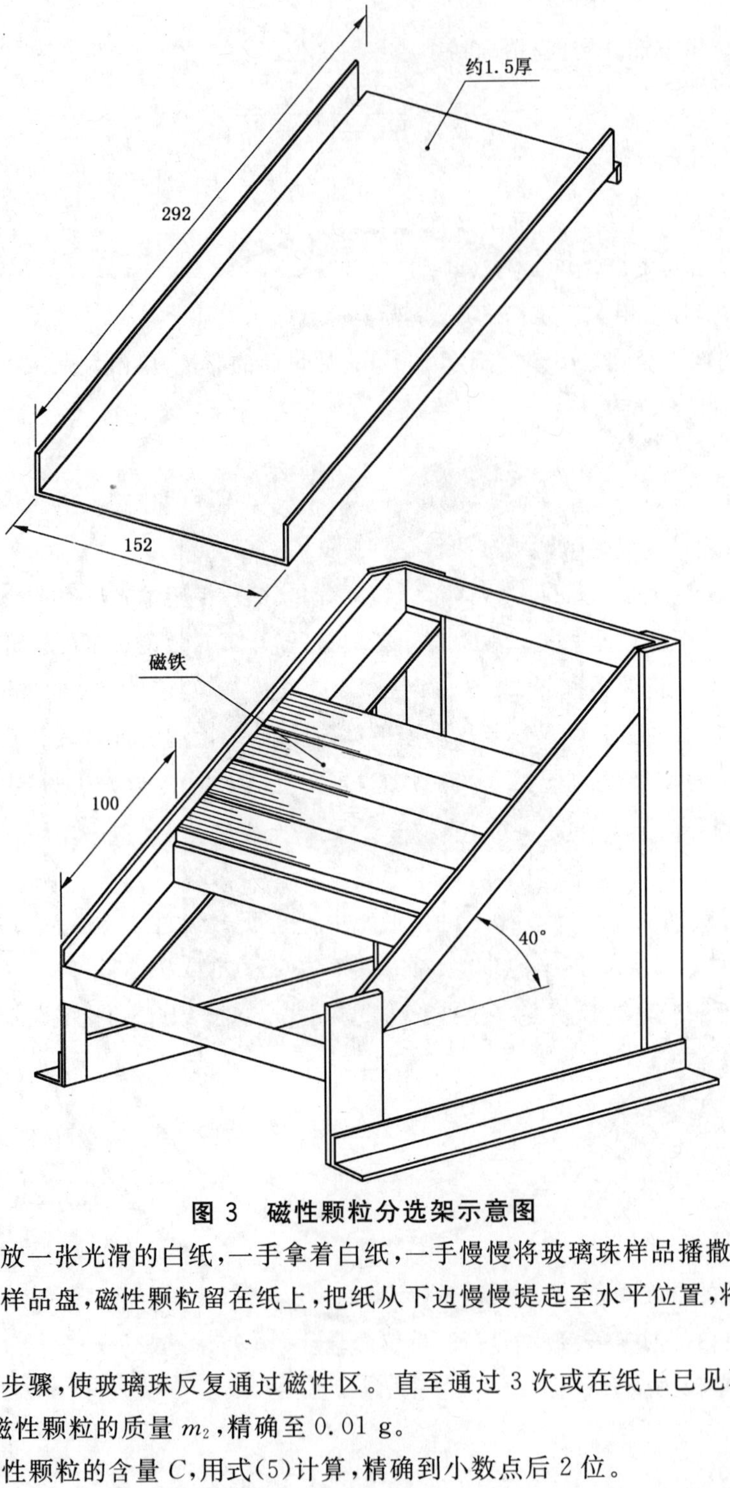

图 3 磁性颗粒分选架示意图

6.9.3 在玻璃板上放一张光滑的白纸，一手拿着白纸，一手慢慢将玻璃珠样品播撒到磁性区域中，玻璃珠从纸上流过，进入样品盘，磁性颗粒留在纸上，把纸从下边慢慢提起至水平位置，将纸上的磁性颗粒用毛刷刷到样品杯中。

6.9.4 重复6.9.3步骤，使玻璃珠反复通过磁性区。直至通过3次或在纸上已见不到磁性颗粒为止。称取收集到的全部磁性颗粒的质量 m_2，精确至0.01 g。

6.9.5 玻璃珠中磁性颗粒的含量 C，用式(5)计算，精确到小数点后2位。

$$C=\frac{m_2}{m_1}\times 100 \qquad (5)$$

式中：

C——磁性颗粒含量，%；

m_1——玻璃珠样品的质量，单位为克(g)；

m_2——收集到的全部磁性颗粒的质量，单位为克(g)。

6.10 防水涂层要求

6.10.1 从玻璃珠试样中称取约400 g样品，将其倒入支数为48×48、尺寸约为450 mm×250 mm的棉布袋中。将布袋浸入含有至少4 L干净水的容器中，保持30 s或者直到布袋完全浸没，以二者中时间长者为准。

6.10.2 将布袋从水中取出，扭紧布袋上部将水挤出。保持布袋上部扭紧，将其悬挂，在室温保持2 h，使布袋滴干。

6.10.3 保持时间到达2 h后，立即松开并振动布袋，使玻璃珠与布袋松散开来。

6.10.4 将玻璃珠倒入干净的干燥漏斗(总长120 mm，顶端内径150 mm，细管内径6.25 mm)中，观察玻璃珠流动状况。

注：刚倒入玻璃珠时，如果玻璃珠阻塞了漏斗，轻敲漏斗细管引导玻璃珠开始流动。

7 检验规则

本标准对产品的检验分出厂检验和型式检验两种形式。

7.1 出厂检验

在产品出厂前，应随机抽取足够数量的样品，按表2的要求进行自检，以保证出厂产品质量符合标准的要求。

表2 出厂检验要求

序号	出厂检验项目	技术要求	试验方法
1	外观要求	5.1	6.3
2	粒径分布	5.2	6.4
3	成圆率	5.3	6.5
4	供需双方合同规定的其他项目	按合同要求	按合同要求

7.2 型式检验

7.2.1 产品由通过计量认证的质检机构型式检验合格后才能批量生产。

7.2.2 型式检验应在生产线终端或生产单位仓库内抽取样品。

7.2.3 型式检验为每两年进行一次，如有下列情况之一时，也应进行型式检验：

a) 新设计试制的产品；

b) 正式生产过程中，如原材料、工艺有较大改变，可能影响产品性能时；

c) 出厂检验结果与上次型式检验有较大差异时；

d) 国家质量监督机构提出型式检验时。

7.2.4 型式检验项目

不含防水涂层的玻璃珠产品型式检验项目为5.1～5.7规定的项目，含防水涂层的玻璃珠产品型式检验项目为第5章规定的全部项目。

7.2.5 判定规则

型式检验时，如有任何一项指标不符合标准要求时，则需在同批产品中重新抽取双倍试样，对该项目进行复验，复验结果仍然不合格时，则判该型式检验为不合格，反之判定为合格。

8 标志、包装、运输及贮存

8.1 标志

8.1.1 包装袋外应有清晰、耐久的标记，其内容包括：

a) 产品名称和类别；

b) 包装袋内路面标线用玻璃珠的净重；

c） 生产厂家的名称或注册商标；

d） 生产年、月或批号。

8.1.2 每批路面标线用玻璃珠产品，厂方应提供使用说明。

8.2 包装

路面标线用玻璃珠应使用双层口袋包装，内袋为聚乙烯薄膜(厚度不小于0.5 mm)，热压封口；外袋为塑料编织袋，以防散漏和受潮。每袋净重25 kg±0.2 kg。每袋包装中，应有产品质量检验合格证。

8.3 运输

运输中应防止雨淋和碰撞硬物，以免路面标线用玻璃珠受潮或包装袋破损。

8.4 贮存

路面标线用玻璃珠应贮存在干燥通风的仓库内。按类堆码，严禁与强酸、强碱等对玻璃有腐蚀作用的物品混放。

附 录 A
（资料性附录）
标准筛网孔尺寸与目数对照表

标准筛网孔尺寸与目数对应关系见表A.1。

表A.1 标准筛网孔尺寸与目数对照表

标准筛网孔尺寸/μm	标准筛目数
850	20
600	30
300	50
212	70
150	100
106	140
90	170

ICS 03.220.20;93.080.30;35.180
R 80

中华人民共和国国家标准

GB/T 24723—2009

公路收费用票据打印机

Receipt printer for toll collection of highway

2009-11-30 发布

2010-04-01 实施

中华人民共和国国家质量监督检验检疫总局
中国国家标准化管理委员会 发布

前 言

本标准由全国交通工程设施(公路)标准化技术委员会(SAC/TC 223)提出并归口。

本标准起草单位:交通部公路科学研究院、国家交通安全设施质量监督检验中心。

本标准主要起草人:刘玉新、龚柏岩、冯小世、王蕊、王峣、鲁燚。

公路收费用票据打印机

1 范围

本标准规定了公路收费用票据打印机的术语和定义、技术要求、试验方法、检验规则以及包装、运输和贮存等内容。

本标准适用于公路收费用票据打印机产品,铁路、停车场等其他场所使用的票据打印机可参照使用。

2 规范性引用文件

下列文件中的条款通过本标准的引用而成为本标准的条款。凡是注日期的引用文件,其随后所有的修改单(不包括勘误的内容)或修订版均不适用于本标准,然而,鼓励根据本标准达成协议的各方研究是否可使用这些文件的最新版本。凡是不注日期的引用文件,其最新版本适用于本标准。

GB/T 191 包装储运图示标志(GB/T 191—2008,ISO 780:1997,MOD)

GB/T 2423.1 电工电子产品环境试验 第2部分:试验方法 试验A:低温(GB/T 2423.1—2008,IEC 60068-2-1:2007,IDT)

GB/T 2423.2 电工电子产品环境试验 第2部分:试验方法 试验B:高温(GB/T 2423.2—2008,IEC 60068-2-2:2007,IDT)

GB/T 2423.3 电工电子产品环境试验 第2部分:试验方法 试验Cab:恒定湿热试验(GB/T 2423.3—2006,IEC 60068-2-78:2001,IDT)

GB/T 2423.10 电工电子产品环境试验 第2部分:试验方法 试验Fc:振动(正弦)(GB/T 2423.10—2008,IEC 60068-2-6:1995,IDT)

GB/T 2423.17 电工电子产品环境试验 第2部分:试验方法 试验Ka:盐雾(GB/T 2423.17—2008,IEC 60068-2-11:1981,IDT)

GB/T 2423.22—2002 电工电子产品环境试验 第2部分:试验方法 试验N:温度变化(IEC 60068-2-14:1984,IDT)

GB 4208 外壳防护等级(IP代码)(GB 4208—2008,IEC 60529:2001,IDT)

GB/T 5080.7 设备可靠性试验 恒定失效率假设下的失效率与平均无故障时间的验证试验方案(GB/T 5080.7—1986,idt IEC 60605-7:1978)

GB/T 9312 行式打印机通用技术条件

GB/T 17540 台式激光打印机通用规范

GB/T 17626.2 电磁兼容 试验和测量技术 静电放电抗扰度试验(GB/T 17626.2—2006,IEC 61000-4-2:2001,IDT)

GB/T 17626.3 电磁兼容 试验和测量技术 射频电磁场辐射抗扰度试验(GB/T 17626.3—2006,IEC 61000-4-3:2002,IDT)

GB/T 17626.4 电磁兼容 试验和测量技术 电快速瞬变脉冲群抗扰度试验(GB/T 17626.4—2008,IEC 61000-4-4:2004,IDT)

3 术语和定义

下列术语和定义适用于本标准。

3.1

票据打印机 receipt printer

安装在高速公路、普通公路、铁路、停车场等场所的收费亭及售票处，通过标准接口与上位机连接，完成发票、车票等票据打印功能的设备。

3.2

单行打印时间 printing time for single line

指从上位机发出打印命令到单张票据打印完成、走纸结束所需的总时间与打印行数的比值。

4 结构

票据打印机一般由打印头、碳带、切纸刀和机壳等部分组成。

5 技术要求

5.1 适用条件

5.1.1 安装及使用环境：收费亭内。

5.1.2 环境温度：−20 ℃～+55 ℃。

5.1.3 相对湿度：不大于95%。

5.2 外观和结构要求

5.2.1 票据打印机表面应光滑、平整、美观、涂层色泽均匀，无锈蚀、凹痕、划伤、裂缝和变形，无裸露基体等缺陷。

5.2.2 票据打印机各操作开关、按键应灵活、可靠、方便。供用户使用的选择开关应便于操作。机箱锁应牢固有效，使用对应的钥匙开启时应灵活方便。

5.2.3 票据打印机应便于部件更换和维护，打开机箱后，应能在不使用工具的情况下，更换纸带、碳带及排除卡纸等异常现象。

5.2.4 铭牌上所有文字和符号清晰、正确、牢固。

5.3 功能要求

5.3.1 显示功能

能够显示电源及工作状态指示，发生故障时能够显示故障类型。

5.3.2 自检功能

上电过程中票据打印机能够自检，并向上位机上报必要信息。

5.3.3 报警功能

按GB/T 17540的有关规定，在出现卡纸、纸尽、硬件出错等情况时应发出报警信号。

5.3.4 数据通讯接口

票据打印机应采用计算机通用的通讯接口。

5.4 性能要求

5.4.1 打印质量：打印的字符字形应完整、能正确识别，字迹清晰牢固。按GB/T 9312的有关规定，打印位置误差为±0.4 mm。

5.4.2 单行打印时间：小于2 s。

5.4.3 噪声：正常工作时小于60 dB(A)。

5.5 电气安全性能

5.5.1 绝缘电阻

产品的电源接线端子与机壳的绝缘电阻应不小于100 MΩ。

5.5.2 电气强度

在产品的电源接线端子与机壳之间施加频率50 Hz、有效值1 500 V正弦交流电压，历时1 min，应无闪络或击穿现象。

5.5.3 安全接地

产品应设安全保护接地端子，接地端子与机壳（包括带电部件的金属外壳）连接可靠，接地端子与机壳的连接电阻应小于 0.1 Ω。

5.5.4 电源适应性

产品应适应电网波动要求，在以下条件下应可靠工作：

——电压：交流 220×(1±15%)V；

——频率：50×(1±4%)Hz。

5.5.5 防水与防尘

产品应采取密封措施，防止雨、雪、其他水和灰尘等进入内部产生有害影响。外壳的防护等级为 GB 4208 规定的 IP55 级。

5.6 电磁兼容性能

5.6.1 静电放电抗扰度要求

票据打印机正常使用时的接触点和表面以及维修点应具有抗静电放电性能，静电放电产生后，产品的各种动作、功能及运行逻辑应正常。

5.6.2 辐射电磁场抗扰度要求

票据打印机应具有抗电磁场辐射性能，遭受电磁场辐射后，产品的各种动作、功能及运行逻辑应正常。

5.6.3 电快速瞬变脉冲群抗扰度要求

票据打印机的电源端口、信号和控制端口以及壳体的接地线应具有抗电快速瞬变脉冲群的性能，在遭受电快速瞬变脉冲群干扰后，产品的各种动作、功能及运行逻辑应正常。

5.7 环境适应性能

5.7.1 耐低温性能

票据打印机在－20 ℃条件下，产品应启动正常，逻辑正确。

5.7.2 耐高温性能

票据打印机在 55 ℃条件下，产品应启动正常，逻辑正确。

5.7.3 耐温度交变性能

票据打印机应能耐受温度由－20 ℃～55 ℃变化的影响，在温度循环变化后，产品应启动正常，逻辑正确。

5.7.4 耐湿热性能

票据打印机在温度 40 ℃、相对湿度 95%的条件下，产品应启动正常，逻辑正确。

5.7.5 耐机械振动性能

包装后的票据打印机在振动频率 2 Hz～150 Hz 的扫频循环振动下，产品功能应正常，结构不受影响，零部件无松动。

5.7.6 耐盐雾腐蚀性能

票据打印机的印刷电路板、传动机构和外壳防腐层及其支撑底板（其他部件由供需双方协定）应无明显锈蚀现象，金属构件应无红色锈点；印刷电路板经过 24 h 自然晾干后功能正常。

5.8 可靠性

票据打印机的平均故障间隔时间（MTBF）应满足：MTBF 不小于 30 000 h 的要求。

6 试验方法

6.1 试验条件

一般在测量和试验的标准大气条件下进行试验：

a) 环境温度:15 ℃～35 ℃;

b) 相对湿度:25%～75%;

c) 大气压力:86 kPa～106 kPa。

6.2 外观和结构要求

用目测法进行。

6.3 功能试验

使产品处于正常工作状态下,按“使用说明书”中的操作程序逐项进行功能验证。

6.4 性能试验

6.4.1 打印质量

目测验证票据的打印质量,用手轻擦打印好的票据,上面的字迹不应有掉色、模糊等现象。用精度为1级的游标卡尺测试打印位置误差。

6.4.2 单行打印时间

用精度为0.1级的秒表进行测试。

6.4.3 噪声检测

使用声强计在与设备等高,距设备1 m处测得,在四个方向各测试一次,平均后得出噪声值。

6.5 电气安全性能

6.5.1 绝缘电阻

用精度1.0级的兆欧表在电源接线端子与机壳之间施加500 V直流电压1 min后读取测量结果。

6.5.2 电气强度

用精度1.0级的耐电压测试仪在接线端子与机壳之间测量。

6.5.3 连接电阻

用精度0.5级、分辨力0.01 Ω的毫欧表在机壳顶部金属部位与安全保护接地端子之间测量。

6.5.4 电源适应性

6.5.4.1 电压波动适应性:用自耦变压器或可调交流电源给票据打印机供电,测试电压分别为180 V→200 V→220 V→240 V→255 V→230 V→210 V→180 V。每调整到一档电压并稳定后,都分别开启和关闭票据打印机电源开关,检查逻辑和功能是否正常。

6.5.4.2 频率波动适应性:用可调频交流电源给票据打印机供电,电源电压为交流220 V,测试频率分别为48 Hz→49 Hz→50 Hz→51 Hz→52 Hz。每调整到一档并稳定后,都分别开启和关闭票据打印机电源开关,检查逻辑和功能是否正常。

6.5.5 防水与防尘

按GB 4208规定的试验方法进行。

6.6 电磁兼容性能试验

6.6.1 静电放电抗扰度试验

确定试验等级2,按照GB/T 17626.2进行试验,对所确定的放电点采用接触放电,试验电压为4 kV。至少施加10次单次放电,放电之间间隔至少1 s。

6.6.2 辐射电磁场抗扰度试验

确定试验等级2,按照GB/T 17626.3进行试验,对正常运行的票据打印机四个侧面分别在发射天线垂直极化和水平极化位置进行试验,发射场为3 V/m。

6.6.3 电快速瞬变脉冲群抗扰度实验

确定试验等级3,按照GB/T 17626.4进行试验,将2 kV试验电压通过耦合/去耦网络施加到供电电源端口和保护接地上,将1 kV试验电压通过耦合/去耦网络施加到输入输出信号和控制端口上,施加试验电压5次,每次持续时间不少于1 min。

6.7 环境适应性能

6.7.1 耐低温性能试验方法

按 GB/T 2423.1 规定执行，试验 8 h。

6.7.2 耐高温性能试验方法

按 GB/T 2423.2 规定执行，试验 8 h。

6.7.3 耐温度交变性能试验方法

按 GB/T 2423.22—2002 试验 Na 的规定执行。票据打印机应能耐受温度循环变化的影响，温度从室温到低温－20 ℃，再经室温到高温 55 ℃回到室温为一个循环。接着再到低温－20 ℃开始第 2 个循环，共进行 5 次循环，最后在高温中取出，在大气中温度恢复到室温。

6.7.4 耐湿热性能试验方法

按 GB/T 2423.3 规定执行，试验 48 h。

6.7.5 耐机械振动性能试验方法

将票据打印机包装在包装箱内，连同包装箱按 GB/T 2423.10 的规定进行试验。将票据打印机在振动频率 2 Hz～150 Hz 的范围内进行扫频试验。在 2 Hz～9 Hz 时按位移控制，位移 3.5 mm；9 Hz～150 Hz 时按加速度控制，加速度为 10 m/s^2。2 Hz→9 Hz→150 Hz→9 Hz→2 Hz 为一个循环，共经历 20 个循环。

6.7.6 耐盐雾腐蚀性能试验方法

按 GB/T 2423.17 规定执行，试验 168 h。

6.8 可靠性试验

按 GB/T 5080.7 规定执行。

6.9 测试结果的处理

除特殊规定，一般对可重复的客观测试项目进行 3 次测试，取算术平均值作为测试结果，根据需方要求，可给出测试结果的准确度。

对于主观测试项目，测试人员应不少于 3 人，测试结果分为合格、不合格两级。

7 检验规则

7.1 一般规则

产品的检验分为型式检验和出厂检验，产品通过型式检验合格后，才能批量生产。

7.2 型式检验

7.2.1 产品的型式检验一般由国家法定的质量监督机构组织进行。

7.2.2 凡有下列情况之一时，应进行型式检验：

a) 新产品试制定型鉴定或老产品转厂生产；

b) 正式生产后，如结构、材料、工艺有较大改变，可能影响产品性能时；

c) 产品停产半年以上，恢复生产时；

d) 正常批量生产时，每年一次；

e) 国家质量监督机构提出要求时。

7.2.3 型式检验的样品应随机抽取一台完整的打印机产品。

7.2.4 型式检验的项目及顺序按表 1 规定执行。

7.2.5 型式检验中，电气安全性能不合格时，该次型式检验为不合格；若其他项目出现不合格，应在同一批产品中加倍抽取样品，对不合格项进行检验，若仍不合格，则该次型式检验不合格。

7.3 出厂检验

7.3.1 对于批量不大于 3 台的打印机产品，由产品生产企业质量检验部门按表 1 规定，逐台进行检验，检验合格后签发合格证，方可出厂。

7.3.2 对于批量大于3台的打印机产品，出厂检验的样品应从生产线终端随机抽取不少于30%的样品，但不少于3台完整的打印机产品。若3台全部合格则整个检验批合格，签发合格证，允许出厂；若有1台不合格，则需对整个批进行逐台检验，剔除不合格品。

7.3.3 出厂检验中，若出现1项不合格，则对该批产品的该项目进行全部检验，剔除的不合格品允许返修，返修后重新对不合格项进行检验。

表1 票据打印机检验规则

序号	项目名称	技术要求	试验方法	型式检验	出厂检验	备注
1	外观和结构要求	5.2	6.2	√	√	
2	功能要求	5.3	6.3	√	√	
3	性能要求	5.4	6.4	√	×	
4	绝缘电阻	5.5.1	6.5.1	√	×	
5	电气强度	5.5.2	6.5.2	√	×	
6	安全接地	5.5.3	6.5.3	√	×	
7	电源适应性	5.5.4	6.5.4	√	×	
8	防水与防尘	5.5.5	6.5.5	√	×	
9	电磁兼容性能	5.6	6.6	√	×	
10	耐低温性能	5.7.1	6.7.1	√	×	
11	耐高温性能	5.7.2	6.7.2	√	×	
12	耐温度交变性能	5.7.3	6.7.3	√	×	
13	耐湿热性能	5.7.4	6.7.4	√	×	
14	耐机械振动性能	5.7.5	6.7.5	√	×	
15	耐盐雾腐蚀性能	5.7.6	6.7.6	√	×	
16	可靠性	5.8	6.8	√	×	
注：√为检验项目，×为不检验项目。						

8 标识、包装、运输与贮存

8.1 标识

8.1.1 产品标识

产品标识可采用铭牌或直接喷刷、印字等形式，标识应清晰，易于识别且不易随自然环境的变化而褪色、脱落。产品标识上应注明以下内容：

a) 生产企业名称、地址及商标；

b) 产品名称、型号规格及产地；

c) 输入额定电压、频率；

d) 功耗；

e) 重量；

f) 产品编号；

g) 制造日期。

8.1.2 包装标识

票据打印机产品包装标识应符合GB/T 191的有关规定，在外包装箱上应标有“注意防潮”、“小心轻放”、“易碎”、“防倾倒”等图案，在产品内包装箱上应印刷以下内容：

a) 生产企业名称、地址及商标；

b) 产品名称及型号规格；

c) 重量：×××(kg)；

d) 外形尺寸：长(mm)×宽(mm)×高(mm)；

e) 包装储运图示标志；

f) 本产品标准编号。

8.2 包装

8.2.1 产品包装由内外两部分组成，外包装箱宜用硬质材料，内部用防潮瓦楞纸箱加聚氨酯泡沫塑料或其他软性材料充填缓冲，包装应牢固可靠，能适应常用运输工具运送。

8.2.2 产品包装箱内应随带如下文件：

a) 产品合格证；

b) 产品使用说明书；

c) 装箱单；

d) 随机备用附件清单；

e) 接线图、安装图、支撑架结构图、基础设计示意图；

f) 其他有关技术资料。

8.3 运输

包装好的产品可用常规运输工具运输，运输过程应避免剧烈振动、雨雪淋袭、太阳曝晒、接触腐蚀性气体及机械损伤。

8.4 贮存

产品应贮存于通风、干燥、无酸碱及腐蚀性气体的仓库中，周围应无强烈的机械振动及强磁场作用。

ICS 03.220.20;93.080.30;35.180
R 80

中华人民共和国国家标准

GB/T 24724—2009

收费专用键盘

Keyboard for the toll

2009-11-30 发布

2010-04-01 实施

中华人民共和国国家质量监督检验检疫总局
中国国家标准化管理委员会 发布

前　言

本标准由全国交通工程设施(公路)标准化技术委员会(SAC/TC 223)提出并归口。

本标准起草单位:交通部公路科学研究院、国家交通安全设施质量监督检验中心。

本标准主要起草人:刘玉新、崔晗晶、龚柏岩、于江浩、陈建、蒋海峰。

收费专用键盘

1 范围

本标准规定了收费专用键盘的术语和定义、技术要求、试验方法、检验规则和标志、包装、运输、贮存等内容。

本标准适用于公路、停车场等场所的收费专用键盘。

2 规范性引用文件

下列文件中的条款通过本标准的引用而成为本标准的条款。凡是注日期的引用文件，其随后所有的修改单(不包括勘误的内容)或修订版均不适用于本标准，然而，鼓励根据本标准达成协议的各方研究是否可使用这些文件的最新版本。凡是不注日期的引用文件，其最新版本适用于本标准。

GB/T 191—2000 包装储运图示标志(GB/T 191—2008,ISO 780:1997,MOD)

GB/T 2423.1 电工电子产品环境试验 第2部分：试验方法 试验A：低温(GB/T 2423.1—2008,IEC 60068-2-1:2007,IDT)

GB/T 2423.2 电工电子产品环境试验 第2部分：试验方法 试验B：高温(GB/T 2423.2—2008,IEC 60068-2-2:2007,IDT)

GB/T 2423.3 电工电子产品环境试验 第2部分：试验方法 试验Cab：恒定湿热试验(GB/T 2423.3—2006, IEC 60068-2-78:2001,IDT)

GB/T 2423.10 电工电子产品环境试验 第2部分：试验方法 试验Fc：振动(正弦)(GB/T 2423.10—2008,IEC 60068-2-6:1995,IDT)

GB/T 2423.17 电工电子产品环境试验 第2部分：试验方法 试验Ka：盐雾(GB/T 2423.17—2008,IEC 60068-2-11:1981,IDT)

GB/T 2423.22—2002 电工电子产品环境试验 第2部分：试验方法 试验N：温度变化(IEC 60068-2-14:1984,IDT)

GB 4208 外壳防护等级(IP代码)(GB 4208—2008,IEC 60529:2001,IDT)

GB/T 5080.7 设备可靠性试验 恒定失效率假设下的失效率与平均无故障时间的验证试验方案(GB/T 5080.7—1986,idt IEC 60605-7:1978)

GB/T 17626.2 电磁兼容 试验和测量技术 静电放电抗扰度试验(GB/T 17626.2—2006,IEC 61000-4-2:2001,IDT)

GB/T 17626.3 电磁兼容 试验和测量技术 射频电磁场辐射抗扰度试验(GB/T 17626.3—2006,IEC 61000-4-3:2002,IDT)

GB/T 17626.4 电磁兼容 试验和测量技术 电快速瞬变脉冲群抗扰度试验(GB/T 17626.4—2008,IEC 61000-4-4:2004,IDT)

3 术语和定义

下列术语和定义适用于本标准。

3.1

收费专用键盘 keyboard for the toll

安装在收费亭内，由可拆卸的单独按键开关组成，通过标准接口与收费车道控制机连接，供收费员完成收费功能的专用键盘。

3.2

键帽　key cap

罩在收费专用键盘按键的外部、固定在按键支架上的部分，上面印有相应的数字、字母、符号等。

4　结构

收费专用键盘一般由按键、印刷电路板和外壳等部分组成。

5　技术要求

5.1　适用条件

5.1.1　安装及使用环境：收费亭内。

5.1.2　环境温度：−20 ℃～+55 ℃。

5.1.3　相对湿度：不大于 95%。

5.2　一般要求

5.2.1　键盘上按键的排列距离符合 PC 标准键盘的相关标准。

5.2.2　键盘上各种键的布置应便于收费员快速操作而不发生操作错误。

5.2.3　键盘应具备锁定功能，当同时按下两个以上的按键时，只承认第一个按下的键，在该键放开之前，按其他键无效。

5.2.4　键盘连接线应选用线径 4.5 mm 以上、铜芯线径加粗且带单屏蔽网的线缆，线长应不低于2.5 m。

5.3　外观质量

5.3.1　产品构件应完整、装配牢固、结构稳定，边角过渡圆滑，无飞边、无毛刺。

5.3.2　安装连接件应符合相关标准，以便于安装连接。其活动零件应灵活、无卡滞现象，机壳及安装连接件应无明显变形缺陷。

5.3.3　外壳及连接件的防护层色泽应均匀，无划伤、无裂痕、无基体裸露等缺陷，其理化性能指标应符合相关国家或行业标准要求。

5.4　按键组成

收费专用键盘的按键一般由数字键区、常用键区和功能键区组成。不同区域可选用不同颜色的键帽，以示区分。

5.4.1　数字键区：由 0～9 共十个按键组成，可使用该区域按键输入工号、密码等信息。

5.4.2　常用键区：包括车型键、车种键、上/下班键、修改键、确认键等。本区域出现的按键在整个键盘中出现频度最高，因此可设置为大键，便于操作。

5.4.3　功能键区：由特殊情况处理键，如卡损键、模拟键等组成。

5.5　按键使用寿命

在正常工作条件下，单键使用寿命大于 10 000 000 键次。并且键帽上的文字或字符在千万次操作后仍可识别。

5.6　防水与防尘

键盘应采取密封措施，防止雨、雪、其他水和灰尘等进入内部产生有害影响。外壳的防护等级按 GB 4208 的规定应不低于 IP55 级。

5.7　电磁兼容性能

5.7.1　静电放电抗扰度要求

收费专用键盘正常使用时的接触点和表面以及维修点应具有抗静电放电性能，静电放电产生后，产品的各种动作、功能及运行逻辑应正常。

5.7.2 辐射电磁场抗扰度要求

收费专用键盘应具有抗电磁场辐射性能，遭受电磁场辐射后，产品的各种动作、功能及运行逻辑应正常。

5.7.3 电快速瞬变脉冲群抗扰度要求

收费专用键盘的电源端口、信号和控制端口以及壳体的接地线应具有抗电快速瞬变脉冲群的性能，在遭受电快速瞬变脉冲群干扰后，产品的各种动作、功能及运行逻辑应正常。

5.8 环境适应性能

5.8.1 耐低温性能

键盘在－20 ℃条件下，产品应启动正常，逻辑正确。

5.8.2 耐高温性能

键盘在 55 ℃条件下，产品应启动正常，逻辑正确。

5.8.3 耐温度交变性能

键盘应能耐受温度由－20 ℃～55 ℃变化的影响，在温度循环变化后，产品应启动正常，逻辑正确。

5.8.4 耐湿热性能

键盘在温度 40 ℃、相对湿度 95％的条件下，产品应启动正常，逻辑正确。

5.8.5 耐机械振动性能

包装后的键盘在振动频率 2 Hz～150 Hz 的扫频循环振动下，产品功能应正常，结构不受影响，零部件无松动。

5.8.6 耐盐雾腐蚀性能

键盘的印刷电路板、传动机构和外壳防腐层及其支撑底板（其他部件由供需双方协定）应无明显锈蚀现象，金属构件应无红色锈点，印刷电路板经过 24 h 自然晾干后功能正常。

5.9 可靠性

键盘的平均故障间隔时间（MTBF）应满足：MTBF 不小于 30 000 h 的要求。

6 试验方法

6.1 试验条件

一般在测量和试验的标准大气条件下进行试验：

a) 环境温度：15 ℃～35 ℃；

b) 相对湿度：25％～75％；

c) 大气压力：86 kPa～106 kPa。

6.2 一般要求

使产品处于正常工作状态下，按"使用说明书"中的操作程序，对一般要求中的功能逐项进行功能验证。

6.3 外观质量和按键组成

用目测法进行。

6.4 按键使用寿命

对单键连续进行千万次操作试验。可用人工操作，也可以用机械装置模拟人手操作，但机械装置的表面材质和操作力度应与人手相仿。

6.5 防水与防尘

按 GB 4208 规定的试验方法进行。

6.6 电磁兼容性能试验

6.6.1 静电放电抗扰度试验

确定试验等级 2，按照 GB/T 17626.2 进行试验，对所确定的放电点采用接触放电，试验电压为

4 kV。至少施加10次单次放电，放电之间间隔至少1 s。

6.6.2 辐射电磁场抗扰度试验

确定试验等级2，按照GB/T 17626.3进行试验，对正常运行的收费专用键盘四个侧面分别在发射天线垂直极化和水平极化位置进行试验，发射场为3 V/m。

6.6.3 电快速瞬变脉冲群抗扰度试验

确定试验等级3，按照GB/T 17626.4进行试验，将2 kV试验电压通过耦合/去耦网络施加到供电电源端口和保护接地上，将1 kV试验电压通过耦合/去耦网络施加到输入输出信号和控制端口上，施加试验电压5次，每次持续时间不少于1 min。

6.7 环境适应性能

6.7.1 耐低温性能试验方法

按GB/T 2423.1规定执行，试验8 h。

6.7.2 耐高温性能试验方法

按GB/T 2423.2规定执行，试验8 h。

6.7.3 耐温度交变性能试验方法

按GB/T 2423.22—2002试验Na的规定执行。键盘应能耐受温度循环变化的影响，温度从室温到低温－20 ℃，再经室温到高温55 ℃回到室温为一个循环。接着再到低温－20 ℃开始第2个循环，共进行5次循环，最后在高温中取出，在大气中温度恢复到室温。

6.7.4 耐湿热性能试验方法

按GB/T 2423.3规定执行，试验48 h。

6.7.5 耐机械振动性能试验方法

将键盘包装在包装箱内，连同包装箱按GB/T 2423.10的规定进行试验。将键盘在振动频率2 Hz～150 Hz的范围内进行扫频试验。在2 Hz～9 Hz时按位移控制，位移3.5 mm；9 Hz～150 Hz时按加速度控制，加速度为10 m/s^2。2 Hz→9 Hz→150 Hz→9 Hz→2 Hz为一个循环，共经历20个循环。

6.7.6 耐盐雾腐蚀性能试验方法

按GB/T 2423.17规定执行，试验168 h。

6.8 可靠性试验

按GB/T 5080.7规定执行。

6.9 测试结果的处理

除特殊规定，一般对可重复的客观测试项目进行3次测试，取算术平均值作为测试结果，根据需方要求，可给出测试结果的准确度。

对于主观测试项目，测试人员应不少于3人，测试结果分为合格、不合格两级。

7 检验规则

7.1 一般规则

产品的检验分为型式检验和出厂检验，产品通过型式检验合格后，才能批量生产。

7.2 型式检验

7.2.1 产品的型式检验一般由国家法定的质量监督机构组织进行。

7.2.2 凡有下列情况之一时，应进行型式检验：

a) 新产品试制定型鉴定或老产品转厂生产；

b) 正式生产后，如结构、材料、工艺有较大改变，可能影响产品性能时；

c) 产品停产半年以上，恢复生产时；

d) 正常批量生产时，每年1次；

e) 国家质量监督机构提出要求时。

7.2.3 型式检验的样品应随机抽取一个完整的键盘产品。

7.2.4 型式检验的项目及顺序按表1规定执行。

7.2.5 型式检验中,电气安全性能不合格时,该次型式检验为不合格;若其他项目出现不合格,应在同一批产品中加倍抽取样品,对不合格项进行检验,若仍不合格,则该次型式检验不合格。

7.3 出厂检验

7.3.1 对于批量不大于3个的产品,由产品生产企业质量检验部门按表1规定,逐个进行检验,检验合格后签发合格证,方可出厂。

7.3.2 对于批量大于3个的产品,出厂检验的样品应从生产线终端随机抽取不少于30%的样品,但不少于3个完整的键盘产品。若3个全部合格则整个检验批合格,签发合格证,允许出厂;若有1个不合格,则需对整个批进行逐台检验,剔除不合格品。

7.3.3 出厂检验中,若出现1项不合格,则对该批产品的该项目进行全部检验,剔除的不合格品允许返修,返修后重新对不合格项进行检验。

表1 收费专用键盘检验规则

序号	项目名称	技术要求	试验方法	型式检验	出厂检验	备注
1	一般要求	5.2	6.2	√	√	
2	外观质量	5.3	6.3	√	√	
3	按键组成	5.4	6.3	√	√	
4	按键使用寿命	5.5	6.4	√	×	
5	防水与防尘	5.6	6.5	√	×	
6	电磁兼容性能	5.7	6.6	√	×	
7	耐低温性能	5.8.1	6.7.1	√	×	
8	耐高温性能	5.8.2	6.7.2	√	×	
9	耐温度交变性能	5.8.3	6.7.3	√	×	
10	耐湿热性能	5.8.4	6.7.4	√	×	
11	耐机械振动性能	5.8.5	6.7.5	√	×	
12	耐盐雾腐蚀性能	5.8.6	6.7.6	√	×	
13	可靠性	5.9	6.8	√	×	
注:√为检验项目,×为不检验项目。						

8 标识、包装、运输与贮存

8.1 标识

8.1.1 产品标识

产品标识可采用铭牌或直接喷刷、印字等形式,标识应清晰,易于识别且不易随自然环境的变化而褪色、脱落。产品标识上应注明以下内容:

a) 生产企业名称、地址及商标;

b) 产品名称、型号规格及产地;

c) 输入额定电压、频率;

d) 功耗;

e) 重量;

f） 产品编号；

g） 制造日期。

8.1.2 包装标识

收费专用键盘产品包装标识应符合GB/T 191的有关规定，在外包装箱上应标有“注意防潮”、“小心轻放”、“易碎”、“防倾倒”等图案，在产品内包装箱上应印刷以下内容：

a） 生产企业名称、地址及商标；

b） 产品名称及型号规格；

c） 重量：×××(kg)；

d） 外形尺寸：长(mm)×宽(mm)×高(mm)；

e） 包装储运图示标志；

f） 本产品标准编号。

8.2 包装

8.2.1 产品包装由内外两部分组成，外包装箱宜用硬质材料，内部用防潮瓦楞纸箱加聚氨酯泡沫塑料或其他软性材料充填缓冲，包装应牢固可靠，能适应常用运输工具运送。

8.2.2 产品包装箱内应随带如下文件：

a） 产品合格证；

b） 产品使用说明书；

c） 装箱单；

d） 随机备用附件清单；

e） 接线图、安装图、支撑架结构图、基础设计示意图；

f） 其他有关技术资料。

8.3 运输

包装好的产品可用常规运输工具运输，运输过程应避免剧烈振动、雨雪淋袭、太阳曝晒、接触腐蚀性气体及机械损伤。

8.4 贮存

产品应贮存于通风、干燥、无酸碱及腐蚀性气体的仓库中，周围应无强烈的机械振动及强磁场作用。

ICS 03.220.20;93.080.30
R 80

GB

中华人民共和国国家标准

GB/T 24725—2009

STANDARDS PRESS OF CHINA

突起路标

Raised pavement markers

2009-11-30 发布 2010-04-01 实施

中华人民共和国国家质量监督检验检疫总局
中国国家标准化管理委员会 发布

前　言

本标准的附录B为规范性附录、附录A为资料性附录。

本标准由全国交通工程设施(公路)标准化技术委员会(SAC/TC 223)提出并归口。

本标准负责起草单位:交通部公路科学研究院、国家交通安全设施质量监督检验中心。

本标准参加起草单位:杭州萧宏一品交通科技有限公司、北京中交华安科技有限公司。

本标准主要起草人:韩文元、杨丰艳、苏文英、高捍忠、朱厚根、白媛媛、李丹、马骏。

突 起 路 标

1 范围

本标准规定了突起路标的术语定义、分类组成、技术要求、试验方法、检验规则、标识、包装、运输及贮存。

本标准适用于道路上设置的突起路标，其他场所设置的突起路标可参照使用。

2 规范性引用文件

下列文件中的条款通过本标准的引用而成为本标准的条款。凡是注日期的引用文件，其随后所有的修改单(不包括勘误的内容)或修订版均不适用于本标准，然而，鼓励根据本标准达成协议的各方研究是否可使用这些文件的最新版本。凡是不注日期的引用文件，其最新版本适用于本标准。

GB/T 191 包装储运图示标志(GB/T 191—2008，ISO 780：1997，MOD)

GB/T 3978 标准照明体和几何条件

GB/T 3979 物体色的测量方法

GB/T 10125 人造气氛腐蚀试验 盐雾试验(GB/T 10125—1997，eqv ISO 9227：1990)

GB/T 22040—2008 公路沿线设施塑料制品耐候性要求及测试方法

JT/T 495 公路交通安全设施质量检验抽样及判定

JT/T 612[1)] 逆反射测量仪

JT/T 690—2007 逆反射体光度性能测试方法

JT/T 692—2007 夜间条件下逆反射体色度性能测试方法

3 术语和定义

下列术语和定义适用于本标准。

3.1

逆反射元 retroreflective element

产生逆反射的最小光学单元，例如一个三面直角棱镜或一个双凸透镜结构。

注：改写 JT/T 688—2007，定义 2.2，增加了举例。

3.2

逆反射器 retroreflector

由一个或多个逆反射元组成的、可直接应用的器件或组件，通常为梯形片状。

注：该定义与 JT/T 688—2007 定义 2.5 相近。

3.3

定向透镜 directional lens

一种在一定的入射条件和观测条件下才具备逆反射性能的器件，通常为小双凸透镜。

3.4

全向透镜 omni directional lens

在水平 360°的入射条件下都具有逆反射性能的逆反射器。

3.5

钢化玻璃 tempered glass

经热处理工艺之后的玻璃。其特点是在玻璃表面形成压应力层，机械强度和耐热冲击强度得到提

---

1) 《逆反射测量仪》国家标准发布后代替此行标。

高，并且碎裂时，碎片呈钝角颗粒状。

3.6

永久突起路标　permanent raised pavement marker

在长期应用条件下，为道路使用者提供夜间警示诱导和信息的突起路标，通常在重车使用环境下，使用寿命大于1年。

3.7

临时突起路标　temporary raised pavement marker

用于道路施工区和维护区，在白天和夜间为道路使用者提供警示诱导和信息的突起路标，通常在重车使用环境下，使用寿命大于4个月。

3.8

亮度因数　luminance factor

D_{65}标准光源、45/0观测条件下，被测样品光亮度与同一位置时的标准漫反射白板的光亮度之比。

4　分类与组成

4.1　分类

4.1.1　按逆反射性能分为逆反射型(简称A类)和非逆反射型(简称B类)两种，A类突起路标分为A1类、A2类、A3类等。

4.1.2　按基体材料分为塑料、钢化玻璃、金属等。

4.1.3　按逆反射器分为微棱镜、定向透镜、全向透镜等。

4.1.4　按位置分为车道分界线型和车道边缘线型。

4.1.5　按颜色分为白、黄、红、绿、蓝等类型。

4.2　组成

4.2.1　A1类突起路标

由工程塑料或金属等材料基体和微棱镜逆反射器组成的逆反射突起路标，原理见图1。

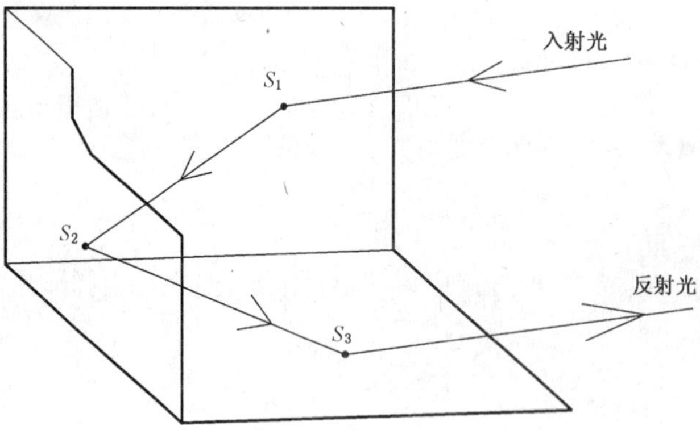

图1　微棱镜逆反射单元反射原理图

4.2.2　A2类突起路标

由工程塑料或金属等材料基体和定向透镜逆反射器组成的逆反射突起路标，原理见图2。

4.2.3　A3类突起路标

由钢化玻璃基体和金属反射膜组成的一体化全向透镜逆反射突起路标，原理见图3。

4.2.4　B类突起路标

一般不含逆反射器，直接由工程塑料、陶瓷或金属材料基体和色表面组成。

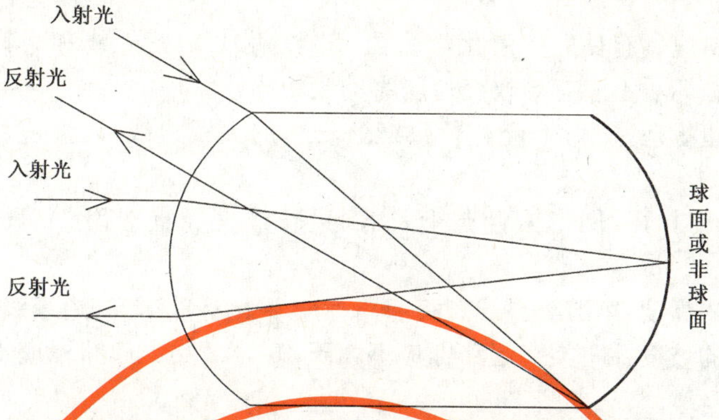

图 2　定向透镜逆反射单元反射原理图

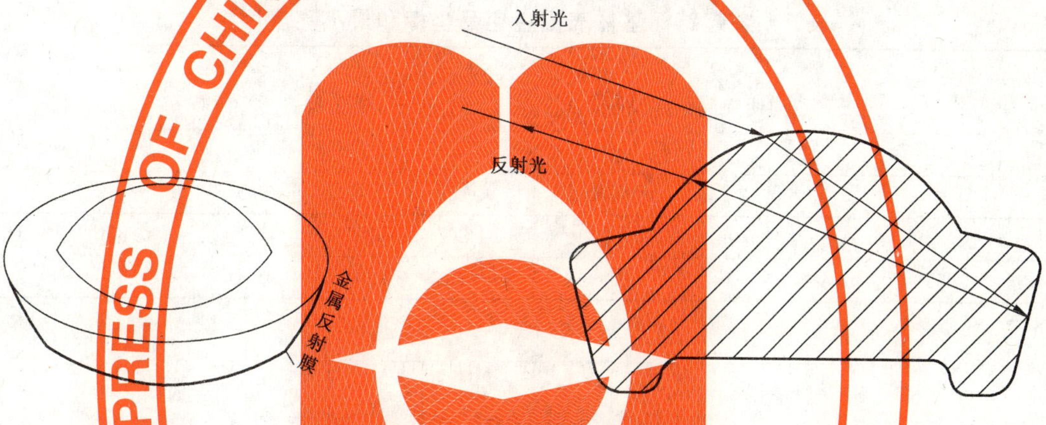

图 3　全向反射突起路标反射原理图

4.3　型号标记

突起路标型号标记表示如下：

□ □ □ □-□

- 底边有效尺寸，单位为毫米(mm)。
- 地面以上有效高度，单位为毫米(mm)。
- 基体材料：P—塑料；M—金属；T—钢化玻璃；C—陶瓷。
- A 类突起路标的逆反射器或 B 类突起路标的表面色颜色：W—白色；Y—黄色；R—红色；G—绿色；B—蓝色。
- 突起路标分类：A1、A2、A3 和 B。

示例 1：A1 类白色塑料突起路标，地面以上有效高度 20 mm、底边有效尺寸 150 mm，其型号表示为 A1WP20-150。

示例 2：B 类黄色陶瓷突起路标，地面以上有效高度 25 mm、底边有效尺寸 100 mm，其型号表示为 BYC25-100。

5　技术要求

5.1　外观质量

5.1.1　突起路标基体应成型完整，颜色均匀，外表面无明显的划伤、裂缝、飞边等缺陷；金属基体突起路标表面不应有沙眼、毛刺；工程塑料基体不应有毛刺、气泡、隐纹、变形等；玻璃基体不应有气泡、裂纹。

5.1.2　突起路标逆反射器应完整、无缺损，反光均匀。

5.1.3　A3 类突起路标金属反射膜应完整、均匀，无剥离、浮起、杂质、针孔等缺陷。

5.2 结构尺寸

5.2.1 突起路标的材料应具有良好的耐化学腐蚀、耐水、耐 UV 紫外线和耐候性能，金属材料还应具有良好的韧性，受过载破坏后不应有导致交通伤害的尖锐碎片。

5.2.2 突起路标轮廓边缘应平滑，不应有导致交通伤害的尖锐边线；底部应作工艺处理，以便与路面粘结。

5.2.3 突起路标一般为梯形、圆形或椭圆形，底部边长或直径宜选用 100 mm、125 mm 和 150 mm 三种，边长或直径允差±2 mm。

5.2.4 位于路面以上的高度：车道分界线型突起路标应不大于 20 mm，边缘线型应不大于 25 mm。

5.2.5 面向行车方向的坡度：A1 类突起路标应不大于 45°，A2 类突起路标应不大于 65°。

5.3 色度性能

5.3.1 表面色

白色、黄色突起路标外部表面的色品坐标和亮度因数应符合表 1 和图 4 的规定。

表 1 突起路标基体表面色色品坐标和最小亮度因数

颜色	色品坐标（照明观测条件：标准 D_{65} 光源，入射角 45°，观测角 0°）								亮度因数
	1		2		3		4		
	x	y	x	y	x	y	x	y	
白	0.350	0.360	0.300	0.310	0.290	0.320	0.340	0.370	≥0.75
黄	0.519	0.480	0.468	0.442	0.427	0.483	0.465	0.534	≥0.45

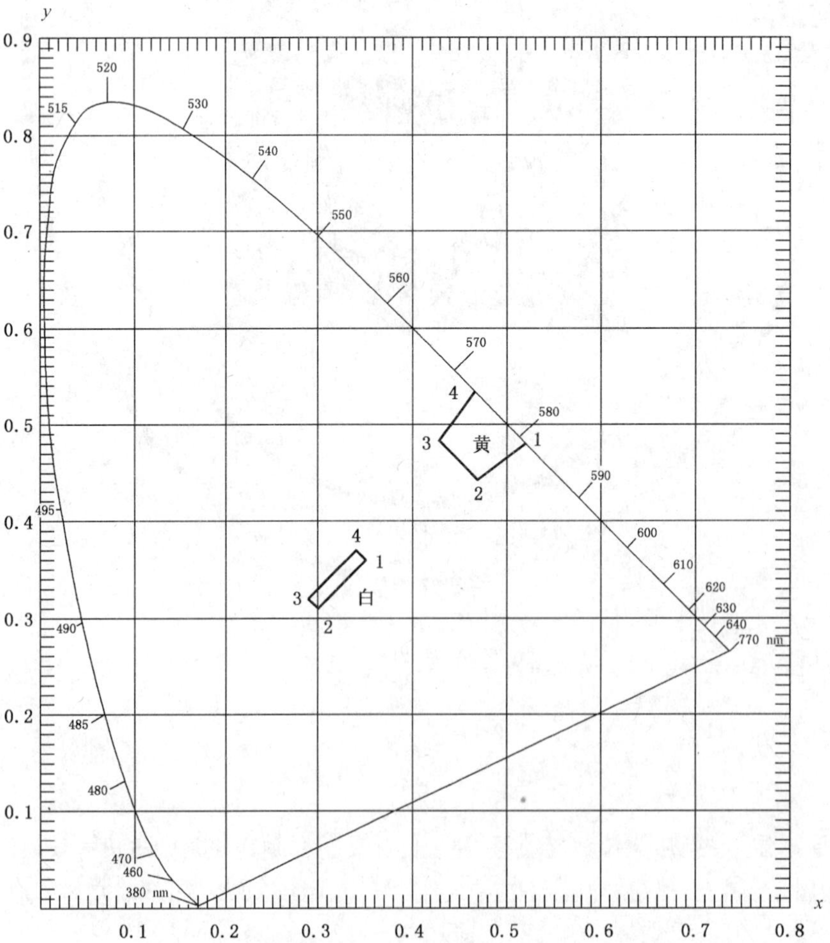

图 4 突起路标基体表面色 CIE1931 色品区域图(45/0)

5.3.2 逆反射色

逆反射型突起路标逆反射器色品坐标应符合表 2 和图 5 的规定。

表 2 突起路标逆反射器逆反射色色品坐标

颜色	色品坐标（照明观测条件：标准 A 光源，入射角 0°，观测角 0.2°）											
	1		2		3		4		5		6	
	x	y	x	y	x	y	x	y	x	y	x	y
白	0.310	0.348	0.453	0.440	0.500	0.440	0.500	0.380	0.440	0.380	0.310	0.283
黄	0.545	0.424	0.559	0.439	0.609	0.390	0.597	0.390	—	—	—	—
红	0.650	0.330	0.668	0.330	0.734	0.265	0.721	0.259	—	—	—	—
绿	0.009	0.733	0.288	0.520	0.209	0.395	0.012	0.494	—	—	—	—
蓝	0.039	0.320	0.160	0.320	0.160	0.240	0.183	0.218	0.088	0.142	—	—

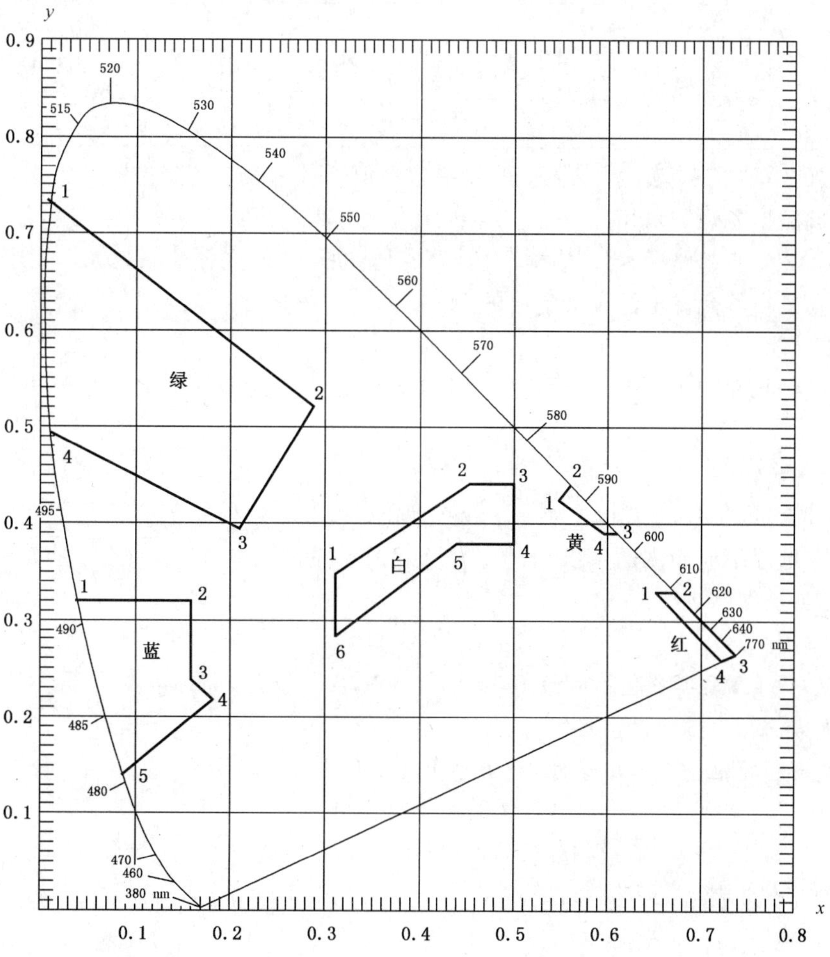

图 5 突起路标逆反射器逆反射色 CIE1931 色品区域图（A 光源，0/0.2）

5.4 逆反射性能

5.4.1 突起路标每个逆反射面的发光强度系数，按颜色分类应不低于表 3 规定基值与表 4 颜色系数之乘积。

表 3 突起路标发光强度系数 *R* 基值

几何条件[a]		发光强度系数 R 最小值/(mcd·lx^{-1})		
观测角	水平入射角 β_2	A1	A2	A3
0.2°	0°	580	279	40
	±20°	272	112	40
0.33°	±5°	472	220	20
1.0°	±10°	74	25	10
2.0°	±15°	11.8	5	5
[a] 垂直入射角 β_1 和旋转角 ε 均为 0°。				

表 4 突起路标逆反射器颜色系数

颜色	颜色系数
白色	1.0
黄色	0.6
红色	0.2
绿色	0.3
蓝色	0.1

5.4.2 带耐磨层的 A1 类突起路标，其发光强度系数基值不低于表 3 规定值的 70%。

5.4.3 A3 类突起路标在观测角相同，水平入射角变化时，其发光强度系数不均匀度应不大于 10%。

5.4.4 对于 A1、A2 类突起路标，当左右对称的两入射角的平均发光强度系数大于上述规定值时，其对应的任一个入射角最小值允许不低于规定值的 80%。

5.5 整体抗冲击性能

突起路标产品经 6.6 的抗冲击试验后，以冲击点为圆心，直径 12 mm 的区域外不应有任何形式的破损。

5.6 逆反射器抗冲击性能

经 6.7 的抗冲击试验后，以冲击点为圆心，直径 12 mm 的区域外不应有任何形式的破损。带耐磨层的逆反射器其耐磨层不应出现两条以上、长度为 6.4 mm 的辐射状裂痕，裂痕不应延伸到耐磨层的边沿，耐磨层不应与逆反射器剥离。

5.7 抗压荷载

按 6.8 测试后，A1、A2 类突起路标应不小于 160 kN，A3 类突起路标应不小于 245 kN。

5.8 纵向弯曲强度

对 A1、A2 类突起路标按 6.9 测试后，应不小于 9 kN。

5.9 耐磨损性能

按 6.10 测试后，A1、A2、A3 类突起路标的发光强度系数分别应不小于表 3 规定值的 50%、70%和 90%，再乘以相应的颜色系数。

5.10 耐温度循环性能

经 6.11 的温度循环试验后，突起路标应无破裂、反射体剥离基体、耐磨层分层等现象。

5.11 碎裂后状态

A3 类突起路标自爆或承压碎裂后，其碎片应呈钝角颗粒状，颗粒最大尺寸不大于 40 mm，30 mm～40 mm 之间的致密性碎块数不应多于两块。

注：钢化玻璃碎裂后，完整透亮的玻璃块被认为是致密结构，而有穿透性裂纹或微小碎条结合在一起的、非透亮的

玻璃块被认为是非致密结构。

5.12 金属反射膜附着性能

A3类突起路标金属反射膜与钢化玻璃基体结合应牢固，经6.13试验后，金属反射膜应无剥离、浮起等现象。

5.13 耐盐雾腐蚀性能

按6.14试验后，突起路标基体及逆反射器应无变色、侵蚀、溶液渗入等现象。

5.14 耐候性能

按6.15规定，经过1年自然气候曝露试验或600 h人工加速老化试验后，被测样品应：

a) 无明显的褪色、粉化、龟裂、锈蚀等现象；

b) 突起路标基体的色品坐标和亮度因数仍应符合表1的要求；

c) A类突起路标的逆反射器或金属反射膜不应脱落、分层；

d) A类突起路标逆反射器的色品坐标仍应符合表2的规定，发光强度系数应不低于表3规定值的80%乘以相应的颜色系数。

注：现在还没有一个完整、可靠、可信、可实施的实验室方法证明突起路标与路面的粘结性能和耐久性，鼓励制造商参照附录A的方法进行现场验证。

6 试验方法

6.1 测试准备

6.1.1 测试前将样品放置在温度23 ℃±2 ℃、相对湿度50%±25%的环境中进行状态调节24 h，然后进行各项测试。

6.1.2 每项性能测试取3个样品，3个样品都符合要求，则判定该项性能合格。对于以量值表征的项目，取其算术平均值为测试结果。

6.1.3 一般的测试工作应在温度23 ℃±2 ℃、相对湿度50%±25%的环境中进行。

6.2 外观质量

一般项目检查在白天环境照度大于150 lx的条件下目测检验；对于逆反射器的均匀性，可在一个暗室通道中用手电筒和眼睛形成的近似逆反射条件目视检查。

6.3 结构尺寸

长度尺寸用分辨力不低于0.02 mm的游标卡尺测量，坡度角用分辨力不低于2′的万能角尺或标准角规测量，每个试样、每个参数测量3次，取算术平均值为测量结果。

6.4 色度性能

6.4.1 表面色

采用GB/T 3978中规定的标准D_{65}光源，在45/0的照明观测条件下，按GB/T 3979规定的方法测量突起路标基体的表面色，也可用符合上述光源和照明观测条件的色差仪在被测样品的顶部或其他平缓部位直接读取色品坐标和亮度因数。

6.4.2 逆反射色

采用GB/T 3978中规定的标准A光源，在0/0.2照明观测条件下，按JT/T 692—2007规定执行。

6.5 逆反射性能

方法一：按JT/T 690—2007规定的比率法或直接发光强度法进行测量，测试示意图见图6。

方法二：用符合JT/T 612规定的突起路标发光强度系数测量仪直接测量。

当发生争议时，以方法一中的比率法为仲裁方法。

6.6 整体抗冲击性能

在坚固、平整的水平面上放置一厚度不小于13 mm、面积大于突起路标下表面的钢板，将突起路标置于钢板上，用质量为1 040 g±10 g的实心钢球，在突起路标正上方1 m的高度自由落下，冲击点为突起路标上表面的中心。

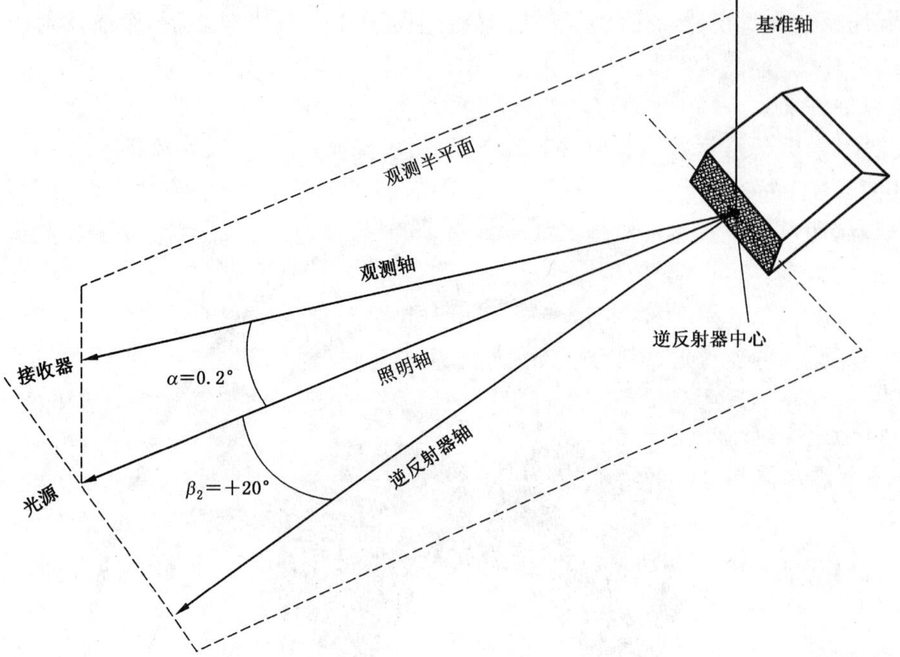

图 6 突起路标发光强度系数测试示意图

6.7 逆反射器抗冲击性能

6.7.1 试验仪器如下:

a) 电热鼓风烘箱:温度均匀度±2 ℃。

b) 样品架:带有调节装置和紧固装置,调节装置用于将突起路标的逆反射面调整到水平位置,紧固装置用于将突起路标紧固在样品保持架上,防止冲击样品时发生位移。

c) 冲击锤头:头部为半径 6.4 mm 的半球,总质量 190 g±2 g,形状如图 7 所示。

单位为毫米

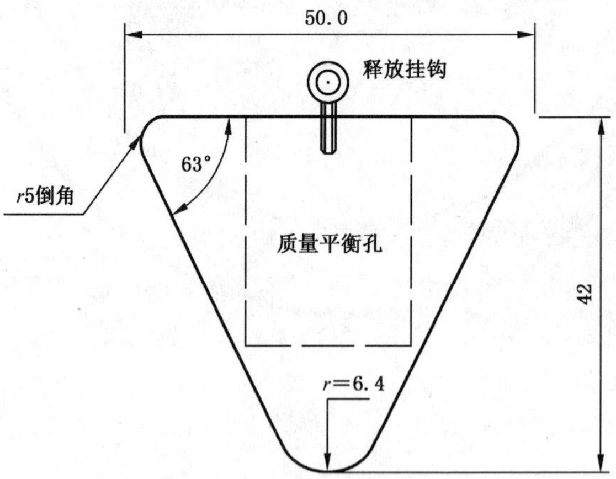

图 7 冲击锤头示意图

6.7.2 试验准备:将样品架放置在诸如混凝土地板之类的坚固表面上,试验前先用一个被测突起路标对样品架进行预调整,使其方便地将该组被测样品的逆反射面保持在水平位置上,以减少后续试验过程中的调整时间。

6.7.3 将样品放置在电热鼓风烘箱中,在 55 ℃的条件下保持 1 h,将样品取出,迅速放置在样品架上。

6.7.4 在样品保持高温的条件下,用上述冲击锤头,在 457 mm 的高度自由落下,冲击样品逆反射面的中心部位。

6.7.5 检查被测样品逆反射面的碎裂、剥落和分层状况，用游标卡尺测量裂纹的长度，并作相应记录。

注：如果试验用电热鼓风烘箱容积足够大，可将样品预先固定在保持架上，同时放入烘箱在线测试。

6.8 抗压荷载

6.8.1 测试前，将样品放置在 23 ℃±2 ℃的条件下进行 4 h 的状态调节。

6.8.2 在试验机下压平台中心上放置一个厚度为 13 mm、比被测样品基底大的钢板，将样品基底放置在钢板中心上。

6.8.3 在被测样品顶部放置一块厚度为 9.5 mm、邵氏硬度为 60A、尺寸大于被测样品受压面积的弹性橡胶垫。

6.8.4 另一块厚度为 13 mm、比被测样品大的钢板放置在弹性橡胶垫上。

6.8.5 调整钢板、被测样品、弹性垫，使被测样品置于试验机上下压头的轴线上，开启试验机，以 2.5 mm/min 的速率对试验样品进行加载，直到样品破坏或样品产生明显变形（大于 3.3 mm）为止，记录此时的最大力值为试验结果。

6.9 纵向弯曲强度

6.9.1 测试前，将样品放置在 23 ℃±2 ℃的条件下进行 4 h 的状态调节。

6.9.2 在试验机下压平台上放置两块截面为 12.7 mm×25.4 mm 的钢块，钢块的窄面一面朝下放在水平位置，钢块的长度要大于被测突起路标底面的宽度。

6.9.3 在钢块的另一窄面上分别放置一块厚度为 3 mm 的邵氏硬度 70A 的弹性橡胶片。

6.9.4 将被测突起路标放置在这两个弹性片上，突起路标的迎车面底边与钢块窄面长边外沿平行且对齐。

6.9.5 将一块厚度为 25 mm、邵氏硬度 70A 的弹性橡胶片放置在被测突起路标的顶面上，该弹性垫上放置第三块同样尺寸的钢块，该钢块与其他两块保持平行，窄面一面朝下，第三块弹性垫要大于突起路标的上顶面。

6.9.6 调整钢块、被测样品、弹性垫，使被测样品和第三块钢块与弹性垫置于试验机上下压头的轴线上，其余两钢块和弹性垫对称，见图 8。

单位为毫米

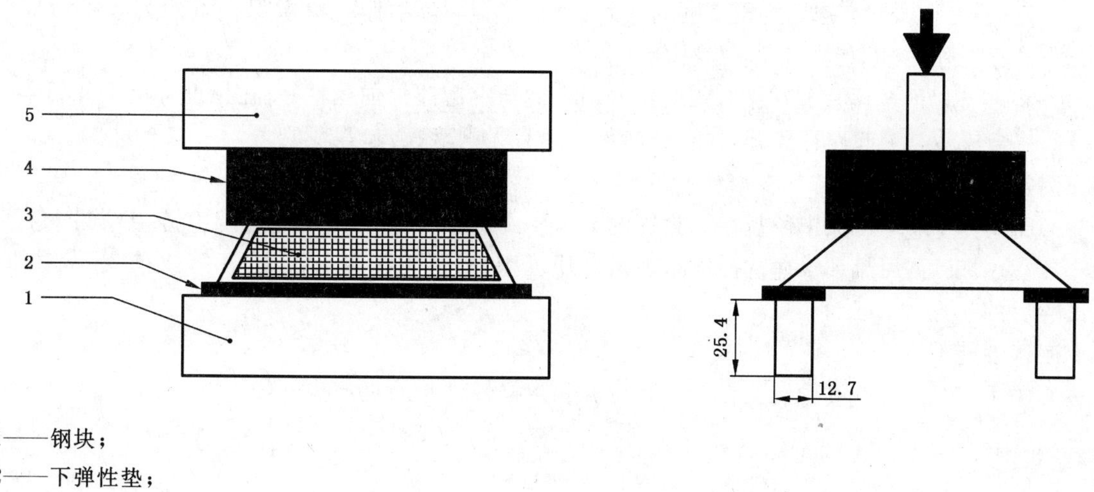

1——钢块；
2——下弹性垫；
3——被测突起路标；
4——弹性垫；
5——第三钢块。

试验正视图　　　　试验侧视图

图 8 纵向弯曲强度测试示意图

6.9.7 开启试验机，以 5 mm/min 的速率通过第三个钢块和弹性垫对试验样品进行加载，直到样品彻底断裂或突然卸荷为止，记录此时的力值为试验结果，单位精确到 N。

6.10 耐磨损性能

按附录 B 执行。

6.11 耐温度循环性能

将样品放置在 60 ℃的高温箱中保持 4 h，接着将样品转移到 −7 ℃的低温箱中保持 4 h，如此为 1 个循环。共试验 3 个循环后，将样品取出，即刻检查样品的破裂、反射体剥离基体、耐磨层分层情况。

6.12 碎裂后状态

将样品放置在压力机上加荷，加荷速度为 50 kN/min～60 kN/min，直至样品破裂，将所有碎块收集后放入孔径为 30 mm 的标准筛中，均匀摇动 1 min 后，检查筛中残留物形状，用分辨率 0.5 mm 钢直尺测量残留碎块的最大尺寸。

注：钢化玻璃碎裂时可能发生碎块溅射伤害试验人员的危险，对试验区域应进行防护隔离。下面的方法被认为是安全的。

在下压平台上放置一块大小 200 mm×200 mm、厚 13 mm 的钢板，把样品放置在钢板中心，将一只直径 110 mm、高度 200 mm、壁厚不小于 10 mm、透明的 PC 或有机玻璃管套在样品上，在样品上再放置一块直径 105 mm、厚度 13 mm 的钢圆盘之后进行加压试验。试验时，操作人员应戴防护目镜及其他防护用具。

6.13 金属反射膜附着性能

6.13.1 试验用具

A3 类突起路标金属反射膜附着性能测试主要试验用具如下：

a) 抗剪切强度 15 MPa～20 MPa 的双组分环氧树脂或丙烯酸酯胶粘剂适量。

b) 长 50 mm、宽 20 mm、厚 0.5 mm～1.0 mm 的铁片，在试验前用 100 号砂纸将待粘结的一面打磨粗糙，用无水乙醇清洁表面，并晾干。

6.13.2 试验程序

金属反射膜附着性能测试试验程序如下：

a) 按制造商使用说明配制好粘合剂，在规定时间内，将粘合剂涂抹在 A3 类突起路标下部的金属反射膜上，涂抹面积为长 20 mm、宽 10 mm，涂抹位置在突起路标下部金属反射膜区中间部位，长度方向与突起路标下部环向一致；对于在金属反射膜外涂敷保护漆的突起路标，应将保护漆层除去，再在金属膜上涂粘合剂。

b) 将准备好的金属片放在粘合剂的中间沿环向与突起路标加压粘好，在标准环境下静置 48 h。

c) 将金属片与突起路标撕开，检查金属反射膜有无剥落、凸起等现象。

6.14 耐盐雾腐蚀性能

按 GB/T 10125 中有关中性盐雾试验的规定，每 24 h 为一周期，每周期连续喷雾，共试验 6 个周期 144 h。试验结束后，用流动水冲洗掉样品表面的盐沉积物，再用蒸馏水漂洗，并用软布擦干，立即检查样品试验后的状态。

6.15 耐候性能

按 GB/T 22040—2008 中有关自然曝晒试验和耐候性试验的规定执行。

7 检验规则

7.1 型式检验

7.1.1 产品经过国家认可的质检机构型式检验合格才能批量生产。

7.1.2 型式检验项目见表 5。

7.1.3 型式检验的样品应在生产线终端随机抽取。

7.1.4 型式检验为每年进行 1 次，如有下列情况之一时，也应进行型式检验。

a) 正式生产过程中，如原材料、半成品、工艺有较大改变，可能影响产品性能时；

b) 产品停产后恢复生产时；

c) 出厂检验结果与上次型式检验有较大差异时；

d) 国家质量监督机构提出型式检验时。

7.1.5 型式检验时，如有任一项指标不符合本标准要求时，则需重新抽取双倍试样，对该项指标进行复验，复验结果仍然不合格时，则判该次型式检验为不合格。

7.2 出厂检验

7.2.1 一般规则

产品需经生产单位质量部门检验合格并附产品质量合格证方可出厂。

7.2.2 组批

用同一批原材料和同一工艺生产的突起路标可组为一批。

7.2.3 抽样方法

当批量不大于10 000只时，随机抽取20只进行检验，其中破坏性项目做8只，其余项目全做；当批量大于10 000只时，随机抽取40只进行检验，其中破坏性项目做16只，其余项目全做；批的最大数量不超过25 000只。

7.2.4 出厂检验项目

出厂检验项目见表5。

7.2.5 判定规则

出厂检验项目如有任一项指标不符合本标准要求时，则需重新抽取双倍试样，对该项指标进行复验，复验结果仍然不合格时，则判该批为不合格批。

表5 突起路标检验项目一览表

序号	项目名称	技术要求	试验方法	型式检验	出厂检验	备注
1	外观质量	5.1	6.2	√	√	
2	结构尺寸	5.2	6.3	√	√	
3	色度性能	5.3	6.4	√	○	
4	逆反射性能	5.4	6.5	√	√	
5	整体抗冲击性能	5.5	6.6	√	○	
6	逆反射器抗冲击性能	5.6	6.7	√	○	
7	抗压荷载	5.7	6.8	√	√	
8	纵向弯曲强度	5.8	6.9	√	○	A1类、A2类
9	耐磨损性能	5.9	6.10	√	○	
10	耐温度循环性能	5.10	6.11	√	○	
11	碎裂后状态	5.11	6.12	√	√	A3类
12	金属反射膜附着性能	5.12	6.13	√	○	A3类
13	耐盐雾腐蚀性能	5.13	6.14	√	○	
14	耐候性能	5.14	6.15	√	×	
15	标识、包装	8.1,8.2,8.5	8	√	√	
注：√为检验项目，○为选做项目，×为不检项目。						

7.3 验收检验

突起路标验收型检验按JT/T 495中有关突起路标的规定执行。

8 标识、包装、运输及贮存

8.1 标识

8.1.1 在突起路标上应模印产品商标、本标准代号 GB/T 24725—2009、型号规格等标记。

8.1.2 包装箱外表印有产品名称、型号规格、数量、颜色，制造标准、制造企业名称、地址、整箱重量、包装箱尺寸等。

8.1.3 在包装箱上，还应印有"小心轻放"、"勿受潮湿"、"怕晒"、"远离热源"等字样或标志，标志应符合 GB/T 191 的有关规定。

8.2 包装

单个突起路标用塑料袋或软纸包装后顺序装入包装箱内，包装箱可用多层瓦楞纸箱或木箱。

8.3 运输

突起路标在运输时，不应受剧烈的撞击、摩擦和重压，从火车或卡车卸货时，应小心搬运，不应使用手钩、不应将包装箱从运输工具上推下。

8.4 贮存

突起路标应存放在仓库内，存放场地应平整，并有明显的"禁止烟火"标志。贮存过程中，应防止重压，不与高温热源或明火接触，不应露天曝晒。

8.5 产品随行文件

8.5.1 每箱突起路标应该附有 1 张制造标签、1 张合格证标签、1 份产品使用说明书和 1 份检验报告。

8.5.2 制造标签主要内容包括：产品名称、型号规格、生产日期、批号、本标准号、生产企业名称、联系地址等。

8.5.3 合格证标签主要内容包括：合格证名称、检验证编号、检验人员代号、检验日期等。

8.5.4 产品使用说明书中应给出突起路标的使用条件、施工方法和注意事项。

8.5.5 检验报告分为型式检验报告和出厂检验报告，报告的内容符合 7.1、7.2 的规定。

附　录　A[2)]
（资料性附录）
逆反射突起路标道路现场性能测试规范

A.1　试验场地和条件

A.1.1　一般要求

试验场地应设在合适的地点，至少应满足A.1.2～A.1.5的要求。试验结果取决于天气、交通和路面条件，这些都应在现场测试报告试验场地部分中予以描述。

A.1.2　试验场地

用于道路现场性能测试的试验场地应平直，纵向和横向坡度尽可能的低。无交通信号灯和平面交叉等异常点，无遮挡日光的实质性障碍物、频繁尘土源（如采石场和牧场出口）以及履带车辆。应避免场地条件在试验期间发生任何变化，长坡和任何特殊情况应在报告的试验场地部分中写出。

A.1.3　天气条件

在道路现场试验结束时，建议给出整个试验期间的天气报告，天气报告数据可来自离试验场最接近的气象站，除试验场本身观测到的数据外，还应包括影响试验结果的其他天气因素。如果参加试验的各方就天气信息收集事宜达成一致，天气报告还应包括一张测试期间的温度状况一览表。

注：天气报告可包括月平均最低和最高日温，累积降水量（mm）、沙尘扩散量、铲雪次数等。

A.1.4　交通条件

突起路标的测试应在双车道货运公路的每个方向上进行，为了施工安全和随后的评估，试验路段的交通可进行重新定向。在试验路段，不应超出国家规定的最高车速限制。

试验路段年平均日交通量（AADT）应不小于5 000，每个方向应含有10%～25%重型车。最大总重大于7 500 kg的车辆被认为是重型车。

A.1.5　路面条件

试验路段应在开通使用1年或1年以上、无任何形式破坏（如车轮轨迹、裂缝、龟裂或类似病害）的、路面状况良好的沥青路面上进行。

A.2　试验持续时间与安装方式

A.2.1　持续时间

试验的持续时间为：

——永久突起路标：1年；

——临时突起路标：4个月。

A.2.2　应用方式

突起路标应纵向设置：

——代替路面标线，可用作车道分界线；

——用在现有车道分界线的间隙中；

——紧贴车道边缘线右侧。

突起路标的纵向间隔应：

——永久突起路标：2.5 m～18 m；

——临时突起路标：1 m～5 m。

---

2)　本附录译自欧洲标准BS EN 1463-2:2000《逆反射突起路标　第2部分：道路现场测试性能规范》，省略了概述、范围、规范性引用及名词术语部分，对部分章节条号及引用作了相应变更。

A.3 现场安装

A.3.1 技术要求

测试结果取决于安装质量、应用方法和天气条件。供应商应提交突起路标产品和安装方式的技术要求，这些技术要求应附有1份尺寸图和突起路标材料说明及安装方法。

A.3.2 突起路标数量

测试突起路标的数量为50个。

一种突起路标产品不应与另一种产品混用，也不应交叉设置使用。

A.3.3 逆反射器颜色

试验用突起路标应为白色、黄色。

A.3.4 试验周期

在天气条件适宜时，测试突起路标的试验周期为1年。

注1：参加试验各方在同一个试验路段可以约定1个或多于1个的试验周期。一个为临时突起路标的应用周期，另一个为永久型突起路标的周期，这样可以保证在尽可能短的试验周期完成更多的试验。

注2：临时突起路标的试验周期推荐从每年的4月～6月起算。

A.3.5 允许条件

应按照制造商的产品使用说明安装被测突起路标。

注1：参加试验各方可约定包括合适天气条件的技术要求，例如路面温度至少高于空气露点3℃以上、路面温度维持在10℃与50℃之间等。

注2：当路面湿滑时，如果制造商规定了耐水性粘合剂，测试突起路标也可使用。

A.4 道路现场测试数据采集程序

A.4.1 一般要求

现场试验周期结束后，应依照A.4.2～A.4.7的程序逐步进行各项测试。

A.4.2 第1步：白天检查

白天检查内容如下：

a) 所有测试用突起路标的轮廓是否存在对交通造成伤害的尖锐边角，是否存在磨损或部件分离等缺陷；
b) 任何丢失的测试用突起路标都被认为是不符合测试评估条件而计入统计结果；
c) 在表A.1道路现场试验评价表(RTAF)中记录下符合和不符合的测试用突起路标及相关信息；
d) 如果符合白天测试条件用的突起路标少于45个，则评价视为无效；
e) 为了行驶安全，在A.4.3之前应将所有符合A.4.2a)不合格的测试用突起路标全部移除。

A.4.3 第2步：夜间检查

测试在日落后进行，以便汽车驾驶员能看到被测突起路标在车灯照射下形成的发光情况，汽车大灯应采用近光灯。

a) 在经过第1步检查测试后，如果永久突起路标在50 m±3 m处，临时突起路标在20 m±2 m处仍具有逆反射性能则认为夜间视认性是合格的，若突起路标没有任何逆反射性能则认为是不合格的。
b) 在评价表(RTAF)中记录合格和不合格的突起路标。

A.4.4 第3步：初步评价

在第1步和第2步后统计合格的测试突起路标数量。

A.4.5 第4步：选择突起路标进行光学性能测试

测试步骤如下：

a) 从第3步标识合格的突起路标中选择。
b) 依据RTAF中突起路标的数字序号选择，直到选满10个为止。
c) 在合格的突起路标中，从最小序号开始，每数5个合格数选中1个，即5个为一组选出第5个。

保持这种顺序，又返回经过第 1 个最小合格数，直到选出 10 个为止。这样第 1 个最小合格数并不总是会被选中（见表 A.1 的说明）。

A.4.6 第 5 步：被选测试突起路标的移除

当进行实验室光学性能测量时，被选中的突起路标依据以下程序移开试验路段。

a) 移开被选中的突起路标之前，在其基体背向行车方向的平面上标记其位置序号。

b) 移开被选中的所有突起路标。

c) 被选中突起路标的逆反射器在移开、包装和运输过程中不应被破坏。如果破坏了，应依照第 4 步程序重新选择 1 个。

表 A.1 道路现场测试评价表(RTAF)

安装位置号	评价步骤	
	步骤 1	步骤 2
1	P	P
2	P	P
3	P	F
4	P	F
5	P	F
6	P	P
7	P	P
8	P	P
9	P	P
10	P	P
11	P	P
12	P	P
13	P	P
14	P	P
15	P	P
16	P	P
17	P	P
18	P	P
19	P	P
20	P	P
21	F	F
22	P	P
23	P	P
24	P	P
25	P	P
26	P	P
27	P	P
28	P	P
29	P	P
30	P	P
31	P	P
32	P	P
33	P	P
34	P	P
35	P	P
36	P	P
37	P	P
38	P	P
39	P	P
40	F	F
41	F	F
42	P	P
43	P	P
44	P	P
45	P	P
46	P	F
47	P	P
48	P	P
49	P	P
50	P	P
∑P	47	43
∑F	3	7
∑All	50	50

道路现场测试评价表(RTAF)应用说明

评价步骤 1～5

注：P＝通过(合格)
　　F＝失败(不合格)

步骤 3：初步评价

步骤 1：通过现场试验的突起路标数：47 个

如果通过白天现场试验的突起路标数少于 45 个，则评价无效。

步骤 2：可保留继续测试的突起路标数：43 个

步骤 4：选择进行光学性能测试的突起路标(10 个)

a) 应用左表第 3 列即步骤 2；

b) 点出或圈出标记 P 的突起路标；

c) 从最小数字开始数起，每数 5 个合格数选中 1 个，数到最大数后接着返回数最小数，直到选出 10 个为止。

以左表为例，选出的突起路标位置号数为：

序号	位置号数
1	8
2	13
3	18
4	24
5	29
6	34
7	39
8	47
9	2
10	11

步骤 5：移除被选中的突起路标

a) 在被测突起路标基体背向行车方向的一面标记上现场试验位置号，这一面不会被测试；

b) 仔细地移除被测突起路标进行实验室测量。

A.4.7 光学性能测量

A.4.7.1 程序

应用如下程序评价光学性能衰减。

a) 清理逆反射器表面；

b) 依据 A.4.7.2 测试逆反射器夜间光度性能；

c) 依据 A.4.7.3 测试白天光度性能(仅白色和黄色突起路标)。

A.4.7.2 夜间视认性能测量

依据 6.5,测量 10 个突起路标在观测角 0.33°、入射角±5°时的发光强度系数,并计算这 10 个样品的算术平均值。

除了逆反射器颜色外,突起路标在其他各方面的要求都是相同的,只要经过道路现场测试后,被测突起路标的逆反射性能还满足 5.4 的有关要求,其他方面也被认为是符合标准的。

A.4.7.3 白天视认性能测量

依据 6.4.1,测试 10 个测试突起路标的亮度因数,去掉 2 个最大值和 2 个最小值,计算其余 6 个样品的算术平均值。

A.5 试验结果

应将 A.4 所得到的结果分级如下：

a) 主观评价(详见 A.4.4)：

——S0 级:无性能要求；

——S1 级:剩余 42 个以上突起路标合格；

——S2 级:剩余 35 个～41 个突起路标合格；

——S3 级:剩余 1 个～34 个突起路标合格。

b) 夜间视认性能(详见 A.4.7.2)：

——R0 级:无性能要求；

——R1 级:平均发光强度系数大于或等于本标准表 3 和表 4 要求；

——R2 级:平均发光强度系数为本标准表 3 和表 4 要求的 50%～99%；

——R3 级:平均发光强度系数为本标准表 3 和表 4 要求的 20%～49%；

——R4 级:平均发光强度系数为本标准表 3 和表 4 要求的 1%～19%。

c) 白天视认性能(详见 A.4.7.3)：

——DV0 级:无性能要求；

——DV1 级:大于等于本标准表 1 中所规定的亮度因数的 80%；

——DV2 级:本标准表 1 中所规定亮度因数的 1%～79%。

A.6 现场测试评价报告格式

现场评价报告应至少包括表 A.2 的内容。

表 A.2 现场评价报告格式

报告名称
制造商名称和地址
突起路标使用方名称和地址
负责现场测试的实验室

突起路标类型(依据本标准第 4 章)	
突起路标标识(依据本标准第 8 章)	
突起路标尺寸	
水平最大尺寸	
水平最小尺寸	

试验持续时间	
起始日期	
结束日期	

天气条件(依据本附录)	
铲雪次数	
撒盐次数	
撒砂次数	
其他记录	

交通条件	
年平均日交通量(AADT)	
重车百分数	
使用钮花轮胎轴的近似百分数	

道路测试评价结果	结果(依据本附录)	分级(依据本附录)
初步评价(依据本附录)		
夜间视认性能(依据本附录)		
白天视认性能(依据本附录)		

附 录 B[3)]

（规范性附录）

突起路标耐磨损性能测试方法

B.1 原理

本方法采用落砂法评价被测样品表面的耐损磨性能，适用于A1类、A2类突起路标，A3类可参照使用。

B.2 测试装置

B.2.1 测试装置由垂直导砂管、校正漏斗、过滤网、样品架和砂子收集器组成，装配示意图如图B.1。

单位为厘米

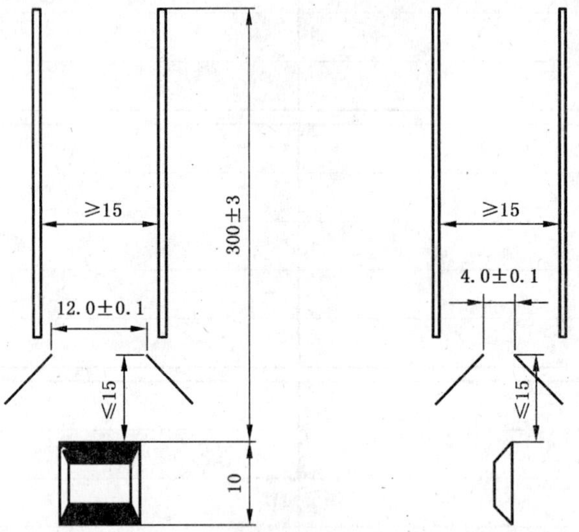

图 B.1 耐磨损装置示意图

B.2.2 导砂管：可采用内径不小于150 mm内壁光滑的实壁塑料管组成，长度为2 850 mm，导砂管的不垂直度不大于0.2°。

B.2.3 校正漏斗：校正漏斗的上口尺寸为120 mm×40 mm，高度100 mm，四面坡角45°。上口四边应平直、尖锐，保证落在口边上的砂子落入斗内时不改变方向。该漏斗的作用是保证直接落入口内的沙子不偏离地、尽可能垂直地冲击突起路标，而落到口外的沙子被偏离到斗外，不能冲击突起路标。校正漏斗应能上下、左右、前后移动，方便调整通过漏斗的砂量和均匀性。

B.2.4 过滤网：过滤网位于导砂管的上部，网孔尺寸为大于850 μm的标准网。该过滤网的作用一是确立落砂的起始点，二是限制落砂的流速。要求落砂离网的距离不应大于30 mm。

B.2.5 样品架：用于将被测样品夹持稳固，使样品的基底面保持垂直，方便地将样品与导砂管、校正漏斗对中，能自由调整被测样品的高度使其上边沿与漏斗上口保持不大于150 mm，并能调整水平方向使样品逆反射面底边前沿与漏斗长边方向平行。样品架不应阻挡落砂的自由流动。

B.2.6 收集器：可用1只300 mm×500 mm的搪瓷托盘，或其他容器。为了防止落入校正漏斗的砂子溅出或外部的砂子溅入，可用与漏斗下口相同的软布罩将漏斗下口空间封围。

3） 本附录译自ASTM D 4280—2004《非铲雪永久逆反射突起路标》。

B.3 测试用砂

B.3.1 试验用砂应使用二氧化硅含量极高的天然石英砂。

B.3.2 这种石英砂的颗粒分布应该满足如下要求：在经过 10 min 的连续摇筛之后，不超过总重的 10%保留在 20 号筛(850 μm)上，不超过总重的 10%漏过 30 号筛(600 μm)。

注：在 ASTM D 4280—2004 中指定使用位于美国中部 St. Peters 或 Jordan 的砂岩沉积砂。

B.4 试验环境

温度 23 ℃±2 ℃、相对湿度(50±25)%。

B.5 试验步骤

B.5.1 按照图 B.1 所示将设备和被测样品安装调整到位，并保证导砂管上部至被测样品底面上边沿的距离为 3.00 m±0.03 m。

B.5.2 取足够的试验用砂，以 0.4 kg/min～1.0 kg/min 的速度均匀落入导砂管上部的过滤网上，注意观察落砂冲击样品的均匀性和部位，并经常按照 B.6 的方法校准试验装置的均匀性。

B.5.3 收集通过校正漏斗的砂子并称重，称重的砂子包括撞击到样品及样品架上溅射到外部的砂子，但不含没有通过漏斗的部分，当发现收集的砂量不满足 2.5 kg±0.050 kg 要求时，应按照 B.6 的方法对试验装置进行校准。

B.5.4 取下被测样品，用软布清洁后，测量被冲击逆反射面的发光强度系数。

B.5.5 将用过的试验砂弃掉，试验用砂每个试验只用 1 次，不应重复使用。

B.6 测试装置校准

落砂应均匀地通过校正漏斗，其均匀性通过在漏斗下突起路标的位置和高度上放置至少 10 个口径约为 10 mm 的小瓶来验证。当足够的沙子下落通过漏斗时，至少有 1 个小瓶收集到至少 5 g 的砂子，收集最少的小瓶中沙子重量至少达到收集最多的小瓶中沙子重量的 75%为测试装置合格。在确定装置的流动稳定性之后，视需要通过调整漏斗的上下和总用砂量来校准其均匀性和通过漏斗的砂量。

B.7 测试装置的修正

当被测突起路标底边大于 100 mm 时应对整个装置进行修正，假设被测突起路标底边为(100+X)mm，则修正内容如下：

a) 校正漏斗的上口长边为(120+X)mm；

b) 导砂管的内径应至少(150+X)mm；

c) 通过校正漏斗的试验砂的质量应为(2.5+0.020 8X)kg，允差±2%；

d) 通过漏斗落砂的流速应保持在(0.4+X/300)kg/min～(1+X/120)kg/min。

参 考 文 献

[1] BS EN 1463-1:2000 道路标线材料 逆反射突起路标 第1部分:初始性能要求.
[2] BS EN 1463-2:2000 道路标线材料 逆反射突起路标 第2部分:道路现场性能测试规范.
[3] ASTM D 4280—2004 非铲雪永久逆反射突起路标.
[4] ASTM D 4383—2005 可铲雪用逆反射突起路标.
[5] JT/T 688—2007 逆反射术语.

ICS 03.220.20;35.240.60
R 86

中华人民共和国国家标准

GB/T 24726—2009

交通信息采集　视频车辆检测器

Traffic information collection—Video vehicle detector

2009-11-30 发布　　2010-04-01 实施

中华人民共和国国家质量监督检验检疫总局
中国国家标准化管理委员会　发布

前　言

本标准由全国智能运输系统标准化技术委员会(SAC/TC 268)提出并归口。

本标准起草单位:交通部公路科学研究院。

本标准主要起草人:仲崇波、杨蕴、邹迎。

交通信息采集　视频车辆检测器

1　范围

本标准规定了视频车辆检测器技术要求、试验方法、检验规则以及包装、运输和贮存等内容。

本标准适用于在道路上测量机动车交通参数的视频车辆检测器(以下简称检测器)。

2　规范性引用文件

下列文件中的条款通过本标准的引用而成为本标准的条款。凡是注日期的引用文件,其随后所有的修改单(不包括勘误的内容)或修订版均不适用于本标准,然而,鼓励根据本标准达成协议的各方研究是否可使用这些文件的最新版本。凡是不注日期的引用文件,其最新版本适用于本标准。

GB/T 191　包装储运图示标志(GB/T 191—2008,ISO 780:1997,MOD)

GB/T 1865　色漆和清漆　人工气候老化和人工辐射曝露　滤过的氙弧辐射(GB/T 1865—2009,ISO 11341:2004,IDT)

GB/T 2423.1　电工电子产品环境试验　第2部分:试验方法　试验A:低温(GB/T 2423.1—2008,IEC 60068-2-1:2007,IDT)

GB/T 2423.2　电工电子产品环境试验　第2部分:试验方法　试验B:高温(GB/T 2423.2—2008,IEC 60068-2-2:2007,IDT)

GB/T 2423.3　电工电子产品环境试验　第2部分:试验方法　试验Cab:恒定湿热试验(GB/T 2423.3—2006,IEC 60068-2-78:2001,IDT)

GB/T 2423.10　电工电子产品环境试验　第2部分:试验方法　试验Fc:振动(正弦)(GB/T 2423.10—2008,IEC 60068-2-6:1995,IDT)

GB/T 2423.17　电工电子产品环境试验　第2部分:试验方法　试验Ka:盐雾(GB/T 2423.17—2008,IEC 60068-2-11:1981,IDT)

GB/T 2423.22—2002　电工电子产品环境试验　第2部分:试验方法　试验N:温度变化(IEC 60068-2-14:1984,IDT)

GB 4208　外壳防护等级(IP代码)(GB 4208—2008,IEC 60529:2001,IDT)

GB/T 5080.7　设备可靠性试验　恒定失效率假设下的失效率与平均无故障时间的验证试验方案(GB/T 5080.7—1986,idt IEC 60605-7:1978)

GB/T 16422.2　塑料实验室光源暴露试验方法　第2部分:氙弧灯(GB/T 16422.2—1999,idt ISO 4892-2:1994)

GB/T 17618—1998　信息技术设备抗扰度限值和测量方法(idt IEC/CISPR 24:1997)

YD 2011　微波站防雷与接地设计规范

3　术语和定义

下列术语和定义适用于本标准。

3.1

视频车辆检测器　video vehicle detector

采用视频图像处理技术对输入的道路车辆动态信息进行采集、处理,并且能够检测并输出目标区域的车流量、平均速度、时间占有率等道路车辆信息的检测设备。

3.2

车流量　vehicle volume

在规定的单位时间内通过道路上检测断面的车辆数。

3.3

瞬时速度　instant speed

在某时刻，车辆通过道路上检测断面时的车速。

3.4

平均速度　average speed

单位时间内，通过道路上检测断面全部车辆瞬时速度的算术平均值。

3.5

时间占有率　time occupancy ratio

在某一时间间隔内，单车道上检测断面被车辆占有的时间与该时间间隔之比。

4　技术要求

4.1　户外环境条件

4.1.1　环境温度

4.1.1.1　检测器工作时的环境温度

A 型：−10 ℃～+55 ℃；

B 型：−25 ℃～+70 ℃。

4.1.1.2　检测器不工作时耐受的环境温度

A 型：−25 ℃～+70 ℃；

B 型：−40 ℃～+85 ℃。

4.1.2　相对湿度

25%～98%。

4.1.3　大气压力

86 kPa～106 kPa。

4.2　功能要求

检测器输出的检测信息应包括：预先设定时间间隔的车流量、时间占有率和平均速度等数据。

软件应提供中文操作界面。

4.3　主要技术参数要求

4.3.1　车流量：

——当路面照度不小于 5 000 lx，能见度不小于 5 500 m，样本量(车流量)不小于 100，车速在 0～120 km/h，测量时间不小于 15 min 时，一个方向断面车流量相对误差不大于 5%，单车道车流量相对误差不大于 10%；

——当路面照度小于 5 000 lx，能见度不小于 5 500 m，样本量不小于 100，车速在 0～120 km/h，测量时间不小于 15 min 时，一个方向断面车流量相对误差不大于 10%，单车道车流量相对误差不大于 15%。

4.3.2　平均速度及时间占有率：当路面照度不小于 5 000 lx，能见度不小于 5 500 m 时，样本量不小于 100，车速在 0～120 km/h，测量时间段不小于 30 min 时，一个方向断面车辆平均速度及时间占有率的相对误差不大于 10%。

4.3.3　系统带宽：8 MHz(±1 dB)。

4.3.4　数据速率：不小于 1 200 bit/s。

4.3.5　输出电平：1 V(峰-峰)。

4.3.6 输出阻抗：75 Ω。

4.3.7 电源：交流电网电源电压：220(1±10%)V，AC；频率：50(1±4%)Hz。

或者直流电源电压：12 V～24 V，DC。

4.4 检测器外观及构件

4.4.1 检测器的外壳上不应有凹坑、划伤、变形和裂缝等。镀层应光滑平整，颜色应均匀一致，不得有皱纹、起泡和龟裂等缺陷。

4.4.2 检测器机身上的铭牌、标志、文字、符号等应合理、清晰、端正、牢固，不得脱落，不得磨损。

4.4.3 检测器结构应简单、牢靠，满足使用要求，安装调节方便。

4.4.4 安装连接件应设置垂向、横向角度可调节的机构，以便于安装施工；其活动零件应灵活、无卡滞现象，无明显变形、凹凸不平等缺陷。

4.5 电气安全

4.5.1 绝缘电阻

检测器的电源接线端子与机壳之间的绝缘电阻在正常状态下，应不小于 100 MΩ；在湿热状态下，应不小于 2 MΩ。

4.5.2 电气强度

检测器的电源接线端子与机壳之间应能耐受频率为 50 Hz、有效值为 3 000 V 的正弦交流电压，历时 1 min，不应产生飞弧或击穿等现象。

4.5.3 接地与防雷

检测器应按 YD 2011 的规定进行接地与防雷设计。检测器应具有良好的接地系统，接地电阻应不大于 10 Ω；采用必要的防雷电和过电压保护措施，检测器天线应处于避雷针保护范围之内。

4.5.4 电磁兼容性

检测器的电磁兼容性应符合 GB/T 17618—1998 中第 8 章的要求。

4.6 可靠性

检测器的平均故障间隔时间(MTBF)应满足：MTBF 应不小于 30 000 h。

4.7 环境适应性

4.7.1 低温

4.7.1.1 低温性能

检测器在－10 ℃(或－25 ℃)的低温条件下应能启动，并能正常工作，逻辑正确。

注：不加括号的数据适用于 A 型检测器，加括号的数据适用于 B 型检测器。B 型检测器具有更好的气候环境适应性，采用 A 型或是 B 型，取决于使用地区的环境条件。下同。

4.7.1.2 耐低温

检测器在－25 ℃(或－40 ℃)条件下保持 8 h，恢复到－10 ℃(或－25 ℃)的条件，待温度稳定后，应能立即启动，并能正常工作，逻辑正确。

4.7.2 高温

4.7.2.1 高温性能

检测器在 55 ℃(或 70 ℃)的高温条件下应能启动，并能正常工作，逻辑正确。

4.7.2.2 耐高温

检测器在 70 ℃(或 85 ℃)条件下，保持 16 h，恢复到 55 ℃(或 70 ℃)的条件，待温度稳定后，应能立即启动，并能正常工作，逻辑正确。

4.7.3 耐温度变化

检测器应能耐受温度循环变化的影响，温度从室温到低温－25 ℃(或－40 ℃)，再经室温到高温 70 ℃(或 85 ℃)回到室温为 1 个循环。接着再到低温－25 ℃(或－40 ℃)开始第 2 个循环，共进行 5 次循环，最后在高温中取出，在大气中温度恢复到室温后，检测器应能启动，能正常工作，逻辑正确，并无其他损坏。

4.7.4 耐湿热

检测器应能耐受湿热条件为温度40 ℃、相对湿度为93%的湿热试验48 h,试验中,检测器应能正常工作,逻辑正确。

4.7.5 零部件耐盐雾腐蚀

检测器的易腐蚀金属构件、外壳和安装支架等应采用耐盐雾腐蚀试验合格的产品。对已取得耐盐雾腐蚀试验合格的产品不再要求进行耐盐雾腐蚀试验,但需提供合格证明文件。

当设备使用未进行过耐盐雾腐蚀试验的零部件时,应按5.6.5的规定事先对零部件样品进行耐盐雾腐蚀试验。试验后,其金属构件、外壳和安装支架等应无锈蚀现象。所用印刷电路板及其上的元器件应无锈蚀,经过24 h恢复后应无功能退化现象,试验合格后才允许装入设备。

4.7.6 材料耐老化

设备外部直接受到日光辐照的漆类和塑料类材料应采用耐老化试验合格的产品。对已取得耐老化试验合格的产品不再要求进行耐老化试验,但需提供合格证明文件,合格产品才允许装入设备。

4.7.7 耐振动

检测器在按5.6.7规定的条件进行振动试验时,应能正常通电工作。在经历15个循环振动试验后,功能应无异常,结构应无损伤,零部件应无松动。

4.7.8 耐风压

当承受40 m/s风速产生的风压时,检测器应能正常工作。

4.7.9 防水与防尘

检测器应采取密封措施,防止雨、雪、其他水和灰尘等进入内部产生有害影响。外壳的防护等级应符合GB 4208规定的IP65级。

5 试验方法

5.1 试验的标准大气条件

一般在测量和试验的标准大气条件下进行试验:

a) 环境温度:15 ℃~35 ℃;

b) 相对湿度:25%~75%;

c) 大气压力:86 kPa~106 kPa。

5.2 主要技术参数检测

5.2.1 车流量、平均速度、时间占有率

5.2.1.1 检测范围检查

在最近车道水平距离等于5 m时进行检测,以及最远车道水平距离40 m时,在车流方向200 m范围内进行有关参数测量,检查其测得参数的准确性。

5.2.1.2 测试结果的处理

除特殊规定,一般对可重复的客观测试项目进行3次测试,取算术平均值作为测试结果,根据需方要求,可给出测试结果的准确度。对于主观测试项目,测试人员应不少于3人,测试结果分为合格、不合格两级。

5.2.1.3 将视频检测器测得的车流量数据与通过辅助视频录像人工统计得到的车流量数据进行比较,确定交通流量检测准确度。

5.2.1.4 将视频检测器测得的平均速度与标准值进行比较,标准值的误差应在±1%之内。其他时间占有率等的检测精度,取决于软件设计,在设备定型之前应反复计算,保证软件设计的准确性。

5.2.2 电源适应性

用电压调节器或可调交流电源给检测器供电,将电压分别调节为220 V→198 V→220 V→242 V→

220 V。每调节到一档电压并稳定后，都分别开启和关闭检测器电源开关，检查逻辑和功能是否正常。

用电压调节器或可调直流电源给检测器供电，将电压分别调节为 12 V→10.2 V→12 V→16 V→24 V→27.6 V→24 V→16 V→12 V。每调节到一档电压并稳定后，都分别开启和关闭检测器电源开关，检查逻辑和功能是否正常。

5.3 检测器外观及构件检查

用目测和手感法进行外观检查。评定人员应为熟悉该检测器并已取得专业审查资格的质量检验人员。

5.4 电气安全性能检测

5.4.1 绝缘电阻

在试验的标准大气条件下用经过检定的高阻测试仪在检测器的电源接线端子与机壳之间测量绝缘电阻；在 4.7.4 规定的湿热条件下测量时，应在检测器从湿热试验箱中取出后立即(3 min 内)进行测量。测试电压为 500 V。

5.4.2 电气强度

在试验的标准大气条件下用经过检定的电气强度测试仪在检测器的接线端子与机壳之间测试电气强度；在 4.7.4 规定的湿热条件下测量时，应在检测器从湿热试验箱中取出后 3 min 内进行(紧跟在绝缘电阻测量之后)。电压应从零逐渐增加到规定值 3 000 V，此后，保持 1 min，再逐渐下降到零。试验期间应无击穿或飞弧现象。

5.4.3 接地与防雷

用经过检定的接地电阻测试仪测量系统接地电阻，检查所装的避雷器、过电压保护器和接地线等是否符合 YD 2011 的规定，检测器应在外界避雷针的保护范围之内。

5.4.4 电磁兼容试验

电磁兼容试验方法按照 GB/T 17618—1998 中第 4 章的要求进行。

5.5 可靠性试验

在检测器的性能指标和各项功能达到标准要求、可靠性预计值满足规定要求并已通过各项环境试验后方能进行可靠性试验。

可靠性试验按 GB/T 5080.7 的规定进行，采用序贯试验方案 4：7，当累积试验时间 t 不小于 $1.50m_0$ (m_0 为要求的平均故障间隔时间 MTBF)，失效数 r 不大于 2，通过试验，否则试验失败。

5.6 环境适应性试验

5.6.1 低温

按照 GB/T 2423.1 的规定进行试验，检验产品在试验中及试验后的工作状况。

5.6.2 高温

按 GB/T 2423.2 的规定，在室温条件下将检测器放入处于室温条件下的高温箱内，并连接好检测器的电源，箱内温度以 3 ℃/min～5 ℃/min 的速率上升到 55 ℃±2 ℃(或 70 ℃±2 ℃)，在此温度下开启电源，检测器应能启动，并能正常工作。在完成启动测试后，继续调节箱内温度上升到 70 ℃±2 ℃(或 85 ℃±2 ℃)，进行不工作状态下的耐受试验 16 h，然后，再调节箱内温度，按 3 ℃/min～5 ℃/min 的速率下降，恢复到室温，待温度稳定后，对检测器进行性能检查。

5.6.3 温度变化

按 GB/T 2423.22—2002 试验 Na：两箱法的规定进行。

将处于非工作状态下的检测器在 1 台低温试验箱和 1 台高温试验箱之间移动。检测器首先放入温度已调节到规定值－25 ℃±3 ℃(或－40 ℃±3 ℃)的低温试验箱内，当检测器在低温下达到温度稳定后，保持 1 h，在 2 min 内再将检测器转移到温度已调节到规定值 70 ℃±2 ℃(或 85 ℃±2 ℃)的高温试验箱内，当检测器在高温下达到温度稳定后，保持 1 h，在 2 min 内再转移到低温箱内，再开始第 2 个循环，如此共循环 5 次，最后在高温箱中取出，在室温下达到温度稳定后，对检测器进行性能检查。

5.6.4 耐湿热

按 GB/T 2423.3 的规定，在温度为 40 ℃±2 ℃，相对湿度为 93%±3%条件下，试验 48 h，在试验过程中，检测器上应避免凝露，在湿热条件下应检查检测器能否正常工作。

5.6.5 耐盐雾腐蚀

对未进行过耐盐雾腐蚀试验的金属构件、外壳和安装支架等考核时，应按 GB/T 2423.17 的规定进行 168 h 的盐雾试验。

5.6.6 耐气候老化

对未进行过耐老化试验的漆类和塑料类材料考核时，采用人工加速老化试验方法。漆类产品按 GB/T 1865 的规定进行，塑料类产品按 GB/T 16422.2 的规定进行。试验时间为连续照射 56 天，试验结束后检查漆类或塑料类产品的变化。

当使用于设备外部直接受到日光辐照的漆类和塑料类材料未进行过耐老化试验时，应按上述规定事先对漆类和塑料类材料样品进行耐老化试验，试验后其颜色、抗冲击性能与绝缘性能不应有明显劣化。

5.6.7 振动

按 GB/T 2423.10 的规定，振动试验的频率范围为：10 Hz～150 Hz，采用高交越频率 57.7 Hz，在交越频率以下的定位移幅值为 0.075 mm，在交越频率以上的定加速度幅值为 10.0 m/s^2，在 10 Hz～150 Hz 的频率范围内按指数规律进行扫频试验，扫频速率为每分钟 1 个倍频程，共进行 15 个循环。检测器在振动试验中应能正常工作，振动试验后检查应无机械损伤。

5.6.8 耐风压

检测器暴露在自然环境下部分的耐风压试验，按工程经验，用加集中载荷的方法代替分布的风载荷对检测器及其支架进行检查，集中载荷应采用最大迎风面积进行计算。与风向垂直的 1 m^2 平面上所受的风力称为最大风压力 p 可按式(1)近似计算：

$$p = 0.0624 \alpha v^2 \text{ kgf} \qquad (1)$$

式中：

α——风压阻力系数，取 1.2；

v——风速，取 40 m/s。

代入式(1)，可得 1 m^2 平面上所受到的最大风压力为 120 kgf。检测器及其支架的最大迎风面积按实际计算。作用力加在最不利部位和方向，试验时间为 3 min，必要时应在四个方向都进行试验 3 min。加载试验中和试验后应检查检测器的工作是否正常。

5.6.9 防护

按 GB 4208 规定的方法进行试验。

6 检验规则

设备的检验分为型式检验和出厂检验两类。

6.1 型式检验

设备的型式检验一般由国家法定的质量监督机构组织进行。

6.1.1 凡有下列情况之一时，应进行型式检验：

a) 新设备试制定型鉴定或老设备转厂生产；

b) 正式生产后，如结构、材料、工艺有重大改变，可能影响设备性能时；

c) 设备停产半年以上，恢复生产时；

d) 正常批量生产时，每年一次；

e) 国家质量监督机构提出要求时。

6.1.2 型式检验的项目按表 1 规定进行。

6.1.3 型式检验中，安全性能不合格时，该次型式检验为不合格；若其他项目出现不合格，应在同一批设备中加倍抽取样品，对不合格项进行检验，若仍不合格，则该型式检验批设备判为不合格。

6.2 出厂检验

6.2.1 设备出厂检验由设备生产企业质量检验部门按表1规定进行检验，合格后签发合格证，方可出厂。

6.2.2 出厂检验中，若出现一项不合格，则应返修，返修后重新对不合格项进行检验。若仍不合格，则判为该次检验不合格。

表1 视频车辆检测器检验项目表

序号	项目名称	技术要求	试验方法	型式检验	出厂检验
1	低温	4.7.1	5.6.1	√	—
2	高温	4.7.2	5.6.2	√	—
3	温度变化	4.7.3	5.6.3	√	—
4	湿热	4.7.4	5.6.4	√	—
5	盐雾腐蚀性	4.7.5	5.6.5	√	—
6	耐气候老化	4.7.6	5.6.6	√	—
7	耐振动	4.7.7	5.6.7	√	—
8	耐风压	4.7.8	5.6.8	√	—
9	防护	4.7.9	5.6.9	√	—
10	车流量	4.3.1	5.2.1	√	—
11	平均速度及时间占有率	4.3.2	5.2.1	√	—
12	电源适应性	4.3.7	5.2.2	√	—
13	外观及构件	4.4	5.3	√	√
14	绝缘电阻	4.5.1	5.4.1	√	—
15	电气强度	4.5.2	5.4.2	√	—
16	接地与防雷	4.5.3	5.4.3	√	—
17	可靠性	4.6	5.5	√	—
注：√为检验项目，—为不检验项目。					

7 标志、包装、运输与贮存

7.1 标志

7.1.1 检测器标志

检测器的标志可采用铭牌或直接喷刷、印字等形式，标志应清晰，易于识别且不得随自然环境的变化而褪色、脱落。检测器的标志上应注明：

a) 生产企业名称、地址及商标；

b) 检测器名称、型号规格及产地；

c) 输入额定电压、功率；

d) 功耗；

e) 重量；

f) 产品编号；

g) 制造日期。

7.1.2 包装贮存标识应符合 GB/T 191 的规定，应标有“注意防潮”、“小心轻放”等图案，还应在检测器的包装箱上印刷以下内容：

a) 生产企业名称、地址及商标；

b) 检测器名称及型号规格；

c) 重量：×××(kg)；

d) 外形尺寸：长(mm)×宽(mm)×高(mm)；

e) 包装储运图示标志；

f) 检测器的编号。

7.2 包装

7.2.1 外包装箱宜用纸箱，内部使用缓冲材料，包装应牢固可靠，能适应正常运输和搬运工具操作的需要。

7.2.2 检测器包装箱内应随机携带如下文件：

a) 产品合格证；

b) 产品使用说明书；

c) 装箱单；

d) 随机备用附件清单；

e) 产品技术说明书、产品使用说明书、接线图、安装图；

f) 其他有关技术资料。

7.3 运输

包装好的检测器可用常规运输工具运输，运输、装卸过程中应避免剧烈振动、雨雪淋袭、太阳曝晒、接触腐蚀性气体等，应避免检测器经受机械损伤。

7.4 贮存

产品不得淋雨、应贮存在温度为−10 ℃～55 ℃、空气最大相对湿度小于 90%，及无腐蚀性气体的环境中。

库房应清洁通风，堆码下面至少要垫 100 mm 的垫木。严禁将化学物品和潮湿物品与产品同库贮存。产品距离四壁应不少于 0.5 m，距离取暖设备不少于 1 m。产品应贮存在通风、干燥、无酸碱及腐蚀性气体的仓库中，周围应无强烈的机械振动及强磁场作用。

ICS 97.200.40
Y 57

中华人民共和国国家标准

GB 24727—2009

非公路旅游观光车安全使用规范

Safety specifications for use garden patrol minibus

2009-11-30 发布　　　　2010-09-01 实施

中华人民共和国国家质量监督检验检疫总局
中国国家标准化管理委员会　发布

前　言

本标准第4章(4.1.7.5、4.2.8.3除外)、5.1为强制性的，其余为推荐性的。

本标准由全国索道与游乐设施标准化技术委员会提出并归口。

本标准起草单位：国家工程机械质量监督检验中心、江苏新日电动车股份有限公司、苏州益高电动车辆制造有限公司。

本标准主要起草人：张正杰、雷晓卫、孙昌元、李海涛、曹进红、吴国军。

本标准为首次发布。

非公路旅游观光车安全使用规范

1 范围

本标准规定了非公路旅游观光车（“非公路旅游观光车”和“非公路旅游观光列车”的统称，以下简称观光车）的安全使用规则，界定了观光车的术语和定义，给出了观光车安全维护、保养和修理的具体要求。

本标准适用于采用内燃机、电动机驱动的观光车。其他同类型的车辆（如打猎车等低速电动车）亦可参照执行。

2 规范性引用文件

下列文件中的条款通过本标准的引用而成为本标准的条款。凡是注日期的引用文件，其随后所有的修改单（不包括勘误的内容）或修订版均不适用于本标准，然而，鼓励根据本标准达成协议的各方研究是否可使用这些文件的最新版本。凡是不注日期的引用文件，其最新版本适用于本标准。

GB/T 21268—2007 非公路用旅游观光车通用技术条件

3 术语和定义

下列术语和定义适用于本标准。

3.1

用户 consumers

对在用的观光车具有管理权力和管理义务的责任主体，即观光车的所有者或承租者。

3.2

使用环境 operation conditions

设计时所考虑的观光车行驶的道路、气候条件和海拔高度等环境条件。

3.3

改装 re-equip

在不影响使用安全的前提下，对观光车非主要结构形式和非重要参数做出的改动。

4 安全使用规则

4.1 对用户的要求

4.1.1 应在国家指定的区域使用观光车。

4.1.2 应具有观光车的运营资质；驾驶观光车的人员应有驾驶资质。

4.1.3 应制定并遵守观光车安全使用管理制度，其内容至少应包括：

a) 应禁止携带易燃、易爆等危险物品的人员乘坐观光车或进入观光车使用场所；

b) 行动不便的老人、儿童、孕妇和残障人员乘坐观光车，应有监护人监护，确保其乘坐安全；

c) 观光车应在设计规定的载荷下运行，每个乘员均有座位，保证车内的载重量均匀分布；

d) 观光车运营时发生意外情况，应有安全疏导措施；

e) 观光车驾驶员安全操作规程；

f) 观光车车辆维护、保养制度。

4.1.4 改装

4.1.4.1 未经设计单位同意，不应对观光车进行影响安全性能的改装。

4.1.4.2 对观光车有特殊要求的改装，应在采购时向制造厂提出。

4.1.4.3 观光车改装，应由制造厂或有资质的单位进行。改装后产品的安全性能应符合 GB/T 21268 的规定。

4.1.4.4 改装后的观光车，其标牌和标识应与使用性能和安全性能相符，且应固定在规定的位置上。

4.1.4.5 涂刷和悬挂在观光车车身的标语、广告，不应遮盖标牌、标识，不应与标牌、标识相混淆。

4.1.5 使用

4.1.5.1 观光车的运营应符合设计规定，不应超载运行。

4.1.5.2 观光车的使用环境应符合设计要求。

4.1.5.3 使用观光车，应确保其处于安全状态。发现安全隐患，应停止使用。消除隐患后，方可投入使用。

4.1.5.4 观光车应配备性能可靠、处于有效期内的灭火器材。

4.1.5.5 具有封闭式车身结构的观光车设有应急通道，并确保通道畅通。

4.1.6 内燃观光车的燃料和容器

4.1.6.1 内燃观光车加注的燃料，应符合制造厂规定的牌号。

4.1.6.2 用户应到有规定资质的加注站加注燃料。

4.1.6.3 观光车配备的液化石油气容器，不应私自更换或改装。

4.1.7 蓄电池的充电和更换

4.1.7.1 蓄电池充电站应设置在指定的区域内，在该区域内应设置禁止烟火的警告标牌。

4.1.7.2 蓄电池充电站应配备冲洗设备和可以中和溢出电解液的设备。

4.1.7.3 蓄电池的充电或更换，应由有资质的人员进行。

4.1.7.4 蓄电池的安装，应符合 GB/T 21268—2007 中 5.10 的规定。应保证定位准确、固定牢固、线路连接正确。

4.1.7.5 蓄电池的吊装宜采用绝缘吊杆。

4.1.7.6 用环链葫芦吊装蓄电池，应配备链条箱；用手拉葫芦吊装蓄电池，应在蓄电池上覆盖绝缘材料，以免链条与蓄电池接线端子连接造成短路。

4.1.7.7 使用的蓄电池电压应符合设计规定，用户不应换用电压不同的蓄电池。

4.1.7.8 对废旧蓄电池(液)的处理，应按国家相关规定进行。

4.1.8 观光车的运输、搬运和吊装

4.1.8.1 装载观光车的车辆，应保证具有足够的承载能力。运输观光车时，应有防止观光车移动的必要措施。

4.1.8.2 用户应在制造厂指定的位置吊装和搬运观光车。

4.1.8.3 对搬运和吊装等有特殊运输要求的观光车，用户应按照制造厂所规定的方法进行。

4.2 对驾驶员的要求

4.2.1 应在指定的运营区域内驾驶观光车。

4.2.2 应遵守观光车的安全操作规程及运营区域内的安全管理规定。

4.2.3 观光车停稳前，不允许乘客上、下车。

4.2.4 观光车启动前，应检查乘客是否系好安全带。

4.2.5 观光车行驶过程中，应告知乘客不应离开座位，不应将身体探出车体轮廓之外。

4.2.6 运行

4.2.6.1 驾驶员在指定区域内驾驶观光车，应特别注意行人、车辆及周围的建筑物，保证行车安全。

4.2.6.2 观光车启动前，驾驶员应对其技术状况进行检查，确认正常后，方可运行。

4.2.6.3 驾驶员驾驶观光车，应避免突然起步、停车及高速转弯。在车辆起步时，方向盘不应处在极限位置(特殊情况除外)。

4.2.6.4 观光车行驶在十字路口和视线受阻的地段或其他危险场合，应降低车速，鸣笛示警通过；应保持正常行驶，不应超越同向行驶的其他车辆。

4.2.6.5 观光车运行时，驾驶员不应将身体探出车体的外轮廓线。

4.2.6.6 观光车在指定区域内行驶，应遵守有关路面承载能力等标牌的指示要求。

4.2.6.7 观光车在坡道上运行，应遵守下列规则：

a) 缓慢地通过上、下坡道；

b) 不应在坡面上调头，不应横跨坡道运行；

c) 下坡时不应空挡滑行；

d) 靠近坡道、高站台或平台边缘时，车身与站台或平台边缘之间的距离至少为观光车一个轮胎的宽度。

4.2.6.8 驾驶观光车通过桥梁、孔洞之前，驾驶员应确认有足够的通过空间。

4.2.6.9 驾驶员离开观光车时，应使观光车处于空挡位置；关闭动力源；拉紧停车制动器；拔出钥匙。

4.2.7 内燃观光车燃料加注

4.2.7.1 加燃料前，驾驶员应关闭发动机，制动观光车。

4.2.7.2 加燃料时，驾驶员应要求自身和乘客遵守加注场所内的安全管理制度。

4.2.7.3 在取走加注燃料的设备、盖好加注口盖和清除外溢燃料之前，不应启动发动机。

4.2.7.4 驾驶员应经过必要的培训，方可从事更换液化石油气容器的工作。

4.2.8 蓄电池充电和更换

4.2.8.1 驾驶员应经过必要的培训，方可从事蓄电池的充电或更换工作。

4.2.8.2 更换蓄电池或对蓄电池充电之前，应制动车辆，并正确定位。

4.2.8.3 蓄电池的充电和更换办法参照4.1.8。

5 维护、保养和修理

5.1 对用户的要求

5.1.1 应定期检查并保持观光车标牌、标识的完整性。

5.1.2 应定期检验并确保观光车所有安全性能指标符合GB/T 21268的规定。

5.1.3 应制定和遵守观光车的维护、保养规程，该规程至少应包括5.1.4中的所有项目。

5.1.4 观光车的维修，应由有维修资质的单位进行。

5.1.5 维护、保养项目

5.1.5.1 对车辆制动器、转向机构、操纵机构、仪表、灯光、喇叭、乘客保护装置等项目，应定期进行维护和保养，使其处于安全使用状态。

5.1.5.2 对蓄电池、电动机、紧急断电装置、信号和照明装置、控制器和接触器、限位开关、导线和接插件等装置，应进行定期的维护和保养，特别要注意电气绝缘状况，保持各种装置处于安全状态。

5.1.5.3 内燃车辆的排气系统、燃油系统，应定期检查有无损坏和渗漏。

5.1.5.4 应定期检查充气轮胎的踏面、侧面和轮辋。充气轮胎应保持规定的气压；根据磨损情况，对于损坏的踏面、侧面和轮辋要进行更(调)换。

5.1.5.5 拆卸开式轮辋上的充气轮胎时，应预先将充气轮胎内的气体排掉。

5.1.5.6 经修复后重新使用或重新灌注燃料的液化石油气容器，均应检查凹痕、划伤和沟槽是否修复；检查各种阀门和液位计是否修复。清除安全阀中的碎屑；消除阀门和螺纹连接处等渗漏缺陷；修复或配齐安全阀帽。

5.2 对驾驶员的要求

5.2.1 应保持观光车的整洁。

5.2.2 应遵守观光车安全操作规程，遵守观光车维护、保养和修理制度。

5.2.3 应检查车辆各总成部件确保完好有效。制动系统、转向系统、信号和照明系统、乘客防护装置应具备安全使用性能。

5.2.4 使用观光车，应检查车辆的技术状况。保证燃油系统、蓄电池、制动器、转向机构、操纵机构、仪表、灯光、喇叭、车轮、乘客防护装置以及充气胎气压等特殊部位处于安全工作状态。

5.2.5 应定期检查车辆配备的灭火器材，确保其处于有效状态。

ICS 45.100
J 81

中华人民共和国国家标准

GB/T 24728—2009

客运索道安全服务质量

Safety and service quality for passenger ropeway

2009-11-30 发布　　2010-06-01 实施

中华人民共和国国家质量监督检验检疫总局
中国国家标准化管理委员会　发布

前　言

本标准的附录 A 为规范性附录。

本标准由全国索道与游乐设施标准化技术委员会提出并归口。

本标准负责起草单位:中国索道协会。

本标准参加起草单位:武汉三特索道集团股份有限公司、云南丽江玉龙旅游股份有限公司等。

本标准主要起草人:闪淳昌、张纲、任树奎、刘京本、甄正义、仇鸿、刘冬燕、史志超、王霞、吴鸿启、赵安敏、裴强、张强、缪勤。

客运索道安全服务质量

1 范围

本标准规定了客运架空索道和客运地面缆车在安全管理、服务组织、服务卫生、服务环境、服务设施、设备保障、服务质量监督等方面的基本要求。

本标准适用于在中华人民共和国境内运行的客运架空索道和客运地面缆车。客运拖牵索道可参照执行。

本标准不适用于专用通勤索道(缆车)等非公共交通索道。

2 规范性引用文件

下列文件中的条款通过本标准的引用而成为本标准的条款。凡是注日期的引用文件,其随后所有的修改单(不包括勘误的内容)或修订版均不适用于本标准,然而,鼓励根据本标准达成协议的各方研究是否可使用这些文件的最新版本。凡是不注日期的引用文件,其最新版本适用于本标准。

GB 2894 安全标志及其使用导则

GB 3096 声环境质量标准

GB 8408 游乐设施安全规范

GB/T 9075 索道用钢丝绳检验和报废规范

GB 9672 公共交通等候室卫生标准

GB 9673 公共交通工具卫生标准

GB/T 10001.1 标志用公共信息图形符号 第1部分:通用符号(GB/T 10001.1—2006,ISO 7001:1990,Public information symbols,NEQ)

GB/T 10001.2 标志用公共信息图形符号 第2部分:旅游休闲符号(GB/T 10001.2—2006,ISO 7001:1990/Amd.1:1993,Public information symbols,NEQ)

GB 12352 客运架空索道安全规范

GB/T 12738 索道 术语

GB 13495 消防安全标志

GB/T 16767 游乐园(场)安全和服务质量

GB/T 19402 客运地面缆车技术规范

3 术语和定义

GB/T 12738 确立的术语和定义适用于本标准。

4 服务宗旨

安全第一、以人为本、诚信服务、乘客至上、优质服务。

5 服务安全

5.1 法规标准

应贯彻执行国家安全生产相关法规和 GB 12352、GB/T 19402 等行业安全规范,以及质量监督与安全监察相关规定,确实保障乘客在索道经营辖区的安全,保持索道设备、安全和服务设施的完好。

5.2 应急预案

5.2.1 建立完善的具有操作性的应急预案。

5.2.2 设立应急救援组织。

5.2.3 配备相应的救援装备和急救物品。

5.2.4 定期组织应急演习。

5.3 消防责任

5.3.1 履行索道经营辖区内的消防安全责任,消防工作应遵守国家和地方相关消防安全管理的规定。

5.3.2 索道经营辖区内的消防设施应保持完好状态,安全通道应保持畅通无阻。

5.3.3 应建立消防预警机制及消防安全管理制度,有效控制经营辖区内和运营过程中可诱发火灾的危险源,治理火灾隐患,预防火灾发生。

5.3.4 应制定乘客和工作人员安全疏散、自救互救与火灾救援等应急预案。

5.3.5 索道工作人员应经过消防培训,正确使用消防器材,熟练掌握安全疏散与自救互救方法。

5.4 治安秩序

5.4.1 遵守国家和地方公共场所治安管理相关规定,履行索道经营辖区内治安管理责任。

5.4.2 运营服务组织与服务设施应保证索道最大运营能力乘车安全秩序的需求,切实保障乘客人身安全和财产安全。

5.4.3 建立高峰运营保障机制,防止和杜绝超负荷运营。

5.4.4 制止扰乱公共秩序,劝阻有害社会风气的言行。

5.4.5 不应在服务区域内违章经营。

5.4.6 科学合理规划工作与服务区域,工作与生活区域应设置乘客禁行标志。

6 服务组织

6.1 服务岗位

根据运营服务特点和要求,建立完善的服务组织,设置合理的服务岗位并配置相适应的服务人员,明确岗位责任,制定并严格执行服务规范和守则。

6.2 应急服务

索道日常运营组织除了满足正常运营服务的基本需求外,还应建立应对特殊条件下安全保障的应急服务组织。

6.3 服务纪律

6.3.1 管理、操作、服务人员不应疲劳作业。服务人员在患传染病期间,不应安排上岗服务。

6.3.2 服务人员应遵守劳动纪律,工作中不应出现离岗、串岗。

6.4 服务人员基本要求

6.4.1 票务、站台服务人员、乘务人员和保安人员

应培训合格后上岗,掌握索道安全服务相应的知识和技能,具备良好职业道德和综合素质,遵守服务守则。

6.4.1.1 票务人员要求:

——年满18周岁,身体健康;

——了解和掌握鉴别钱、票真伪的能力;

——具备与岗位职责相应的处置问题的能力。

6.4.1.2 站台服务人员要求:

——年满18周岁,身体健康;

——具备与岗位职责相应的观察、处置问题的能力;

——能满足搀扶行动不便的乘客上、下车的需求;

——具备一定语言和文字表达能力；

——掌握索道应急救援技能，参与高空应急救援的站台服务人员无恐高症。

6.4.1.3　乘务人员要求：

——年满18周岁，身体健康；

——具备与岗位职责相应的观察、发现、处置问题能力；

——掌握索道应急救援技能，身体适应高空作业，无恐高症。

6.4.1.4　保安人员要求：

——年满18周岁，双眼裸视0.8以上，无色盲，身体健康，无残障缺陷，无纹身；

——具备基本法律知识，熟悉保安工作的政策、规定；

——具备与岗位职责相应的观察、发现、处置问题能力；

——具备使用基本通讯器材、防范设施设备和相关防卫器械技能；

——掌握防卫和擒拿技能；

——掌握索道应急救援技能，身体适应高空救援作业，无恐高症。

6.4.2　管理人员、作业人员要求

管理人员、作业人员应满足GB 12352、GB/T 19402相关要求，经过专业培训考核，持证上岗，取得国家授权管理部门颁发的有效从业资格证书。

6.4.3　服务人员培训内容

应依据运营管理与服务的特点，有组织、有计划安排培训工作，上岗培训的基本内容：

——学习掌握安全服务规程和服务技能；

——了解索道设备运行安全与技术的基本常识；

——掌握常规的卫生急救技能；

——掌握索道运行沿途和目的地景点基本概况。

6.4.4　仪容仪表

6.4.4.1　着装整洁，规范统一；去除与服务工作无关的饰物和装饰，佩带服务标牌。

6.4.4.2　端庄大方，精神饱满，表情自然，姿态端正，举止文明，处事稳重，反应敏捷，动作规范。

6.4.4.3　保持个人卫生，上岗前应修饰整齐，发型庄重，发色自然；女职工可淡妆修饰。

6.4.4.4　上岗前不应饮酒，不食带异味的食品。

6.4.5　工作态度

6.4.5.1　礼貌待客、微笑服务、亲切热情、真诚友好、耐心周到、服务主动。

6.4.5.2　有问必答，迅速准确。对于乘客提出要求暂不能解决的，应耐心解释。

6.4.6　职业道德

6.4.6.1　遵守国家法律法规，爱岗敬业、诚实守信、忠于职守、维护乘客的合法权益。

6.4.6.2　尊重乘客的宗教信仰和风俗习惯，不损害民族尊严。

6.4.6.3　在运营时间内，不应因乘客人少而拒载。

6.4.7　服务语言

6.4.7.1　使用文明礼貌用语、简明、通俗、清晰。

6.4.7.2　应采用规范的索道服务用语，对国内乘客用普通话服务。应掌握简单的外语，满足外宾的基本服务需求，或选择能与乘客有效沟通的语言。

7　服务卫生

7.1　卫生职责

7.1.1　服务设施建设与管理应遵守国家和地方对公共场所服务卫生管理的相关规定，履行索道经营辖区内环境卫生清洁责任。

7.1.2 引导乘客在购票、候车和乘坐过程中，遵守公共道德，保持公共环境卫生。

7.2 **保洁制度**

7.2.1 严格执行卫生保洁制度，保障辖区内环境和服务设施的清洁卫生。

7.2.2 索道站容、车貌应保持干净和整洁。

7.3 **卫生达标**

7.3.1 候车室内和封闭式交通工具的卫生环境、空气质量、噪声、湿度、照度等卫生标准应达到 GB 9672、GB 9673 相关规定，要求如下：

——一氧化碳不超过 10 mg/m^3；

——二氧化碳不超过 0.15%；

——甲醛不超过 0.12 mg/m^3；

——相对湿度 30%～80%；

——可吸入颗粒物不超过 0.15 mg/m^3；

——细菌总数不超过 4 000 cfu/m^3；

——噪声不超过 70 dB(A)；

——候车室照度不低于 60 lx。

7.4 **预防疾病**

7.4.1 在室内候车和乘坐过程中应禁止吸烟。

7.4.2 如设置吸烟区，应有通风、消防、卫生等服务保障设施。

7.4.3 应定期对各类服务设施和环境消毒杀菌，在流行性疾病多发季节，做好公共场所的疾病预防工作，防止交叉感染。

8 服务环境

8.1 **环保责任**

8.1.1 履行索道经营辖区内环境保护责任，消除和减少索道建设和营运对环境的影响，为乘客营造生态优美、舒适的服务环境。

8.1.2 服务区内空气清新，无异味。

8.1.3 服务区内环境噪声应满足景区的 GB 3096 相关规定。

8.1.4 索道经营与维修过程中的污染物排放应符合国家和地方相关规定。

8.1.5 钢丝绳安装、运输、检修和维护应符合 GB/T 9075。

8.2 **和谐环境**

8.2.1 索道经营辖区建筑与环境自然和谐，符合环境规划要求。

8.2.2 倡导生态文化建设。

8.2.3 索道经营辖区应保持绿化高覆盖率。

8.2.4 植物与景观配置得当。

8.2.5 服务区域内无土壤裸露的绿化死角。

9 服务设施

9.1 **基本要求**

9.1.1 服务设施建设应遵守建设规划和管理相关规定，布局科学合理，功能齐全。设施建设规模、数量与索道运营接待能力相适应，满足索道安全和优质服务的需求。服务设施建设与管理符合国家和地方安全与环境保护相关管理规定和索道所在景区服务设施管理的要求。

9.1.2 应建立服务设施维修制度并保证服务设施的清洁和完好。在进行服务设施维修时，应向乘客做好解释工作。

9.2 **通讯与监控**

索道应配备无线与有线专用通讯系统，保障通信畅通。重点区域应设置监控设施。

9.3 **停车场**

9.3.1 停车场布局合理，场地平整，设置醒目的停车服务标志。

9.3.2 停车场服务组织健全，疏导有序、车辆停靠整齐。

9.4 **售票设施**

9.4.1 售票处位置合理，在售票窗口前应设置遮阳避雨和安全隔离栏杆等设施，方便乘客购票，保障购票安全秩序。

9.4.2 在售票处周边设置醒目的《购票须知》和《乘坐索道安全须知》，方便乘客购票前了解相关内容。

9.4.2.1 《购票须知》和《乘坐索道安全须知》内容完整，文字规范，字迹清晰，符号准确。应采用中、外文对照的统一文字，满足国内、外乘客阅读需求。

9.4.2.2 《购票须知》应包括：购票注意事项，运营时间，物价部门批准的成人与儿童往、返票价，单程票价，优惠票价等信息。公示救护与投诉（服务监督）电话以及有关保险的声明等。

9.4.2.3 《乘坐索道安全须知》应包括以下基本内容：

——乘车简要程序；

——乘坐索道应注意事项；

——劝阻无行为能力的乘客单独乘坐索道；

——限制有危险倾向的乘客乘坐索道；

——提示身体状况不适应高空运行，有诱发疾病危险的乘客（有心脏病、高血压、精神障碍、恐高症、习惯性流产等病史，以及部分妊娠早、晚期孕妇和部分行动不便的高龄乘客），不宜乘坐索道；

——应禁止携带危险品或管制物品乘坐索道；

——其他特殊的安全要求与注意事项。

9.5 **候车设施**

9.5.1 候车区建筑、设施应与周边环境协调，与索道运营能力相适应，应设有遮阳避雨设施及一定数量的坐席。

9.5.2 候车室内除配备正常通风、采光设施外，还应配置足够数量的应急照明设施。

9.5.3 候车区应根据特殊乘客（老、幼、病、残、孕等）和贵宾接待等需求，提供相应的专用通道和候车区。

9.5.4 候车区应设置中、外文对照的《乘坐索道安全须知》，并安装视频装置，播放相关内容。

9.5.5 候车区设置适应乘客不同流量的安全隔离栏杆。隔离栏杆设计与建设应符合 GB 8408、GB 12352 相关规范要求。隔离栏杆应在适当位置设置活动门栏，方便乘客应急，满足快速疏散乘客的安全需要。

9.5.6 候车区、通道、站台地面应采用防滑设计或采用防滑替代设施，防止乘客在候车和乘车过程中滑倒受伤。

9.5.7 根据客运索道运营特点，应为乘客提供常用的急救药品和外伤应急救护服务。

9.6 **公共服务设施**

9.6.1 **公共卫生间**

9.6.1.1 公共卫生间建设与接待能力相适应，室内卫生设施齐备。

9.6.1.2 公共卫生间应采用生态环保设计。

9.6.1.3 设有无障碍通道和残疾人专用卫生间。

9.6.1.4 应做到及时清洁，墙壁、隔板、门窗清洁无刻画；地面无污物、污渍；便池无污垢；室内无异味、无蚊蝇。

9.6.2 **垃圾处理设施**

9.6.2.1 候车区域内应设置相应数量与环境协调的垃圾桶(箱)。垃圾应及时清理,保持桶(箱)体完好洁净。

9.6.2.2 垃圾应分类处理,垃圾处理符合国家和地方环保相关规定。

9.6.3 **公用电话服务设施**

公共电话宜采用投币式电话或磁卡电话,具有长途功能,并设置醒目服务标志。

9.7 **服务信息指示设施**

9.7.1 公共信息、安全标志图形符号按GB 2894、GB 13495、GB/T 10001.1和GB/T 10001.2等相关标准设置。

9.7.2 售票处周边应设置索道线路和目的地简介和相关导游图牌。

9.7.3 服务设施应设置醒目的标志和引导标牌。标牌、标志应完好,无破损、变形。

9.7.4 标志与标牌内容准确、文字清晰规范。

9.7.5 标志、标牌应有中、外文对照,方便乘客阅读。

9.7.6 安全标志

9.7.6.1 安全警示标志齐全,应设立在固定、醒目位置,不应设置在可移动物体上。

9.7.6.2 客运索道的《安全检验合格》标志牌应固定张挂在客运索道的进站口、乘客易看到的明显位置。《客运索道安全检验合格证》应张挂在客运索道营业室或控制室内。

9.7.6.3 线路支架应有醒目的支架编号和禁止攀爬等安全标志。

9.7.6.4 应按GB 13495相关规定,设立客运索道沿线道路交通标志、禁令标志、道路交通标线、航空障碍标志和客运索道安全服务的其他特殊提示。

9.7.7 服务标志标牌

9.7.7.1 服务区内主要道口、交叉路口应在适当的位置设立引导标牌。

9.7.7.2 站房应有醒目的出、入口通行方向标志。

9.7.7.3 站台应设置引导乘客上、下车区域等标志。

9.7.7.4 需要乘客协助服务的地方应设明显清晰的提示标志。

10 索道设备

10.1 设备运行

10.1.1 客运索道运行应贯彻GB 12352和GB/T 19402的相关规定,遵守运营工作程序和操作规程,严格执行开机、关机检查确认程序,做好运行纪录。

10.1.2 在无应急驱动安全保障的情况下,不应运送乘客。

10.1.3 在主机故障时,不允许利用应急驱动装置继续运营运送乘客。

10.1.4 不应超负荷运营和安全设施带隐患运行,发现事故征候应当及时处理。

10.1.5 应保持车容与服务设施的完好,外观或功能受损的服务设施不应投入运营。

10.1.6 索道需夜间运营时应符合安全规范要求。

10.1.7 遵守操作规程,避免和减少乘客乘车不适反应。

10.1.8 索道临时停车,应及时通过广播系统安抚滞留在线路上的乘客,消除乘客的不安和恐慌情绪。

10.2 设备维修

10.2.1 设备维修应严格遵守设备检修规程和设备维修制度,认真填写各项维修记录,确保设备的完好。

10.2.2 设备检修后,应及时清理维修现场。机架和支架上不应遗留有坠落危险的维修工具、零部件和杂物。

10.2.3 设备维修的废弃物应及时分类处理。

10.2.4 设备润滑工作后，应采取措施保障润滑油(脂)不会污损乘客身体和衣物。

10.2.5 应保持检修工具、计量装置、安全备用系统及应急救援设备设施的完好。

10.2.6 在运送乘客的过程中，不应安排影响正常运行的维修工作。

10.2.7 停机检修应提前对外发布停运公告。

11 票务服务

11.1 购票

11.1.1 应采用多种宣传形式，让乘客购票前能方便了解到《购票须知》和《乘坐索道安全须知》等内容。

11.2 售票

11.2.1 售票员应服务热情，耐心细致。

11.2.2 认真倾听乘客购票需求，有问必答，和蔼亲切，唱收唱付，做到票款两清。

11.2.3 待乘客确认钱、票无误后，提醒乘客保管好钱、票，请乘客到候车区候车。

11.2.4 售票窗口的数量应与乘客接待量相适应。

11.3 验票

11.3.1 验票员应用规范的服务语言，请乘客出示票据，检验票据和放行。

11.3.2 采用电子验票系统服务时，服务人员应帮助与指导乘客完成验票程序。

11.4 退票

11.4.1 发生以下情况，应予以退票：

a) 客运索道在突然遭遇不可抗拒的自然灾害(地震、大风、雷暴、山洪、泥石流等)，无法继续安全运营；

b) 客运索道出现设备故障，且短时间无法排除并不能继续运行；

c) 客运索道因其他原因临时停运，无法将乘客运送达目的地；

d) 因索道运量或目的地容量限制等安全管理的原因，不宜将乘客运送达目的地；

e) 乘客因身体不适等其他原因要求退票。

11.4.2 非乘客原因退票时，服务人员应向乘客耐心解释停止运营服务和退票的原因，并表示歉意。

11.5 停止售票

11.5.1 在营业时间内停止售票，应向乘客公示停止服务的原因。

11.5.2 因特殊原因停止服务，应及时通知预定客户，并参照11.4.2执行。

12 候车与乘车

12.1 服务

12.1.1 为乘客提供相对舒适和安全卫生的候车、乘车环境，有效地保障乘客候车、乘车的公共安全秩序。

12.1.2 正确处理专用通道与普通通道之间、散客与团队乘客之间在候车与乘车过程中的矛盾与纠纷。

12.1.3 积极疏导协调，妥善组织，满足乘客差异化的服务需要。

12.1.4 对于乘客购票、候车时间过长，可采取分时段预售票等服务方式，解决乘客排队购票、候车时间过长等问题。

12.1.5 服务人员应用规范的服务形体语言，组织引导乘客上、下车和进、出站，维持站台候车秩序。

12.1.6 服务人员应主动热情迎、送乘客，搀扶老、幼、病、残、孕者。

12.1.7 对于上、下不便的单线循环固定抱索器式吊椅(厢、篮)索道，站台服务人员应协助乘客上、下车。

12.1.8 适时调整索道运行速度，帮助行动不便的乘客乘车。

12.1.9 利用广播、视频系统，播放乘车途中和目的地景观介绍，消除与缓解乘客候车、乘车过程中的紧张情绪。

12.1.10 在保证乘车秩序与乘车安全的前提下，应满足乘客选择乘车旅伴和乘载工具的需求。

12.2 安全保障

12.2.1 运用多种媒体宣传客运索道安全知识。

12.2.2 客运索道车厢配备的司乘人员在保证沿途行车安全的同时，还应维护好车厢内乘车秩序。

12.2.3 单个吊具内不应客、货混装运输。

13 救援服务

13.1 救援服务

13.1.1 在乘载工具或索道票上公布服务电话号码，方便乘客应急时使用。

13.1.2 服务专线电话要有专人值守，遇有突发事件应及时向值班领导汇报并按程序启动相关的应急预案。

13.1.3 救援方案应依据客运索道线路地形特点，提供多种救援方式，保障救援组织安全、快捷、高效，满足不同乘客救援需求。

13.2 故障处理

13.2.1 索道运营设备和应急设备发生故障时，值班领导应快速做出准确判断，依照 GB 12352 相关规定，正确及时地处理突发事件。

13.2.2 停电或主机故障，索道线路正常，应在 15 分钟内启动辅助驱动装置或紧急驱动装置运送滞留线路上的乘客。

13.2.3 辅助驱动和紧急驱动装置故障时，应启动应急救援预案，并在 3.5 小时内将索道线路上的乘客救援至安全区域。

13.3 救援广播

13.3.1 在救援服务时，应通过广播系统安抚滞留在线路上的乘客，简要介绍救援方案。

13.3.2 广播词应使用中、外文两种语言，内容应准确、清晰。

13.3.3 救援人员在实施救援前应向乘客简要说明救援步骤和救援安全要领，抚慰受惊吓的乘客，防止救援过程中发生乘客伤害事故。

13.4 善后服务

13.4.1 乘客救援落地后，服务人员应将乘客护送回索道站房，做好善后工作。

13.4.2 客运索道站(公司)应负责及时救治救护过程中受伤乘客。

13.4.3 协助乘客办理理赔等善后工作。

14 服务纠纷与事故处理

14.1 服务纠纷

14.1.1 应按国家和地方相关法规，建立服务纠纷处理与投诉处理工作程序。

14.1.2 设立专人或部门接待投诉、处理服务纠纷。

14.1.3 认真对待乘客的投诉，及时处理乘客的意见和建议。

14.1.4 主动协助和接受国家及地方有关部门的调查并将处理结果及时反馈，做到投诉必复。

14.2 事故处理

14.2.1 客运索道事故报告与事故处理应遵守国家管理部门的相关规定。对于风景旅游区的旅游索道事故，事故责任单位应协助景区管理部门按旅游安全事故管理规定，报告相关管理部门。

14.2.2 负责组织受伤乘客的现场救治、心理抚慰或送往医院治疗。

14.2.3 应协助保险公司按相关规定，处理伤亡乘客的救治、理赔等善后事宜。

14.2.4 设立专人负责对外发布信息和各类宣传解释工作。

15 服务质量保证

15.1 应按照国家和行业相关安全和服务标准建立适合本单位运营的安全服务质量保证体系，形成可操作性的规章、制度，作为实现安全服务质量目标的手段。

15.2 按附录A建立适合本单位的安全和服务质量考核体系。

15.3 为乘客提供的衍生产品，如免费咨询、物品寄存、雨具、棉衣、氧气租借、手机和DV机充电、失物招领等，其服务质量标准可参照旅游行业服务标准或按GB/T 16767相关规定，建立相应管理办法，保障其服务质量。

15.4 建立服务监督机制，主动接受乘客监督，对外公布质量监督电话号码。

15.5 在乘客服务区域设意见本(卡、箱)，定期收集分析游客意见，进行相应服务改进。

15.6 建立服务质量自检、自查和安全服务质量检查评比制度，改进服务质量、提高乘客满意度。

附　录　A
（规范性附录）
客运索道安全服务质量评价体系

A.1　安全服务评价指标

A.1.1　员工培训持证上岗率

A.1.1.1　计算方法如下：

a)　管理人员持证上岗率＝管理人员在岗持证人数（人）/在岗管理人员总数（人）×100％；

b)　作业人员持证上岗率＝作业人员在岗持证人数（人）/在岗作业人员总数（人）×100％；

c)　服务人员培训上岗率＝在岗培训合格服务人员人数（人）/在岗服务人员总数（人）×100％。

A.1.1.2　培训持证上岗率反映了员工培训和持证上岗水平的指标，目标值：100％

A.1.2　岗位人员变动比率

A.1.2.1　计算方法如下：

a)　管理人员变动比率＝期末管理岗位变动人数/期末在岗管理人员总数×100％；

b)　作业人员变动比率＝期末作业岗位变动人数/期末在岗作业人员总数×100％；

c)　服务人员变动比率＝期末服务岗位变动人数/期末在岗服务人员总数×100％。

A.1.2.2　岗位人员变动比率反映了岗位人员流动状况，岗位人员变动比率不宜超过30％。

A.1.3　安全监督检查评价指标

A.1.3.1　计算方法如下：

a)　安全监督检查项目一次合格率：

　　合格率＝检查项目一次检查合格数/安全监督检查项目总数；

b)　安全监督检查项目检出无重大安全缺陷。

A.1.3.2　一次合格率、重大缺陷综合反映了设备安全状况与安全监察的水平，目标值：一次检查合格率100％；重大安全缺陷为零。

A.2　服务质量评价指标

A.2.1　乘客满意度

A.2.1.1　乘客满意度＝有效调查满意样本数量/有效调查样本总数。

A.2.1.2　满意度反映了乘客对服务的满意程度，目标值＞95％。

A.2.2　乘客服务有效投诉率

A.2.2.1　有效投诉率＝期末乘客有效投诉数（起）/期末运送乘客数量人次（人×次）。

A.2.2.2　有效投诉率反映了服务纠纷与乘客对服务质量缺陷的不满意程度，目标值＜0.02％。

A.2.3　投诉处理满意度

A.2.3.1　投诉处理满意度＝投诉处理反馈满意样本数量/期末投诉处理样本总数。

A.2.3.2　投诉处理满意度反映了乘客对纠纷处理与服务改善的满意程度，目标值＞98％。

A.2.4　服务设施卫生抽检合格率

A.2.4.1　抽检合格率＝检查服务设施卫生合格数/检查服务设施样本总数。

A.2.4.2　抽检合格率综合反映了服务设施卫生管理与卫生检查的水平，目标值：100％。

A.3 设备维修服务评价指标

A.3.1 平均无故障工作时间 MTBF(Mean Time Between Failure)

A.3.1.1 MTBF＝期末累计运行时间/期末累计故障次数。

A.3.1.2 MTBF 综合反映了设备维修服务水平与设备劣化程度，目标值：逐年递增，保持并可控制。(MTBF 的倒数即为故障率)

A.3.2 重复性故障比率

A.3.2.1 重复故障比率＝期末重复性故障次数/期末累计故障总数。

A.3.2.2 重复故障比率反映了设备改善维修服务水平，目标值：逐年递减，保持并可控制。

A.3.3 维修费用评价指标

A.3.3.1 计算方法如下：

a) 单位运行时间维修费用＝期末实际消耗维修费用(万元)/期末实际设备运行时间(小时)；

b) 单位维修费用＝期末实际消耗维修费用(万元)/期末实际运送乘客人次(人×次)；

c) 单位资产维修费用＝期末实际消耗维修费用(万元)/设备资产总额(万元)。

A.3.3.2 维修费用综合反映了设备维修水平和设备更新改造的程度，目标值：可控制范围。

A.3.4 设备可利用率

A.3.4.1 可利用率＝(期初计划运营时间－期末累计停机检修时间)(小时)/期初计划运营时间(小时)×100％。

A.3.4.2 设备可利用率综合反映了设备技术状况与设备维修水平与维修保障的程度，目标值：92％～95％。

A.4 救援预案演习评价指标

A.4.1 救援演习到位率

A.4.1.1 救援演习到位率＝已完成救援演习区段线路长度(米)/索道站外线路总长度(米)。

A.4.1.2 救援演习到位率综合反映了救援安全保障水平，目标值：100％。

A.4.2 救护演习效率

A.4.2.1 救护演习效率＝每组承载工具中演习乘客人员数×演习使用承载工具的组数(人×组)/演习救援所用时间×投入的救援人员人数(小时×人)。

A.4.2.2 救援演习效率综合反映了救援组织水平、救援演习的复杂程度和救援熟练程度，目标值：3.5 小时内完成全线滞留乘客的救援。

A.3 [illegible]

A.3.1 平均无故障工作时间 MTBF(Mean Time Between Failure)

[illegible]

A.3.2 [illegible]

[illegible]

A.3.3 [illegible]

[illegible]

A.4 [illegible]

A.4.1 [illegible]

A.4.1.1 [illegible]

A.4.1.2 [illegible]

A.4.2 [illegible]

A.4.2.1 [illegible]

A.4.2.2 [illegible]

ICS 53.040.20
J 81

GB

中华人民共和国国家标准

GB/T 24729—2009

客运索道固定抱索器通用技术条件

General technical conditions for fixed grip of passenger ropeway

2009-11-30 发布　　2010-06-01 实施

中华人民共和国国家质量监督检验检疫总局
中国国家标准化管理委员会　发布

前　言

本标准由全国索道及游乐设施标准化技术委员会提出并归口。

本标准起草单位：北京起重运输机械设计研究院。

本标准主要起草人：张海乔、李刚、黄鹏智、黄越峰、云平、虞丽芳。

客运索道固定抱索器通用技术条件

1 范围

本标准规定了客运索道固定抱索器型式、型号、基本参数、技术要求、检验规则、标志、包装及运输。

本标准适用于循环式客运索道及拖牵索道。

2 规范性引用文件

下列文件中的条款通过本标准的引用而成为本标准的条款。凡是注日期的引用文件，其随后所有的修改单(不包括勘误的内容)或修订版均不适用于本标准，然而，鼓励根据本标准达成协议的各方研究是否可使用这些文件的最新版本。凡是不注日期的引用文件，其最新版本适用于本标准。

GB/T 229 金属材料 夏比摆锤冲击试验方法(GB/T 229—2007，ISO 148-1：2006，Metallic materials—Charpy pendulum impact test—Part 1：Test method，MOD)

GB/T 699 优质碳素结构钢

GB/T 1184 形状和位置公差 未注公差值(GB/T 1184—1996，eqv ISO 2768-2：1989)

GB/T 1804 一般公差未注公差的线性和角度尺寸的公差(GB/T 1804—2000，eqv ISO 2768-1：1989)

GB/T 3077 合金结构钢

GB/T 7307 55°非密封管螺纹(GB/T 7307—2001，eqv ISO 228-1：1994)

GB 12352 客运架空索道安全规范

GB/T 19401 客运拖牵索道技术规范

JB/T 4730 承压设备无损检测

JB/T 5000.8 重型机械通用技术条件 第8部分：锻件

JB/T 5000.13 重型机械通用技术条件 第13部分：包装

TSG S7005 客运索道部件型式试验细则(中华人民共和国国家质量监督检验检疫总局颁布)

3 型式和基本参数

3.1 型式

固定抱索器根据其夹紧方式，主要分为紧固螺栓式、螺旋弹簧夹紧式和碟形弹簧式三种。

3.2 基本参数

基本参数见表1。

表 1

型式	额定承载能力[a]/kN	最大爬坡角/(°)	适用钢丝绳直径/mm
紧固螺栓：GDS 型 螺旋弹簧：GDL 型 碟形弹簧：GDD 型	1.2　2.5 3.0　4.2 8.0　10.0	45	16～56

[a] 额定承载能力：指抱索器、吊具和乘员的重力之和。

3.3 型号

3.3.1 型号表示方法

固定抱索器型号根据抱索器夹紧弹簧形式、额定承载能力以及适用绳径而定。

□ □ □ □-□-□

- 钢丝绳直径，单位(mm)
- 设计序号：1,2,……
- 额定承载力，单位(kN)
- 弹簧形式：S—— 紧固螺栓
  - L—— 螺旋弹簧
  - D—— 碟形弹簧
- 固定抱索器：GD
- 生产厂家代码：××（用二个大写字母）

3.3.2 标记示例

举例：由汉中群峰机械制造有限公司生产的额定承载力3kN、适用钢丝绳直径40 mm、碟形弹簧式、设计序号为1的固定抱索器。

型号：QFGDD3-1-40 GB/T 24729—2009

4 技术要求

4.1 一般规定

4.1.1 产品应符合GB 12352及GB/T 19401中的有关规定及本标准的要求，并应按经规定程序批准的图样及技术文件制造。

4.1.2 所有零件的材料应附有合格证明书，否则应进行试验和化验，合格后方可使用。

4.1.3 所有外购件和标准件应有合格证或相关检测报告。

4.1.4 锻件不应有夹层、折叠、裂纹、结疤和夹渣等缺陷，并符合JB/T 5000.8中的有关规定。

4.1.5 图样上未标注公差的尺寸，应符合GB/T 1804中公差等级为m(中等级)的规定。

4.1.6 单线循环式索道脱挂抱索器在客车处于最不利情况下防滑力应不小于客车重力分力的3倍，且不应小于客车允许的最大总重量。

4.1.7 抱索器应按5倍的额定承载力进行静强度试验且持续时间不小于20 min后主要受力构件不应出现塑性变形、裂纹或损坏。

4.1.8 抱索器整机在试验台上做50万次整机振动试验后主要受力构件不应出现塑性变形、裂纹或损坏。

4.2 主要零部件

4.2.1 内、外抱卡

4.2.1.1 材料应符合GB/T 3077中不低于35CrMo机械性能的要求，并应作缺口冲击验证，试验应符合GB/T 229中的规定。

4.2.1.2 锻后应进行退火处理后再经调质处理，硬度为225HB～255HB。

4.2.1.3 锻后非加工表面的粗糙度 Ra 应不大于100 μm。

4.2.1.4 钳口轴线对顶轴轴线的垂直度应符合GB/T 1184中7级的要求。

4.2.1.5 钳口的圆柱度应符合GB/T 1184中7级的要求。

4.2.1.6 外抱卡轴颈处应进行表面淬火，淬硬层深度为1.5 mm～2.5 mm，硬度为40HRC～45HRC。

4.2.1.7 钳口所有与钢丝绳接触的边缘都应倒圆，倒圆半径不小于1 mm。

4.2.1.8 应进行无损探伤检查，探伤方法应符合JB/T 4730的规定，检验质量等级不低于Ⅱ级。

4.2.1.9 内、外抱卡非加工表面在表面处理前需清除毛刺、锈迹和油污。

4.2.1.10 表面应镀锌处理,镀层厚度应不小于0.015 mm。

4.2.2 顶轴

4.2.2.1 材料应符合GB/T 699中不低于45钢机械性能的要求。

4.2.2.2 调质处理,硬度为225HB~255HB。

4.2.2.3 表面镀锌,镀层厚度应不小于0.015 mm。

4.2.3 导向翼

4.2.3.1 导向翼应摆动灵活,当上摆8°时应能自由下落,并应保证导向翼底面总长的2/3与钢丝绳贴合。

4.2.3.2 非金属导向翼在额定压力作用下不应出现永久变形和开裂。

4.2.3.3 内外抱卡夹持与适用钢丝绳等直径的芯棒后,导向翼翼尖偏离抱索弧面中心线应不大于3 mm。

4.2.3.4 金属导向翼非加工表面在表面处理前需清除毛刺、锈迹和油污。

4.2.3.5 表面镀锌,镀层厚度应不小于0.015 mm。

4.2.4 弹簧罩

4.2.4.1 外观及螺纹处不应有裂纹。

4.2.4.2 螺纹部分不应有毛刺和碰伤。

4.2.4.3 螺纹应符合GB/T 7307中的有关规定。

4.2.4.4 应进行无损探伤检查,并符合JB/T 4730中Ⅱ级的要求。

4.2.4.5 表面镀锌,镀层厚度应不小于0.015 mm。

4.2.5 抱紧弹簧

4.2.5.1 弹簧的工作行程应不大于其最大行程的80%。

4.2.5.2 不应有锈蚀及裂纹。

4.2.5.3 单片弹簧高度及弹簧总高度与设计值的偏差应在±5%以内。

4.3 装配

4.3.1 所有零件经检验合格后应在标准试棒上进行预装。

4.3.2 钳口张闭应灵活,当钢丝绳直径偏离钢丝绳公称直径−10%至6%的所有情况下,抱索器钳口打开或关闭其行程的余量应不少于1 mm。当钢丝绳公称直径减少10%时,钳口夹紧力减少应不大于25%。

4.3.3 导向翼中心线上下(即垂直于抱索器抱索弧面中心线与顶轴中心线所形成的平面)摆动角度应达到8°。

5 试验方法

试验方法按TSG S7005中的有关规定执行。

6 检验规则

6.1 出厂检验

6.1.1 所有抱索器均应进行出厂检验。经制造厂质量检验部门检验合格并签发产品合格证后方可出厂。

6.1.2 出厂检验项目见表2。

表 2

序号	检验项目
1	内、外抱卡
2	导向翼
3	顶轴
4	抱紧弹簧
5	弹簧罩
6	整机装配

6.2 型式试验

6.2.1 凡属下列情况之一者，应进行型式试验：

a) 新产品或老产品转厂生产试制定型时；

b) 主要结构、材料、关键工艺等发生改变，影响安全性能的。

6.2.2 型式试验项目包括出厂检验项目、防滑力测试、强度试验和疲劳试验。

7 标志、包装运输和随机文件

7.1 标志

7.1.1 应在每一个抱索器内外抱卡上打上适用的钢丝绳直径 d 的标记。

7.1.2 每一批抱索器应打上出厂编号，并与其产品合格证一致。产品合格证应至少标注下列内容：

a) 产品名称；

b) 产品型号；

c) 主要技术参数；

d) 出厂日期；

e) 出厂编号；

f) 制造厂名称。

7.2 包装运输

应符合 JB/T 5000.13 和铁路、公路、航运的有关运输要求。

7.3 随机文件

产品出厂至少应提供下列文件：

a) 装箱单；

b) 质量合格证；

c) 安装使用维护说明书、装配图及易损件图。

ICS 53.040.20
J 81

中华人民共和国国家标准

GB/T 24730—2009

客运索道脱挂抱索器通用技术条件

General technical conditions for detachable grip of passenger ropeway

2009-11-30 发布　　　　2010-06-01 实施

中华人民共和国国家质量监督检验检疫总局
中国国家标准化管理委员会　发布

前言

本标准由全国索道与游乐设施标准化技术委员会提出并归口。

本标准起草单位:北京起重运输机械设计研究院。

本标准主要起草人:黄鹏智、张海乔、李刚、黄越峰、杜俊明、云平。

客运索道脱挂抱索器通用技术条件

1 范围

本标准规定了客运索道脱挂抱索器型式、型号、基本参数、技术要求、检验规则、标志、包装及运输。

本标准适用于循环式客运架空索道。

2 规范性引用文件

下列文件中的条款通过本标准的引用而成为本标准的条款。凡是注日期的引用文件,其随后所有的修改单(不包括勘误的内容)或修订版均不适用于本标准,然而,鼓励根据本标准达成协议的各方研究是否可使用这些文件的最新版本。凡是不注日期的引用文件,其最新版本适用于本标准。

GB/T 229 金属材料 夏比摆锤冲击试验方法(GB/T 229—2007,ISO 148-1:2006,Metallic materials—Charpy pendulum impact test—Part 1:Test method,MOD)

GB/T 1184 形状和位置公差 未注公差值(GB/T 1184—1996,eqv ISO 2768-2:1989)

GB/T 1222 弹簧钢

GB/T 1800.2 产品几何技术规范(GPS) 极限与配合 第2部分:标准公差等级和孔、轴极限偏差表(GB/T 1800.2—2009,ISO 286-2:1988,ISO System of limits and fits—Part 2:Tables of standard tolerance grades and limit deviations for holes and shafts,MOD)

GB/T 1804 一般公差 未注公差的线性和角度尺寸的公差(GB/T 1804—2000,eqv ISO 2768-1:1989)

GB/T 3077 合金结构钢(GB/T 3077—1999,neq DIN EN 10083-1:1991)

GB 12352 客运架空索道安全规范

JB/T 4730 承压设备无损检测

JB/T 5000.8 重型机械通用技术条件 第8部分:锻件

JB/T 5000.10 重型机械通用技术条件 第10部分:装配

JB/T 5000.13 重型机械通用技术条件 第13部分:包装

TSG S7005 客运索道部件型式试验细则(中华人民共和国国家质量监督检验检疫总局颁布)

3 型式和基本参数

3.1 型式

抱索器根据其采用的弹簧型式,主要分为螺旋弹簧、碟形弹簧和扭力杆式抱索器3种。

3.2 基本参数

基本参数见表1。

表1

型 式	额定承载力[a]/kN			最大爬坡角/(°)	适用钢丝绳直径/mm
螺旋弹簧:TGL型	3.6	6.0	7.0	45	30~56
扭力弹簧:TGN型	8.0	9.0	10.0		
碟形弹簧:TGD型	11.0	12.0	13.0		

[a] 额定承载能力:指抱索器、吊具和乘员的重力之和。

3.3 型号

3.3.1 型号表示方法

脱挂抱索器型号根据抱索器夹紧弹簧形式、额定承载能力以及适用绳径而定。

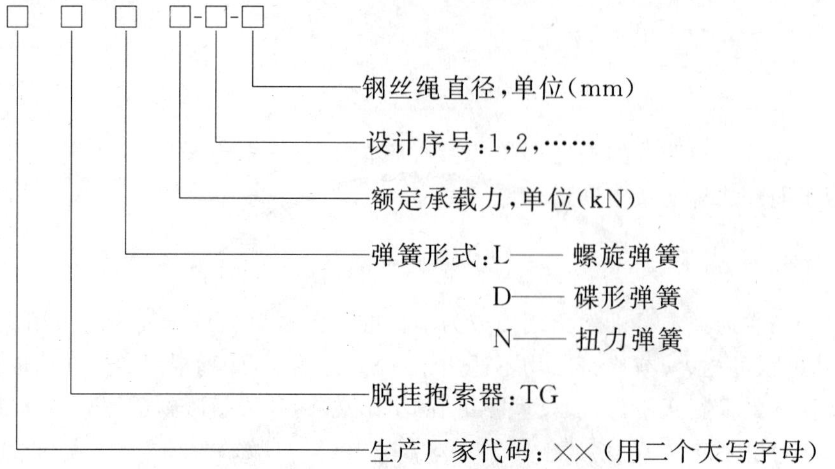

3.3.2 标记示例

举例:由北京北起百莱玛机械有限公司生产的额定承载力 9 kN、适用钢丝绳直径 40 mm、螺旋弹簧式、设计序号为 1 的脱挂抱索器

型号:BQTGL9-1-40 GB/T 24730—2009

4 技术要求

4.1 一般规定

4.1.1 产品应符合 GB 12352 中的有关规定及本标准的要求,并按经规定程序批准的图样及技术文件制造。

4.1.2 所有零件的材料应附有材质报告,并应进行抽检,合格后方可使用。

4.1.3 锻件不应有夹层、折叠、裂纹、结疤和夹渣等缺陷,并符合 JB/T 5000.8 的规定。

4.1.4 图样上未标注公差的尺寸,应符合 GB 1804 中公差等级为 m(中等级)的规定。

4.1.5 所有外购件和标准件应有出厂合格证和相关检测报告;高强度紧固件还应附有材质报告和热处理报告。

4.1.6 钳口的最大开口尺寸应大于钳口公称直径的 10%。

4.1.7 单线循环式索道脱挂抱索器在客车处于最不利情况下防滑力应不小于客车重力分力的 3 倍,且不应小于客车允许的最大总重量。

4.1.8 抱索器应按 5 倍的额定承载力进行静强度试验且持续时间不小于 20 min 后主要受力构件不应出现塑性变形、裂纹或损坏。

4.1.9 抱索器在试验台上做 50 万次开合试验后主要受力构件不应出现塑性变形、裂纹或损坏。

4.1.10 抱索器整机在试验台上做 50 万次整机振动试验后主要受力构件不应出现塑性变形、裂纹或损坏。

4.1.11 抱索器在线应能在额定速度下连续准确脱开挂结各 50 次。

4.2 主要零部件

4.2.1 内、外抱卡

4.2.1.1 材料至少应符合 GB/T 3077 中 35CrMo 机械性能的要求,并应作缺口冲击验证,试验应符合 GB/T 229 中的规定。

4.2.1.2 锻后应进行退火处理后再调质处理,硬度为 225 HB~255 HB。

4.2.1.3 最终热处理后应进行探伤检测,探伤方法应符合 JB/T 4730 的规定,检验质量等级不低于

Ⅱ级。

4.2.1.4 锻后非加工表面的粗糙度 Ra 应不大于 100 μm。

4.2.1.5 钳口弧面的圆柱度应符合 GB/T 1184 中 7 级的要求；钳口两端应倒圆，圆弧半径不小于 3 mm。

4.2.1.6 钳口弧面应进行表面淬火，淬硬层深度为 1.5 mm～2.5 mm，硬度为 40 HRC～45 HRC。

4.2.1.7 所有加工尺寸公差、位置公差和形状公差应符合 GB/T 1184 中 8 级的要求。

4.2.1.8 内、外抱卡非加工表面应采用喷砂处理方法清除表面毛刺、锈迹和油污。

4.2.1.9 表面应浸锌或喷涂处理，镀(涂)层厚度应不小于 0.2 mm。

4.2.2 **销轴**

4.2.2.1 材料至少应符合 GB/T 3077 中 40Cr 机械性能的要求。

4.2.2.2 精加工前应进行调质处理，硬度为 225 HB～255 HB。

4.2.2.3 销轴表面粗糙度 Ra 应不大于 3.2 μm。

4.2.2.4 销轴的加工尺寸公差和形位公差应符合 GB/T 1184 中 7 级的要求。

4.2.2.5 表面镀铬，镀层厚度应不小于 0.015 mm。

4.2.3 **导向翼**

4.2.3.1 金属导向翼应摆动灵活，当上摆 8°时应能自由下落，并应保证导向翼底面总长的 2/3 与钢丝绳贴合。

4.2.3.2 非金属导向翼前端应具有与钢丝绳直径相吻合的弧面，在额定压力作用下不应出现永久变形和开裂。

4.2.3.3 内外抱卡夹持与适用钢丝绳等直径的芯棒后，导向翼翼尖偏离抱索弧面中心线的距离不大于 3 mm。

4.2.4 **抱紧弹簧**

4.2.4.1 材料至少应符合 GB/T 1222 中 50CrVA 机械性能的要求。

4.2.4.2 弹簧的力学性能应满足设计要求，使用寿命至少应达到 50 万次。

4.2.4.3 应按 JB/T 4730 的Ⅱ级标准进行表面磁粉探伤。

4.2.4.4 弹簧表面应进行防锈处理，不宜采用电化学方法。

4.2.4.5 扭力杆弹簧的同轴度应符合 GB/T 1184 中 7 级的要求。

4.2.4.6 碟形弹簧的导向件表面硬度应不小于 55 HRC；表面粗糙度应小于 3.2 μm。

4.2.4.7 螺旋弹簧的高径比 b 值应不大于 5.3，否则应进行稳定性验算或加装导向件，导向件与弹簧的间隙为 7 mm～8 mm。

$$b = H_0/D \qquad \cdots\cdots(1)$$

式中：

H_0——弹簧自由高度，单位为毫米(mm)；

D——弹簧中径，单位为毫米(mm)。

4.2.5 **滚轮**

4.2.5.1 滚轮轮体应采用耐磨非金属材料。

4.2.5.2 滚轮的外圆尺寸和内孔尺寸以及同轴度应符合 GB/T 1184 中 7 级的要求。

4.2.6 **主轴**

4.2.6.1 材料至少应符合 GB/T 3077 中 40Cr 机械性能的要求。

4.2.6.2 应按 JB/T 4730 的Ⅱ级标准进行内部和表面探伤检测。

4.2.6.3 应进行调质处理，调质后硬度应大于 360 HB。

4.2.6.4 主轴表面粗糙度 Ra 应不大于 3.2 μm。

4.2.6.5 主轴的加工尺寸公差和形位公差应符合 GB/T 1184 中 7 级的要求。

4.2.6.6 表面镀铬，镀层厚度应不小于0.015 mm。

4.2.7 连杆系统

4.2.7.1 连杆不应有裂纹，不应有弯曲变形。

4.2.7.2 连杆应运转灵活。

4.3 装配

4.3.1 所有装配的零件应经检验合格后，方可进行装配，并应符合JB/T 5000.10中的有关规定。

4.3.2 所有轴承和轴承轴的装配应采用压装方式，其配合公差应符合GB/T 1800.2中7级的要求。

4.3.3 所有轴的装配应采用压装方式，其配合公差应符合GB/T 1800.2中7级的要求。

4.3.4 对称安装的弹簧组，每组弹簧的综合力学特性应保持一致。

4.3.5 同批次脱挂抱索器，安装后行走轮、操作轮和导向轮与钳口中心的位置度应一致并符合图样要求。

4.3.6 同批次脱挂抱索器，安装后摩擦板的高度误差应小于2 mm。

4.3.7 碟形弹簧与导向件的安装间隙：当碟形弹簧外直径为80 mm～160 mm，安装间隙应为(1±0.2)mm。

4.3.8 螺旋弹簧与导向件的安装间隙：当螺旋弹簧中径为120 mm～180 mm，安装间隙应为(7±0.5)mm。

4.3.9 抱索器两侧导向翼中心线与钳口轴向中心线应平行并在同一平面内且与主轴垂直，垂直度应符合GB/T 1184中7级的要求。

4.3.10 钳口开合全程应无卡阻和异响。操作轮的位置和钳口开度应一致并符合图样要求。

5 试验方法

试验方法按TSG S7005中的有关规定执行。

6 检验规则

6.1 出厂检验

6.1.1 所有脱挂抱索器均应进行出厂检验。经制造厂质量检验部门检验合格并签发产品合格证后方可出厂。

6.1.2 出厂检验项目见表2。

表2

序号	检验项目
1	内、外抱卡
2	导向翼
3	销轴
4	抱紧弹簧
5	连杆系统
6	滚轮
7	整机装配

6.2 型式试验

6.2.1 凡属下列情况之一者，应进行型式试验：

a) 新产品或老产品转厂生产试制定型时；

b) 主要结构、材料、关键工艺等发生改变，影响安全性能的。

6.2.2 型式试验项目包括出厂检验项目、防滑力测试、强度试验、疲劳试验和在线试验。

7 标志、包装运输和随机文件

7.1 标志

7.1.1 应在每一个抱索器内外抱卡上打上适用的钢丝绳直径 d 的标记。

7.1.2 每一批抱索器应打上出厂编号，并与其产品合格证一致。产品合格证应至少标注下列内容：

a) 产品名称；

b) 产品型号；

c) 主要技术参数；

d) 出厂日期；

e) 出厂编号；

f) 制造厂名称。

7.2 包装运输

应符合 JB/T 5000.13 和铁路、公路、航运的有关运输要求。

7.3 随机文件

产品出厂至少应提供下列文件：

a) 装箱单；

b) 质量合格证和相关检测报告；

c) 安装使用维护说明书、装配图及易损件图。

ICS 53.040.20
J 81

中华人民共和国国家标准

GB/T 24731—2009

客运索道驱动装置通用技术条件

General technical conditions for drive of passenger ropeway

2009-11-30 发布　　　　2010-06-01 实施

中华人民共和国国家质量监督检验检疫总局
中国国家标准化管理委员会　发布

前　言

本标准由全国索道与游乐设施标准化技术委员会提出并归口。

本标准起草单位:北京起重运输机械设计研究院。

本标准主要起草人:张海乔、云平、黄鹏智、李刚、黄越峰、梁海燕、姜红旗。

客运索道驱动装置通用技术条件

1 范围

本标准规定了客运索道驱动装置的型式、基本参数、技术要求、检验规则、标志、包装及运输。

本标准适用于客运索道驱动装置。

2 规范性引用文件

下列文件中的条款通过本标准的引用而成为本标准的条款。凡是注日期的引用文件，其随后所有的修改单(不包括勘误的内容)或修订版均不适用于本标准，然而，鼓励根据本标准达成协议的各方研究是否可使用这些文件的最新版本。凡是不注日期的引用文件，其最新版本适用于本标准。

GB/T 699 优质碳素结构钢

GB/T 1144 矩形花键尺寸、公差和检验(GB/T 1144—2001,neq ISO 14:1982)

GB/T 1184 形状和位置公差 未注公差值(GB/T 1184—1996,eqv ISO 2768-2:1989)

GB/T 1800.2 产品几何技术规范(GPS) 极限与配合 第2部分:标准公差等级和孔、轴极限偏差表(GB/T 1800.2—2009,ISO 286-2:1988,ISO System of limits and fits—Part 2:Tables of standard tolerance grades and limit deviations for holes and shafts,MOD)

GB/T 1804 一般公差未注公差的线性和角度尺寸的公差(GB/T 1804—2000,eqv ISO 2768-1:1989)

GB/T 3077 合金结构钢

GB/T 3478.1 圆柱直齿渐开线花键(米制模数 齿侧配合) 第1部分:总论(GB/T 3478.1—2008,ISO 4156-1:2005,MOD)

GB/T 5117 碳钢焊条

GB/T 10095.1 圆柱齿轮 精度制 第1部分:轮齿同侧齿面偏差的定义和允许值(GB/T 10095.1—2008,ISO 1328-1:1995,IDT)

GB/T 10095.2 圆柱齿轮 精度制 第2部分:径向综合偏差与径向跳动的定义和允许值(GB/T 10095.2—2008,ISO 1328-2:1997,IDT)

GB/T 11352 一般工程用铸造碳钢件(GB/T 11352—2009,ISO 3755:1991,Cast carbon steels for general engineering purposes,ISO 4990:2003,Steel casting—General technical delivery requirements,MOD)

GB 12352 客运架空索道安全规范

GB/T 19401 客运拖牵索道技术规范

GB/T 19402 客运地面缆车技术规范

GB/T 20961 单绳缠绕式矿井提升机

GB/T 13306 标牌

JB/ZQ 4389 制动轮

JB/T 4730 承压设备无损检测

JB/T 5000.8 重型机械通用技术条件 第8部分:锻件

JB/T 5000.10 重型机械通用技术条件 第10部分:装配

JB/T 5000.12 重型机械通用技术条件 第12部分:涂装

JB/T 5000.13 重型机械通用技术条件 第13部分:包装

JB/T 7019　盘式制动器　制动盘

TSG S7005　客运索道部件型式试验细则(中华人民共和国国家质量监督检验检疫总局颁布)

3　型式与主要技术参数

3.1　型式

按驱动轮配置型式分为立式(L)和卧式(W)两种,卧式驱动装置根据其配置方式分为悬吊式、落地式和地下室式三种。按驱动轮的结构分为单槽(D)、双槽(S)和卷筒(J)3 种。

3.2　主要技术参数

3.2.1　驱动轮直径系列宜按优先数系化整值选取,如:800、1 000、1 250、1 400、1 600、1 800、2 000、2 200、2 500、2 800、3 000、3 200、3 600、4 000、4 400、4 600、4 800、5 000、5 500 mm 等。

3.2.2　驱动装置牵引速度系列宜按优先数系选取,如:0.5、0.8、1.0、1.1、1.25、1.4、1.60、1.80、2.00、2.20、2.50、2.80、3.2、4.00、4.50、5.00、5.60、6.30、7.10、8.00、9.00、10.00 m/s 等。

3.2.3　驱动装置额定圆周力宜按优先数系选取,为 16.0、18.0、20.0、22.0、25.0、28.0、32.0、40.0、45.0、50.0、56.0、63.0、71.0、80.0、90.0、100.0、112.0、125.0、140.0、160.0、180.0、200.0、220.0、250.0、280.0、320.0 kN 等。

4　主要技术要求

4.1　一般规定

4.1.1　产品应符合 GB 12352、GB/T 19401、GB/T 19402 的有关规定及本标准的要求,并按照规定程序批准的图样及技术文件制造。

4.1.2　关键零件的材料应附有材质证明书,否则应进行试验和化验,合格后方可使用。在－20 ℃以下工作环境使用的钢材应避免其脆裂性,应使用镇静钢。

4.1.3　所有铸铁件、铸钢件、锻件及焊接件均应符合现行标准。在保证质量的前提下,对不影响使用和外观的缺陷,允许按规定的技术文件加以修补。焊补后应消除焊补内应力。

4.1.4　表面质量检查:对于非切削加工钢材料表面不应有目视可见的裂纹、结疤、折叠和夹杂等缺陷。

4.1.5　焊接结构件的焊缝应均匀,不应有裂纹,烧穿等缺陷。

4.1.6　所有重要外购件如电机、减速器、主轴承、制动器、联轴器、高强度紧固件、液压站及油缸等均应有出厂合格证或检验证书。

4.1.7　图样上未标注公差的尺寸,应符合 GB/T 1804 中公差等级为 m(中等级)的规定。

4.1.8　驱动装置现场安装调试完毕应进行空载试验、偏载试验和满载试验。运行电流和功率应在额定值内。驱动轮转速应在名义值的±5%范围内,减速机不应有异常噪声。制动器应工作可靠,制动减速度应满足 GB 12352 中的有关规定。辅助驱动或紧急驱动装置在最不利情况下应能正常启动,其连续运行时间应满足 GB 12352 中的有关规定。

4.2　主要零部件

4.2.1　主轴、从动轴

4.2.1.1　材料应符合 GB/T 699、GB/T 3077 中的有关规定,应采用锻件制作,锻后正火处理。

4.2.1.2　调质处理后应进行无损探伤,探伤方法应符合 JB/T 4730 的规定,检验质量等级不低于Ⅱ级,硬度为 187 HB～286 HB(根据轴径和材料选取)。

4.2.1.3　轴径的圆柱度、对轴线的圆跳动应符合 GB/T 1184 中 7 级的规定。

4.2.1.4　花键轴上的花键应符合 GB/T 1144、GB/T 3478.1 中的有关要求。

4.2.2　绳轮

4.2.2.1　铸钢绳轮的材料应符合 GB/T 11352 中的有关规定;焊接绳轮应符合 4.1.5 的要求,焊条应符合 GB/T 5117 的有关规定,焊后应消除内应力。

4.2.2.2 绳轮应镶有软质耐磨衬垫，摩擦系数应不小于0.3，衬垫槽型应与运行的钢丝绳相适应。

4.2.2.3 绳轮轮缘的形状及其深度应能防止钢丝绳脱槽；绳轮轮缘应至少高出衬垫上缘一倍钢丝绳直径的高度。

4.2.2.4 绳轮制动面的粗糙度 *Ra* 应不大于 25 μm，端面跳动度应符合 GB/T 1184 中 10 级精度的要求。

4.2.2.5 制动盘制动面的粗糙度 *Ra* 应不大于 6.3 μm，端面跳动度应符合 GB/T 1184 中 10 级精度的要求。制动盘应做动平衡试验，并符合 JB/T 7019 中的有关规定。

4.2.2.6 制动轮制动面的粗糙度 *Ra* 应不大于 6.3 μm，制动轮为铸造件应进行清砂处理，应做动平衡试验，应符合 JB/ZQ 4389 的有关规定。

4.2.2.7 对于大直径的绳轮可以采用剖分式结构，轮体应焊后退火处理，半轮组装后整体加工；对于两半剖分轮体，加工完成后绳轮轮毂直径应小于轴承隔套直径，符合设计要求；对于三瓣或更多剖分结构，应加定位销。

4.2.3 轴承套

4.2.3.1 内孔、外圆的圆柱度公差，外圆对内孔轴线的圆跳动量应符合 GB/T 1184 中 8 级的规定。

4.2.4 卷筒

4.2.4.1 卷筒上的绳眼不应有锋利的边缘和毛刺，折弯处不应形成锐角，卷筒应符合 GB/T 20961 的有关规定。

4.2.5 开式齿圈

4.2.5.1 材料应符合 4.2.1.1 的规定。

4.2.5.2 齿轮的精度等级应符合 GB/T 10095.1 和 GB/T 10095.2 中 8 级的规定。开式齿轮应进行调质处理，小齿轮的齿面硬度应为 48 HRC～55 HRC；大齿轮的齿面硬度应为 235 HB～275 HB。

4.2.6 机架

4.2.6.1 机架焊接后，主梁的平行度应不大于 3 mm，对角线之差应不大于 3 mm。

4.2.6.2 机架所有加工部位焊后需消除应力并矫正变形后加工；机架上的主驱安装孔与辅驱安装孔的中心距、孔轴平行度、孔轴与各自安装面的垂直度以及各孔的圆柱度应符合 GB/T 1800.2 中 8 级精度的要求。

4.3 表面处理

4.3.1 产品在表面防锈处理前应进行喷砂，清除毛刺、焊渣、锈迹和油污。

4.3.2 除外购标准件外，所有零部件的外露金属表面应进行防锈处理，镀层或漆层应均匀，无局部缺陷及锈蚀。

4.3.3 镀锌层厚度应不小于 0.01 mm；油漆涂层应符合 JB/T 5000.12 的有关规定。

4.3.4 产品的非有色金属的内部表面若不做防锈处理，应进行密封处理。

4.4 装配

4.4.1 所有装配的零件应经检验合格后，方可进行装配，并符合 JB/T 5000.10 中的有关规定。

4.4.2 当电机和减速器采用直联式连接的，电动机轴线与减速器输入轴轴线的同轴度应不大于 0.2 mm。

4.4.3 当块式制动器，制动器闸瓦宽度中心与制动轮宽度中心应一致，误差不大于 2 mm。

4.4.4 松闸时闸瓦与制动轮在轴向和径向的间隙应一致，应不大于 2 mm。

4.4.5 制动闸瓦回转中心连线应与制动轮中心一致，误差应不大于 0.5 mm。

4.4.6 制动时，闸瓦与制动轮的接触面积应不少于 80%。

4.4.7 装配完成后，制动器各回转轴应转动灵活；高速轴制动盘上的制动盘端面跳动应符合 GB/T 1804不低于 8 级精度的要求；低速绳轮上的制动盘端面跳动应符合 GB/T 1804 不低于 10 级精度的要求。

4.4.8 油缸应密封良好，不漏油。

4.4.9 绳轮与轴承、轴承与主轴装配应采用压装方式，配合公差应符合 GB/T 1804 不低于 8 级精度的要求。

4.4.10 当开式齿轮的齿侧间隙为 0.05～0.08 模数；接触斑点沿齿高和齿长方向均应不少于 70%。

4.4.11 装配绳轮衬垫时，应达到固定严实和平滑的要求，不应出现松动现象。

4.4.12 装配齿轮联轴器时，每一外齿轴套轴线对内齿圈轴线的倾斜应不大于 30′；或当两轴线无倾斜时，其径向位移量应不大于 1.5 mm。

4.4.13 万向联轴器、联轴节轴心连线倾角应不大于 1°。伸缩式万向联轴器的伸出段长度应小于最大伸缩长度的 40%。

4.4.14 减速器润滑供油应正常，不应有明显渗油或漏油现象。

4.4.15 制动器连接控制油站时，全部接头在 16 MPa 试验压力下应无渗漏现象。

4.4.16 各液压和电气元件，按设计程序动作并应灵敏可靠。

4.4.17 双卷筒式驱动装置调绳离合器的啮合部分应能顺利脱开和合上，行程开关动作应灵敏可靠。

4.4.18 各紧固件的拧紧力矩应符合设计要求，应无松动现象。

4.4.19 所有电气元件的安装和接线应符合相关标准。

4.4.20 产品应预组装进行无负荷试验，不应有任何卡阻现象和异响。

5 试验方法

试验方法按 TSG S7005 中的有关规定执行。

6 检验规则

6.1 出厂检验

6.1.1 产品出厂前应进行出厂检验。经制造厂质量检验部门检验合格并签发产品合格证后方可出厂。

6.1.2 出厂检验项目见表 1。

表 1

序　号	检验项目
1	表面镀(涂)层
2	主轴、从动轴
3	绳轮
4	轴承套
5	卷筒
6	开式齿圈
7	机架
8	高速轴制动盘(轮)
9	联轴器
10	减速器
11	制动器
12	液压管路接头
13	紧固件
14	无负荷试验

6.2 型式试验

6.2.1 凡属下列情况之一者，应进行型式试验：

a) 新产品或老产品转厂生产试制定型时；

b) 主要结构、材料、关键工艺等发生改变，影响安全性能的。

6.2.2 型式试验项目包括出厂检验项目、空载试验、偏载试验和满载试验。

7 标志、包装运输和随机文件

7.1 标志

在产品的明显位置固定产品标牌，其型式尺寸应符合 GB/T 13306 的规定，并应至少标注下列内容：

a) 产品名称；

b) 产品型号；

c) 主要技术参数；

d) 出厂日期；

e) 出厂编号；

f) 制造厂名称。

7.2 包装运输

应符合 JB/T 5000.13 和铁路、公路、航运的有关运输要求。

7.3 随机文件

产品出厂至少应提供下列文件：

a) 装箱单；

b) 质量合格证；

c) 安装使用维护说明书、装配图及易损件图。

ICS 53.040.20
J 81

中华人民共和国国家标准

GB/T 24732—2009

客运索道托(压)索轮通用技术条件

General technical conditions for support (compression) sheave of passenger ropeway

2009-11-30 发布　　2010-06-01 实施

中华人民共和国国家质量监督检验检疫总局
中国国家标准化管理委员会　发布

前 言

本标准由全国索道与游乐设施标准化技术委员会提出并归口。

本标准起草单位:北京起重运输机械设计研究院。

本标准主要起草人:张海乔、李越秀、黄鹏智、李刚、黄越峰、云平。

客运索道托(压)索轮通用技术条件

1 范围

本标准规定了客运索道的托(压)索轮型式、基本参数、技术要求、检验规则、标志、包装及运输。

本标准适用于单线循环式客运索道及拖牵式滑雪索道所使用的托(压)索轮。

2 规范性引用文件

下列文件中的条款通过本标准的引用而成为本标准的条款。凡是注日期的引用文件,其随后所有的修改单(不包括勘误的内容)或修订版均不适用于本标准,然而,鼓励根据本标准达成协议的各方研究是否可使用这些文件的最新版本。凡是不注日期的引用文件,其最新版本适用于本标准。

GB/T 699 优质碳素结构钢

GB/T 700 碳素结构钢(GB/T 700—2006,ISO 630:1995,NEQ)

GB/T 1173 铸造铝合金(GB/T 1173—1995,neq ASTM B26:1992)

GB/T 1184 形状和位置公差 未注公差值(GB/T 1184—1996,eqv ISO 2768-2:1989)

GB/T 1804 一般公差 未注公差的线性和角度尺寸的公差(GB/T 1804—2000,eqv ISO 2768-1:1989)

GB/T 11352 一般工程用铸造碳钢件(GB/T 11352—2009,ISO 3755:1991,Cast carbon steels for general engineering purposes,ISO 4990:2003,Steel casting—General technical delivery requirements,MOD)

GB 12352—2007 客运架空索道安全规范

GB/T 15115 压铸铝合金(GB/T 15115—2009,ASTM B179:2006,MOD)

GB/T 19401 客运拖牵索道技术规范

JB/T 4730 承压设备无损检测

JB/T 5000.5 重型机械通用技术条件 第5部分:有色金属铸件

JB/T 5000.8 重型机械通用技术条件 第8部分:锻件

JB/T 5000.13 重型机械通用技术条件 第13部分:包装

TSG S7005 客运索道部件型式试验细则(中华人民共和国国家质量监督检验检疫总局颁布)

3 型式和基本参数

3.1 型式

托索轮组根据其配置分为单轮式托(压)索轮 T(N)D、两轮式托(压)索轮 T(N)D2、四轮式托(压)索轮 T(N)D4、六轮式托(压)索轮 T(N)D6、八轮式托(压)索轮 T(N)D8、十轮式托(压)索轮 T(N)D10、十二轮式托(压)索轮 T(N)D12、十四轮式托(压)索轮 T(N)D14、十六轮式托(压)索轮 T(N)D16 及组合式托压索轮 TND。

3.2 基本参数

基本参数见表1。

表 1

轮径/mm	200	250	300	400	450	500	550	600
单轮公称负荷/kN	1.5	2.0	3.0	5.0	6.0	6.5	7.5	8.0
适用钢丝绳直径/mm	≤16	≤25	≤30	≤40	≤45	≤50	≤55	≤60

3.3 标记示例

托索轮直径为ϕ400 mm的六轮托索轮组标记为：

TD6-400 GB/T 24728

4 技术要求

4.1 一般规定

4.1.1 产品应符合GB 12352—2007中3.5.2、7.2.3、7.2.4和GB/T 19401中的有关规定及本标准的要求，并应按经规定程序批准的图样及技术文件制造。

4.1.2 所有零件的材料应附有合格证明书，否则应进行试验和化验，合格后方可使用。

4.1.3 所有外购件和标准件应有合格证或相关检测报告。

4.1.4 所有铸件、锻件、焊接件均应符合现行标准。在保证质量的前提下，对不影响使用和外观的缺陷，允许按规定的技术文件修补。

4.1.5 图样上未标注公差的尺寸，应符合GB/T 1804中公差等级为m(中等级)的规定。

4.1.6 托压索轮组承受3.5倍额定载荷静止20 min后，主要受力构件及夹板不应出现塑性变形、裂纹或损坏。

4.1.7 捕绳器按屈服极限计算的安全系数应不小于1.5，捕绳器及其连接件不应出现塑性变形。

4.1.8 托压索轮运转部分不应有异常噪声，轮衬应与轮体紧密结合，不应出现相对运动。

4.2 主要零部件

4.2.1 轮体

4.2.1.1 轮体材料应满足最大受力要求。

4.2.1.2 铸件不应有影响铸件使用性能的裂纹、冷隔、缩孔、夹渣、穿透性气孔等缺陷，并符合JB/T 5000.5的要求。压铸铝件应淬火并完全时效处理。

4.2.1.3 内孔圆柱度应符合GB/T 1184中8级的规定。

4.2.1.4 外圆及端面对内孔轴线的跳动公差应符合GB/T 1184中10级的规定。

4.2.1.5 铸造轮体应进行无损探伤，探伤应符合JB/T 4730的规定，检验质量等级不低于Ⅱ级。

4.2.2 轴

4.2.2.1 材料应符合不低于GB/T 699中45钢机械性能的要求。

4.2.2.2 粗加工后调质处理，硬度为220 HB～250 HB。

4.2.2.3 安装轴承处轴颈的圆柱度应符合GB/T 1184中7级的规定。

4.2.2.4 应进行无损探伤，探伤应符合JB/T 4730的规定，检验质量等级不低于Ⅱ级。

4.2.3 托架、小托架

4.2.3.1 夹板、小夹板材料应符合GB/T 700中Q235-A的规定。当使用在－20 ℃以下环境温度时，应采用镇静钢。

4.2.3.2 夹板、小夹板冲压成形后应校正平直。夹板的平面度在全长范围内不大于1.2 mm；小夹板的平面度在全长范围内不大于1 mm。

4.2.3.3 夹板和平衡梁上的各轴孔的平行度应符合GB/T 1184中的公差等级为8级的要求。

4.2.4 捕绳器

4.2.4.1 捕绳器形状、槽深及强度的要求应符合GB 12352中7.2.3.3的规定。

4.2.4.2 捕绳器应采用锻造工艺，并符合JB/T 5000.8中的有关规定。

4.2.5 轮衬

4.2.5.1 轮衬弹性模量E不大于5 GPa，其力学性能应符合以下指标：拉伸强度不小于12 MPa，脆化温度不大于－40 ℃，伸长率不小于200%，邵氏硬度80±5，压缩永久变形不大于40%。

4.2.5.2 轮衬不应有离层、裂纹、缺胶、欠硫等现象，其表面不应有气泡、明疤、凹痕等影响使用性能的缺陷。

4.2.5.3 轮衬内孔尺寸应符合设计图纸要求;衬槽深度尺寸应大于钢丝绳直径的1/10。

4.3 表面处理

4.3.1 产品在表面处理前需清除毛刺、锈迹和油污。

4.3.2 托架、轴承座、侧板、轴等非加工表面推荐采用热浸镀或电镀锌,镀层厚度不小于0.015 mm。

4.4 装配

4.4.1 所有零件应经检验合格后应进行预装。

4.4.2 与橡胶轮衬配合的表面相对于内孔的径向圆跳动公差应不大于0.25 mm。

4.4.3 轮组装配后,各轮槽中心应当在一条直线上,中间任一轮槽的中心与两端头绳轮轮槽中心的连线偏差应不大于2 mm。各轮端面应与水平面垂直,应不大于1°。

4.4.4 夹板和平衡梁上的各轴孔应符合4.2.3.3的要求,轮组装配在轴上,其轴向窜动量应不大于1 mm。大小夹板的轴向窜动量应不大于2 mm。

4.4.5 轮衬应当与轮体紧密结合,不应出现相对运动现象,轮衬不应断裂、龟裂或分层。

4.4.6 卡簧应安装到位。

4.4.7 所有连接件(包括螺栓、螺母、垫圈、挡圈和销等)应齐全,不应错装或以低代高,螺栓应拧紧。应按设计图纸要求,安装足够数量的捕捉器和挡绳板,并且固定牢靠。

5 试验方法

试验方法按TSG S7005中的有关规定执行。

6 检验规则

6.1 出厂检验

6.1.1 所有托索轮及托索轮组均应进行出厂检验。经制造厂质量检验部门检验合格并签发产品合格证后方可出厂。

6.1.2 出厂检验项目见表2。

表2

序　号	检验项目
1	镀锌层
2	托架、小托架
3	连接件
4	油嘴
5	托压索轮
6	托压索轮组

6.2 型式试验

6.2.1 凡属下列情况之一者,应进行型式试验:

a) 新产品或老产品转厂生产试制定型时;

b) 主要结构、材料、关键工艺等发生改变,影响安全性能的。

6.2.2 型式试验项目包括出厂检验项目、强度试验和动态试验。

7 标志、包装运输和随机文件

7.1 标志

在产品的明显位置固定产品标牌,应至少标注下列内容:

a） 产品名称；

b） 产品型号；

c） 主要技术参数；

d） 出厂日期；

e） 出厂编号；

f） 制造厂名称。

7.2 包装运输

应符合 JB/T 5000.13 和铁路、公路、航运的有关运输要求。

7.3 随机文件

产品出厂至少应提供下列文件：

a） 装箱单；

b） 质量合格证；

c） 安装使用维护说明书、装配图及易损件图。

ICS 77.080.10
J 31

中华人民共和国国家标准

GB/T 24733—2009

等温淬火球墨铸铁件

Austempered ductile iron（ADI）castings

2009-11-30 发布

2010-09-01 实施

中华人民共和国国家质量监督检验检疫总局
中国国家标准化管理委员会 发布

前　言

本标准修改采用 ISO 17804:2005《铸造　奥铁体球墨铸铁　分类》，并参照了美国 ASTM A897/A 897M—2006《等温淬火球墨铸铁件标准规范》、SAE J2477—2004《汽车等温淬火球墨铸铁（ADI）件》和 AGMA939-A07 5/06《齿轮用等温淬火球墨铸铁（ADI）》等国外先进标准的一些相关条款。

本标准与 ISO 17804:2005 相比，其标准结构和技术内容和 ISO 17804:2005 基本相同，但增加了一些条款和附录，其主要技术性差异如下：

——增加了铸件外观质量要求及相应的检测方法，取样批次的构成和检验规则，铸件的其他检验项目，标志和质量证明书及铸件防锈、包装和储运要求等。补充了铸造生产、检验所必须而 ISO 17804:2005所欠缺的内容，提高了标准的适用性。

——增加了 7.6～7.10。

——增加了 8.2。

——增加了第 11 章、第 12 章、第 13 章的全部内容。

——增加了附录 C 关于材料力学性能和物理性能的补充资料中图 C.1～图 C.5 的内容。

——增加了附录 D 等温淬火球墨铸铁制造工艺建议的内容。

——增加了附录 I 等温淬火球墨铸铁的性能特点及应用示例的内容。

本标准的附录 A、附录 B 为规范性附录，附录 C～附录 J 为资料性附录。

本标准由全国铸造标准化技术委员会（SAC/TC 54）提出并归口。

本标准负责起草单位：郑州机械研究所。

本标准参加起草单位：一汽铸造有限公司、东风汽车公司、滨州海得曲轴有限责任公司、湖北省机电研究设计院、承德市保通铸铁型材制造有限公司。

本标准主要起草人：李克锐、张忠仇、王成刚、洪晓先、刘建伟、王守河、胡金豹、朱松林、阎晓峰。

等温淬火球墨铸铁件

1 范围

本标准规定了等温淬火球墨铸铁件的术语和定义、牌号、技术要求、取样和试块、试验方法、检验规则及铸件标志、包装和储运要求。

本标准适用于砂型或导热性与砂型相当的铸型铸造的经等温淬火热处理的球墨铸铁件。其他铸造方法(如金属型、金属型覆砂、壳型、熔模精铸和连续铸造等)生产的等温淬火球墨铸铁件,可参照使用。

2 规范性引用文件

下列文件中的条款通过本标准的引用而成为本标准的条款。凡是注日期的引用文件,其随后所有的修改单(不包括勘误的内容)或修订版均不适用于本标准,然而,鼓励根据本标准达成协议的各方研究是否可使用这些文件的最新版本。凡是不注日期的引用文件,其最新版本适用于本标准。

GB/T 223.3 钢铁及合金化学分析方法 二安替比林甲烷磷钼酸重量法测定磷量

GB/T 223.12 钢铁及合金化学分析方法 碳酸钠分离-二苯碳酰二肼光度法测定铬量

GB/T 223.18 钢铁及合金化学分析方法 硫代硫酸钠分离-碘量法测定铜量

GB/T 223.23 钢铁及合金 镍含量的测定 丁二酮肟分光光度法

GB/T 223.26 钢铁及合金 钼含量的测定 硫氰酸盐分光光度法

GB/T 223.58 钢铁及合金化学分析方法 亚砷酸钠-亚硝酸钠滴定法测定锰量

GB/T 223.60 钢铁及合金化学分析方法 高氯酸脱水重量法测定硅含量

GB/T 223.68 钢铁及合金化学分析方法 管式炉内燃烧后碘酸钾滴定法 测定硫含量

GB/T 223.69 钢铁及合金 碳含量的测定 管式炉内燃烧后气体容量法

GB/T 228 金属材料 室温拉伸试验方法(GB/T 228—2002,eqv ISO 6892:1998)

GB/T 229 金属材料 夏比摆锤冲击试验方法(GB/T 229—2007,ISO 148-1:2006,MOD)

GB/T 231.1 金属材料 布氏硬度试验 第1部分:试验方法(GB/T 231.1—2009,ISO 6506-1:2005,MOD)

GB/T 1348 球墨铸铁件(GB/T 1348—2009,ISO 1083:2004,MOD)

GB/T 5611 铸造术语

GB/T 5612 铸铁牌号表示方法(GB/T 5612—2008, ISO/TR 15931:2004,MOD)

GB/T 5677 铸钢件射线照相检测(GB/T 5677—2007,ISO 4993:1987,IDT)

GB/T 5678 铸造合金光谱分析取样方法

GB/T 6060.1 表面粗糙度比较样块 铸造表面(GB/T 6060.1—1997,eqv ISO 2632-3:1979)

GB/T 6414 铸件 尺寸公差与机械加工余量(GB/T 6414—1999,eqv ISO 8062:1994)

GB/T 7233 铸钢件超声探伤及质量评级方法

GB/T 9441 球墨铸铁金相检验

GB/T 9444 铸钢件磁粉检测(GB/T 9444—2007,ISO 4986:1992,IDT)

GB/T 11351 铸件重量公差

GB/T 14203 钢铁及合金光电发射光谱分析法通则

GB/T 20066 钢和铁 化学成分测定用试样的取样和制样方法(GB/T 20066—2006,ISO 14284:1996,IDT)

GB/T 20123 钢铁 总碳硫含量的测定 高频感应炉燃烧后红外吸收法(常规方法)(GB/T 20123—2006,ISO 15350:2000,IDT)

GB/T 20125 低合金钢 多元素含量的测定 电感耦合等离子体原子发射光谱法

3 术语和定义

GB/T 5611 中确立的以及下列术语和定义适用于本标准。

3.1

等温淬火球墨铸铁 (austempered ductile iron)

一种由球墨铸铁通过等温淬火热处理得到以奥铁体(ausferrite)为主要基体的强度高、塑韧性好的铸造合金。等温淬火球墨铸铁也称为奥铁体球墨铸铁。

3.2

球墨铸铁的等温淬火热处理 (austemper heat treatment of ductile iron)

将球墨铸铁加热到 Ac_1(奥氏体开始形成的温度)以上,保持一定时间,然后以避免产生珠光体的冷速快速冷却至一定温度(马氏体开始转变温度以上)并保温一定时间,使球墨铸铁得到由针状铁素体和富碳奥氏体组成的奥铁体基体的一种热处理工艺。

3.3

铸件主要壁厚 (relevant wall thickness of casting)

铸件主要壁厚是代表铸件材料力学性能的铸件断面厚度,由供需双方共同确定。

4 牌号及表示方法

等温淬火球墨铸铁件的牌号表示方法,符合 GB/T 5612 的规定。

本标准按单铸或附铸试块加工的试样(试样原始标距=5 倍试样直径时)测定的力学性能分级,将等温淬火球墨铸铁分为 5 个牌号(见表 1)。

表 1 单铸或附铸试块的力学性能

牌号	铸件主要壁厚 t/mm	抗拉强度 R_m/MPa (min)	屈服强度 $R_{p0.2}$/MPa (min)	伸长率 A/% (min)
QTD 800-10 (QTD 800-10R)	$t≤30$	800	500	10
	$30<t≤60$	750		6
	$60<t≤100$	720		5
QTD 900-8	$t≤30$	900	600	8
	$30<t≤60$	850		5
	$60<t≤100$	820		4
QTD 1050-6	$t≤30$	1 050	700	6
	$30<t≤60$	1 000		4
	$60<t≤100$	970		3
QTD 1200-3	$t≤30$	1 200	850	3
	$30<t≤60$	1 170		2
	$60<t≤100$	1 140		1
QTD 1400-1	$t≤30$	1 400	1 100	1
	$30<t≤60$	1 170	供需双方商定	
	$60<t≤100$	1 140		

注 1:由于铸件复杂程度和各部分壁厚不同,其性能是不均匀的。
注 2:经过适当的热处理,屈服强度最小值可按本表规定,而随铸件壁厚增大,抗拉强度和伸长率会降低。
注 3:字母 R 表示该牌号有室温(23 ℃)冲击性能值的要求。
注 4:如需规定附铸试块型式,牌号后加标记“A”,例如 QTD 900-8A。
注 5:材料牌号是按壁厚 $t≤30$ mm 厚试块测得的力学性能而确定的。

按硬度分级的两种高抗磨性等温淬火球墨铸铁牌号见附录A。

当试样原始标距等于4倍试样直径时，等温淬火球墨铸铁的力学性能见附录B。

等温淬火球墨铸铁的其他力学性能和物理性能参见附录C。

5 订货信息

订货时应明确下列信息：

a) 铸件材料牌号。

b) 供需双方商定的代表铸件力学性能的主要壁厚。

c) 供需双方商定的其他特殊要求。

6 生产方法和化学成分

等温淬火球墨铸铁的化学成分、铸造和热处理工艺由供方确定，但要保证铸造和热处理工艺采用与已验收认可的首批样件同样的工艺参数，若需方有特殊要求时，由双方商定。

等温淬火球墨铸铁件的制造工艺参见附录D。

本标准表1规定的等温淬火球墨铸铁的力学性能是铸件材料验收的主要指标。

7 技术要求

7.1 单铸或附铸试样的力学性能

根据砂型或导热性与砂型相当的铸型铸造的单铸或附铸试块加工的试样，测得的最小力学性能来确定材料的牌号。

如订货时经双方商定，经过修正的性能数值也可适用于其他铸造方法生产的铸件。

等温淬火球墨铸铁的力学性能应符合表1的规定。如需方有要求时，抗冲击性能应符合表2的规定。如供需双方商定用无缺口试样测试冲击性能时，参见附录E中表E.1的规定。

表2 单铸和附铸试块V型缺口试样的冲击功

牌 号	铸件主要壁厚 t/mm	室温(23 ℃±5 ℃)下冲击功 A_k/J(min)	
		3个试样的平均值	单个值
QTD 800-10R	$t \leqslant 30$	10	9
	$30 < t \leqslant 60$	9	8
	$60 < t \leqslant 100$	8	7
注：如需规定附铸试块型式，牌号后加标记“A”，即QTD 800-10RA。			

7.2 铸件本体试样的力学性能

如需要，经供需双方商定可从铸件本体上切取试样测试其性能。铸件本体力学性能参见附录F。

铸件本体性能可能等于或小于表1和表2的规定值。

7.3 硬度

等温淬火球墨铸铁的布氏硬度参见附录G。

7.4 石墨组织

石墨为球状，石墨球化级别应符合GB/T 9441中的1级或2级，不低于3级(参见附录H)，石墨球数不低于100个/mm^2。更精确的球化率由供需双方在订货时商定。

7.5 基体组织

等温淬火球墨铸铁的基体组织主要为由针状铁素体和富碳奥氏体组成的奥铁体，允许少量其他组织(如马氏体、碳化物)的存在，以不影响所要求的力学性能为原则。

铸件某些断面的冷却速度可能不足以完全避免珠光体或其他高温转变组织的形成，这些显微组织的最大值及其力学性能可由供需双方商定。

可以通过无缺口试样的冲击试验，间接地了解铸件热处理后得到的显微组织情况。

7.6 铸件的几何形状及其尺寸公差

7.6.1 铸件的几何形状及其尺寸应符合图样的规定。

7.6.2 铸件的尺寸公差按 GB/T 6414 的规定执行。有特殊要求的，可按图样或有关技术要求执行。

7.7 铸件的重量偏差

铸件的重量偏差如需方无特殊要求时，则按 GB/T 11351 的规定执行。

7.8 铸件的表面质量

7.8.1 铸件的表面质量包括外表面和内表面质量。

7.8.2 铸件表面的粘砂、氧化皮等应清除干净；修整多肉，去除浇冒口残余、芯骨及内腔残余物等。铸件允许的浇冒口残余、通气针/片、多肉、飞翅、披缝残余、内腔清洁度等，应符合需方图样的技术要求或供需双方订货协议的要求。

7.8.3 铸件表面粗糙度应符合 GB/T 6060.1 的规定或需方图样和产品技术要求。

7.9 铸件的缺陷及修补

7.9.1 铸件不允许有影响使用性能的铸造和热处理缺陷（如裂纹、冷隔、缩孔、夹渣、气孔、氧化皮、脱碳等）存在。

7.9.2 铸件允许存在能加工去除的表面缺陷。

7.9.3 铸件非加工面上及其内部允许的缺陷种类、数量、范围，应符合需方图样或产品技术要求或供需双方订货协议的规定。

7.9.4 焊补后会影响铸件焊补处的力学性能。经需方同意，在不影响使用性能的前提下允许对铸件表面的缺陷进行修补，修补方法与等级由供需双方商定。

7.10 特殊要求

需方对铸件有磁粉探伤、超声波检验、射线检验要求时，供方应按需方的技术要求进行检查，检测的部位、频次和数量由供需双方商定。

8 取样和试块

8.1 总则

试样应代表同批次所生产的铸件。

试块与铸件应采用同样的材质、熔炼、球化、孕育、浇注和热处理工艺。

应根据铸件的重量和壁厚来选择试块的型式和大小（单铸、附铸或本体试块），见表 3，也可由供需双方商定。当铸件重量等于或超过 2 000 kg，而且壁厚在 30 mm～100 mm 范围时，应优先采用附铸试块。

拉伸试样和冲击试样应经等温淬火热处理后的试块加工而成。如试样需在试块热处理前加工，应由供需双方商定。

表 3 与铸件壁厚有关的单铸或附铸试块型式及拉伸试样直径

铸件主要壁厚 t/mm	U 型	Y 型	圆棒型	附铸试块	优先选用的拉力试样直径 D/mm
$t\leqslant 12.5$	Ⅰ	Ⅰ	Ⅰ、Ⅱ或Ⅲ	A	7
$12.5<t\leqslant 30$	$Ⅱ_a$ 或 $Ⅱ_b$	$Ⅱ_a$ 或 $Ⅱ_b$	Ⅰ、Ⅱ或Ⅲ	B	14
$30<t\leqslant 60$	Ⅲ	Ⅲ	—	C	14
$60<t\leqslant 200$	Ⅳ	Ⅳ	—	D	14
备注	见图 1	见图 2	见图 3	见图 4	按图 5 试样的其他直径由供需双方商定

8.2 取样批次的构成和试验数量

8.2.1 取样批次的构成

8.2.1.1 等温淬火热处理前的球墨铸铁件的取样批次按 GB/T 1348 规定划分。

8.2.1.2 热处理后的等温淬火球墨铸铁件的批次构成如下：

a) 非连续热处理的场合，相同热处理条件同时处理的等温淬火球墨铸铁件属同一批次。

b) 连续热处理的场合，最大 4 h 的热处理产量作为一个批次。

c) 不采用 a)或 b)的规定，而由供需双方协商将几个批次并成一组，以其中一个批次代表该组。

8.2.2 试验数量

8.2.2.1 每个取样批次都要进行试验。

8.2.2.2 如需方有硬度试验和冲击试验要求时，由供需双方商定取样方法和试验次数。

8.3 试块和试样

8.3.1 单铸试块

试块应与铸件生产条件一致的情况下，在生产铸件的同时在砂型中单独铸出。

单铸试块应与它所代表的铸件用同一批次的铁液浇注，并在该批次铁液的后期浇注。

试块的形状和尺寸应符合图 1 和表 4、图 2 和表 5 或图 3 和表 6 所示。

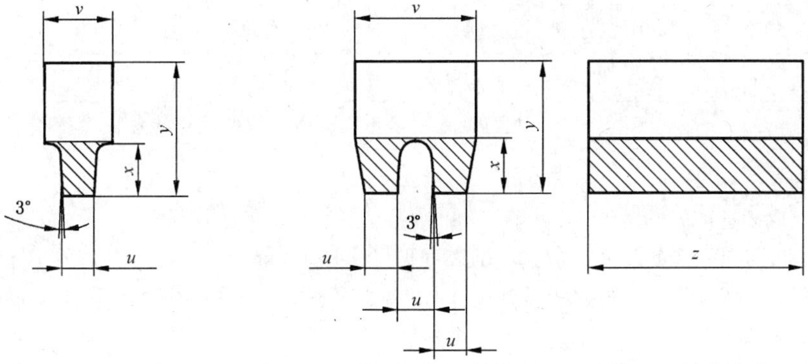

(Ⅰ，Ⅱa，Ⅲ和Ⅳ型)　　　　(Ⅱb 型)

图 1 单铸试块——Ⅰ和 U 型试块(选择方案 1)

表 4 Ⅰ和 U 型试块的尺寸　　　　单位为毫米

尺寸	型式				
	Ⅰ	Ⅱa	Ⅱb	Ⅲ	Ⅳ
u	12.5	25	25	50	75
v	40	55	90	90	125
x	30	40	40 或 50	60	65
y	80	100	100	150	165
z	根据图 5 所示不同规格的拉伸试样的总长 L_t 确定				

注 1：y 仅供参考。

注 2：试块铸型吃砂量：

——Ⅰ、Ⅱa 和Ⅱb 型最小 40 mm；——Ⅲ型和Ⅳ型最小 80 mm。

注 3：对于薄壁铸件或金属型铸件，其抗拉强度可由供需双方商定。并用厚度 u 小于 12.5 mm 的试块加工成的拉伸试样来测定。

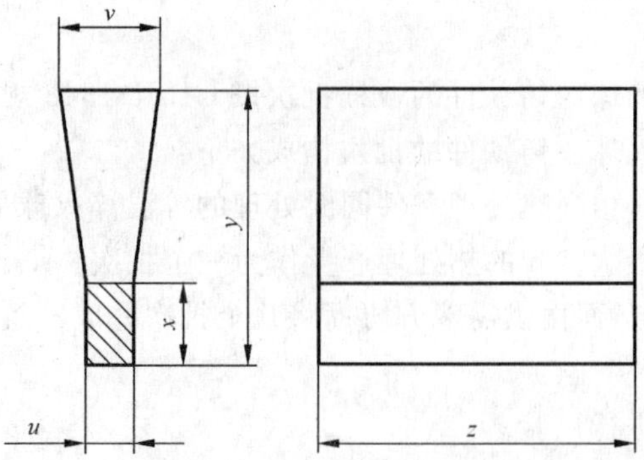

图 2　单铸试块——Y 型试块(选择方案 2)

表 5　Y 型试块的尺寸

单位为毫米

尺　寸	型　式				
	Ⅰ	Ⅱ$_a$	Ⅱ$_b$	Ⅲ	Ⅳ
u	12.5	25	25	50	75
v	40	55	90	90	125
x	30	40	40 或 50	60	65
y	80	100	100	150	165
z	根据图 5 所示不同规格的拉伸试样的总长 L_t 确定				

注 1：y 仅供参考。

注 2：试块铸型吃砂量：

——Ⅰ、Ⅱ$_a$ 和 Ⅱ$_b$ 型最小 40 mm；——Ⅲ型和Ⅳ型最小 80 mm。

注 3：对于薄壁铸件或金属型铸件，其抗拉强度可由供需双方商定。并用厚度 u 小于 12.5 mm 的试块加工成的拉伸试样来测定。

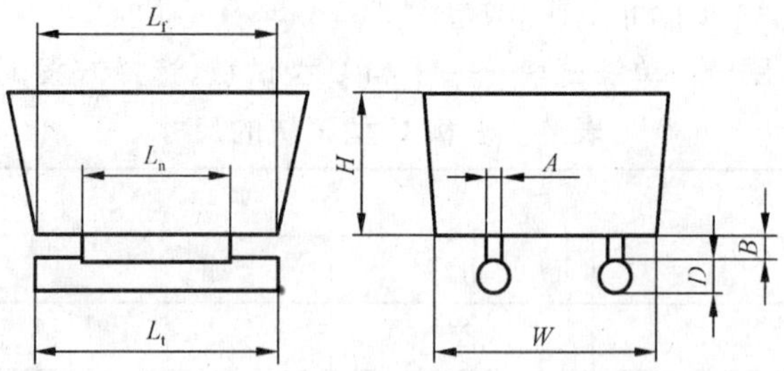

Ⅰ型

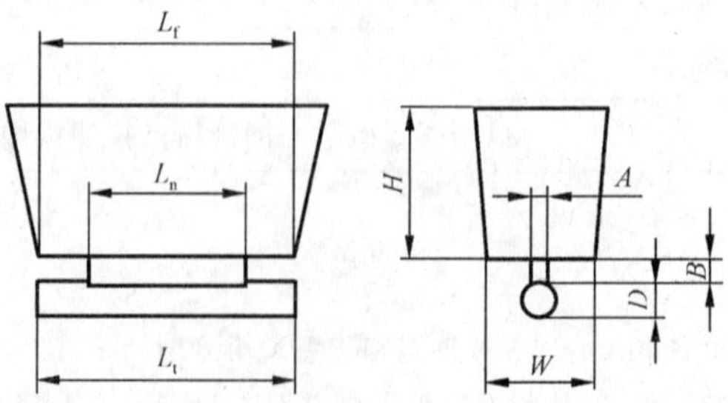

Ⅱ型

图 3　单铸和附铸试块——直径 14 mm 拉伸试样的圆棒型试块(选择方案 3)

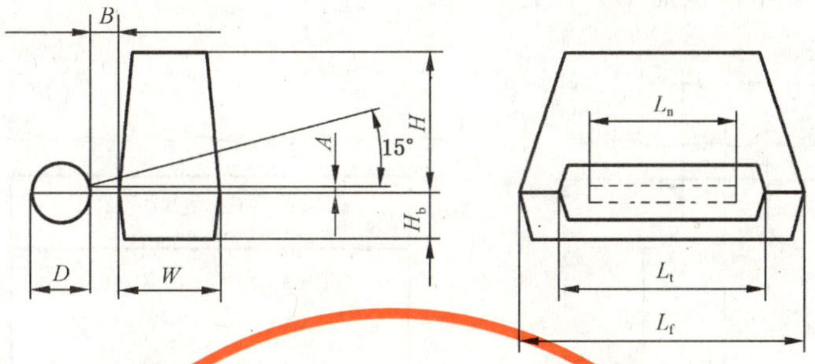

Ⅲ型

带冒口的试块

图 3 (续)

表 6 直径 14 mm 拉伸试样的圆棒型试块的尺寸

单位为毫米

型式	A	B	D	H	H_b	L_f	L_n	L_t	W
Ⅰ	4.5	5.5	25	50	—	L_t+20	L_t-50	见图 5	100
Ⅱ	4.5	5.5	25	50	—	L_t+20	L_t-50		50
Ⅲ	4.0	5.0	25	50	15	L_t	L_t-50		50

试块从铸型取出时的温度应与铸件打箱时的温度相近。

如果采用型内球化,试块可以是:

——与铸件用同一浇注系统铸出;

——用与铸件生产相似的处理方法单独铸出。

试块应与其代表的铸件进行同样的热处理。图 5 和图 6 的试样是从图 1、图 2 试块(阴影部分)或图 3 的圆棒型试块上加工而成。

除非另有协议,试样的制取方法由供方决定。

8.3.2 附铸试块

附铸试块附铸在它所代表的铸件上,有与铸件主要壁厚相应的厚度,并与铸件同一批次浇注和热处理。

用于拉伸和/或冲击试验的试样,取自附铸在铸件或浇注系统上的试块。

对同包铁液浇注的一批铸件,应至少提供一个最后浇注的附铸试块。

试块应符合图 3 或图 4 其中之一的要求。

当铸件的重量等于或超过 2 000 kg 和壁厚超过 100 mm 时,采用附铸试块。附铸试块的尺寸和位置,由供需双方商定。

附铸试块的形状和尺寸见图 3 和表 6 或图 4 和表 7。

附铸试块的位置应由供需双方商定,要考虑铸件的形状和浇注系统避免对相邻材料的性能产生不利影响。

所有的试块都应有明显的标记,以保证铸件质量的可追溯性。

拉伸试样见图 5 和表 8,冲击试样见图 6;试样由图 3 和图 4 所示的试块加工而成。

除非另有协议,试样的选择由供方决定。

8.3.3 本体试样

供需双方可对铸件指定部位的力学性能(参见附录 F)进行商定。

本体试样的直径可以等于或小于 1/3 壁厚且大于 1/5 壁厚,对于厚大件取样部位和试样直径由供需双方商定。

若需方无倾向性意见时,供方可自行确定在铸件上切取试样的部位,并确定试样的直径。

本体取样的频次和数量由供需双方商定。

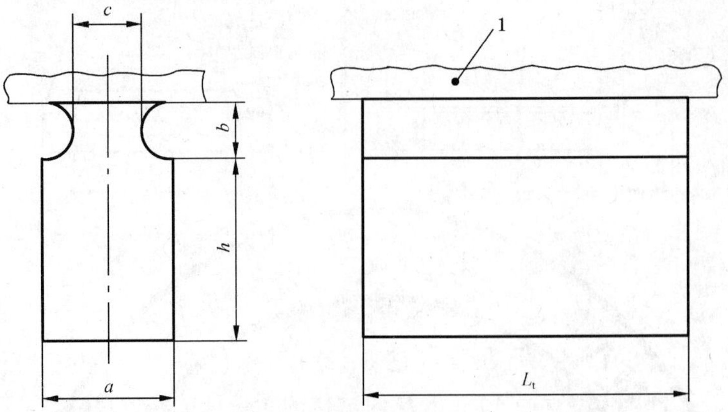

图 4　附铸试块(选择方案 4)

表 7　附铸试块的尺寸

单位为毫米

型式	铸件主要壁厚 t	a	b(最大)	c(最小)	h	L_t
A	$t \leqslant 12.5$	15	11	7.5	20～30	应按图 5 拉伸试样所允许的尺寸 L_c 来确定
B	$12.5 < t \leqslant 30$	25	19	12.5	30～40	
C	$30 < t \leqslant 60$	40	30	20	40～65	
D	$60 < t \leqslant 200$	70	52.5	35	65～105	
注：如果商定用较小直径试样，适用下列关系式： ——$b=0.75\times a$；　——$c=0.5\times a$。						

9　试验方法

9.1　拉伸试验

拉伸试验按 GB/T 228 的规定执行。优先采用的试样直径为 14 mm，由于工艺的原因或从铸件上切取试样等因素，允许采用不同直径的试样(见图 5 和表 8)。

对例外情况，试样的原始标距应符合式(1)。

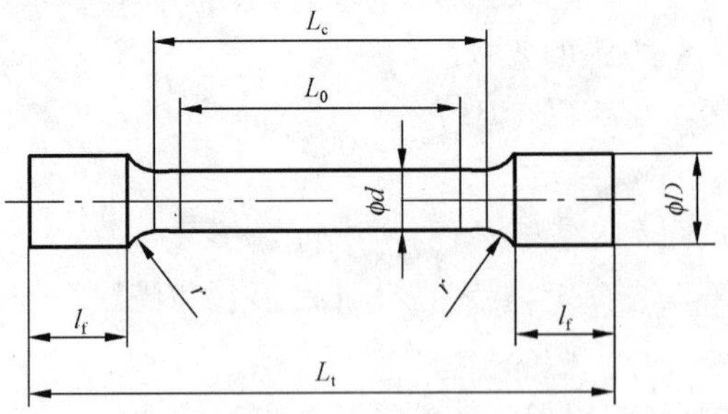

图 5　拉伸试样

$$L_0 = 5.65 \times \sqrt{S_0} = 5 \times d \qquad \cdots\cdots(1)$$

式中：

L_0——原始标距；

S_0——试样原始横截面积；

d——试样沿标距处的原始直径。

如果公式(1)计算的 L_0 不合适，供需双方可商定试样加工直径。

如采用不同标距的试样，最小伸长率参见附录B的表B.1。

表8 拉伸试样的尺寸

单位为毫米

d	L_0	L_c 最大
5	25	30
7	35	42
10	50	60
14[a]	70	84
20	100	120

注1：L_0——原始标距，即 $L_0=5\ d$；　d——试样沿标距处直径；

L_c——平行部分的长度，$L_c>L_0$（一般 $L_c-L_0>d$）；

L_t——试样总长度，随 L_c 而定。

注2：试样两端部的夹持方式及端部长度 l_t 由供需双方商定（建议QTD 1400-1/HBW400和QTD HBW450的拉伸试样的夹持端采用螺纹状或台阶状）。

[a] 优先选用的尺寸。

9.2 V型缺口试样冲击试验

冲击试验按照GB/T 229的规定执行，每次试验3个冲击试样（见图6）。

单位为毫米

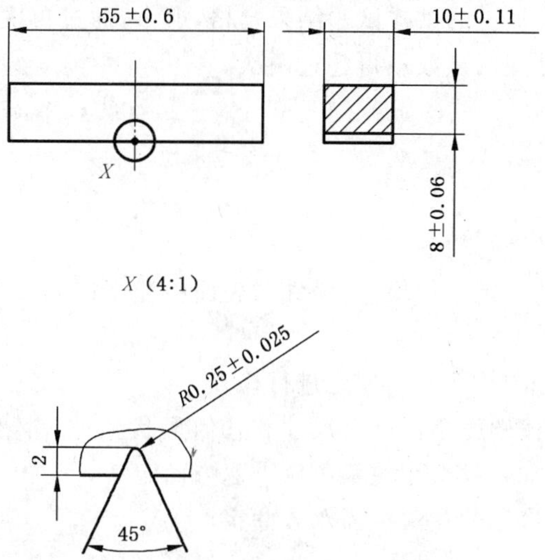

图6 V型缺口摆锤式冲击试样

9.3 硬度试验

布氏硬度试验按GB/T 231.1的规定执行。

替代的硬度试验方法可由供需双方商定。

硬度试验的部位、频次、数量应由供需双方商定，可在铸件的一个或几个部位上或试块上测试。

如果商定的项目中未明确检测点，则由供方自行选择检测点。

如果不能在铸件上直接测试硬度，经供需双方商定，可在铸件的附铸硬度试块上测试。

10 复验

10.1 复验的条件

如果首次试验是无效的，应重复试验。

如果首次试验结果不能满足材料的力学性能要求，允许进行重复试验。

10.2 试验的有效性

如果不是由于铸件本身的质量问题，而是由于下列原因之一造成试验结果不符合要求时，则试验无效：

a） 试样在试验机上装卡不当或试验机的操作不当；

b） 试样有铸造缺陷或试样切削加工不当；

c） 拉伸试样在标距外断裂；

d） 试样拉伸断口上存在明显的铸造缺陷。

在上述情况下，应在同一试块上，或者从该批次浇注的试块上重新取样再进行试验，复验的结果代替无效试验的结果。

复验的结果作为最终的试验结果。

10.3 复验结果判定

除10.2中所述的原因外，如果试验结果不符合规定的要求，则每个未通过的试验，应加倍取样复验。

如果复验的结果都合格，则该批铸件可判定为合格。如果复验结果中有一个不合格，则该批铸件可判定为不合格。

10.4 试块和铸件的热处理

铸件经过一次热处理后，如试验结果不合格，则允许供方将铸件和有代表性的试块再进行一次热处理。

如果再次热处理的试块上加工的试样试验结果合格，那么，通过再次热处理的铸件被认定合格。

为复验而进行的重复热处理的次数不得超过两次。

11 铸件的检验

11.1 表面质量

铸件外表面用目测法逐件进行检验。

铸件的表面质量按7.8的规定进行检查；铸件的表面粗糙度按GB/T 6060.1规定检验。

11.2 几何形状、尺寸公差

铸件的几何形状及尺寸公差按7.6的规定进行检查。

首批样件和重要铸件，应按图样逐件检查尺寸和几何形状。一般铸件及采用能保证尺寸稳定性方法生产出来的铸件可以抽查，抽查频次和数量由供需双方商定。

批量生产的铸件，检测频次和数量由供需双方商定。

11.3 化学成分分析

当需方对铸件化学成分有要求时，则应按需方的技术要求执行；如需方技术要求中无规定时，化学成分由供方自行确定。

11.3.1 化学成分分析可采用常规化学分析法或光谱分析法进行。

11.3.2 常规化学分析取样方法按GB/T 20066的规定执行。

11.3.3 光谱取样方法按GB/T 5678和GB/T 14203的规定执行。光谱分析方法按GB/T 20125的规定执行。

11.3.4 化学成分中碳、硅、锰、硫、磷的仲裁分析分别按GB/T 20123或GB/T 223.69、GB/T 223.60、GB/T 223.58、GB/T 223.68、GB/T 223.3的规定执行；铬、钼、铜、镍的仲裁分析分别按GB/T 223.12、GB/T 223.26、GB/T 223.18、GB/T 223.23的规定执行。

11.4 金相检验

铸件金相组织检验的取样位置和取样频次由供需双方商定。

球化级别可以通过金相或无损检验判定，如有争议时，以金相显微镜检测裁定。

11.5 无损检验

11.5.1 磁粉探伤按 GB/T 9444 的规定执行。

11.5.2 超声波检验按 GB/T 7233 的规定执行。

11.5.3 射线检验按 GB/T 5677 的规定执行。

11.6 重量偏差

需方无特殊要求时，铸件的重量偏差按 GB/T 11351 的规定执行。

11.7 缺陷检查

a) 铸件表面可见的缺陷，应以目视方法进行检查。

b) 铸件不可见表面的缺陷，可用内窥镜检查。

c) 铸件的内部缺陷，可用射线、超声波等方式检查。

应逐件目测检查铸件的外观缺陷，但对几何形状、内腔形状复杂的铸件内在缺陷的检查，可按双方商定的检测频次、数量、检验方式进行抽检。

11.8 可选的其他测试方法

经供需双方商定，也可以选用其他等效的方法测定抗拉强度、布氏硬度、石墨组织等。

12 标志和质量证明书

12.1 铸件应有供方的标志，该标志不应影响铸件的质量和使用性能。

12.2 标志的位置、尺寸和方法应符合图样要求，或由供需双方商定。

12.3 铸件出厂应附有供方检验部门签章的质量证明书，证明书应包括下列内容：

a) 供方名称或标识；

b) 零件号或订货合同号；

c) 铸件材料牌号；

d) 各项检验结果；

e) 标准号。

13 防锈、包装和储运

铸件经检验合格后，其防锈、包装和储运方式由供需双方商定。

对于长途运输的铸件，应按运输条例的规定，双方商定包装、工位器具与运输工具。

附 录 A
（规范性附录）
抗磨等温淬火球墨铸铁的牌号

A.1 范围

本附录规定了按硬度分级的两种抗磨等温淬火球墨铸铁的牌号。

A.2 牌号及要求

抗磨等温淬火球墨铸铁的布氏硬度应符合表 A.1 的规定。

表 A.1 还给出了其他性能(仅供参考)。

表 A.1 抗磨等温淬火球墨铸铁的力学性能

材料牌号	布氏硬度/HBW min	抗拉强度 R_m/MPa (min)	屈服强度 $R_{p0.2}$/MPa (min)	伸长率 A/% (min)
QTD HBW400	400	1 400	1 100	1
QTD HBW450	450	1 600	1 300	—
注 1：最大布氏硬度可由供需双方商定。 注 2：400 HBW 和 450 HBW 如换算成洛氏硬度分别约为 43 HRC 和 48 HRC。 注 3：牌号表示方式参照 ISO 17804:2005。				

A.3 取样

需方无规定时，布氏硬度试验的频次和数量按 8.2 规定执行，或由供需双方商定。

如果不能在铸件上进行硬度试验时，经供需双方商定，可在已经过热处理的铸件附铸硬度试块上进行。

A.4 硬度试验

布氏硬度试验按 GB/T 231.1 的规定执行。

经供需双方商定，可用其他试验方法结果(如洛氏硬度等)作硬度换算。

每次布氏硬度试验都应在供需双方商定的铸件部位上进行，或者在铸件附铸硬度试块上测试。除非需方有规定，附铸硬度试块所处部位和尺寸大小，由供方确定。

如果在附铸硬度试块上进行试验，附铸硬度试块直到铸件热处理后都不能与铸件分离。

当铸件太大或用普通试验机测试有困难，或当有大量铸件需要在线检测时，可以使用便携式硬度计测试。

当使用便携式硬度计时，应参照标准对试验进行校正。

A.5 复验

按第 10 章的规定执行。

附 录 B
（规范性附录）
原始标距 $L_0=4\times d$ 试样的最小伸长率

表B.1给出最小伸长率。

表B.1 单铸或附铸试块的试样力学性能——原始标距 $L_0=4d$ 的拉伸试样

材料牌号	铸件主要壁厚 t/mm	抗拉强度 R_m/MPa (min)	屈服强度 $R_{p0.2}$/MPa (min)	伸长率 A/%(min) ($L_0=4d$)
QTD 800-10 (QTD 800-10R)	$t\leqslant30$	800	500	11
	$30<t\leqslant60$	750		7
	$60<t\leqslant100$	720		6
QTD 900-8	$t\leqslant30$	900	600	9
	$30<t\leqslant60$	850		6
	$60<t\leqslant100$	820		5
QTD 1050-6	$t\leqslant30$	1 050	700	7
	$30<t\leqslant60$	1 000		5
	$60<t\leqslant100$	970		4
QTD 1200-3	$t\leqslant30$	1 200	850	4
	$30<t\leqslant60$	1 170		3
	$60<t\leqslant100$	1 140		2
QTD 1400-1	$t\leqslant30$	1 400	1 100	1
	$30<t\leqslant60$	1 170	供需双方商定	
	$60<t\leqslant100$	1 140		

注1：因铸件复杂程度和壁厚不同，其性能是不均匀的。

注2：经过合适的热处理，屈服强度最小值可按本表规定，而随铸件壁厚增大，抗拉强度和伸长率会降低。

注3：如需规定附铸试块型式，牌号后加标记“A”。

附　录　C
（资料性附录）
关于材料力学和物理性能的补充资料

表C.1提供了等温淬火球墨铸铁其他力学和物理性能的技术数据；表C.2和图C.1～图C.5提供了用于齿轮设计的一些性能数据和资料。

等温淬火球墨铸铁的性能特点及应用示例参见附录I。

表 C.1　等温淬火球墨铸铁其他力学和物理性能的技术数据

技术数据		牌号					
		QTD 800-10 (800-10R)	QTD 900-8	QTD 1050-6	QTD 1200-3	QTD 1400-1/ HBW400	QTD HBW450
性能(特性)	单位	性能指标[a]					
抗压强度 σ_{db} 0.2%屈服强度	MPa MPa	1 300 620	1 450 700	1 675 840	1 900 1 040	2 200 1 220	2 500 1 350
抗剪强度 σ_{aB} 0.2%屈服强度	MPa MPa	720 350	800 420	940 510	1 080 590	1 260 770	1 400 850
断裂韧度 K_{IC}	$MPa \cdot \sqrt{m}$	62	60	59	54	50	—
疲劳极限(弯曲旋转) 无缺口试样 (直径10.6 mm) $N=2\times10^6$ 循环次数	MPa	375	400	430	450	375	300
疲劳极限(弯曲旋转) 带缺口试样[b] (直径10.6 mm) $N=2\times10^6$ 循环次数	MPa	225	240	265	280	275	270
典型值(标准值)							
弹性模量 E (抗拉和抗压)	kMPa	170	169	168	167	165	165
泊松比 γ (横向变形系数)	—	0.27					
抗剪弹性模量	kMPa	65	65	64	63	62	62
密度 ρ	g/cm^3	7.1			7.0		
线膨胀系数 α (20 ℃～200 ℃)	$\mu m/(m \cdot k)$	18[c]～14					
热导率 λ (200 ℃)	$W/(m \cdot k)$	23[d]～20					
注：除非另有规定，表中所列值均在室温时测定。							

a 表中数据为相应铸件50 mm以下可能达到的最小值，对较大的断面，可由供需双方商定推荐值。

b 热处理后开槽，带有半径为0.25 mm圆环沟45°V型缺口。

c 对较低强度的牌号，线膨胀系数 α 较高。

d 对较低强度的牌号，热导率 λ 较高。

表 C.2 等温淬火球墨铸铁齿轮设计用的常用性能数据

性能		牌号			
		QTD 800-10 (QTD 800-10R)	QTD 900-8	QTD 1050-6	QTD 1200-3
疲劳强度	单位	强度值			
抗压疲劳强度 $\sigma_{H\ lim}$ 90% $N=10^7$ 循环次数	MPa	1 050	1 100	1 300	1 350
齿根抗弯疲劳强度 $\sigma_{F\ lim}$ 90% $N=10^7$ 循环次数	MPa	350	320	300	290

等温淬火球墨铸铁的许用弯曲应力和许用接触应力分别见图 C.1、图 C.2 和图 C.3。

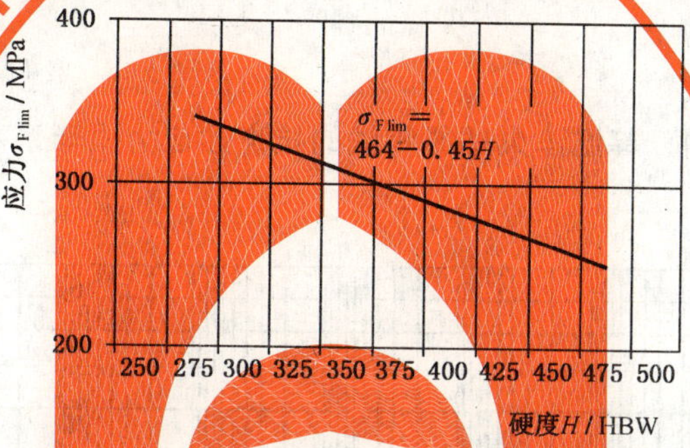

图 C.1 等温淬火球墨铸铁(机加工后)的弯曲疲劳极限应力

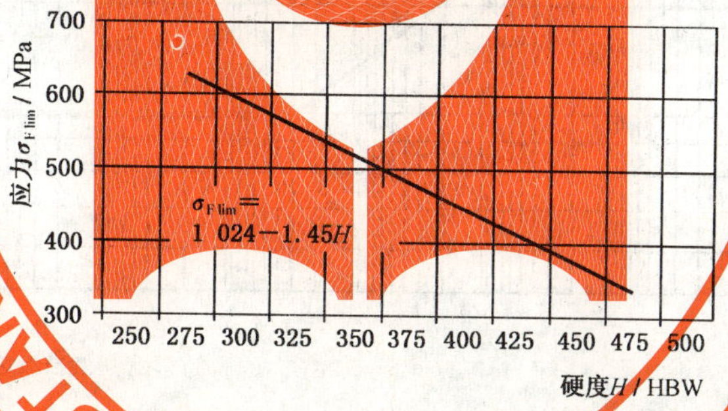

图 C.2 等温淬火球墨铸铁(机加工并喷丸强化后)的弯曲疲劳极限应力

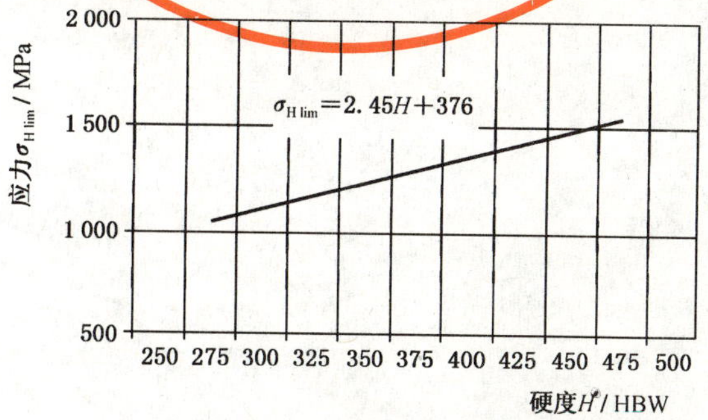

图 C.3 等温淬火球墨铸铁的接触疲劳极限应力

图 C.4 为采用接触应力计算方法确定 Z_N，图 C.5 为采用弯曲应力寿命计算方法确定 Y_N。

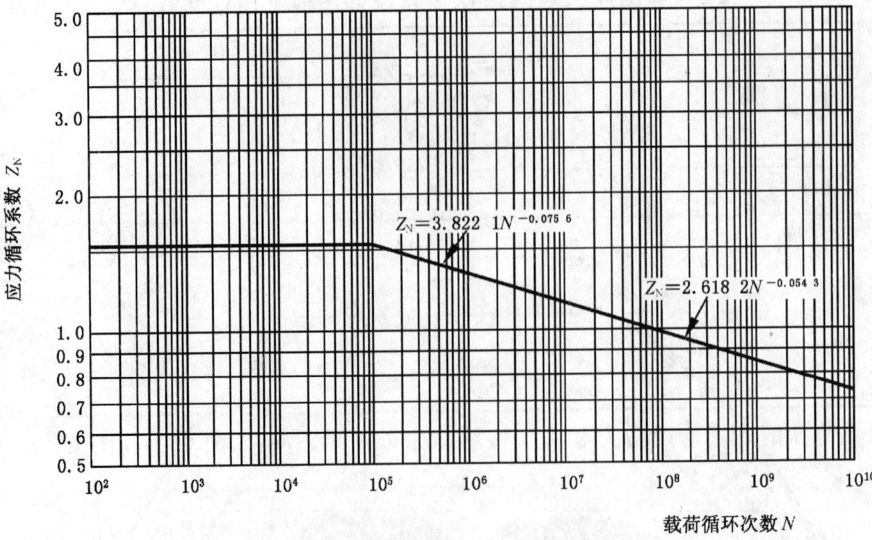

图 C.4 等温淬火球墨铸铁的抗点蚀应力循环系数 Z_N

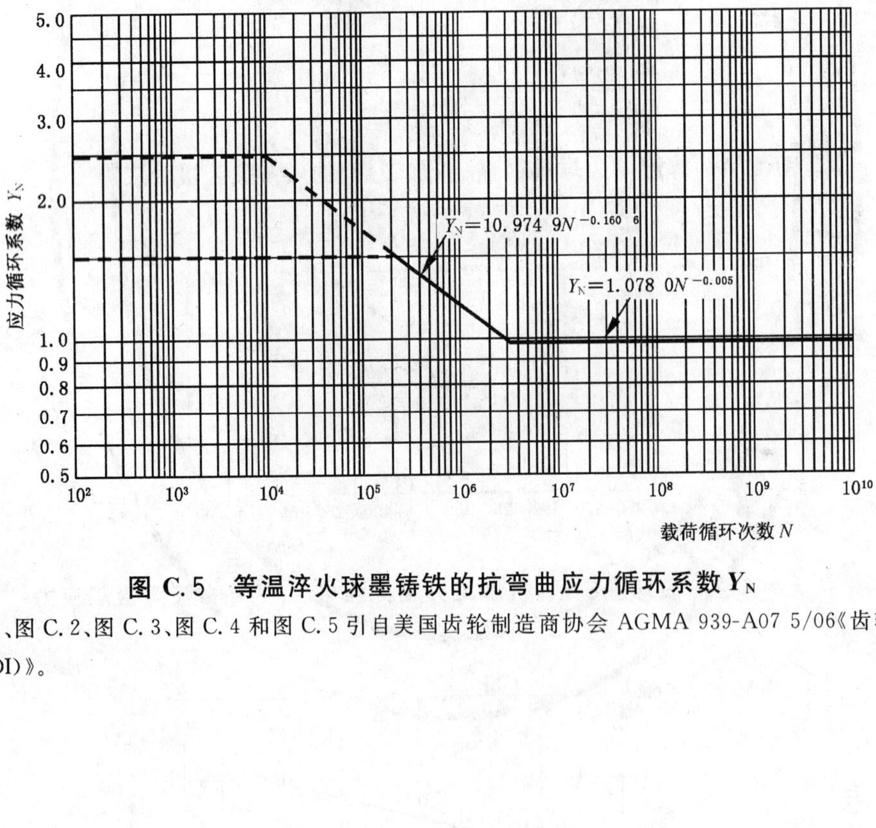

图 C.5 等温淬火球墨铸铁的抗弯曲应力循环系数 Y_N

注：图 C.1、图 C.2、图 C.3、图 C.4 和图 C.5 引自美国齿轮制造商协会 AGMA 939-A07 5/06《齿轮用等温淬火球铁(ADI)》。

附 录 D
（资料性附录）
等温淬火球墨铸铁件制造工艺建议

D.1 对球墨铸铁毛坯铸件的质量要求

一般而言，对等温淬火球墨铸铁毛坯铸件的质量要求应严于普通球墨铸铁件，要求铸件没有非金属夹杂、碳化物、缩松、气孔和夹渣等缺陷。根据铸件形状、结构和牌号不同，是否加入合金元素等，可由供需双方商定允许存在碳化物等缺陷的部位及数量。

推荐石墨球数≥100 个/mm^2；球化率≥85%；碳当量(CE)近似计算公式：CE=%C+1/3(%Si)，按表 D.1 进行控制。

表 D.1 不同壁厚所对应的碳当量范围

铸件主要壁厚 t/mm	CE 范围/%
$t<13$	4.4～4.6
$13\leqslant t<51$	4.3～4.6
$t>51$	4.3～4.5

D.2 化学成分的控制

对厚大截面有淬透性要求的等温淬火球墨铸铁才需要加入 Mo、Cu 和 Ni 等这些合金元素。要求增加淬透性只是为了避免在热处理过程中形成珠光体。最终所需要的合金量与铁液成分、零件外形尺寸以及等温淬火工艺有关，应由供方的铸造厂和热处理厂共同商定。当不需要时，合金元素的加入并不能提高等温淬火球墨铸铁的性能，而只会增加铸件的成本。

推荐的化学成分列于表 D.2 和表 D.3。

其他球化元素(如 Ca、Sr、Ba、Yi、La 和 Ce)仅用于替代球化元素 Mg，Mg 加上这些球化元素含量之和的残留量不应该超过 0.06%。

表 D.2 有意加入元素的推荐目标值和控制范围

有意加入的元素	目标值	典型控制范围/%
C	3.6 %	±0.20
Si	2.5 %	±0.20
Mg	(%S×0.76)+0.025%	±0.005
Mn	0.30%	±0.05
Cu	0.80%最大(仅在需要时)	±0.05
Ni	2.00%最大(仅在需要时)	±0.10
Mo	0.30%最大(仅在需要时)	±0.03
注：铸件截面尺寸小于 13 mm 时，Mn 的目标值可以提高到≤0.60%；截面厚度超过 13 mm(或有 Mo 或其他碳化物形成元素存在时)，Mn 的目标值应≤0.35%或更低，以消除影响零件切削性和塑韧性的晶界碳化物的形成。		

表 D.3 微量或杂质元素的控制最大值和范围

有意加入的元素	控制目标值	典型控制范围
Sn	<0.02%	±0.003%
Sb[b]	<0.002%	±0.000 3%
P	<0.04%	—
S	<0.02%	—
O	<50 ppm	—
Cr[a]	<0.10%	—
Ti	<0.040%	—
V	<0.10%	—
Al	<0.050%	—
As	<0.020%	—
Bi[b]	<0.002%	—
B	<0.000 6%	—
Cd	<0.005%	—
Pb	<0.002%	—
Se	<0.030%	—
Te	0.020%	—

[a] Cr 的作用尚有不同看法。

[b] Sb 和 Bi 在加入稀土的大断面球墨铸铁中，对改善球化、细化石墨有利。

D.3 热处理前的金相组织

热处理过程中奥氏体化碳达到饱和所需要的时间，以及等温淬火阶段铸件的变形和尺寸变化受热处理前铸件中珠光体/铁素体比例的影响。如果在等温淬火之后不再进行切削加工，稳定一致的珠光体/铁素体比例尤其重要。

D.4 等温淬火工艺过程

图 D.1 展示了典型的等温淬火处理工艺(应根据化学成分、零件的形状和要求的等温淬火球墨铸铁牌号等来确定等温温度和时间)。

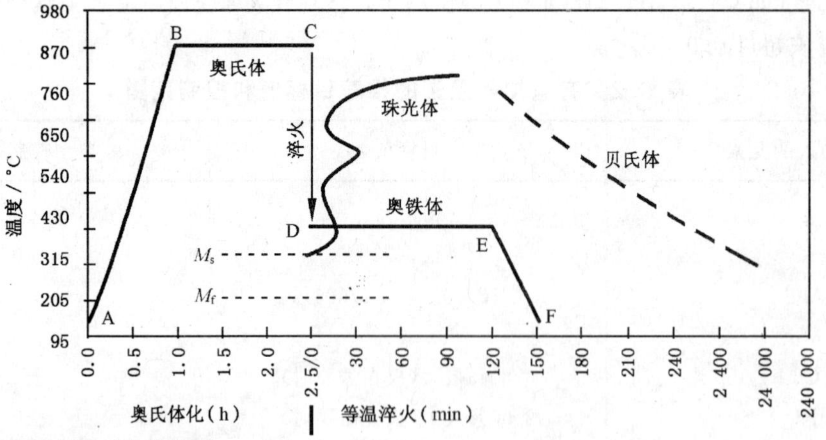

A—B 加热到合适的奥氏体化温度。

B—C 保温，使奥氏体达到碳饱和。

C—D 为了避免产生珠光体，要尽快地在马氏体转变温度(M_S)以上的温度进行淬火处理。

D—E 等温淬火处理时间，以保证得到所要求的奥铁体球墨铸铁性能。

E—F 冷却至室温。

图 D.1 等温淬火过程示意图

把将要等温淬火的零件加热到要求的奥氏体化温度(A—B)。奥氏体化温度(B)是铸铁的化学成分和奥氏体化过程中希望得到的平衡组织的函数。奥氏体化温度范围在大约 785 ℃～950 ℃之间。

其后,铸件在奥氏体化温度保温,保温时间足以达到相平衡和碳饱和状态。保温时间是化学成分、铸件壁厚和石墨球数的函数。

然后,铸件以不形成珠光体的速度迅速淬火冷却(C—D)到所要求的等温温度(D),该等温温度高于马氏体开始转变温度。所需冷却速度与铸件壁厚、合金含量和淬火设施有关。选择等温淬火温度以得到所要求的强度等级。等温温度高,铸件的硬度低、韧性好,见图 D. 2a),等温淬火温度低,铸件的硬度高、耐磨性好,见图 D. 2f)。

所得到的金属基体是针状铁素体和碳稳定的奥氏体组成的奥铁体。在低牌号的 ADI 中可能会有一部分共析铁素体存在。

D.5 等温淬火球墨铸铁的金相组织

各牌号等温淬火球墨铸铁的显微组织依次表示于图 D. 2a)～图 D. 2f)之中。

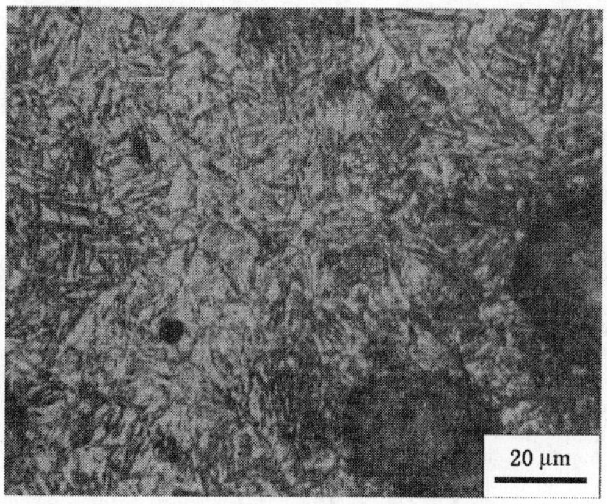

a) QTD 800-10(DCQT 800-10R)
显微组织 ×500

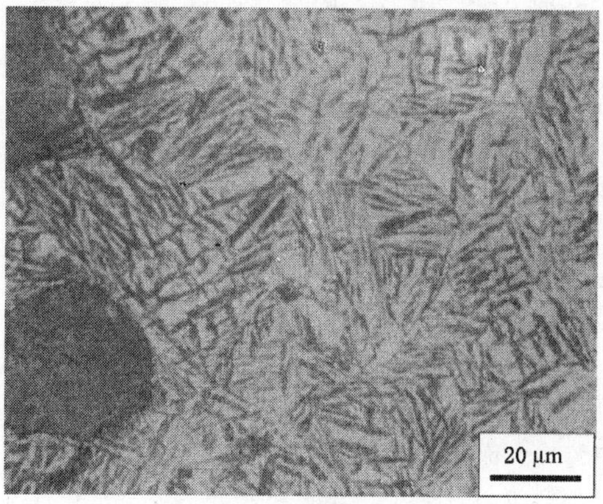

b) QTD 900-8 显微组织×500

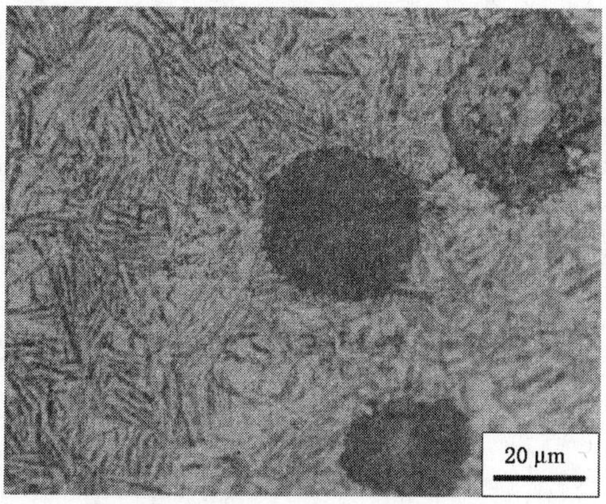

c) QTD 1050-6 显微组织 ×500

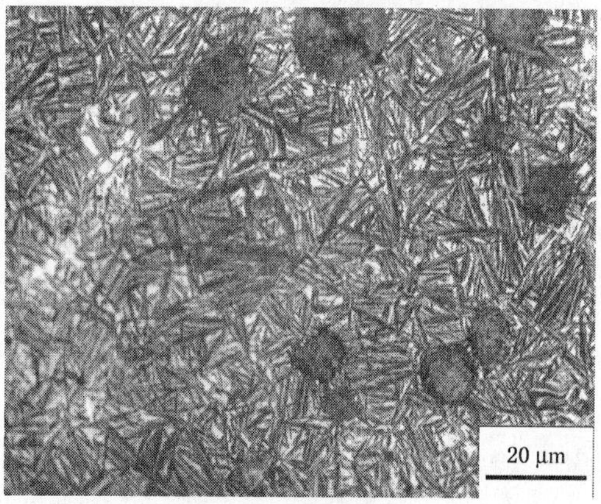

d) QTD 1200-3 显微组织×500

图 D.2 各牌号等温淬火球墨铸铁的显微组织

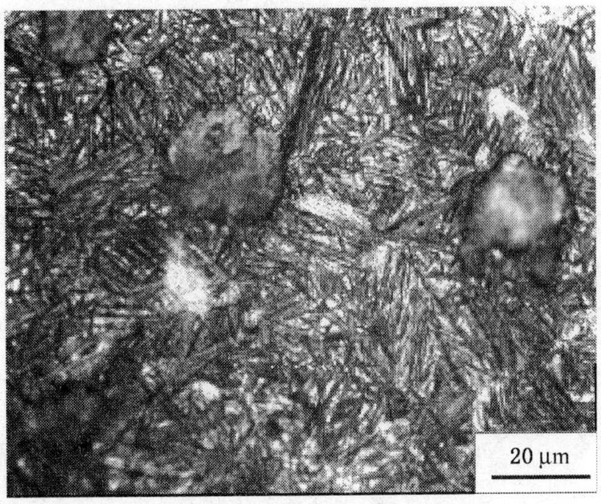

e) QTD 1400-1/HBW400 显微组织×500

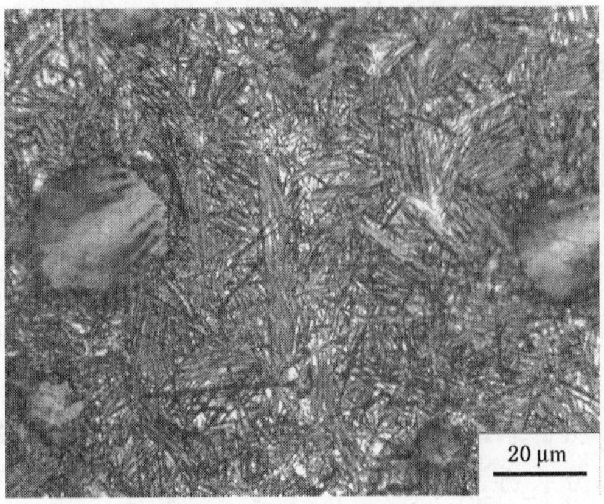

f) QTD HBW450 显微组织×500

图 D.2（续）

附　录 E
（资料性附录）
无缺口冲击试验

E.1　无缺口冲击试验

本附录提供了一种用无缺口冲击试验间接确定热处理后材料力学性能对应关系的方法。

本附录仅适用于需方要求时。

E.2　详细技术要求

表 E.1 列出了不同牌号材料的最小抗冲击功值。

表 E.1　等温淬火球墨铸铁无缺口试样的抗冲击功值

材料牌号	(23±5)℃时最小抗冲击功 A_k/J(min)
QTD 800-10 (QTD 800-10R)	110
QTD 900-8	100
QTD 1050-6	80
QTD 1200-3	60
QTD 1400-1	35
QTD HBW400	25
QTD HBW450	20

注 1：(23±5)℃时无缺口试样试验值，本表列的值是 4 次单独试验中 3 个较高值之平均值。

注 2：如需规定附铸试块型式，牌号后加标记“A”。

注 3：无缺口试样的抗冲击功值间接反映了材料显微组织状况。

E.3　取样

试块的铸造工艺由供需双方商定。抗冲击值要求仅适用于等温淬火后的试验材料。冲击试样为热处理后无缺口的试样，其尺寸为 10 mm×10 mm×55 mm。

E.4　试验方法

冲击试验应按照 GB/T 229 要求，测试 4 个无缺口试样；最小的冲击功值应剔除，采用剩下 3 个的平均值。

E.5　复验

按第 10 章规定进行复验。

附　录　F
（资料性附录）
铸件本体试样抗拉强度和伸长率的指导值

表 F.1 提供了力学性能的指导值。

表 F.1　铸件本体试样抗拉强度和伸长率的指导值

材料牌号	屈服强度 $R_{p0.2}$/MPa(min)	抗拉强度 R_m/MPa(min)			伸长率 A/%(min)		
		铸件主要壁厚 t/mm					
		$t\leqslant30$	$30<t\leqslant60$	$60<t\leqslant100$	$t\leqslant30$	$30<t\leqslant60$	$60<t\leqslant100$
QTD 800-10 (QTD 800-10R)	500	790	740	710	8	5	4
QTD 900-8	600	880	830	800	7	4	3
QTD 1050-6	700	1 020	970	940	5	3	2
QTD 1200-3	850	1 170	1 140	1 110	2	1	1
QTD 1400-1	1 100	1 360	由供需双方商定				

附 录 G
（资料性附录）
布氏硬度指导值

表 G.1 提供了布氏硬度的指导值。

表 G.1 布氏硬度指导值

材料牌号	布氏硬度范围/HBW
QTD 800-10 (QTD 800-10R)	250～310
QTD 900-8	270～340
QTD 1050-6	310～380
QTD 1200-3	340～420
QTD 1400-1	380～480

当对加工性能有要求时，供需双方可商定在铸件特定部位上具有较窄的硬度差范围。对 QTD 800-10(QTD 800-10R)牌号，30 HBW～40 HBW 的硬度差范围，通常可被供需双方接受。随着材料抗拉强度和硬度提高，硬度差范围会较宽。

等温淬火球墨铸铁的机加工性能参见附录 J。

附 录 H
（资料性附录）
球化率（或球状石墨比率）

球墨铸铁的球化率定义为球状石墨和球团状石墨所占石墨总量的百分数。

该百分数通常是在断面上切取试样后抛光，用金相显微镜放大100倍下观察，按GB/T 9441评定，也可由供需双方协商通过图像分析仪测得或经预先校正用超声波法测定。

球化率不仅取决于生产工艺（炉料、残余镁量、孕育方式等），也取决于铸件断面的薄厚。此外，在与铸型接触的铸件表面偶尔也能观察到一些衰退变异的石墨。

即使对于给定断面的铸件，在本标准中也不可能精确地确定临界球化率的最小特征值，因球化率的变化不仅与测量方法有关，而且与铸件的材料牌号（特别是材料化学成分）有关，同时还与单位面积上的球墨数量有关。

然而，85%～90%或更高的球化率通常能保证本标准规定的最低拉伸性能值（尤其是对$R_{p0.2}$）。

附 录 I
（资料性附录）
等温淬火球墨铸铁的性能特点及应用示例

表I.1列出了各牌号等温淬火球墨铸铁的性能特点及应用示例。

表 I.1 各牌号等温淬火球墨铸铁的应用示例

材料牌号	性能特点	应用示例
QTD 800-10 （QTD 800-10R）	布氏硬度250 HBW～310 HBW。具有优异的抗弯曲疲劳强度和较好的抗裂纹性能。机加工性能较好。抗拉强度和疲劳强度稍低于QTD 900-8，但可成为等温淬火处理后需进一步机加工的QTD 900-8零件的代替牌号。动载性能超过同硬度的球墨铸铁齿轮	大功率船用发动机（8 000 kW）支承架、注塑机液压件、大型柴油机（10缸）托架板、中型卡车悬挂件、恒速联轴器和柴油机曲轴（经圆角滚压）等。同硬度球铁齿轮的改进材料
QTD 900-8	布氏硬度270 HBW～340 HBW。适用于要求较高韧性和抗弯曲疲劳强度以及机加工性能良好的承受中等应力的零件。具有较好的低温性能。等温淬火处理后进行喷丸、圆弧滚压或磨削，有良好的强化效果	柴油机曲轴（经圆角滚压）、真空泵传动齿轮、风镐缸体、机头、载重卡车后钢板弹簧支架、汽车牵引钩支承座、衬套、控制臂、转动轴轴颈支撑、转向节、建筑用夹具、下水道盖板等
QTD 1050-6	布氏硬度310 HBW～380 HBW。适用于高强度高韧性和高弯曲疲劳强度以及机加工性能良好的承受中等应力的零件。低温性能为各牌号ADI中最好，等温淬火处理后进行喷丸、圆弧滚压或磨削有很好的强化效果。进行喷丸强化后超过淬火钢齿轮的动载性能，接触疲劳强度优于氮化钢齿轮	大马力柴油机曲轴（经圆角滚压）、柴油机正时齿轮、拖拉机、工程机械齿轮、拖拉机轮轴传动器轮毂、坦克履带板体等
QTD 1200-3	布氏硬度340 HBW～420 HBW。适用于要求高抗拉强度，较好疲劳强度，抗冲击强度和高耐磨性的零件	柴油机正时齿轮、链轮、铁路车辆销套等
QTD 1400-1	布氏硬度380 HBW～480 HBW。适用于要求高强度、高接触疲劳强度和高耐磨性的零件。该牌号的齿轮接触疲劳强度和弯曲疲劳强度超过经火焰或感应淬火球墨铸铁齿轮的动载性能	凸轮轴、铁路货车斜楔、轻卡后桥螺旋伞齿轮、托辊、滚轮、冲剪机刀片等
QTD HBW400	布氏硬度大于400 HBW。适用于要求高硬度、抗磨、耐磨的零件	犁铧、斧、锹、铣刀等工具、挖掘机斗齿、杂质泵体、施肥刀片等
QTD HBW450	布氏硬度大于450 HBW。适用于要求高硬度、抗磨、耐磨的零件	磨球、衬板、颚板、锤头、锤片、挖掘机斗齿等

附 录 J
（资料性附录）
等温淬火球墨铸铁的机加工性能

J.1 绪言

通常，材料的机加工性能可由四种判据描述：

——切屑的形状；

——加工面的质量；

——切削力；

——刀具的磨损和寿命。

J.2 切屑的形状

加工等温淬火球墨铸铁产生的切屑形状与加工其他球铁得到的切屑没有太大的不同。通常，若产生不连续断裂的切屑很容易处置。在某些情况下，刀具为负前角时也可能形成细针状切屑。

J.3 加工面的质量

加工面的质量事实上取决于嵌入的石墨颗粒。因此，等温淬火球墨铸铁加工面质量和其他球墨铸铁加工面质量相似。

石墨球可能被劈开或击碎弄脏加工面。这意味着用刚性好的带锋利刃口的刀具加工的表面质量最好。

J.4 切削力

平均切削力随未变形的切屑厚度增加而增大。因为铸铁切屑呈断续裂开状，对于包括等温淬火球墨铸铁在内的铸铁，与同等硬度的钢相比，其平均切削力随未变形切屑厚度增加而增大的幅度小得多。

通常，在较高的进刀率下铸铁的平均切削力比同等硬度的钢要低，事实上对等温淬火球墨铸铁来说，其平均切削力并不比珠光体级的球墨铸铁大很多。然而，对等温淬火球墨铸铁加工切削与同等硬度钢和珠光体球墨铸铁相比，承受的冲击力要大一些。

切削力的平均幅度与等温淬火球墨铸铁的抗拉强度基本无关，但随较大的进刀率和较低的切削速度而增加。因为由于振颤会降低刀具的寿命，所以一种短而刚性好的刀具夹持系统和刚性好的工件夹具的设计很重要。

J.5 刀具磨损和刀具寿命

等温淬火球墨铸铁比珠光体级别的球墨铸铁具有更高的硬度和韧性（伸长率）。刀具的磨损随材料硬度增高而增加，而切削速度要随硬度提高大致成比例减小。此外，还应当使用抗磨的刀具材料和涂层。对于车削、钻孔和磨削，抗磨的碳化钨刀具（K级）有很好的抗磨性。此外，由于高强度和高的韧性会导致高的切削温度，合适涂层刀具可耐受较高的切削温度，例如：钛铝氮化合物（TiAlN）或铝氧化物（Al_2O_3）的涂层。某些场合可用陶瓷型刀具。考虑到刀刃要承受高的单位载荷，使用优选材料和几何形状的刀具，可使刀具寿命得到改善提高（例如，当铣削和钻孔时用碳化钨刀具）。

J.6 其他需考虑的事项

等温淬火球墨铸铁显微组织的质量会较大地影响加工性能。

应该考虑下列影响：

——通过材料显微组织变化引起硬度改变使得刀具寿命降低；

——材料抗拉强度提高，刀具磨损增加，切削速度应相应地降低；

——较高合金化元素含量(%)(特别是如钼这样的碳化物形成元素)会增加刀具磨损；

——铸件中具有不稳定奥氏体的部位其加工性能较差。

ICS 01.100.01
J 04

中华人民共和国国家标准

GB/T 24734.1—2009

技术产品文件 数字化产品定义数据通则 第1部分:术语和定义

**Technical product documentation—
Digital product definition data practices—
Part 1:Terms and definitions**

(ISO 16792:2006,Technical product documentation—
Digital product definition data practices,NEQ)

2009-11-30 发布 2010-09-01 实施

中华人民共和国国家质量监督检验检疫总局
中国国家标准化管理委员会 发布

前言

GB/T 24734《技术产品文件　数字化产品定义数据通则》分为11个部分：

——第1部分：术语和定义；

——第2部分：数据集识别与控制；

——第3部分：数据集要求；

——第4部分：设计模型要求；

——第5部分：产品定义数据通用要求；

——第6部分：几何建模特征规范；

——第7部分：注释要求；

——第8部分：模型数值与尺寸要求；

——第9部分：基准的应用；

——第10部分：几何公差的应用；

——第11部分：模型几何细节层级。

本部分为GB/T 24734《技术产品文件　数字化产品定义数据通则》的第1部分，规定了数字化产品定义数据所涉及的重要术语和定义。

本部分是根据ISO 16792:2006《技术产品文件　数字化产品定义数据通则》的第3章"术语和定义"编制而成。本部分内容与ISO 16792:2006的第3章内容的一致性程度为非等效。

本部分由全国技术产品文件标准化技术委员会(SAC/TC 146)提出并归口。

本部分起草单位：中机生产力促进中心、中国电子科技集团公司第三十八研究所、北京清软英泰信息技术有限公司、北京数码大方科技有限公司、北京艾克斯特信息技术有限公司、广西玉柴机器集团有限公司。

本部分主要起草人：丁红宇、张红旗、陈景玉、肖承翔、尚凤武、雍俊海、陈卫东、阎光荣、温秋生、韩琳琳、王云峰、谢正良。

技术产品文件 数字化产品定义数据通则 第1部分:术语和定义

1 范围

GB/T 24734 的本部分规定了与数字化产品定义数据密切相关的术语和定义。

本部分适用于与数字化产品定义相关的应用、开发、服务与研究。

2 规范性引用文件

下列文件中的条款通过 GB/T 24734 的本部分的引用而成为本部分的条款。凡是注日期的引用文件,其随后所有的修改单(不包括勘误的内容)或修订版均不适用于本部分,然而,鼓励根据本部分达成协议的各方研究是否可使用这些文件的最新版本。凡是不注日期的引用文件,其最新版本适用于本部分。

GB/T 17851 形状和位置公差 基准和基准体系(GB/T 17851—1999,eqv ISO 5459:1981)

GB/T 18780.1—2002 产品几何量技术规范(GPS) 几何要素 第1部分:基本术语和定义(ISO 14660-1:1999,IDT)

3 术语和定义

下列术语和定义适用于 GB/T 24734 的本部分。

3.1

标注 annotation

无需手工或外部处理即可见的尺寸、公差、注释、文本和符号。

3.2

标注面 annotation plane

标注所在的概念性平面。

注1:标注面宜与模型特征相交或重合。

注2:该平面是“概念性”的,并非模型上的真实几何。

3.3

装配模型 assembly model

由两个或多个零部件装配而成的模型总成。

3.4

关联实体 associated entities

与标注关联的产品定义中的相关部分。

3.5

关联组 associated group

由用户定义的相关数据元素的集合。

3.6

关联性 associativity

数据元素间的关联关系。

3.7

属性　attribute

表达产品定义或产品模型特征所需的不可见的尺寸、公差、注释、文本或符号，但这些信息可查询得到。

3.8

数据　data

为适合人或计算机进行通讯、解释或处理而以某种正式方式表达的信息。

3.9

基准体系　datum system

两个或三个单独基准构成的有序组合，这些基准可以是单基准也可以是公共基准。

注1：参见GB/T 17851。

注2：可作为部分的或完全的基准体系。

3.10

设计模型　design model

数据集的一部分，包含模型几何及辅助几何。

3.11

数据元素　digital element

数据集中的几何元素、模型特征、模型特征组、标注、关联组或属性。

3.12

数据元素标识　digital element identifier

唯一识别数据元素的标记或名称。

3.13

与方向相关的公差　direction dependent tolerance

其公差带是平行直线或曲线之间区域的公差。

3.14

标记注释　flagnote

仅适用于模型或工程图中特定面(点)的注释，该注释与通用注释一起放置。

3.15

几何元素　geometric element

数据集中的几何实体。

示例：GB/T 18780.1—2002中定义的几何要素、模型坐标系和剖面符号。

3.16

硬拷贝　hard copy

通过打印或绘图获得全部或部分数据集的副本。

3.17

安装模型　installation model

包含零件或装配件以及部分或全部组装位置的模型。

3.18

管理数据　management data

发布、控制和存储产品定义数据以及其他相关工程数据所需的数据。

3.19

模型　model

描述产品的设计模型、标注和属性的集合。

3.20

模型坐标系　model coordinate system

产品定义数据集中的笛卡尔坐标系。

3.21

模型几何　model geometry

产品定义数据中表达设计产品的几何元素。

3.22

模型特征　model feature

表达零部件某物理部分的模型几何。

3.23

模型值　model value

通过查询模型得到的数值，该数值根据计算机系统的精度(小数位)量化了设计模型和装配模型的几何形状和空间关系。

3.24

产品定义数据　product definition data

完整定义产品时所需的数据元素。

3.25

产品定义数据集　product definition data set

一个或多个计算机文件的集合，该集合通过图形、文字或两者的结合来直接或间接表达产品的物理和功能要求。

3.26

查询　query

查找数据元素及其相互关系的操作。

3.27

表征线素　represented line element

辅助直线或曲线线段，用来描述与方向相关的公差的方向。

3.28

圆整尺寸　resolved dimension

按照设计要求舍入到一定小数位的模型值。

3.29

屏幕硬拷贝　screen dump

显示图像的硬拷贝。

3.30

保存视图　saved view

包含特定方向和缩放倍率，已被保存并可被检索的模型视图。

3.31

特殊字符　special character

不属于字母 A～Z、a～z、数字和标点符号的字符。

3.32

辅助几何　supplemental geometry

包含在产品定义数据中的几何元素，用来表达设计要求，但不表示产品的物理部分。

中 文 索 引

英 文 索 引

ICS 01.100.01
J 04

中华人民共和国国家标准

GB/T 24734.2—2009

技术产品文件
数字化产品定义数据通则
第2部分:数据集识别与控制

Technical product documentation—
Digital product definition data practices—
Part 2:Data set identification and control

(ISO 16792:2006,Technical product documentation—
Digital product definition data practices,NEQ)

2009-11-30 发布　　2010-09-01 实施

中华人民共和国国家质量监督检验检疫总局
中国国家标准化管理委员会　发布

前　言

GB/T 24734《技术产品文件　数字化产品定义数据通则》分为11个部分：

——第1部分：术语和定义；

——第2部分：数据集识别与控制；

——第3部分：数据集要求；

——第4部分：设计模型要求；

——第5部分：产品定义数据通用要求；

——第6部分：几何建模特征规范；

——第7部分：注释要求；

——第8部分：模型数值与尺寸要求；

——第9部分：基准的应用；

——第10部分：几何公差的应用；

——第11部分：模型几何细节层级。

本部分为GB/T 24734《技术产品文件　数字化产品定义数据通则》的第2部分，对数字化产品定义过程中数据集的识别、相关数据以及数据管理给出了规范性的要求。

本部分是根据ISO 16792：2006《技术产品文件　数字化产品定义数据通则》的第4章"数据集识别与控制"编制而成。本部分内容与ISO 16792：2006的第4章内容的一致性程度为非等效。

本部分由全国技术产品文件标准化技术委员会(SAC/TC 146)提出并归口。

本部分起草单位：中机生产力促进中心、北京清软英泰信息技术有限公司、广西玉柴机器集团有限公司、北京数码大方科技有限公司、北京艾克斯特信息技术有限公司、中国电子科技集团公司第三十八研究所。

本部分主要起草人：丁红宇、张红旗、陈景玉、肖承翔、谢正良、尚凤武、雍俊海、陈卫东、阎光荣、温秋生、韩琳琳、王云峰。

技术产品文件
数字化产品定义数据通则
第2部分:数据集识别与控制

1 范围

GB/T 24734的本部分对三维CAD应用(数字化产品定义)中数据集的识别、相关数据以及数据管理给出了规范性的要求。

本部分适用于与数字化产品定义相关的应用、开发、服务与研究。

2 规范性引用文件

下列文件中的条款通过GB/T 24734的本部分的引用而成为本部分的条款。凡是注日期的引用文件,其随后所有的修改单(不包括勘误的内容)或修订版均不适用于本部分,然而,鼓励根据本部分达成协议的各方研究是否可使用这些文件的最新版本。凡是不注日期的引用文件,其最新版本适用于本部分。

GB/T 10609.1—2008 技术制图 标题栏

GB/T 16722.1—2008 技术产品文件 计算机辅助技术信息处理 安全性要求(ISO 11442:2006,Technical product documentation—Document management,NEQ)

GB/T 16722.2—2008 技术产品文件 计算机辅助技术信息处理 原始文件(ISO 11442:2006,Technical product documentation—Document management,NEQ)

GB/T 16722.3—2008 技术产品文件 计算机辅助技术信息处理 产品设计过程中的状态(ISO 11442:2006,Technical product documentation—Document management,NEQ)

GB/T 16722.4—2008 技术产品文件 计算机辅助技术信息处理 文件管理与检索系统(ISO 11442:2006,Technical product documentation—Document management,NEQ)

GB/T 24734.1—2009 技术产品文件 数字化产品定义数据通则 第1部分:术语和定义(ISO 16792:2006,Technical product documentation—Digital product definition data practices,NEQ)

GB/T 24734.3—2009 技术产品文件 数字化产品定义数据通则 第3部分:数据集要求(ISO 16792:2006,Technical product documentation—Digital product definition data practices,NEQ)

IEC 82045-2:2004 Document management—Part 2:Metadata elements and information reference model

ISO 7200:2004 Technical product documentation—Data fields in title blocks and document headers

3 术语和定义

GB/T 24734.1—2009确立的术语和定义适用于GB/T 24734的本部分。

4 通用要求

遵循GB/T 24734的本部分的数据集应在其内部或在其所引用的文档中声明引用本部分。

数据的当前版本以及用于开发数据集的应用软件和版本,应和其他管理数据按GB/T 24734.3—2009中第6章的要求一并详细说明。

数据集标识符应该具有唯一性,并且由数字、字母或特殊字符以任何形式组合构成,数据集标识符中不允许出现空格。

数据集标识符的最大长度取决于所采用的计算机系统和操作系统。当使用零件信息识别编码(PIN码)作为数据集的标识符时,应符合GB/T 10609.1—2008和IEC 82045-2:2004关于长度限制的相关规定。

只有在不影响数据集标识以及不会对计算机系统运行带来负面影响的情况下,数据集标识符中才能选用连字号(-)、斜杠(/)或星号(*)等特殊字符。

在标识符中允许加入可识别的前缀或后缀,用于将文件和相关数据集关联起来。

有关图样、图号和PIN码的描述及使用应符合GB/T 10609.1—2008、ISO 7200:2004和IEC 82045-2:2004中的要求。

5 相关数据

相关数据应集成于数据集,或被数据集引用。相关数据包括但不限于图1中所示的内容:分析数据、明细栏、测试要求、材料说明、过程及最终要求。

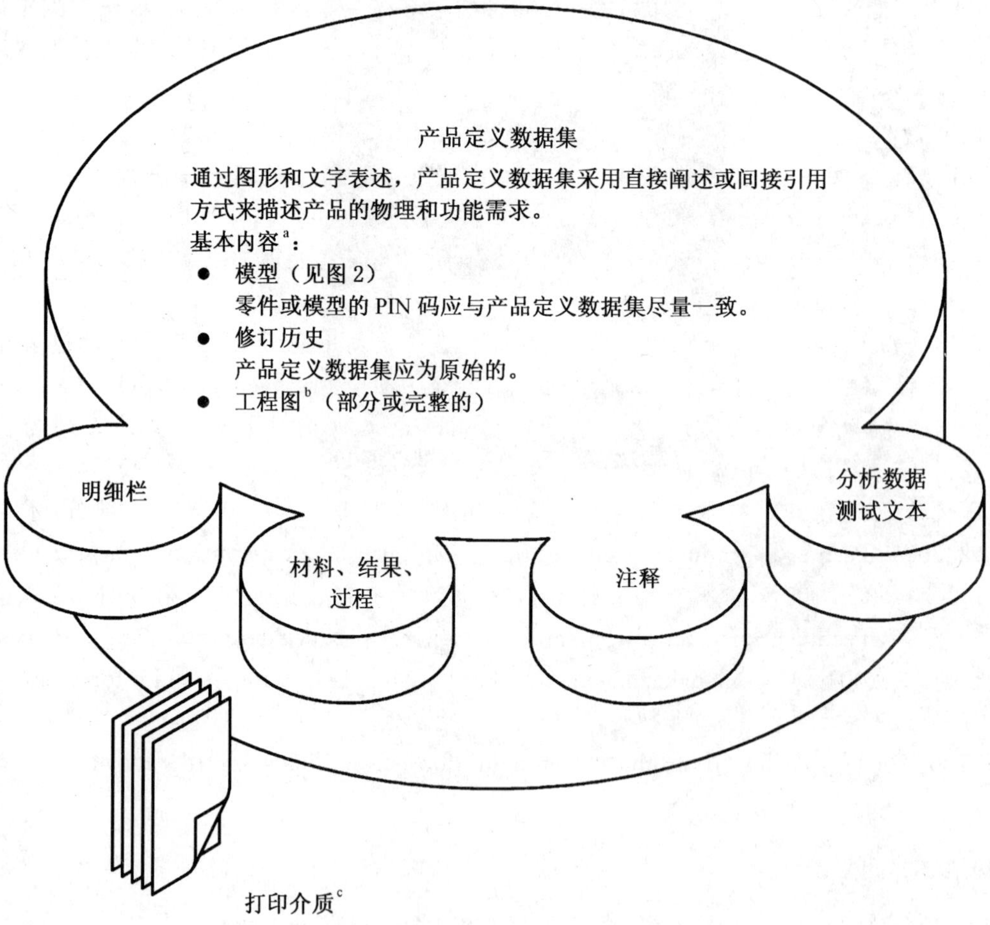

[a] 完整定义所要求的相关数据可以是产品定义数据集的组成部分,或者被其引用。产品定义数据集的组成部分之外的数据可独立修订。

[b] 在仅使用模型的情况下,数据集不包括工程图。

[c] 相关数据可通过手工或计算机生成。

图1 产品定义数据集的组成

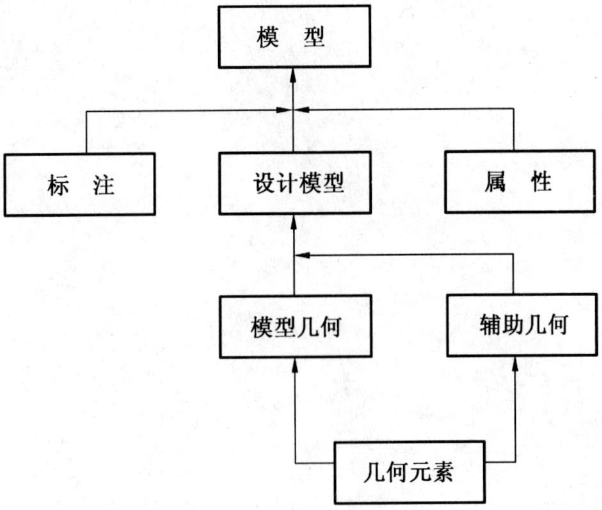

图 2　模型内容

6　数据管理

数据管理的内容和控制要求如下：

a)　数据集管理系统应当符合 GB/T 16722.1～16722.4—2008 中的规定，在产品全生命周期中，应能提供必要的信息，实现对数据集的控制和跟踪。数据集管理系统应包括正在执行的工作、数据的审查状态、模型检查状态、发布状态、设计工具与版本和资源库等。

b)　数据集中应该包含 GB/T 16722.1～16722.4—2008 所规定的修订历史的信息。

ICS 01.100.01
J 04

中华人民共和国国家标准

GB/T 24734.3—2009

技术产品文件
数字化产品定义数据通则
第3部分:数据集要求

Technical product documentation—
Digital product definition data practices—
Part 3: Requirements for data set

(ISO 16792:2006, Technical product documentation—Digital product definition data practices, NEQ)

2009-11-30 发布　　2010-09-01 实施

中华人民共和国国家质量监督检验检疫总局
中国国家标准化管理委员会
发布

前 言

GB/T 24734《技术产品文件　数字化产品定义数据通则》分为11个部分：

——第1部分：术语和定义；

——第2部分：数据集识别与控制；

——第3部分：数据集要求；

——第4部分：设计模型要求；

——第5部分：产品定义数据通用要求；

——第6部分：几何建模特征规范；

——第7部分：注释要求；

——第8部分：模型数值与尺寸要求；

——第9部分：基准的应用；

——第10部分：几何公差的应用；

——第11部分：模型几何细节层级。

本部分为GB/T 24734《技术产品文件　数字化产品定义数据通则》的第3部分，规定了数据集的通用要求，并对模型、通用方法、管理数据、保护性标记以及模型绘图等方面进行了规定。

本部分是根据ISO 16792:2006《技术产品文件　数字化产品定义数据通则》的第5章“数据集要求”编制而成。本部分内容与ISO 16792:2006的第5章内容的一致性程度为非等效。主要技术性差异如下：

——按照GB/T 1182—2008中18.9.4的规定修改ISO 16792:2006的图46中LE (line elements)的错误位置，并将该图作为图4放入本部分；

——根据GB/T 1031规定的*Ra*和*Rz*第一系列值，将ISO 16792:2006的图55中的0.7和3.1分别改为0.8和3.2，并将该图作为图5放入本部分。

本部分由全国技术产品文件标准化技术委员会(SAC/TC 146)提出并归口。

本部分起草单位：中机生产力促进中心、中国电子科技集团公司第三十八研究所、北京数码大方科技有限公司、北京清软英泰信息技术有限公司、北京艾克斯特信息技术有限公司、广西玉柴机器集团有限公司。

本部分主要起草人：丁红宇、张红旗、陈景玉、肖承翔、尚凤武、雍俊海、陈卫东、阎光荣、温秋生、韩琳琳、王云峰、谢正良。

技术产品文件
数字化产品定义数据通则
第3部分：数据集要求

1 范围

GB/T 24734 的本部分规定了数据集的通用要求，并对模型、通用方法、管理数据、保护性标记以及模型绘图等方面进行了规定。

本部分适用于与数字化产品定义相关的应用、开发、服务与研究。

2 规范性引用文件

下列文件中的条款通过 GB/T 24734 的本部分的引用而成为本部分的条款。凡是注日期的引用文件，其随后所有的修改单(不包括勘误的内容)或修订版均不适用于本部分，然而，鼓励根据本部分达成协议的各方研究是否可使用这些文件的最新版本。凡是不注日期的引用文件，其最新版本适用于本部分。

GB/T 131—2006 产品几何技术规范(GPS) 技术产品文件中表面结构的表示法(ISO 1302：2002,IDT)

GB/T 1182—2008 产品几何技术规范(GPS) 几何公差 形状、方向、位置和跳动公差标注(ISO 1101：2004,IDT)

GB/T 1800.1—2009 产品几何技术规范(GPS) 极限与配合 第1部分：公差、偏差和配合的基础(ISO 286-1：1988,ISO system of limits and fits—Part 1：Bases of tolerances,deviations and fits,MOD)

GB/T 4457.2—2003 技术制图 图样画法 指引线和基准线的基本规定(ISO 128-22：1999,Technical drawings—General principles of presentation—Part 22：Basic conventions and applications for leader lines and reference lines,IDT)

GB/T 4457.4—2002 机械制图 图样画法 图线(ISO 128-24：1999,Technical drawings—General principles of presentation—Part 24：Lines on mechanical engineering drawing,MOD)

GB/T 4458.1—2002 机械制图 图样画法 视图(ISO 128-34：2001,Technical drawings—General principles of presentation—Part 34：Views on mechanical engineering drawings,MOD)

GB/T 4458.6—2002 机械制图 图样画法 剖视图和断面图(ISO 128-44：2000,Technical drawings—General principles of presentation—Part 44：Sections on mechnical engineering drawings,MOD)

GB/T 10609.1—2008 技术制图 标题栏

GB/T 13319—2003 产品几何量技术规范(GPS) 几何公差 位置度公差注法(ISO 5458：1998,IDT)

GB/T 14689—2008 技术制图 图纸幅面和格式(ISO 5457：1999,Technical product documentation—Sizes and layout of drawing sheets,MOD)

GB/T 14692—2008 技术制图 投影法(ISO/DIS 5456：1993,NEQ)

GB/T 16671—2009 产品几何技术规范(GPS) 几何公差 最大实体要求、最小实体要求和可逆要求(ISO 2692：2006,MOD)

GB/T 17450—1998 技术制图 图线(idt ISO 128-20:1996)

GB/T 17451—1998 技术制图 图样画法 视图(neq ISO/DIS 11947-1:1995)

GB/T 17452—1998 技术制图 图样画法 剖视图和断面图(eqv ISO/DIS 11947-2:1995)

GB/T 17453—2005 技术制图 图样画法 剖面区域的表示法(ISO 128-50:2001, Technical drawings—General principles of presentation—Part 50: Basic conventions for representing areas on cuts and sections, IDT)

GB/T 17851—1999 形状和位置公差 基准和基准体系(eqv ISO 5459:1981)

GB/T 18594—2001 技术产品文件 字体 拉丁字母、数字和符号的CAD字体(idt ISO 3098-5:1997)

GB/T 18686—2002 技术制图 CAD系统用图线的表示(idt ISO 128-21:1997)

GB/T 19827—2005 技术产品文件 限制使用的文件和产品的保护注释(ISO 16016:2000, IDT)

GB/T 24734.4—2009 技术产品文件 数字化产品定义数据通则 第4部分:设计模型要求(ISO 16792:2006, Technical product documentation—Digital product definition data practices, NEQ)

GB/T 24734.5—2009 技术产品文件 数字化产品定义数据通则 第5部分:产品定义数据通用要求(ISO 16792:2006, Technical product documentation—Digital product definition data practices, NEQ)

GB/T 24734.8—2009 技术产品文件 数字化产品定义数据通则 第8部分:模型数值与尺寸要求(ISO 16792:2006, Technical product documentation—Digital product definition data practices, NEQ)

GB/T 24734.10—2009 技术产品文件 数字化产品定义数据通则 第10部分:几何公差的应用(ISO 16792:2006, Technical product documentation—Digital product definition data practices, NEQ)

ISO 129-1: 2004 Technical drawings—Indication of dimensions and tolerances—Part 1: General principles

ISO 7083:1983 Technical drawings—Symbols for geometrical tolerancing—Proportions and dimensions

3 通用要求

数据集应能提供完整的产品定义。例如,设计模型、标注和相关文档。

3.1 基本要求

下面给出了适用于带标注的模型和工程图的通用要求,以及仅适用于带标注模型和仅适用于工程图的特殊要求。

3.1.1 对带标注的模型和工程图均适用的通用要求

a) 从模型中应可获得所有模型值和圆整尺寸。

b) 对尺寸的圆整要求应符合GB/T 24734.8—2009中4.2的规定。

c) 应具有查询模型的功能,符合GB/T 24734.5—2009中5.8的规定。

d) 按GB/T 24734.8—2009中第4章的要求,所有角度值应能通过模型查询获得。模型坐标系、基准体系中的基准面和基准轴,以及正投影图属于例外情况。

e) 当需要查询时,描述模型或关联数据查询要求的注释应被置于工程图或通用注释中。

f) 在要素上应用公差时,不要求公差标注面与公称或理论正确轮廓对齐。

g) 在未指定公差或基准目标规定的情况下,从模型查询得到的几何要素的值应为参考尺寸。

h) 在垂直于标注面查看标注时,其易读性要求应符合GB/T 18594—2001的规定。

i) 在垂直于标注面查看模型时,标注面上的标注不应相互重叠。

j) 在垂直于标注面查看模型时,标注面中的标注文本不应遮挡设计模型。

3.1.2 仅适用于模型的特殊要求

a) 所有的标注应在一个或多个标注面上给出详细说明。若 CAD 软件不能始终保持标注面相对模型的定向关系时，就不应采用仅用模型表达的模式，应符合 GB/T 24734.5—2009 中 5.4 的规定。

b) 关联实体、标注和属性应保持一致，符合 GB/T 24734.5—2009 中 5.2 的规定。

c) 查询模型值得到的圆整尺寸应视为与模型显示尺寸相同，应符合 GB/T 24734.8—2009 中 4.1 的规定。

d) 尺寸要素的中心线和中心面的显示应是可选的。

e) 为了确保标注的可读性，例如：在模型旋转时文字可能会上下或前后颠倒，应采用以下方法之一来解决：

——模型旋转后，标注面的阅读方向也能相应更新；

——在模型的每个标注面上应确定正确阅读方向；

——保存视图时，应能确保模型朝向符合设定的视图方向。

f) 可在不剖切的情况下标注内部要素的尺寸和公差，如图 1 所示。

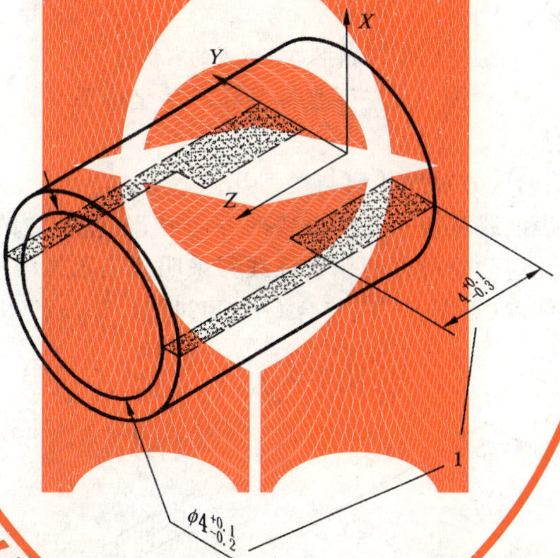

1——一个关联组。

图 1 内部特征尺寸和公差的注法

3.1.3 仅适用于工程图的特殊要求

a) 标注可以应用于正投影图或轴测图中。

b) 当在轴测图中显示时，标注的方向应该与应用表面平行、垂直或共面。标注之间不能重叠，标注也不应该与零部件相重叠。

3.2 设计模型要求

设计模型必须遵照 GB/T 24734 的本部分的第 4 章和 GB/T 24734.4—2009 的相关规定。

4 模型通用要求

4.1 关联性

模型应当具有并保持关联数据元素的功能，关联性信息应能被获取。

4.2 模型坐标系

设计模型应该包含一个或多个模型坐标系。模型坐标系应由3条相互垂直的轴构成，其原点位于3条线的交点，每个轴应该有其自己的标识并且显示其正向。如无特殊说明，模型坐标系采用右手坐标系，如图2所示。

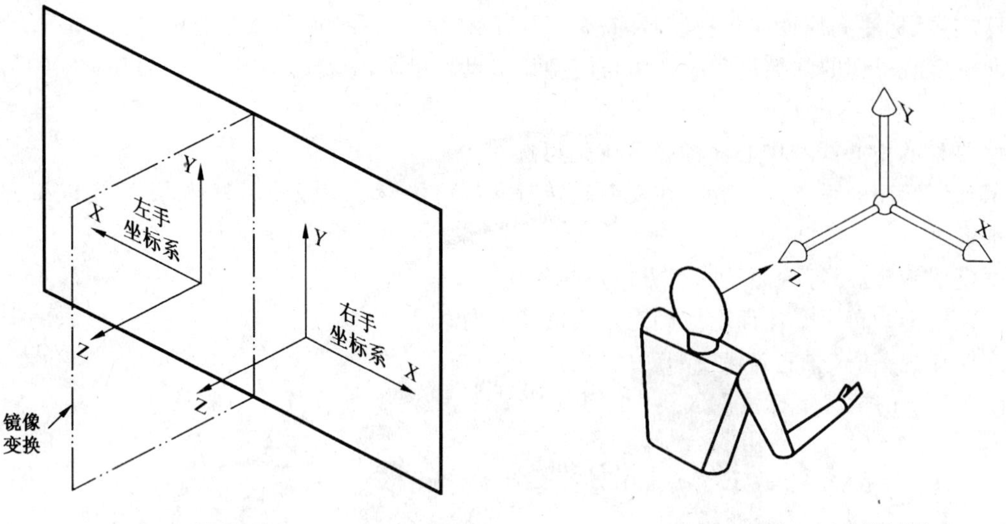

a）镜像关系　　b）右手坐标系的判别

注：沿着 Z 轴的负方向观察，Y 轴是向上的，X 轴指向观察者的右手边。

图2　左手坐标系和右手坐标系

4.3 辅助几何的应用

当使用辅助几何时，应明确区分辅助几何与模型几何。

a) 表征线素。当使用表征线素表示几何公差的方向时，公差标注的指引线应以箭头形式在表征线素上结束。下列几何公差可以使用表征线素来明确表示二维平行线公差带的方向。

——平面线素的直线度（见图3），应符合 GB/T 24734.10—2009 中5.2的规定。

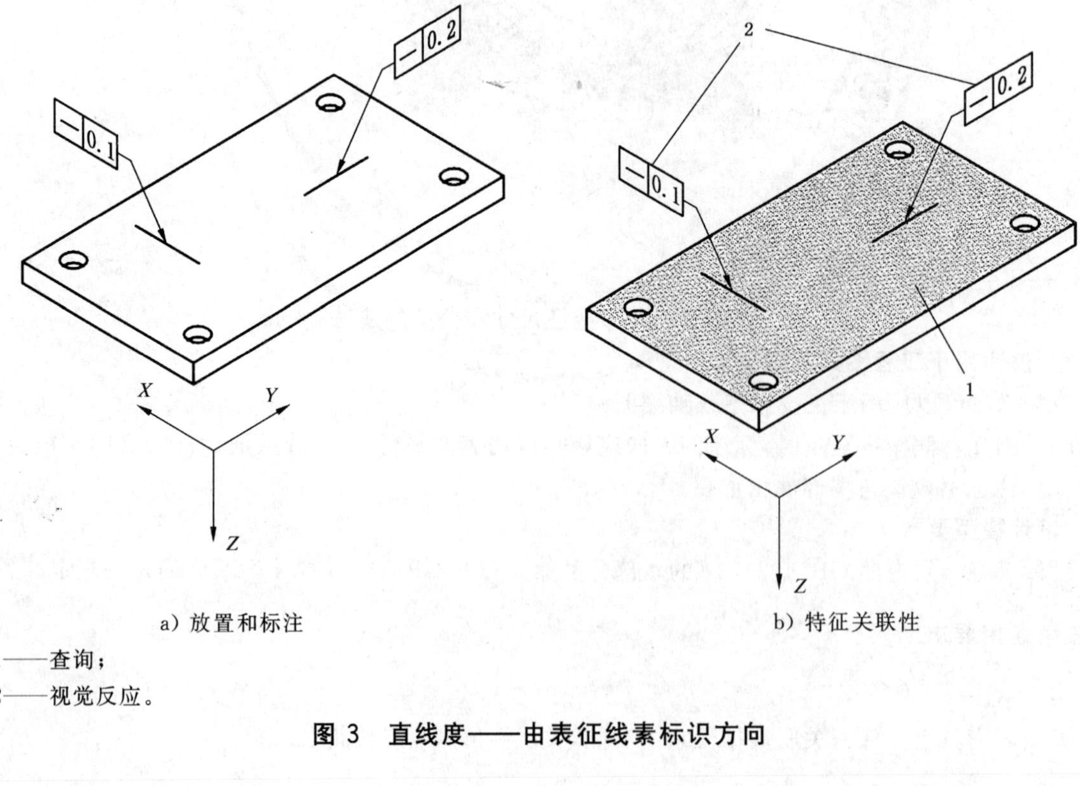

a）放置和标注　　b）特征关联性

1——查询；

2——视觉反应。

图3　直线度——由表征线素标识方向

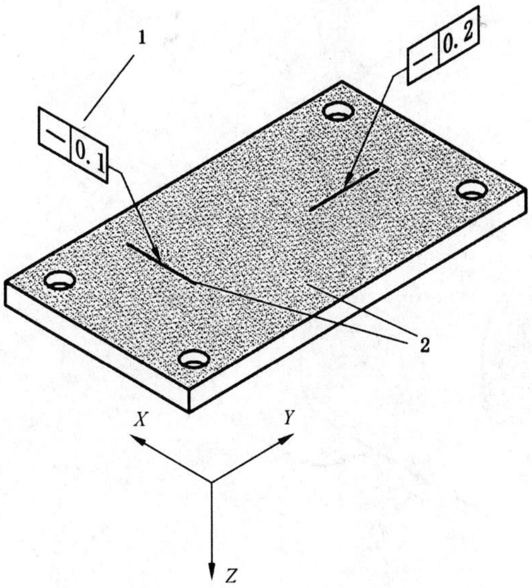

c) 公差方向的关联性

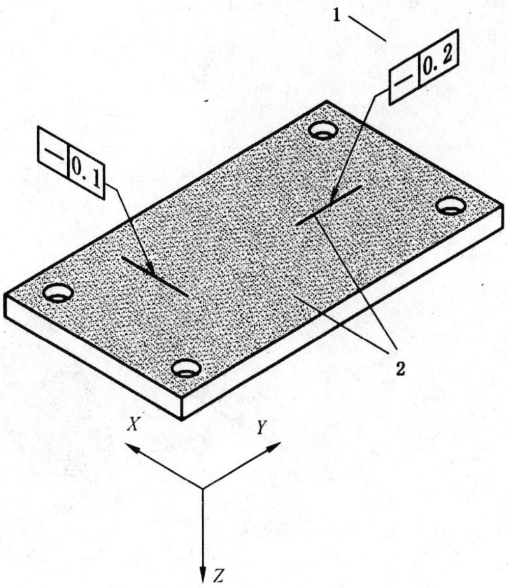

d) 公差方向的关联性

图 3（续）

——应用在模型表面线素上的方向公差(见图 4)，应符合 GB/T 24734.10—2009 中 5.3 的规定。

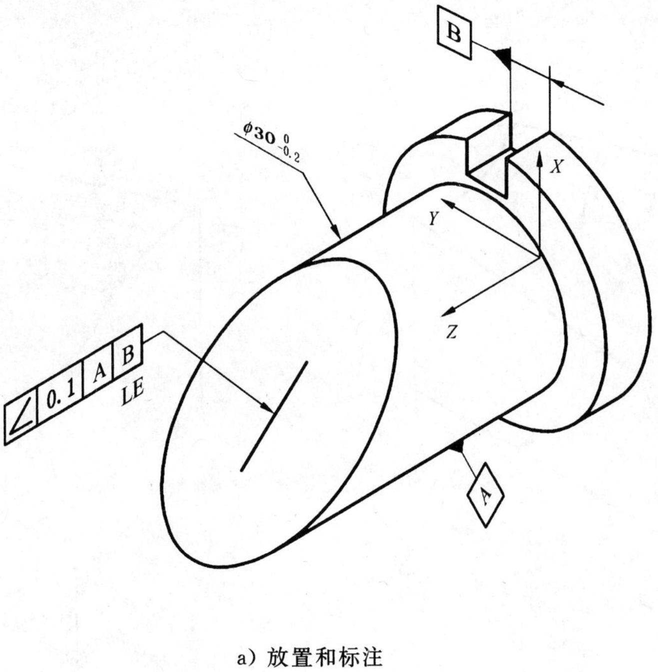

a) 放置和标注

1——查询；

2——视觉反应。

图 4 方向公差——由表征线素标识方向

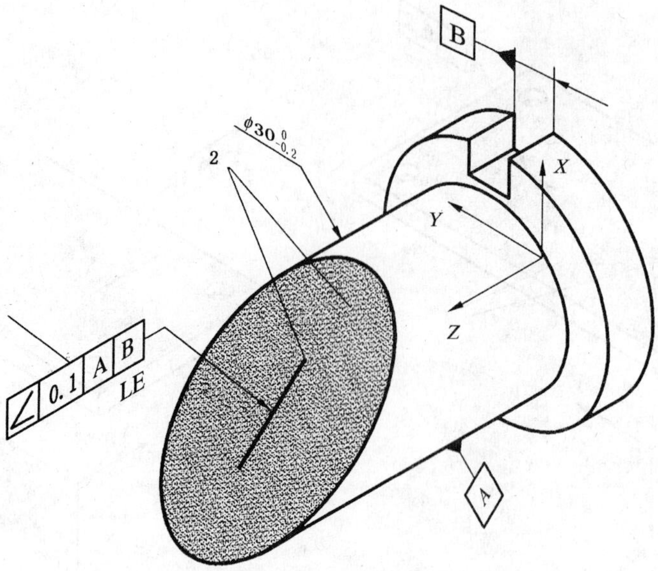

b) 公差方向关联性

图 4（续）

——线轮廓度(见图 5),应符合 GB/T 24734.10—2009 中 5.4 的规定。

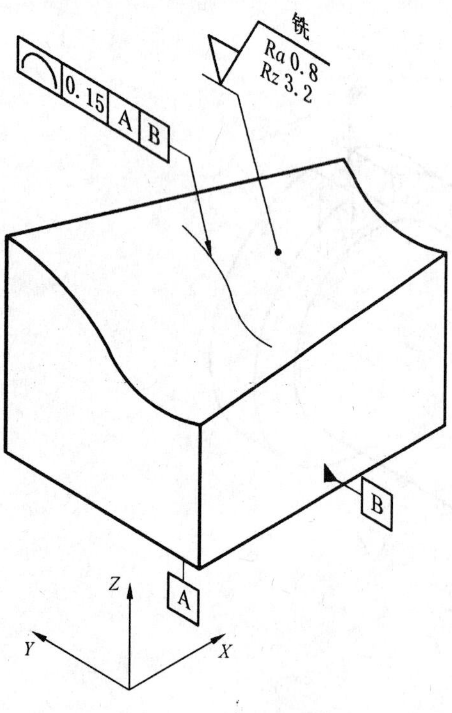

a) 放置与标注

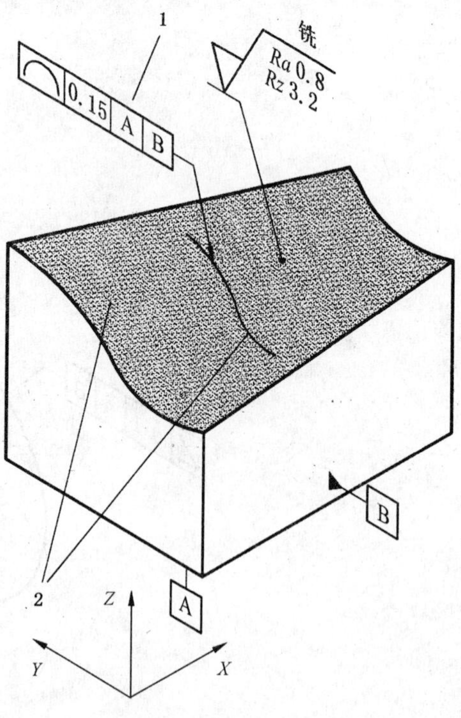

b) 被测线的关联性

1——查询；

2——视觉反应。

图 5 线轮廓度公差——由表征线素标识方向

b） 关联性。表征线素、公差标注和公差标注指向的模型特征应组成关联组，如图3、图4和图5所示。

4.4 非完全建模的工件特征

螺纹、孔、倒角、倒圆和起模等工件特征的常规简化表达法可采用部分几何定义的方法，用标注、属性或其两者的组合进行描述，如图6所示。

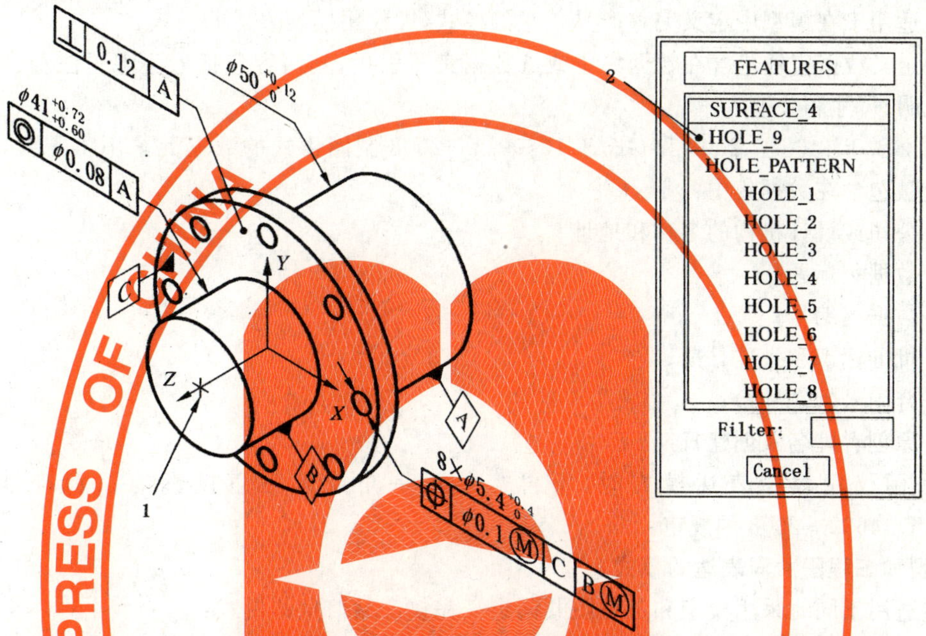

a）简化特征查询

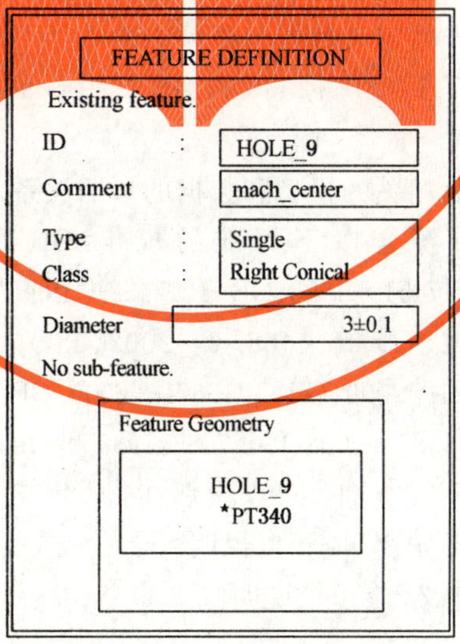

b）特征属性

1——查询；

2——视觉反应。

图6 简化特征表示和属性

5 通用方法要求

5.1 数据集方法

下面条款给出了产品定义的方法。每种说明产品定义的不同方法可用于不同的工业过程和要求。数据集对于所有的方法都应是原始信息,并且任何拷贝输出都应是由其派生而来。

5.2 仅用模型表达的模式

下面描述适用于在模型中定义完整产品信息的模式,即仅用模型表达的模式:

a) 产品定义数据应被包含在数据集中或被数据集所引用,其内容包括但不限于注释、明细栏、标记说明、尺寸和公差。

b) 遵循 GB/T 14689—2008 和 GB/T 10609.1—2008 制图格式的数据元素不再需要,但下列内容应被包含在数据集中:

——公司或设计机构的名称和地址;

——数据集标题;

——数据集编号;

——批准标识和批准日期;

——合同号(必要时);

——原创者姓名及创建日期。

c) 当采用仅用模型表达模式时,不再需要第一角或第三角投影的识别符号,应符合 GB/T 14692—2008 的规定。

5.3 采用模型和工程图共同表达的模式

下面描述适用于同时采用模型和工程图共同定义完整产品信息的模式:

a) 由模型和工程图构成的完整产品定义可包含正投影图、轴测图或两者都有,标注可以用于模型或工程图中,或两者都应用。

注:允许绘制工程图以提供完整产品定义。

b) 在模型中建立或显示的产品定义数据与工程图数据不应产生矛盾。

c) 在工程图中建立或显示的产品定义数据与模型中的数据不应产生矛盾。

d) 工程图应该包含符合 GB/T 14689—2008 和 GB/T 10609.1—2008 规定的图纸边框和标题栏信息。

e) 工程图应体现出所有和产品相关的模型和数据的参照关系。

f) 最小工程图输出能力应符合以下标准的规定:GB/T 17450—1998、GB/T 18686—2002、GB/T 4457.2—2003、GB/T 17451—1998、GB/T 17452—1998、GB/T 17453—2005、GB/T 4457.4—2002、GB/T 4458.1—2002、GB/T 4458.6—2002、ISO 129-1:2004、GB/T 1800.1—2009、GB/T 1182—2008、GB/T 131—2006、GB/T 16671—2009、GB/T 13319—2003、GB/T 17851—1999、GB/T 14692—2008、GB/T 14689—2008、ISO 7083:1983 和 GB/T 10609.1—2008。

g) 显示在工程图中的标注应不需查询就可以识别。

h) 如果工程图未完整表达产品定义,应予以说明。

i) 如果模型未完整表达产品定义,应予以说明。

6 管理数据

工程图中未包含的管理数据应按下列方式置于模型中,或置于与模型、工程图相分离的数据集内。

6.1 数据集中的管理数据

下列管理数据应包含于数据集中:

——应用数据;

——批准信息；
——数据集标识符；
——设计机构变更；
——数据集修订历史。

6.2 模型中的管理数据

模型中的管理数据应置于管理数据标注面内，或通过其他等效方法予以放置。标注面应能与模型同时显示，且显示时管理数据标注面不应随模型一同旋转。模型中的管理数据应包括但不限于下列内容：

——GB/T 24734 的本部分中的详细规定；
——由 CAD 维护的注释；
——设计机构标识；
——原始注释副本；
——产品标识符；
——度量单位；
——导航数据。

7 保护性标记

7.1 通用要求

保护性标记应被置于其适用的文件或其引用文档中，应符合 GB/T 19827—2005 的规定。

7.2 在模型中的位置

保护性标记应置于保护性标记标注面或等效面上，包含着该信息的标注面或等效面应能与模型一同显示。复制带有限制条件的全部或部分技术数据时，应连同其限制条件一同复制。保护性标记标注面在显示时不随模型一同旋转。

注：包含企业知识产权的模型可以包括上述注释，例如企业知识产权说明以及与商业竞争相关的材料。此外，还可以包括其他信息，诸如政府通知、声明、图例等。所需内容由合同要求（如版权声明、分发声明、输出控制声明以及数据说明中的权利等）决定。

8 模型视图

有关视图和剖视图的规定遵照 GB/T 17451—1998、GB/T 4458.1—2002、GB/T 17452—1998、GB/T 4458.6—2002、GB/T 17453—2005 的要求。下述内容规定了模型视图的例外或附加情况。

8.1 保存视图

设计模型的保存视图应有利于模型及其标注的表达。保存视图应带有标识符，并且应包含所需的用于指明相对于模型的视图方向的模型坐标系，也可包含标注面、标注选择集和几何选择集中的一项或多项内容。

8.2 剖视图

保存视图可采用剖视，所有的剖视应与设计模型比例相同。

a） 剖切面用于指示剖视的位置和查看方向。剖视的边界采用实线或细点画线，见 GB/T 24734.5—2009 中的图 22 a)。应标有识别和区分模型中各剖切面的方法，并用箭头标明查看剖视的方向，如图 7 所示。并按 GB/T 17452—1998 的规定用大写字母标识剖切面。
b） 断面可以采用去除材料的剖切视图显示，如图 7 b)所示；或采用重叠于模型中的断面轮廓线表示，如图 7 c)所示。
c） 允许使用几个平行的剖切面进行剖切，如图 8 所示。
d） 在设计模型上表达剖切面时，应保持原剖切面的位置，不允许移出、旋转、展开。

e) 局部的断面形状在图形中的显示可按 8.2 b)的规定。

f) 在设计模型上不应使用特征的透视、对齐和旋转来表达剖视图。

g) 剖视图应从设计模型派生而来。设计模型变化,剖视图应该相应更新。

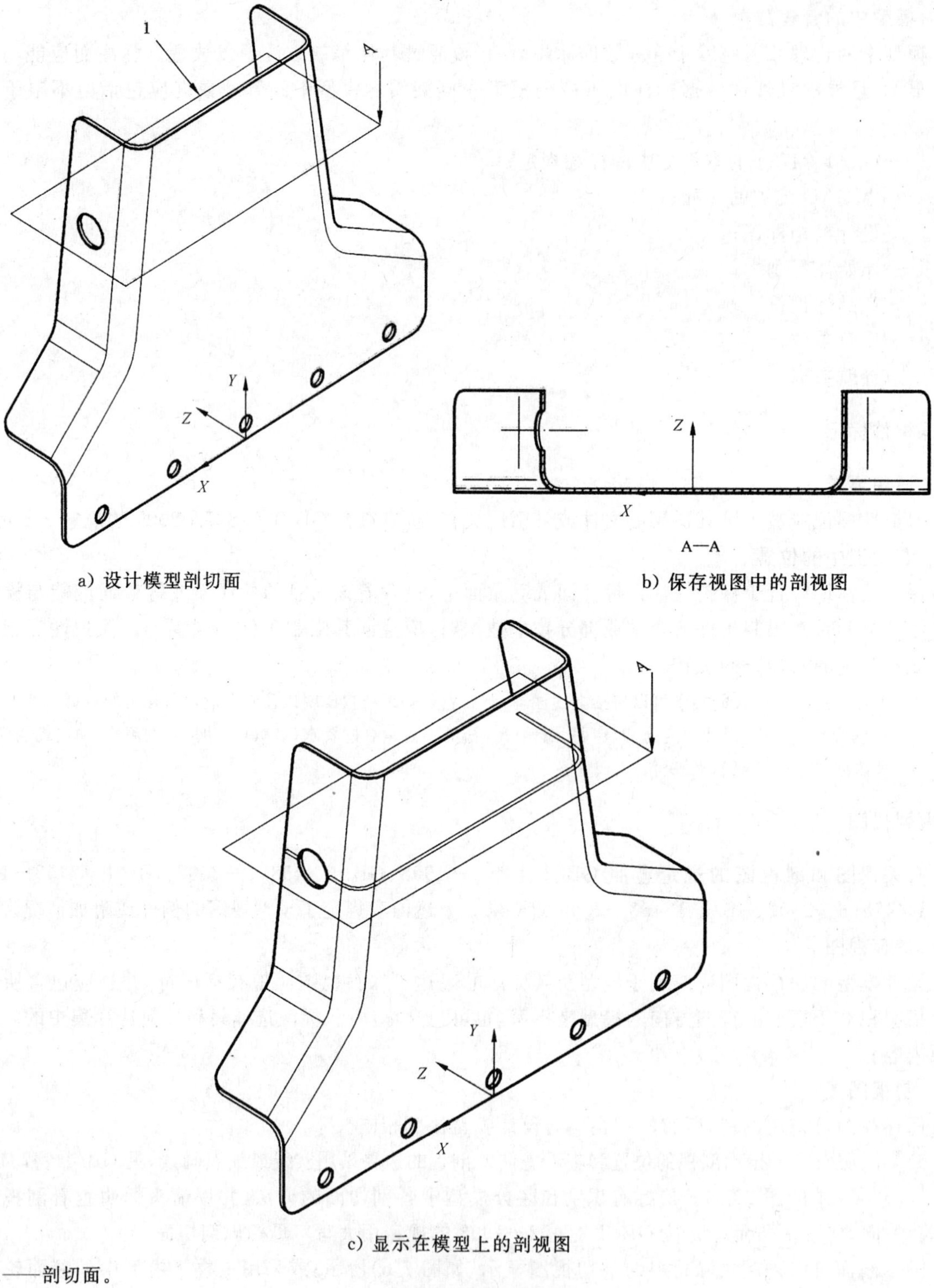

a) 设计模型剖切面

b) 保存视图中的剖视图

c) 显示在模型上的剖视图

1——剖切面。

图 7 模型剖切面

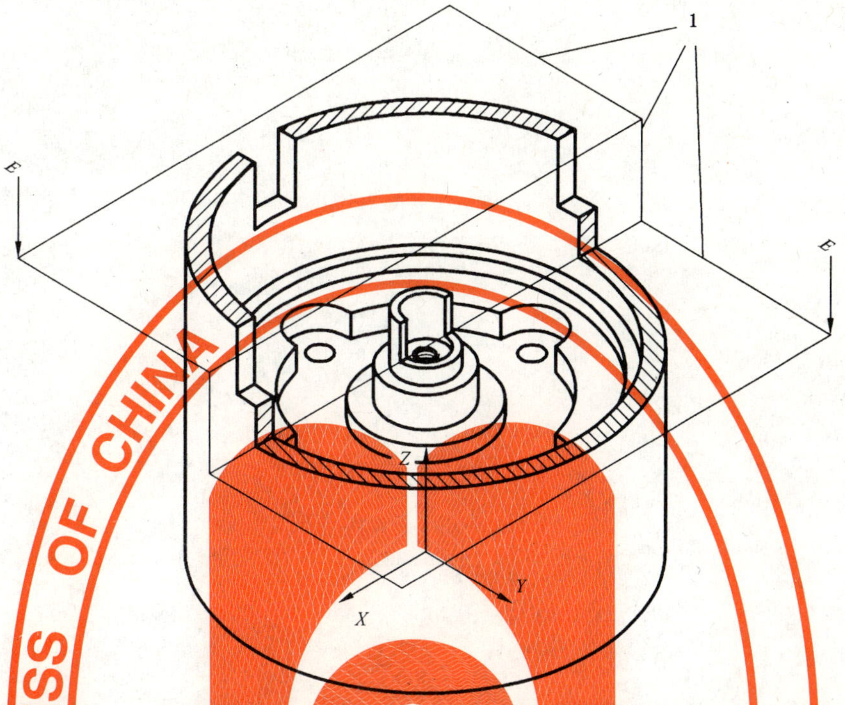

1——多个平行剖切面。

图 8　多个平行的剖切面设计模型

ICS 01.100.01
J 04

中华人民共和国国家标准

GB/T 24734.4—2009

技术产品文件 数字化产品定义数据通则 第4部分:设计模型要求

**Technical product documentation—
Digital product definition data practices—
Part 4:Requirements for design model**

(ISO 16792:2006,Technical product documentation—
Digital product definition data practices,NEQ)

2009-11-30 发布　　2010-09-01 实施

中华人民共和国国家质量监督检验检疫总局
中国国家标准化管理委员会　发布

前 言

GB/T 24734《技术产品文件　数字化产品定义数据通则》分为11个部分：

——第1部分：术语和定义；

——第2部分：数据集识别与控制；

——第3部分：数据集要求；

——第4部分：设计模型要求；

——第5部分：产品定义数据通用要求；

——第6部分：几何建模特征规范；

——第7部分：注释要求；

——第8部分：模型数值与尺寸要求；

——第9部分：基准的应用；

——第10部分：几何公差的应用；

——第11部分：模型几何细节层级。

本部分为GB/T 24734《技术产品文件　数字化产品定义数据通则》的第4部分，给出了三维CAD设计模型的几何比例、精度、模型完整性、装配模型完整性、安装模型完整性等方面的要求。

本部分是根据ISO 16792:2006《技术产品文件　数字化产品定义数据通则》的第6章"设计模型要求"编制而成。本部分内容与ISO 16792:2006的第6章内容的一致性程度为非等效。主要技术性差异如下：

——按照GB/T 4458.4—2003中5.6的规定，将ISO 16792:2006的图6中"$t=1.2$"改为"t 1.2"，并将该图作为图1放入本部分；

——ISO 16792:2006中"6.2 Geometric scale, units and precision"的条目名中的"units"在ISO 16792:2006正文中没有描述，在编写时将此条目更正为"几何比例和精度"，并作为第5章的标题放入本部分。

本部分由全国技术产品文件标准化技术委员会(SAC/TC 146)提出并归口。

本部分起草单位：中机生产力促进中心、中国电子科技集团公司第三十八研究所、北京清软英泰信息技术有限公司、北京数码大方科技有限公司、北京艾克斯特信息技术有限公司、广西玉柴机器集团有限公司。

本部分主要起草人：丁红宇、张红旗、肖承翔、陈景玉、尚凤武、雍俊海、陈卫东、阎光荣、温秋生、韩琳琳、王云峰、谢正良。

技术产品文件
数字化产品定义数据通则
第4部分:设计模型要求

1 范围

GB/T 24734 的本部分给出了三维 CAD 设计模型的几何比例、精度、模型完整性、装配模型完整性、安装模型完整性等方面的要求。

本部分适用于与数字化产品定义相关的应用、开发、服务与研究。

2 规范性引用文件

下列文件中的条款通过 GB/T 24734 的本部分的引用而成为本部分的条款。凡是注日期的引用文件,其随后所有的修改单(不包括勘误的内容)或修订版均不适用于本部分,然而,鼓励根据本部分达成协议的各方研究是否可使用这些文件的最新版本。凡是不注日期的引用文件,其最新版本适用于本部分。

GB/T 4458.4—2003 机械制图 尺寸注法

GB/T 24734.1—2009 技术产品文件 数字化产品定义数据通则 第1部分:术语和定义(ISO 16792:2006,Technical product documentation—Digital product definition data practices,NEQ)

GB/T 24734.8—2009 技术产品文件 数字化产品定义数据通则 第8部分:模型数值与尺寸要求(ISO 16792:2006,Technical product documentation—Digital product definition data practices,NEQ)

3 术语和定义

GB/T 24734.1—2009 确立的术语和定义适用于 GB/T 24734 的本部分。

4 通用要求

设计模型是产品在特定尺寸条件下的理想几何形状的表达,特定尺寸条件例如:最小尺寸、最大尺寸、平均尺寸。特定尺寸条件应在通用注释中予以说明。

5 几何比例和精度

设计模型应按照 1∶1 的比例建模。

设计模型精度是工件加工所要求的数值精确性,以确保加工工件满足设计要求。设计模型的精度应在数据集中说明,模型标注的小数位数不能超过设计模型的精度。

注:如果模型的小数位数发生变化,可能会造成尺寸和公差值因圆整而发生相应变化,见 GB/T 24734.8—2009 中 4.2 的内容。

6 模型完整性

为了保证完整的零部件定义,模型应包括几何、属性和标注信息。应当建立完整的模型,以形成包括几何、属性和注释在内的完整产品定义。以下列出了模型不完整定义时应满足的要求:

——非完全表示的模型应当被标明,如:模型的对称部分。

——非完全表示的特征应当被标明，如：螺孔被显示为不带螺纹的孔。

——薄壁件的表示，当其厚度没有完全表示时，应加字母“t”和一个指明材料厚度方向的箭头，并在“t”右边或数据集中加上厚度值，见 GB/T 4458.4—2003 中 5.6 的内容，如图 1 所示。

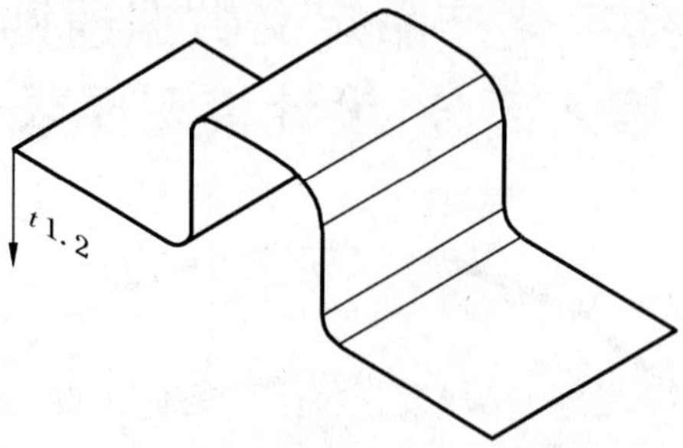

图 1 非完整建模的薄壁件的厚度标注

7 装配模型完整性

装配模型的完整性应符合 GB/T 24734 的本部分第 6 章“模型完整性”的要求，显示在装配模型中的零件及子装配模型仅需显示保证正确标识、方向和位置所需的信息即可。装配模型可采用爆炸图、部分装配或完全装配的方式显示。零件和子装配件的位置和方向可以用标注、几何定义或两者的结合来定义。

8 安装模型完整性

安装模型的完整性应该符合 GB/T 24734 的本部分第 6 章“模型完整性”的要求和第 7 章“装配模型完整性”的要求。显示在安装模型中的零部件和子装配模型仅需要提供支持安装和空间要求的信息。零部件和子装配件的最大包络线（或包络面），可以使用辅助几何、标注或两者的组合来标示。零部件和子装配件的位置和方向可以用几何定义、标注或两者的结合来表示。

ICS 01.100.01
J 04

中华人民共和国国家标准

GB/T 24734.5—2009

技术产品文件　数字化产品定义数据通则　第5部分：产品定义数据通用要求

Technical product documentation—Digital product definition data practices—Part 5: Common requirements for product definition data

(ISO 16792:2006, Technical product documentation—Digital product definition data practices, NEQ)

2009-11-30 发布　　　　2010-09-01 实施

中华人民共和国国家质量监督检验检疫总局
中国国家标准化管理委员会　发布

前　言

GB/T 24734《技术产品文件　数字化产品定义数据通则》分为 11 个部分：

——第 1 部分：术语和定义；

——第 2 部分：数据集识别与控制；

——第 3 部分：数据集要求；

——第 4 部分：设计模型要求；

——第 5 部分：产品定义数据通用要求；

——第 6 部分：几何建模特征规范；

——第 7 部分：注释要求；

——第 8 部分：模型数值与尺寸要求；

——第 9 部分：基准的应用；

——第 10 部分：几何公差的应用；

——第 11 部分：模型几何细节层级。

本部分为 GB/T 24734《技术产品文件　数字化产品定义数据通则》的第 5 部分，给出了数字化产品定义数据在显示、相关性、属性、标注面、指引线、公差、查询、正投影图以及轴测图等方面的规定。

本部分是根据 ISO 16792：2006《技术产品文件　数字化产品定义数据通则》的第 7 章"产品定义数据通用要求"编制而成。本部分内容与 ISO 16792：2006 的第 7 章内容的一致性程度为非等效。主要技术性差异如下：

——根据 GB/T 1031 规定的 *Ra* 第一系列值，将 ISO 16792：2006 的图 7a）和 c）中"铣 *Ra* 0.5"改为"铣 *Ra* 0.4"，并将该图作为图 1a）和 c）放入本部分；

——根据 GB/T 1031 规定的 *Ra* 和 *Rz* 第一系列值，将 ISO 16792：2006 的图 55 中的 0.7 和 3.1 分别改为 0.8 和 3.2，并将该图作为图 6 放入本部分；

——按照 GB/T 1182—2008 中 18.9.4 的规定 ISO 16792：2006 的图 46 和图 47 中 LE（line elements）的错误位置，并将该图作为图 8 和图 10 放入本部分；

——按照 GB/T 4458.4—2003 中 5.6 的规定，将 ISO 16792：2006 的图 29 中"$t=2.5$"改为"t 2.5"，并将该图作为图 12 放入本部分；

——根据原文含义，修改 ISO 16792：2006 的 7.4.3 中"long dashed double-short dashed lines"的错误，使之与 ISO 16792：2006 的 5.6b）中"long-dashed dotted narrow lines"一致，更改为"细点画线"，并将该节内容作为 5.3 放入本部分。

本部分由全国技术产品文件标准化技术委员会（SAC/TC 146）提出并归口。

本部分起草单位：中机生产力促进中心、中国电子科技集团公司第三十八研究所、北京数码大方科技有限公司、北京清软英泰信息技术有限公司、北京艾克斯特信息技术有限公司、广西玉柴机器集团有限公司。

本部分主要起草人：丁红宇、张红旗、陈景玉、肖承翔、尚凤武、雍俊海、陈卫东、阎光荣、温秋生、谢正良、韩琳琳、王云峰。

技术产品文件 数字化产品定义数据通则 第5部分：产品定义数据通用要求

1 范围

GB/T 24734 的本部分给出了产品定义数据在显示、相关性、属性、标注面、指引线、公差、查询、正投影图以及轴测图等方面的规定。

本部分适用于与数字化产品定义相关的应用、开发、服务与研究。

2 规范性引用文件

下列文件中的条款通过 GB/T 24734 的本部分的引用而成为本部分的条款。凡是注日期的引用文件，其随后所有的修改单(不包括勘误的内容)或修订版均不适用于本部分，然而，鼓励根据本部分达成协议的各方研究是否可使用这些文件的最新版本。凡是不注日期的引用文件，其最新版本适用于本部分。

GB/T 1182—2008 产品几何技术规范(GPS) 几何公差 形状、方向、位置和跳动公差标注(ISO 1101:2004,IDT)

GB/T 4458.1—2002 机械制图 图样画法 视图(ISO 128-34:2001,Technical drawings—General principles of presentation—Part 34:Views on mechanical engineering drawings,MOD)

GB/T 4458.6—2002 机械制图 图样画法 剖视图和断面图(ISO 128-44:2000,Technical drawings—General principles of presentation—Part 44:Sections on mechnical engineering drawings,MOD)

GB/T 17451—1998 技术制图 图样画法 视图(neq ISO/DIS 11947-1:1995)

GB/T 17452—1998 技术制图 图样画法 剖视图和断面图(eqv ISO/DIS 11947-2:1995)

GB/T 24734.1—2009 技术产品文件 数字化产品定义数据通则 第1部分：术语和定义(ISO 16792:2006,Technical product documentation—Digital product definition data practices,NEQ)

GB/T 24734.3—2009 技术产品文件 数字化产品定义数据通则 第3部分：数据集要求(ISO 16792:2006,Technical product documentation—Digital product definition data practices,NEQ)

GB/T 24734.7—2009 技术产品文件 数字化产品定义数据通则 第7部分：注释要求(ISO 16792:2006,Technical product documentation—Digital product definition data practices,NEQ)

GB/T 24734.8—2009 技术产品文件 数字化产品定义数据通则 第8部分：模型数值与尺寸要求(ISO 16792:2006,Technical product documentation—Digital product definition data practices,NEQ)

GB/T 24734.9—2009 技术产品文件 数字化产品定义数据通则 第9部分：基准的应用(ISO 16792:2006,Technical product documentation—Digital product definition data practices,NEQ)

GB/T 24734.10—2009 技术产品文件 数字化产品定义数据通则 第10部分：几何公差的应用(ISO 16792:2006,Technical product documentation—Digital product definition data practices,NEQ)

3 术语和定义

GB/T 24734.1—2009 确立的术语和定义适用于 GB/T 24734 的本部分。

4 模型和工程图的通用要求

4.1 显示管理

显示管理应具有包括对所有标注、按类型区分的标注或选定的标注启用显示或禁用显示的能力，如图1所示。

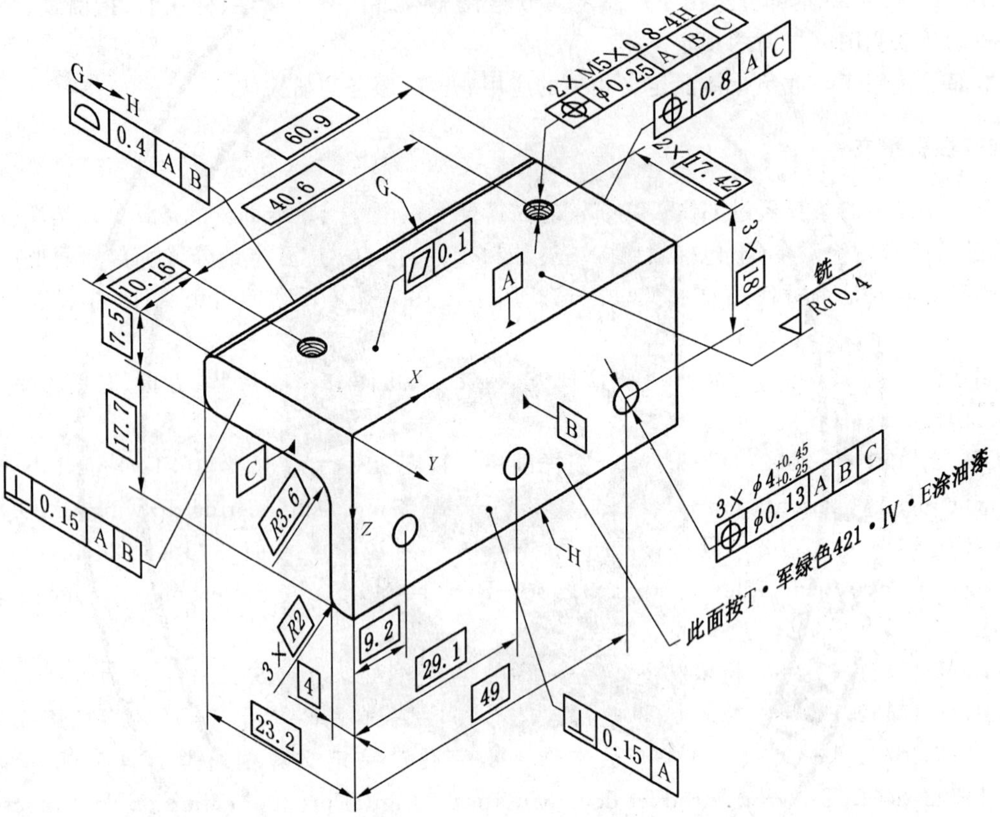

a）显示所有标注

图1 显示管理

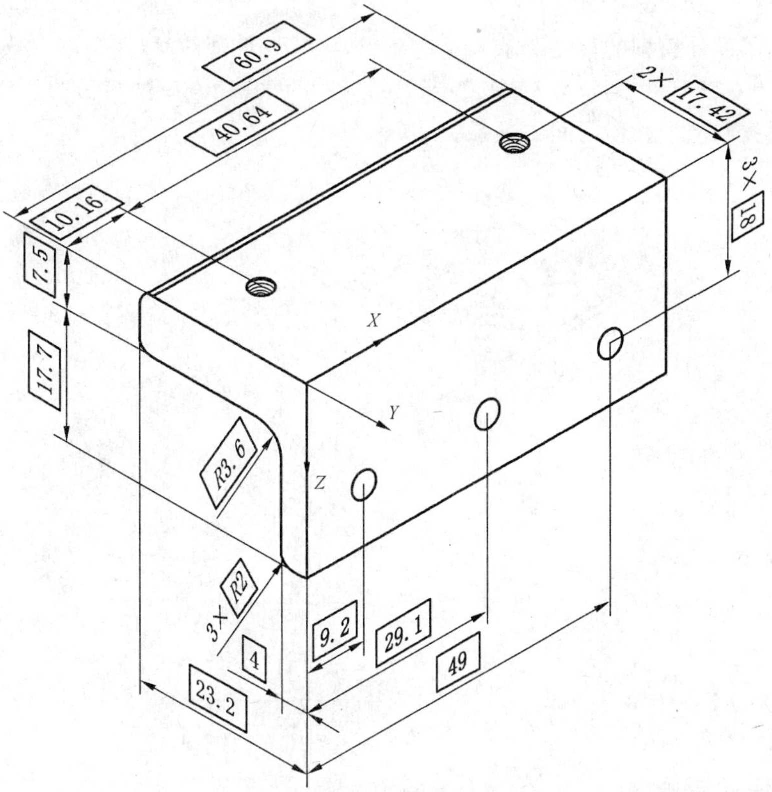

b）仅显示某类标注

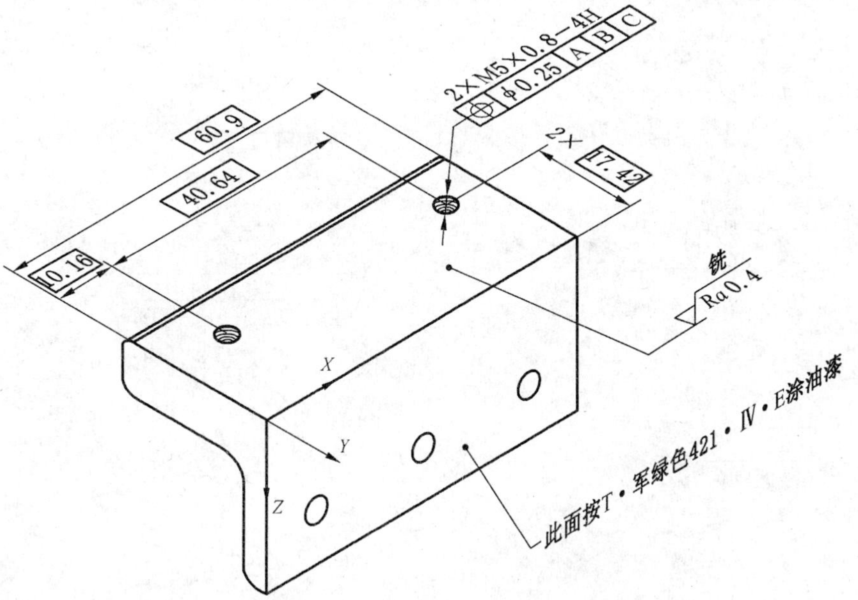

c）显示选定标注

图 1（续）

4.2 屏幕硬拷贝

应提供对任何可视内容的硬拷贝。硬拷贝用于工程图时，应符合制图的相关标准。

5 模型要求

5.1 概述

以下条款给出了设计模型的标注要求。这些通用要求适用于所有标注类型。特殊类型的标注应按 GB/T 24734.7—2009、GB/T 24734.8—2009、GB/T 24734.9—2009 和 GB/T 24734.10—2009 的规定。图 2 给出了标注和模型几何之间的关系。

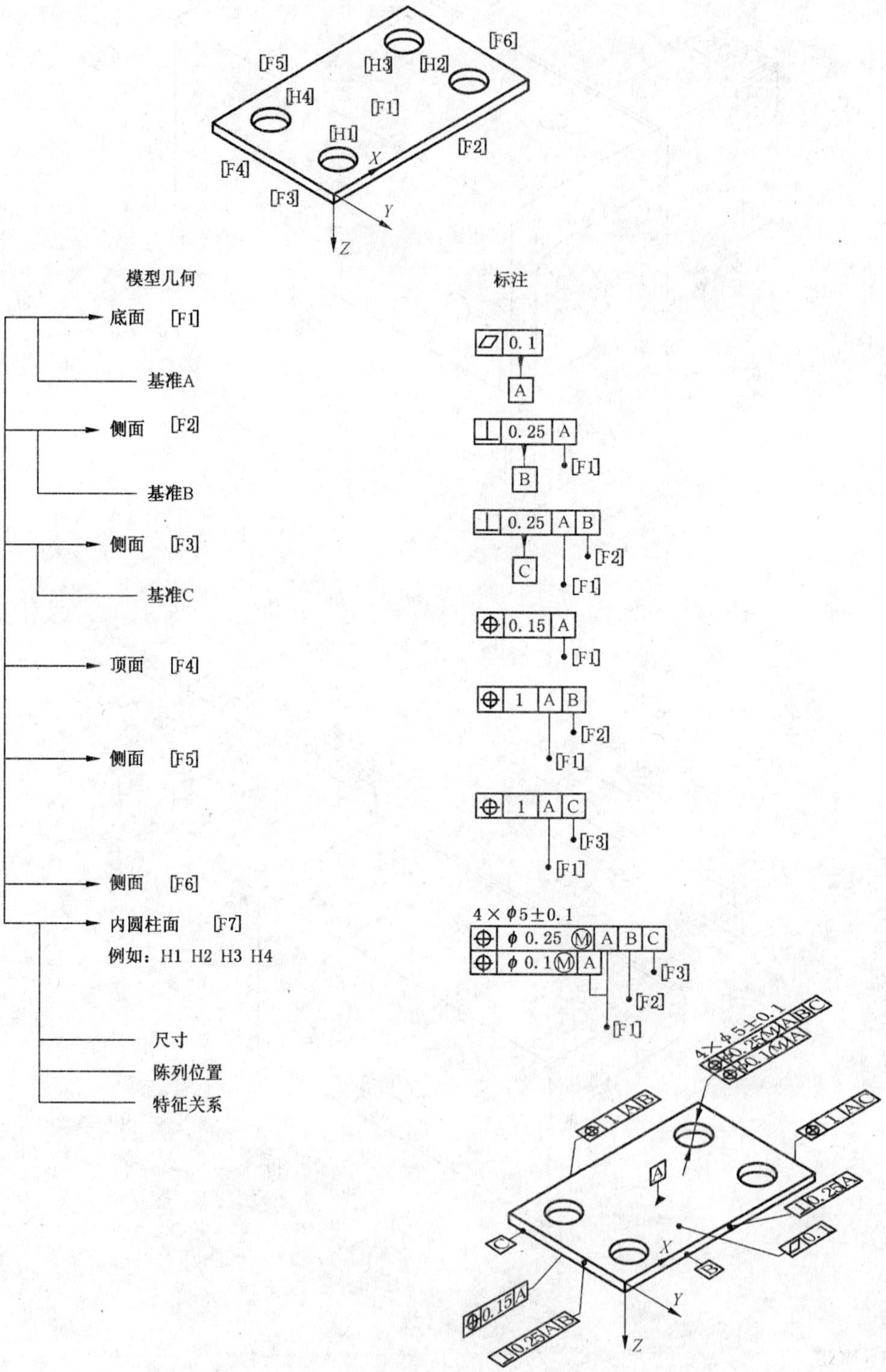

图 2 标注和模型几何的关系

5.2 关联性

以下是对数据元素间关联关系的通用要求。

标注可与一个或一组模型特征，或与某一模型特征的某一部分相关联。有关尺寸关联特征的应用实例如图 3 所示。

标注、模型几何和辅助几何可被置于同一关联组内，以表明它们间的相关关系。

示例 1：辅助几何可用于定义模型位置、方向，或对标注的用途作进一步说明。

示例 2：用于基准体系的模型坐标系。

示例 3：其他标注。如授权行为的注释、尺寸极限的注释。

a) 尺寸公差查询

b) 几何公差查询

1——查询；

2——视觉反应。

[a] 所有的 8 个关联要素。

图 3 公差查询的相关性

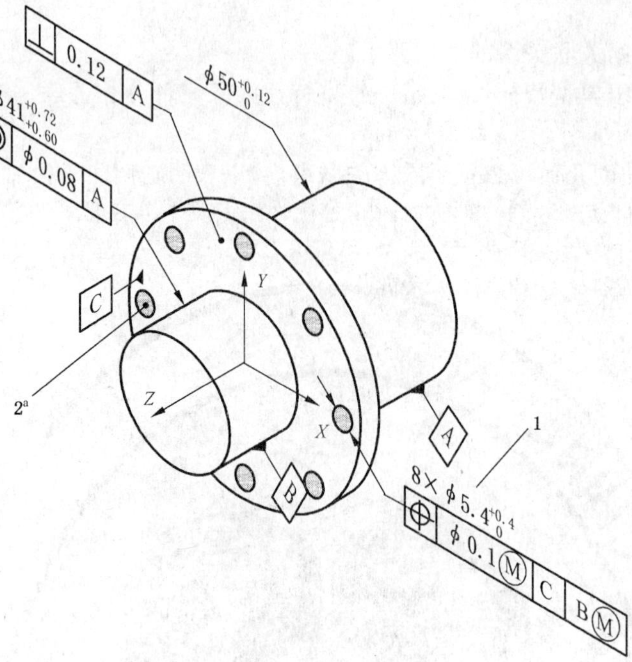

c) 阵列的要素查询

图 3（续）

5.3 属性

属性是用来获取没有在几何或标注中直接显示出来的附加信息。需要时，应能获得相应属性信息。属性可通过文本、表格或其他方式来表达。例如，属性可用于(但不仅限于)镀层、滚花、销和螺孔等的表达。图 4 给出了孔的属性表达示例。

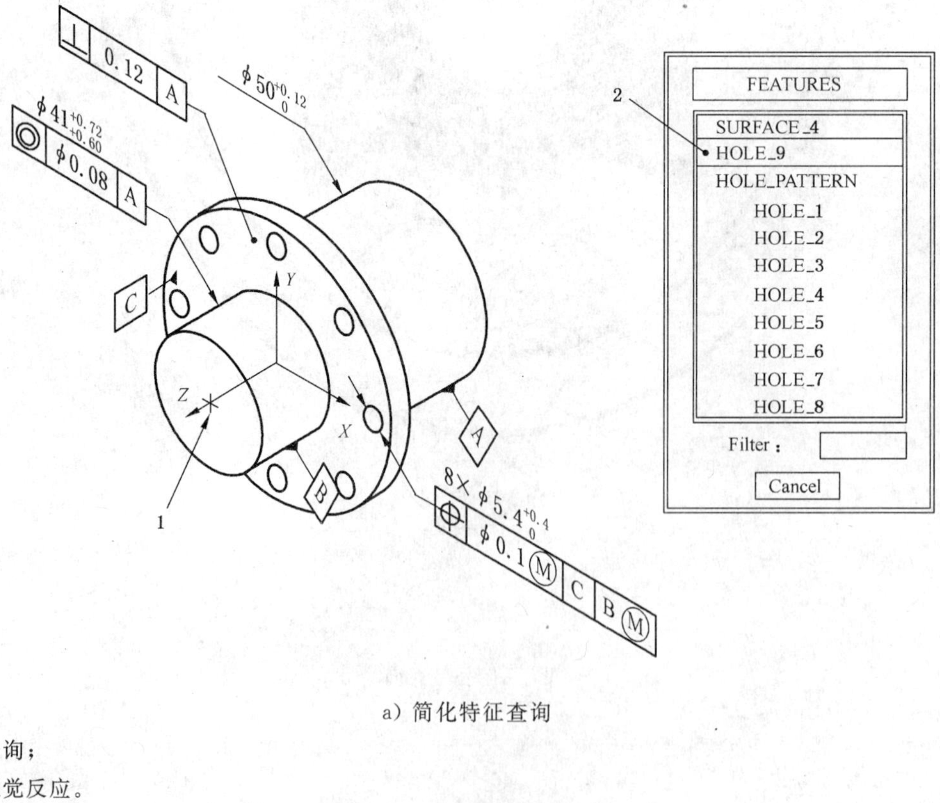

a) 简化特征查询

1——查询；

2——视觉反应。

图 4　简化特征表示和属性

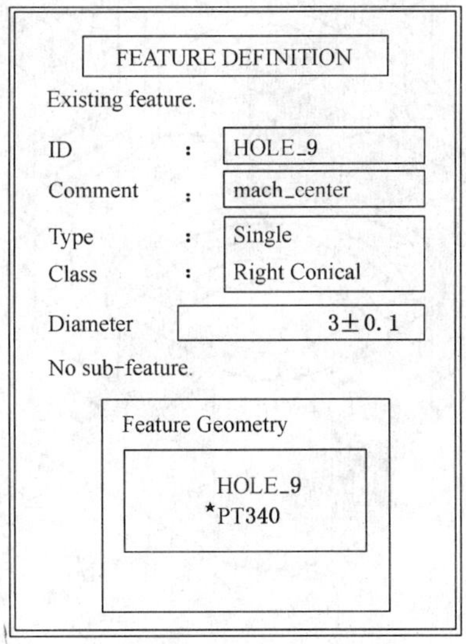

b）特征属性

图 4（续）

5.4 标注面

标注面方向应与三维几何模型保持相互一致的位置关系。例如，模型旋转时，相关文字应随之旋转，如图 5 所示。如所采用的 CAD 系统不支持标注平面与模型的相互一致的位置关系，则不应在该系统下使用标注面。

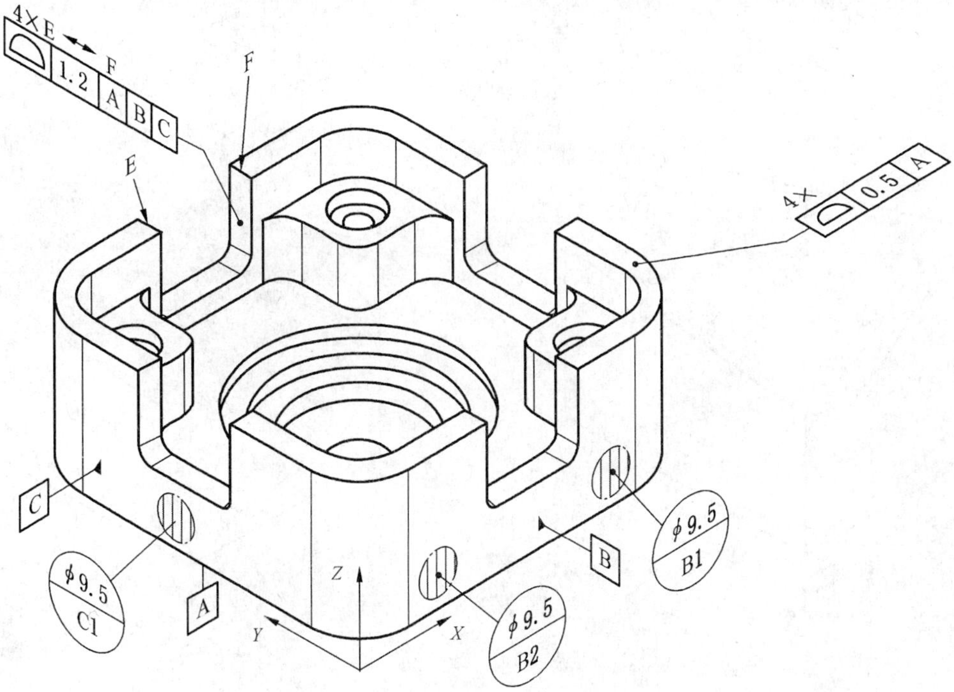

a）模型几何及其注释的内在属性

图 5 与模型几何相关的标注面

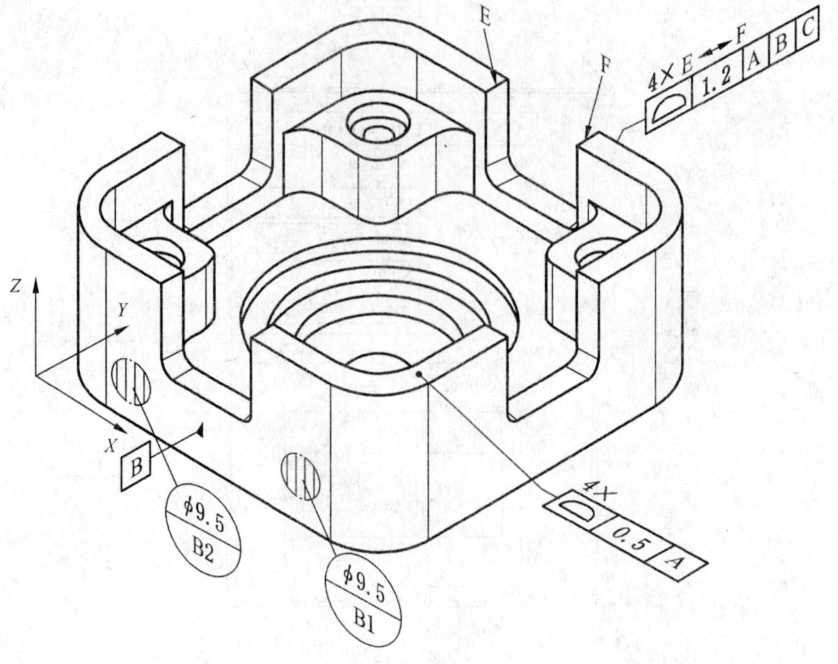

b) 环绕 Z 轴旋转 90°

图 5（续）

5.5 指引线

指向表征线素的指引线，其终端应采用箭头表示，如图 6 所示。指向曲面的指引线，其终端应采用位于该曲面范围内的实心圆点表示，见图 6 中的表面结构。如果有助于理解标注的意图，指引线可以在尺寸要素的边结束。应符合 GB/T 24734.3—2009 中 3.1.2 的规定，用实线指引线来指示设计模型中的基准目标，指引线应该指向关联实体。

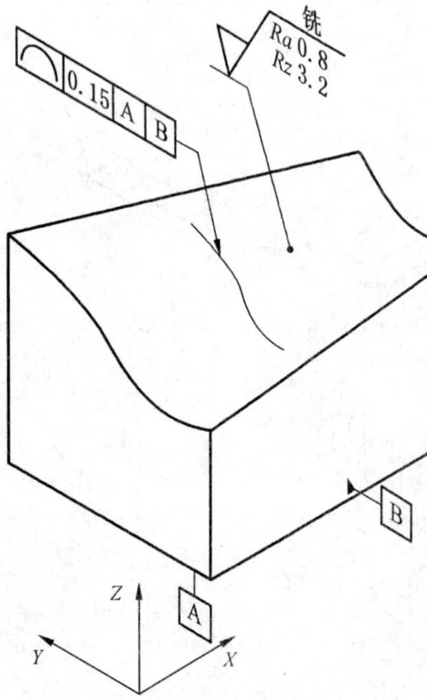

a) 放置与标注

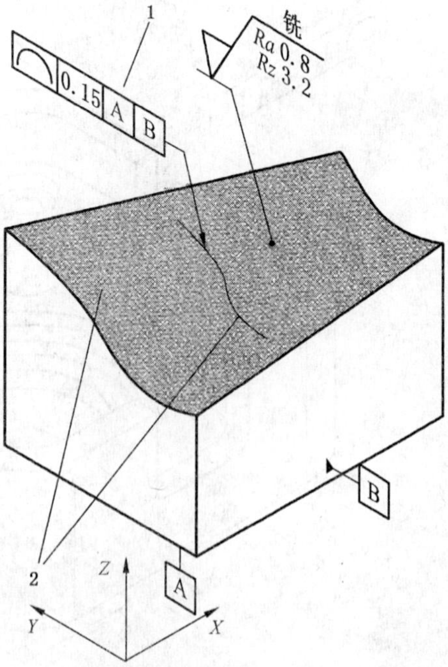

b) 被测线的关联性

1——查询；

2——视觉反应。

图 6　线轮廓度公差——由表征线素标识方向

5.6 与方向相关的公差

当设计模型标注与方向相关的公差(如直线度)时,应给出方向的明确定义:

——在模型中添加辅助几何以确定公差的应用方向。公差所指向的模型几何应是标注的关联几何,如图 6、图 7 和图 8 所示,应符合 GB/T 24734.3—2009 中 4.3 的规定。

——与方向相关的公差可以使用模型坐标系矢量(坐标轴)定义标识方向。模型坐标系矢量、关联特征和公差应该作为一个关联组,如图 9、图 10 和图 11 所示。

——应符合 GB/T 1182—2008 的规定。

——当表面结构(如表面粗糙度等)的放置是与方向相关时,可以采用辅助几何或与模型坐标系矢量相关联来表示方向,如图 6 所示。

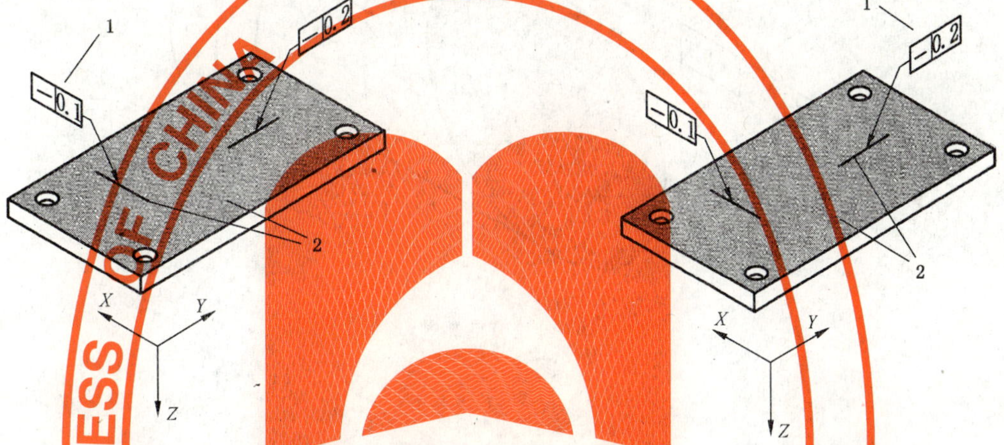

a) 公差方向面相关　　　b) 公差方向相关

1——查询;
2——视觉反应。

图 7　直线度——由表征线素标识方向

a) 放置和标注

1——查询;
2——视觉反应。

图 8　方向公差——由表征线素标识方向

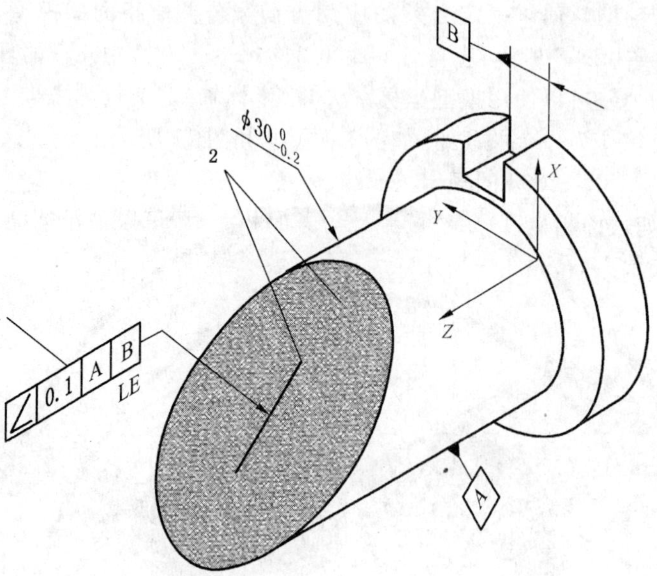

b) 公差方向相关

图 8（续）

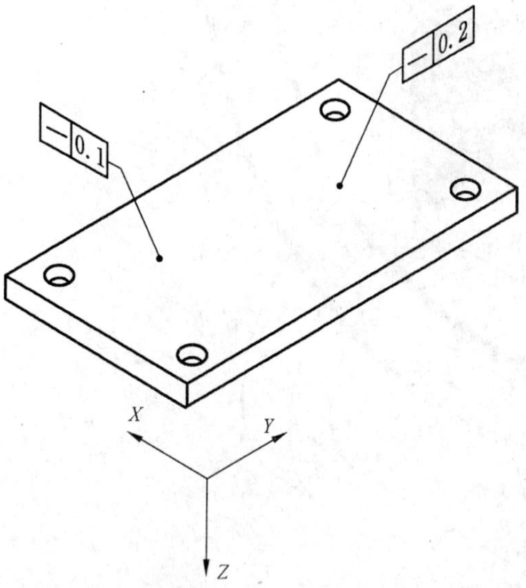

a) 放置和标注

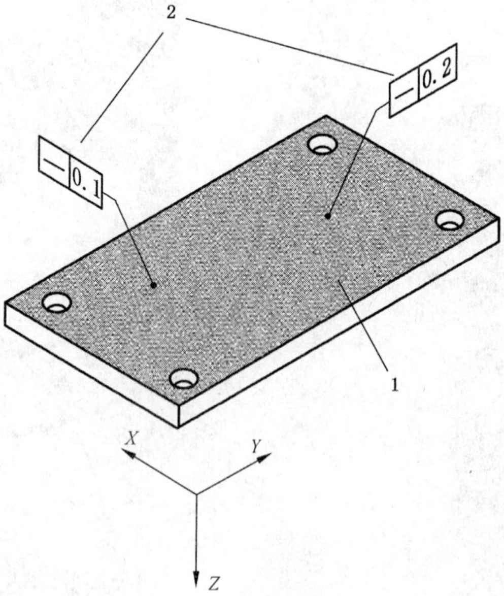

b) 特征相关

1——查询；

2——视觉反应。

图 9　直线度——由坐标轴标识方向

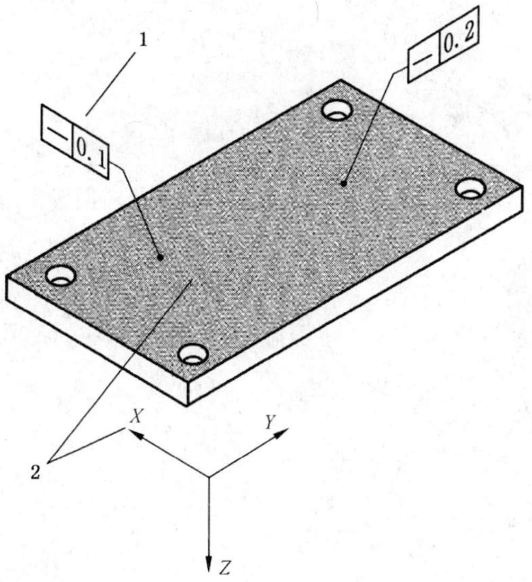

c) 公差方向相关

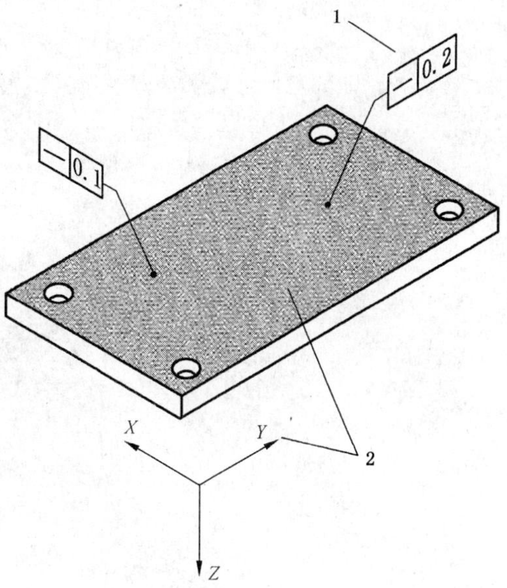

d) 公差方向相关

图 9（续）

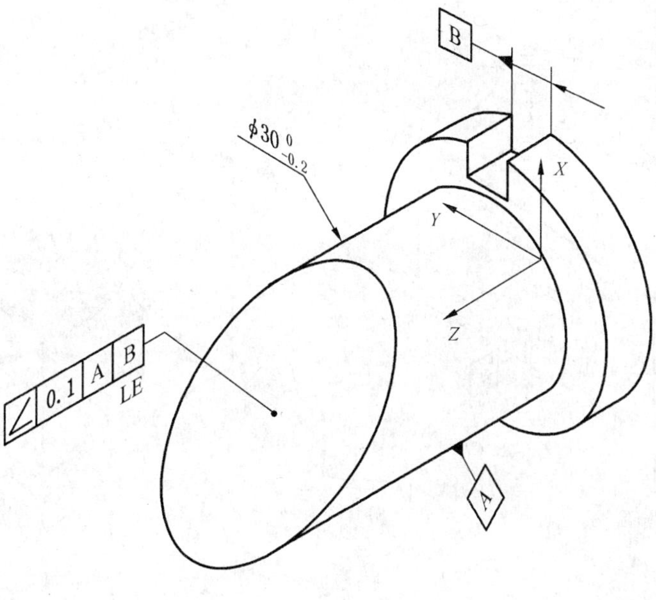

a) 放置和标注

1——查询；

2——视觉反应。

图 10 方向公差——由坐标轴标识方向

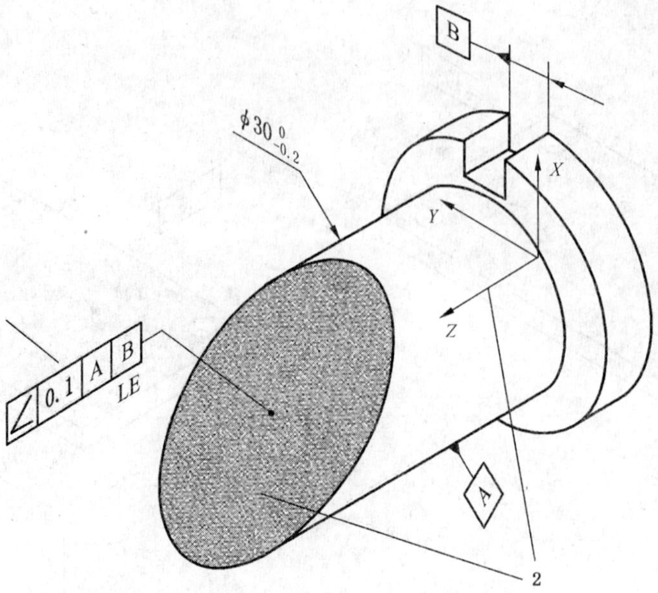

b）公差方向相关

图 10（续）

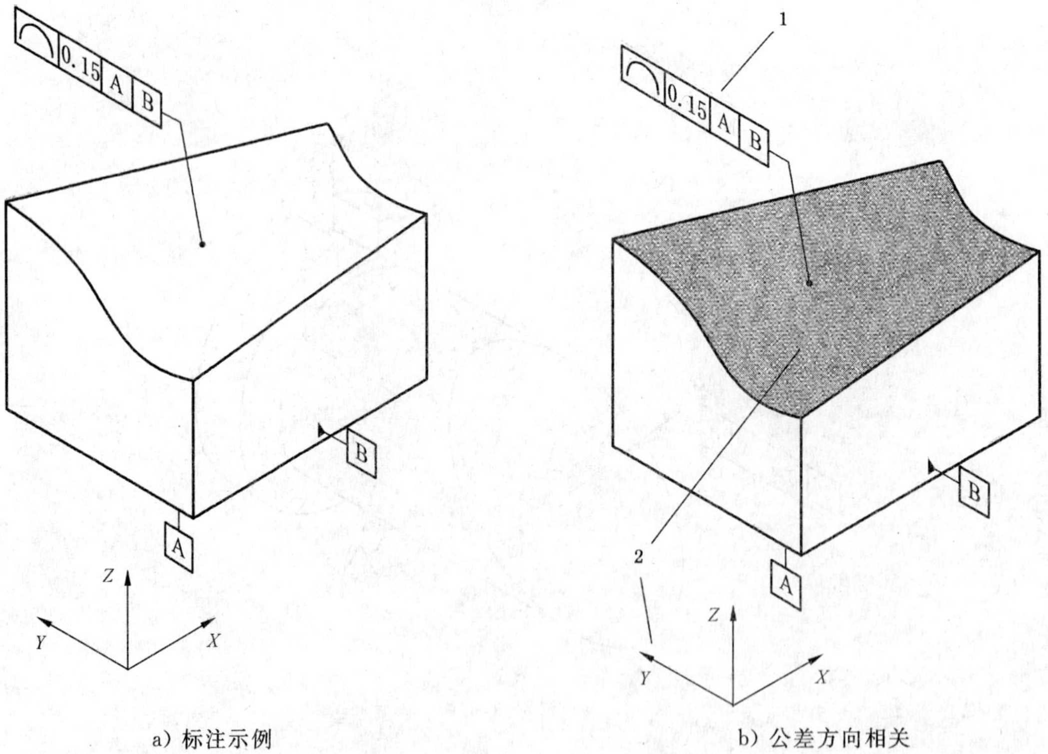

a）标注示例　　　　b）公差方向相关

1——查询；

2——视觉反应。

图 11　线轮廓度公差——由坐标轴标识方向

5.7　应用于限定范围的公差的表示方法

可以采用（但不限于）辅助几何和关联标注来说明受限制的长度、区域和位置。如果使用辅助几何，它应当位于模型几何上，如图 12 所示。

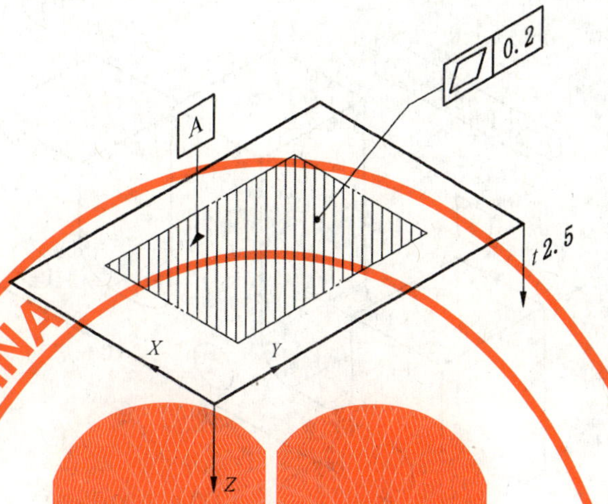

图 12 以局部表面作为基准要素

5.8 查询类型

模型应包含足够的信息，以满足下述查询类型的需要：

a) 模型值查询。

b) 模型几何和标注之间双向关联查询，包括：

——关联实体的图形显示。需要时，标注的关联实体应采取高亮或其他能区别于视图中其他实体的方式进行显示，如图 3 和图 13 所示；

——关联标注的图形显示。需要时，与选定几何或特征模型相关联的标注应采取高亮或其他能区别于视图中其他实体的方式进行显示，如图 14c）和图 15b）所示。

c) 数据元素标识符的查询，如图 16 所示。

d) 模型几何与模型特征的查询：

——通过选择模型特征中的一个几何元素就可以辨别出该模型特征；

——通过选择模型特征关联组内任何一个几何元素就可以辨别出该组内的所有几何元素；

——通过选择特征组内任何一个特征就可以辨别出该组内的所有特征。

e) 公差标注、基准标注和基准目标标注：

——如选中某一公差标注，则其基准标注和基准目标标注应高亮显示，或采取其他能区别于视图内其他实体的方式进行显示，如图 17 所示；

——如选中某一基准目标标注，则与其具有相同基准字母的基准目标标注应高亮显示，或采取其他能区别于视图内其他实体的方式进行显示，如图 18 所示；

——如选中某一基准标注，则其他所有具有相同基准字母的基准目标标注应高亮显示，或采取其他能区别于视图内其他实体的方式进行显示，如图 19 所示。

f) 如选中某一标注，标注定义所采用的辅助几何应高亮显示，或采取其他区别于视图内其他实体的方式进行显示。

g) 如选中了某一关联组内的任意一个数据元素，关联组内的所有元素应高亮显示，或采取其他区别于视图内其他实体的方式进行显示。

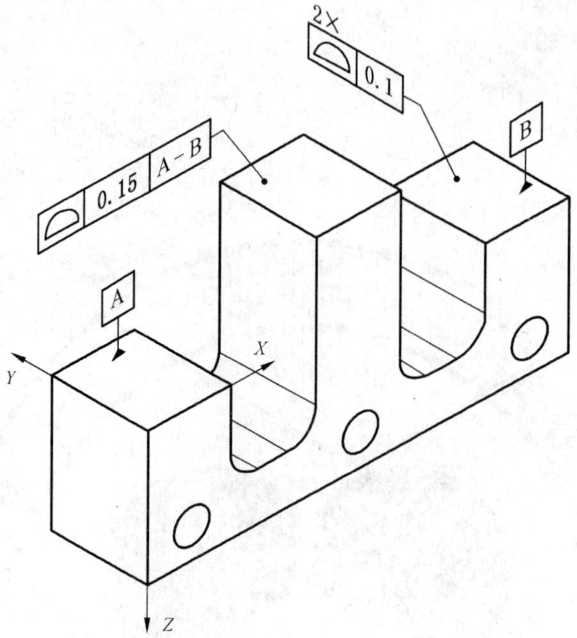

a) 标注与放置

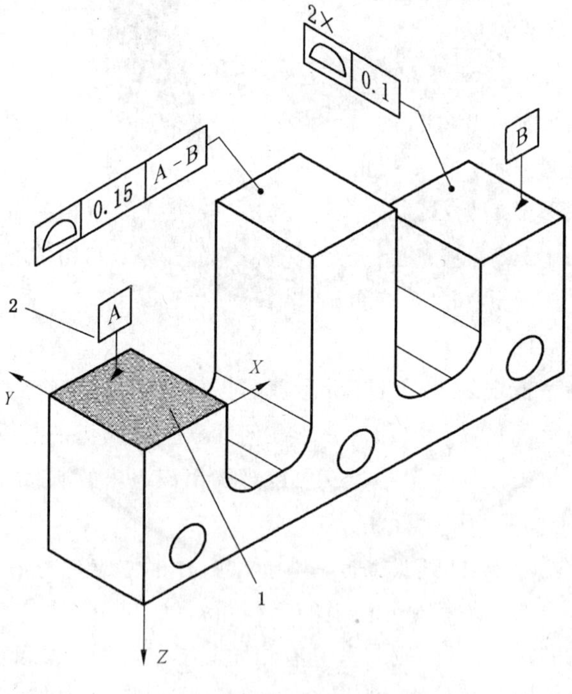

b) 基准要素符号相关性

1——视觉反应；

2——基准要素符号；

3——特征控制框格；

4——基准参考体系。

图 13 分离的表面建立一个基准面

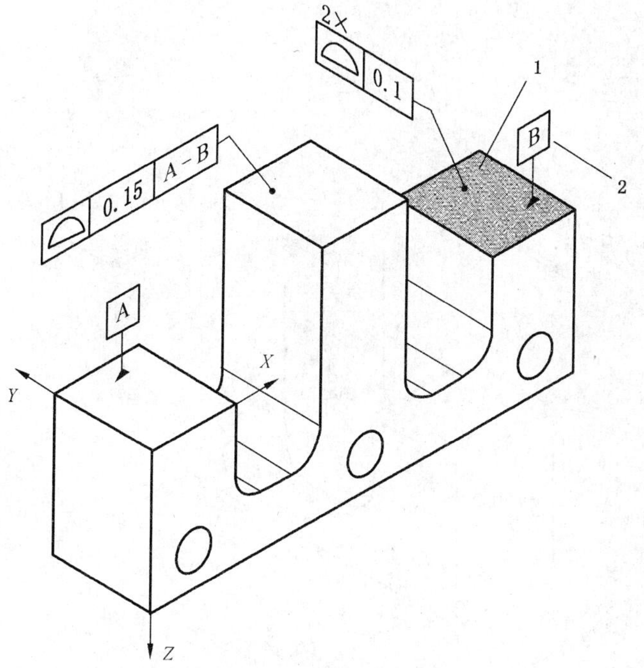

c) 基准要素符号相关性

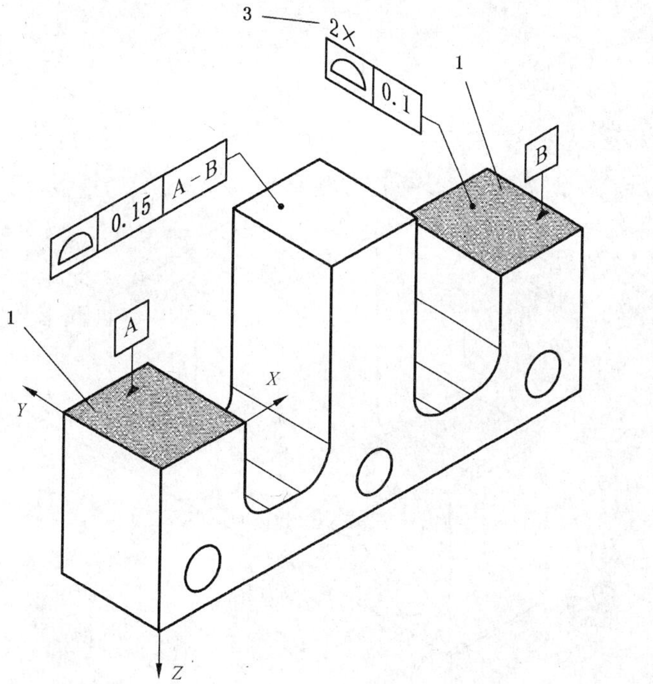

d) 公差标注的相关性

图 13（续）

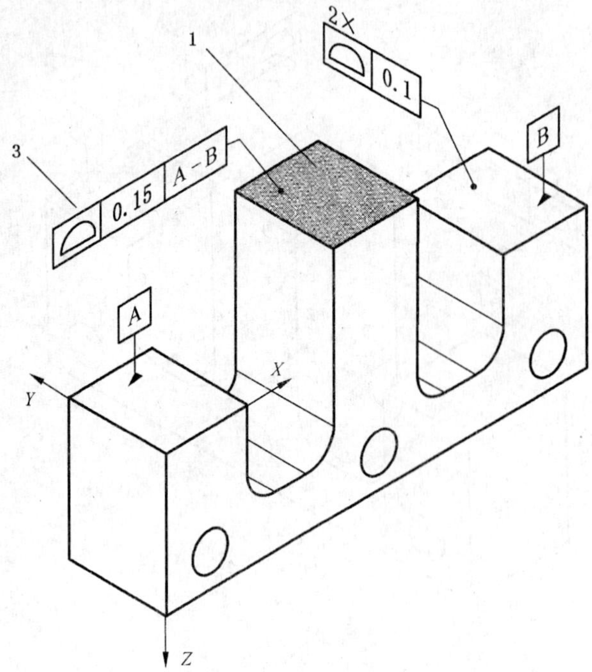

e) 公差标注的相关性

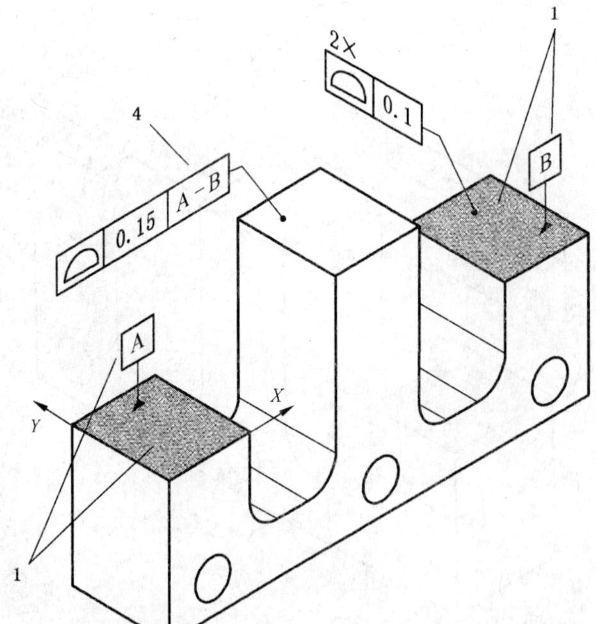

f) 基准参考体系相关性

图 13(续)

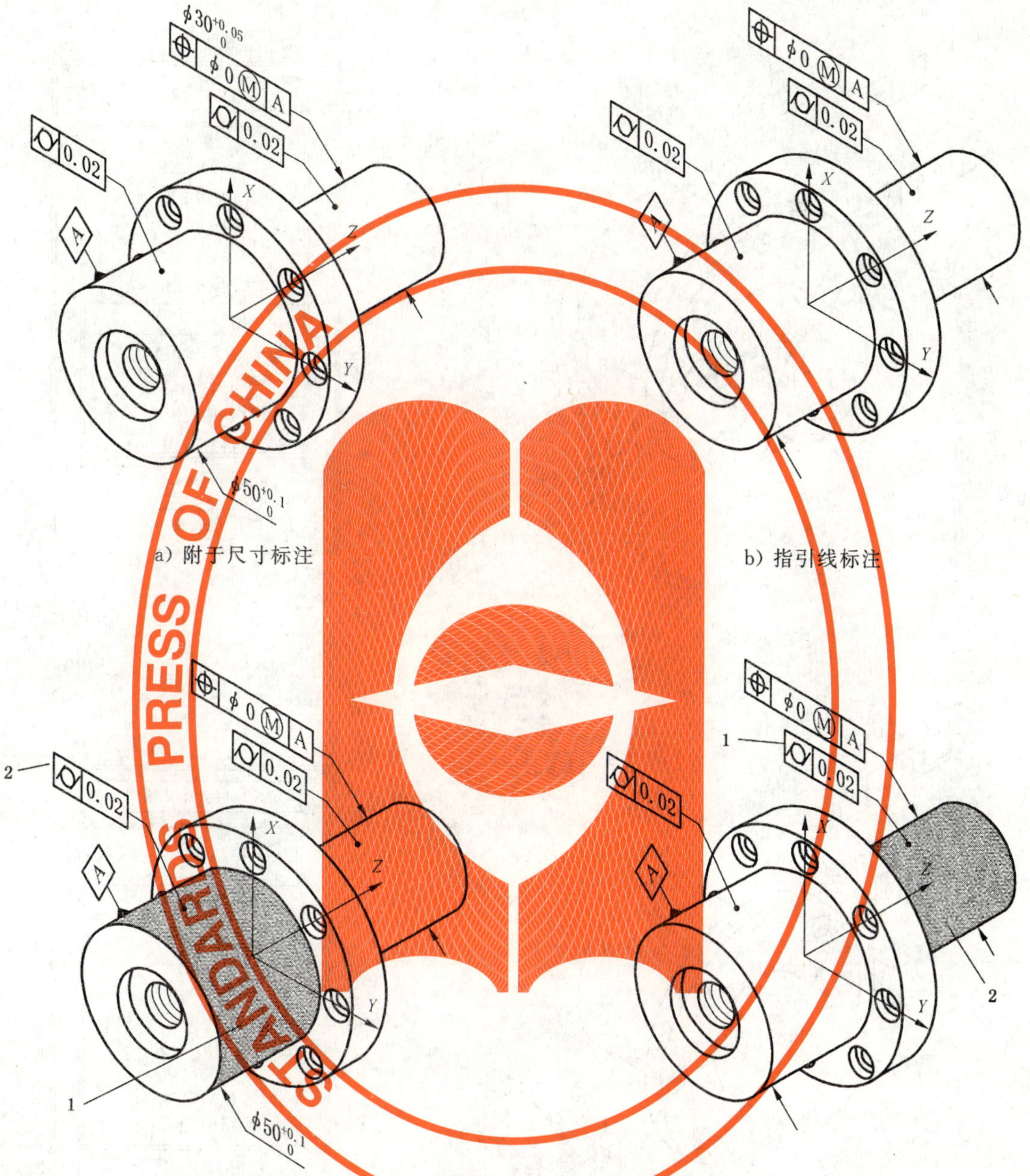

a) 附于尺寸标注

b) 指引线标注

c) 要素关联性

d) 公差关联性

1——查询；

2——视觉反应。

图 14　圆柱度

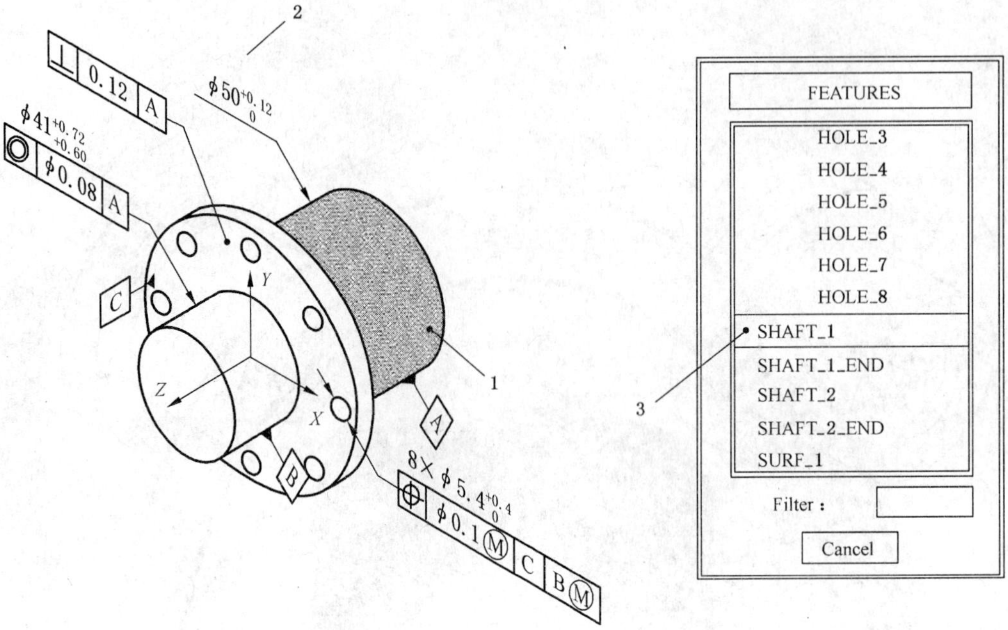

a）单一特征

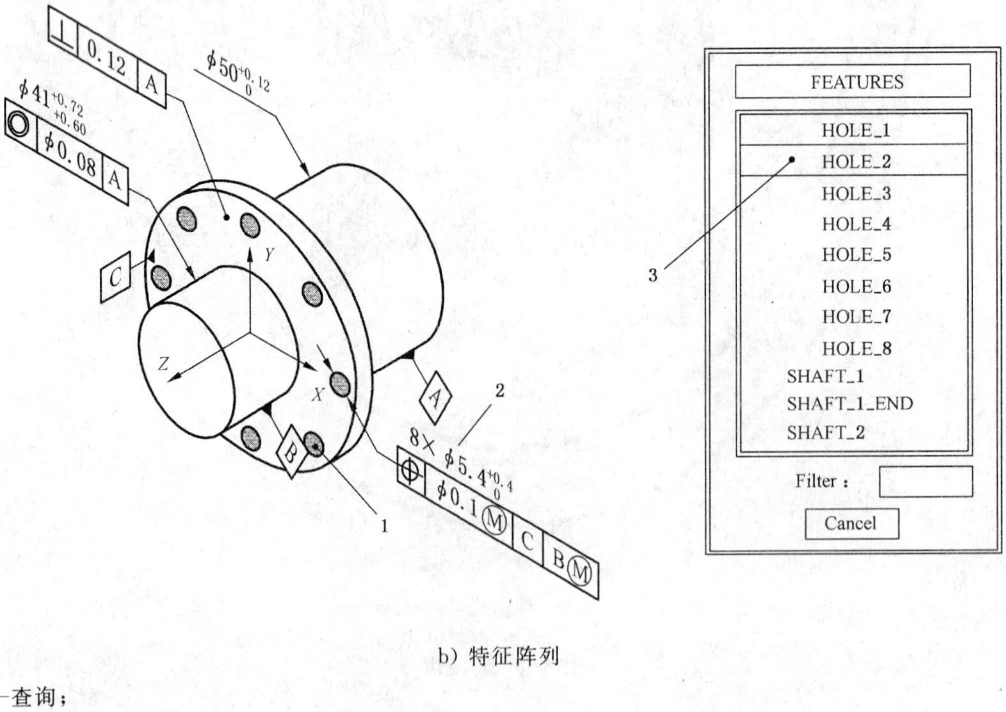

b）特征阵列

1——查询；

2——视觉反应；

3——属性响应。

[a] 8 个关联要素。

图 15　相关标注的图形显示

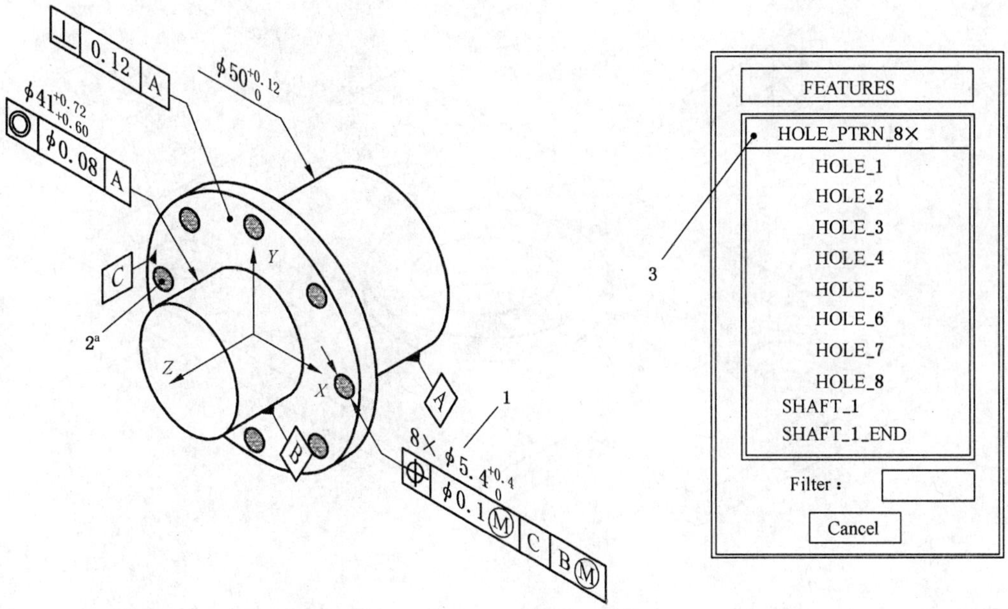

c）特征的阵列

图 15（续）

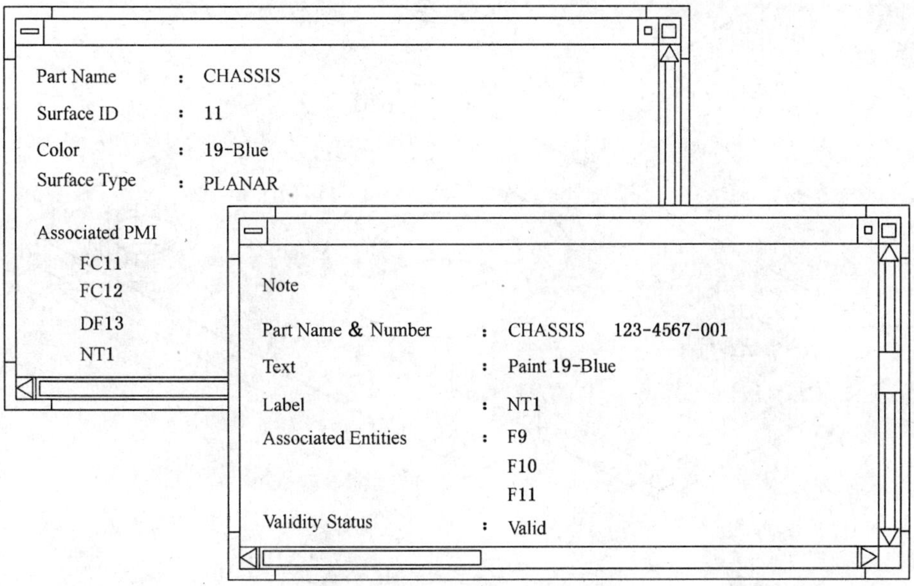

图 16 数据元素标识符列表

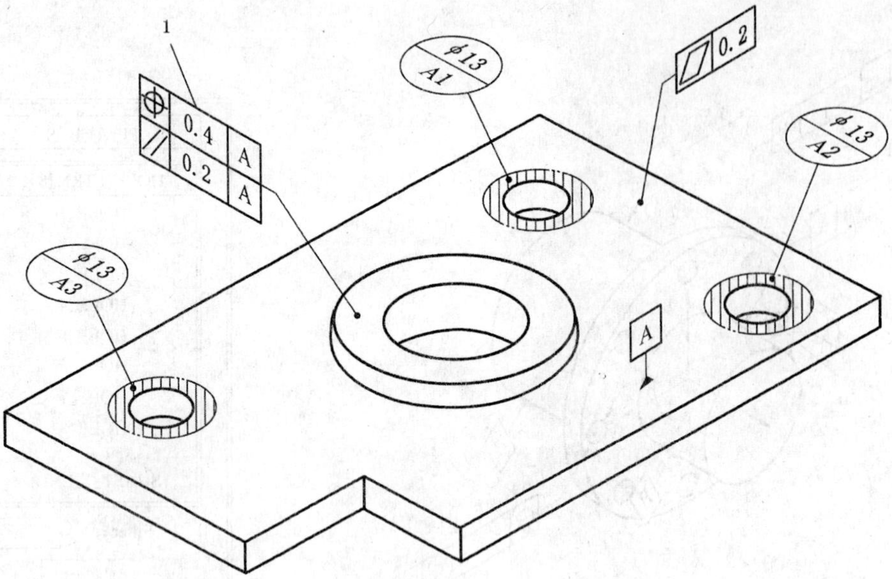

1——查询。

注：视觉反应——所有相关的基准符号和基准目标符号有视觉反应。

图 17 基准标注和基准目标标注的查询

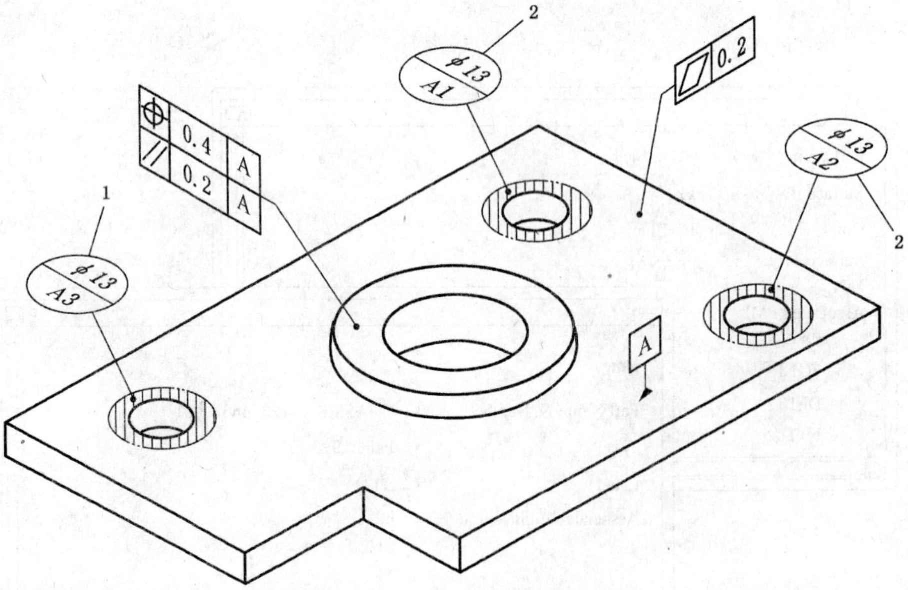

1——查询；

2——视觉反应。

图 18 基准目标的查询

1——查询；

2——视觉反应。

图 19 辅助几何的查询

6 工程图要求

6.1 概述

视图和剖视图应符合 GB/T 17451—1998、GB/T 4458.1—2002、GB/T 17452—1998 和 GB/T 4458.6—2002 的规定。下面条款主要对工程图视图的一些例外和附加情况进行规定，同时给出了完全或不完全定义的工程图轴测图的通用要求。特殊类型的标注应符合 GB/T 24734.7—2009、GB/T 24734.8—2009、GB/T 24734.9—2009、GB/T 24734.10—2009 的规定。模型和工程图的关系如图 20 和图 21 所示。

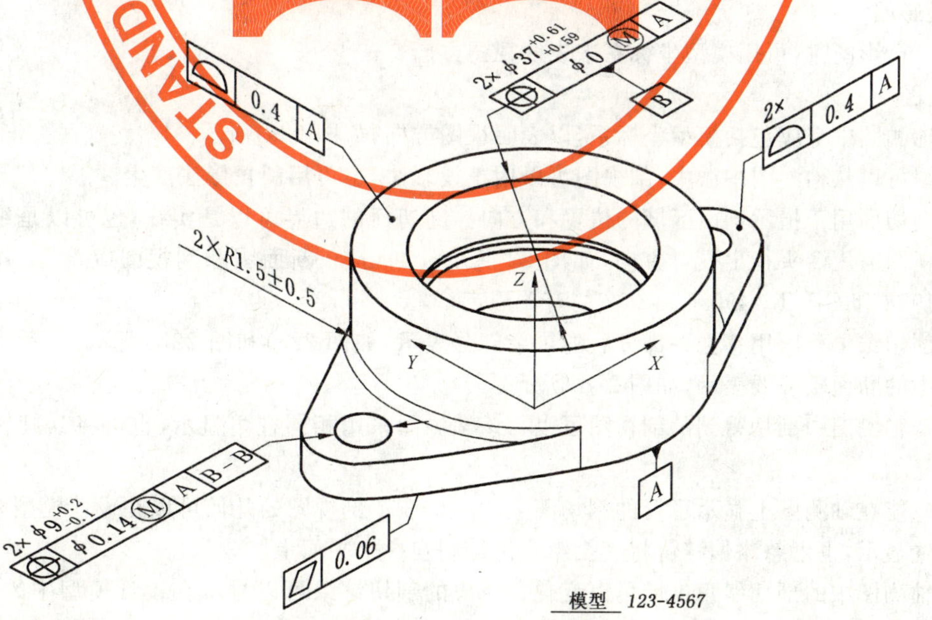

图 20 带标注信息的模型

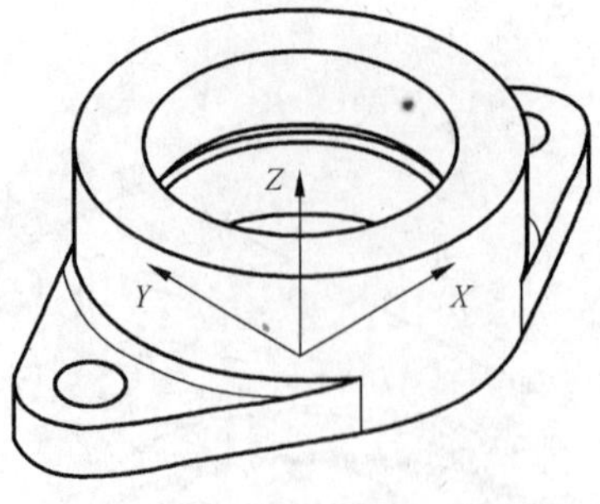

设计模型 *123-4567*

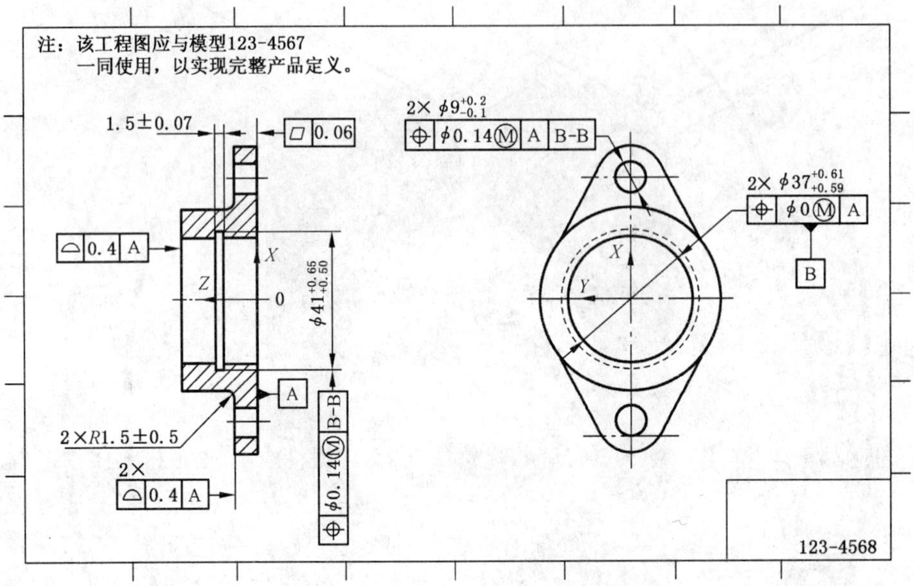

图 21　设计模型和视图

6.2　正投影图

使用正投影图时，可用模型坐标系来表明视图方向。

6.3　轴测图

每个轴测图中都应包括模型坐标系，以表明视图方向，如图 22a)所示。

剖视图可以从轴测图中派生，剖视图可以用正投影法，也可用斜投影法产生。

——剖切面用于指示剖面区域的位置和方向。剖切面的边界可以是实线，也可以是细点画线。剖视图需用箭头指出投射方向，如图 22 所示。剖切面、断面图和剖视图应符合 GB/T 17452—1998 和 GB/T 4458.6—2002 的有关规定。

——剖切结果可以用移去一部分后的剩余部分表示，如图 22a)和图 22b)所示；或者用重叠于模型中的断面轮廓线表示，如图 22c)所示。

——从轴测图中剖切得到的剖视图可以与该轴测图采用相同视角显示，也可将其旋转到剖切平面显示。

——应能在轴测图上显示平行的剖切面上的剖切线。剖视图的几何可以在设计模型中按照真实位置显示，也可忽略偏移值将其投影直接绘制在一个平面上。

——轴测图中的剖切线角度应可以变化。对应的剖切结果可以显示在设计模型中的真实位置，也可以将几个相交剖面及剖面上的相关几何特征旋转到垂直于该剖面查看方向的平面上来显示。

——对于轴测图中的剖视图，其上要素可以显示在其实际位置，无须透视或对齐。

——对于轴测图中的断面图，其上要素可以显示在实际位置处。

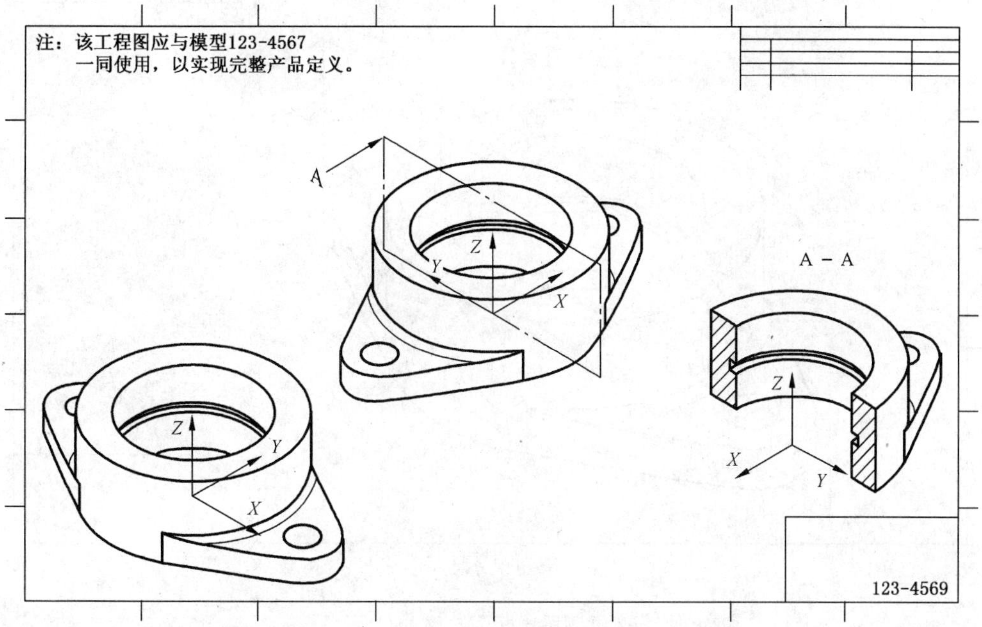

a）轴测图

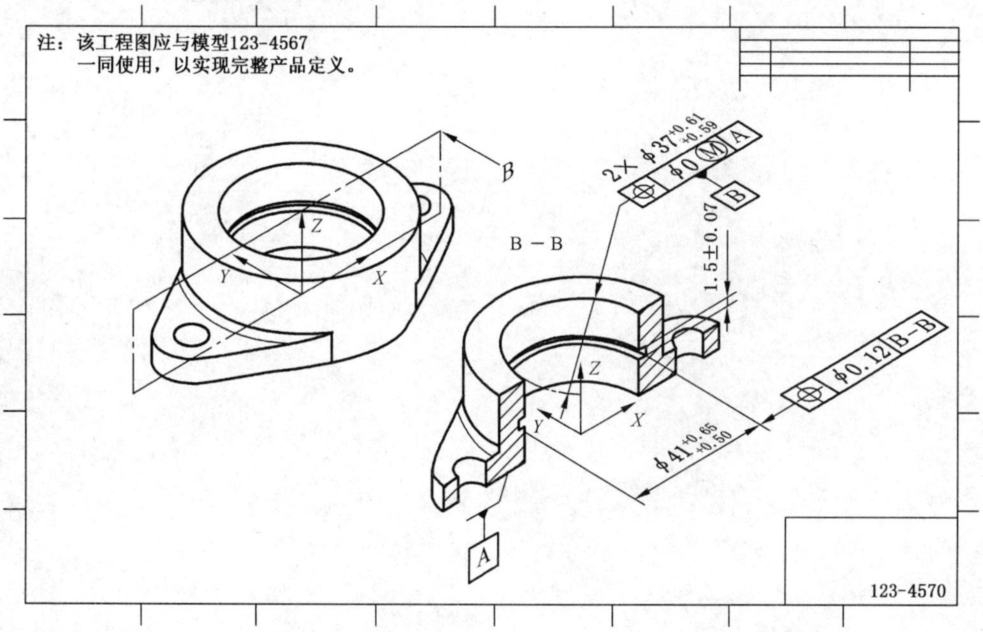

b）轴测剖视图

图 22 轴测图

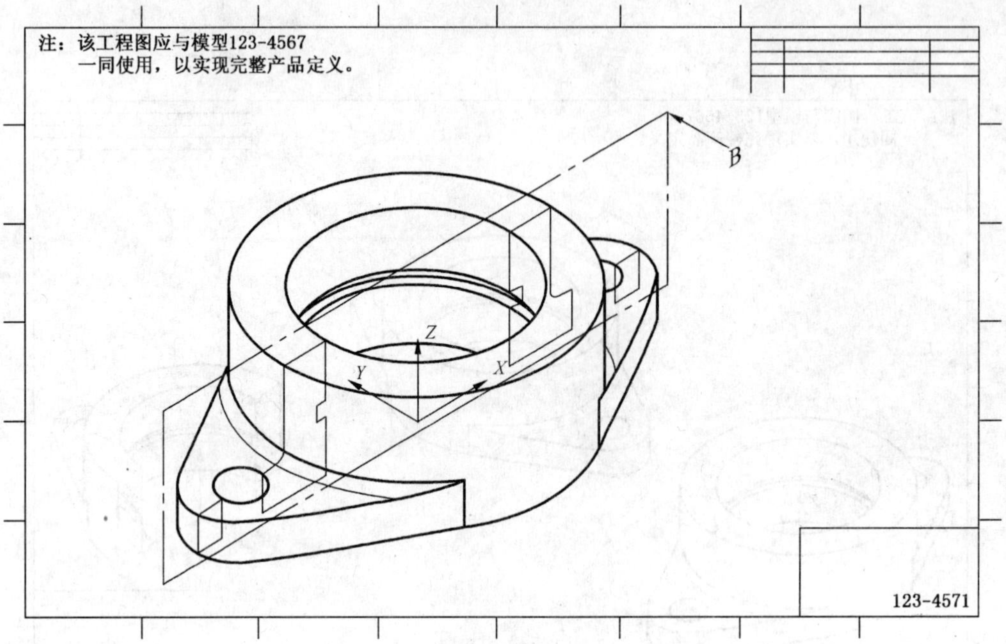

c）轴测图中断面轮廓的显示

图 22（续）

ICS 01.100.01
J 04

中华人民共和国国家标准

GB/T 24734.6—2009

技术产品文件　数字化产品定义数据通则
第6部分：几何建模特征规范

Technical product documentation—Digital product definition data practices—Part 6: Feature specification for geometrical modeling

2009-11-30 发布　　2010-09-01 实施

中华人民共和国国家质量监督检验检疫总局
中国国家标准化管理委员会　发布

前　言

GB/T 24734《技术产品文件　数字化产品定义数据通则》分为11个部分：

——第1部分：术语和定义；

——第2部分：数据集识别与控制；

——第3部分：数据集要求；

——第4部分：设计模型要求；

——第5部分：产品定义数据通用要求；

——第6部分：几何建模特征规范；

——第7部分：注释要求；

——第8部分：模型数值与尺寸要求；

——第9部分：基准的应用；

——第10部分：几何公差的应用；

——第11部分：模型几何细节层级。

本部分为GB/T 24734《技术产品文件　数字化产品定义数据通则》的第6部分，给出了三维CAD应用中几何建模特征的定义和分类。

本部分由全国技术产品文件标准化技术委员会(SAC/TC 146)提出并归口。

本部分起草单位：中机生产力促进中心、北京数码大方科技有限公司、北京清软英泰信息技术有限公司、北京艾克斯特信息技术有限公司、中国电子科技集团公司第三十八研究所、广西玉柴机器集团有限公司。

本部分主要起草人：陈卫东、张红旗、陈景玉、阎光荣、张蕙、雍俊海、温秋生、丁红宇、肖承翔、王云峰、韩琳琳、谢正良。

技术产品文件 数字化产品定义数据通则 第6部分:几何建模特征规范

1 范围

GB/T 24734 的本部分给出了三维 CAD 应用中几何建模特征的术语和定义、分类等方面的规范化要求。

本部分适用于与数字化产品定义相关的应用、开发、服务与研究。

2 规范性引用文件

下列文件中的条款通过 GB/T 24734 的本部分的引用而成为本部分的条款。凡是注日期的引用文件,其随后所有的修改单(不包括勘误的内容)或修订版均不适用于本部分,然而,鼓励根据本部分达成协议的各方研究是否可使用这些文件的最新版本。凡是不注日期的引用文件,其最新版本适用于本部分。

GB/T 24734.1—2009 技术产品文件 数字化产品定义数据通则 第1部分:术语和定义(ISO 16792:2006,Technical product documentation—Digital product definition data practices,NEQ)

3 术语和定义

GB/T 24734.1—2009 确立的以及下列术语和定义适用于 GB/T 24734 的本部分。

3.1

几何建模特征 geometrical modelling feature

有一定拓扑关系的一组几何元素所构成的特定几何体称为几何建模特征。几何建模特征具有特定的功能及其特定的加工方法集。

3.2

草图特征 sketch feature

草图是一种参数化特征,是应用草图工具绘制曲线轮廓,在添加约束后用于表达设计意图。草图修改时,关联实体模型将会自动更新。

3.3

拉伸特征 extrude feature

平面上的草图沿该草图面的法线方向线性平移而生成的几何体或面片特征称为拉伸特征。

3.4

旋转特征 revolve feature

位于草图平面上某直线轴一侧的草图轮廓绕该轴线旋转一定角度而生成的几何体或面片特征称为旋转特征。

3.5

扫描特征 sweep feature

平面上的草图垂直于某轨迹线方向移动,并保持草图平面与该轨迹线交点的位置和方向不变,由此移动生成的几何体或面片特征称为扫描特征。

3.6

放样特征 loft feature

用2个或2个以上平面草图的轮廓按照一定规则连接形成连续几何体或面片称为放样特征，该特征在规定截面上应满足已定义的草图轮廓形状和尺寸。

3.7

孔特征 hole feature

按给定参数(如直径、深度等)在指定几何体上通过布尔差运算方式生成的几何孔，称为孔特征。

3.8

肋板特征 rib feature

在几何体上生成的肋状凸起的特征称为肋板特征。

3.9

螺纹特征 thread feature

在圆柱或圆锥等几何面上建立的表达螺纹特性的几何特征，称为螺纹特征。

3.10

圆角特征 round feature

在几何体上不同表面接合处建立具有圆角特性的特征称为圆角特征。

3.11

倒角特征 chamfer feature

在几何体上不同表面接合处建立具有倒角特性的特征称为倒角特征。

3.12

抽壳特征 shell feature

按照一定厚度和方向将几何体挖成壳状几何的特征称为抽壳特征。

3.13

起模特征 draft feature

按给定参数对几何体上的一个面或一系列面生成具有起模特性的特征称为起模特征。

4 几何建模特征分类

几何建模特征一般包括基本建模特征、附加建模特征和编辑操作特征，如图1所示。

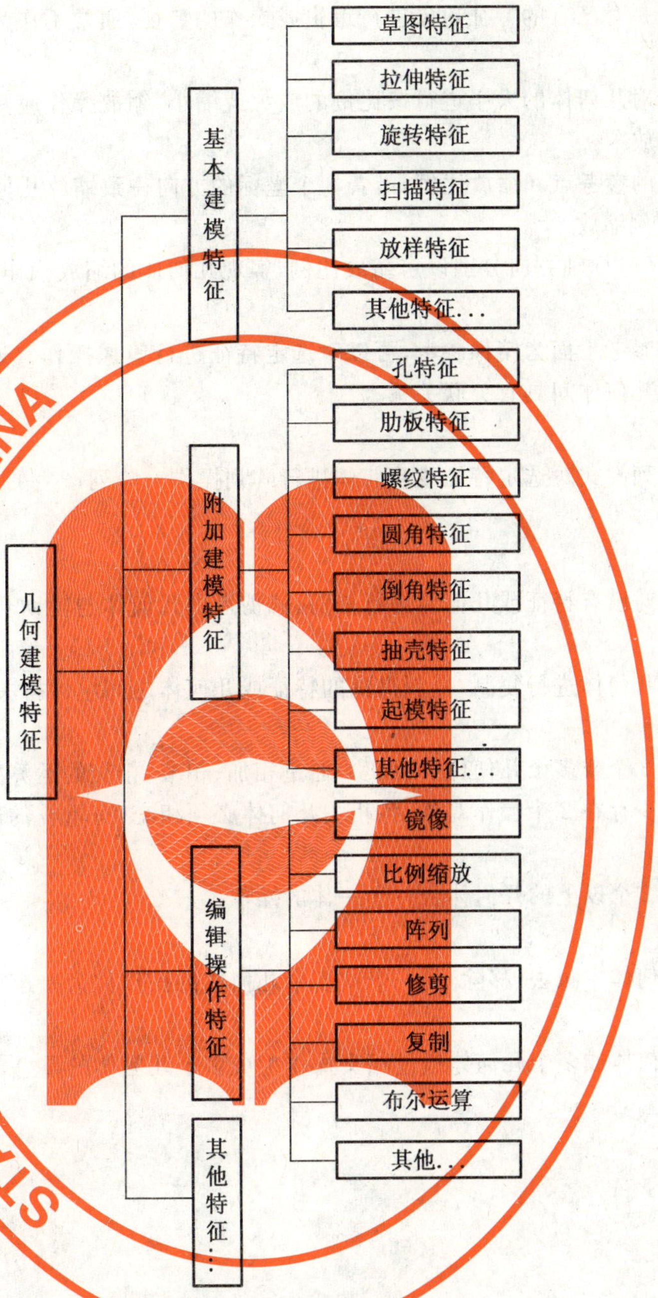

图1 几何建模特征分类

4.1 基本建模特征

基本建模特征也称为主建模特征，用于构造零件的主体形状或基本体素。

基本建模特征可是增加材料特征，也可以是去除材料特征，另外也可以是生成面片。

基本建模特征一般由草图特征通过拉伸、旋转、扫描和放样等方法获得，亦可直接利用基本体素获得。

4.2 附加建模特征

附加建模特征也称为辅建模特征，通常不作为第一个特征出现。附加建模特征是对基本特征或其他附加建模特征的修饰或细化，如倒角、圆角、肋板等。

4.3 编辑操作特征

编辑操作特征是对已有的特征对象进行编辑或操作的特征，通常不作为第一个特征出现。

4.3.1 比例缩放

比例缩放用于对几何体的大小进行按比例的放大或缩小，缩放操作应具有关联关系。

a） 一致性缩放

根据给定的参考点和缩放比例，沿着3个坐标的方向一致缩放几何对象。

b） 自定义比例缩放

对 X、Y、Z 坐标轴方向分别设定缩放比例，实现几何体的缩放操作。

4.3.2 镜像

以参考轴线或参考平面为镜像参考，可以对选定特征进行镜像操作。通过镜像操作生成的特征或几何体与原特征或几何体间具有关联关系。

4.3.3 阵列

根据指定的阵列方式对选定特征或几何体进行阵列操作。阵列产生的特征或几何对象之间应保持关联关系。

4.3.4 修剪

利用辅助几何对已有特征或几何体进行修剪，修剪后的几何体与辅助几何之间应保持关联关系。

4.3.5 复制

对指定特征或几何体进行复制，复制得到的特征或几何体之间应保持关联关系。

4.3.6 布尔运算

布尔运算是将2个或多个几何体（或面片）通过相加、相减、相交的运算生成新的特征或几何体的操作。布尔运算应至少存在2个操作对象，各相关几何体必须相交（有重叠的部分）。

a） 相加运算

将2个或2个以上的几何体合并于一体的操作。

b） 相减运算

从一个几何体中减去（移除）另一个或多个几何体的操作称为差运算。

c） 相交运算

将2个几何体或多个几何体通过相交操作生成多个几何体的重叠部分。

附　录　A
（资料性附录）
特征常用参数

A.1　基本特征参数

A.1.1　草图特征

草图特征的示意图如图 A.1 所示，参数列表见表 A.1。

草图特征的常用参数包括（但不仅限于）：草图绘制面、草图几何、草图尺寸。

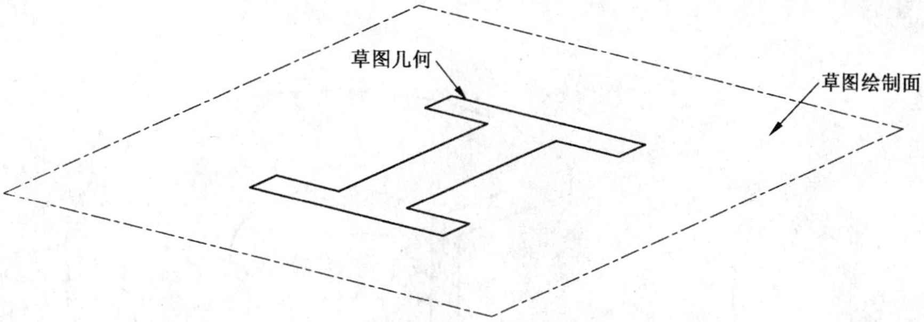

图 A.1　草图特征示意图

表 A.1　草图特征的常用参数

参　　数	描　　述	限制条件
草图绘制面位置	草图绘制面的位置和方向	—
草图几何	草图几何信息	应位于一个平面内
草图尺寸	草图的尺寸和约束	应完整约束

A.1.2　拉伸特征

图 A.2 例举了增加材料类型的拉伸特征，其参数列表见表 A.2。

拉伸特征的常用参数包括（但不仅限于）：草图特征、拉伸起始面、拉伸终止位置（或拉伸距离）、拉伸方向、拉伸方式。

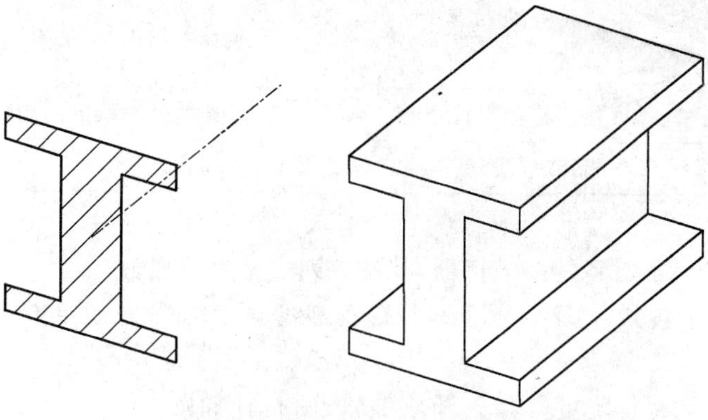

图 A.2　增加材料的拉伸特征示意图

表 A.2 拉伸特征的常用参数

参数	描述	限制条件
草图特征	提供完整的草图特征信息	草图信息应完整，对于体特征草图应封闭
拉伸起始面	拉伸起始面的位置	—
拉伸终止位置(或拉伸距离)	拉伸终止位置，也可是拉伸距离	—
拉伸方向	指定拉伸特征的生成方向	草图面的法线方向(正向或反向)
拉伸方式	指定拉伸特征的生长方式	单向、双向

A.1.3 旋转特征

图 A.3 例举了用于增加材料的旋转特征，其参数列表见表 A.3。

旋转特征的常用参数包括(但不仅限于)：草图特征、旋转轴线、旋转起始面(或起始角)、旋转终止位置(或终止角)、旋转方向、旋转方式(单向或双向)。

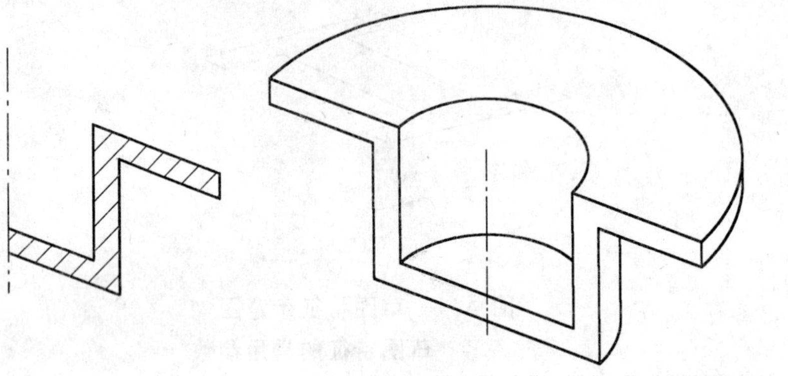

图 A.3 增加材料的旋转特征示意图

表 A.3 旋转特征的常用参数

参数	描述	限制条件
草图特征	提供完整的草图特征信息	草图信息应完整，对于体特征草图应封闭
旋转轴线	提供旋转轴信息	与草图特征共面，且位于其一侧
旋转起始面(或起始角)	旋转起始面的位置或起始角	—
旋转终止位置(或终止角)	旋转终止位置，也可是旋转终止角	旋转角大于 0，但不大于 360°
旋转方向	指定旋转特征的生成方向	绕旋转轴线的切向
旋转方式	指定旋转特征的生长方式	单向、双向

A.1.4 扫描特征

图 A.4 例举了用于增加材料的扫描特征，其参数列表见表 A.4。

扫描特征的常用参数包括(但不仅限于)：扫描轨迹线、草图特征及规定方向、扫描起始点及方向、扫描终止点。

扫描特征按照轨迹是否封闭可以分为开放型轨迹扫描[如图 A.4 a)所示]和封闭型轨迹扫描[如图 A.4 b)所示]。

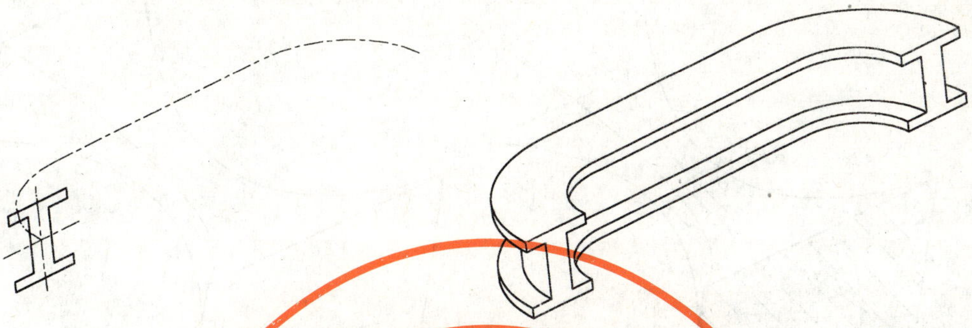

a) 开放型轨迹扫描

b) 封闭型轨迹扫描

图 A.4 增加材料的扫描特征示意图

表 A.4 扫描特征的常用参数

参　　数	描　　述	限制条件
扫描轨迹线	提供完整扫描轨迹信息	通常为平面内的切向曲线
草图特征及规定方向	提供完整的草图信息和在扫描过程中草图的规定方向	草图信息应完整，扫描中的草图方向应确定
扫描起始点及方向	扫描轨迹线上的起始位置和方向	—
扫描终止点	扫描特征在轨迹线上的终止位置	—

A.1.5 放样特征

图 A.5 例举了用于增加材料的放样特征，其参数列表见表 A.5。

放样特征的常用参数包括(但不仅限于)：截面个数 n、各截面草图、每个放样截面的空间位置、放样类型。

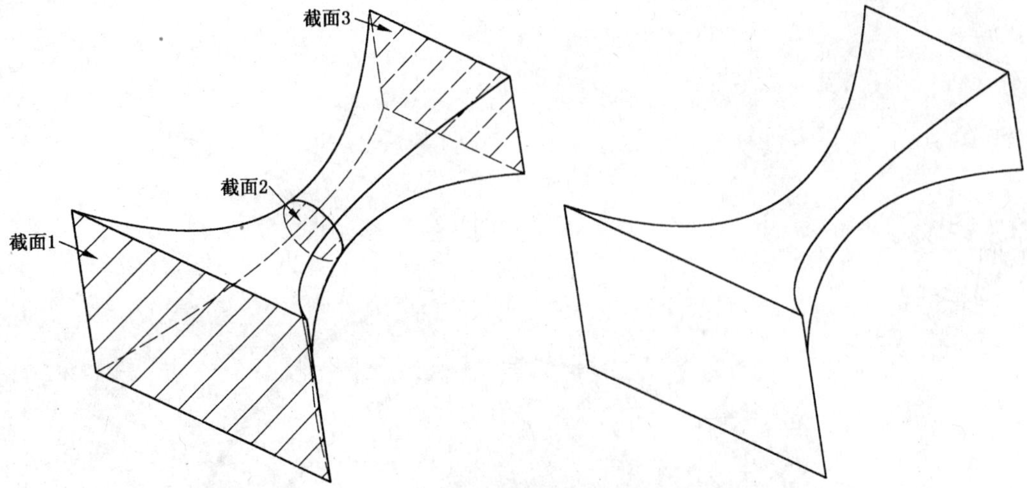

图 A.5 增加材料的放样特征示意图

表 A.5 放样特征的常用参数

参　数	描　述	限制条件
截面个数 n	放样截面的数量	不小于 2
各截面草图	完整的各截面草图信息	每个草图信息均应完整，对于体特征每个草图均应封闭
每个放样截面的空间位置	放样截面的初始位置和截面间位置关系	各草图截面在空间不允许交叠
放样类型	指定放样的类型是平行截面放样还是旋转截面放样	平行平面、旋转平面或一般平面等

A.2 附加特征参数

A.2.1 孔特征

图 A.6 给出了孔特征的示意图。各种类型的孔特征有不同的参数定义，以简单孔为例，其参数常包括(但不仅限于)：孔直径、孔深、末端角，其参数列表见表 A.6。

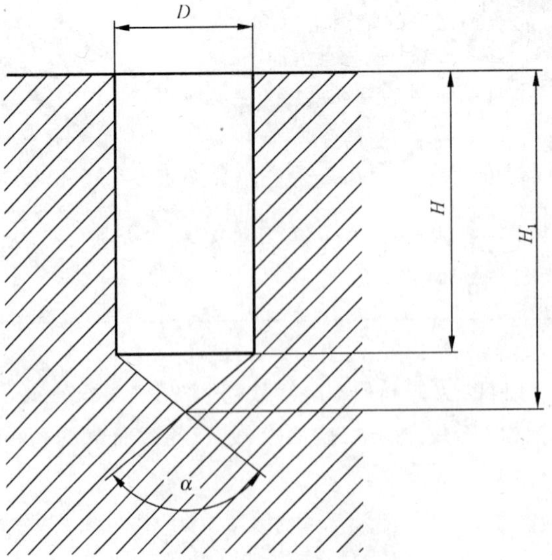

图 A.6 孔的示意图

表 A.6 简单孔的参数列表

参 数	描 述	限制条件
孔径 D	孔直径	—
孔深 H(钻孔深度 H_1)	孔深度(钻孔深度)	$H_1>H$
末端角 α	末端角	—

A.2.2 肋板特征

肋板特征的示意图如图 A.7 所示,参数列表见表 A.7。

肋板特征的参数常包括(但不仅限于):肋板草图、加厚方向、加厚类型、肋板厚度。

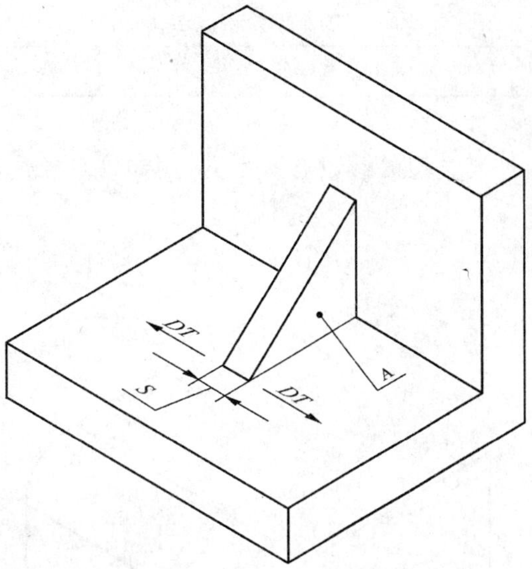

图 A.7 肋板的示意图

表 A.7 肋板的参数列表

参 数	描 述	限制条件
肋板草图	肋板草图	草图信息应完整,一般为封闭截面
加厚方向	加厚方向	沿肋板截面垂直方向
加厚类型	加厚类型	单向、双向
肋板厚度	肋板厚度	大于 0

A.2.3 螺纹特征

螺纹特征的示意图如图 A.8 所示。螺纹特征的常见参数包括(但不仅限于):大径、小径、螺距、线数、导程、牙型、螺纹长度、螺纹旋向等,其参数列表见表 A.8。

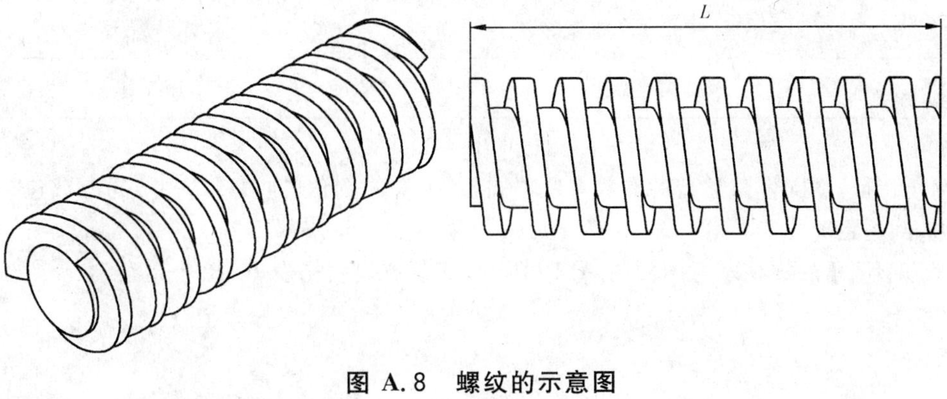

图 A.8 螺纹的示意图

表 A.8 螺纹的参数列表

参 数	描 述	限制条件
旋合长度 L	螺纹旋合长度	—
导程	导程	—
螺距	螺距	—
螺纹的线数	螺纹的线数	$n=1,2,\cdots$
螺纹大径	螺纹大径	—
螺纹小径	螺纹小径	—
牙型	螺纹牙断面形式,本例为矩形螺纹	—
螺纹旋向	旋向,本例为右旋螺纹	左旋、右旋

A.2.4 圆角特征

对于圆角特征,不同圆角过渡类型的参数有所不同,例如等半径过渡圆角的参数包括(但不仅限于):圆角边、圆角半径。

等半径圆角的示意图如图 A.9 所示,其参数列表见表 A.9。

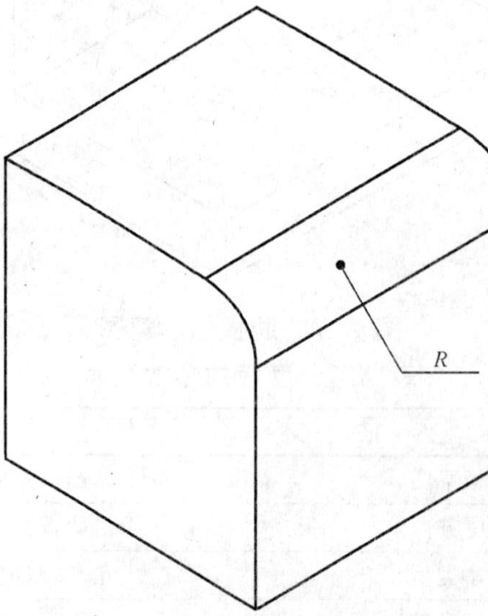

图 A.9 等半径圆角的示意图

表 A.9 等半径圆角的参数列表

参 数	描 述	限制条件
圆角边	添加圆角过渡的边	—
圆角半径	圆角半径	$R>0$

A.2.5 倒角

对于倒角特征,不同倒角类型的参数有所不同,例如等边倒角(即:$D\times D$ 型)的参数包括(但不仅限于):倒角边、倒角距离。

采用等边型倒角的标注示意图如图 A.10 所示,其参数列表见表 A.10。

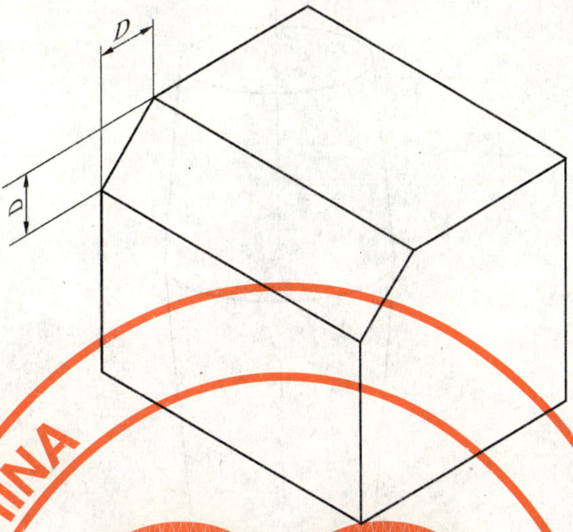

图 A.10　等边倒角的示意图

表 A.10　等边倒角的参数列表

参　　数	描　　述	限制条件
倒角边	添加倒角过渡的边	—
倒角距离 *D*	倒角距离	$D>0$

A.2.6　抽壳

抽壳特征的示意图如图 A.11 所示，其参数列表见表 A.11。

抽壳的参数包括(但不仅限于)：抽壳面、抽壳厚度。

图 A.11　抽壳的示意图

表 A.11　抽壳的参数列表

参　　数	描　　述	限制条件
抽壳厚度 *S*	抽壳厚度	$S>0$ 或 $S<0$
抽壳面 SF	抽壳面	—

A.2.7　起模特征

起模特征的示意图如图 A.12 所示，参数列表见表 A.12。

起模特征的参数常包括(但不仅限于)：中性面(边)、起模度、起模面、起模方向。

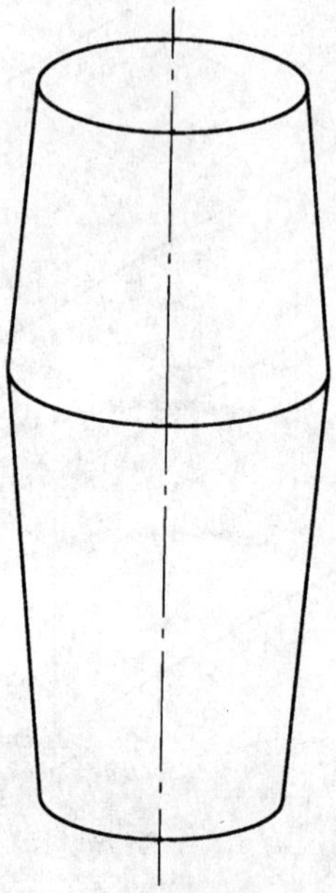

图 A.12　起模的示意图

表 A.12　起模的参数列表

参　　数	描　　述	限制条件
中性面(边)	中性面(边)	—
起模度	起模角度	30°＞起模度＞0
起模面	起模面	一个或多个
起模方向	起模方向	—

ICS 01.100.01
J 04

中华人民共和国国家标准

GB/T 24734.7—2009

技术产品文件　数字化产品定义数据通则
第7部分:注释要求

Technical product documentation—Digital product definition data practices—Part 7: Requirements for notes and special notations

(ISO 16792:2006, Technical product documentation—Digital product definition data practices, NEQ)

2009-11-30 发布　　2010-09-01 实施

中华人民共和国国家质量监督检验检疫总局
中国国家标准化管理委员会　发布

前言

GB/T 24734《技术产品文件 数字化产品定义数据通则》分为11个部分：

——第1部分：术语和定义；

——第2部分：数据集识别与控制；

——第3部分：数据集要求；

——第4部分：设计模型要求；

——第5部分：产品定义数据通用要求；

——第6部分：几何建模特征规范；

——第7部分：注释要求；

——第8部分：模型数值与尺寸要求；

——第9部分：基准的应用；

——第10部分：几何公差的应用；

——第11部分：模型几何细节层级。

本部分为GB/T 24734《技术产品文件 数字化产品定义数据通则》的第7部分，规定了CAD模型和CAD图形中应用注释的具体要求。

本部分是根据ISO 16792:2006《技术产品文件 数字化产品定义数据通则》的第8章“注释”编制而成。本部分内容与ISO 16792:2006的第8章内容的一致性程度为非等效。主要技术性差异如下：

——根据GB/T 1031规定的*Ra*和*Rz*第一系列值，将ISO 16792:2006的图55中的0.7和3.1分别改为0.8和3.2，并将该图作为图1放入本部分。

本部分由全国技术产品文件标准化技术委员会(SAC/TC 146)提出并归口。

本部分起草单位：中机生产力促进中心、北京清软英泰信息技术有限公司、北京数码大方科技有限公司、北京艾克斯特信息技术有限公司、中国电子科技集团公司第三十八研究所、广西玉柴机器集团有限公司。

本部分主要起草人：丁红宇、张红旗、雍俊海、陈景玉、肖承翔、尚凤武、陈卫东、阎光荣、温秋生、谢正良、韩琳琳、王云峰。

技术产品文件 数字化产品定义数据通则 第7部分:注释要求

1 范围

GB/T 24734 的本部分规定了 CAD 模型和 CAD 图形中应用注释的具体要求。

本部分适用于与数字化产品定义相关的应用、开发、服务与研究。

2 规范性引用文件

下列文件中的条款通过 GB/T 24734 的本部分的引用而成为本部分的条款。凡是注日期的引用文件,其随后所有的修改单(不包括勘误的内容)或修订版均不适用于本部分,然而,鼓励根据本部分达成协议的各方研究是否可使用这些文件的最新版本。凡是不注日期的引用文件,其最新版本适用于本部分。

GB/T 24734.1—2009 技术产品文件 数字化产品定义数据通则 第1部分:术语和定义(ISO 16792:2006,Technical product documentation—Digital product definition data practices,NEQ)

3 术语和定义

GB/T 24734.1—2009 确立的术语和定义适用于 GB/T 24734 的本部分。

4 对模型的要求

标记注释都应赋予唯一的标识符与之相对应,并应能通过标识符识别出对应的标记注释,如图1所示。

标记注释符应指在应用表面上。

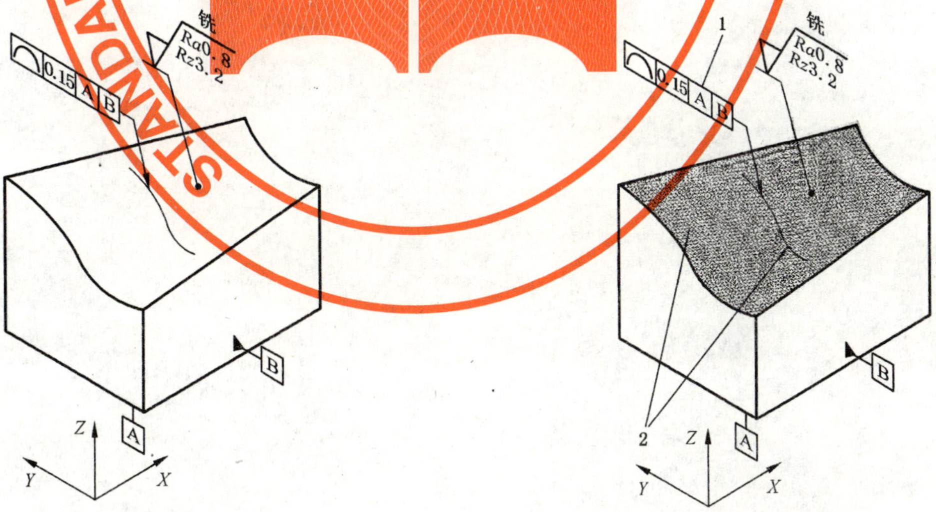

a) 放置与标注　　b) 被测线的关联性

1——查询;

2——视觉反应。

图1 线轮廓度公差——由表征线素标识方向

标记注释符应放置在注释区域标识符的附近，用来指示它应用的模型或工程图的特定区域。

当通用注释、标记注释和特殊注释同时应用于一个模型时，它们应被置于一个不随模型旋转的独立标注面上，该标注面应与被标注模型一起显示。

通用注释不做关联性要求，可用来描述整个模型的一般公差。但局部注释应与其应用的模型特定数据元素相关。

当标记注释应用于模型中时，应满足以下要求：

a） 标记注释符号、注释编号和文本应置于标注面的注释区内；

b） 标记注释符号、注释编号和文本应与其应用的数据元素相关联；

c） 标记注释符号和注释编号应在其应用的模型数据元素附近显示；

d） 标记注释符号和注释编号应能够随模型旋转。

在特殊注释应用于模型中时，应满足以下要求：

a） 当特殊注释适用于整个模型时，特殊注释应置于标注面的注释区内。

b） 当特殊注释仅适用于模型的一部分时，特殊注释及其相关文本应根据本条款的要求置于标注面的注释区内。特殊注释应在模型中的特定数据元素附近显示，并与该特定数据元素相关联。

5 对工程图的要求

轴测图中的局部注释使用指引线指向相关的模型特征。

ICS 01.100.01
J 04

中华人民共和国国家标准

GB/T 24734.8—2009

技术产品文件
数字化产品定义数据通则
第8部分:模型数值与尺寸要求

**Technical product documentation—
Digital product definition data practices—
Part 8:Requirements for model values and dimensions**

(ISO 16792:2006,Technical product documentation—
Digital product definition data practices,NEQ)

2009-11-30 发布　　　　2010-09-01 实施

中华人民共和国国家质量监督检验检疫总局
中国国家标准化管理委员会　发布

前　言

GB/T 24734《技术产品文件　数字化产品定义数据通则》分为 11 个部分：

——第 1 部分：术语和定义；

——第 2 部分：数据集识别与控制；

——第 3 部分：数据集要求；

——第 4 部分：设计模型要求；

——第 5 部分：产品定义数据通用要求；

——第 6 部分：几何建模特征规范；

——第 7 部分：注释要求；

——第 8 部分：模型数值与尺寸要求；

——第 9 部分：基准的应用；

——第 10 部分：几何公差的应用；

——第 11 部分：模型几何细节层级。

本部分为 GB/T 24734《技术产品文件　数字化产品定义数据通则》的第 8 部分，规定了 CAD 模型值查询、圆整尺寸、基本尺寸以及极限尺寸的要求，同时也包含 CAD 模型和 CAD 图形中相关性和尺寸的共同要求。

本部分是根据 ISO 16792：2006《技术产品文件　数字化产品定义数据通则》的第 9 章“模型数值和尺寸”编制而成。本部分内容与 ISO 16792：2006 的第 9 章内容的一致性程度为非等效。主要技术性差异如下：

——添加 ISO 16792：2006 的图 26 b）中 2 个箭头间丢失的线段，并将该图作为图 7 b）放入本部分；

——根据原文含义，修改 ISO 16792：2006 的图 24 a）沉孔图例中的错误，在图形中增加沉孔（修正后的图片源于 FDIS 16792），并将该图作为图 5 a）放入本部分。

本部分由全国技术产品文件标准化技术委员会（SAC/TC 146）提出并归口。

本部分起草单位：中机生产力促进中心、中国电子科技集团公司第三十八研究所、北京清软英泰信息技术有限公司、北京数码大方科技有限公司、北京艾克斯特信息技术有限公司、广西玉柴机器集团有限公司。

本部分主要起草人：丁红宇、张红旗、肖承翔、陈景玉、雍俊海、尚凤武、陈卫东、阎光荣、温秋生、韩琳琳、王云峰、谢正良。

技术产品文件 数字化产品定义数据通则 第8部分:模型数值与尺寸要求

1 范围

GB/T 24734 的本部分规定了 CAD 模型值查询、圆整尺寸、基本尺寸以及极限尺寸的要求,同时也包含 CAD 模型和 CAD 图形中相关性和尺寸的共同要求。

本部分适用于与数字化产品定义相关的应用、开发、服务与研究。

2 规范性引用文件

下列文件中的条款通过 GB/T 24734 的本部分的引用而成为本部分的条款。凡是注日期的引用文件,其随后所有的修改单(不包括勘误的内容)或修订版均不适用于本部分,然而,鼓励根据本部分达成协议的各方研究是否可使用这些文件的最新版本。凡是不注日期的引用文件,其最新版本适用于本部分。

GB/T 1182—2008 产品几何技术规范(GPS) 几何公差 形状、方向、位置和跳动公差标注(ISO 1101:2004,IDT)

GB/T 1800.1—2009 产品几何技术规范(GPS) 极限与配合 第1部分:公差、偏差和配合的基础(ISO 286-1:1988,ISO system of limits and fits—Part 1:Bases of tolerances,deviations and fits,MOD)

GB/T 1804—2000 一般公差 未注公差的线性和角度尺寸的公差(eqv ISO 2768-1:1989)

GB/T 4249—2009 产品几何技术规范(GPS) 公差原则(ISO 8015:1985,Technical drawings—Fundamental tolerancing principle,MOD)

GB/T 18780.1—2002 产品几何量技术规范(GPS) 几何要素 第1部分:基本术语和定义(ISO 14660-1:1999,IDT)

GB/T 24734.1—2009 技术产品文件 数字化产品定义数据通则 第1部分:术语和定义(ISO 16792:2006,Technical product documentation—Digital product definition data practices,NEQ)

GB/T 24734.3—2009 技术产品文件 数字化产品定义数据通则 第3部分:数据集要求(ISO 16792:2006,Technical product documentation—Digital product definition data practices,NEQ)

GB/T 24734.9—2009 技术产品文件 数字化产品定义数据通则 第9部分:基准的应用(ISO 16792:2006,Technical product documentation—Digital product definition data practices,NEQ)

ISO 129-1:2004 Technical drawings—Indication of dimensions and tolerances—Part 1:General principles

ISO 80000-1:2009 Quantities and units—Part 1:General

3 术语和定义

GB/T 24734.1—2009 确立的术语和定义适用于 GB/T 24734 的本部分。

4 对模型和工程图的共同要求

4.1 模型值查询

在设计模型的绝对或自定义坐标系中,所进行的模型值查询应包含以下内容:

a) 面的位置和方向；

b) 两个面之间的距离或角度；

c) 尺寸要素的定位(位置和方向,应符合 GB/T 18780.1—2002 的规定)；

d) 尺寸要素阵列内的要素关系尺寸(如孔与孔间距及方向等)。

模型表面或其尺寸要素的直接查询通常包含以下内容：

a) 面的外形(如曲率)；

b) 尺寸要素或其阵列的尺寸值。

4.2 圆整尺寸

模型中显示的尺寸应为圆整尺寸。表 1 为模型圆整尺寸显示示例。尺寸的圆整应满足以下要求：

a) 圆整尺寸的圆整位数,应符合模型设计的精度要求；

b) 所有圆整尺寸应按 ISO 129-1:2004 和 GB/T 1182—2008 的规定给出绝对的数值；

c) 圆整方法应该符合 ISO 80000-1:2009 中的相关规定；

d) 圆整尺寸的保存与关联:圆整尺寸应与原始模型中的对应数值建立直接和永久的关联；

e) 模型或圆整尺寸的应用:模型值和圆整尺寸用于分析和其他处理过程时,应在适当的文档中给出说明。

4.3 极限偏差尺寸

可以指定一个或多个通用注释,以表示极限偏差尺寸的公差值,例如模型的一般公差。

表 1 圆整尺寸举例

	模型值[a]	圆整尺寸[a]	应用实例
理论正确值[b] (应符合 GB/T 1182—2008 的规定)	88.4100000…	88.4	88.4
理论正确角度 (应符合 GB/T 1182—2008 的规定)	28.5918273…	28.6	28.6°
尺寸[c] (应符合 ISO 129-1:2004 和 GB/T 4249—2009 的规定)	7.0000000…	7.0	$\phi 7^{+0.5}_{0}$
尺寸 (应符合 GB/T 1800.1—2009 的规定)	45.700000	45.7	45.7h7
线性长度	19.6666666…	19.67	19.67±0.12
半径	3.1500000…	3.2	$R\,3.2^{+0.8}_{0}$
角度	28.5918273…	28.6	28.6°±0.4°
单一极限[b]	12.0000000…	12	12′

表 1（续）

	模型值[a]	圆整尺寸[a]	应用实例
参考尺寸[b] （应符合 ISO 129-1:2004 的规定）	21.6018043…	21.6	(21.6)

[a] 表中的数值只是示例，实际应用中该数值应能反映模型的精度以及在不同应用场合中所取的圆整位数。

[b] 线性值、半径、角度、直径或球体的直径。

[c] 线性值、直径或球体的直径。

5 对模型的要求

5.1 概述

模型的理论正确尺寸、尺寸值和极限偏差尺寸的标注和显示应符合以下各条目的要求。

5.2 理论正确尺寸和公称尺寸

在几何公差完整约束的要素上，查询得到的模型值应被认为是理论正确尺寸，应符合 GB/T 1182—2008 的规定。其他情况下，不带公差的或标记为辅助尺寸的查询后得到的模型值应被认为是公称尺寸，应符合 GB/T 24734.3—2009 中 3.1 的规定，例如被标记为一般公差的尺寸。

注：GB/T 1804—2000 不适用于从模型中查询模型值得到的公称尺寸。

a) 应在适当的模型坐标系中进行模型轮廓、位置和方向等要素的查询，应符合 GB/T 24734 的本部分中第 3 章和 GB/T 24734.9—2009 中 3.1 的规定。

b) 在定义模型关系时，显示理论正确尺寸是必要的。这适用于看起来垂直，但实际上不垂直的倾斜基准特征。理论正确尺寸应布置在符合 GB/T 1182—2008 相关规定的框格中。

c) 理论正确尺寸应位于与坐标系某一平面平行的标注面中，图 1 中 3×6.35 尺寸是例外的情况。

d) 标注曲面曲率的理论正确尺寸（如倒角等）时，采用指引线直接指向要素表面，如图 1 所示。

e) 表示线性距离或角度关系的理论正确尺寸应采用尺寸线及其延长线表示，如图 1 所示。

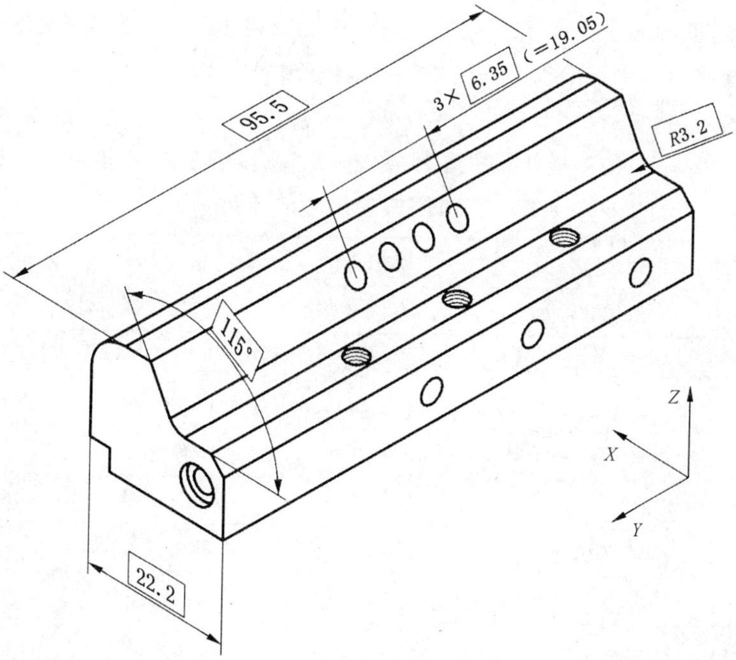

图 1 理论正确尺寸的放置与标注

5.3 尺寸数值

圆整模型值时，尺寸应与查询模型值一致。这种一致性应能属于以下方式之一。

双边或单边公差：显示尺寸应等于圆整模型值。

尺寸值：其布置和标注方法如下：

——球面：尺寸和指引线应置于包含球心点的标注面内。

——圆柱面：尺寸和指引线应置于垂直特征轴或包含特征轴的标注面内。

——两反向平行平面：尺寸和指引线应置于垂直(或包含)于模型中心面的标注面内，且应明确标注出两平面的间距，如图 2 所示。

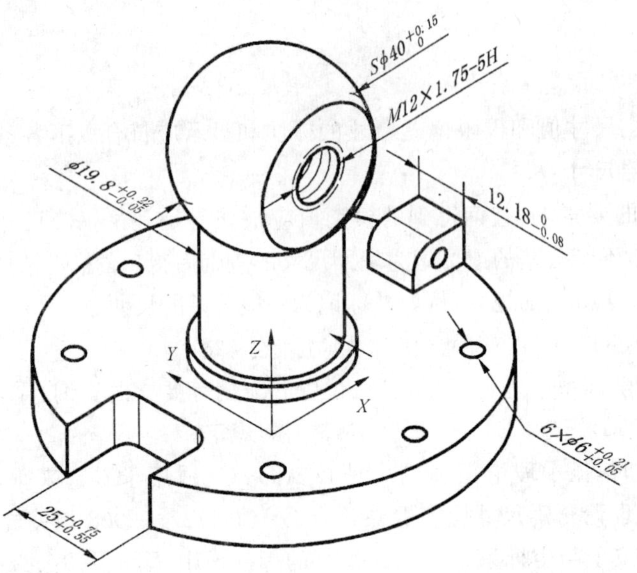

图 2 线性尺寸布置与依附

5.4 编码尺寸公差

涉及编码尺寸公差的内容应按 GB/T 1800.1—2009 的有关规定来指定尺寸公差。在使用这类公差时，应在模型的一般性说明中指出符合 GB/T 1800.1—2009 的相关内容。

5.5 极限偏差尺寸的应用

表 2 列出了线性、极坐标、角度的极限偏差尺寸的一般应用规则，也包括最常用的标注方法。

表 2 极限偏差尺寸的应用

应用场合	附加技术			图例序号
	直接尺寸标注	指引线标注	延长线标注	
倒角、倒圆		●		图 3
过渡面、台阶面			●	图 4
沉孔	●			图 5 a)
斜面			●	图 5 b)
孔深	●			图 6 a)
锪平面	●			图 6 b)
保留厚度			●	图 6 c)
槽口、台面和销高			●	图 7

5.6 倒角

表 2 给出了 90°表面与等边布置的倒角相交标注。不等边倒角采用尺寸线和延长线方法标注，如图 3 d)所示，以线性尺寸和角度尺寸标注的倒角也使用尺寸线和延长线标注，如图 3 e)所示。尺寸值的方向和放置应有利于显示。

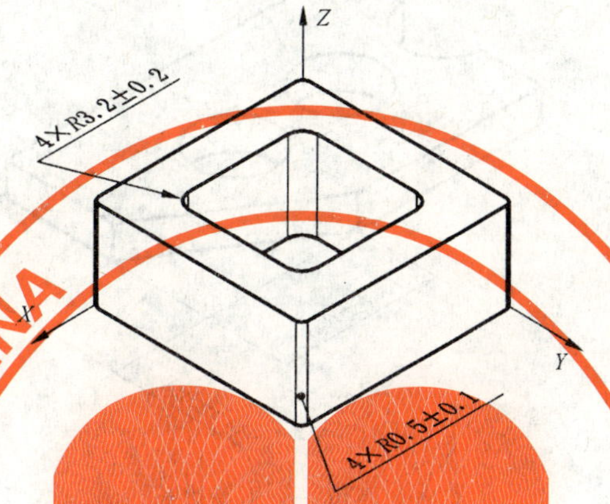

a) 倒圆

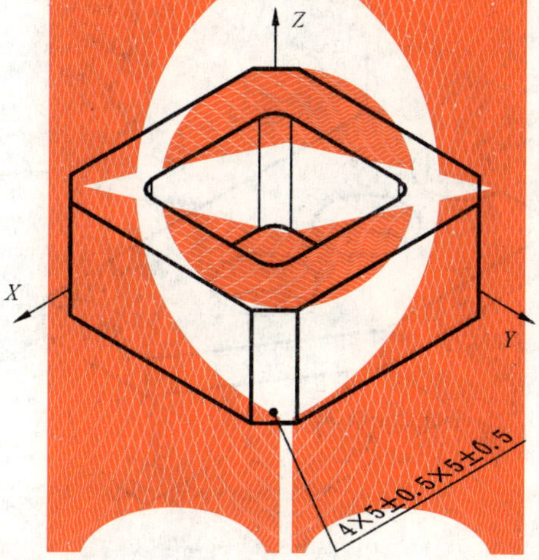

b) 倒角——等边

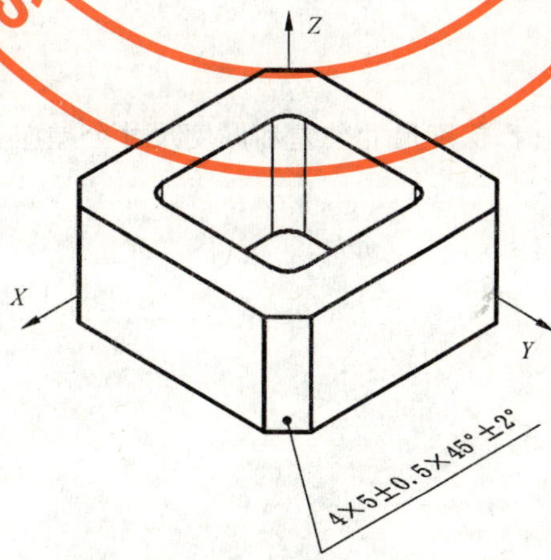

c) 倒角——单边偏移和 45°角

图 3　附加技术——倒圆和倒角

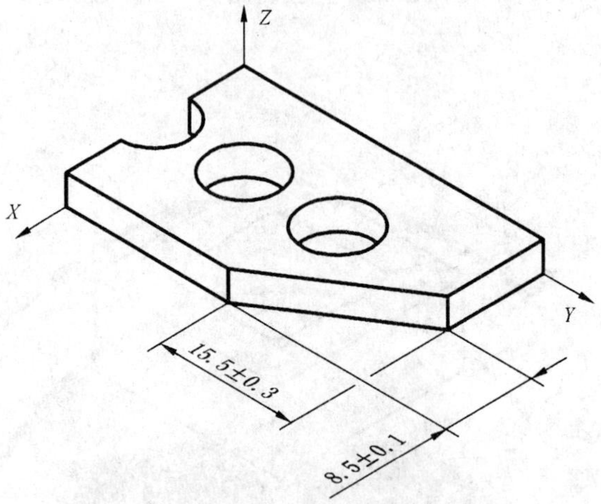

d) 倒角——不等边长

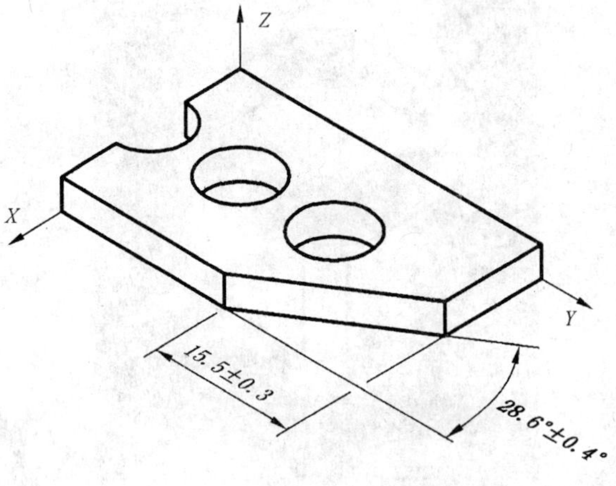

e) 倒角——单边偏移和角度

图 3（续）

5.7 深度要求

当特征深度由厚度公差驱动时，深度尺寸公差和厚度尺寸公差应在一个关联组内，如图 6 c)所示。

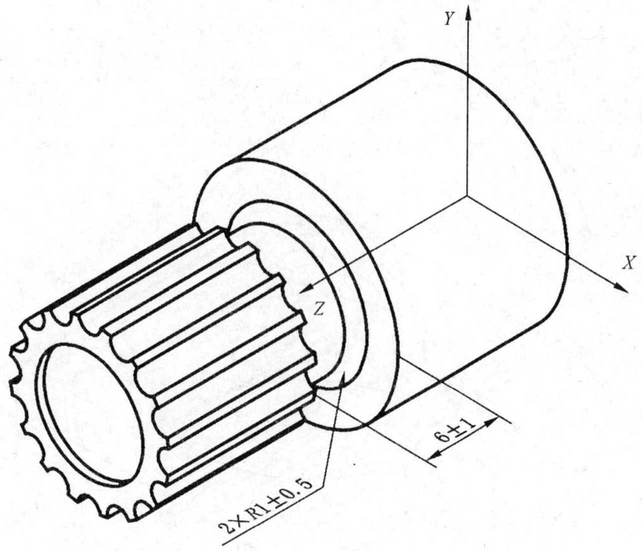

a) 过渡面(缺口)

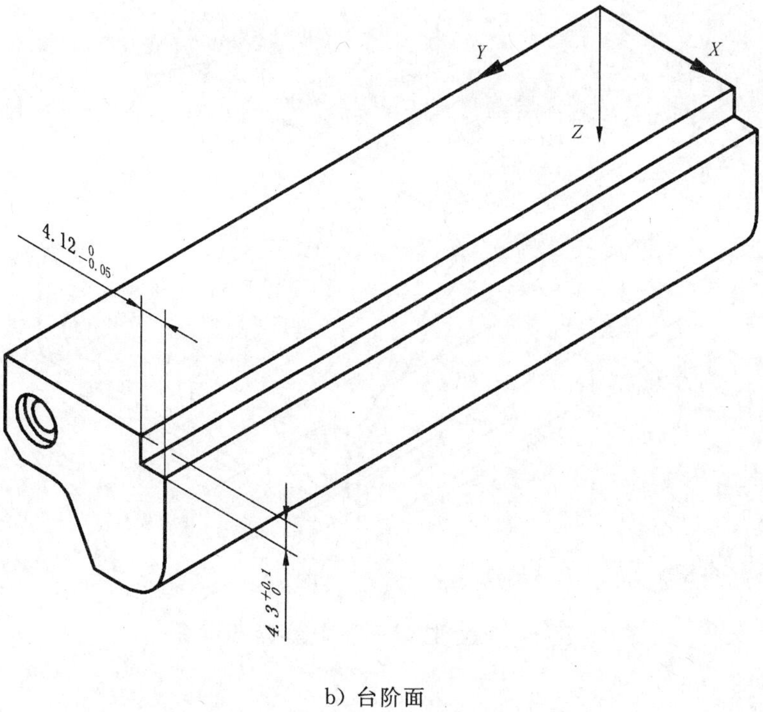

b) 台阶面

图 4　附加技术——过渡面和台阶面

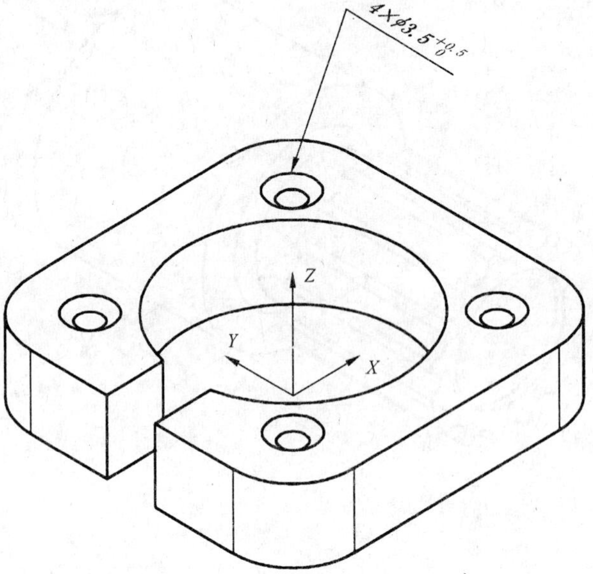

a）沉孔

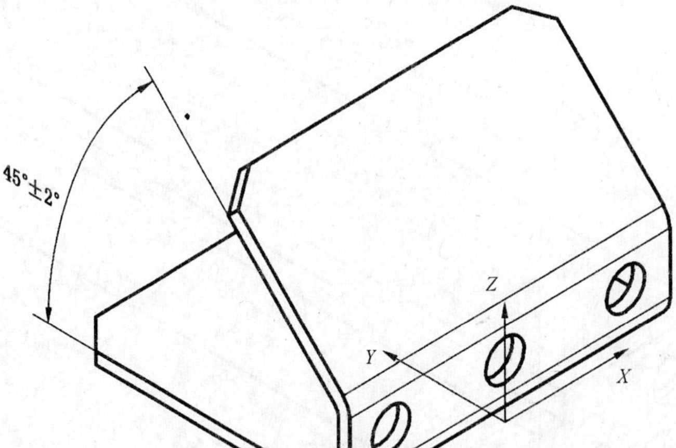

b）倾斜面

图 5　附加技术——倾斜面和沉孔

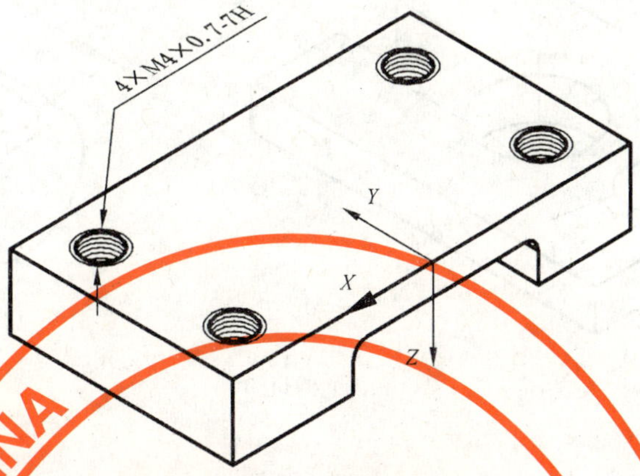

a) 深度

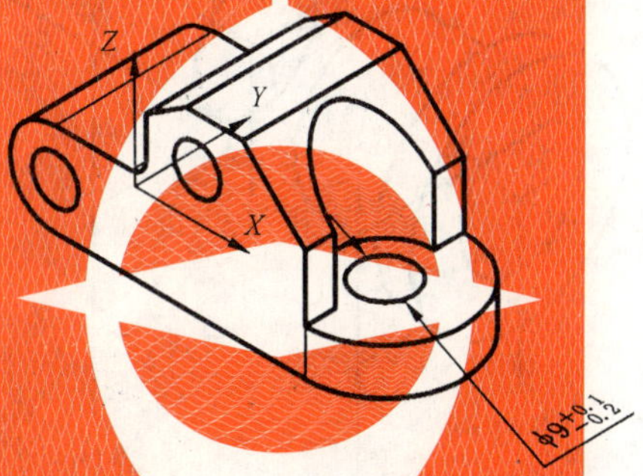

b) 锪平面

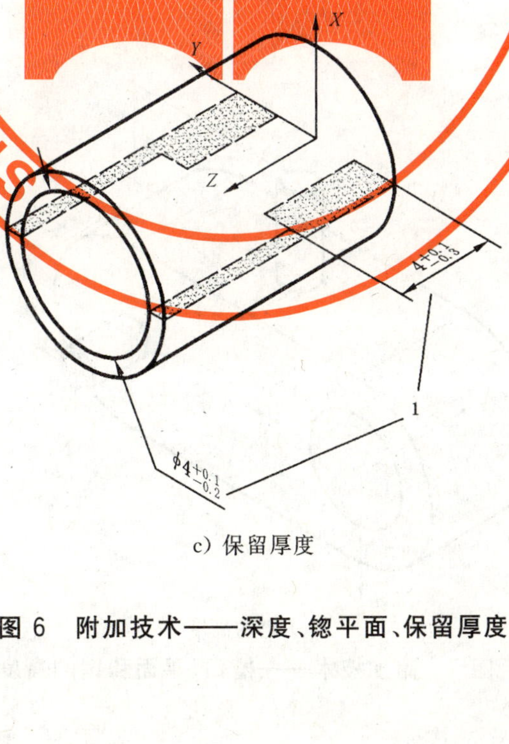

c) 保留厚度

1——一个关联组。

图 6　附加技术——深度、锪平面、保留厚度

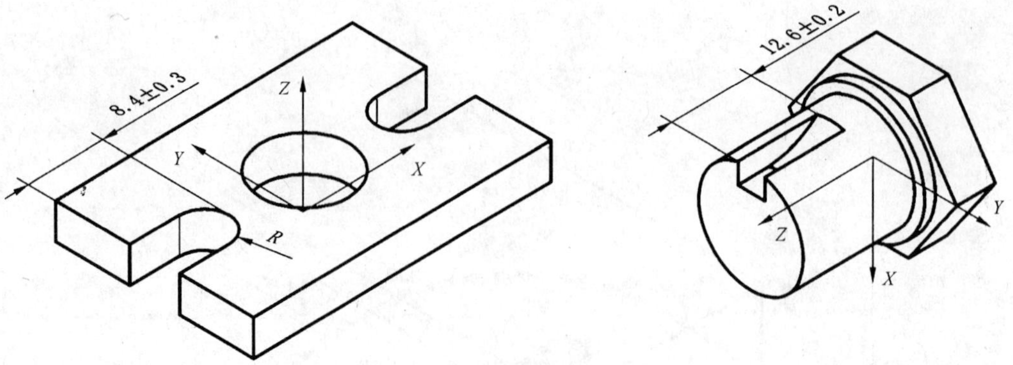

a) 槽口

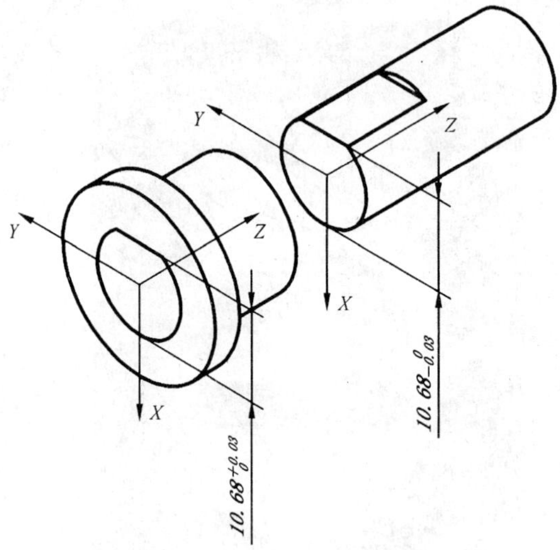

b) 圆柱(孔)上的平面

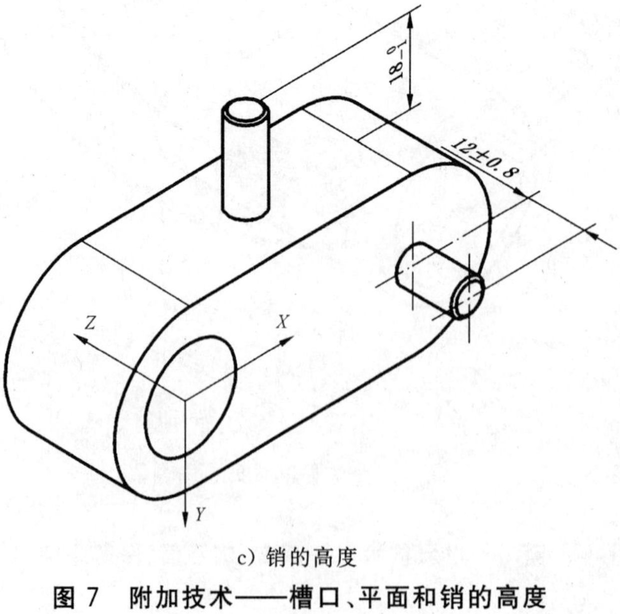

c) 销的高度

图 7　附加技术——槽口、平面和销的高度

6 对工程图的要求

在工程图上的理论正确尺寸，应能通过查询模型获得。下面给出了轴测图的尺寸要求：

a) 模型各视图中的显示尺寸应是真实尺寸；轴测图中标注的尺寸也应为真实值。

b) 按 GB/T 1182—2008 的要求，显示的理论正确尺寸应当被放在框格中。

c) 采用指引线标注圆柱的径向尺寸时，指引线应指向模型要素与标注面的交线，指引线以箭头结束。

d) 极限偏差尺寸应符合现行的绘图标准及 ISO 129-1：2004、GB/T 4249—2009 中的规定。

e) 在工程图上使用极限与配合尺寸时，应符合 GB/T 1800.1—2009 中的相关规定。

ICS 01.100.01
J 04

GB

中华人民共和国国家标准

GB/T 24734.9—2009

技术产品文件 数字化产品定义数据通则 第9部分:基准的应用

Technical product documentation—Digital product definition data practices—Part 9: Application for datum applications

(ISO 16792:2006, Technical product documentation—Digital product definition data practices, NEQ)

2009-11-30 发布 2010-09-01 实施

中华人民共和国国家质量监督检验检疫总局
中国国家标准化管理委员会 发布

前　言

GB/T 24734《技术产品文件　数字化产品定义数据通则》分为11个部分：

——第1部分：术语和定义；

——第2部分：数据集识别与控制；

——第3部分：数据集要求；

——第4部分：设计模型要求；

——第5部分：产品定义数据通用要求；

——第6部分：几何建模特征规范；

——第7部分：注释要求；

——第8部分：模型数值与尺寸要求；

——第9部分：基准的应用；

——第10部分：几何公差的应用；

——第11部分：模型几何细节层级。

本部分为GB/T 24734《技术产品文件　数字化产品定义数据通则》的第9部分，规定了产品数字化定义过程中与CAD模型相关联的基准标识符、基准目标标识符和有关信息的规则，并给出了基准要素与模型坐标系相关联时的要求。

本部分是根据ISO 16792:2006《技术产品文件　数字化产品定义数据通则》的第10章"基准的应用"编制而成。本部分内容与ISO 16792:2006的第10章内容的一致性程度为非等效。主要技术性差异如下：

——按照GB/T 4458.4—2003中5.6的规定，将ISO 16792:2006的图29中"$t=2.5$"改为"t 2.5"，并将该图作为图3放入本部分；

——由于在ISO 16792:2006正文中找不到引用图30的说明，故在本部分4.4c)中添加引用文字，并将该图作为图4放入本部分；

——由于在ISO 16792:2006正文中找不到引用图37的说明，并与ISO 16792:2006中图30的内容重复，故将该图删除。

本部分由全国技术产品文件标准化技术委员会(SAC/TC 146)提出并归口。

本部分起草单位：中机生产力促进中心、中国电子科技集团公司第三十八研究所、北京清软英泰信息技术有限公司、北京数码大方科技有限公司、北京艾克斯特信息技术有限公司、广西玉柴机器集团有限公司。

本部分主要起草人：丁红宇、张红旗、陈景玉、肖承翔、尚凤武、雍俊海、陈卫东、阎光荣、温秋生、谢正良、韩琳琳、王云峰。

技术产品文件　数字化产品定义数据通则
第9部分:基准的应用

1　范围

GB/T 24734的本部分规定了产品数字化定义过程中与模型相关联的基准标识符、基准目标标识符和有关信息的规则,并给出了基准要素与模型坐标系相关联时的要求。

本部分适用于与数字化产品定义相关的应用、开发、服务与研究。

2　规范性引用文件

下列文件中的条款通过GB/T 24734的本部分的引用而成为本部分的条款。凡是注日期的引用文件,其随后所有的修改单(不包括勘误的内容)或修订版均不适用于本部分,然而,鼓励根据本部分达成协议的各方研究是否可使用这些文件的最新版本。凡是不注日期的引用文件,其最新版本适用于本部分。

GB/T 24734.1—2009　技术产品文件　数字化产品定义数据通则　第1部分:术语和定义(ISO 16792:2006,Technical product documentation—Digital product definition data practices,NEQ)

3　术语和定义

GB/T 24734.1—2009确立的术语和定义适用于GB/T 24734的本部分。

4　对模型的要求

4.1　基准体系和模型坐标系

下列要求适用于模型基准体系和模型坐标系之间的关系:

a)　基准体系和坐标系的对应关系

每个基准体系应当与一个模型坐标系相关联。

b)　基准体系和坐标系的关联性

应能通过设计数据的导航及查询方式来保持每个基准体系和相应的坐标系之间明确的视觉关系。

c)　多基准体系和坐标系的关系

当一个模型有多个基准体系时,每个基准体系和坐标系的相互关系都应能明确显示和保持,图1a)、图1b)和图1c)示意出在一个设计模型表达中多基准体系和模型坐标系的实例。

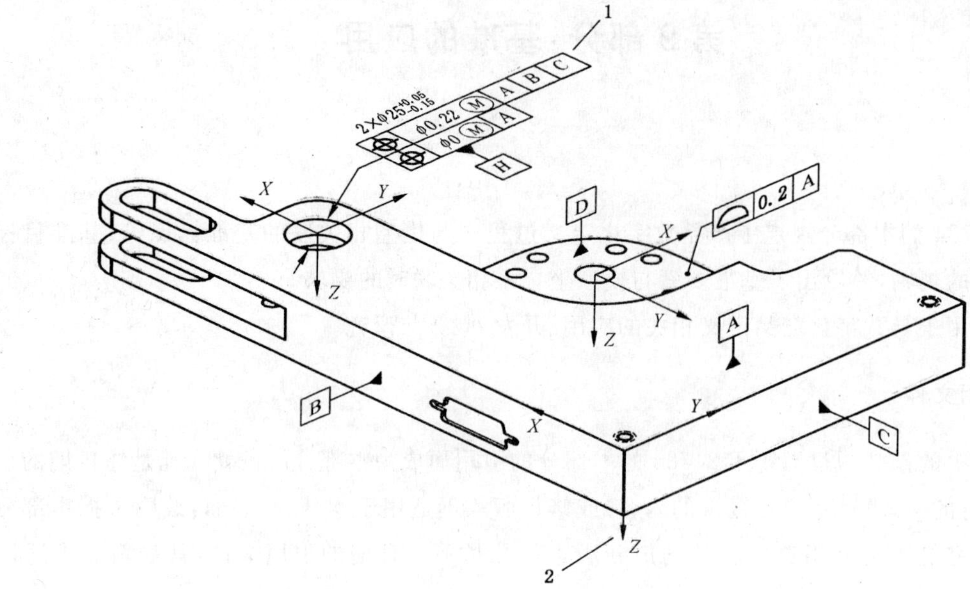

a）与基准体系对应的绝对坐标系

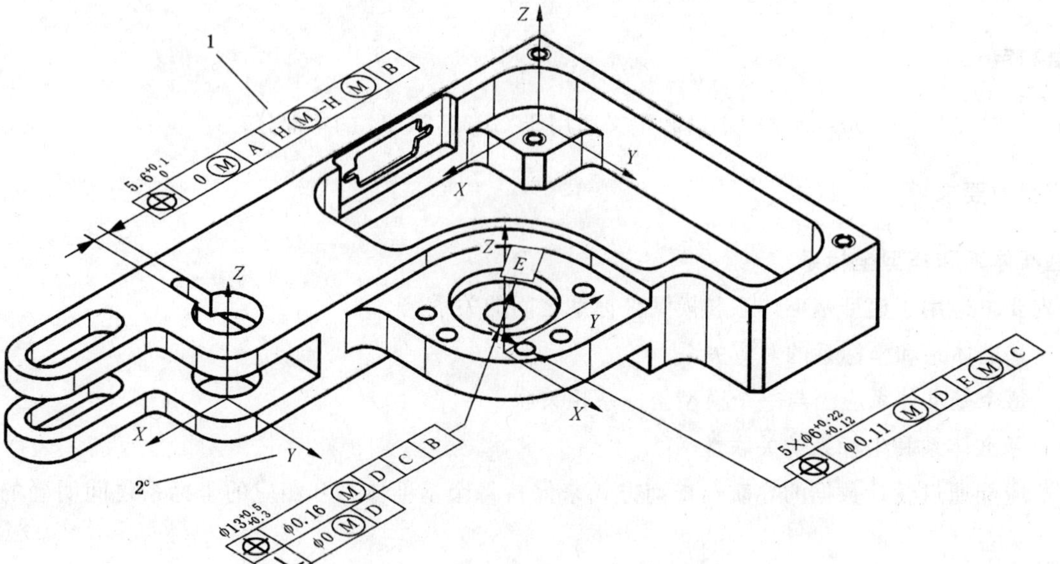

b）与基准体系对应的用户自定义坐标系

图 1　基准体系和坐标系的关系

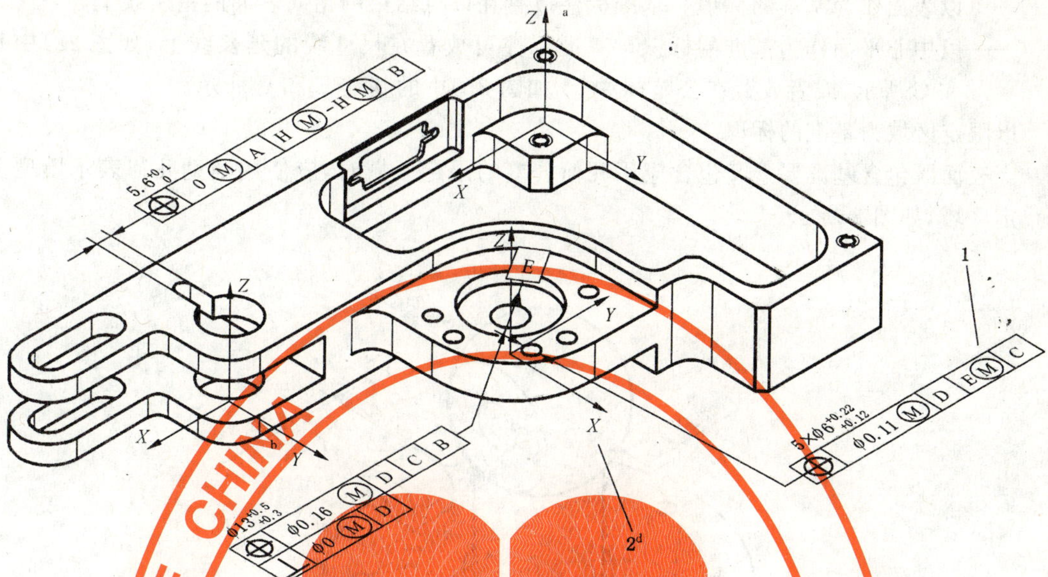

c) 多用户定义坐标系

1——基准参考查询；

2——视觉反应。

a 绝对坐标系。

b 用户定义坐标系。

c 用户查询时只有一个用户定义坐标系关联。

d 用户查询时有多个用户定义坐标系关联。

图 1（续）

4.2 基准的标识

图 2 显示了对模型上的基准进行标识所采用的符号和放置方法。基准标注应该标注到代表基准要素的表面上，基准标注不应附加在模型特征轮廓的单一延长线上。下面给出了针对基准标注的特别要求和几种优先推荐的放置方法：

a) 以平面要素为基准的标识。

将基准标注置于垂直于该轮廓平面的标注面上，如图 2a)中的基准 A 所示。

b) 以球要素为基准的标识。

——以球面作为基准的标识。将基准标注放置在一条基准线上，并使用以圆点结束的指向球面的指引线。

——以球心作为基准的标识。采用两相对箭头的基准标注，如图 2a)基准 F 所示。基准标注也可放置在公差标注上，如图 2b)基准 F 所示。

c) 以圆柱要素为基准的标识。

——以圆柱面上的素线为基准的标识。将基准标注放置在一条基准线上，并使用以圆点结束的指向圆柱面的指引线。

——以圆柱轴线为基准的标识。将基准标注放置在两相对箭头的尺寸线或指向尺寸的指引线上，如图 2a)基准 B 和 G 所示。基准标注也可放置在公差标注上，如图 2b)基准 B 和 G 所示。

d) 以两反向平行面要素为基准的标识。

将基准标注和尺寸及其延长线放置在与宽度中心平面垂直的标注面上。尺寸极限的显示和布置应类似于图 2 所示。

——以表面作为基准的标识。基准标注放置在以点结束的指向表面的指引线上。

——以中心平面作为基准的标识。基准标注可放置在尺寸线的延长线上，如图 2a)中基准 E 和 C 所示；或者放置在公差标注上，如图 2b)中的基准 E 和 C 所示。

e) 以限定区域为基准的标识。

当表面既包含基准要素又包含应用几何公差的限定区域时，应使用辅助几何表示模型上的限定区域，如图 3 所示。

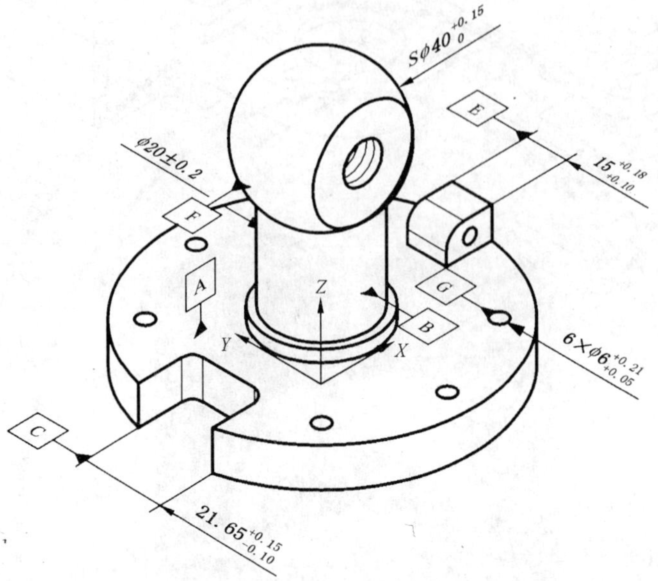

a) 基准标注的直接放置

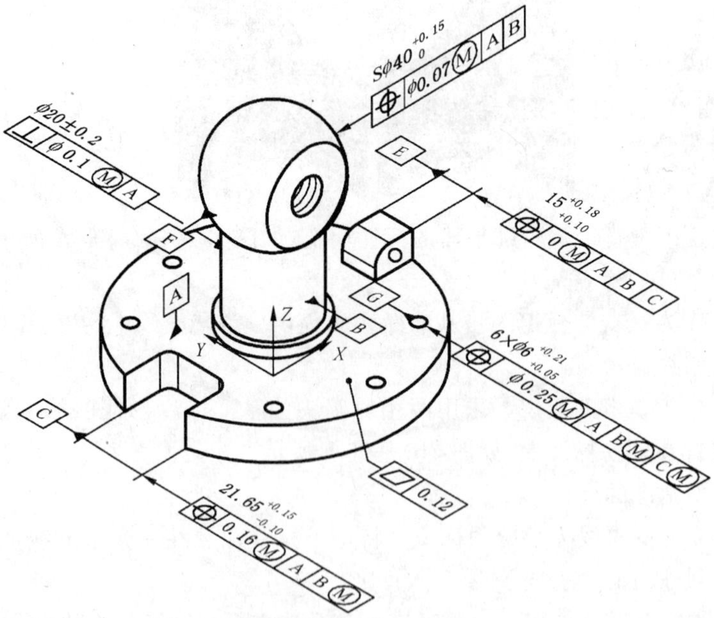

b) 带公差框格的基准标注放置

图 2　基准标注的放置方式

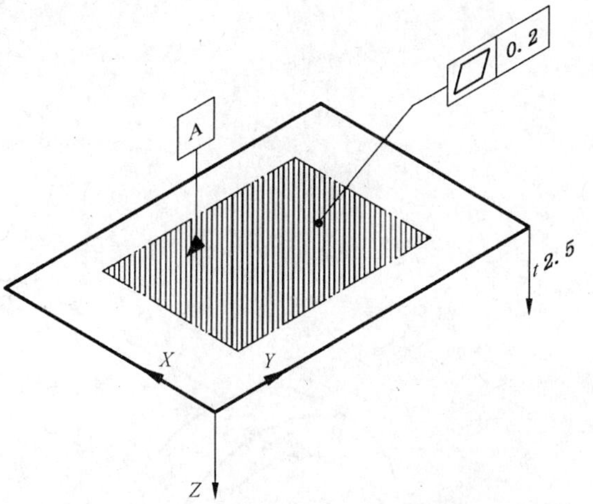

图 3　以局部表面作为基准要素

4.3　基准要素和设计数据的关联性

对基准要素的查询应能获取与该基准要素相关的所有信息，包括基准标注、尺寸极限（适用时）、几何公差和相关坐标系。

4.4　基准目标标注及其放置

下面给出了在模型上放置、关联及显示基准目标标注的要求和相关规定：

a）　通过单一内圆柱表面建立基准轴线时，可使用基准目标进行标识，如图 5 所示。

b）　通过两个外圆柱表面建立公共基准轴线时，应通过两个圆柱面建立基准目标进行标识，如图 6 所示。

c）　应使用阴影线（见图 4）或剖面线来显示基准目标区域。

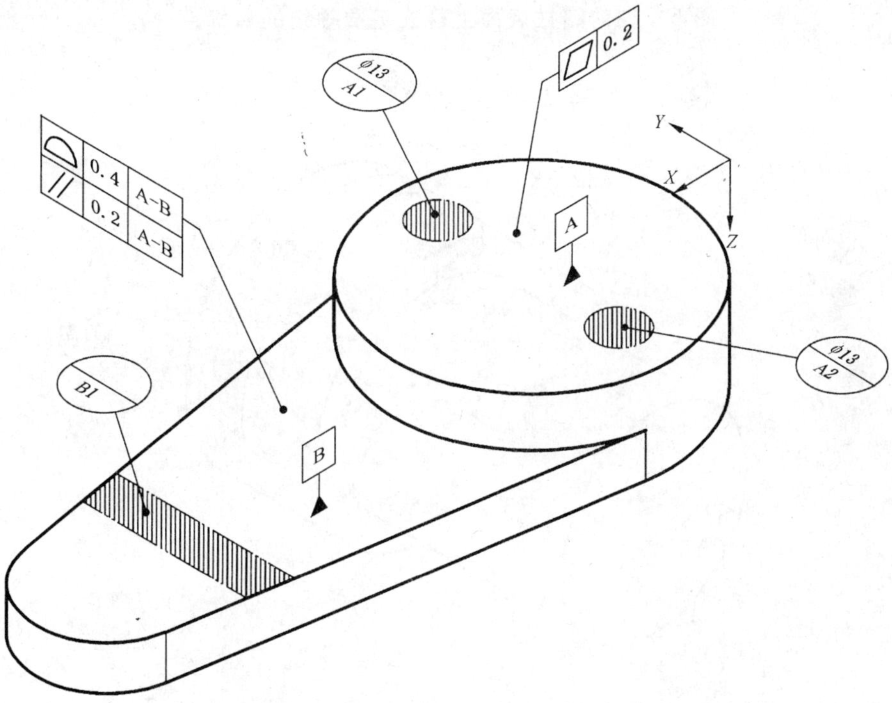

图 4　基准目标和标记的放置

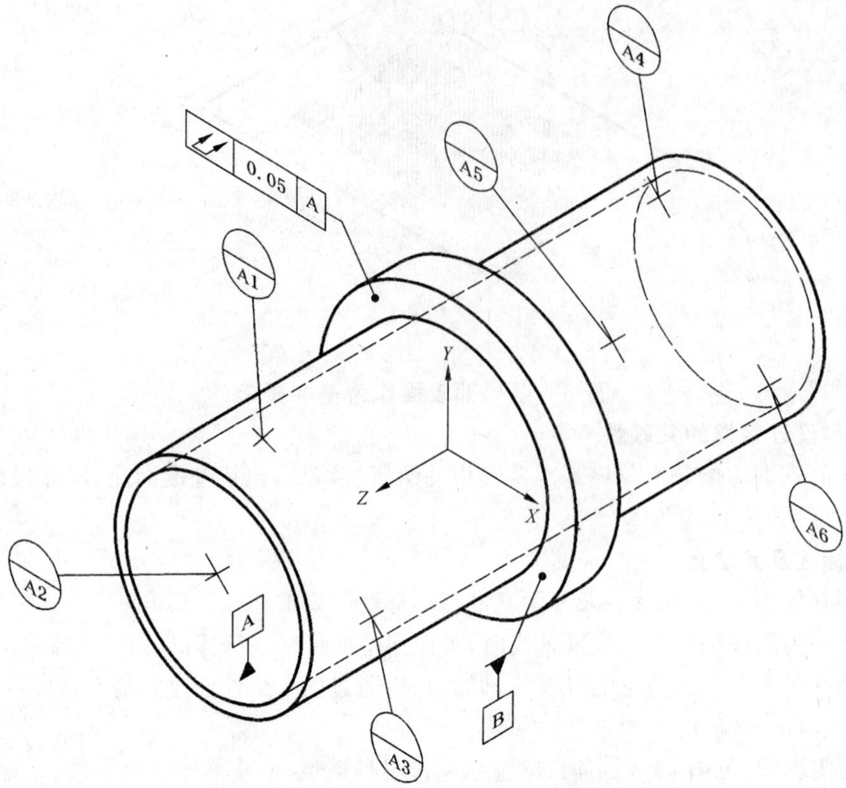

图 5　在内圆柱表面上建立基准轴线的目标点

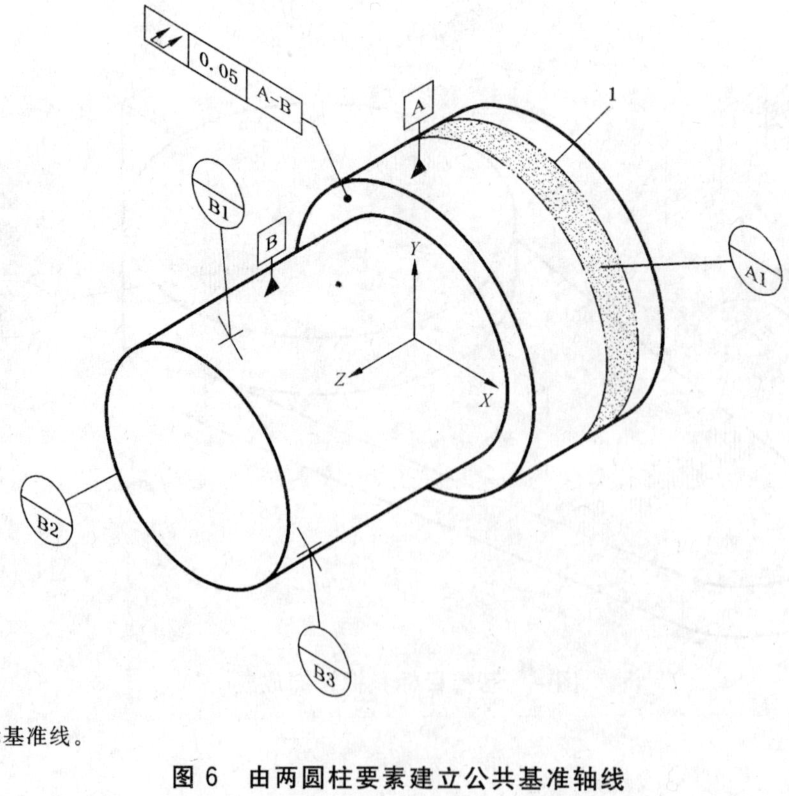

1——圆柱目标基准线。

图 6　由两圆柱要素建立公共基准轴线

4.5 多要素建立基准

2个或多个要素联合建立基准时，应在设计说明中明确该要素与基准的关联性。对于某些常见的情况，适用下列显示和关联性要求：

a) 当用尺寸要素的阵列建立基准轴线时，所涉及的模型特征与其公差应组成一个关联组，如图7所示。

b) 当用2个或更多同轴圆柱基准要素建立一个单一的公共基准轴线时，所涉及的模型特征与其公差应组成一个关联组，如图8所示。

c) 当用2个或多个共面的面要素建立一个基准平面时，所涉及的模型面与其公差应组成一个关联组，如图9所示。当标注公差的表面被分离成若干部分时，轮廓度公差应该标注到其中一个表面上，不必在其他表面上重复标注，如图10所示。

a) 标注示例

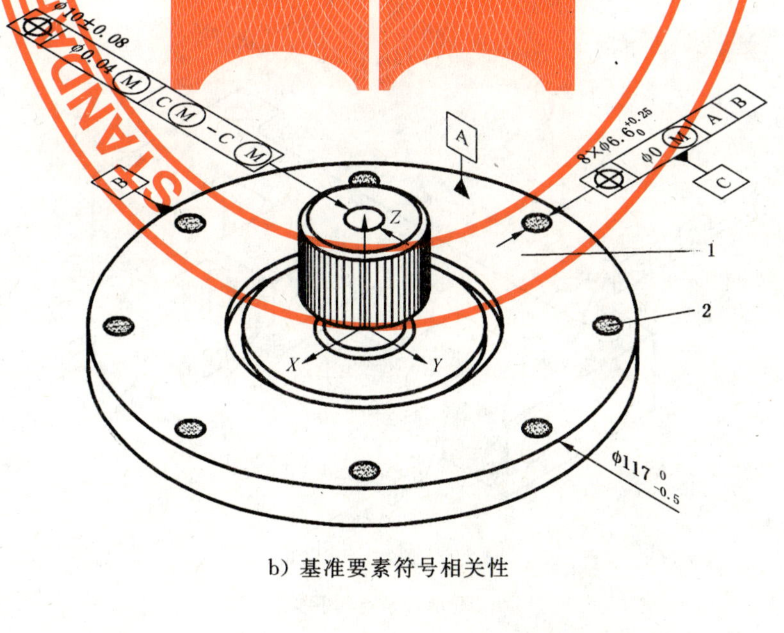

b) 基准要素符号相关性

1——查询；

2——视觉反应。

图7 建立基准轴的要素类型

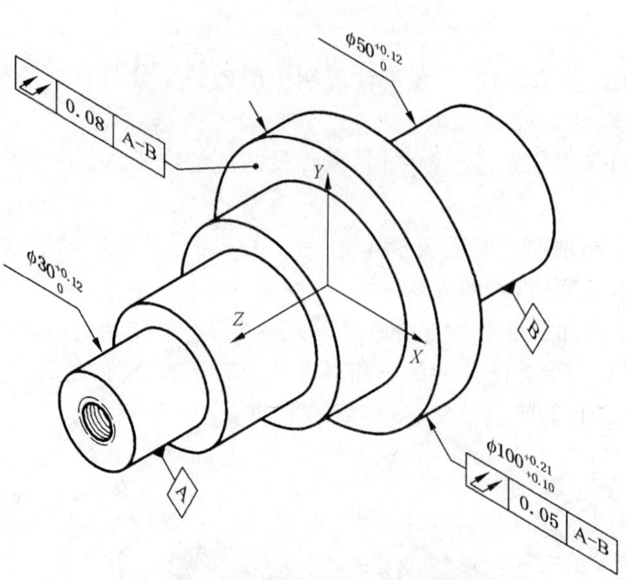

图 8　两共轴要素建立一个基准轴

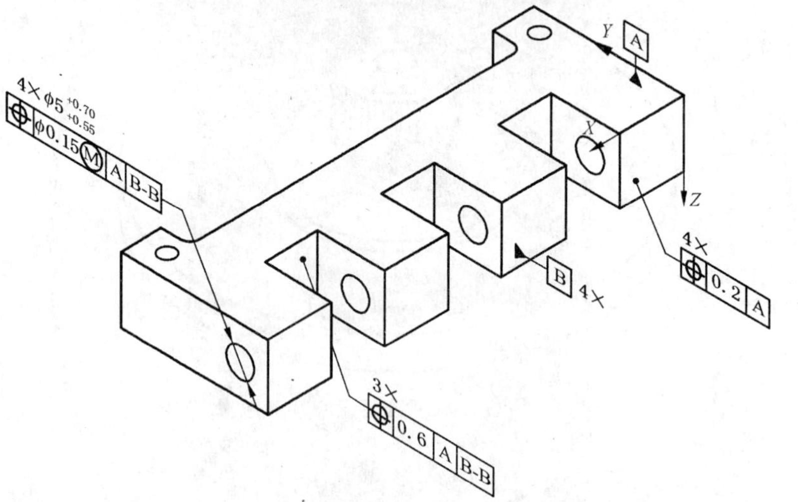

a) 标注示例

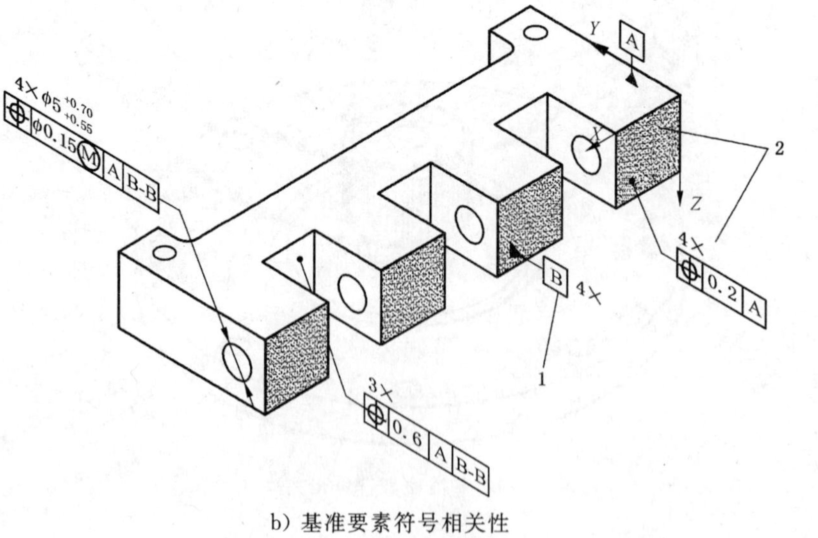

b) 基准要素符号相关性

1——查询；
2——视觉反应。

图 9　共面表面建立一个基准面

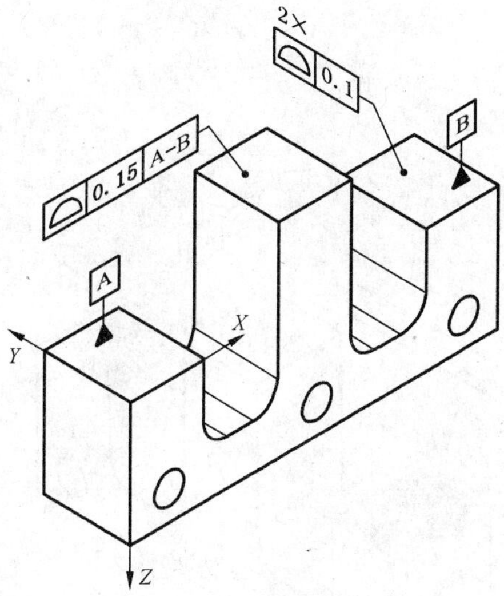

a) 标注与放置

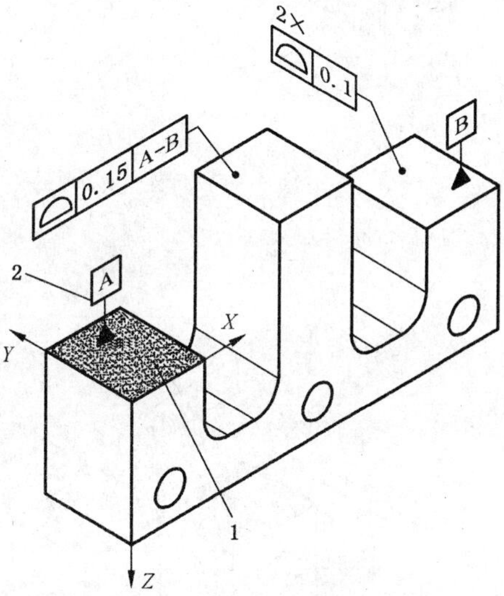

b) 基准要素符号的关联性

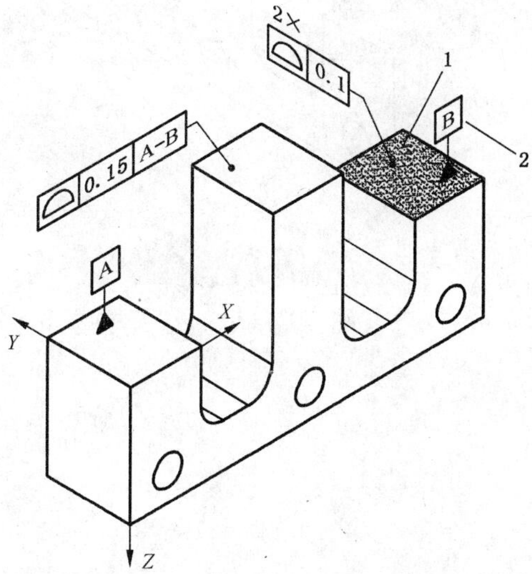

c) 基准要素符号的关联性

图 10　分离的表面建立一个基准面

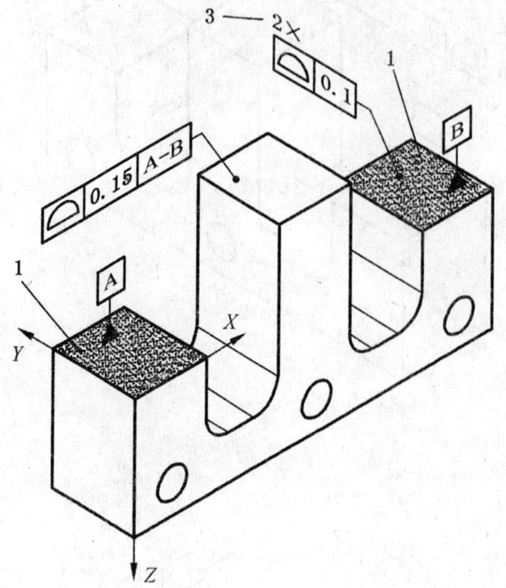

d）公差标注的关联性

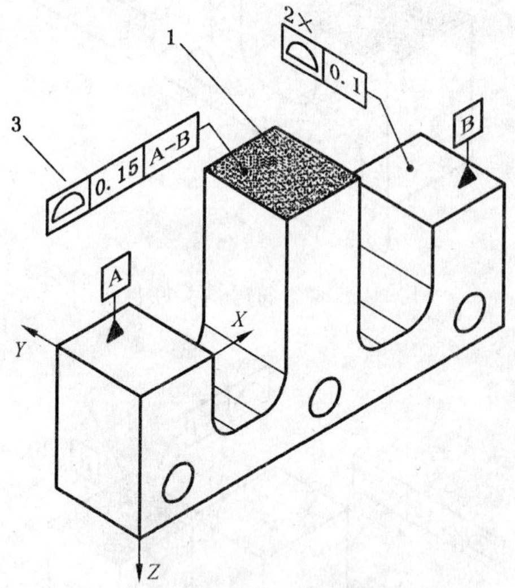

e）公差标注的关联性

图 10（续）

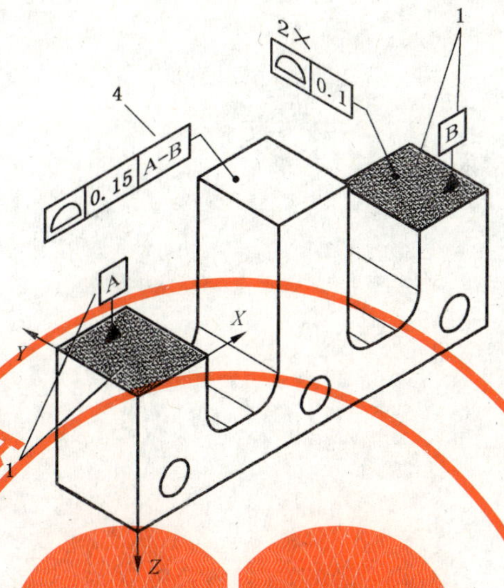

f) 基准参考体系相关性

1——视觉反应；
2——基准标注查询；
3——公差标注查询；
4——基准参考查询。

图 10（续）

5 对工程图的要求

轴测图中的基准要素应遵循下列要求和相关规定：

a) 如果轴测图中采用了基准体系，那么必须显示相应的模型坐标系。

b) 轴测图中的基准要素的标识：

——基准标注应放置于轴测图上能反映基准要素的相关表面中。轴测图中的基准标注不应放置在要素轮廓的单一延长线上。

——使用尺寸要素定义基准时，基准标注可以标注到尺寸要素上，如图 2 所示。

ICS 01.100.01
J 04

中华人民共和国国家标准

GB/T 24734.10—2009

技术产品文件 数字化产品定义数据通则 第10部分:几何公差的应用

Technical product documentation—
Digital product definition data practices—
Part 10:Application for geometric tolerances

(ISO 16792:2006,Technical product documentation—
Digital product definition data practices,NEQ)

2009-11-30 发布　　2010-09-01 实施

中华人民共和国国家质量监督检验检疫总局
中国国家标准化管理委员会　发布

前　言

GB/T 24734《技术产品文件　数字化产品定义数据通则》分为 11 个部分：

——第 1 部分：术语和定义；

——第 2 部分：数据集识别与控制；

——第 3 部分：数据集要求；

——第 4 部分：设计模型要求；

——第 5 部分：产品定义数据通用要求；

——第 6 部分：几何建模特征规范；

——第 7 部分：注释要求；

——第 8 部分：模型数值与尺寸要求；

——第 9 部分：基准的应用；

——第 10 部分：几何公差的应用；

——第 11 部分：模型几何细节层级。

本部分为 GB/T 24734《技术产品文件　数字化产品定义数据通则》的第 10 部分，规定了产品数字化定义过程中几何公差应用的要求，包括几何公差的布置、标注和显示的要求。

本部分是根据 ISO 16792:2006《技术产品文件　数字化产品定义数据通则》的第 11 章“几何公差”编制而成。本部分内容与 ISO 16792:2006 的第 11 章内容的一致性程度为非等效。主要技术性差异如下：

——按照 GB/T 4458.4—2003 中 5.6 的规定，将 ISO 16792:2006 的图 29 中“$t=2.5$”改为“$t2.5$”，并将该图作为图 2 放入本部分；

——根据原文含义，修改 ISO 16792:2006 的图 39a) 和 b) 中图形符号的错误，并将该图作为图 3a) 和 b) 放入本部分；

——根据原文含义，修改 ISO 16792:2006 的图 44b) 中的标注错误，并将该图作为图 8b) 放入本部分；

——按照 GB/T 1182—2008 中 18.9.4 的规定修改 ISO 16792:2006 的图 46、图 47 和图 67b) 中 LE (line elements) 的错误位置，并将该图作为图 10、图 11、图 31b) 放入本部分；

——根据 GB/T 1031 规定的 Ra 和 Rz 第一系列值，将 ISO 16792:2006 的图 55 中的 0.7 和 3.1 分别改为 0.8 和 3.2，并将该图作为图 19 放入本部分；

——根据原文含义，将 ISO 16792:2006 中“Table 4—Orientation tolerances”中“Generating line of cylinder”修正为“Median line of cylinder”，将其标注方式从“Directed leader line”法修正为“Extension lines”法，并将该表作为表 2 放入本部分。

本部分由全国技术产品文件标准化技术委员会(SAC/TC 146)提出并归口。

本部分起草单位：中机生产力促进中心、中国电子科技集团公司第三十八研究所、北京清软英泰信息技术有限公司、北京数码大方科技有限公司、北京艾克斯特信息技术有限公司、广西玉柴机器集团有限公司。

本部分主要起草人：丁红宇、张红旗、陈景玉、肖承翔、雍俊海、陈卫东、尚凤武、阎光荣、温秋生、谢正良、韩琳琳、王云峰。

技术产品文件
数字化产品定义数据通则
第10部分:几何公差的应用

1 范围

GB/T 24734 的本部分规定了产品数字化定义过程中几何公差应用的要求,包括几何公差的布置、标注和显示的要求。

本部分适用于与数字化产品定义相关的应用、开发、服务与研究。

2 规范性引用文件

下列文件中的条款通过 GB/T 24734 的本部分的引用而成为本部分的条款。凡是注日期的引用文件,其随后所有的修改单(不包括勘误的内容)或修订版均不适用于本部分,然而,鼓励根据本部分达成协议的各方研究是否可使用这些文件的最新版本。凡是不注日期的引用文件,其最新版本适用于本部分。

GB/T 1182—2008 产品几何技术规范(GPS) 几何公差 形状、方向、位置和跳动公差标注(ISO 1101:2004,IDT)

GB/T 17851—1999 形状和位置公差 基准和基准体系(eqv ISO 5459:1981)

GB/T 24734.1—2009 技术产品文件 数字化产品定义数据通则 第1部分:术语和定义(ISO 16792:2006,Technical product documentation—Digital product definition data practices,NEQ)

3 术语和定义

GB/T 24734.1—2009 确立的术语和定义适用于 GB/T 24734 的本部分。

4 对模型和工程图的通用要求

几何公差的通用要求可以在通用注释给出。当多个公差时,可分别给出。

5 对模型的要求

5.1 概述

下面给出了与模型要素相关的几何公差的布置、标注和显示的要求。

5.2 形状公差

公差标注所在的标注面应与应用表面平行、垂直或共面,如图1所示。表1列出了应用形状公差时的标注方法。

a) 如果平面度公差仅适用于限定要素,应在模型上使用辅助几何来标出其限定区域。指引线应从公差标注引出,并指向该限定区域,如图2所示。

b) 应用于球面、圆柱面、圆锥面或回转面的圆度(公差),其公差标注应垂直于模型特征的轴线或位于包含球心的标注面内,如图3所示。

c) 应用于圆柱面或圆锥面的直线度,其公差标注应位于包含模型特征轴线的标注面上,如图7所示。

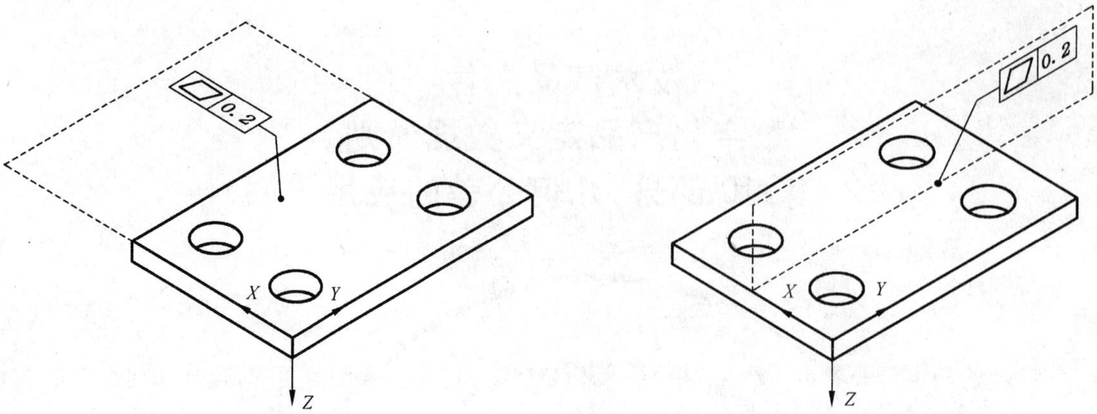

a）共面的标注　　b）垂直的标注

注：此处的虚线框只为清楚显示标注面，并不代表实际的表面。

图1　几何公差的共面标注和垂直标注

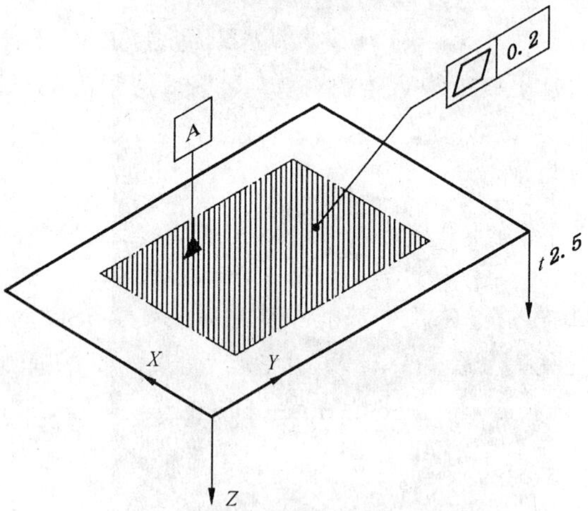

图2　以局部表面作为基准要素

表1　形状公差

应用场合		附加技术		图例序号
		附带尺寸线	采用指引线	
⏥	平面		●	1
	有限区域		●	2
○	球面	●		3a）
			●	3b）
	圆柱面	●		3c）
			●	3d）
	圆锥面		●	3e）
	回转面		●	3f）
⌭	圆柱面	●		4a）
			●	4b）

表 1（续）

应用场合		附加技术		图例序号
		附带尺寸线	采用指引线	
—	平面		●	5、6
—	圆柱面或圆锥面		●	7
—	中心线或中心面	●		8

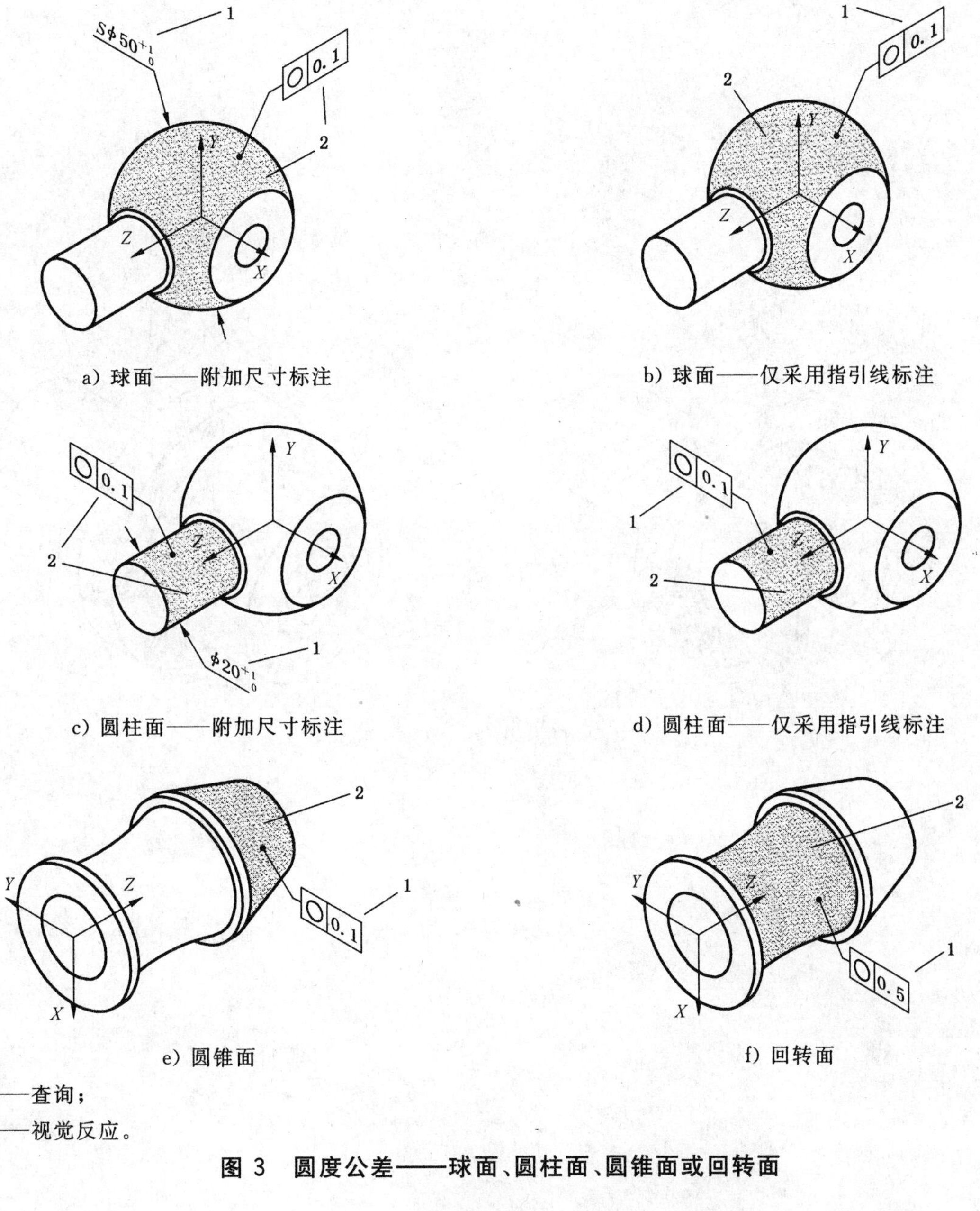

a）球面——附加尺寸标注

b）球面——仅采用指引线标注

c）圆柱面——附加尺寸标注

d）圆柱面——仅采用指引线标注

e）圆锥面

f）回转面

1——查询；

2——视觉反应。

图 3　圆度公差——球面、圆柱面、圆锥面或回转面

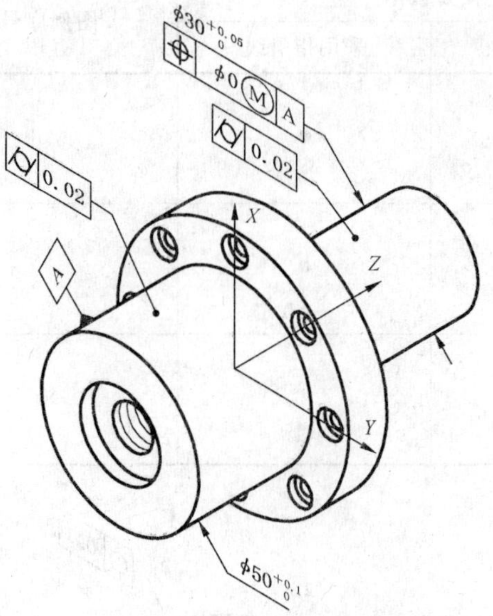

a）附加尺寸标注

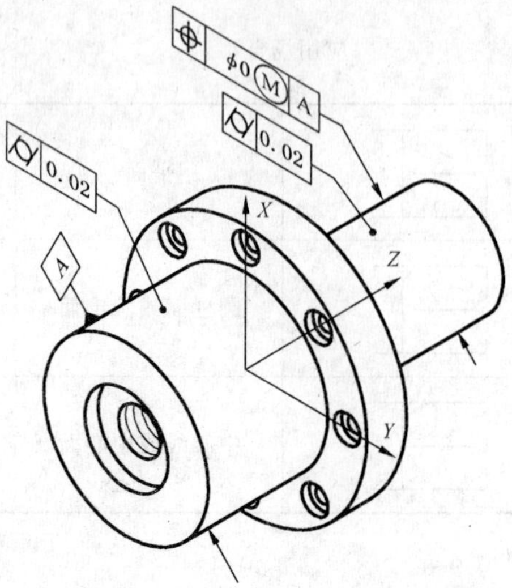

b）附加尺寸线

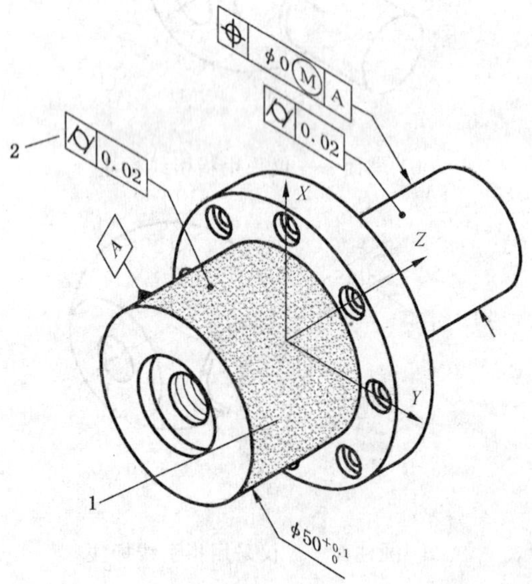

c）要素关联性

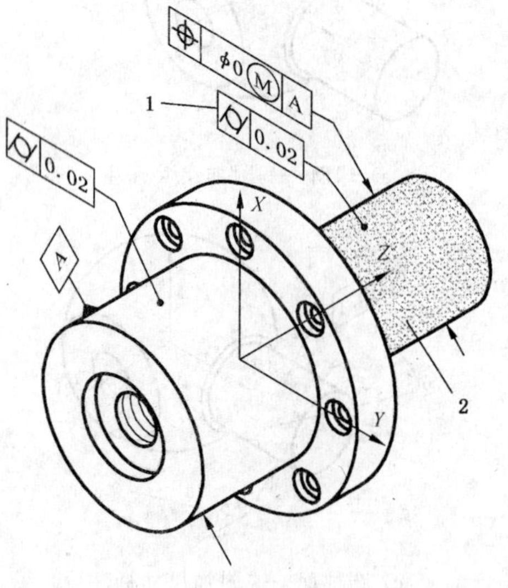

d）公差关联性

1——查询；

2——视觉反应。

图 4　圆柱度

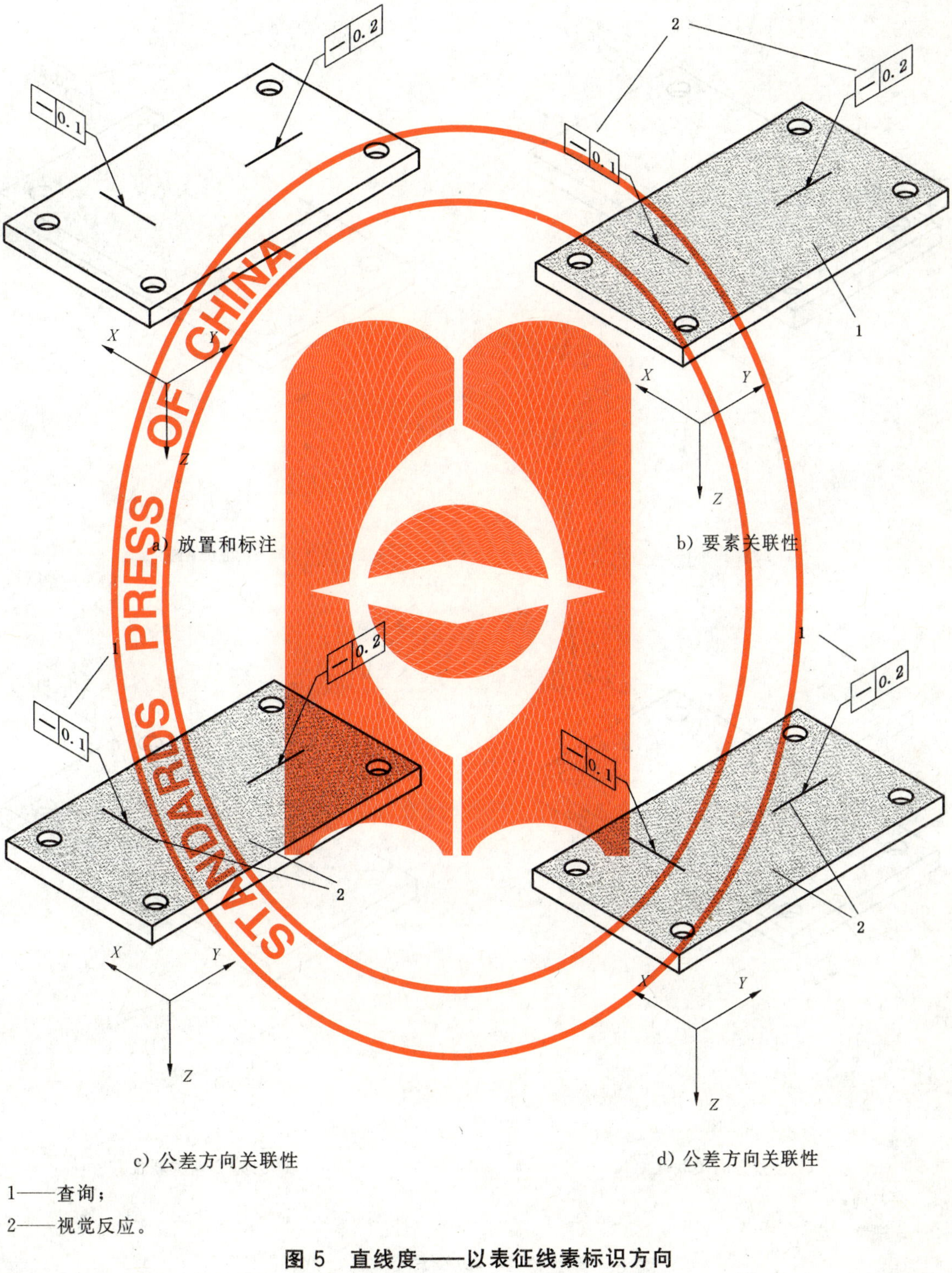

a）放置和标注

b）要素关联性

c）公差方向关联性

d）公差方向关联性

1——查询；

2——视觉反应。

图 5　直线度——以表征线素标识方向

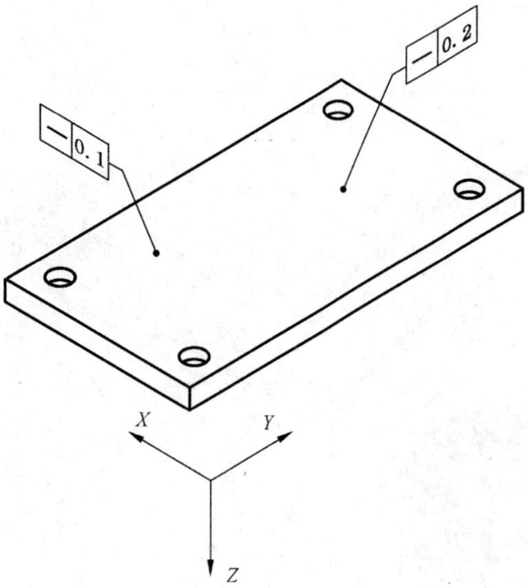

a) 放置和标注

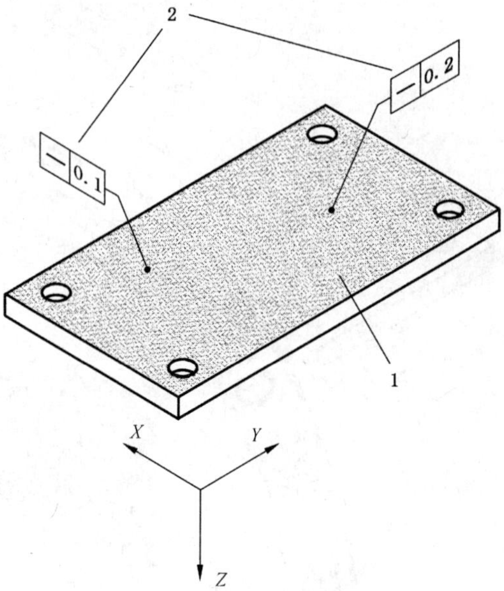

b) 特征相关

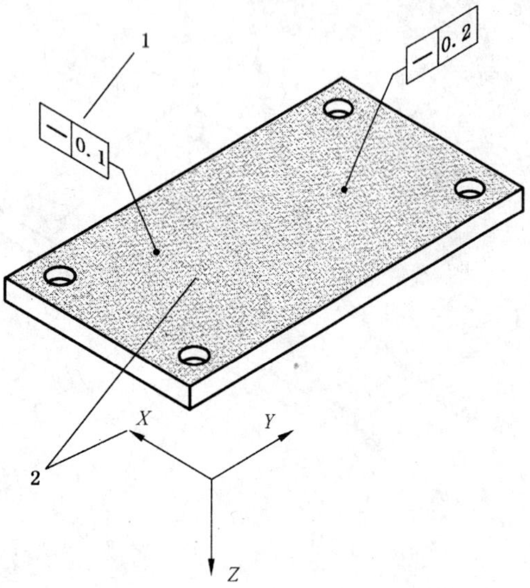

c) 公差方向关联性

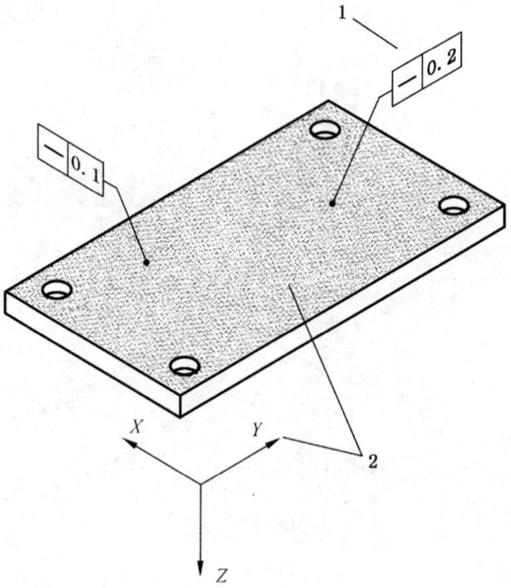

d) 公差方向关联性

1——查询；

2——视觉反应。

图 6　直线度——以坐标轴标识方向

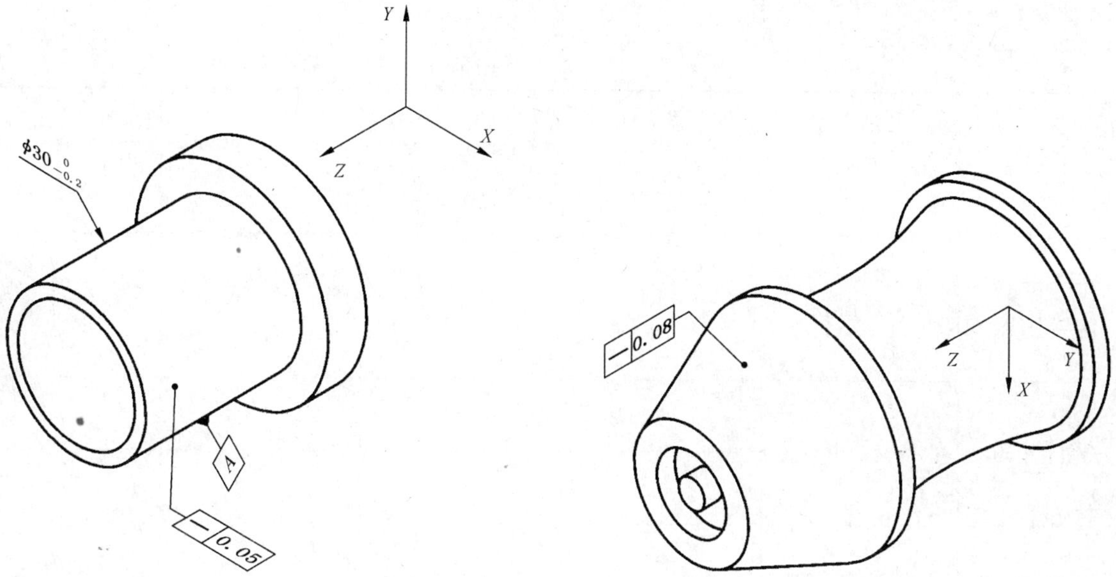

a）圆柱面　　　　　　　　b）圆锥面

图 7　直线度——圆柱面或圆锥面

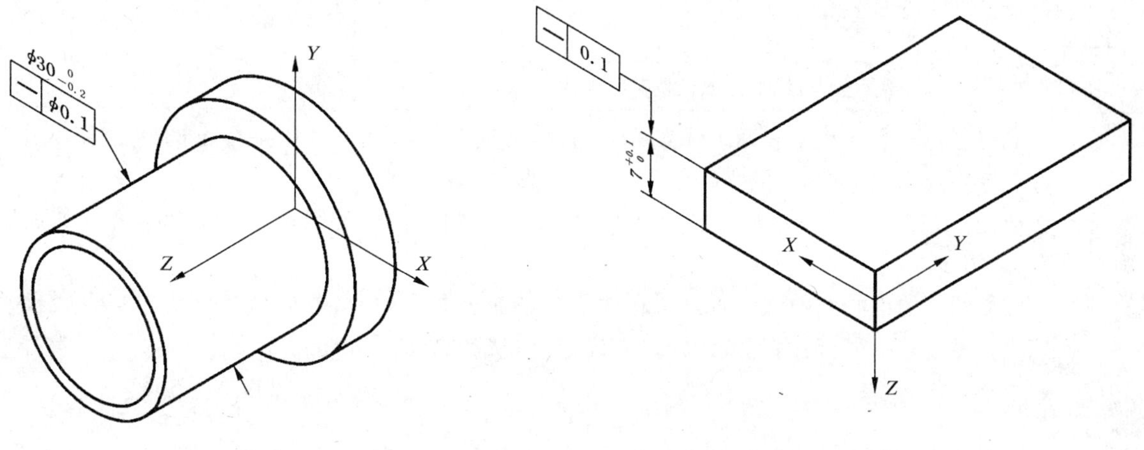

a）圆柱中心线　　　　　　　　b）中心面

图 8　直线度——中心线或中心面

5.3　方向公差

方向公差标注应置于与基准（或第一基准）平行或垂直的标注面上。表 2 列出了用于放置方向公差的附加方法。

表 2　方向公差

应用范围		附加技术			图例序号
		附带尺寸线	采用指引线	采用延长线	
⊥ // ∠ □	平面		●		9

表 2（续）

应用范围		附加技术			图例序号
		附带尺寸线	采用指引线	采用延长线	
⊥ // ∠	标志方向的线		●		10、11
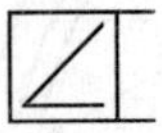	斜面		●		12
⊥ // ∠	圆柱面的中心线	●			13a)
				●	13b)
⊥ // ∠	宽度面(固定的平行平面)	●			13c)
				●	13d)
⊥ // ∠	轴-平面的区域公差	●			14a)
				●	14b)
注：这三种符号分别表示垂直度、平行度和倾斜度。					

a) 当采用坐标轴方向表示表面上线素的方向时，方向公差标注及其附加标记的标注面必须与绝对坐标系或用户坐标系(的坐标轴)平行或垂直，如图 11 所示。

b) 在使用多基准参考时，方向公差标注及其附加标记的标注面必须包含用来标示方向的表征线素，如图 10 所示。

c) 当一个圆柱的中心线的方向被限定在两平行平面公差带内时，方向公差标注应与直径尺寸或其他公差要求一同标注，延长线的方向确定公差带的方向，如图 14 所示。

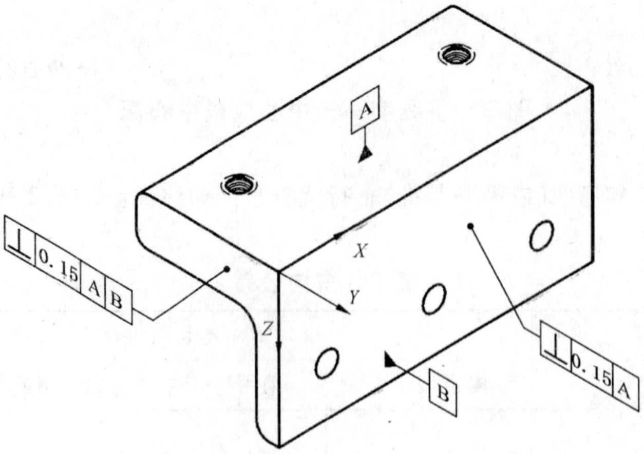

图 9 方向公差——平面

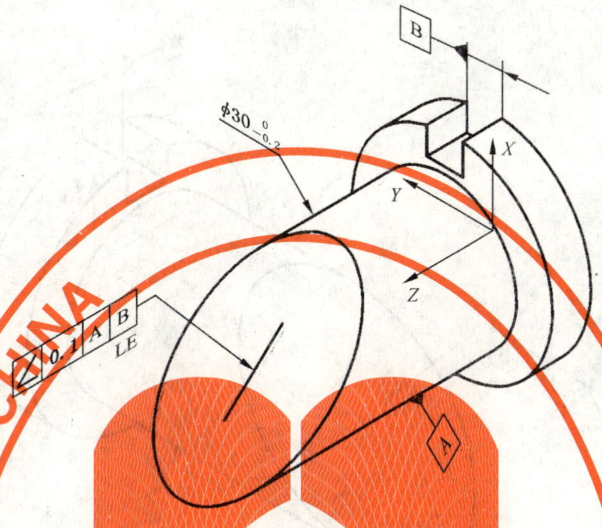

a) 放置和标注

b) 公差方向相关

1——查询；

2——视觉反应。

图 10　方向公差——由表征线素标识方向

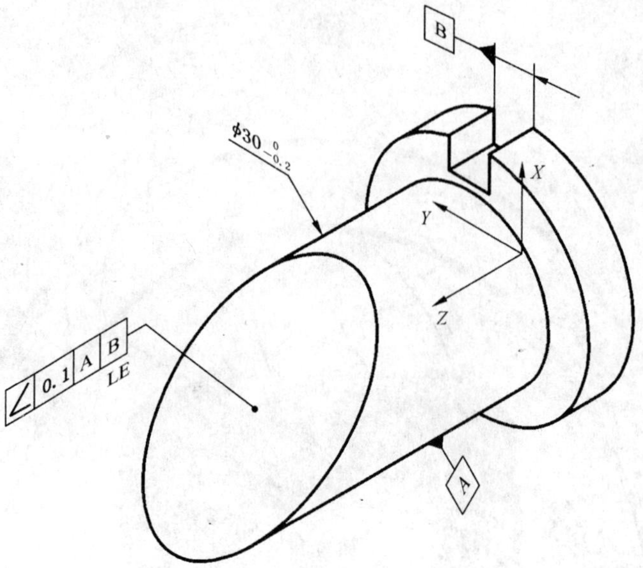

a）放置和标注

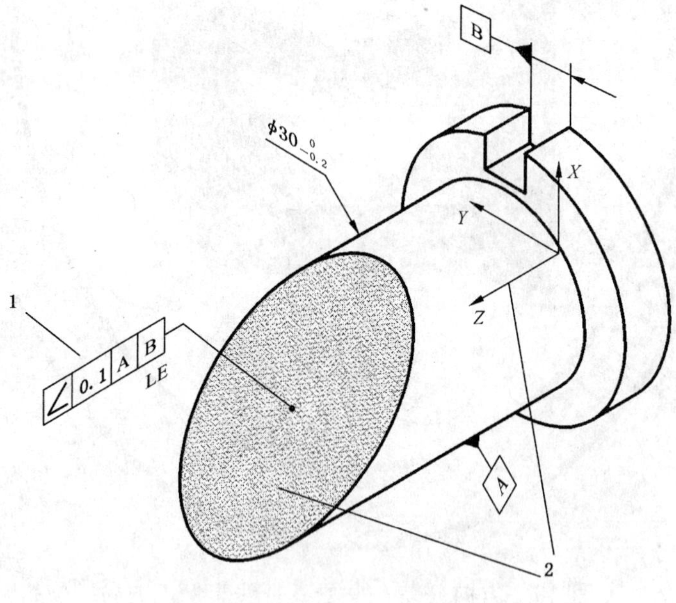

b）被测线的关联性

1——查询；

2——视觉反应。

图 11　方向公差——由坐标轴标识方向

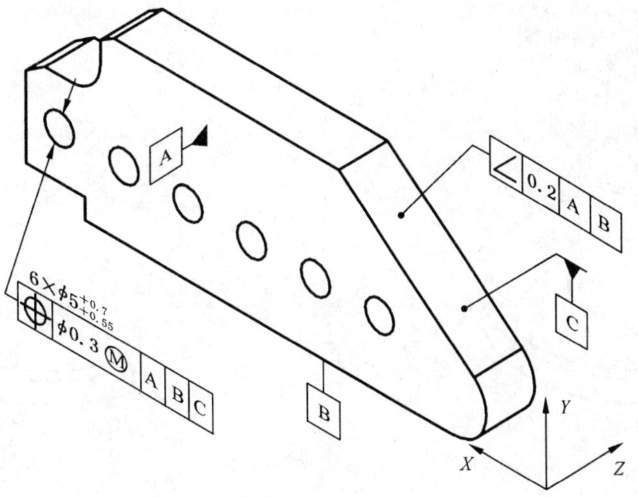

a) 放置和标注

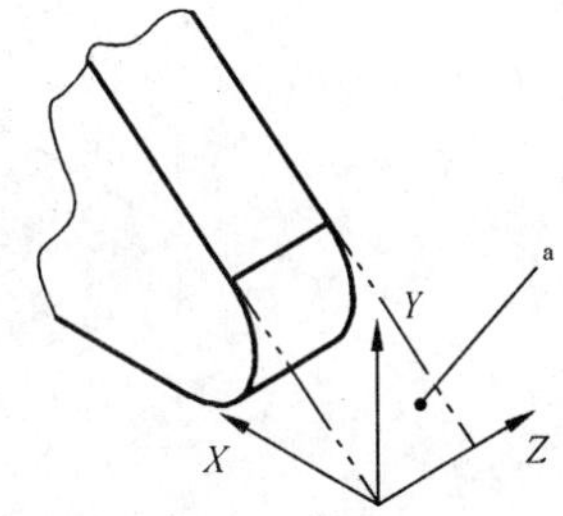

b) 配对体的表示

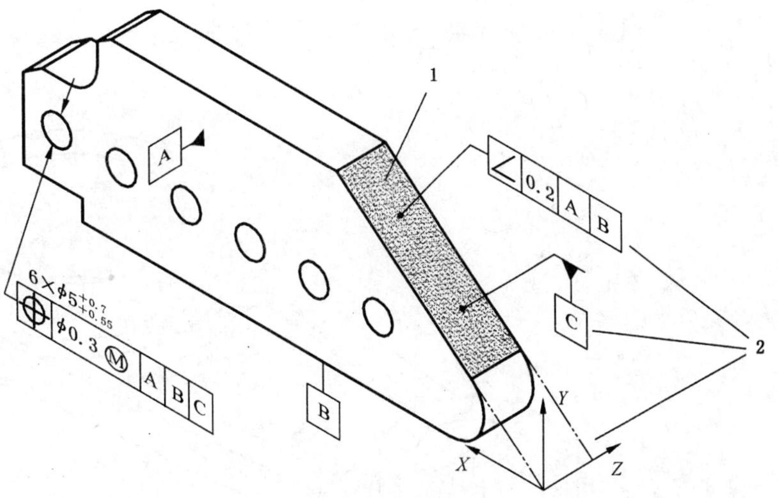

c) 配对体的关联性

1——查询；

2——视觉反应。

[a] 图中的辅助几何表示理论正确配对体。

图 12　方向公差——倾斜面

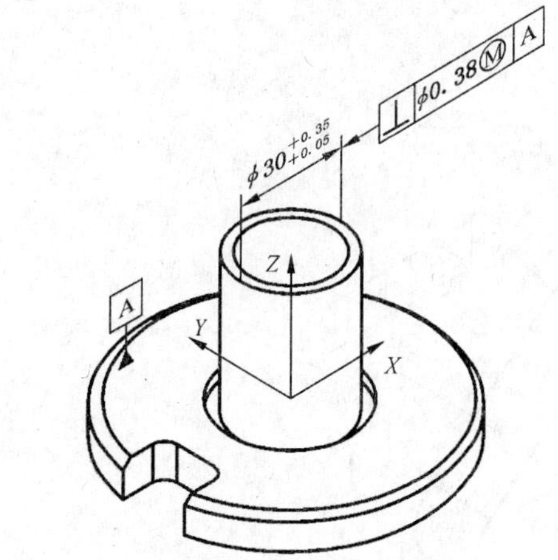

a) 圆柱——附于尺寸标注

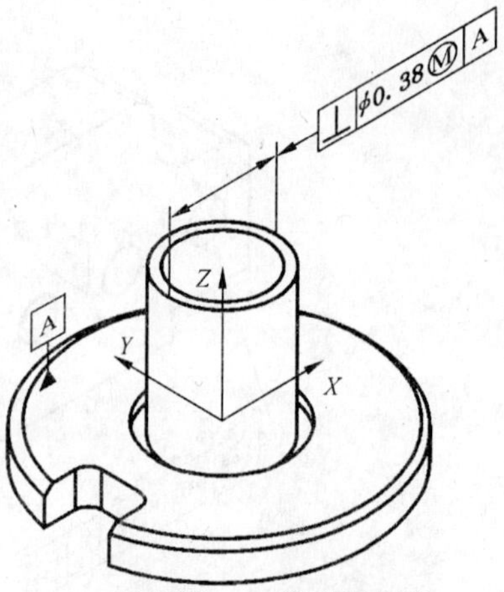

b) 圆柱——指引线标注

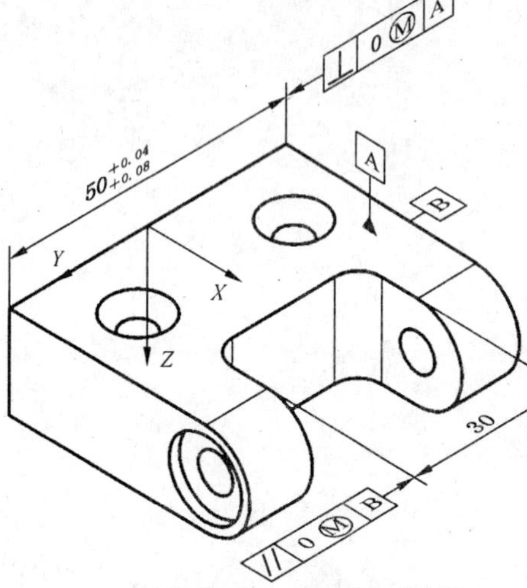

c) 宽度面——附于尺寸标注

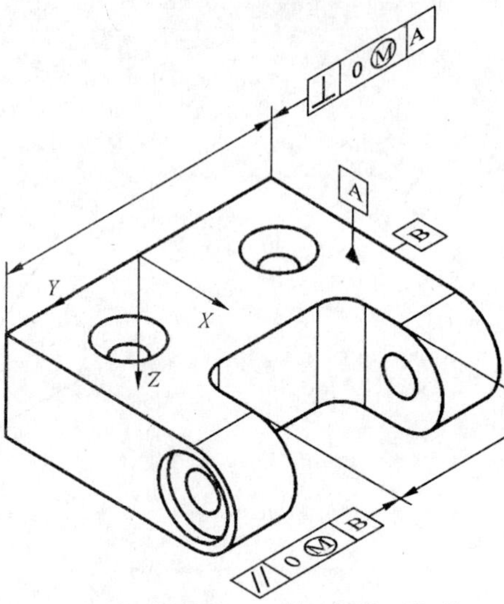

d) 宽度面——附于标注延长线

图 13 方向公差——圆柱或两反向平行表面

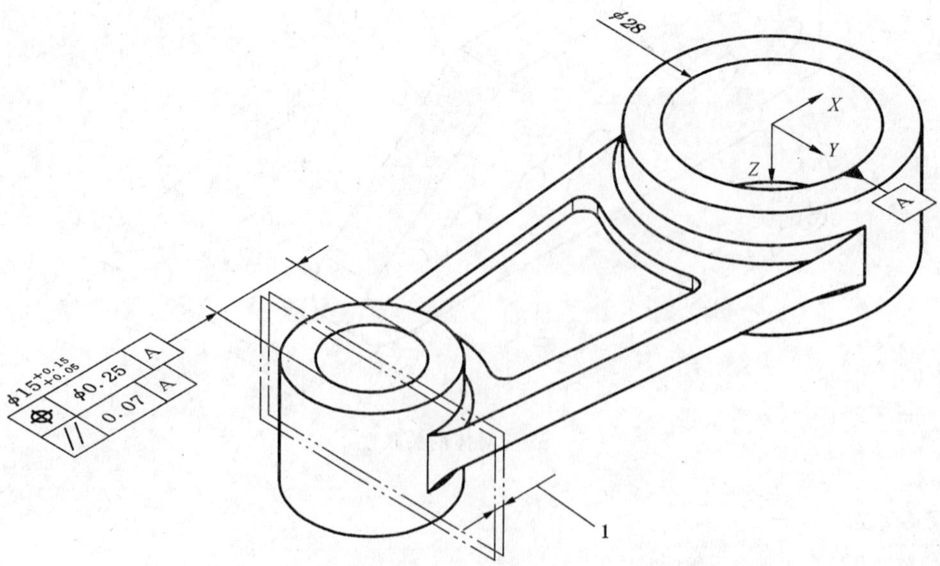

a) 附于尺寸标注

图 14 被限定在两平行平面公差带内的轴线的方向公差

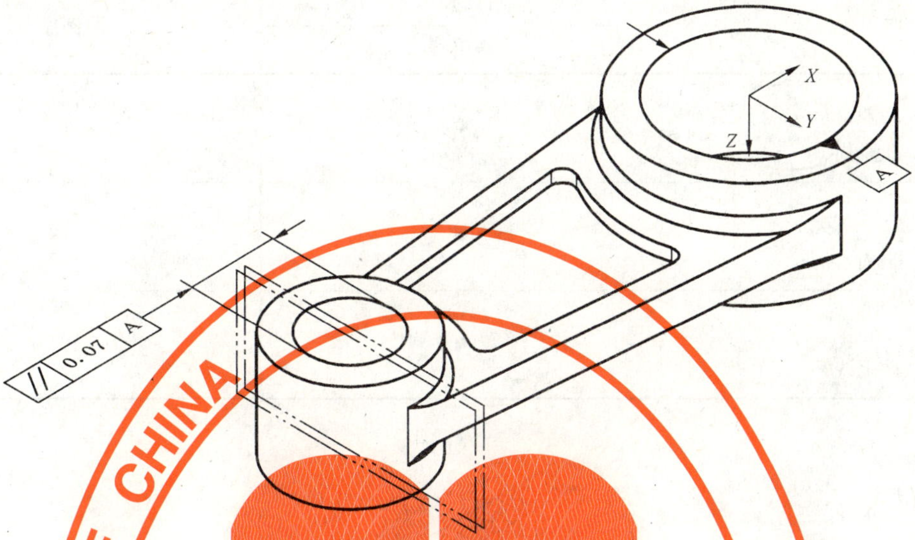

b) 附于标注延长线

注：这里显示的公差带只是为了表达清楚，并不是实际表达的一部分。

图 14（续）

5.4 轮廓度公差

在标注一个单一轮廓度的公差要求时，应采用表 3 给出的指引线方法进行标注。

a) 圆锥面或回转表面的公差标注。公差标注所在的标注面应与模型特征轴垂直或共面。如图 15b)所示。

b) 多面或共面的公差标注。轮廓度公差用于多面时，被标注要素应作为关联组处理。公差标注所在的标注面应与第一基准面平行或垂直，如图 16 所示。

c) 非全周应用。当相关几何信息不足以指示其应用范围时，应使用辅助几何信息来指定其应用范围，非全周符号界定的区域可以用来表示公差应用的范围，如图 17 所示。

d) 全周应用。使用全周符号时，应由查询功能来标识该全周符号的所有应用表面，如图 18 所示。

e) 当采用线素表示线轮廓度方向时，公差标注所在的标注面应包含表征线素，并与绝对坐标系或用户坐标系平行或垂直，如图 19 所示。

f) 当采用坐标轴表示线轮廓度的方向时，公差标注所在的标注面应与绝对坐标系或用户坐标系平行或垂直，如图 20 所示。

表 3 轮廓度公差

应用范围	附加技术 指引线	图例序号
⌓ 平面	●	15
⌓ 圆锥面或回转面	●	15
⌓ 多面或共面	●	16

表 3（续）

应用范围	附加技术	图例序号
	指引线	
⌓ 非全周	●	17
⌓ 全周	●	18
⌒ 面上线素	●	19、20

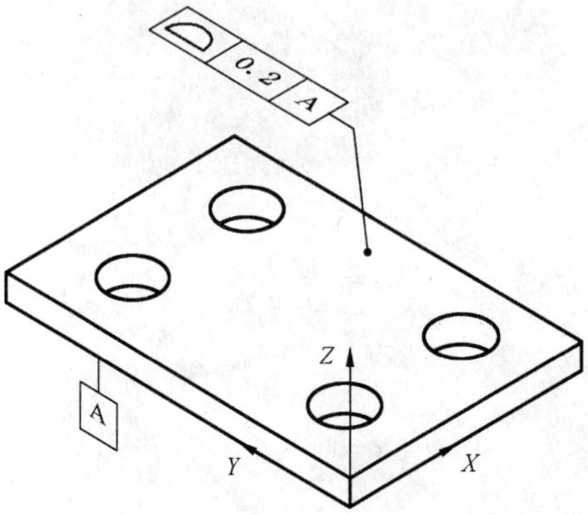

a）平面

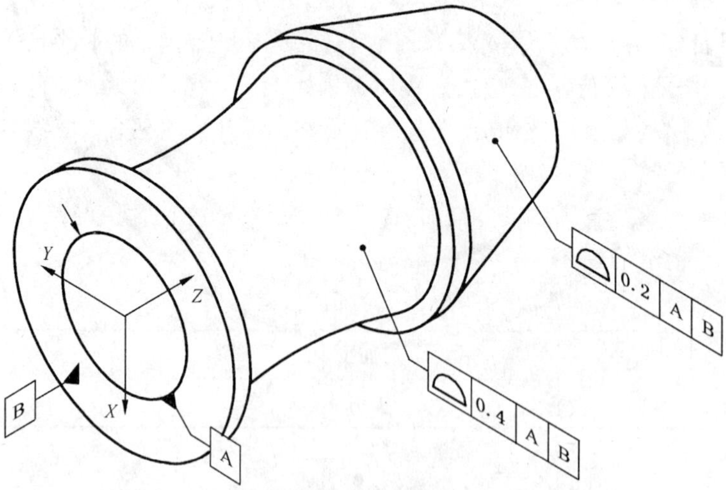

b）圆锥面或回转面

图 15 轮廓度公差——平面、圆锥或回转面

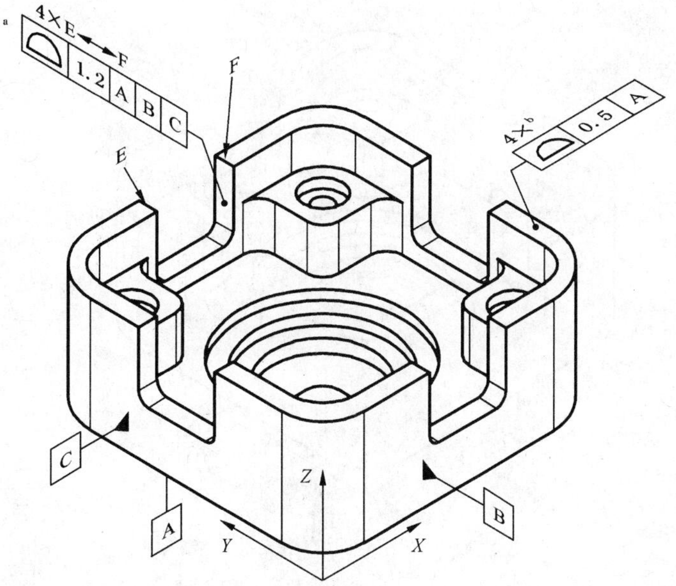

a) 标注示例

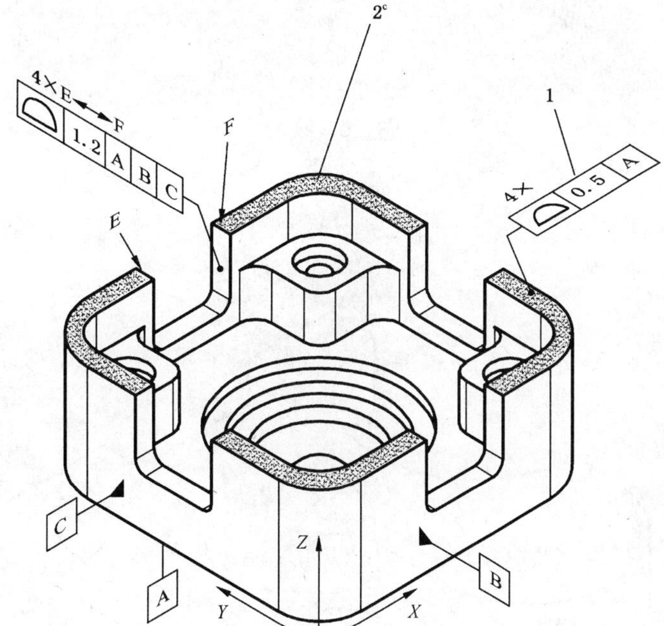

b) 组合面的表示

图 16 轮廓度公差——多面或共面的表示

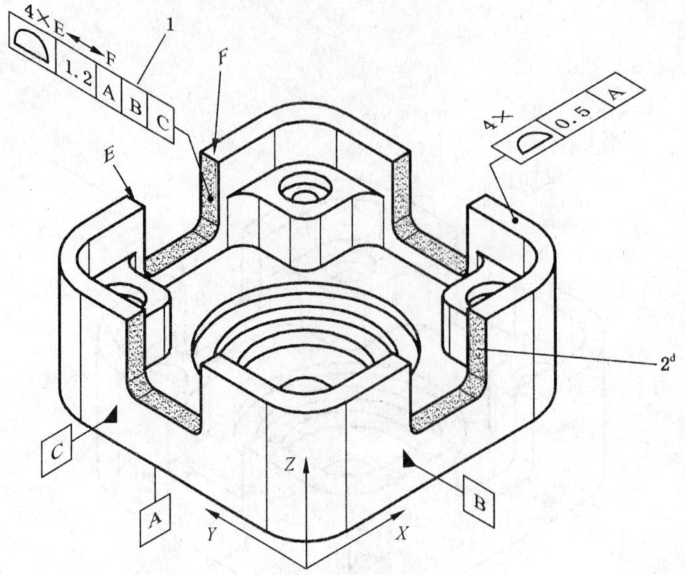

c）组合面的相关性

1——查询；

2——视觉反应。

[a] 多个表面。

[b] 共面的表面。

[c] 4个共面表面。

[d] 4个凹槽。

图 16（续）

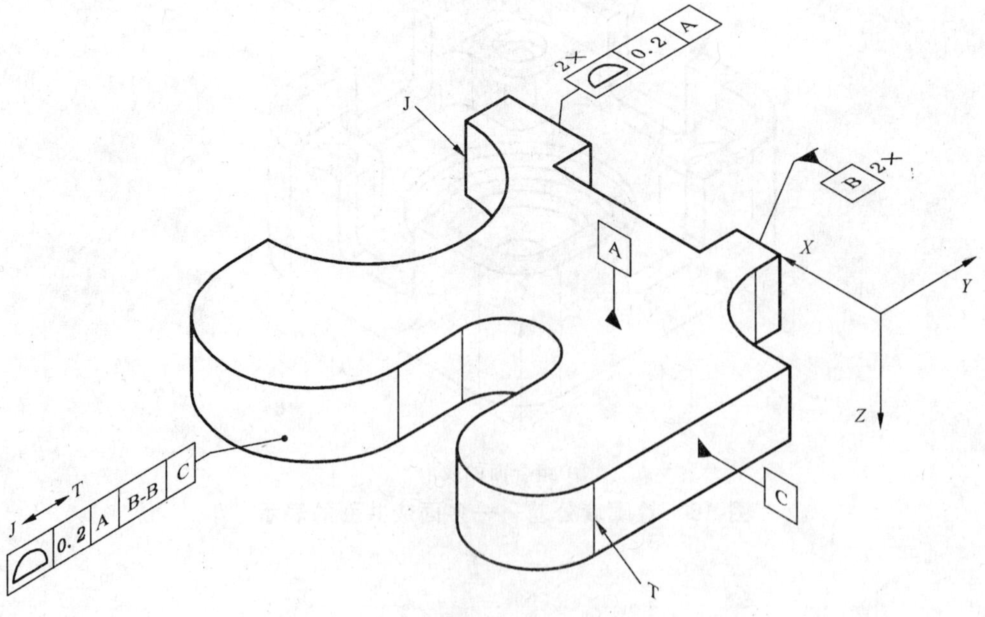

a）标注示例

图 17　轮廓度公差——非全周应用

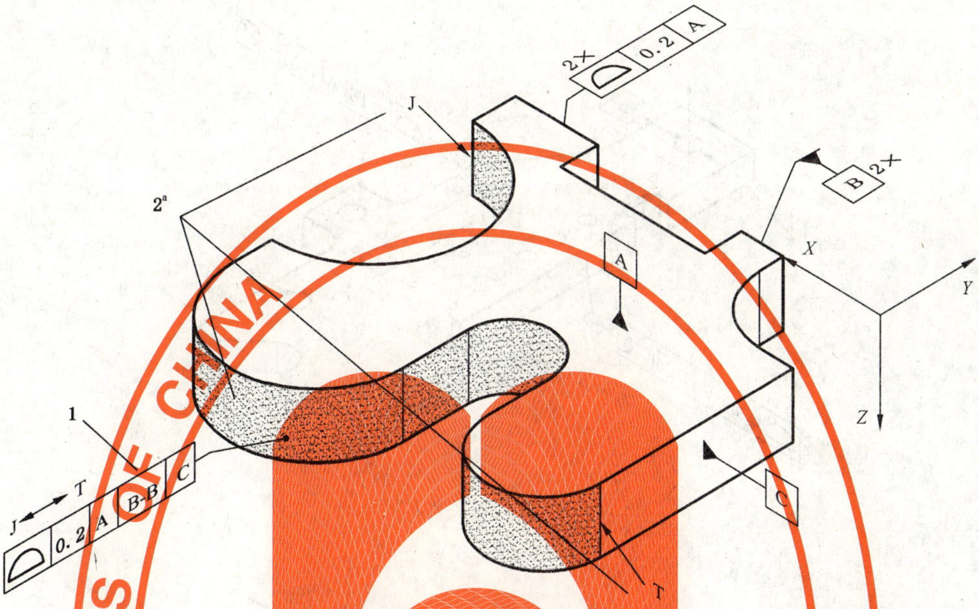

b) 公差相关性

1——查询；

2——视觉反应。

a 介于J到T的所有表面。

图 17（续）

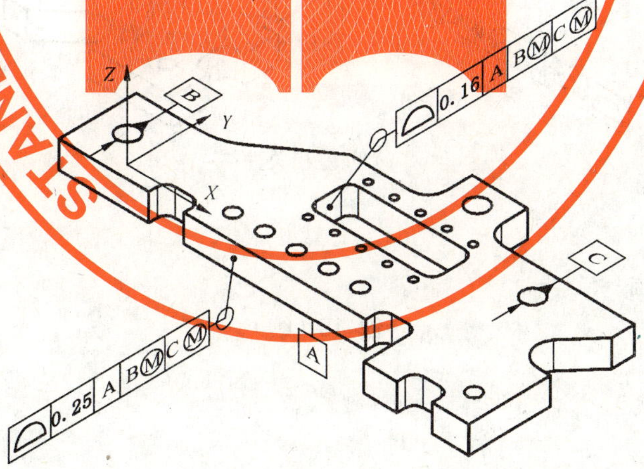

a) 标注示例

图 18　轮廓度公差——全周应用

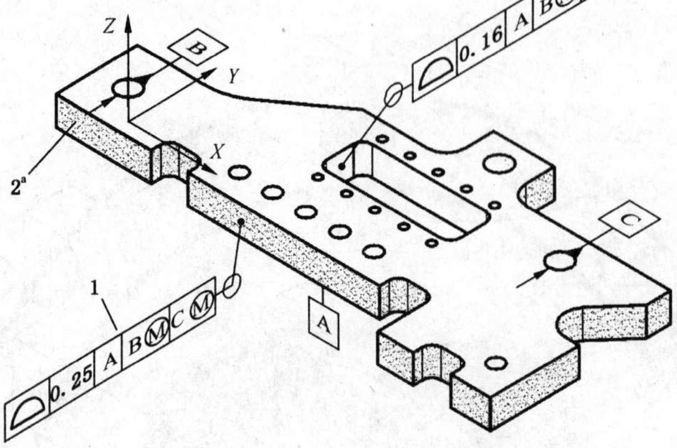

b) 公差相关性

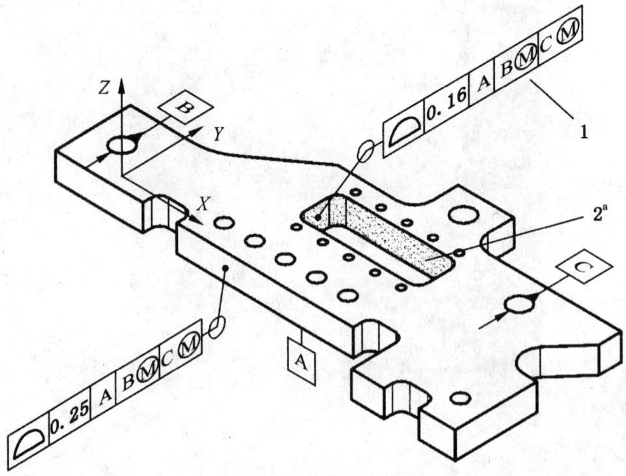

c) 公差相关性

1——查询；

2——视觉反应。

[a] 封闭环路内的所有表面。

图 18（续）

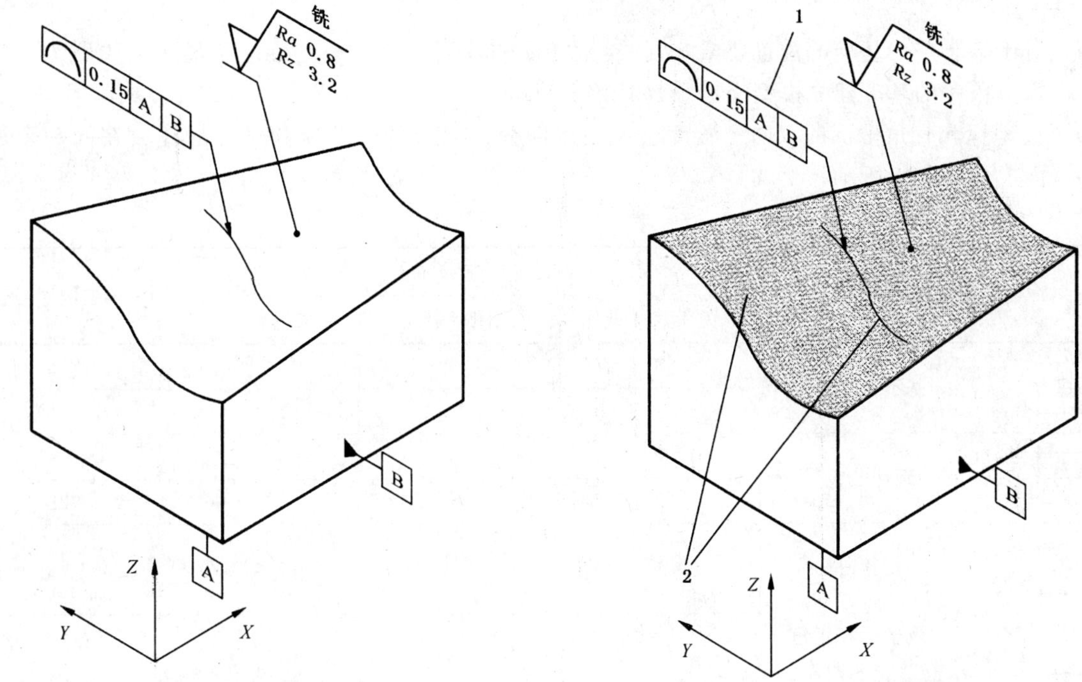

a）放置与标注　　　　b）被测线的关联性

1——查询；
2——视觉反应。

图 19　轮廓度公差——由表征线素标识方向

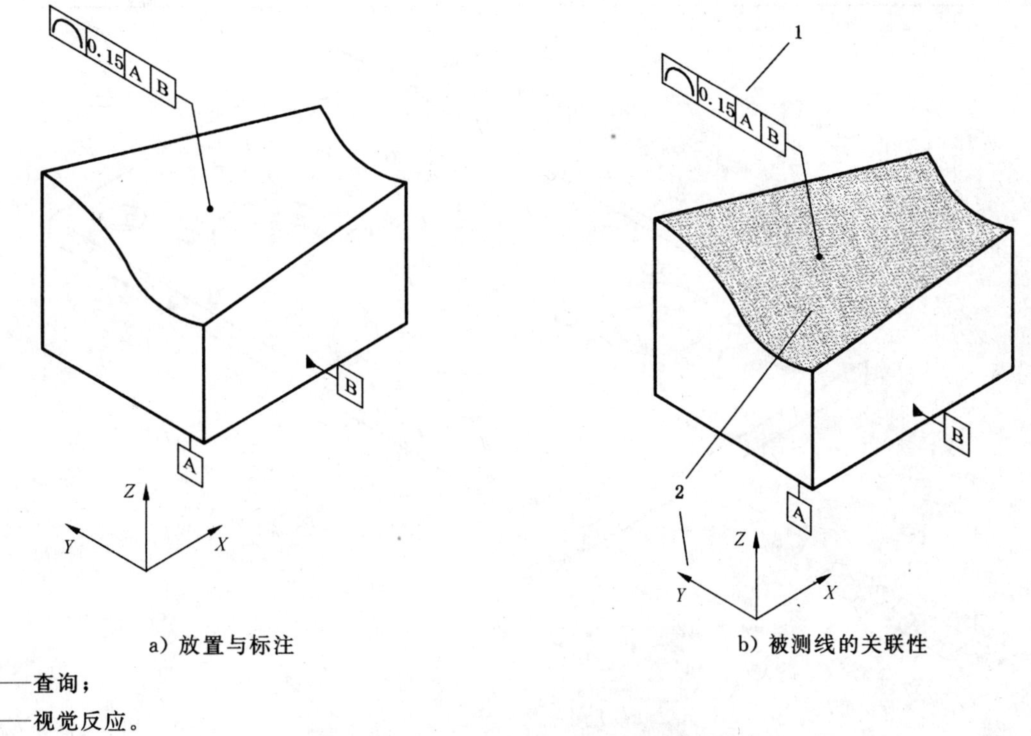

a）放置与标注　　　　b）被测线的关联性

1——查询；
2——视觉反应。

图 20　轮廓度公差——由坐标轴标识方向

5.5 位置公差

位置公差标注应位于平行或垂直于基准(或第一基准)的标注面上。表 4 给出了位置公差布置及附加的方法。

a) 对于基于单一基准的位置要素阵列,模型特征的阵列和该单一基准应组成一个关联组。应为每个单一的基准建立模型坐标系,如图 21 所示。

b) 极坐标和直角坐标的双向位置度公差。双向公差要求的标注应和尺寸标注放在同一个标注面上,如图 24 所示。

表 4 位置公差

应用范围		附加技术			图例序号
		附带尺寸线	采用指引线	采用延长线	
⌖	基于单一基准	●			21a)
			●		21b)
⌖	延伸公差带	●			22a)
			●		22b)
⌖	长孔(槽)			●	23
⌖	极坐标和直角坐标的双向位置公差			●	24
◎	导出中心线	●			25a)
			●		25b)
⌯	导出中心面	●			25c)
				●	25d)

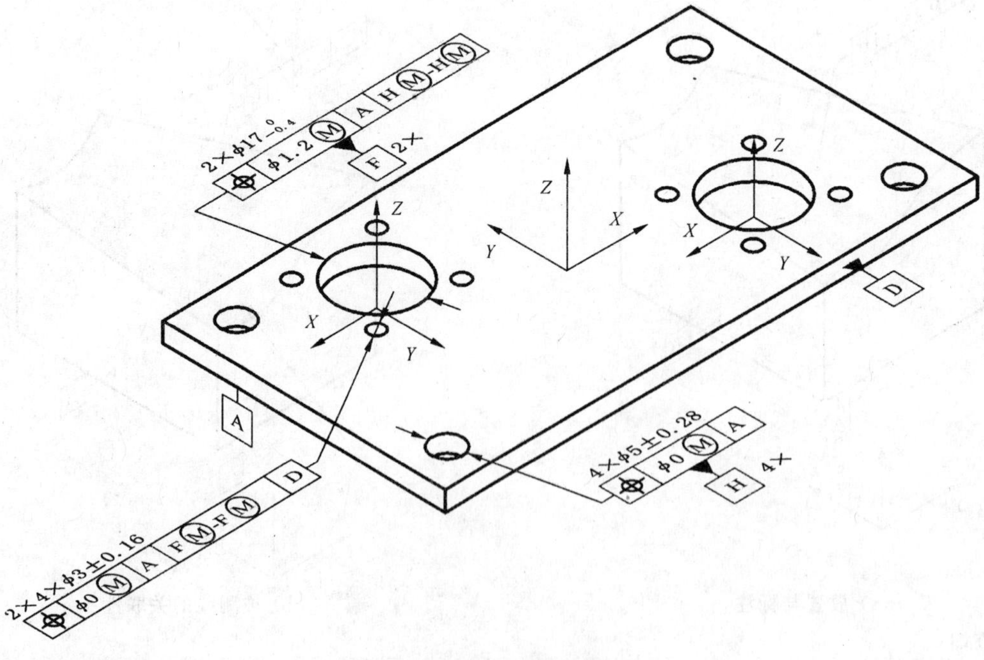

a) 附于尺寸标注

图 21 位置度公差

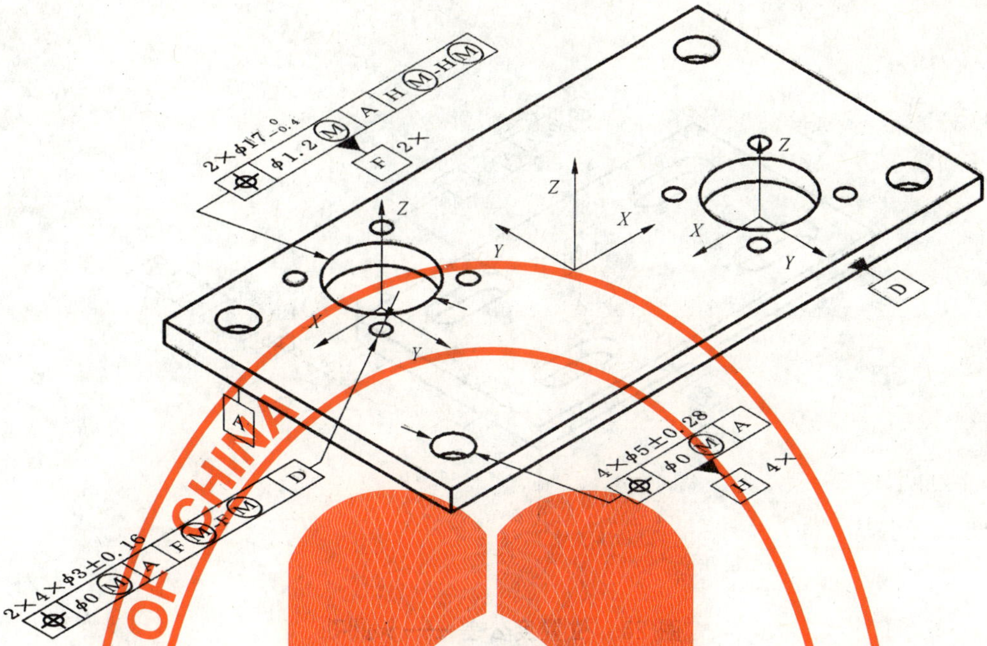

b) 直接用指引线标注

图 21（续）

a) 附于尺寸标注

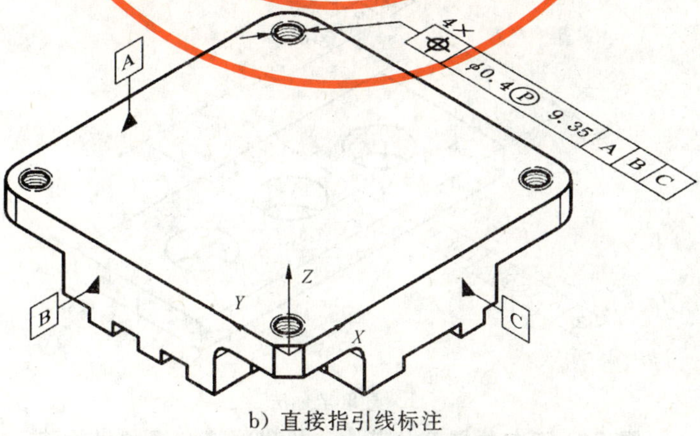

b) 直接指引线标注

图 22 位置度公差——延伸公差带

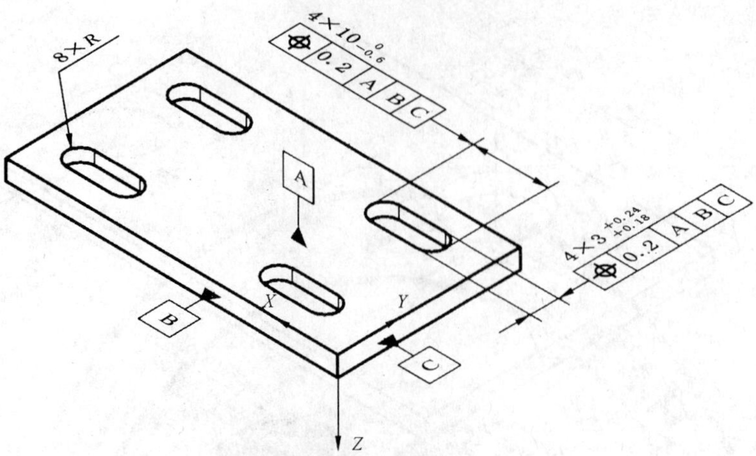

图 23　位置度公差——长圆孔

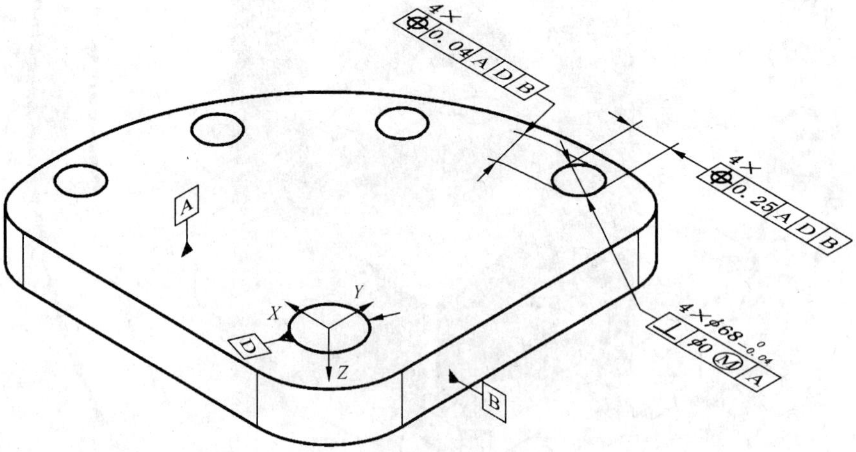

a) 极坐标法

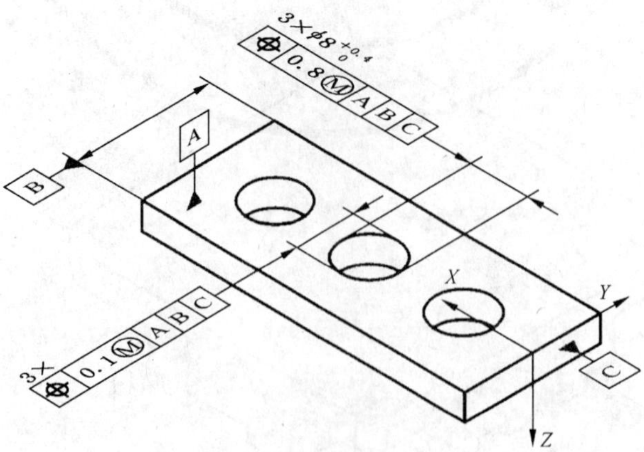

b) 直角坐标法

图 24　双向位置度公差——极坐标法和直角坐标法

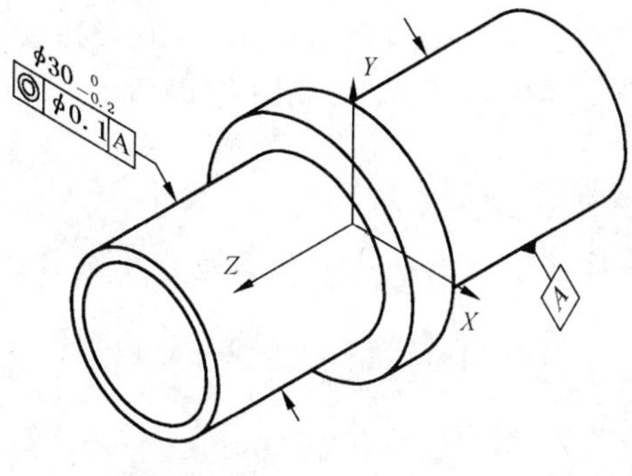

a) 同轴度公差——附于尺寸标注

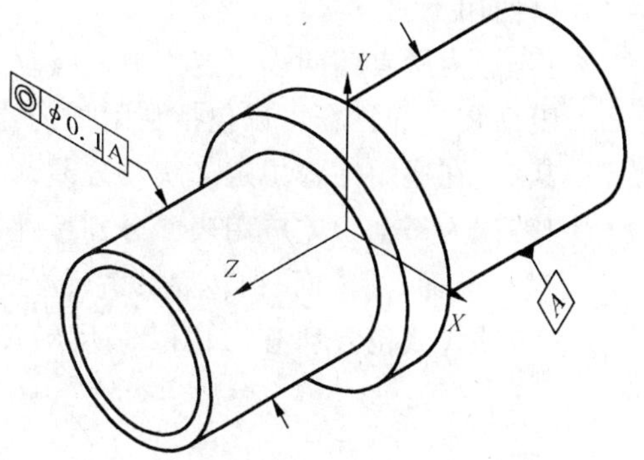

b) 同轴度公差——直接指引线标注

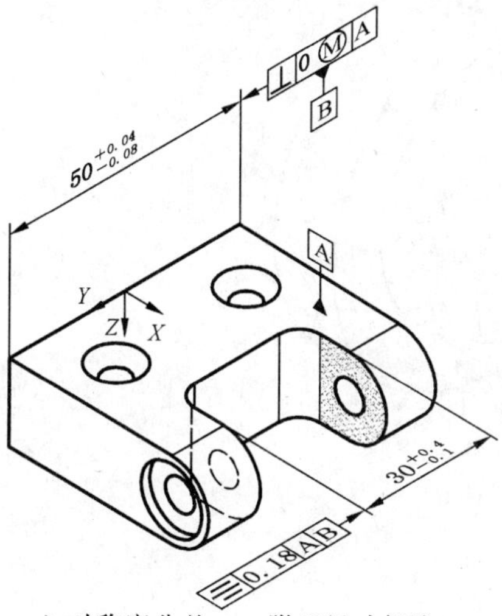

c) 对称度公差——附于尺寸标注

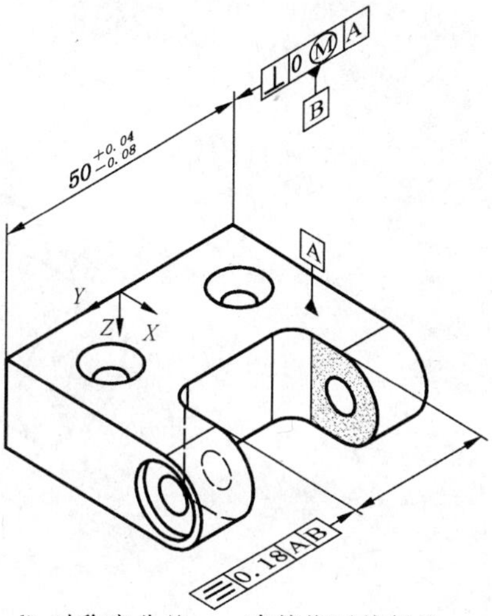

d) 对称度公差——直接指引线标注

图 25 同轴度公差和对称度公差标注

5.6 跳动公差

表 5 列出了跳动公差的应用方式和一般使用方法,包括在球面、圆锥和回转面的应用。

表 5 跳动公差

应用范围		附加技术		图例序号
		附带尺寸线	采用指引线	
↗ ⌰	相关性	●	●	26
↗ ⌰	垂直于基准轴的表面		●	27a)
↗ ⌰	圆柱表面	●		27b)
			●	27c)
↗	球面	●		28a)
			●	28b)
↗	圆锥或回转面		●	28c)

a) 在给跳动公差赋值时，应该避免使用多条指引线。当多个要素的跳动公差值及基准相同时，可以使用下列方法：

其一，为所有相同表面建立单一跳动公差标注，并且与所有的应用表面组成相关组；公差应用表面数量的注释可以包括在附加的重要的相关性描述中，如图 26a）和图 26b）所示。

其二，在通用注释中定义跳动公差。

其三，为每个公差应用表面分别标注跳动公差，如图 26c）所示。

b) 对于球面、圆锥面、回转面的跳动公差，跳动公差标注所在的标注面应该垂直于圆锥（或回转体）轴线或包含球心，如图 28 所示。

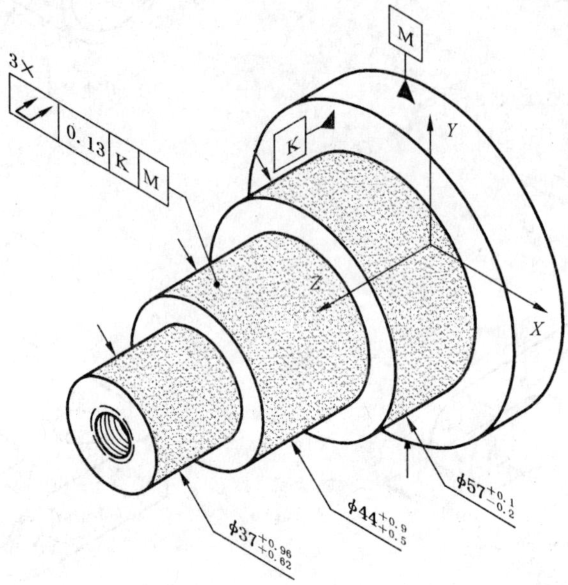

a) 尺寸相关的特征

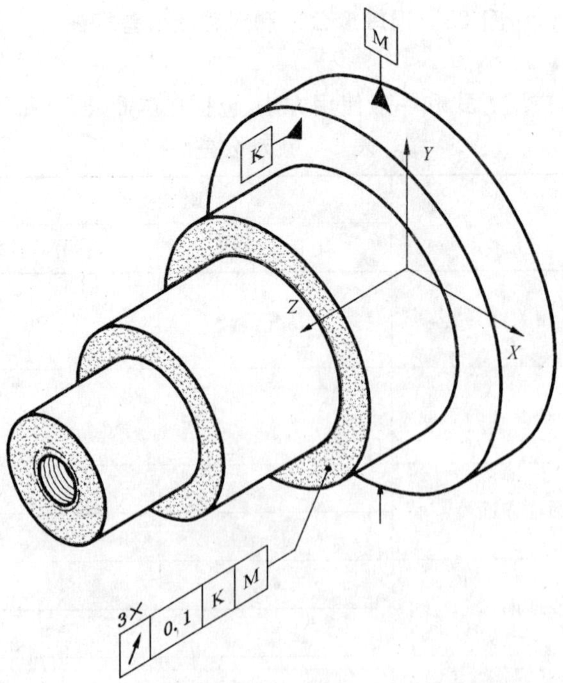

b) 相关的表面

图 26 跳动公差——标注与关联性

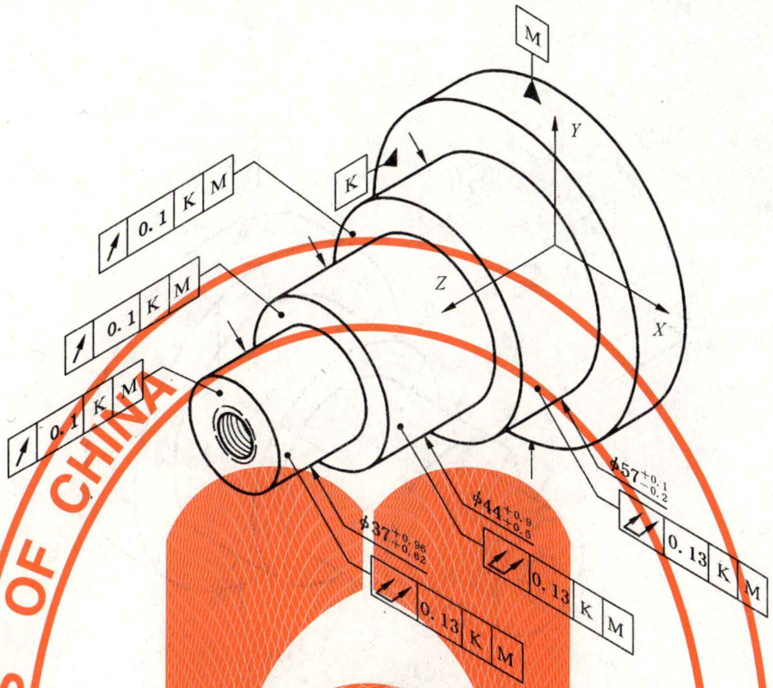

c）单独标注跳动公差

图 26（续）

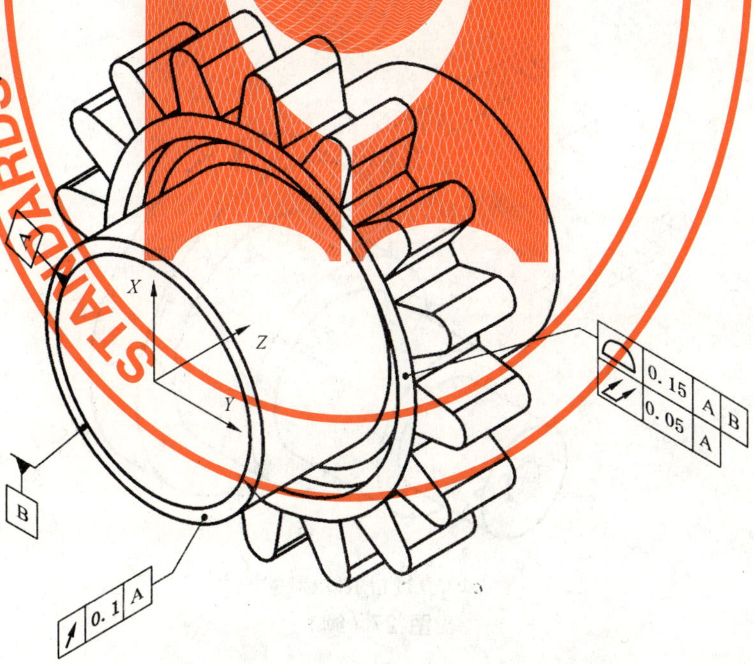

a）垂直表面

图 27　跳动公差——垂直表面与圆柱面

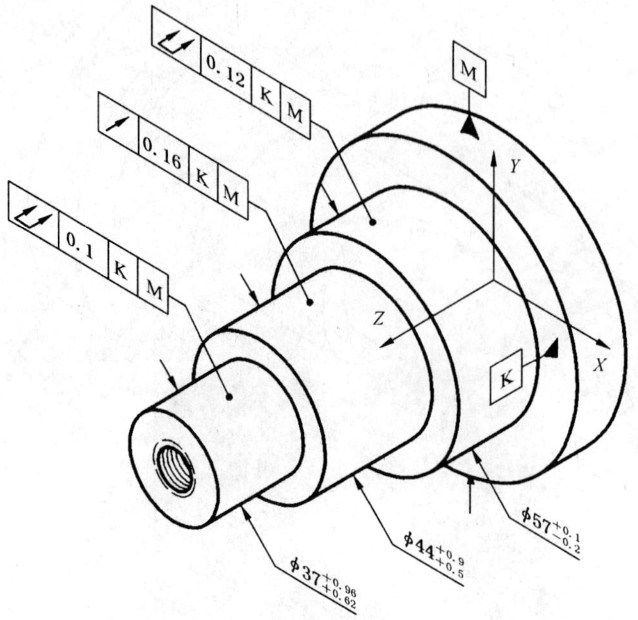

b) 附于尺寸标注

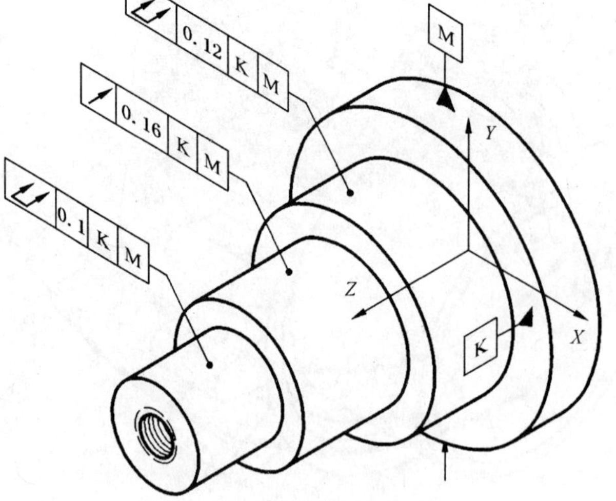

c) 直接指引线标注

图 27（续）

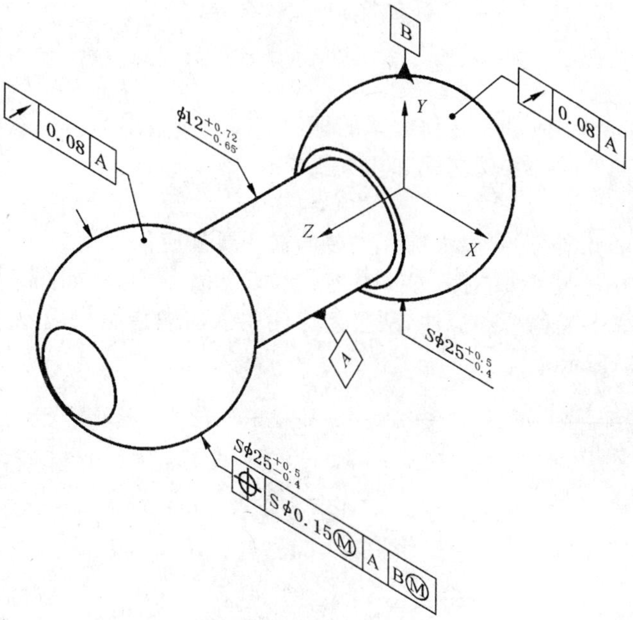

a）球面——附于尺寸标注

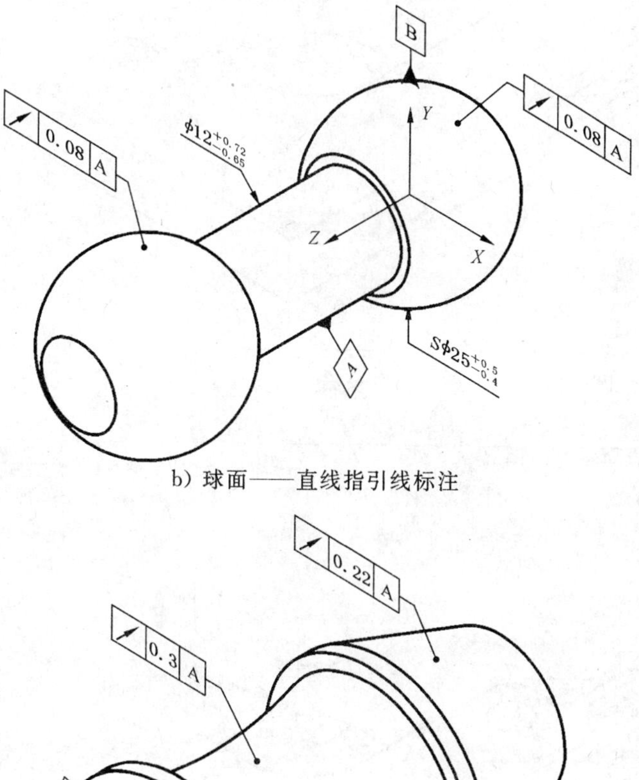

b）球面——直线指引线标注

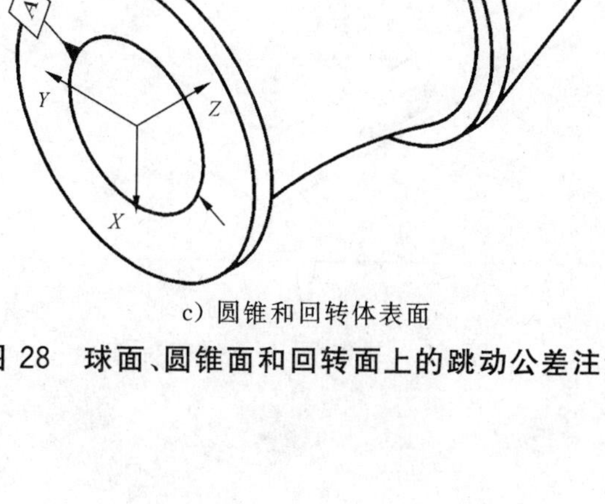

c）圆锥和回转体表面

图 28　球面、圆锥面和回转面上的跳动公差注法

6 对工程图的要求

6.1 概述

使用正投影图时，如无另外说明，几何公差的标注应符合 GB/T 1182—2008 和 GB/T 17851—1999 的规定。以下是使用轴测图时的特殊情况和相关要求。

6.2 通用要求

a) 对于轴测图中的几何公差，要求标注公差的被测要素应该可见。

b) 当几何公差应用于尺寸要素时，公差标注应位于尺寸值下方，如图 29a)所示。

c) 对于应用于要素表面的公差标注，从公差标注中引出的指引线应以实心圆点的形式落在该表面上，如图 29b)所示 。

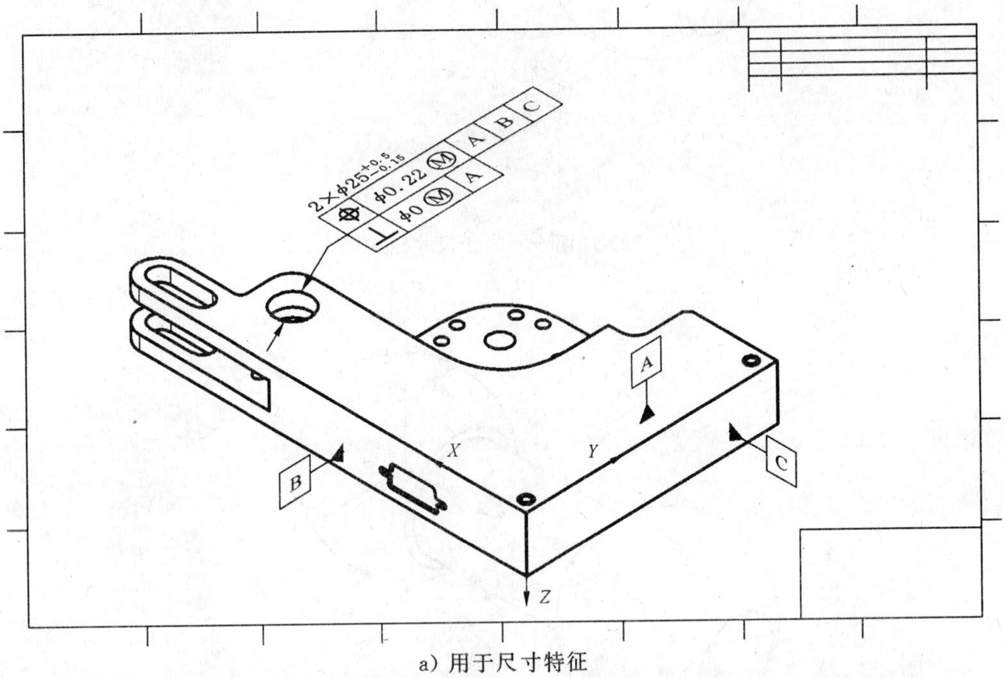

a) 用于尺寸特征

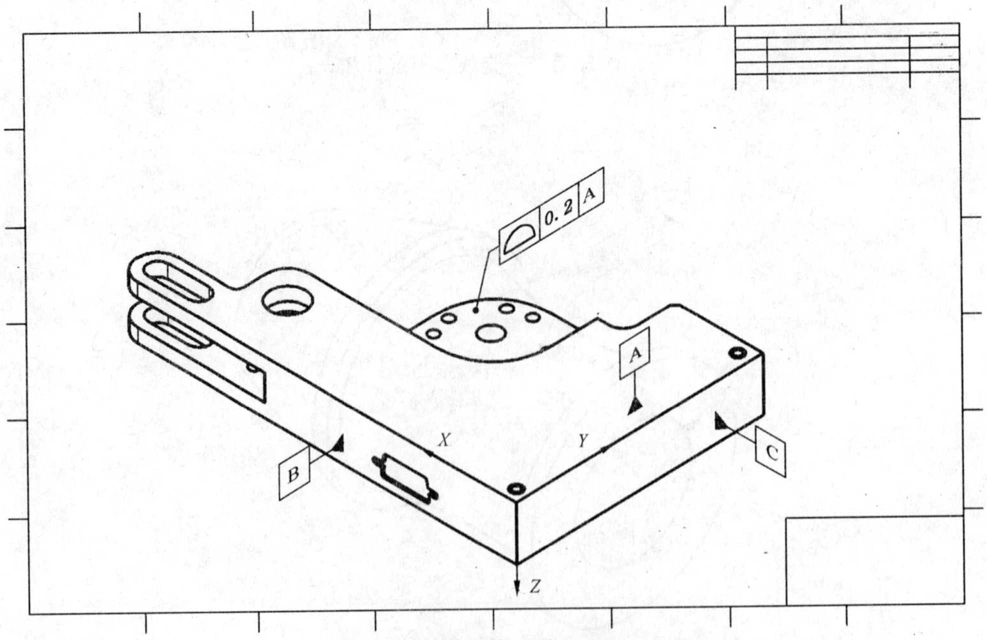

b) 用于某一平面

图 29　轴测图——公差标注

6.3 **形状公差**

若无特殊说明，5.1 中描述的要求在此处适用。

a) 平面度在轴测图中限定区域的应用。限定区域的范围应由辅助几何进行表示，平面度公差标注的指引线应位于该区域内，如图 30 所示。

b) 对于直线度公差在轴测图圆柱面线素上的应用，直线度公差标注应指向圆柱面，并沿着该圆柱的轴线方向，如图 31a)所示。

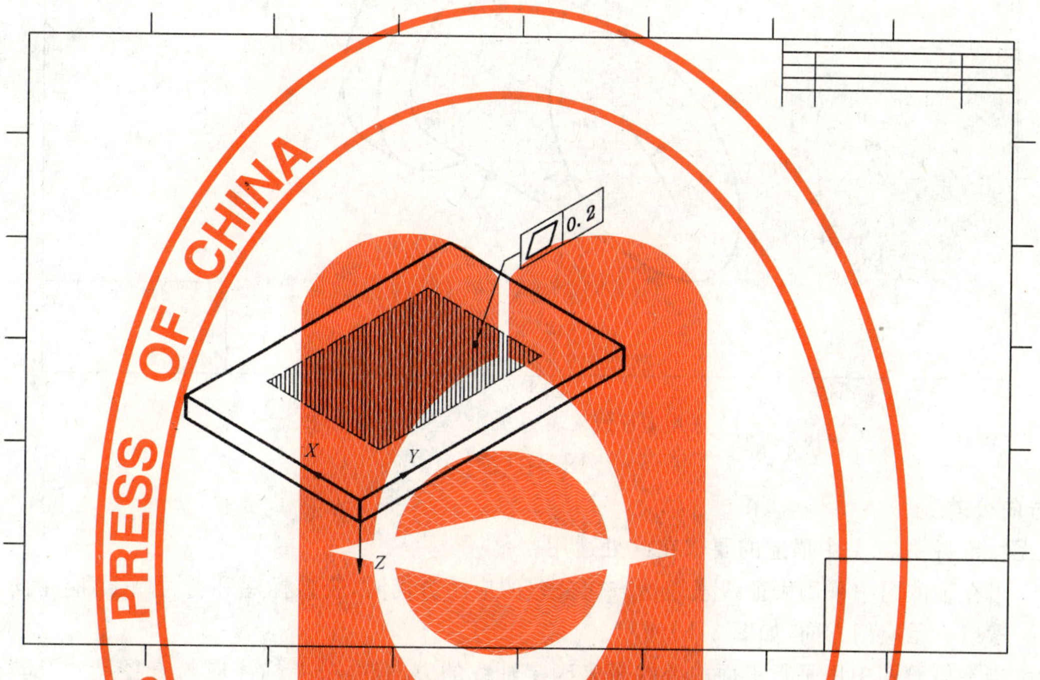

图 30　轴测图——在限定区域内标注平面度公差

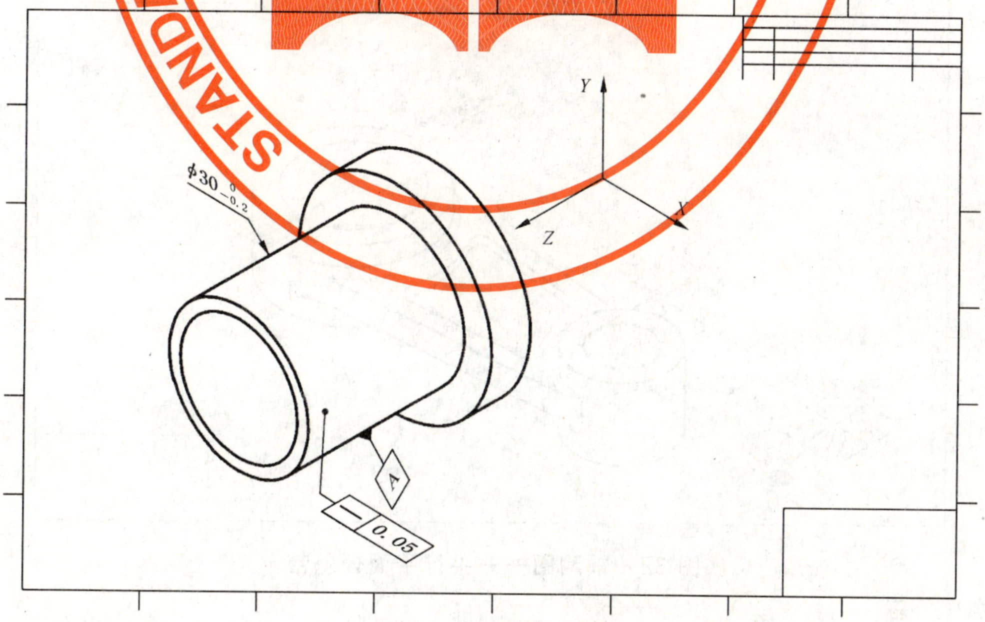

a) 圆柱面直线度公差的标注

图 31　轴测图——直线度和表征线素的应用

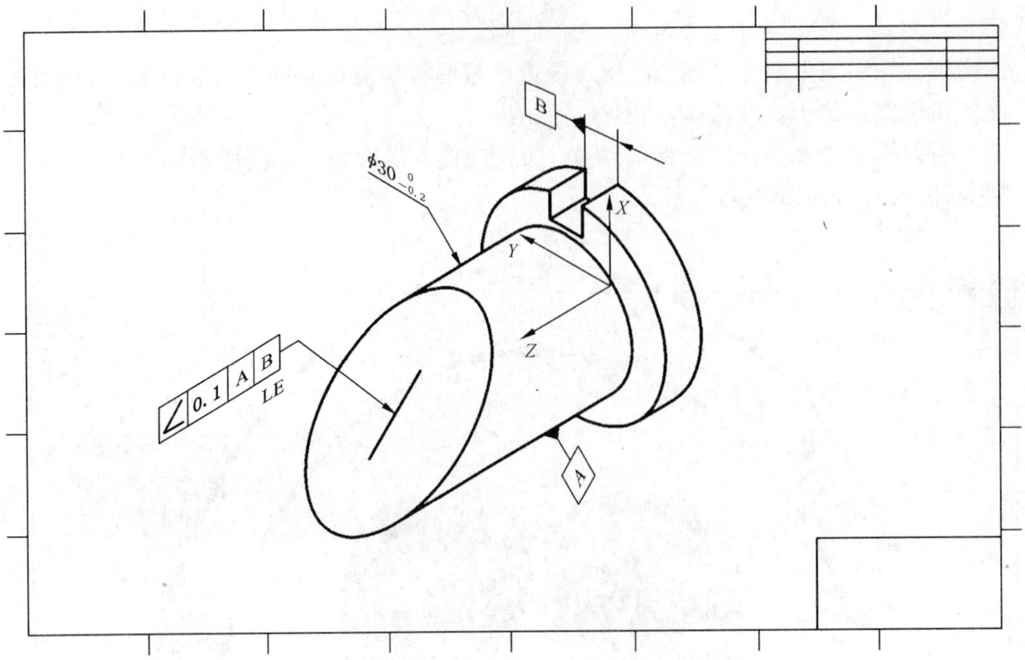

b) 采用表征线素表达方向公差的应用方向

图 31（续）

6.4 方向公差

若无特殊说明，5.1 中描述的要求在此处适用。

a) 当在轴测图中采用表征线素表达方向公差的应用方向时，公差标注和符号“LE”应指向表征线素以表示应用方向，如图 31b)所示。

b) 当在轴测图中用平行平面的公差带来确定轴线的方向时，公差标注应与直径尺寸及其他公差要求一起标注，并以延长线的方向确定公差带的方向，如图 32 所示。

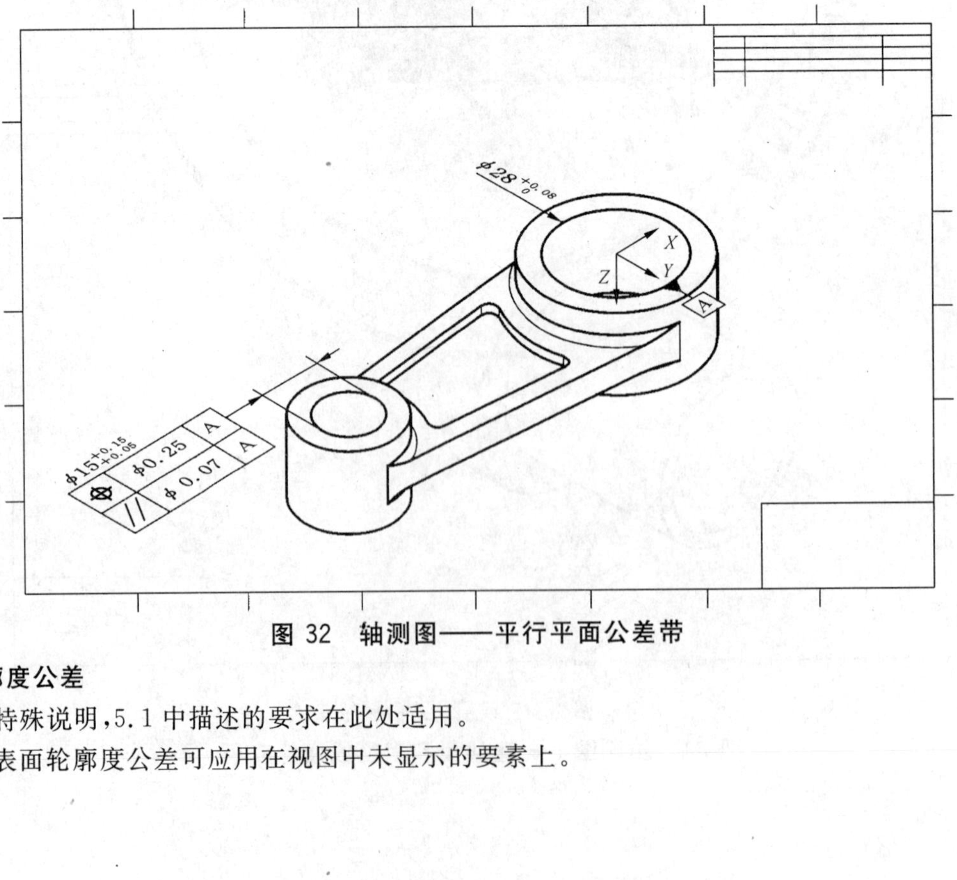

图 32 轴测图——平行平面公差带

6.5 轮廓度公差

若无特殊说明，5.1 中描述的要求在此处适用。

a) 表面轮廓度公差可应用在视图中未显示的要素上。

b) 在标注单独的轮廓要求时，应按照表 3 中介绍的使用指引线方法进行标注。

c) 当标注应用于多个表面的轮廓度公差时，可采用下列方法：

——公差标注应使用一条或多条指引线指向所有的公差要素；

——在公差标注中使用的附加符号"CZ"应能被识别，如图 33 所示；

——使用非全周符号，并使用表示限定应用区域界限的两条线来标识模型特征，应符合 GB/T 1182—2008 的规定，如图 34 所示。

d) 当表面轮廓度公差采用了全周应用符号时，该符号应在包括被测要素名义或理论正确轮廓的正投影图中予以显示。

e) 当标识任意线轮廓度时，可采用表征线素以标明其应用的方向。

f) 当标识面轮廓度时，应使用指引线进行标注。

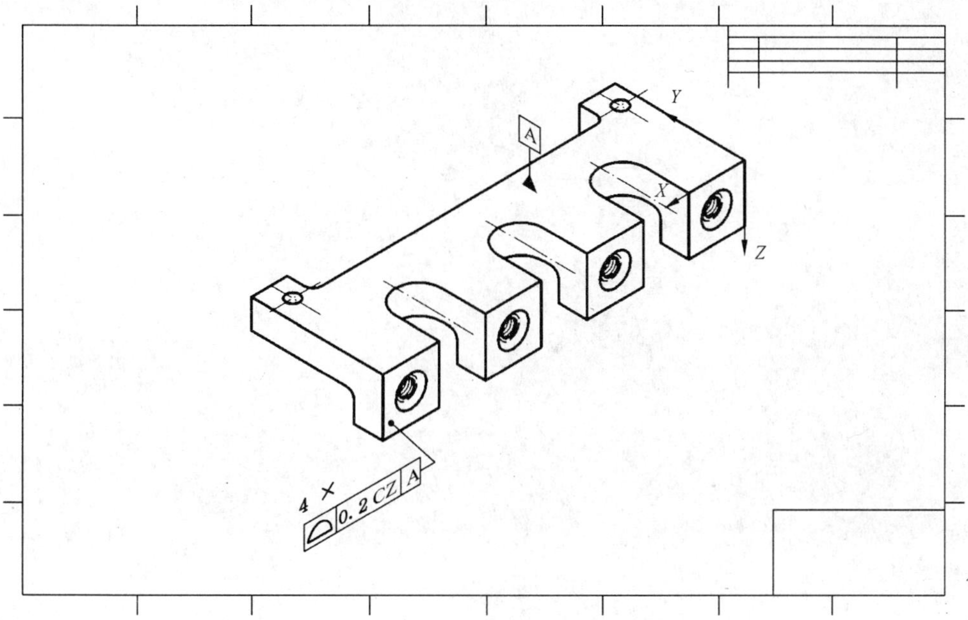

图 33 应用于多个相同表面的轮廓度公差注法

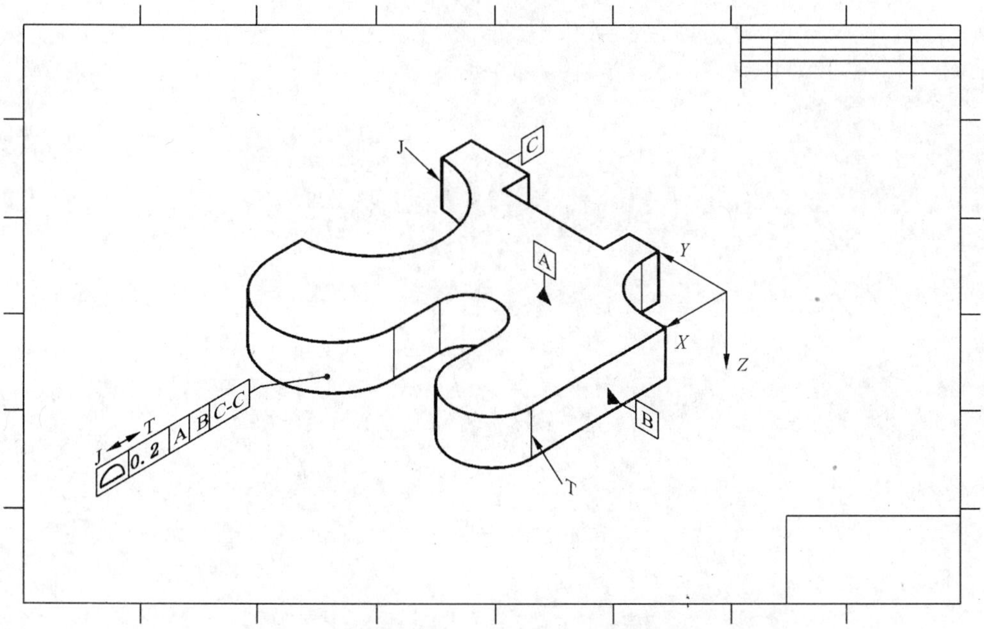

图 34 应用于非全周表面的轮廓度公差注法

6.6 位置公差

若无特殊说明，5.1 中描述的要求在此处适用。

6.7 跳动公差

跳动公差标注应符合 5.1 中描述的要求。

ICS 01.100.01
J 04

中华人民共和国国家标准

GB/T 24734.11—2009

技术产品文件 数字化产品定义数据通则 第11部分:模型几何细节层级

Technical product documentation—Digital product definition data practices—Part 11:Levels of geometrical detail

2009-11-30 发布　　　　2010-09-01 实施

中华人民共和国国家质量监督检验检疫总局
中国国家标准化管理委员会　发布

前　言

GB/T 24734《技术产品文件　数字化产品定义数据通则》分为11个部分：

——第1部分：术语和定义；

——第2部分：数据集识别与控制；

——第3部分：数据集要求；

——第4部分：设计模型要求；

——第5部分：产品定义数据通用要求；

——第6部分：几何建模特征规范；

——第7部分：注释要求；

——第8部分：模型数值与尺寸要求；

——第9部分：基准的应用；

——第10部分：几何公差的应用；

——第11部分：模型几何细节层级。

本部分为GB/T 24734《技术产品文件　数字化产品定义数据通则》的第11部分，规定了产品数字化定义过程中三维模型的标准级表示、简化级表示和扩展级表示。

本部分参考采用ISO/PAS 16792-1：2000《Technical product documentation—Three-dimensional CAD models in mechanical engineering—Part 1：Levels of geometrical detail　技术产品文件　机械工程三维CAD模型　第1部分：几何细节层级》编制而成，内容与ISO/PAS 16792-1：2000无技术性差异。

本部分由全国技术产品文件标准化技术委员会(SAC/TC 146)提出并归口。

本部分起草单位：中机生产力促进中心、北京科新纪元信息技术有限公司、中国电子科技集团公司第三十八研究所、广西玉柴机器集团有限公司。

本部分主要起草人：陈景玉、张红旗、李岱松、刘静、谢正良、肖承翔、丁红宇、尚凤武、雍俊海、陈卫东、阎光荣、温秋生、韩琳琳、王云峰。

技术产品文件
数字化产品定义数据通则
第11部分:模型几何细节层级

1 范围

GB/T 24734 的本部分规定了产品数字化定义过程中三维模型的标准级表示、简化级表示和扩展级表示。

本部分适用于与数字化产品定义相关的应用、开发、服务与研究。

2 规范性引用文件

下列文件中的条款通过 GB/T 24734 的本部分的引用而成为本部分的条款。凡是注日期的引用文件,其随后所有的修改单(不包括勘误的内容)或修订版均不适用于本部分,然而,鼓励根据本部分达成协议的各方研究是否可使用这些文件的最新版本。凡是不注日期的引用文件,其最新版本适用于本部分。

GB/T 24734.1—2009 技术产品文件 数字化产品定义数据通则 第1部分:术语和定义(ISO 16792:2006,Technical product documentation—Digital product definition data practices,NEQ)

3 术语和定义

GB/T 24734.1—2009 确立的以及下列术语和定义适用于 GB/T 24734 的本部分。

3.1

标准级表示 representation of standard level

在标准级表示中,对识别功能目的所需的几何形状和设计细节进行建模或显示。除非有特别说明,小于最大长度 0.5%以及表达功能目的所不需要的元素可不建模或不显示。

3.2

简化级表示 representation of simplified level

在简化级表示中,只有零件的各部分、零件或装配体的基本形状需要建模或显示。倒角、沟槽、刻痕等元素以及内部细节不需要建模或显示。

3.3

扩展级表示 representation of extended level

在扩展级表示中,所有的零件、总成或模型特征的建模或显示都应能表现其完整的细节。在满足功能需要的前提下,建模或显示的精度可以低于零件或模型特征的实际形式。除非有特别说明,小于最大长度 0.1%的元素可不予建模或显示。有限体积的内部细节只有在必要时方予显示。

4 模型表示的级别

模型表示的级别分为3级:

a) 标准级表示;

b) 简化级表示;

c) 扩展级表示。

5 标准级表示

5.1 基本要求

在标准级表示中，对识别功能目的所需的几何形状和设计细节进行建模或显示。除非有特别说明，小于最大长度0.5%以及表达功能目的所不需要的元素可不建模或不显示。

标准级表示用途示例包括(但不仅限于)：

a) 装配体(总成)的设计和产品工艺；

b) 对安装要求的分析；

c) 对干涉状态的分析；

d) 运动学及动力学特性的分析。

5.2 特殊规则

5.2.1 螺纹

对于采用标准级表示的螺纹可采用(但不仅限于)以下方法：

外螺纹的旋入端建模或显示为倒角，退刀槽建模或显示为凹口。无论螺纹的类型如何，这些凹口的建模或显示应表示出小径的深度，且与旋转轴成60°角(见图1)。建模或显示的凹口侧面表示螺纹的方向(见图2、图3)。对于内螺纹，凹口和倒角从小径向大径显示(见图4、图5)。如果从建模或显示的几何连接特征可以清晰地看到螺纹旋入端或退刀槽，则不需要凹口。

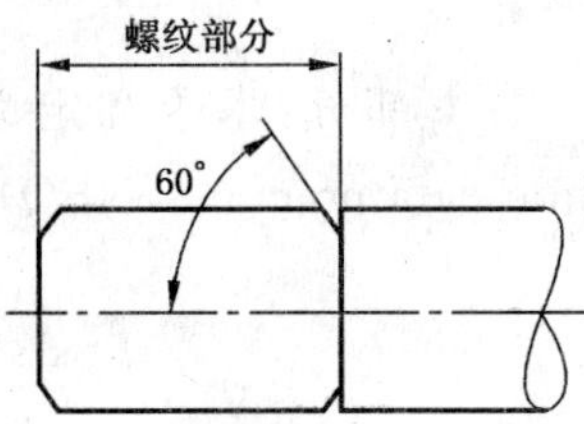

图1 标准级表示的螺纹

图2 标准级表示的螺纹销钉

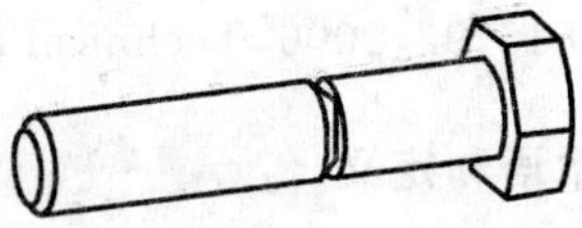

图3 标准级表示的六角头螺栓

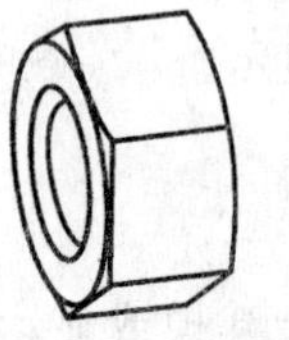

图4 标准级表示的六角螺母

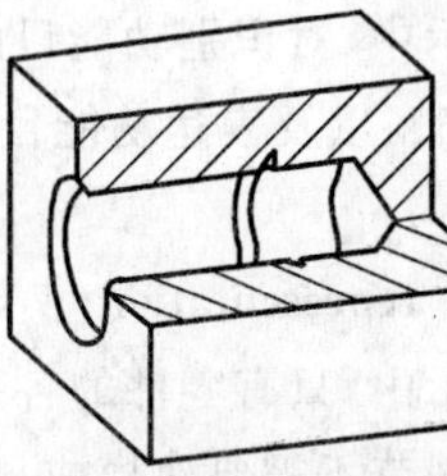

图5 标准级表示的螺纹盲孔

5.2.2 孔、埋头孔、倒角、沟槽

如果为了识别的目的或进行安装空间和干涉检查分析的需要，这些模型特征应建模或显示。请对比查看图6和图20。

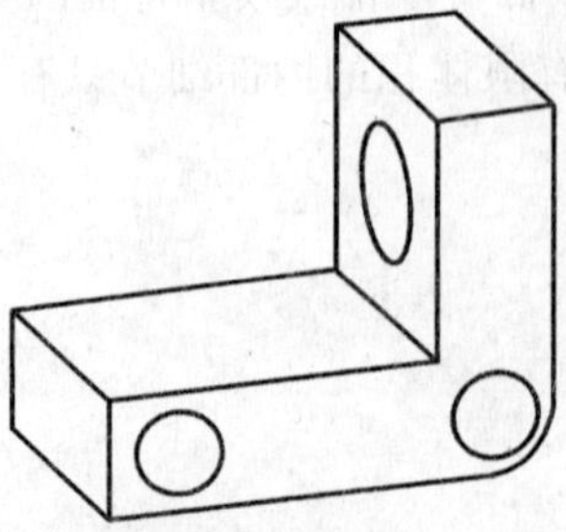

图6 带有孔、倒角和沟槽零件的标准级表示

5.2.3 齿轮

对齿轮齿形进行建模或显示时，应表现出主要尺寸(如齿轮分度圆)，并应对一个轮齿进行建模或显示，以表现出齿轮类型(如螺旋齿轮副)。渐开线形状可以用直线或弧线近似表示(见图7)。

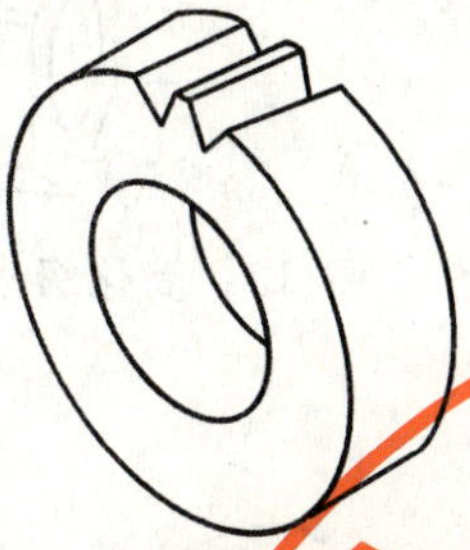

图7 标准级表示的齿轮

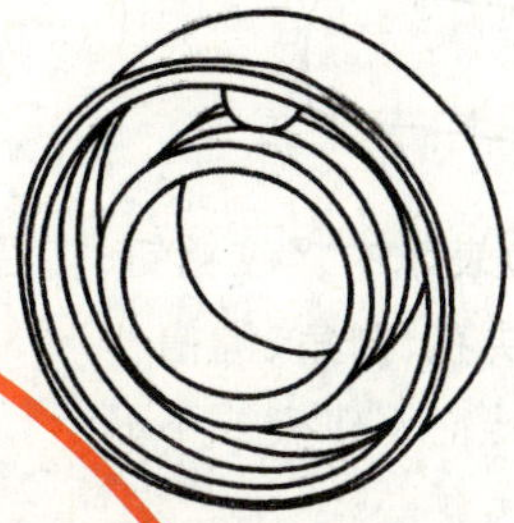

图8 标准级表示的轴承

5.2.4 轴承

具有内圈和外圈轴承体的应被建模(见图8)。

5.2.5 螺旋弹簧

可以用波纹管或套有环的柱体对螺旋弹簧进行建模或显示(见图9)。

[a] 详细视图。

图9 标准级表示的螺旋弹簧

5.2.6 表面的结构要素(如压花、浮刻、压印等)

可以不建模或不显示。

5.2.7 管路

根据当前使用目的需要决定是否对模型内部特征、内径和倒角等细节进行建模或显示。

6 简化级表示

6.1 基本要求

在简化级表示中，只有零件的各部分、零件或装配体的基本形状需要建模或显示。倒角、沟槽、刻痕等元素以及内部细节不需要建模或显示。因此，模型或零件不需要非常详细的显示。

简化级表示用途示例包括(但不仅限于)：

a) 处理非常大的零件或装配体(总成)；

b) 可用的计算机资源非常有限；

c) 只需要少量的特定建模特征(例如出于尺寸上的考虑)。

6.2 特殊规则

6.2.1 螺纹

对于采用简化级表示的螺纹可采用(但不仅限于)以下方法：

简化级表示对外螺纹的大径及内螺纹的小径进行建模或显示，如图 10、图 11、图 12 所示。简化级表示对外螺纹的小径和内螺纹的大径不建模或不显示。

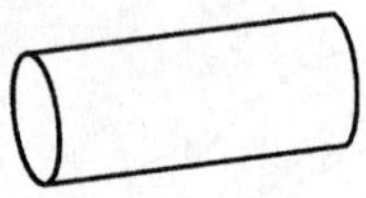

图 10　简化级表示的螺纹销钉

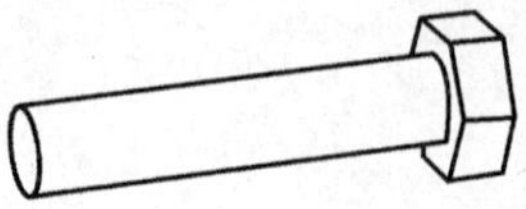

图 11　简化级表示的六角头螺栓

图 12　简化级表示的六角螺母

6.2.2　孔、埋头孔、倒角、沟槽

这些模型特征不建模或不显示。请对比查看图 13、图 6 与图 20。

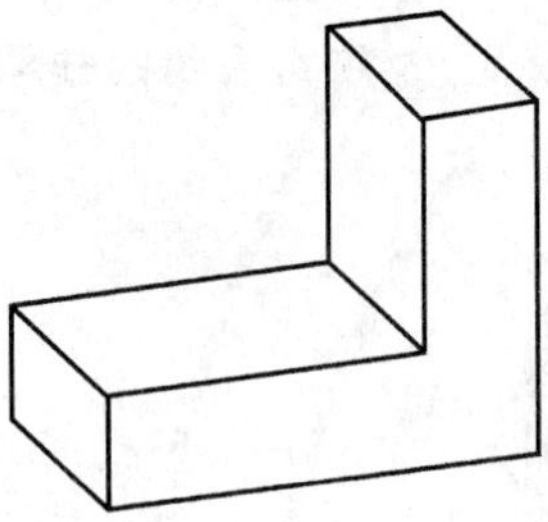

图 13　带有孔、倒角和沟槽零件的简化级表示

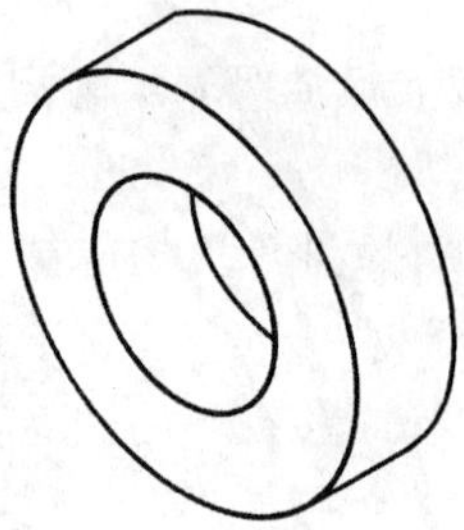

图 14　简化级表示的齿轮

6.2.3　齿轮

轮齿的齿廓不必建模，也不必被显示，只需显示零件的最大圆周。对于外齿轮，只需显示齿顶圆(见图 14)。

6.2.4　螺旋弹簧

螺旋弹簧建模或显示结果为空心圆柱体，直径为弹簧直径，如图 15 所示。

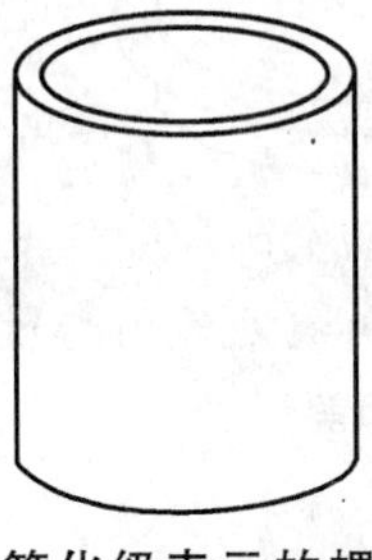

图 15　简化级表示的螺旋弹簧

7　扩展级表示

7.1　基本要求

在扩展级表示中，所有的零件、总成或模型特征的建模或显示都应能表现其完整的细节。在满足功能需要的前提下，建模或显示的精度可以低于零件或模型特征的实际形式。除非有特别说明，小于最大长度 0.1%的元素可不予建模或显示。有限体积的内部细节只有在必要时方予显示。

扩展级表示用途示例包括(但不仅限于)：

a)　爆炸图的生成；

b)　手册的插图、制造工艺的说明等内容的生成。

7.2　特殊规则

7.2.1　螺纹

对于采用扩展级表示的螺纹可采用(但不仅限于)以下方法：

螺纹轮廓建模或显示为一系列圆周凹槽或沿螺旋线一侧的单一螺旋凹槽(见图 16～图 19)。

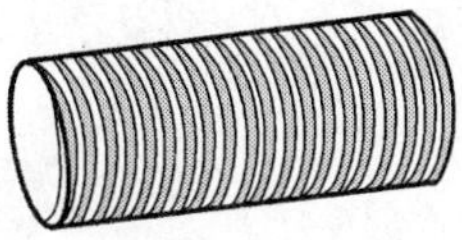

图 16　扩展级表示的螺纹销钉

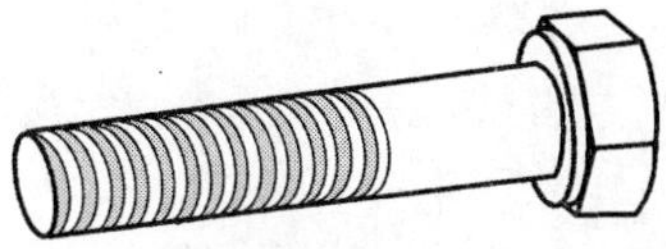

图 17　扩展级表示的六角头螺栓

图 18　扩展级表示的六角螺母

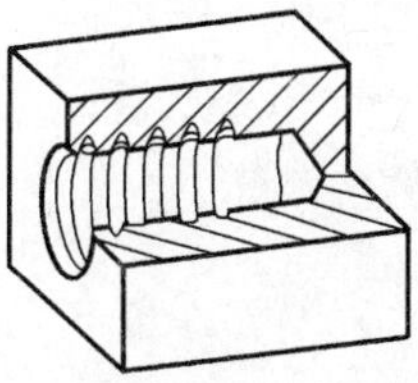

图 19　扩展级表示的螺孔

7.2.2　孔、埋头孔、倒角、沟槽

这些模型特征建模或显示的完整程度应符合实际对象的情况(见图 20)。

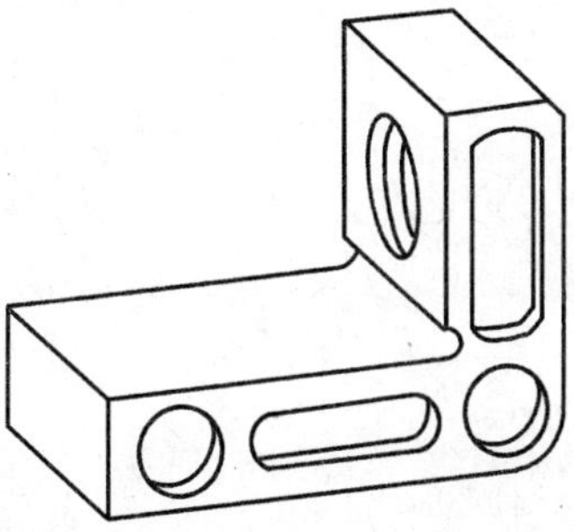

图 20　带有孔、倒角、沟槽的零件的扩展级表示

7.2.3　齿轮

齿轮的所有轮齿应完整建模或显示。齿形可以是近似形状，渐开线形状允许用平面或柱体近似表示(见图 21)。

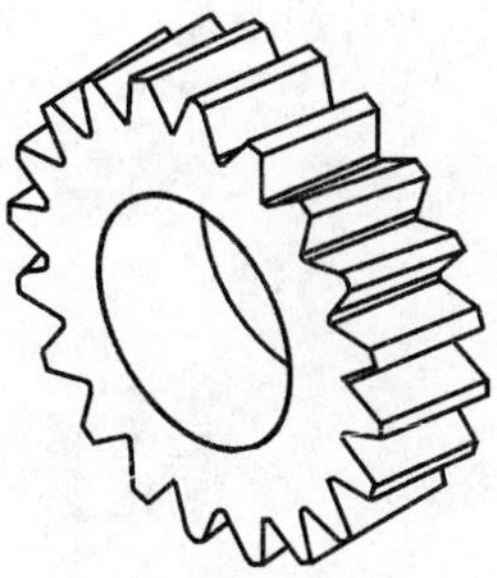

图 21　扩展级表示的齿轮

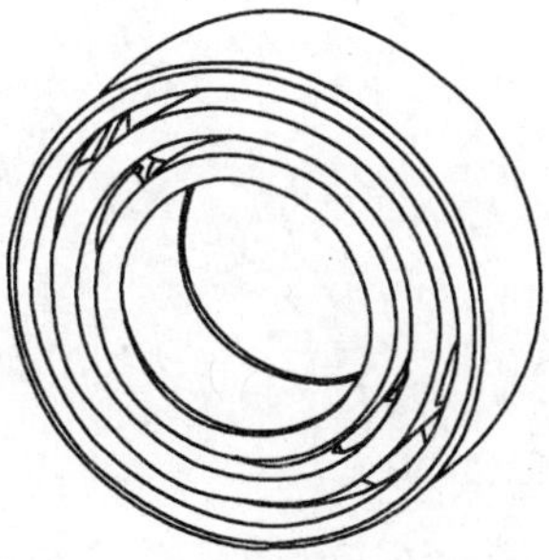

图 22　扩展级表示的轴承

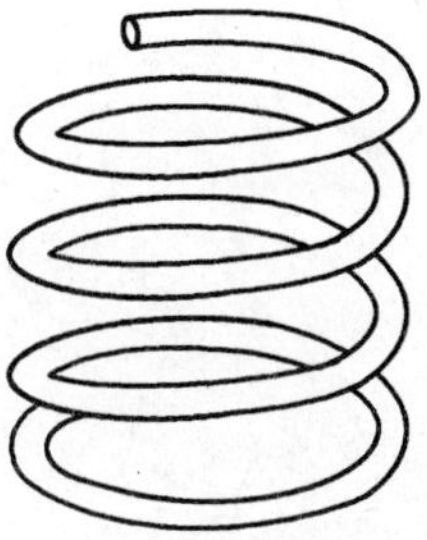

图 23　扩展级表示的螺旋弹簧

7.2.4　轴承

所有的轴承体和内部模型特征(如轴承罩和密封件)都应建模或显示(见图 22)。

7.2.5　螺旋弹簧

按照螺旋弹簧的尺寸和形状建立模型(见图 23)。

ICS 25.020
J 30

中华人民共和国国家标准

GB/T 24735—2009

机械制造工艺文件编号方法

Numbering method for machine-building technological documentation

2009-11-30 发布　　　　2010-09-01 实施

中华人民共和国国家质量监督检验检疫总局
中国国家标准化管理委员会　发布

前言

本标准由全国技术产品文件标准化技术委员会(SAC/TC 146)提出并归口。

本标准起草单位:中机生产力促进中心、先进成形技术与装备国家重点实验室、上海材料研究所、中国电子科技集团公司第三十八研究所、重庆大江信达车辆股份有限公司。

本标准主要起草人:奚道云、丁红宇、单忠德、张秀芬、金宇飞、孙宁、蒋世清、韩琳琳、肖承翔。

机械制造工艺文件编号方法

1 范围

本标准规定了机械制造工艺文件的分类原则及编号方法。

本标准适用于机械制造业的生产、科研、教学、软件开发、技术服务等，相关企业可参照本标准制定企业工艺文件编号方法。

2 规范性引用文件

下列文件中的条款通过本标准的引用而成为本标准的条款。凡是注日期的引用文件，其随后所有的修改单(不包括勘误的内容)或修订版均不适用于本标准，然而，鼓励根据本标准达成协议的各方研究是否可使用这些文件的最新版本。凡是不注日期的引用文件，其最新版本适用于本标准。

GB/T 4863—2008 机械制造工艺基本术语

3 术语和定义

GB/T 4863—2008 中确立的以及下列术语和定义适用于本标准。

3.1

通用工艺文件 universal technological documentation

能为几种产品所共用的工艺文件。

3.2

专用工艺文件 special technological documentation

专为某一产品所用的工艺文件。

4 总则

4.1 分类原则

4.1.1 科学性

应选择工艺文件最稳定的本质属性或特征作为分类的基础和依据。

4.1.2 系统性

工艺文件属性或特征应按一定排列顺序予以系统化，并形成一个科学合理的分类体系。

4.1.3 扩展性

新增加工艺文件时，应保持已建立的文件分类体系，还应为下级工艺文件管理系统扩展创造条件。

4.1.4 兼容性

应与相关标准(包括国际标准)协调一致。

4.1.5 综合实用性

工艺文件分类要从系统工程角度出发，应适应企业信息化管理与应用的特点和要求及企业相关文件管理的规定。

4.2 编号原则

4.2.1 唯一性

凡正式工艺文件都必须具有独立的编号，同一编号只能授予一份工艺文件。

注：一份工艺文件是指能单独使用的最小单位工艺文件，如某个零件的铸造工艺卡、机械加工工艺过程卡、机械加工工序卡等均为能单独使用的最小单位工艺文件。

4.2.2 合理性

工艺文件的编号结构应与分类体系相适应。

4.2.3 扩充性

工艺文件的编号应留有适当的备用代号，以便适应不断扩充的需要。

4.2.4 简明性

编号结构应尽量简单，长度尽量短，以便节省机器存储空间和减少差错率。

4.2.5 规范性

在同一类工艺文件中，编号的类型、编号的构成以及编号的编写格式应当统一。

5 工艺文件分类

5.1 通用工艺文件

分为一般通用工艺文件、典型工艺文件、成组工艺文件三类（见表1）。

5.2 专用工艺文件

分为管理性工艺文件、生产性工艺文件、工艺装备工艺文件三类（见表1）。

表1 工艺文件分类

文件类别		文件名称	分类码	说明
通用工艺文件	一般通用工艺文件	工艺规范	GF	对工艺过程中有关技术要求所做的一系列统一规定
		操作程序	CZ	对某种工艺方法、工具、设备所规定的详细的操作规程和程序
		工艺布置图	GT	
		锻铸件技术条件	DJ	
		其他		
	典型工艺文件	典型工艺过程卡	DG	
		典型工艺卡	DY	
		典型工序卡	DX	
	成组工艺文件（标准工艺文件）	成组工艺过程卡	CG	
		成组工艺卡	CY	
		成组工序卡	CX	
		标准工艺过程卡	BG	
		标准工艺卡	BY	
		标准工序卡	BX	
		其他		
专用工艺文件	管理性工艺文件	工艺文件目录	ML	
		工艺总结	ZJ	
		工艺方案	FA	
		工艺计划表	JH	

表 1（续）

文件类别		文件名称	分类码	说明
专用工艺文件	管理性工艺文件	工艺流程图	LC	
		工艺评审报告	PS	
		工艺验证书	YZ	
		生产定型标准化审查报告	BS	
		产品结构工艺性审查记录	GS	
		调试工艺	TS	
		装配工艺协调方案	XT	
		材料消耗工艺定额汇总表	CH	
		材料消耗工艺定额明细表	CM	
		制造物料清单	GQ	
		能源消耗定额汇总表	NH	
		工时定额汇总表	SH	
		工时定额明细表	SM	
		外协件明细表	XM	
		外购件明细表	WG	
		标准件汇总表	BT	
		()零件明细表	LM	()内可以为锻件、铸件、特种件等
		关重件工序汇总表	GX	
		工序质量分析表	ZL	
		质量控制点明细表	KM	
		作业指导书	ZD	
		组合模具明细表	ZH	
		组合卡具明细表	ZQ	
		理化分析、试验文件	HF	
		其他		
	生产性工艺文件	工艺路线表	LX	
		制造单位分工表	FG	车间分工表
		机械加工工艺过程卡	YK	
		机械加工工序卡	XK	
		调整卡	TZ	
		冲压工艺过程卡	YY	
		冲压工序卡	YX	
		热处理工艺卡	RY	
		焊接工艺卡	HY	

表 1（续）

文件类别		文件名称	分类码	说明
专用工艺文件	生产性工艺文件	表面处理工艺卡	BM	
		铸造工艺卡	ZK	
		锻造工艺卡	DK	
		涂装工艺卡	TK	
		电镀工艺卡	DD	
		下料工艺卡	XL	
		检验卡	JY	
		数控加工程序清单	SC	
		特种加工工艺卡	TJ	
		制造指令	ZZ	
		装配指令	PZ	
		补充制造指令	BC	
		装配工艺过程卡	ZP	
		电气装配工艺卡	DZ	
		装配工艺卡	PK	
		其他		
	工艺装备工艺文件	专用工艺装备明细表	ZM	
		外购工艺装备明细表	WM	
		工位器具明细表	GW	
		专用工艺装备设计任务书	JR	
		专用工艺装备使用说明书	ZS	
		工艺装备验证书	ZY	
		其他		
注 1：表中的工艺文件和代码根据产品情况企业可自行增减 。 注 2：多品种小批量企业，成组工艺文件可另行制定编号方法。				

6 编号方法

6.1 编号的组成

6.1.1 工艺文件编号采用并置码形式，一般由企业代码、企业文件类型代码、工艺文件分类码、顺序码、产品代码、零部件编号、阶段号和版本号等部分组成。

6.1.2 不同类型工艺文件的编号根据需要可由其中几部分组成，各部分之间根据需要可用“-”或“·”分隔符隔开。

注：文件编号用于计算机识别时，对“-”或“·”分隔符作说明(指明全角符或半角符)。

6.1.3 字母形式代码统一用大写字母，尽量不用“O”、“I”等易混淆的字母。

6.2 通用工艺文件编号

通用工艺文件编号由企业代码、企业文件类型代码、工艺文件分类码、顺序码组成。

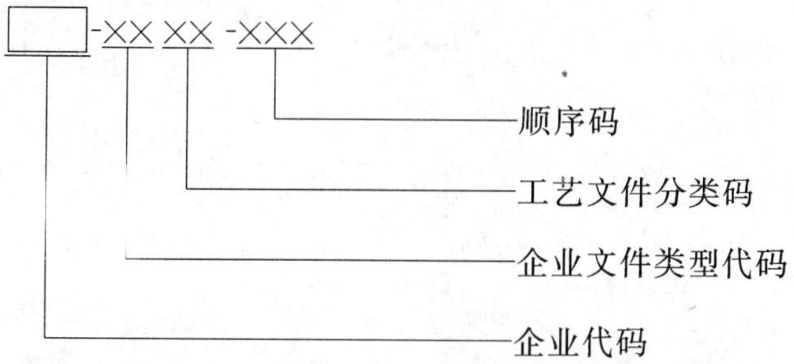

注 1：企业代码位数由企业根据自身情况自定，内部用工艺文件可省略企业代码；

注 2：企业文件类型代码用于区分企业其他文件，如设计文件、管理文件等。由企业信息分类编码统一给定，如企业没有统一编码，建议用 G、Y、或 GY 等字母；

注 3：顺序码由两位或三位数字组成，顺序码要等长，按由小到大顺序。例如：01～99 或 001～999。

6.3 专用工艺文件编号

6.3.1 管理性工艺文件和工艺装备工艺文件编号

管理性工艺文件和工艺装备工艺文件编号由企业代码、企业文件类型代码、工艺文件分类码、产品代码、阶段号和版本号组成。

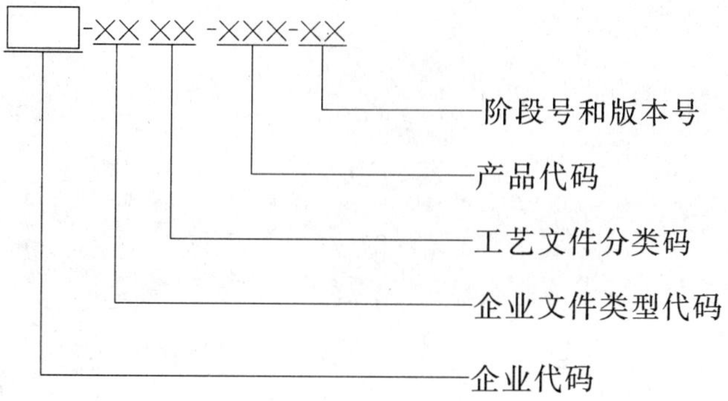

注：产品代码填写设计文件上给定的代码，允许采用缩写形式。

6.3.2 生产性工艺文件编号

生产性工艺文件编号由企业代码、企业文件类型代码、工艺文件分类码、零部件编号、阶段号和版本号等组成。

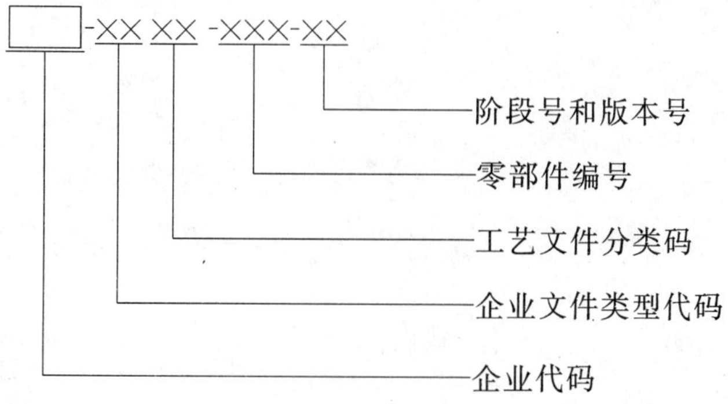

6.4 代号管理

6.4.1 顺序码由计算机自动生成或企业标准化部门统一给定；不同分类码的工艺文件不能登记在同一文件下。

6.4.2 工艺文件阶段号和版本号可用 A、B、C、D 或 1、2、3、4 等表示，企业可以根据产品和管理的需要统一约定。

ICS 25.060.20
J 40

中华人民共和国国家标准

GB/T 24736.1—2009

工艺装备设计管理导则 第1部分：术语

Management guide for tooling design—Part 1: Vocabulary

2009-11-30 发布

2010-09-01 实施

中华人民共和国国家质量监督检验检疫总局
中国国家标准化管理委员会
发布

前　言

GB/T 24736《工艺装备设计管理导则》分为4个部分：

——第1部分：术语；

——第2部分：工艺装备设计选择规则；

——第3部分：工艺装备设计程序；

——第4部分：工艺装备验证规则。

本部分为GB/T 24736的第1部分。

本部分由全国技术产品文件标准化技术委员会(SAC/TC 146)提出并归口。

本部分起草单位：中机生产力促进中心、先进成形技术与装备国家重点实验室、上海材料研究所、中国电子科技集团公司第三十八研究所、重庆大江信达车辆股份有限公司。

本部分主要起草人：奚道云、丁红宇、单忠德、张秀芬、金宇飞、孙宁、蒋世清、韩琳琳、肖承翔。

工艺装备设计管理导则
第1部分:术语

1 范围

GB/T 24736的本部分规定了工艺装备设计管理有关的术语和定义。

本部分适用于机械制造工艺装备的设计和管理。

2 术语和定义

2.1

工艺装备(工装) tooling

产品制造过程中所用的各种工具总称。包括刀具、夹具、模具、量具、检具、辅具、钳工工具和工位器具等。

[GB/T 4863—2008,3.1.24]

2.2

工艺设备 manufacturing equipment

完成工艺过程的主要生产装置。如各种机床、加热炉、电镀槽等。

[GB/T 4863—2008,3.1.23]

2.3

通用工艺装备 universal tooling

能为几种产品所共用的工艺装备。

[GB/T 4863—2008,3.6.2]

2.4

标准工艺装备 standard tooling

已纳入标准的工艺装备。

[GB/T 4863—2008,3.6.3]

2.5

专用工艺装备 special tooling

专为某一产品所用的工艺装备。

[GB/T 4863—2008,3.6.1]

2.6

成组工艺装备 set of tooling

根据成组技术原理设计的用于成组加工的工艺装备。

[GB/T 1008—2008,3.8]

2.7

可调工艺装备 adjustable tooling

通过调整或更换个别零部件,能适用于多种工件加工的工艺装备。

[GB/T 1008—2008,3.9]

2.8

组合工艺装备 built up tooling

由可循环使用的标准零部件或专用零部件组装成易于联接、拆卸和重组的工艺装备。

2.9

跨产品借用工艺装备　cross-product loaned tooling

被其他产品借用的专用工艺装备。

2.10

组合夹具　build up jigs;built up fixtures

由可循环使用的标准夹具零部件(或专用零部件)组装成易于联接、拆卸和重组的夹具。

[GB/T 1008—2008,6.3]

2.11

专用工艺装备设计任务书　design job document for special tooling

由工艺人员根据工艺要求,对专用工艺装备设计提出的一种指示性文件,作为工装设计人员进行工装设计的依据。

2.12

工艺装备验证　proof for tooling

工装制造完毕后,通过试验、检验、试用,考核其合理性的过程。

2.13

工艺装备验证书　proof record for tooling

记载工艺装备验证的结果的一种工艺文件。

2.14

工装通用系数　universal coefficient for tooling

工装通用的产品零部件种数与工装种数的比值。

2.15

工装利用率　use ratio of tooling

实际使用的工装种数与为保证产品生产大纲所必需的工装设计种数的比值。

2.16

工装负荷率　tooling load rate

在产品生产计划期内,工装实际工作时间与总的有效时间的比值。

2.17

工装计算消耗费用　calculated costing of tooling

按工装设计、制造定额计算的成本费用。

2.18

工装额定消耗费用　tooling specified expense

在产品的试制阶段和正式生产阶段所规定的工装设计和制造费用。

2.19

工装系数　tooling coefficient

产品工装种数与产品零件种数的比值。

2.20

专用工装系数　special tooling coefficient

产品专用工装种数与产品零件种数的比值。

2.21

工装复杂系数　complexity coefficient of tooling

表示工装复杂程度的数值,由综合成本、零件数、精度以及保证产品尺寸要求的计算尺寸数目和总体尺寸等诸因素来确定。

2.22

工装复杂等级　complexity grade of tooling

表示工装复杂程度的级别,以便对工装进行技术经济评价,完善工装设计、制造、使用过程的管理。一般可依据复杂系数划分为A、B、C、……级。

参 考 文 献

［1］ GB/T 1008—2008 机械加工工艺装备基本术语.
［2］ GB/T 4863—2008 机械制造工艺基本术语.

ICS 25.060.20
J 40

中华人民共和国国家标准

GB/T 24736.2—2009

工艺装备设计管理导则
第2部分:工艺装备设计选择规则

Management guide for tooling design—
Part 2: Selection rule of tooling design

2009-11-30 发布　　　　2010-09-01 实施

中华人民共和国国家质量监督检验检疫总局
中国国家标准化管理委员会　发布

前　言

GB/T 24736《工艺装备设计管理导则》分为4个部分：

——第1部分：术语；

——第2部分：工艺装备设计选择规则；

——第3部分：工艺装备设计程序；

——第4部分：工艺装备验证规则。

本部分为GB/T 24736的第2部分。

本部分的附录A、附录B和附录C为资料性附录。

本部分由全国技术产品文件标准化技术委员会(SAC/TC 146)提出并归口。

本部分起草单位：中机生产力促进中心、先进成形技术与装备国家重点实验室、上海材料研究所、重庆大江信达车辆股份有限公司。

本部分主要起草人：奚道云、丁红宇、单忠德、张秀芬、金宇飞、蒋世清、韩琳琳、肖承翔。

工艺装备设计管理导则
第2部分:工艺装备设计选择规则

1 范围

GB/T 24736的本部分规定了工艺装备设计选择的一般规则、选择程序、经济性评价方法等。

本部分适用于机械制造工艺装备(工装)设计的选择。

2 规范性引用文件

下列文件中的条款通过GB/T 24736的本部分的引用而成为本部分的条款。凡是注日期的引用文件,其随后所有的修改单(不包括勘误的内容)或修订版均不适用于本部分,然而,鼓励根据本部分达成协议的各方研究是否可使用这些文件的最新版本。凡是不注日期的引用文件,其最新版本适用于本部分。

GB/T 24740—2009 技术产品文件 机械加工定位、夹紧符号表示法

3 工装设计的选择规则

3.1 工装设计的选择依据

工装设计选择的一般依据包括:

——生产纲领、生产类型及生产组织形式;

——产品通用化程度及其产品生命周期;

——工艺方案的特点;

——工装使用环境;

——专业化分工的可能性;

——标准工装的应用程度;

——现有设备负荷的均衡情况;

——成组技术的应用;

——安全技术要求;

——生产周期。

3.2 工装设计的选择原则

工装设计选择应遵循如下原则:

——提高产品质量和生产效率;

——节约资源,节能减排;

——降低工装的制造费用及其使用维护费用;

——提高工装的通用性;

——尽量采用标准工装;

——具有良好的可拆卸性和易回收性。

4 工装设计的选择程序

4.1 调研分析

进行调研分析的内容有:

——产品结构特点、精度要求；
——产品生产计划、生产组织形式和工艺条件；
——工艺工序分类情况；
——对工装的基本要求；
——采用标准工装结构的可行性；
——选择符合要求的用于设计和制造工装的基本计算资料；
——有关工装的合理化建议纳入工艺的可能性；
——考虑产品生命周期的环境因素和环境要求，选择适当的环境设计方法进行环境分析。

4.2 确定采用最佳工装系统

采用工装系统时，优先考虑采用如下工装：
——标准工装；
——通用工装；
——组合工装；
——可调工装；
——成组工装；
——专用工装。

4.3 确定总工作量

根据工艺工序的分类，考虑工装的合理负荷，确定其总工作量。

4.4 确定工装结构的原则

根据以下因素确定工装的结构原则：
——毛坯类型；
——材料特点；
——结构特点和精度；
——定位基准；
——设备型号；
——生产批量；
——生产条件。

5 编制工装设计任务书

5.1 编制工装设计任务书的依据

编制工装设计任务书的依据包括：
——工艺方案；
——工艺装备设计选择规则；
——工艺规程；
——产品图样；
——相关设备手册；
——生产技术条件；
——有关技术资料和标准。

5.2 工装设计任务书的编制

5.2.1 编制工装任务书时应采用有关的国家标准、专业标准及企业标准，使设计的工装能最大限度地提高标准化、通用化、系列化和绿色化水平。

5.2.2 编制工装任务书时应绘制工序简图。在工序简图中应表明如下内容：
——标注定位基准，尽量考虑其与设计基准、测量基准的统一；

——标明夹紧力的作用点和方向；
——定位、夹紧符号的标注应符合 GB/T 24740—2009 的规定；
——加工部位用粗实线表示清楚；
——写明加工精度、表面结构等技术要求；
——冲压模具，应给出材料简图等；
——有关其他特殊要求；
——配套使用工装。

5.2.3 配套工装的设计任务书，应说明相互装配件以及关联件的件号、配合精度、装配要求和示意图。

5.2.4 改制工装应明确填写原工装编号及其库存数量，并写明对旧工装的处理意见。

5.2.5 工装应按规定进行统一编号。

5.2.6 工装任务书应根据企业标准注明工装等级或验证类别。

6 工装设计选择需用的技术文件

工装设计选择需要用到的技术文件有：
——工装标准；
——工装手册、样本及使用说明书；
——标准工装结构；
——专用工装明细表及图册。

7 工装设计选择的技术经济指标

工装设计选择的技术经济指标有：
——专用工装标准化系数；
——工装通用系数；
——工装利用率；
——工装负荷率；
——工装成本；
——工装复杂系数(见附录 A)；
——专用工装系数；
——工装验证结论。

8 工装设计选择时的经济性评价

工装设计选择时的经济性评价方法见附录 B。

9 工装设计经济效果的评价

9.1 评价原则

进行工装设计经济效果评价时须遵循如下原则：
——在保证产品质量、提高生产效率、降低成本、加速生产周期和增加经济效益的基础上，对工装系统的选择、设计、制造和使用的各个环节进行综合评价(见附录 C)；
——工装设计经济效果的评价必须结合现实的经济管理和核算制度；
——评价方法力求简便适用。

9.2 评价作用

工装设计经济效果评价的作用表现在：
——优化工装设计选择方案；

——提高工装设计水平；
——保证最佳经济效益；
——缩短工装准备周期。

9.3 评价依据

工装设计经济效果评价的依据包含：
——工装设计定额；
——工装制造定额；
——工装维修定额；
——原材料成本标准；
——工装管理费标准；
——工装费用摊销的财务管理规定。

9.4 评价指标

进行工装设计经济效果评价的指标有：
——工装年度计划费用投资总额；
——预期的经济效果总和；
——工装选择、设计、制造核算期内的节约额。

9.5 评价内容

进行工装设计经济效果评价时，须考虑如下内容：
——工装设计费用的节约；
——材料费的节约；
——提高产品质量的节约；
——提高生产效率的节约；
——标准化的节约；
——制造费的节约；
——管理费的节约；
——最佳工装方案的评定。

注：在评定最佳工装方案时，可采用如下公式：

$$\text{工装投资回收期} = \frac{\text{投资增加额}}{\text{降低成本节约额 / 年}}$$

附 录 A
（资料性附录）
工装复杂系数

A.1 复杂系数 K 的计算公式

$$K=\frac{C}{T_b \cdot C_n}+\frac{N_j}{N_{jb}}+\frac{G_b}{G}+\frac{N_c}{N_{cb}}+\frac{L}{L_b} \quad \cdots\cdots\cdots\cdots\cdots\cdots(\mathrm{A}.1)$$

式中：

C——工装设计、制造、维护费用；

T_b——企业日工时；

C_n——企业工装设计、制造、使用维护费的平均值(元/h)；

N_j——工装专用件件数；

N_{jb}——企业工装专用件件数的平均值；

G_b——企业工装精度等级的平均值；

G——工装最高精度等级；

N_c——保证产品尺寸要求的工装计算尺寸数目；

N_{cb}——企业工装计算尺寸数目的平均值；

L——工装最大尺寸；

L_b——企业工装最大尺寸的平均值。

A.2 复杂系数的计算示例

例：一铣床夹具，有 5 个专用件，最高精度等级为 6 级，保证产品尺寸要求的有 x、y、z 三个尺寸，最大底座尺寸为 500 mm，计算成本为 400 元，求夹具复杂系数 K。

解：已知：C=400 元；N_j=5 件；G=6 级；N_c=3 个；L=500 mm。

设：C_n=5 元/h；T_b=8 h；N_{jb}=3 件；G_b=7 级；N_{cb}=3 个；L_b=100 mm。

依式(A.1)代入各值，则：

$$K=\frac{400}{8\times 5}+\frac{5}{3}+\frac{7}{6}+\frac{3}{3}+\frac{500}{100}=18.83$$

取 K=19。

答：该夹具的复杂系数为 19。

A.3 复杂系数的应用示例

例：某厂具有每日完成设计、制造相当于 100 个复杂系数的工具的能力，试算 500 种自然套新产品工装的设计与制造周期和月成本？

注：自然套——以组装好的一套组合夹具作为计套单位。

解：设 1 个自然套工装折合 2.5 个标准套；1 个标准套为 5 个复杂系数；1 个复杂系数成本为 8 元。

(1) 将 500 个自然套换算成标准套：

2.5×500=1 250(标准套)

(2) 再换算成标准套的复杂系数：

5×1 250=6 250(个系数)

(3) 计算设计与制造周期：

6 250(复杂系数总数)÷100(日完成系数)÷25(月工作日)=2.5(月)

(4) 计算每月设计、制造成本：

8(一个系数成本)×100(日完成系数)×25(月工作日)=20 000 元

答：设计、制造月成本为 20 000 元。

A.4 工装复杂等级的划分方法

工装的复杂等级以复杂系数的大小来划分，如表 A.1 所示。

表 A.1 工装复杂等级划分

项　目	级　别		
复杂等级	A	B	C
复杂系数	>120	80～120	<80

附 录 B
（资料性附录）
工装设计选择时的经济性评价方法

B.1 单项工艺装备的负荷系数 K_h：

$$K_h = \frac{t \cdot N_{dc}}{T} \qquad \text{(B.1)}$$

式中：

t——完成工艺工序的时间；

N_{dc}——单项工装每月执行工序的重复次数；

T——工装每月的有效工作时间总额。

B.2 在分析周期内，专用工装的工艺工序费用等于专用工装的成本。

B.3 在分析周期内，可调夹具工艺工序的费用 C_k：

$$C_k = C_h + C_z + \frac{C_g}{n} \qquad \text{(B.2)}$$

式中：

C_h——更换部分的制造成本；

C_z——调整费；

C_g——固定部分的折旧费；

n——工装的工序数量。

B.4 在分析的周期内，组合工装工艺工序的费用 C_z：

$$C_z = C_a \cdot N + C_n \qquad \text{(B.3)}$$

式中：

C_a——组装的成本；

N——投入生产的数量；

C_n——维护费。

B.5 在分析的周期内，成组工装工艺工序的费用 C_c：

$$C_c = C_h + \frac{C_a + C_g}{N_c} \qquad \text{(B.4)}$$

式中：

C_h——可调换件的成本；

C_a——组装的成本；

C_g——固定部分的折旧费；

N_c——成组零件种数。

B.6 在分析的周期内，通用工装工艺工序费用 C_t：

$$C_t = \frac{C_g}{n} \qquad \text{(B.5)}$$

式中：

C_g——折旧费；

n——使用工装的工序数量。

附 录 C
(资料性附录)
工装经济效果评价方法

C.1 工装经济分析时的几个指标

C.1.1 产品试制阶段工装费用占试制产品成本的10%～15%,产品正式生产阶段工装费用占产品成本的5%以下。

C.1.2 外购工装、自制通用工装、专用工装三者年消耗费用的比例关系一般应是2∶1∶3。

C.1.3 在库存储备合理情况下,工装的投资额即是当年的消耗量。

C.1.4 专用摊销方法。计算成本一般按每年度均摊进预算。在实际核算时可按下列方法摊销:

——专用工装按产品一次摊入成本;

——外购工装采用"5∶5"摊销,即发出库时摊入成本50%,报废时再摊入50%;

——自制通用工装,其中一部分是外购工装按"5∶5"摊销,另一部分是按专用工装一次摊入,组合夹具也是一次摊入。

C.2 缩短工装投资回收期的途径

C.2.1 尽量减少专用工装,改变其与标准工装之间的比例,并在专用工装设计时,提高工装的标准化系数、工装通用系数。

C.2.2 提高工装的使用寿命。

C.2.3 提高工装的质量和加工效率,降低产品成本。

C.3 计算工装年耗费用

C.3.1 专用工装的年耗费用

$$F = \frac{1 + K_S + K_W}{T_S} \cdot C_a \qquad \cdots\cdots(C.1)$$

式中:

K_S——设计成本系数(工装设计和调整费用与制造费用之比),一般取0.5;

K_W——维修成本系数(工装维修管理费用与制造费用之比),一般取0.2～0.3;

T_S——使用寿命,以年为单位,一般3年～5年,当转产时工装即报废;

C_a——工装制造费用。

C.3.2 组合夹具的年耗费用 F_h

$$F_h = C_1 + C_2/N_z + C_3 \cdot P \qquad \cdots\cdots(C.2)$$

式中:

C_1——组合夹具的专用件成本;

C_2——夹具零部件和辅助设备的折旧费加上工装设计费:

$$C_2 = A_1C_4 + A_2C_5 + Z(1 + H) \qquad \cdots\cdots(C.3)$$

A_1——夹具零部件折旧率;

C_4——夹具零部件预计成本;

A_2——辅助设备折旧率;

C_5——辅助设备预计成本;

Z——工装设计人员费用;

H——工装设计的管理成本系数；

C_3——每套工装一次装配、调整费与管理费：

$$C_3 = Z_h \cdot t(1 + H_o) \quad \text{(C.4)}$$

Z_h——组装工人 1 h 工资额；

t——组装调整时间，单位为小时(h)；

H_o——管理成本系数；

N_z——年组装数量：

$$N_z = P \cdot n \quad \text{(C.5)}$$

P——年组装批次；

n——平均每批组装的数量。

C.3.3 组合工装的年耗费用 F_z

$$F_z = \left(\frac{K_S}{T_S} + K_g + K_W\right) \cdot C_{az} \quad \text{(C.6)}$$

式中：

K_S——设计成本系数(设计费与制造费之比)；

K_g——折旧系数；

K_W——维护、管理成本系数；

T_S——使用寿命，单位为年；

C_{az}——制造和装配成本。

C.3.4 可调工装年耗费用 F_k

$$F_k = \left(\frac{K_g + K_W}{M}\right) \cdot C_{ag} + \left(\frac{1 + K_S}{T_S} + K_{WS}\right) \cdot C_{ak} \quad \text{(C.7)}$$

式中：

K_g——折旧系数；

K_W——维护、管理成本系数；

M——一套工装的可调装置数量；

C_{ag}——一套工装的固定部分制造成本；

K_S——设计成本系数；

T_S——使用寿命，单位为年；

K_{WS}——可调部分维修成本系数；

C_{ak}——可调部分制造成本。

C.3.5 通用工装的年耗费用 F_t

$$F_t = \left(\frac{1}{T_S} + K_W\right) \cdot C \quad \text{(C.8)}$$

式中：

T_S——使用寿命，单位为年；

K_W——维修、管理成本系数(一般取 0.1)；

C——通用工装成本。

ICS 25.060.20
J 40

中华人民共和国国家标准

GB/T 24736.3—2009

工艺装备设计管理导则
第3部分:工艺装备设计程序

Management guide for tooling design—
Part 3:Procedure for tooling design

2009-11-30 发布　　2010-09-01 实施

中华人民共和国国家质量监督检验检疫总局
中国国家标准化管理委员会　发布

前　言

GB/T 24736《工艺装备设计管理导则》分为4个部分：

——第1部分：术语；

——第2部分：工艺装备设计选择规则；

——第3部分：工艺装备设计程序；

——第4部分：工艺装备验证规则。

本部分为GB/T 24736的第3部分。

本部分的附录A为资料性附录。

本部分由全国技术产品文件标准化技术委员会(SAC/TC 146)提出并归口。

本部分起草单位：中机生产力促进中心、先进成形技术与装备国家重点实验室、上海材料研究所、重庆大江信达车辆股份有限公司。

本部分主要起草人：奚道云、丁红宇、单忠德、张秀芬、金宇飞、蒋世清、韩琳琳、肖承翔。

工艺装备设计管理导则
第3部分：工艺装备设计程序

1 范围

GB/T 24736的本部分规定了工艺装备设计(工装设计)的程序。

本部分适用于机械制造工艺装备设计。

2 工装设计依据

工装设计的依据通常包括：

——工装设计任务书；

——工艺规程；

——产品图样和技术条件；

——有关国家标准、行业标准和企业标准；

——国内外典型工装图样和有关资料；

——相关设备手册；

——生产技术条件等。

3 工装设计原则

3.1 工装设计必须满足工艺要求，结构性能可靠，使用安全，操作方便，有利于实现优质、高效、低耗、环保，改善劳动条件，提高工装标准化、通用化、系列化水平。

3.2 工装设计应尽量考虑采用组合化设计并引入环境因素。

3.3 工装设计要深入现场，联系实际。对重大、关键工装确定设计方案时，应广泛征求意见，并经方案评审批准后方可进行设计。

3.4 工装设计必须保证图样清晰、完整、正确、统一。

3.5 对精密、重大、特殊的工装应附有使用说明书和设计计算书。

4 工装设计程序

工装设计程序见附录A。

4.1 研究、分析工装设计任务书

研究、分析工装设计任务书，并对其提出修改意见。

4.2 熟悉被加工件图样

4.2.1 熟悉被加工件在产品中的作用，被加工件的结构特点、主要精度和技术条件。

4.2.2 熟悉被加工件的材料、毛坯种类、质量和外形尺寸等。

4.3 熟悉被加工件的工艺方案、工艺规程

4.3.1 熟悉被加工件的工艺路线。

4.3.2 熟悉被加工件的热处理情况。

4.3.3 熟悉工艺设备的型号、规格、主要参数和完好状态等。

4.4 核对工装设计任务书

4.5 调查、试验

收集企业内外有关资料，并进行必要的工艺实验；同时征求有关人员意见，根据需要组织调研。

4.6 确定设计方案

4.6.1 提出借用工装的建议和对现场工装的利用。

4.6.2 绘制方案结构示意图，对已确定的基础件的几何尺寸进行必要的刚度、强度、夹紧力的计算。

4.6.3 对复杂工装需绘制联系尺寸和刀具布置图。

4.6.4 选择定位元件、夹紧元件或机构。定位基准及夹紧点的选择应按工装设计任务书。

4.6.5 对工装轮廓尺寸、总质量、承载能力以及设备规格进行校核。

4.6.6 对设计方案进行全面分析讨论、评审，确定总体设计。

4.7 绘制装配图

4.7.1 工装图样应符合机械制图、技术制图标准的有关规定。

4.7.2 绘出被加工零件的外形轮廓、定位、夹紧部位及加工部位和余量。

4.7.3 装配图上应注明定位面(点)、夹紧面(点)、主要活动件的装配尺寸、配合代号以及外形(长、宽、高)尺寸。

4.7.4 注明被加工件在工装中的相关尺寸和主要参数，以及工装总质量等。

4.7.5 需要时应绘出夹紧、装拆活动部位的轨迹。

4.7.6 标明工装编号打印位置。

4.7.7 注明总装检验尺寸和验证技术要求。

4.7.8 填写标题栏和零件明细表。

4.7.9 按技术责任制履行签署手续(会签)。

4.8 绘制零件图

4.9 审核

4.9.1 装配图样、零件图样和有关资料均需审核。

4.9.2 送审的图样和资料必须齐全、完整。

4.9.3 对送审的图样按规定进行全面审核，并履行签署手续。

4.10 标准化审查

4.11 批准

4.12 出底图及有关人员签字

4.13 更改

4.13.1 凡需要更改的工装图样及设计文件，需经设计人员填写工艺文件修改通知单，经批准后方可进行更改。

4.13.2 保证更改前的原图样及文件有档可查。

4.13.3 更改前后的图样或文件应加区分标志。

4.13.4 更改后的图样及设计文件应及时发放到有关部门。

附 录 A
（资料性附录）
工装设计流程图

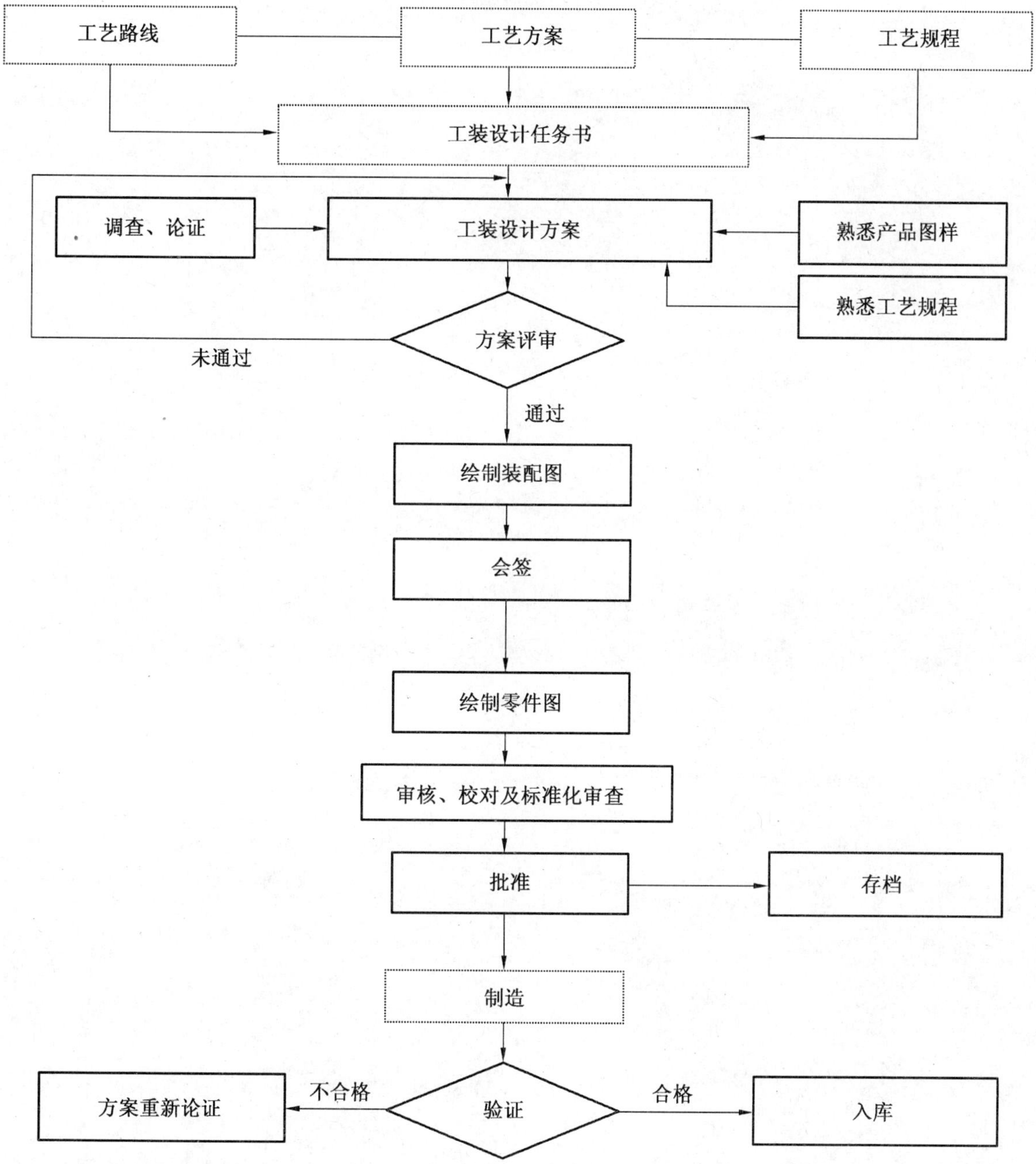

注 1：虚线框图表示不属工装设计工作。

注 2：工装设计流程企业可以根据实际情况简化。

注 3：会签也可酌情安排在标准化审查后进行。

图 A.1 工装设计流程图

ICS 25.060.20
J 40

中华人民共和国国家标准

GB/T 24736.4—2009

工艺装备设计管理导则 第4部分:工艺装备验证规则

**Management guide for tooling design—
Part 4: Proof rule for tooling**

2009-11-30 发布　　2010-09-01 实施

中华人民共和国国家质量监督检验检疫总局
中国国家标准化管理委员会　发布

前　言

GB/T 24736《工艺装备设计管理导则》分为4个部分：

——第1部分：术语；

——第2部分：工艺装备设计选择规则；

——第3部分：工艺装备设计程序；

——第4部分：工艺装备验证规则。

本部分为GB/T 24736的第4部分。

本部分的附录A为资料性附录。

本部分由全国技术产品文件标准化技术委员会(SAC/TC 146)提出并归口。

本部分起草单位：中机生产力促进中心、先进成形技术与装备国家重点实验室、上海材料研究所、中国电子科技集团公司第三十八研究所、重庆大江信达车辆股份有限公司。

本部分主要起草人：奚道云、丁红宇、单忠德、张秀芬、金宇飞、孙宁、蒋世清、韩琳琳、肖承翔。

工艺装备设计管理导则
第4部分:工艺装备验证规则

1 范围

GB/T 24736 的本部分规定了机械制造工艺装备(工装)验证的范围、依据、类别、内容、程序等。

本部分适用于机械制造工艺装备的验证。

2 工装验证目的

2.1 保证被制造产品符合设计质量要求。

2.2 保证工装满足工艺规程要求。

2.3 验证工装的可靠性、合理性和安全性,以保证产品生产的顺利进行。

3 工装验证范围

凡属下列情况之一者均需验证:

——首次设计制造的工装;

——经重大修改设计的工装;

——复制的大型、复杂、精密工装。

4 工装验证依据

工装验证依据通常包括:

——产品零部件图样及技术要求;

——工艺规程;

——工装设计任务书、工装图样、工装制造工艺、通用技术条件及工装使用说明书。

5 工装验证类别

5.1 按场地分:固定场地验证和现场验证。

5.1.1 固定场地验证是指按图样和工艺规程要求事先准备产品零部件,然后在固定的设备上进行模拟验证。一般适用于各种模具的验证。固定场地验证可在工装制造部门进行。

5.1.2 现场验证是指工装在使用现场进行试验加工。现场验证必须在工装使用车间进行。现场验证分为两种情况:

——按产品零部件图样和工艺规程要求预先进行试验加工;

——工装验证与工艺验证同时进行。

5.2 按工装复杂程度分:重点验证、一般验证和简单验证。

5.2.1 重点验证用于大型、复杂、精密工装和关键工装的验证。重点验证的工装经验证合格后,方可纳入工艺规程和有关工艺文件。

5.2.2 一般验证用于一般复杂程度的工装。一般验证的工装可在工装验证之前纳入工艺规程和有关工艺文件。

5.2.3 简单验证用于简单工装。一般可以不用产品零部件作为实物进行单独验证,可通过生产中首件检查等方法进行简单验证。

6 工装验证内容

6.1 工装与设备的关系

工装的总体尺寸、总质量,连接部位的结构尺寸、精度,装夹位置,装卸方便性、设备安全性等。

6.2 工装与被加工件的关系

工装的精度,装夹、定位状况,影响被加工件质量的因素等。

6.3 工装与工艺的关系

测试基准,加工余量,切削用量等。

6.4 工装与人的关系

操作方便,使用安全。

7 工装验证程序

验证计划———→验证准备———→验证过程———→验证判断———→验证处理———→验证结论

7.1 验证计划

7.1.1 编制工装验证计划的依据包括:

——工艺文件中有关工装验证的要求;

——工装制造完工情况;

——产品零件生产进度;

——生产和生产准备计划内工装验证计划。

7.1.2 工装验证计划由工装设计部门提出,生产部门组织落实。

7.2 验证准备

7.2.1 工艺部门提供验证用工艺文件及其有关资料,提出验证所需用的材料及其定额。

7.2.2 生产部门或规划部门负责验证计划的下达。

7.2.3 供应部门或生产部门负责验证计划用料的准备。

7.2.4 工装制造部门负责需验证工装的准备以及工具的准备。

7.2.5 验证单位负责领取验证用料和验证设备,安排操作人员。

7.2.6 检验单位负责验证工装检查的准备。

7.3 验证过程

验证一般由生产部门或规划部门负责组织、协调、落实,由工艺、工装设计、工装制造、检验及使用等部门共同参加验证工作。

7.4 验证判断

7.4.1 被验证的工装在工艺工序中按事先规定的试用次数使用后,判断其可靠性、安全性和使用是否方便等。

7.4.2 产品零部件按规定的件数验证,判断其合格率。

7.5 验证处理

7.5.1 验证合格的工装,由检验员填写《工装验证书》,经有关责任人签字后入库。

7.5.2 验证不合格的工装,由检验员填写《工装验证书》,经有关责任人签字后返修,并需注明“返修后验证”或“返修后不验证”字样。

7.5.3 “工装验证书”见附录A。

7.6 验证结论

验证结论一般分为以下几种情况:

——验证合格:完全符合产品设计、工艺文件的要求,工装可以投产使用;

——验证基本合格:工装虽然不完全符合产品设计、工艺文件要求,但不影响使用或待改进,仍允许投产使用;

——验证不合格:工装需返修,再经验证合格后方可投产使用;

——验证报废:因工装设计或制造问题不能保证产品质量,工装不得投产使用。

8 工装修改

8.1 设计不合理,工装设计人员接到《工装验证书》后修改设计。

8.2 制造不合格,工装制造部门接到《工装验证书》后返修或复制。

附 录 A
（资料性附录）
工装验证书

A.1 工装验证书的格式

工装验证书的格式如表 A.1 所示。

表 A.1 工装验证书

单位为毫米

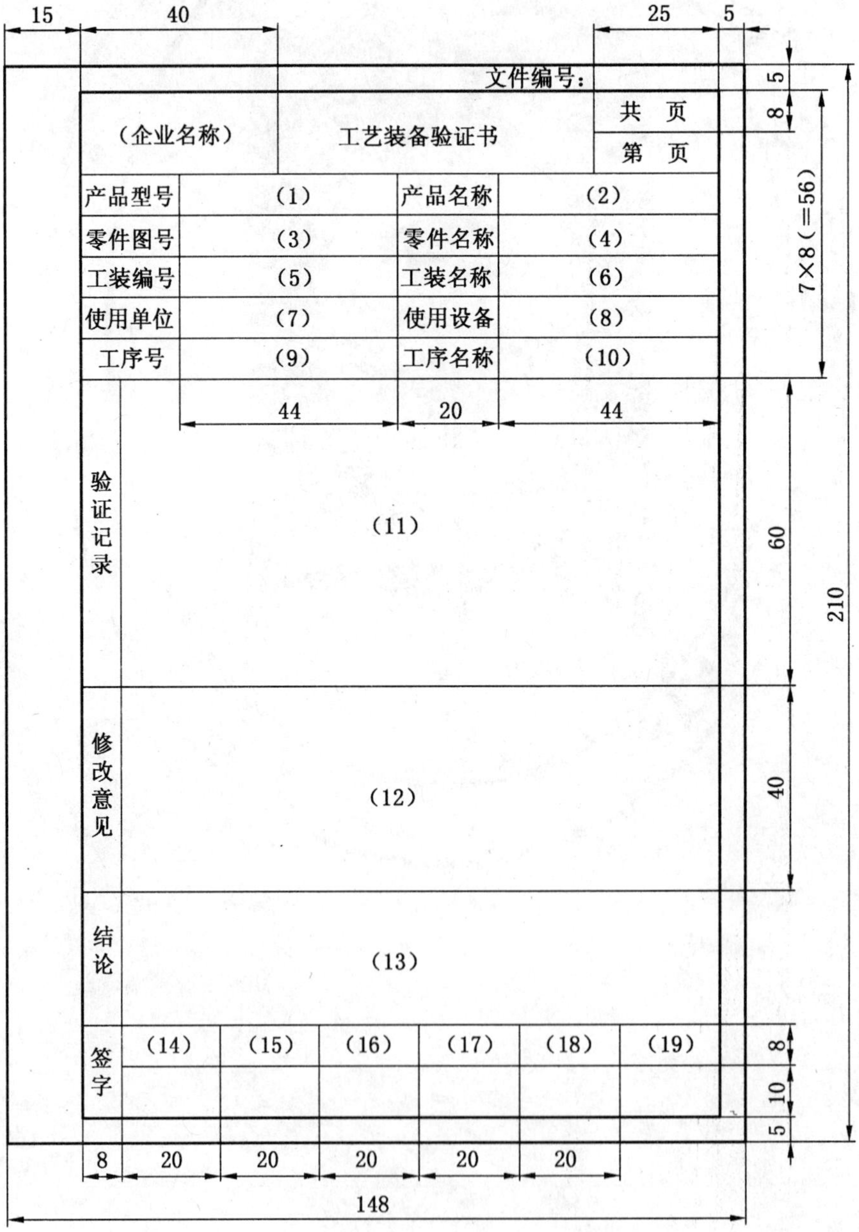

A.2 工装验证书的填写

工装验证书的填写如表 A.2 所示。

表 A.2 工装验证书的填写内容

空格号	填写内容
(1)～(4)	一律按产品设计图样的规定填写
(5)～(10)	与工装设计任务书的内容一致
(11)	按规定的验证项目逐项填写验证后的实际精度或验证简图
(12)	填写验证后的返修内容与意见
(13)	验证后填写合格、基本合格、不合格、报废的验证结论
(14)～(19)	验证的有关责任人签字,并注明日期

ICS 25.020
J 30

GB

中华人民共和国国家标准

GB/T 24737.3—2009

工艺管理导则 第3部分:产品结构工艺性审查

Guide for technological management—Part 3: Review of technological efficiency of product design

2009-11-30 发布 2010-09-01 实施

中华人民共和国国家质量监督检验检疫总局
中国国家标准化管理委员会 发布

前　言

GB/T 24737《工艺管理导则》分为 9 个部分：

——第 1 部分：总则；

——第 2 部分：产品工艺工作程序；

——第 3 部分：产品结构工艺性审查；

——第 4 部分：工艺方案设计；

——第 5 部分：工艺规程设计；

——第 6 部分：工艺优化与工艺评审；

——第 7 部分：工艺定额编制；

——第 8 部分：工艺验证；

——第 9 部分：生产现场工艺管理。

本部分为 GB/T 24737 的第 3 部分。

本部分的附录 A 和附录 B 为规范性附录。

本部分由全国技术产品文件标准化技术委员会(SAC/TC 146)提出并归口。

本部分起草单位：中机生产力促进中心、重庆大江信达车辆股份有限公司、先进成形技术与装备国家重点实验室。

本部分主要起草人：奚道云、丁红宇、蒋世清、张秀芬、单忠德、张康体、韩琳琳、肖承翔。

工艺管理导则
第3部分:产品结构工艺性审查

1 范围

GB/T 24737的本部分规定了产品结构工艺性审查的对象、目的、任务、内容和程序以及评定时考虑的主要因素和评价形式等内容。

本部分适用于机械产品结构工艺性分析与审查。

2 术语和定义

下列术语和定义适用于GB/T 24737的本部分。

2.1

工艺性审查 review of technological efficiency

在产品设计阶段,对产品及其零部件工艺性进行全面审查并提出意见或建议的过程。

2.2

生产工艺性 technological efficiency in manufacture

产品结构的生产工艺性是指其制造的可行性、难易程度与经济性。

2.3

使用工艺性 technological efficiency in use

产品结构的使用工艺性是指产品的易操作性及其在使用过程中维修和保养的可行性、难易程度与经济性。

3 审查对象

3.1 所有新设计的产品和改进设计的产品,在设计过程中均应进行工艺性审查。

3.2 外来产品图样,在试生产前须进行工艺性审查。

4 审查目的

使产品在满足质量和用户要求的前提下符合工艺性要求,在现有生产条件下能用比较经济、合理的方法将其制造出来,并降低制造过程中对环境的负面影响,提高资源利用率,改善劳动条件,减少对操作者的危害,且便于使用、维修和回收。

5 工艺性分类、评定时考虑的主要因素和评价形式

5.1 工艺性分类

工艺性分为生产工艺性、使用工艺性两类。

5.2 评定时考虑的主要因素

评定产品结构工艺性主要考虑如下几个因素:

——产品的种类及复杂程度;

——产品产量或生产类型;

——生产效率和经济性;

——现有的生产、使用、维修、回收条件。

5.3 评价形式

5.3.1 定性评价

根据经验概括地对产品结构工艺性给以评价。

5.3.2 定量评价

根据工艺性主要指标数值进行评价。

6 审查指标

产品结构工艺性审查的主要指标项目见附录A。

7 审查内容

为了保证所设计的产品具有良好的工艺性，在产品设计的各个阶段均应进行工艺性审查。

7.1 初步设计阶段的审查

7.1.1 从制造观点分析结构方案的合理性。

7.1.2 分析结构的继承性。

7.1.3 分析结构的标准化、模块化、通用化、系列化程度。

7.1.4 分析产品各组成部分是否便于装配、调整和维修。

7.1.5 分析产品报废后各组成部分是否便于回收再利用。

7.1.6 分析主要材料选用是否合理。

7.1.7 主要件在本企业或外协加工的可能性。

7.2 技术设计阶段的审查

7.2.1 分析产品各组成部件进行平行装配和检查的可行性。

7.2.2 分析总装配的可行性。

7.2.3 分析装配时避免切削加工或减少切削加工的可行性。

7.2.4 分析高精度复杂零件在本企业制造的可行性。

7.2.5 分析主要参数的可检查性和主要装配精度的合理性。

7.2.6 分析特殊零件外协加工的可行性。

7.3 工作图设计阶段的审查

7.3.1 各部件是否具有装配基准，是否便于装拆。

7.3.2 各大部件拆成平行装配的小部件的可行性。

7.3.3 各零部件报废后，进行回收再利用的可行性。

7.3.4 审查零件的铸造、锻造、冲压、焊接、热处理、切削加工、特种加工及装配等的工艺性(见附录B)。

7.3.5 审查零部件制造过程可能产生的有害环境影响或安全隐患，该影响或隐患能否避免或减小。

8 审查方式和程序

8.1 初步设计和技术设计阶段的工艺性审查(或分析)一般采用会审方式进行。对结构复杂的重要产品，主管工艺人员应从制定设计方案开始就经常参加有关研究该产品设计工作的各种会议和有关活动，以便随时对其结构工艺性提出意见和建议。

8.2 对产品工作图样的工艺性审查应由产品主管工艺人员和各专业工艺人员分头进行。

8.2.1 进行工艺性审查的产品图样应有设计、审核人员签字。

8.2.2 审查者在审查时对发现的工艺性问题应填写《产品结构工艺性审查记录》。

8.2.3 全套产品图样审查完后，对无大修改意见的，审查者应在“工艺”栏内签字，对有较大修改意见的，暂不签字，把产品设计图样和工艺性审查记录一起交设计部门。

8.2.4　设计者根据工艺性审查记录上的意见和建议进行修改设计，修改后对工艺未签字的图样再返回到工艺部门复查签字。

8.2.5　若设计人员与工艺人员意见有分歧时，由双方协商解决，若协商中仍有较大分歧意见，由双方上级技术负责人进行协调解决。

附 录 A
（规范性附录）
产品结构工艺性审查的主要指标项目

A.1 产品制造劳动量

A.2 单位产品材料用量

A.3 材料利用系数(K_m)

$$K_m = \frac{\text{产品净重}}{\text{该产品的材料消耗工艺定额}}$$

A.4 产品结构装配性系数(K_a)

$$K_a = \frac{\text{产品各独立部件中的零件数之和}}{\text{产品的零件总数}}$$

A.5 产品的工艺成本

A.6 产品的维修劳动量

A.7 加工精度系数(K_{ac})

$$K_{ac} = \frac{\text{产品（或零件）图样中标注有公差要求的尺寸数}}{\text{产品（或零件）的表面总数}}$$

A.8 表面粗糙度系数(K_r)

$$K_r = \frac{\text{产品（或零件）图样中标注有粗糙度要求的表面数}}{\text{产品（或零件）的表面总数}}$$

A.9 结构继承性系数(K_s)

$$K_s = \frac{\text{产品中借用件数}+\text{通用件数}}{\text{产品零件总数}}$$

A.10 结构标准化系数(K_{st})

$$K_{st} = \frac{\text{产品中标准件数}}{\text{产品零件总数}}$$

A.11 结构要素统一化系数(K_e)

$$K_e = \frac{\text{产品中各零件所用同一结构要素数}}{\text{该结构要素的尺寸规格数}}$$

附 录 B
（规范性附录）
零件结构的铸造、锻造、冲压、焊接、热处理、切削加工和装配工艺性基本要求

B.1 零件结构的铸造工艺性

——铸件的壁厚应合适、均匀，在满足零件要求情况下，尽量避免大的壁厚差，以降低制造难度；
——铸件圆角要合理，并不得有尖角；
——铸件的结构要尽量简化，并要有合理的拔模斜度，便于起模；
——加强筋的厚度和分布要合理，以避免冷却时铸件变形或产生裂纹；
——铸件的选材要合理；
——铸件的内腔结构应使型芯数量少，并有利于型芯的固定和排气。

B.2 零件结构的锻造工艺性

——结构应力求简单对称；
——模锻件应有合理的锻造斜度和圆角半径；
——材料和结构应有可锻性。

B.3 零件结构的冲压工艺性

——结构应力求简单对称；
——外形和内孔应尽量避免尖角；
——圆角半径大小应利于成形；
——选材应符合工艺要求。

B.4 零件结构的焊接工艺性

——焊接件所用的材料应具有可焊性；
——焊缝的布置应有利于减小焊接应力及变形，并使能量和焊材消耗较少；
——焊接接头的形式、位置和尺寸应满足焊接质量的要求；
——焊接件的技术要求合理；
——零件结构应有利于焊接操作；
——应满足操作安全性和减少环境污染的要求。

B.5 零件结构的热处理工艺性

——对热处理的技术要求要合理；
——热处理零件应尽量避免尖角、锐边、盲孔；
——截面要尽量均匀、对称；
——零件材料应与所要求的物理、力学性能相适应；
——零件材料热处理过程对环境的污染较轻。

B.6 零件结构的切削加工工艺性

——尺寸公差、几何公差和表面结构的要求应经济、合理；

——各加工表面几何形状应尽量简单；
——有相互位置要求的表面应尽量在一次装夹中加工；
——零件应有合理的工艺基准并尽量与设计基准一致；
——零件的结构要素宜统一，并使其能尽量使用普通设备和标准刀具进行加工；
——零件的结构应便于多件同时加工；
——零件的结构应便于装夹、加工和检查；
——零件的结构应便于使用较少切削液加工。

B.7 装配工艺性

——应尽量避免装配时采用复杂工艺装备；
——在质量大于 20 kg 的装配单元或其组成部分的结构中，应具有吊装的结构要素；
——在装配时应避免有关组成部分的中间拆卸和再装配；
——各组成部分的连接方式应尽量保证能用最少的工具快速装拆；
——各种连接结构型式应便于装配工作的机械化和自动化。

ICS 25.020
J 30

中华人民共和国国家标准

GB/T 24737.5—2009

工艺管理导则
第5部分：工艺规程设计

Guide for technological management—
Part 5: Design of process procedure

2009-11-30 发布 2010-09-01 实施

中华人民共和国国家质量监督检验检疫总局
中国国家标准化管理委员会 发布

前　言

GB/T 24737《工艺管理导则》分为9个部分：

——第1部分：总则；

——第2部分：产品工艺工作程序；

——第3部分：产品结构工艺性审查；

——第4部分：工艺方案设计；

——第5部分：工艺规程设计；

——第6部分：工艺优化与工艺评审；

——第7部分：工艺定额编制；

——第8部分：工艺验证；

——第9部分：生产现场工艺管理。

本部分为GB/T 24737的第5部分。

本部分由全国技术产品文件标准化技术委员会(SAC/TC 146)提出并归口。

本部分起草单位：中机生产力促进中心、重庆大江信达车辆股份有限公司、先进成形技术与装备国家重点实验室。

本部分主要起草人：奚道云、丁红宇、蒋世清、张秀芬、单忠德、张康体、韩琳琳、肖承翔。

工艺管理导则
第5部分:工艺规程设计

1 范围

GB/T 24737的本部分规定了工艺规程的类型、文件形式,设计工艺规程的基本要求、依据和程序。

本部分适用于一般机械产品工艺规程的设计。

2 规范性引用文件

下列文件中的条款通过GB/T 24737的本部分的引用而成为本部分的条款。凡是注日期的引用文件,其随后所有的修改单(不包括勘误的内容)或修订版均不适用于本部分,然而,鼓励根据本部分达成协议的各方研究是否可使用这些文件的最新版本。凡是不注日期的引用文件,其最新版本适用于本部分。

GB/T 24735 机械制造工艺文件编号方法

GB/T 24737.7 工艺管理导则 第7部分:工艺定额编制

JB/T 9165.2 工艺规程 格式

3 工艺规程的类型

3.1 专用工艺规程

针对某一个产品或零部件所设计的工艺规程。

3.2 通用工艺规程

3.2.1 典型工艺规程

为一组结构特征和工艺特征相似的零部件所设计的通用工艺规程。

3.2.2 成组工艺规程

按成组技术原理将零件分类成组,针对每一组零件所设计的通用工艺规程。

3.3 标准工艺规程

已纳入标准的工艺规程。

4 工艺规程的文件形式及其使用范围

4.1 工艺过程卡:描述零部件加工过程中的工种(或工序)流转顺序,主要用于单件、小批生产的产品。

4.2 工艺卡:描述一个工种(或工序)中工步的流转顺序,用于各种批量生产的产品。

4.3 工序卡:主要用于大批量生产的产品和单件、小批量生产中的关键工序。

4.4 作业指导书:为确保生产某一过程的质量,对操作者应做的各项活动所作的详细规定。用于操作内容和要求基本相同的工序(或工位)。

4.5 工艺守则:某一专业应共同遵守的通用操作要求。

4.6 检验卡:用于关键重要工序检查。

4.7 调整卡:用于自动、半自动、弧齿锥齿轮机床、自动生产线等加工。

4.8 毛坯图:用于铸、锻件等毛坯的制造。

4.9 装配系统图:用于复杂产品的装配,与装配工艺过程卡配合使用。

5 设计工艺规程的基本要求

5.1 工艺规程是直接指导现场生产操作的重要技术文件，应做到正确、完整、统一、清晰。

5.2 在充分利用企业现有生产条件的基础上，尽可能采用国内外先进工艺技术和经验。

5.3 在保证产品质量的前提下，尽量提高生产率，降低成本、资源和能源消耗。

5.4 设计工艺规程必须考虑安全和环境保护要求。

5.5 结构特征和工艺特征相近的零件应尽量设计典型工艺规程。

5.6 各专业工艺规程在设计过程中应协调一致，不得相互矛盾。

5.7 工艺规程的幅面、格式与填写方法可按 JB/T 9165.2 的规定。

5.8 工艺规程中所用的术语、符号、代号要符合相应标准的规定。

5.9 工艺规程的编号应按 GB/T 24735 的规定。

6 设计工艺规程的主要依据

设计工艺规程时，主要依据：

——产品图样及有关技术条件；

——产品工艺方案；

——毛坯材料与毛坯生产条件；

——产品验收质量标准；

——产品零部件工艺路线表或车间分工明细表；

——产品生产纲领或生产任务；

——现有的生产技术和企业的生产条件；

——有关法律、法规及标准的要求；

——有关设备和工艺装备资料；

——国内外同类产品的有关工艺资料。

7 工艺规程的设计程序

7.1 专用工艺规程设计

7.1.1 熟悉设计工艺规程所需的资料(见第 6 章)。

7.1.2 根据零件毛坯形式确定其制造方法。

7.1.3 设计工艺规程。

7.1.4 设计工序：

——确定工序；

——确定工序中各工步的加工内容和顺序；

——选择或计算有关工艺参数；

——选择设备或工艺装备；

——编制和绘制必要的工艺说明和工序简图；

——编制工序质量控制、安全控制文件。

7.1.5 提出外购工具明细表、专用工艺装备明细表、企业标准(通用)工具明细表、工位器具明细表和专用工艺装备设计任务书等。

7.1.6 编制工艺定额(见 GB/T 24737.7)。

7.2 典型工艺规程设计

7.2.1 熟悉设计工艺规程所需的资料。

7.2.2 将产品零件分组。

7.2.3 确定每组零部件中的代表件。

7.2.4 分析每组零部件的生产批量。

7.2.5 根据每组零部件的生产批量,设计其代表件的工艺规程。

(以下程序同专用工艺规程设计)。

7.3 成组工艺规程设计

7.3.1 熟悉设计成组工艺规程的资料。

7.3.2 将产品零件按成组技术的标准编码原则进行分类、编组,并给以代码。

7.3.3 确定具有同一代码零件组的复合件。

7.3.4 分析每一代码零件组的生产批量。

7.3.5 设计各代码组复合件的工艺规程。

7.3.6 设计各复合件的成组工序。

(以下程序同专用工艺规程设计)。

8 工艺规程的审批程序

8.1 审核

8.1.1 工艺规程的审核一般可由产品主管工艺人员进行,关键或者重要工艺规程可由工艺部门责任人审核。

8.1.2 主要审核内容:

——工序安排和工艺要求是否合理;

——选用设备和工艺装备是否合理。

8.2 标准化审查

工艺规程标准化审查内容如下:

——文件中所用的术语、符号、代号和计量单位是否符合相应标准,文字是否规范;

——毛坯材料是否符合标准;

——所选用的标准工艺装备是否符合标准;

——工艺尺寸、工序公差和表面结构等是否符合标准;

——工艺规程中的有关要求是否符合安全、资源消耗和环保标准。

8.3 会签

8.3.1 工艺规程经审核和标准化审查后,应送交有关部门会签。

8.3.2 主要会签内容:

——根据本生产部门的生产能力,审查工艺规程中安排的加工或装配内容在本生产部门能否实现;

——工艺规程中选用的设备和工艺装备是否合理。

8.4 批准

经会签后的成套工艺规程,一般由工艺部门责任人批准,成批生产产品和单件生产关键产品的工艺规程,应由总工艺师或总工程师批准。

ICS 25.020
J 30

中华人民共和国国家标准

GB/T 24737.7—2009

工艺管理导则
第7部分：工艺定额编制

Guide for technological management—
Part 7: Technological quota formulation

2009-11-30 发布　　2010-09-01 实施

中华人民共和国国家质量监督检验检疫总局
中国国家标准化管理委员会　发布

前　言

GB/T 24737《工艺管理导则》分为9个部分：

——第1部分：总则；

——第2部分：产品工艺工作程序；

——第3部分：产品结构工艺性审查；

——第4部分：工艺方案设计；

——第5部分：工艺规程设计；

——第6部分：工艺优化与工艺评审；

——第7部分：工艺定额编制；

——第8部分：工艺验证；

——第9部分：生产现场工艺管理。

本部分为GB/T 24737的第7部分。

本部分的附录A、附录B和附录C均为资料性附录。

本部分由全国技术产品文件标准化技术委员会(SAC/TC 146)提出并归口。

本部分起草单位：中机生产力促进中心、重庆大江信达车辆股份有限公司、先进成形技术与装备国家重点实验室。

本部分主要起草人：奚道云、丁红宇、蒋世清、张秀芬、单忠德、张康体、韩琳琳、肖承翔。

工艺管理导则
第7部分:工艺定额编制

1 范围

GB/T 24737的本部分规定了材料消耗工艺定额和劳动消耗工艺定额的编制原则和方法。

本部分适用于机械产品材料消耗工艺定额和劳动消耗工艺定额(简称劳动定额)的编制。

2 术语和定义

下列术语和定义适用于GB/T 24737的本部分。

2.1

定额 quota

在一定的生产技术条件下,一定的时间内,生产经营活动中,有关人力、物力、财力利用及消耗所应遵守或达到的数量和质量标准。

2.2

材料消耗工艺定额 material consumption quota in process

在一定生产条件下,生产单位产品或零件所需消耗材料的数量。

2.3

劳动消耗工艺定额(劳动定额) work quota in process

在一定的生产技术条件下,生产单位产品或完成一定工作量应该消耗的劳动量(一般用劳动或工作时间来表示)标准或在单位时间内生产产品或完成工作量的标准。

3 材料消耗工艺定额的编制

3.1 材料消耗工艺定额的编制范围

构成产品的主要材料和产品生产过程中所需的辅助材料,均应编制消耗工艺定额。

3.2 材料消耗工艺定额的编制原则

编制材料消耗工艺定额应在保证产品质量及工艺要求的前提下,充分考虑经济合理地使用材料,最大限度地提高材料利用率,降低材料消耗。

3.3 材料消耗工艺定额的编制依据

编制材料消耗工艺定额的依据通常包括:

——产品零部件明细表和产品图样;

——零件工艺规程;

——有关材料标准、手册和下料标准及相应规范。

3.4 材料消耗工艺定额的编制方法

3.4.1 技术计算法:根据产品零件结构和工艺要求,用理论计算的方法求出零件的净重和制造过程中的工艺性损耗。

3.4.2 实际测定法:用实际称量的方法确定每个产品零件的材料消耗工艺定额。

3.4.3 经验统计分析法:根据类似产品零件材料实际消耗统计资料,经过分析对比,确定零件的材料消耗工艺定额。

3.5 用技术计算法编制产品主要材料消耗工艺定额的程序

3.5.1 型材、管材、板材、机械加工件和锻件材料消耗工艺定额的编制

——根据产品零部件明细表或产品图样中的零件净重或工艺规程中的毛坯尺寸计算零件的毛坯质量；

——确定各类零件单件材料消耗工艺定额，确定方法见附录A；

——计算零件材料利用率(K)：

$$K=\frac{\text{零件净重}}{\text{零件材料消耗工艺定额}}\times 100\%$$

——填写产品材料消耗工艺定额明细表；

——汇总单台产品各个品种、规格的材料消耗工艺定额；

——计算单台产品材料利用率；

——填写单台产品材料消耗工艺定额汇总表；

——审核、批准。

3.5.2 铸件材料消耗工艺定额和每吨合格铸件所需金属炉料消耗工艺定额的编制

3.5.2.1 铸件材料消耗工艺定额编制

——计算铸件毛坯质量；

——计算浇、冒口系统质量；

——计算金属切削率：

$$\text{铸件金属切削率}=\frac{\text{铸件毛坯质量}-\text{净重}}{\text{毛坯质量}}\times 100\%$$

——填写铸件材料消耗工艺定额明细表；

——审核、批准。

3.5.2.2 每吨合格铸件金属炉料消耗工艺定额编制

——确定金属炉料技术经济指标，见附录B；

——确定每吨合格铸件所需某种金属炉料消耗工艺定额：

$$\text{某种金属炉料消耗工艺定额}=\frac{\text{配料比}}{\text{铸件成品率}}$$

——填写金属炉料消耗工艺定额明细表；

——审核、批准。

3.6 材料消耗工艺定额的修改

材料消耗工艺定额经批准实施后，一般不得随意修改，若由于产品设计、工艺改变或材料质量等方面的原因，确需改变材料消耗工艺定额时，应由工艺部门填写工艺文件更改通知单，经有关部门签字和批准后方可修改。

4 劳动定额的制定

4.1 劳动定额的制定范围

凡能计算考核工作量的工种和岗位均应制定劳动定额。

4.2 劳动定额的形式

4.2.1 时间定额(工时定额)，其组成见附录C。

4.2.2 产量定额：单位时间内完成的合格品数量。

4.3 制定劳动定额的基本要求

制定劳动定额应根据企业的生产技术条件，使大多数职工经过努力都可达到，部分先进职工可以超过，少数职工经过努力可以达到或接近平均先进水平。

4.4 制定劳动定额的主要依据

制定劳动定额时需要依据：

——产品图样和工艺规程；

——生产类型；

——企业的生产技术水平；

——定额标准或有关资料。

4.5 劳动定额的制定方法

4.5.1 经验估计法

由定额员、工艺人员和工人相结合，通过总结过去的经验并参考有关的技术资料，直接估计出劳动工时定额。

4.5.2 统计分析法

对企业过去一段时间内，生产类似零件（或产品）所实际消耗的工时原始记录，进行统计分析，并结合当前具体生产条件，确定该零件（或产品）的劳动定额。

4.5.3 类推比较法

以同类产品的零件或工序的劳动定额为依据，经过对比分析，推算出该零件或工序的劳动定额。

4.5.4 技术测定法

通过对实际操作时间的测定和分析，确定劳动定额。

4.5.5 标准时间法

通过方法研究和时间研究，确定在标准状况下完成一项工作所需的时间。

注：标准时间即一个合格工人（具有正常的体力和智力，在劳动技术方面受过良好训练，并具有一定熟练程度的工人）在标准的作业方法和条件下，以正常的作业速度完成某一工作所需的时间。

4.6 劳动定额的修订

4.6.1 随着企业生产技术条件的不断改善，劳动定额应定期进行修订，以保持定额的平均先进水平。

4.6.2 在批量生产中，发生下列情况之一时，应及时修改劳动定额：

——产品设计结构修改；

——工艺方法修改；

——原材料或毛坯改变；

——设备或工艺装备改变；

——生产组织形式改变；

——生产条件改变等。

附 录 A
（资料性附录）
型材、管材、板材、机械加工件和锻件材料消耗工艺定额确定方法

A.1 选料法

根据材料目录中给定的材料范围及企业历年进料尺寸的规律，结合具体产品情况，选定一个最经济合理的材料尺寸，然后根据零件毛坯和下料切口尺寸，在选定尺寸的材料上排列，将最后剩余的残料（不能再利用的）分摊到零件的材料消耗工艺定额中，即得出：

$$\text{零件材料消耗工艺定额} = \text{毛坯重} + \text{下料切口重} + \frac{\text{残料重}}{\text{每料件数}}$$

这种方法适用于成批生产的产品。

A.2 下料利用率法

先按材料规格，定出组距，经过综合套裁下料的优化或实际测定，求出各种材料规格组距的下料利用率，然后用下料利用率计算零件消耗工艺定额。具体计算方法如下：

a) $\text{下料利用率} = \frac{\text{一批零件毛坯质量之和}}{\text{获得该批毛坯的材料消耗总量}} \times 100\%$

b) $\text{零件材料消耗工艺定额} = \frac{\text{零件毛坯质量}}{\text{下料利用率}}$

A.3 下料残料率法

先按材料规格，定出组距，经过综合套裁下料的优化或实际测定，求出各种材料规格组距的下料残料率，然后用下料残料率计算零件材料消耗工艺定额。具体计算方法如下：

a) $\text{下料残料率} = \frac{\text{获得一批零件毛坯后剩下的残料质量之和}}{\text{获得该批零件毛坯所消耗的材料总质量}} \times 100\%$

b) $\text{零件材料消耗工艺定额} = \frac{\text{零件毛坯质量} + \text{一个下料切口质量}}{1 - \text{下料残料率}}$

A.4 材料综合利用率法

当同一规格的某种材料可用一种产品的多种零件或用于多种产品的零件上时，可采用更广泛的套裁，在这种情况下利用综合利用率法计算零件材料消耗工艺定额较合理，具体计算方法如下：

a) $\text{材料综合利用率} = \frac{\text{一批零件净重之和}}{\text{该批零件消耗材料总质量}} \times 100\%$

b) $\text{零件材料消耗工艺定额} = \frac{\text{零件净重}}{\text{材料综合利用率}}$

附　录　B
（资料性附录）
金属炉料技术经济指标与计算方法

B.1　金属炉料技术经济指标项目及计算公式

a)　$\text{铸件成品率}=\dfrac{\text{成品铸件质量}}{\text{金属炉料质量}}\times 100\%$

b)　$\text{可回收率}=\dfrac{\text{回炉料质量}}{\text{金属炉料质量}}\times 100\%$

c)　$\text{不可回收率}=\dfrac{\text{金属炉料质量}-\text{成品铸件质量}-\text{回炉料质量}}{\text{金属炉料质量}}\times 100\%$

d)　$\text{炉耗率}=\dfrac{\text{金属炉料质量}-\text{金属液质量}}{\text{金属炉料质量}}\times 100\%$

e)　$\text{金属液收得率}=\dfrac{\text{金属液质量}}{\text{金属炉料质量}}\times 100\%$

f)　$\text{金属炉料与焦炭比}=\dfrac{\text{金属炉料质量}}{\text{焦炭质量}}$

附 录 C
（资料性附录）
工时定额的组成

C.1 单件时间（用 T_p 表示）

单件时间由以下几部分组成：

——作业时间（用 T_B 表示）：直接用于制造产品或零部件所消耗的时间。它又分为基本时间和辅助时间两部分，其中基本时间（用 T_b 表示）是直接用于改变生产对象的尺寸、形状、相对位置、表面状态或材料性质等工艺过程所消耗的时间，而辅助时间（用 T_a 表示）是为实现上述工艺过程必须进行各种辅助动作所消耗的时间。

——布置工作地时间（用 T_s 表示）：为使加工正常进行，工人照管工作地（如润滑机床、清理切屑、收拾工具等）所需消耗的时间，一般按作业时间的 2%～7%计算。

——休息与生理需要时间（用 T_r 表示）：工人在工作班内为恢复体力和满足生理上的需要所消耗的时间，一般按作业时间的 2%～4%计算。

若用公式表示，则：

$$T_p = T_B + T_s + T_r = T_b + T_a + T_s + T_r$$

C.2 准备与终结时间（简称准终时间，用 T_e 表示）

工人为了生产一批产品或零部件，进行准备和结束工作所需消耗的时间，若每批件数为 n，则分摊到每个零件上的准终时间就是 T_e/n。

C.3 单件计算时间（用 T_c 表示）

C.3.1 在成批生产中：

$$T_c = T_p + T_e/n = T_b + T_a + T_s + T_r + T_e/n$$

C.3.2 在大量生产中，由于 n 的数值大，$T_e/n \approx 0$，即可忽略不计，所以：

$$T_c = T_p = T_b + T_a + T_s + T_r$$

ICS 25.020
J 30

中华人民共和国国家标准

GB/T 24737.8—2009

工艺管理导则
第8部分：工艺验证

Guide for technological management—
Part 8：Process verification

2009-11-30 发布 2010-09-01 实施

中华人民共和国国家质量监督检验检疫总局
中国国家标准化管理委员会 发布

前　言

GB/T 24737《工艺管理导则》分为 9 个部分：

——第 1 部分：总则；

——第 2 部分：产品工艺工作程序；

——第 3 部分：产品结构工艺性审查；

——第 4 部分：工艺方案设计；

——第 5 部分：工艺规程设计；

——第 6 部分：工艺优化与工艺评审；

——第 7 部分：工艺定额编制；

——第 8 部分：工艺验证；

——第 9 部分：生产现场工艺管理。

本部分为 GB/T 24737 的第 8 部分。

本部分的附录 A 为资料性附录。

本部分由全国技术产品文件标准化技术委员会(SAC/TC 146)提出并归口。

本部分起草单位：中机生产力促进中心、重庆大江信达车辆股份有限公司、先进成形技术与装备国家重点实验室。

本部分主要起草人：奚道云、丁红宇、蒋世清、张秀芬、单忠德、刘一蒙、韩琳琳、肖承翔。

工艺管理导则
第8部分：工艺验证

1 范围

GB/T 24737的本部分规定了工艺验证的范围、基本任务、主要验证内容和验证程序。

本部分适用于机械产品的工艺验证。

2 工艺验证的范围

凡需批量生产的新产品，在样机试制鉴定后批量生产前，应通过小批试制进行工艺验证。

3 工艺验证的基本任务

通过小批试生产考核工艺设计的合理性、适应性，以保证在批量生产中产品质量稳定、成本低廉，并符合安全和环境保护要求。

4 主要验证的内容

——工艺关键件和重要件的工艺路线和工艺要求是否合理、可行；

——所选用的设备和工艺装备是否能满足工艺要求；

——检验手段是否满足要求；

——装配路线和装配方法能否保证产品的技术要求；

——工艺过程是否符合劳动安全、绿色制造等要求。

5 工艺验证的程序

5.1 制定验证实施计划

验证实施计划的内容应包括：主要验证项目、验证的技术、组织措施、时间安排、费用预算等。

5.2 验证前的准备

验证前各有关部门应按验证实施计划做好以下各项准备工作：

——下达验证计划；

——准备验证所需的工艺文件和相关资料；

——提供所需的全部工艺装备；

——准备验证所需全部材料；

——做好检验准备；

——做好试生产准备。

5.3 实施验证

5.3.1 验证时必须严格按工艺文件要求进行试生产。

5.3.2 验证过程中，有关工艺和工装设计人员必须经常到生产现场进行跟踪考察，发现问题及时进行解决，并要详细记录问题发生的原因和解决的措施。

5.3.3 验证过程中，工艺人员应认真听取生产操作者的合理化建议，对有助于改进工艺、工装的建议要积极采纳。

5.4 验证总结与鉴定

5.4.1 验证总结

小批试制结束后，工艺部门应写出工艺验证总结，其内容包括：

——产品代号和名称；

——验证前生产工艺准备工作情况；

——试生产数量及时间；

——验证情况分析，包括与国内外同类产品工艺水平对比分析；

——验证结论；

——对批量生产的意见和建议。

5.4.2 验证鉴定

5.4.2.1 一般产品由企业主要技术负责人主持召开、由各有关部门参加的工艺验证会，根据工艺验证总结和各有关方面的意见，确定该产品工艺验证是否合格，能否马上进行批量生产。参加鉴定会的各有关方面负责人应在《工艺验证书》的会签栏内签字。《工艺验证书》格式见附录A。

5.4.2.2 对纳入上级主管部门验证计划的重要产品，在通过企业鉴定后，还需报上级主管部门，由下达验证的主管部门组织验收。

附　录　A
（资料性附录）
工艺验证书

A.1　工艺验证书的格式

工艺验证书的格式见表 A.1。

表 A.1　工艺验证书的格式

单位为毫米

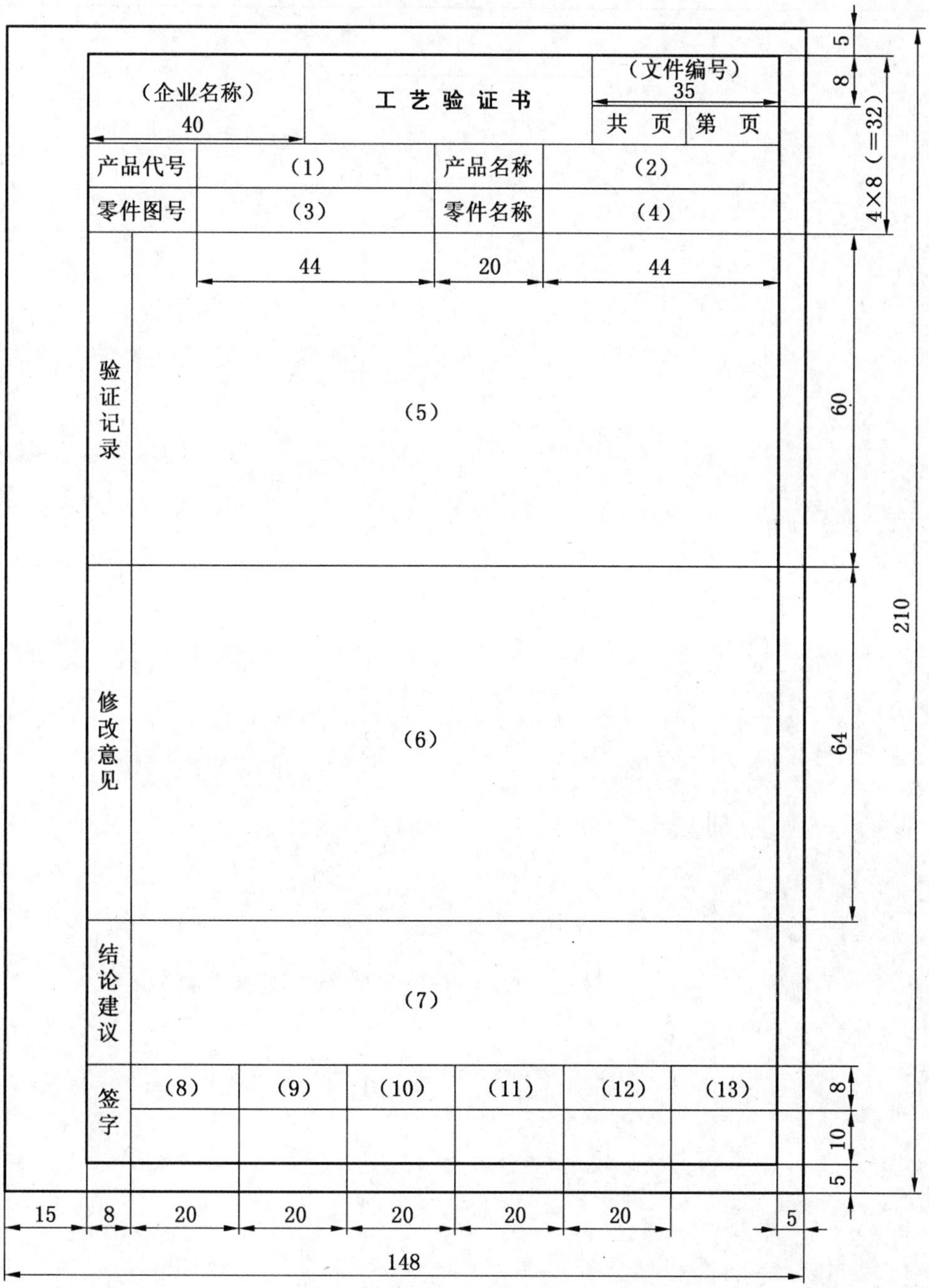

A.2 工艺验证书的填写

工艺验证书的填写见表 A.2。

表 A.2 工艺验证书的填写内容

空 格 号	填 写 内 容
(1)～(4)	按产品图样的规定填写
(5)	按规定的验证项目填写验证时的实际情况
(6)	填写验证后工艺、工装需要修改的内容和意见
(7)	验证后结论和对批量生产的建议
(8)～(13)	验证组织者与参加者的单位和签字,并注明日期

ICS 25.020
J 30

GB

中华人民共和国国家标准

GB/T 24738—2009

机械制造工艺文件完整性

Completeness of machine-building technological documentation

2009-11-30 发布　　　　2010-09-01 实施

中华人民共和国国家质量监督检验检疫总局
中国国家标准化管理委员会　发布

前　言

本标准的附录A和附录B为资料性附录。

本标准由全国技术产品文件标准化技术委员会(SAC/TC 146)提出并归口。

本标准起草单位：中机生产力促进中心、重庆大江信达车辆股份有限公司、先进成形技术与装备国家重点实验室。

本标准主要起草人：奚道云、丁红宇、蒋世清、张秀芬、单忠德、刘一蒙、韩琳琳、肖承翔。

机械制造工艺文件完整性

1 范围

本标准按生产类型和产品的复杂程度，对常用的工艺文件规定了完整性要求。

本标准适用于机械制造企业的工艺管理。

2 规范性引用文件

下列文件中的条款通过本标准的引用而成为本标准的条款。凡是注日期的引用文件，其随后所有的修改单(不包括勘误的内容)或修订版均不适用于本标准，然而，鼓励根据本标准达成协议的各方研究是否可使用这些文件的最新版本。凡是不注日期的引用文件，其最新版本适用于本标准。

GB/T 4863—2008 机械制造工艺基本术语

3 术语和定义

GB/T 4863—2008 中确立的术语和定义适用于本标准。

4 一般要求

4.1 工艺文件是指导工人操作和用于生产、工艺管理的主要依据，要做到正确、完整、统一、清晰。

4.2 工艺文件的种类和内容应根据产品的生产性质、生产类型和产品的复杂程度有所区别。

4.3 产品的生产性质是指样机试制、小批量试制和正式批量生产。样机试制主要是验证产品设计结构，对工艺文件不要求完整，各企业可根据具体情况而定；小批试制主要是验证工艺，所以小批试制的工艺文件基本上应与正式批量生产的工艺文件相同，不同的是后者通过小批试制过程验证后的修改补充更加完善。

4.4 生产类型是企业(或车间、工段、班组、工作地)生产专业化程度的分类。生产类型的划分方法见附录 A。

4.5 产品的复杂程度由产品结构、精度和结构工艺性而定。一般可分为简单产品和复杂产品。复杂程度由各企业自定。

4.6 按生产类型和产品复杂程度不同，对常用的工艺文件完整性作了规定(见附录 B)。使用时，各企业可根据各自工艺条件和产品需要，允许有所增减。

5 常用工艺文件

5.1 产品结构工艺性审查记录

记录产品结构工艺性审查情况的一种工艺文件。

5.2 工艺方案

根据产品设计要求、生产类型和企业的生产能力，提出工艺技术准备工作具体任务和措施的指导性文件。

5.3 工艺流程图

表示生产对象由投入到产出，按照工艺要求排列的加工、搬运、检验、停放、储存等过程的图。

5.4 工艺路线表

产品或零部件在生产过程中，由毛坯准备到成品包装入库，经过企业各有关部门或工序的工艺流程，供工艺、生产计划调度等部门使用。

5.5　木模工艺卡

5.6　砂型铸造工艺卡

5.7　熔模铸造工艺卡

5.8　压力铸造工艺卡

5.9　锻造工艺卡

5.10　冲压工艺卡

5.11　焊接工艺卡

5.12　机械加工工艺过程卡

5.13　典型工艺过程卡

用于制造加工特性一致的一组零件。

5.14　标准工艺过程卡

用于制造标准相同、规格不同的标准零件。

5.15　成组工艺过程卡

依据成组技术而设计的零件加工工艺过程卡。

5.16　机械加工工序卡

5.17　调整卡

对自动、半自动车床或某些齿轮加工机床等进行调整的工艺文件。

5.18　数控加工程序清单

用于编制数控机床加工程序和调整机床。

5.19　热处理工艺卡

5.20　表面处理工艺卡

用于改善工件表面层的力学、物理或化学性能的工艺卡。

5.21　电镀工艺卡

5.22　粉末冶金零件工艺卡

5.23　特种加工工艺卡

一般指零件用化学、冶金、生物、光学、声学、电子、辐射等方法加工所需要的工艺文件。

5.24　装配工艺过程卡

5.25　装配工序卡

5.26　电气装配工艺卡

用于产品的电气安装与调试。

5.27　涂装工艺卡

5.28　工艺评审报告

对工艺方案、关键件及重要件工艺规程、特种工艺技术文件等正确性、合理性、可靠性、可检验性等进行评审、分析与评价的报告。

5.29　作业指导书

为确保某一生产过程的质量，对操作者应做的各项活动所作的详细规定。

5.30　检验卡

根据产品标准、图样、技术要求和工艺规范，对产品及其零、部件的质量特性的检测内容、要求、手段作出规定的指导性文件。

5.31　工艺守则

某一专业工种所通用的一种基本操作规范。

5.32　工艺关键件明细表

填写产品中技术要求严、工艺难度大的工艺关键件的图号、名称和关键内容等的一种工艺文件。

5.33 工序质量分析表

用于分析工序质量控制点的每个特性值——操作者、设备、工装、材料、方法、测量、环境等因素对质量的影响程度，使加工质量处于良好的受控状态的一种工艺文件。

5.34 工序质量控制图

用于对工序质量控制点按质量波动因素进行分析、控制的图表。

5.35 产品质量控制点明细表

填写产品中所有设置质量控制点的零件图号、名称及控制点名称等的一种工艺文件。

5.36 零(部)件质量控制点明细表

填写某一零(部)件的所有质量控制点、名称、控制项目、控制标准、技术要求等的一种工艺文件。

5.37 外协件明细表

填写产品中所有外协件的图号、名称和加工内容等的一种工艺文件。

5.38 外购件明细表

填写产品中所有外购件的的型号、名称和要求等的一种工艺文件。

5.39 ( )零件明细表

当该产品不采用零(部)件工艺路线表或此表表达不够时，需编制按车间或按工种划分的( )零件明细表，起指导组织生产的作用。

注：( )内可以为锻件、铸件、特种件、热处理件、表面处理件等。

5.40 外购工具明细表

填写产品在生产过程中所需购买的全部刀具、量具等的名称、规格与精度等的一种工艺文件。

5.41 组合夹具明细表

填写产品在生产过程中所需的全部组合夹具的编号、名称等的一种工艺文件。

5.42 企业标准工具明细表

填写产品在生产过程中所需并纳入本企业标准工具的名称、规格、精度等的一种工艺文件。

5.43 专用工艺装备明细表

填写产品在生产过程中所需的全部专用工装的编号、名称等的一种工艺文件。

5.44 工位器具明细表

填写产品在生产过程中所需的全部工位器具的编号、名称等的一种工艺文件。

5.45 专用工装图样及设计文件

专用工装应具备完整的设计文件，包括专用工装设计任务书、装配图、零件图、零件明细表、使用说明书(简单的专用工装可在装配图中说明)。

5.46 材料消耗工艺定额明细表

填写产品每个零件在制造过程中所需消耗的各种材料的名称、牌号、规格、质量等的一种工艺文件。

5.47 材料消耗工艺定额汇总表

将"材料消耗工艺定额明细表"中的各种材料按单台产品汇总填列的一种工艺文件。

5.48 标准化审查记录

对设计及工艺文件依据各项有关标准进行审查的记录文件。

5.49 工艺验证书

记载工艺验证结果的一种工艺文件。

5.50 工艺总结

新产品经过试生产后，工艺人员对工艺准备阶段的工作和工艺、工装的试用情况进行记述，并提出处理意见的一种工艺文件。

5.51 产品工艺文件目录

产品所有工艺文件的清单。

附 录 A
（资料性附录）
生产类型划分

A.1 按工作地专业化程度划分

生产类型	工作地专业化程度	
	工作地所担负的工序数 m	工序大量系数 K_B
单件生产	40 以上	0.025 以下
小批生产	20～40	0.025～0.05
中批生产	10～20	0.05～0.1
大批生产	2～10	0.1～0.5
大量生产	1～2	0.5 以上
注：表中 $K_B=1/m$。		

A.2 按生产产品的年产量划分

生产类型	年产量		
	重型机械	中型机械	轻型机械
单件生产	≤5	≤20	≤100
小批生产	＞5～100	＞20～200	＞100～500
中批生产	＞100～300	＞200～500	＞500～5 000
大批生产	＞300～1 000	＞500～5 000	＞5 000～50 000
大量生产	＞1 000	＞5 000	＞50 000
注：表中生产类型的年产量应根据各企业产品具体情况而定。			

附　录　B
（资料性附录）
工艺文件完整性表

关于工艺文件完整性列表如下：

表 B.1　工艺文件完整性表

产品生产类型		单件和小批生产		中批生产		大批和大量生产	
序号	工艺文件名称	工艺文件适用范围					
		简单产品	复杂产品	简单产品	复杂产品	简单产品	复杂产品
1	产品结构工艺性审查记录	△	△	△	△	△	△
2	工艺方案	—	△	△	△	△	△
3	工艺流程图	—	△	+	△	+	△
4	工艺路线表	+	△	△	△	△	△
5	木模工艺卡	+	+	+	+	+	+
6	砂型铸造工艺卡	+	+	+	△	△	△
7	熔模铸造工艺卡	—	+	+	△	△	△
8	压力铸造工艺卡	—	—	+	△	△	△
9	锻造工艺卡	+	△	△	△	△	△
10	冲压工艺卡	+	+	+	△	△	△
11	焊接工艺卡	+	+	+	△	△	△
12	机械加工工艺过程卡	△	△	△	△	△	△
13	典型工艺过程卡	+	+	+	+	+	+
14	标准工艺过程卡	△	△	△	△	△	△
15	成组工艺过程卡	+	+	+	+	+	+
16	机械加工工序卡	—	+	+	△	△	△
17	调整卡	—	—	△	△	△	△
18	数控加工程序卡	+	+	△	△	△	△
19	热处理工艺卡	△	△	△	△	△	△
20	表面处理工艺卡	+	+	+	+	△	△
21	电镀工艺卡	+	+	△	△	△	△
22	粉末冶金零件工艺卡	—	—	△	△	△	△
23	特种加工工艺卡	+	△	△	△	△	△
24	装配工艺过程卡	+	△	△	△	△	△
25	装配工序卡	—	—	—	△	△	△
26	电气装配工艺卡	+	△	△	△	△	△
27	涂装工艺卡	+	△	△	△	△	△
28	工艺评审报告	+	+	+	△	△	△

表 B.1（续）

产品生产类型		单件和小批生产		中批生产		大批和大量生产	
序号	工艺文件名称	工艺文件适用范围					
		简单产品	复杂产品	简单产品	复杂产品	简单产品	复杂产品
29	作业指导书	+	+	+	△	△	△
30	检验卡	+	+	+	+	△	△
31	工艺守则	○	○	○	○	○	○
32	工艺关键件明细表	+	△	+	△	+	△
33	工序质量分析表	+	+	+	+	+	+
34	工序质量控制图	+	+	+	+	+	+
35	产品质量控制点明细表	+	+	+	+	+	+
36	零(部)件质量控制点明细表	+	+	+	+	+	+
37	外协件明细表	△	△	△	△	△	△
38	外购件明细表	△	△	△	△	△	△
39	()零件明细表	+	+	+	+	+	+
40	外购工具明细表	△	△	△	△	△	△
41	组合夹具明细表	△	△	+	+	+	+
42	企业标准工具明细表	+	+	△	△	△	△
43	专用工艺装备明细表	△	△	△	△	△	△
44	工位器具明细表	+	+	+	+	△	△
45	专用工装图样及设计文件	△	△	△	△	△	△
46	材料消耗工艺定额明细表	△	△	△	△	△	△
47	材料消耗工艺定额汇总表	+	△	△	△	△	△
48	标准化审查记录	+	+	+	+	+	+
49	工艺验证书	+	+	△	△	△	△
50	工艺总结	—	△	△	△	△	△
51	产品工艺文件目录	△	△	△	△	△	△

注：———不需要；
　　△——必须具备；
　　+——酌情自定；
　　○——可代替或补充相应的工艺卡(与生产类型无关)。

ICS 01.100.01
J 04

中华人民共和国国家标准

GB/T 24739—2009

机械制图 机件上倾斜结构的表示法

Mechanical drawings—Representation for declining component of mechanical parts

2009-11-30 发布 2010-09-01 实施

中华人民共和国国家质量监督检验检疫总局
中国国家标准化管理委员会 发布

前　言

本标准的附录A和附录B为资料性附录。

本标准由全国技术产品文件标准化技术委员会(SAC/TC 146)提出并归口。

本标准起草单位:中机生产力促进中心、江苏技术师范学院、中国航空综合技术研究所、中航工业第一飞机设计研究院。

本标准主要起草人:杨东拜、王槐德、强毅、夏晓理、张永才。

机械制图
机件上倾斜结构的表示法

1 范围

本标准规定了机件上倾斜结构的实形和实角的表示法。

本标准适用于机械图样中机件上倾斜结构的绘制。

2 规范性引用文件

下列文件中的条款通过本标准的引用而成为本标准的条款。凡是注日期的引用文件,其随后所有的修改单(不包括勘误的内容)或修订版均不适用于本标准,然而,鼓励根据本标准达成协议的各方研究是否可使用这些文件的最新版本。凡是不注日期的引用文件,其最新版本适用于本标准。

GB/T 4457.4 机械制图 图样画法 图线(GB/T 4457.4—2002,ISO 128-24:1999,Technical drawings—General principles of presentation—Part 24:Lines on mechanical engineering drawing,MOD)

GB/T 4458.1 机械制图 图样画法 视图(GB/T 4458.1—2002,ISO 128-34:2001,Technical drawings—General principles of presentation—Part 34:Views on mechanical engineering drawings,MOD)

GB/T 4458.4 机械制图 尺寸注法

GB/T 4458.6—2002 机械制图 图样画法 剖视图和断面图(ISO 128-44:2002,Technical drawings—General principles of presentation—Part 44:Sections on mechnical engineering drawings,MOD)

GB/T 14692 技术制图 投影法(GB/T 14692—2008,ISO/DIS 5456:1993,NEQ)

GB/T 16948 技术产品文件 词汇 投影法和术语(GB/T 16948—1997,eqv ISO 10209-2:1993)

3 术语和定义

下列术语和定义适用于本标准。

3.1

投影面平行线 parallel line of projection plane

与一个基本投影面平行,与另外两个基本投影面成倾斜位置的直线。

3.2

一般位置直线 incline line

与三个基本投影面均成倾斜位置的直线。

3.3

投影面垂直面 vertical of projection plane

与一个基本投影面垂直,与另两个基本投影面成倾斜位置的平面。

3.4

一般位置平面 incline plane

与三个基本投影面均成倾斜位置的平面。

注:三个基本投影面是指在空间互相垂直的3个投影面,它们是6个基本投影面的组成部分。

4 基本原则

4.1 反映机件倾斜结构实形、实角的图样应按变换投影面法(换面法)绘制,变换投影面法的基本原理如附录B所示。

4.2 图样中的线性尺寸和角度一般应标注在反映实形和实角的图形上。当变形较小且不引起误解时，也允许标注在不反映实形和实角的图形上，此时应在尺寸数值下加画一粗短画，见图A.4。

4.3 在不致引起误解时，不反映实形和实角的倾斜结构部分可省略不画。

5 机件上斜面实形的表示法

5.1 当斜面为单斜面时，可采用一个斜视图表示出实形，并标注有关尺寸，见图1中的A。

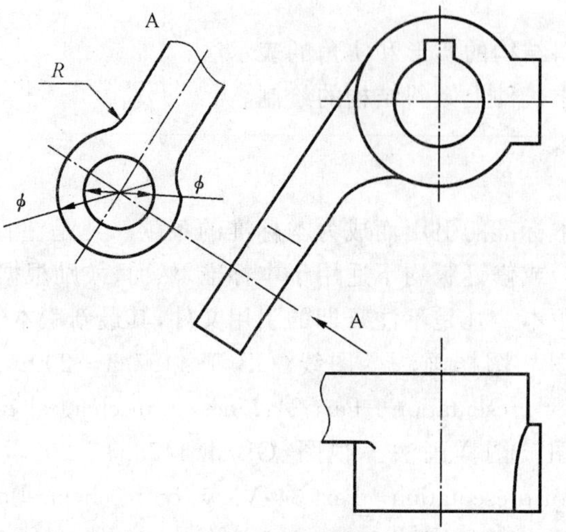

图1 斜面为单斜面的斜视图

5.2 当斜面为复斜面时，一般需先用一个斜视图(或用斜剖切平面剖得的剖视图)将复斜面变换成单斜面，见图2中的A。再用5.1的方法画出第二个斜视图表示出实形，并标注有关尺寸，见图2中的B。

斜视图标注中，表示投射方向的箭头应平行于所指视图的投影面。

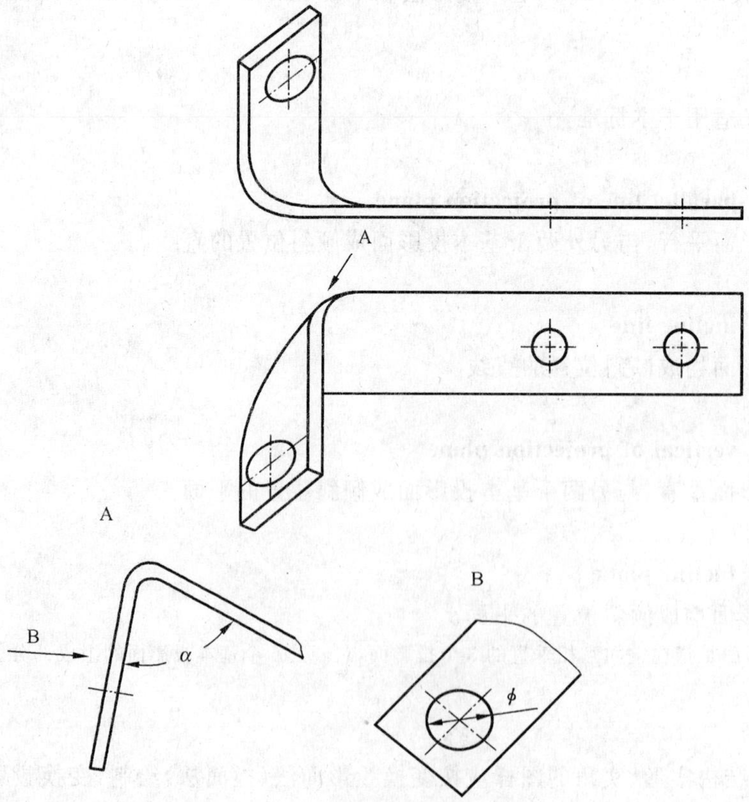

图2 斜面为复斜面的斜视图(一)

5.3 某些复斜面，也可先按 GB/T 4458.6—2002 中的 5.4 采用几个相交的剖切面将复斜面变换成单斜面，见图 3 中的 A—A。再用 5.1 的方法表示出实形，并标注有关尺寸见图 3 中的 B。

图 3 斜面为复斜面的斜视图(二)

6 机件上两平面间实角的表示法

6.1 当两平面的交线为单斜线时，可采用一个斜视图(或用单一剖切平面获得的剖视图)，表示出两平面间的实角，见图 2 中的 A。

6.2 当两平面的交线为复斜线时，可先用斜视图(或用单一剖切平面获得的剖视图)，将复斜线变换成单斜线，再用 6.1 的方法表示出两平面间的实角，见图 4 和图 5。

表示投射方向的箭头应符合 5.2 规定。

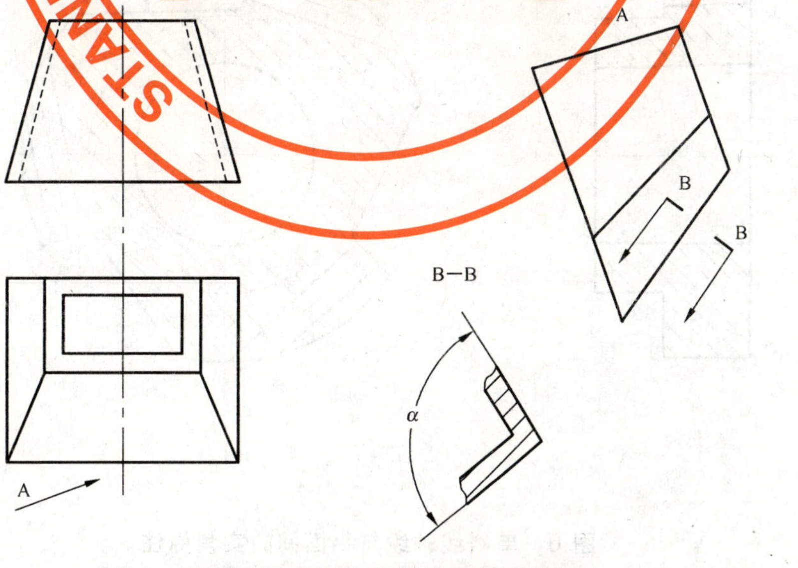

图 4 两平面的交线为复斜线时的斜视图(一)

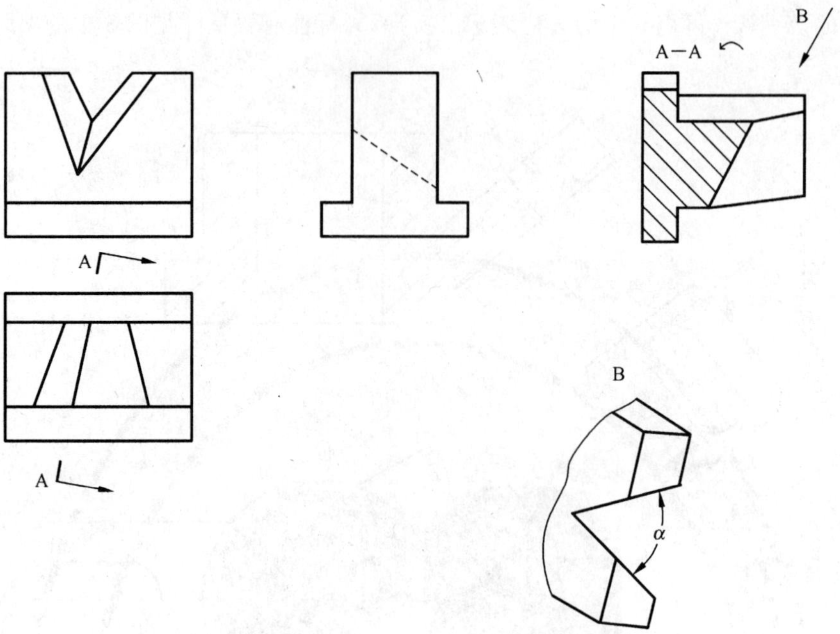

图 5　两平面的交线为复斜线时的斜视图(二)

7　机件上轴线与平面间实角的表示法

7.1　当轴线为单斜线、平面为与轴线所平行的基本投影面相垂直的单斜面时,轴线与平面间的实角可直接注出,见图 6。

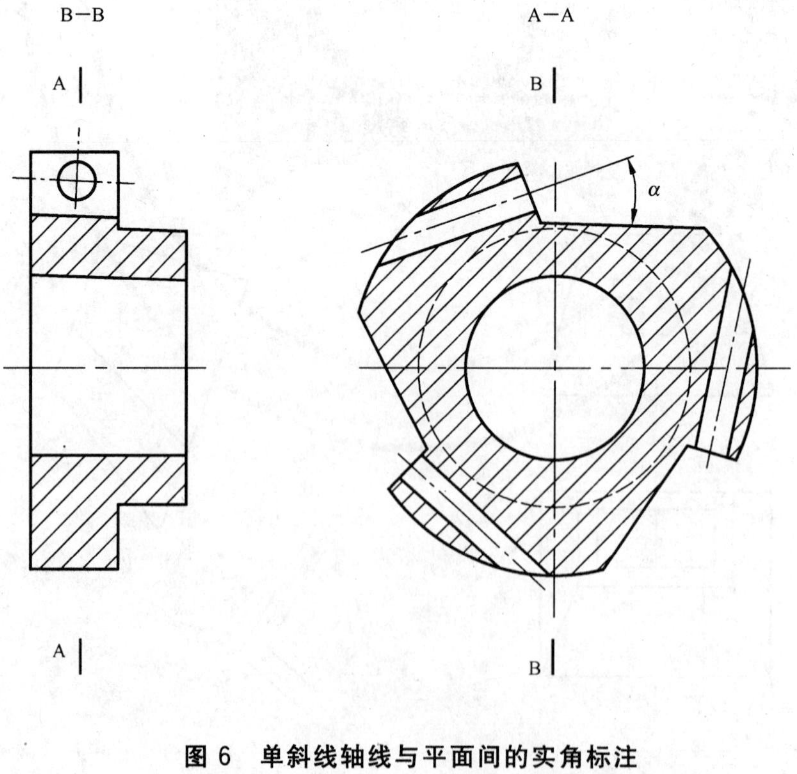

图 6　单斜线轴线与平面间的实角标注

7.2　当轴线为复斜线,平面与某一基本投影面平行时,可采用图 7 的表达方法。图中所注角度 α 为轴线与平面间的实角。

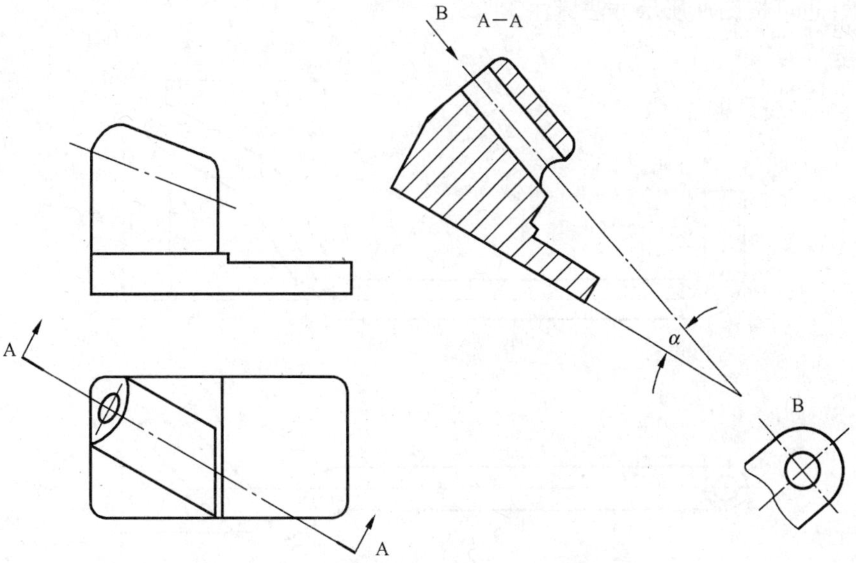

图 7　复斜线轴线与平面间的实角标注

8　弯管上轴线间实角的表示法

8.1　当弯管上某一段轴线位于单斜面上时，则与邻接的另一段轴线所夹的实角可按图 8 中的 B 绘出并标注。

8.2　当弯管弯折处的邻接轴线所确定的平面为复斜面时，如图 8 弯管中右端的两段邻接轴线，可按 5.2 的方法，用换面法两次换面，画两个斜视图表示出复斜面上两段邻接轴线所夹的实角，见图 8 中的 C 和 D。

表示投影方向的箭头应符合 5.2 规定。

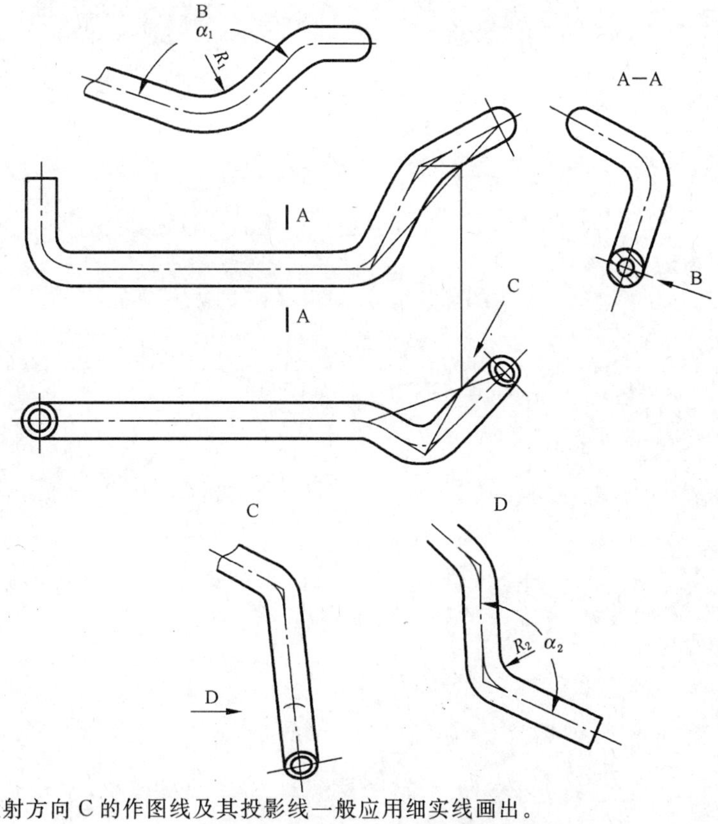

注：图中为确定投射方向 C 的作图线及其投影线一般应用细实线画出。

图 8　弯管的单斜面与复斜面表示方法

8.3 弯管的尺寸也可按图9所示方法标注。

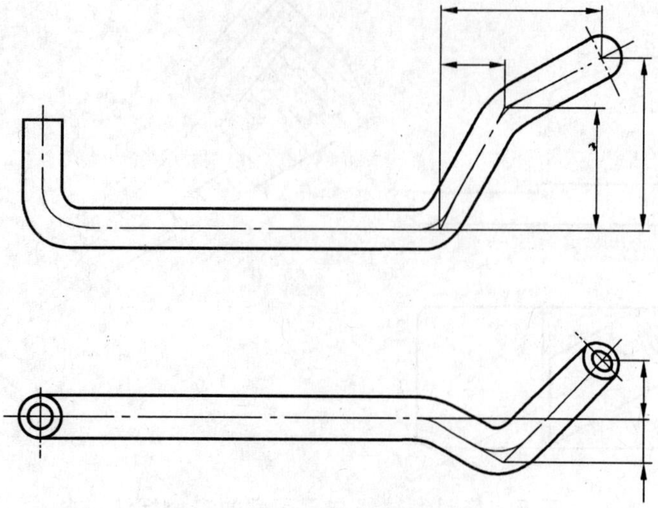

图9 弯管的尺寸标注

附　录　A
（资料性附录）
机件上倾斜结构的图样示例

本附录列举了一些图例，主要说明机件上倾斜结构的图样画法和尺寸注法。

A.1　垫片（见图 A.1）用以表示实形的画法和尺寸注法。

A.2　支座（见图 A.2）用以表示实形、实角的画法和尺寸注法。

A.3　涨块（见图 A.3）用以表示实角的画法和尺寸注法。

A.4　弯管（见图 A.4）表示用坐标法绘制的图样。

单位为毫米

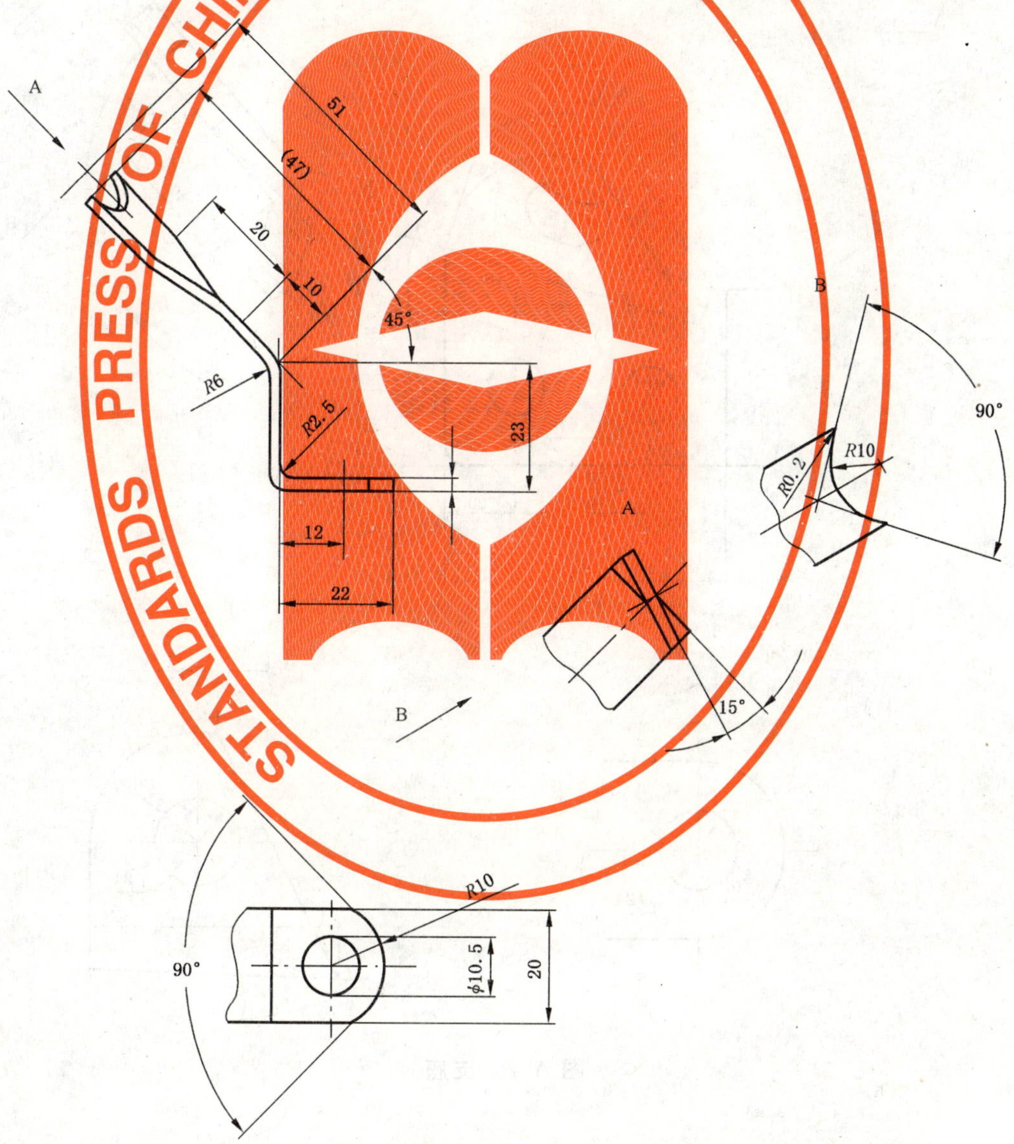

图 A.1　垫片

单位为毫米

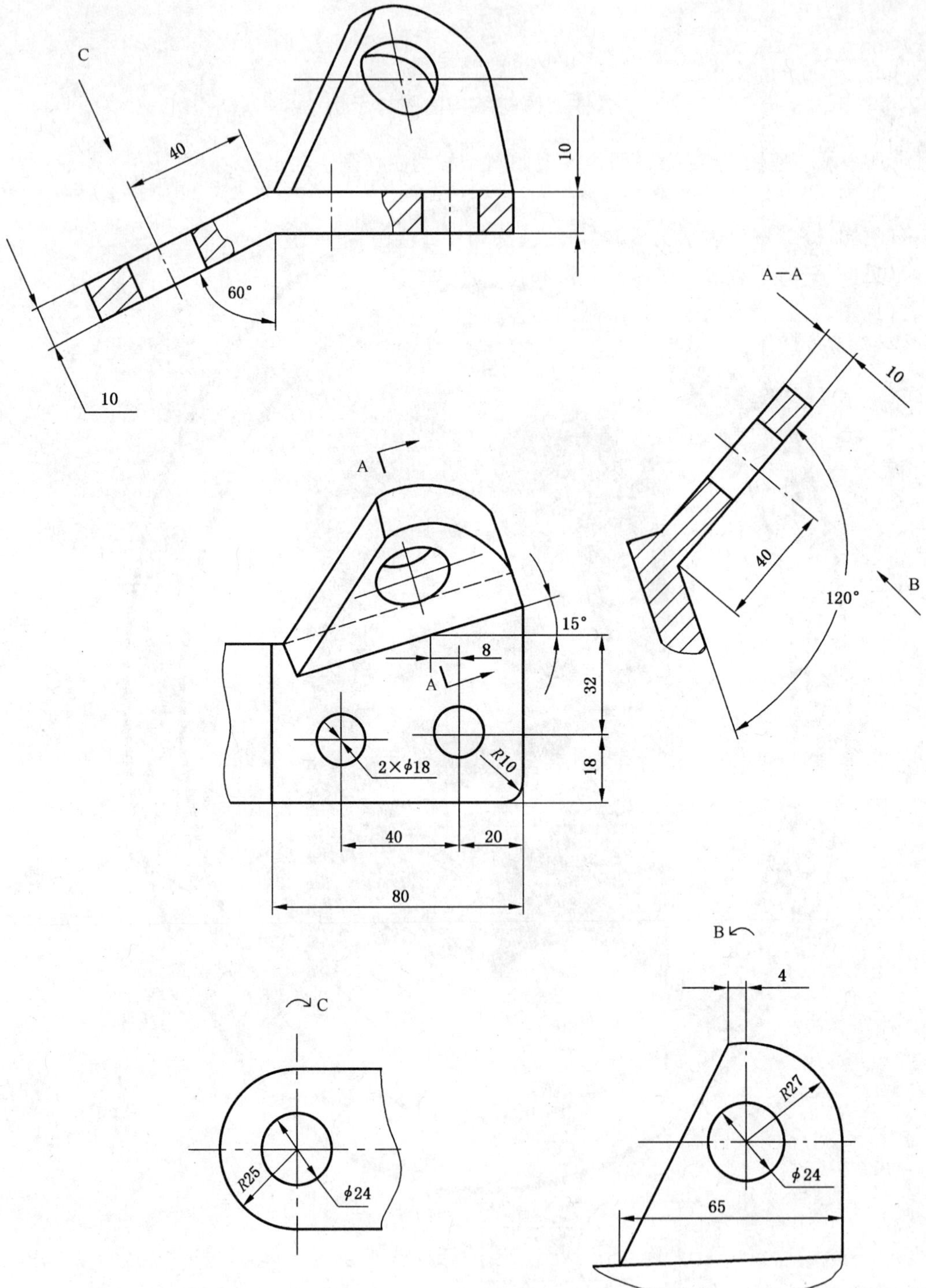
C
40
10
60°
10
A—A
10
A
15°
8
A
32
40
120°
B
2×ϕ18
R10
18
40
20
80
B
4
C
R27
R25
ϕ24
ϕ24
65

图 A.2 支座

单位为毫米

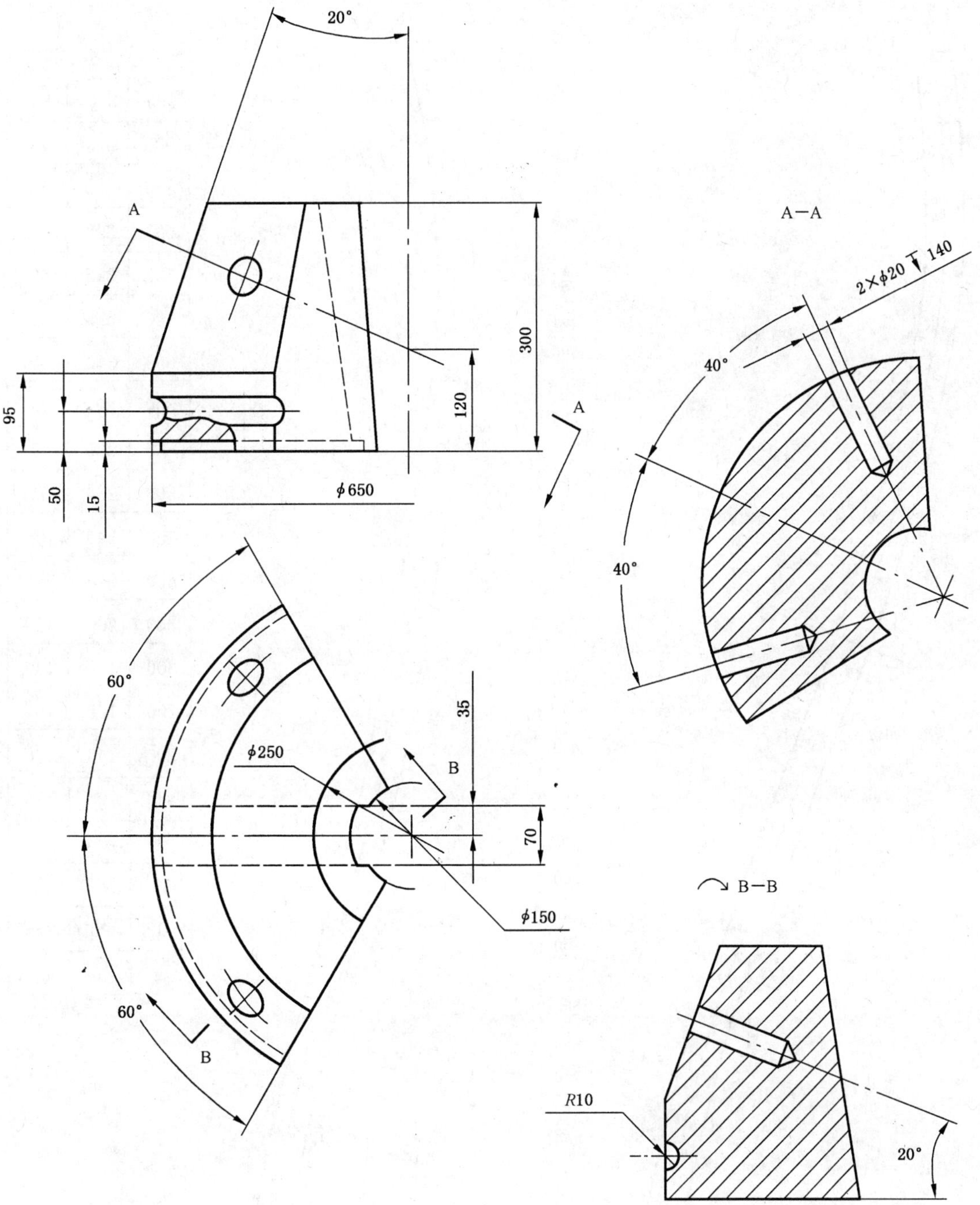
20°
A
300
120
95
50
15
ϕ650
A
A—A
2×ϕ20 ⊤ 140
40°
40°
60°
60°
ϕ250
35
B
70
ϕ150
B
B—B
R10
20°

图 A.3 涨块

单位为毫米

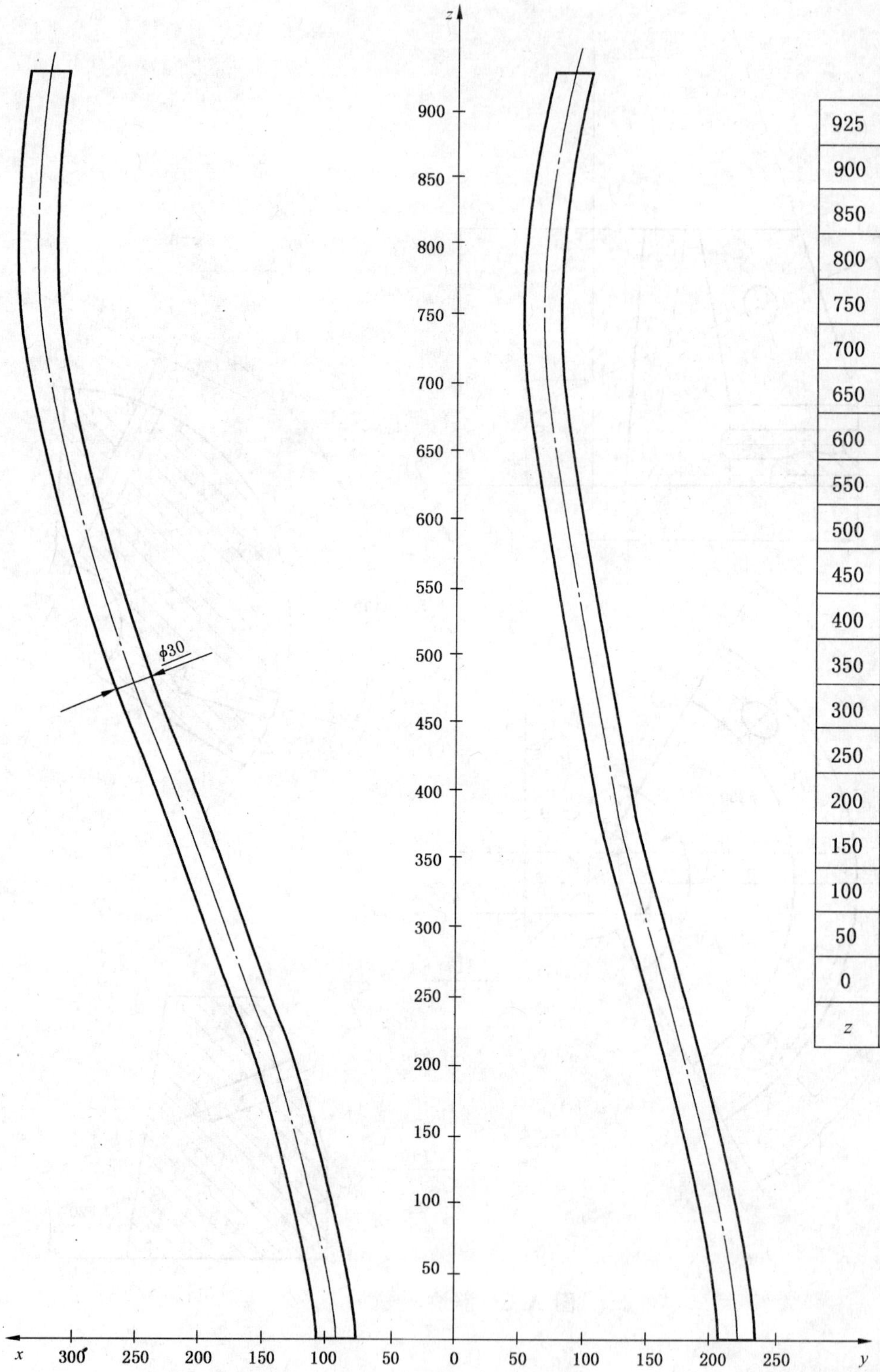

z	x	y
925	320	85
900	325	75
850	330	65
800	328	62
750	325	60
700	315	65
650	310	70
600	295	75
550	280	85
500	260	95
450	240	105
400	215	115
350	200	130
300	180	140
250	100	155
200	140	170
150	120	185
100	105	195
50	95	205
0	90	215

图 A.4　弯管

附 录 B
（资料性附录）
变换投影面法的基本原理

本附录对求平面实形、两平面间实角、两直线间实角、线面间实角的方法作简要说明。

B.1 求平面实形

在图 B.1 中，平面 *abcd* 为复斜面，为求其实形，需用两次换面法。

第一次换面，是使新的投影面垂直于斜面上的水平线 *ae*，则该斜面必然垂直于新的辅助投影面。作图时，应使新的 x_1 轴垂直于 *ae*，则在新的辅助投影面上，水平线 *ae* 的投影积聚为一点 $a_1'(e_1')$，平面 *abcd* 的投影积聚为一直线 $b_1'd_1'$。

第二次换面，是使该平面平行于另一新的辅助投影面，平面的新投影 $a_2b_2c_2d_2$ 则反映复斜面的实形。作图时，使新的 x_2 轴平行于 b_1d_1。

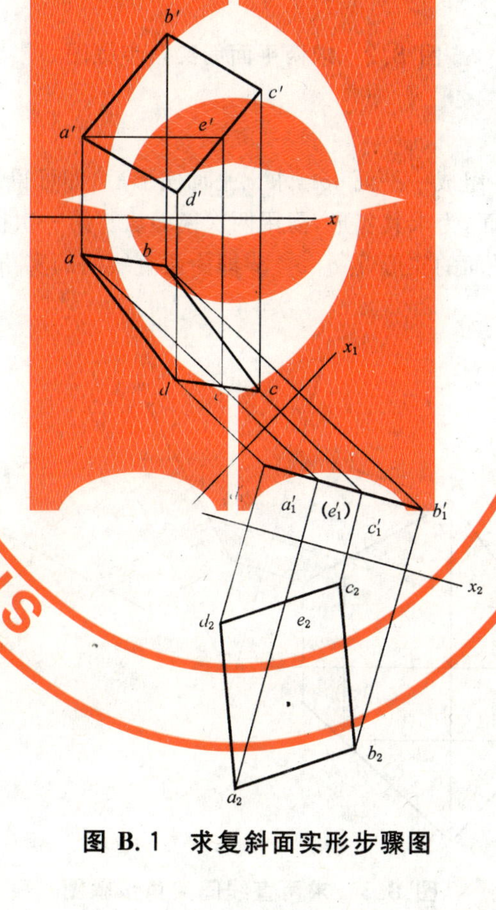

图 B.1 求复斜面实形步骤图

B.2 求两平面间实角

在图 B.2 中，先找出两平面 *abc* 和 *bcd* 的交线 *bc*，用换面法画出反映其实长的投影 b_1c_1，两平面的新投影 $a_1b_1c_1$ 和 $b_1c_1d_1$ 也可画出；再用换面法，使 *bc* 的投影积聚为一点 $b_2'(c_2')$，两平面的投影积聚为两条直线，α 即为两平面间实角。

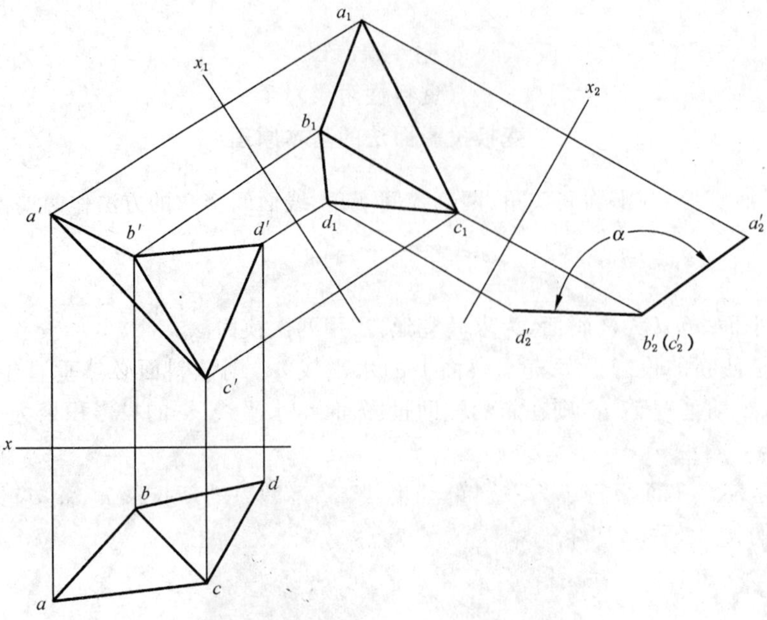

图 B.2　求两平面间实角步骤图

B.3　求两直线间实角

在图 B.3 中，直线 ab 和 bc 组成一平面 abc，求出平面实形后，即可得出两直线间的实角。

因图中的平面 abc 为复斜面，为求其实形，需用两次换面法。第一次换面是使平面的投影积聚为一直线 b_1c_1，第二次换面可画出平面的实形 $a_2'b_2'c_2'$，α 即为两直线间的实角。

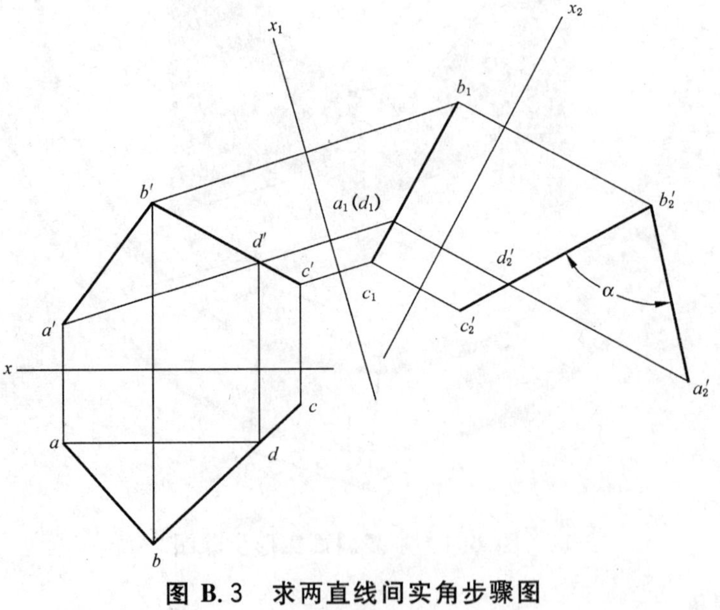

图 B.3　求两直线间实角步骤图

B.4　求线面间实角

在图 B.4 中，用换面法先使平面 abc 的投影积聚为一直线 a_1b_1，因 $e'f'$ 与 x_1 轴不平行，即直线 ef 与新投影面不平行，因此 e_1f_1 与 a_1b_1 的夹角还不是平面 abc 与直线 ef 间实角，需再求出平面的实形 $a_2'b_2'c_2'$ 和直线的投影 $e_2'f_2'$。再做 x_3 轴与 $e_2'f_2'$ 平行，第三次换面后 e_3f_3 与 a_3c_3 的夹角 α 为实角。

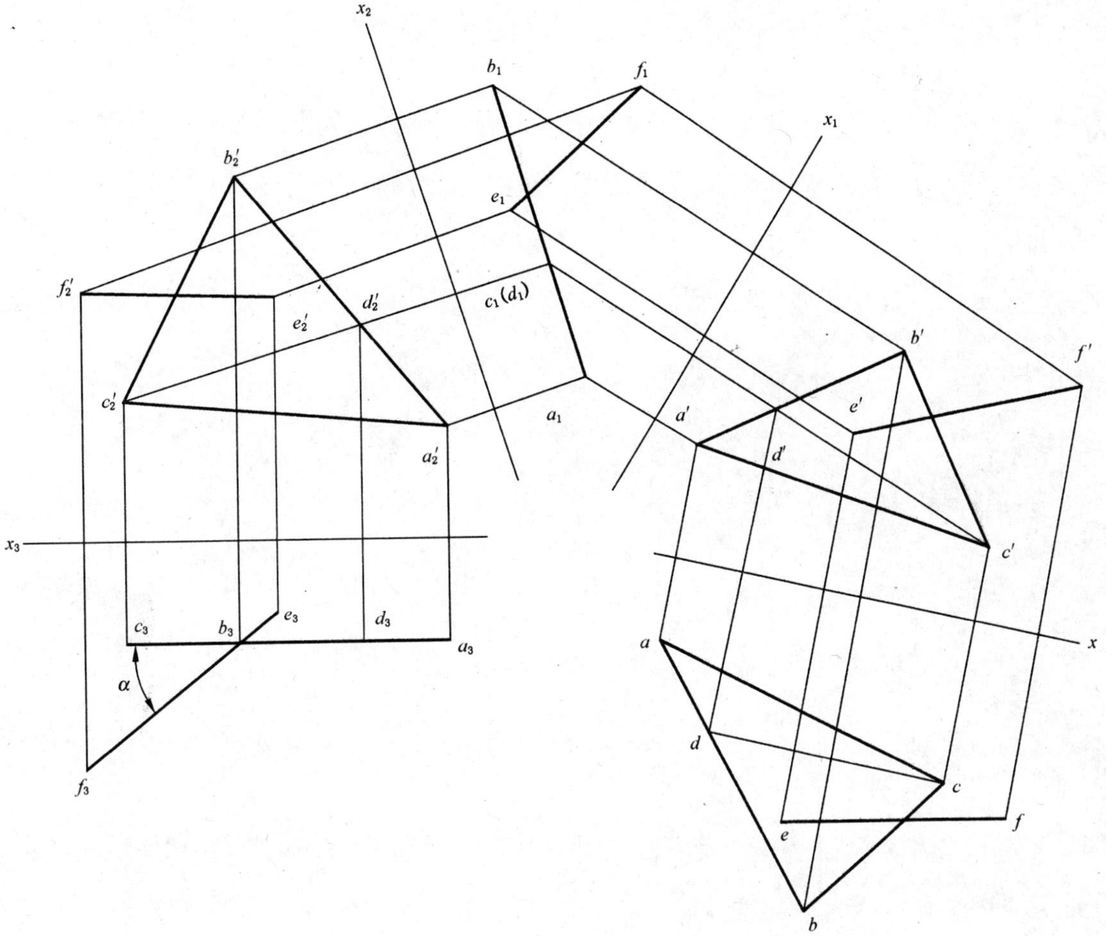

图 B.4 求线面间实角步骤图

ICS 01.100.01
J 04

中华人民共和国国家标准

GB/T 24740—2009

技术产品文件 机械加工定位、夹紧符号表示法

Technical product documentation—Symbol of mechanical manufacture orientation and clamping

2009-11-30 发布　　2010-09-01 实施

中华人民共和国国家质量监督检验检疫总局
中国国家标准化管理委员会　发布

前　言

本标准的附录A和附录B为资料性附录。

本标准由全国技术产品文件标准化技术委员会(SAC/TC 146)提出并归口。

本标准起草单位:中机生产力促进中心、中国电子科技集团、大连海事大学、合肥工业大学。

本标准主要起草人:杨东拜、张红旗、邹玉堂、李学京、庞薇。

技术产品文件
机械加工定位、夹紧符号表示法

1 范围

本标准规定了技术产品文件中机械加工定位支承符号(简称定位符号)、辅助支承符号、夹紧符号和常用定位、夹紧装置符号(简称装置符号)的类型、画法和使用要求。

本标准适用于机械制造行业在设计产品零件、部件机械加工工艺规程和编制工艺装备设计任务书时使用。

2 规范性引用文件

下列文件中的条款通过本标准的引用而成为本标准的条款。凡是注日期的引用文件,其随后所有的修改单(不包括勘误的内容)或修订版均不适用于本标准,然而,鼓励根据本标准达成协议的各方研究是否可使用这些文件的最新版本。凡是不注日期的引用文件,其最新版本适用于本标准。

GB/T 1008　机械加工工艺装备基本术语

GB/T 4457.4　机械制图　图样画法　图线(GB/T 4457.4—2002,ISO 128-24:1999,Technical drawings—General principles of presentation—Part 24:Lines on mechanical engineering drawing,MOD)

GB/T 4863　机械制造工艺基本术语

3 术语和定义

GB/T 4863 和 GB/T 1008 中确立的术语和定义适用于本标准。

4 符号

4.1 定位支承符号

定位支承符号见表 1。

表 1　定位支承符号

定位支承类型	符号			
	独立定位		联合定位	
	标注在视图轮廓线上	标注在视图正面[a]	标注在视图轮廓线上	标注在视图正面[a]
固定式	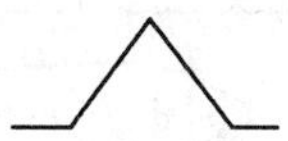		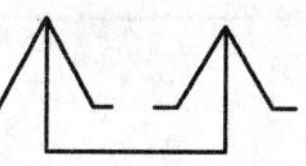	
活动式			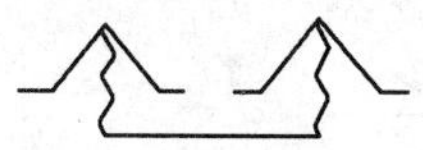	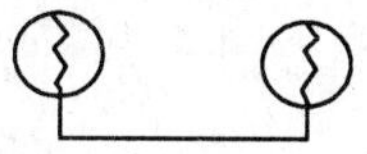

[a] 视图正面是指观察者面对的投影面。

4.2 辅助支承符号

辅助支承符号见表 2。

表 2　辅助支承符号

独立支承		联合支承	
标注在视图轮廓线上	标注在视图正面	标注在视图轮廓线上	标注在视图正面
		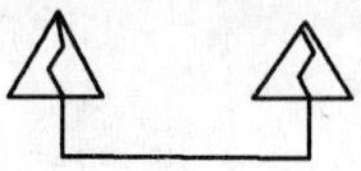	

4.3　夹紧符号

夹紧符号见表 3。表中的字母代号为大写汉语拼音字母。

表 3　夹紧符号

夹紧动力源类型	符　号			
	独立夹紧		联合夹紧	
	标注在视图轮廓线上	标注在视图正面	标注在视图轮廓线上	标注在视图正面
手动夹紧		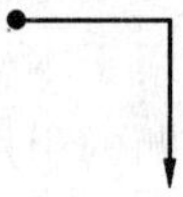	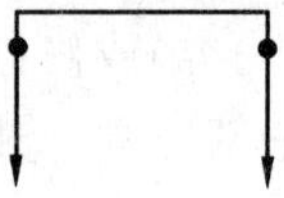	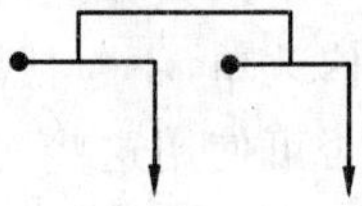
液压夹紧	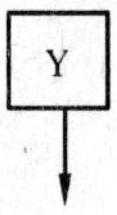	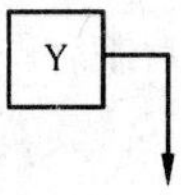	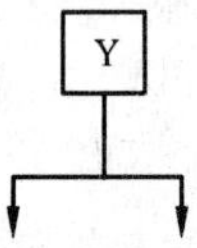	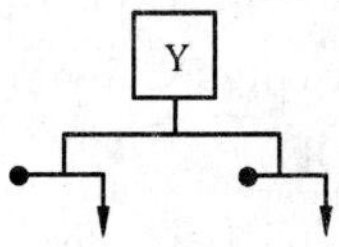
气动夹紧	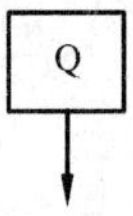	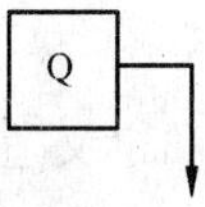	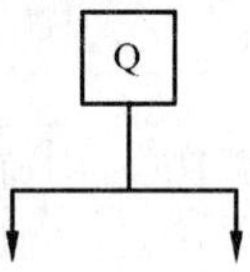	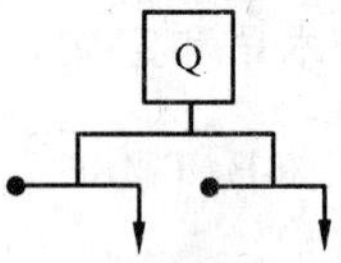
电磁夹紧	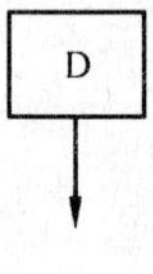	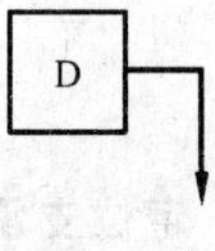	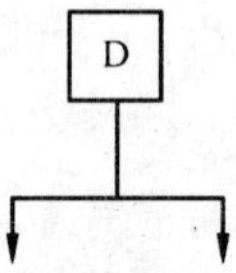	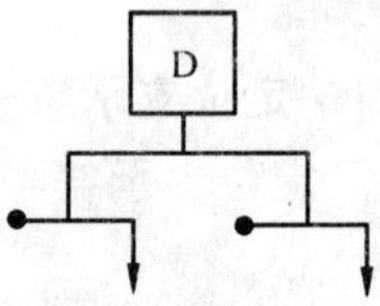

4.4　常用装置符号

常用的装置符号见表 4。

表 4　常用装置符号

序号	符号	名称	简图
1		固定顶尖	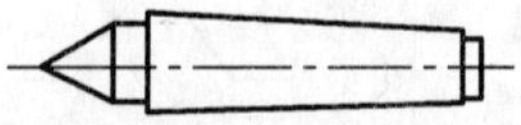
2	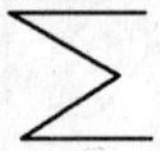	内顶尖	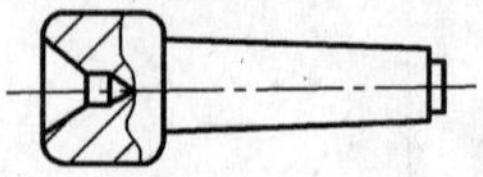
3	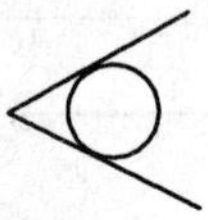	回转顶尖	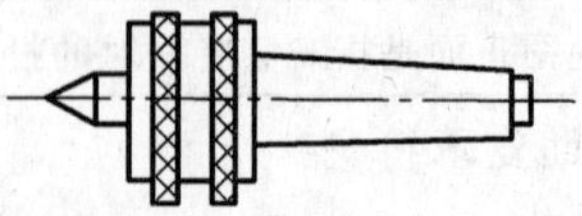

表 4（续）

序号	符号	名称	简图
4	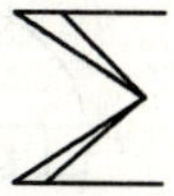	外拨顶尖	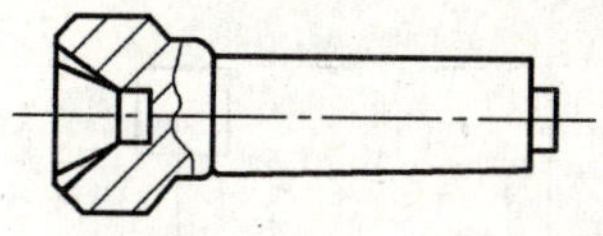
5	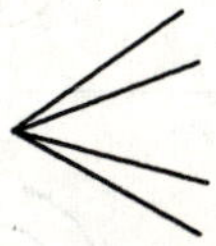	内拨顶尖	
6		浮动顶尖	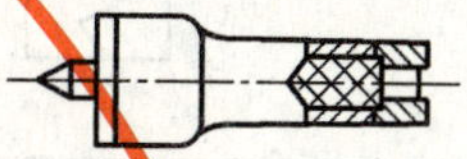
7		伞形顶尖	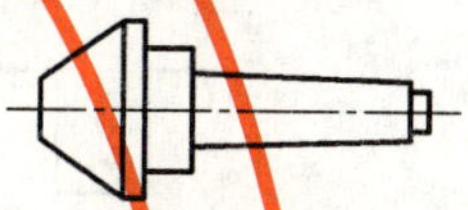
8		圆柱心轴	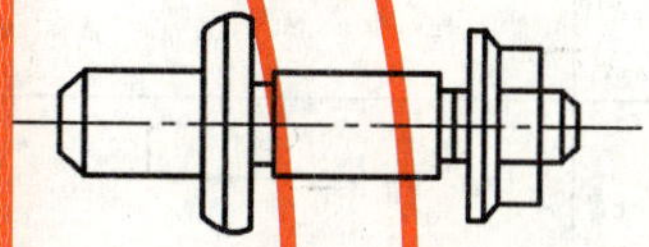
9		锥度心轴	
10		螺纹心轴	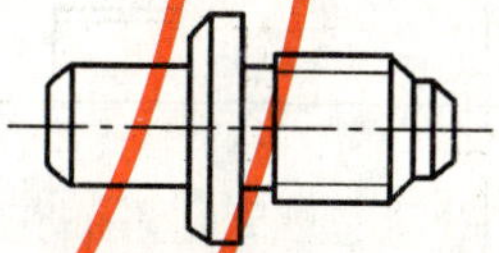 （花键心轴也用此符号）
11	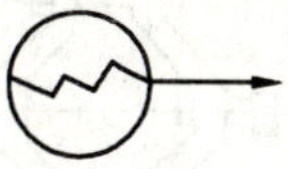	弹性心轴	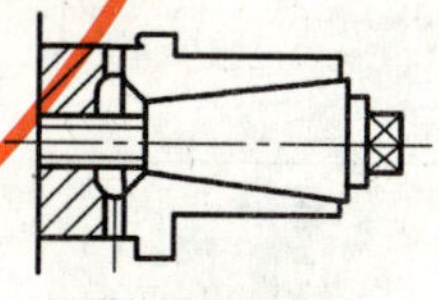 （包括塑料心轴）
		弹簧夹头	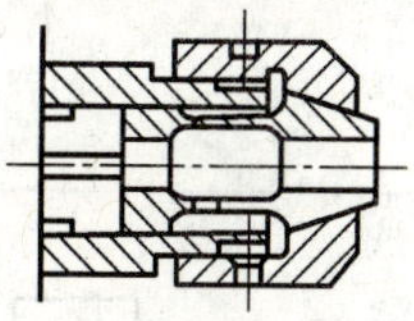
12		三爪卡盘	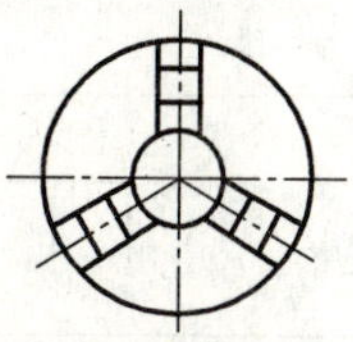

表 4（续）

序号	符号	名称	简图
13	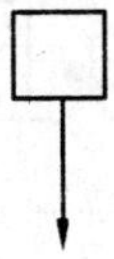	四爪卡盘	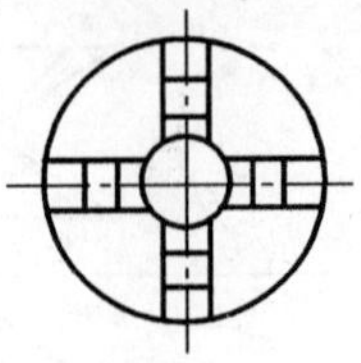
14	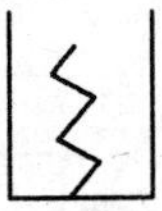	中心架	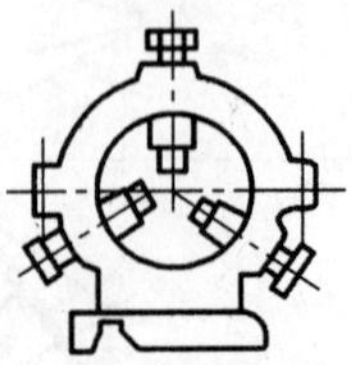
15	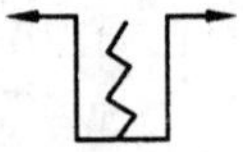	跟刀架	
16	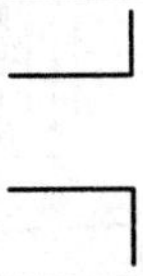	圆柱衬套	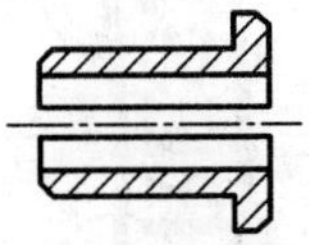
17	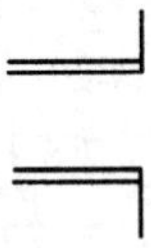	螺纹衬套	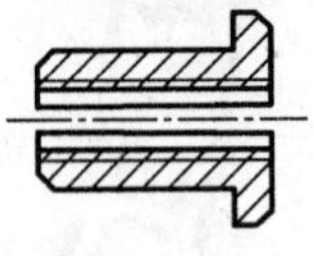
18	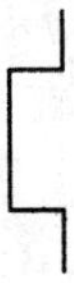	止口盘	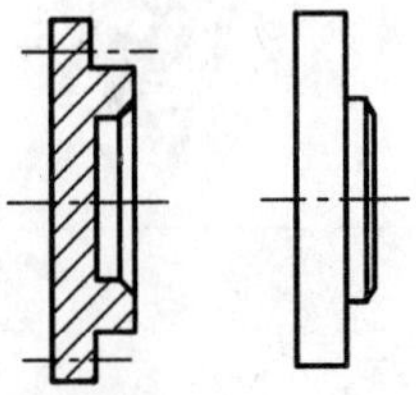
19	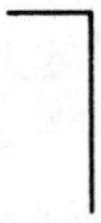	拨杆	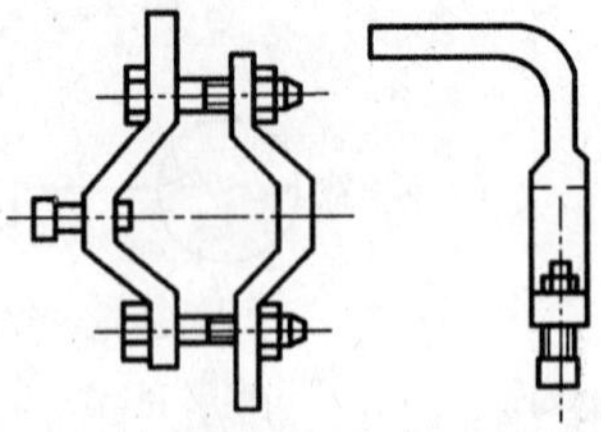
20	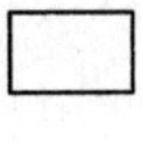	垫铁	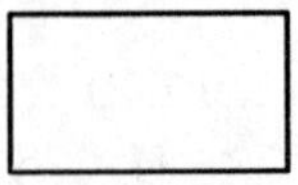
21	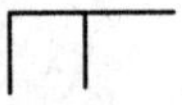	压板	

表 4（续）

序号	符号	名称	简图
22	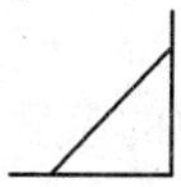	角铁	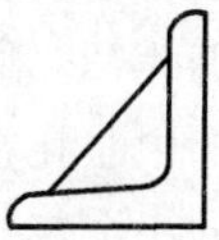
23		可调支承	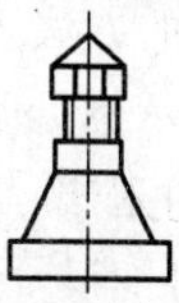
24	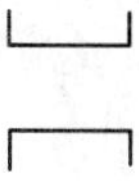	平口钳	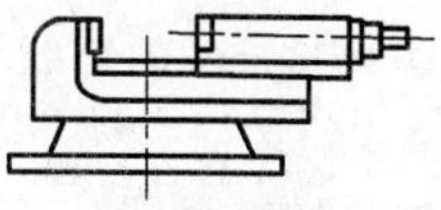
25	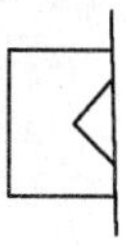	中心堵	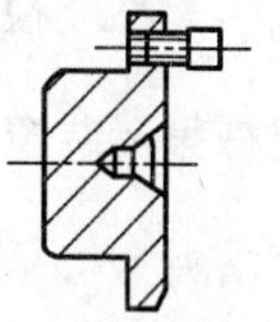
26		V 形铁	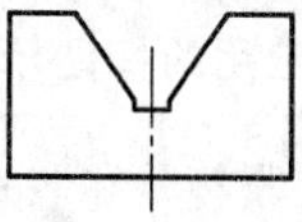
27		软爪	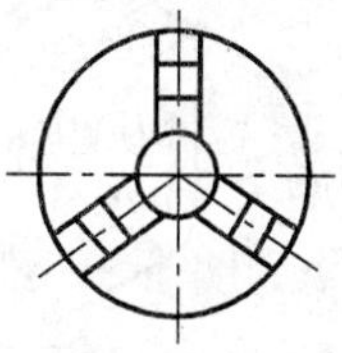

5 各类符号画法

5.1 定位支承符号与辅助支承符号的画法。

5.1.1 定位支承符号见图 1a)，辅助支承符号见图 1b)。

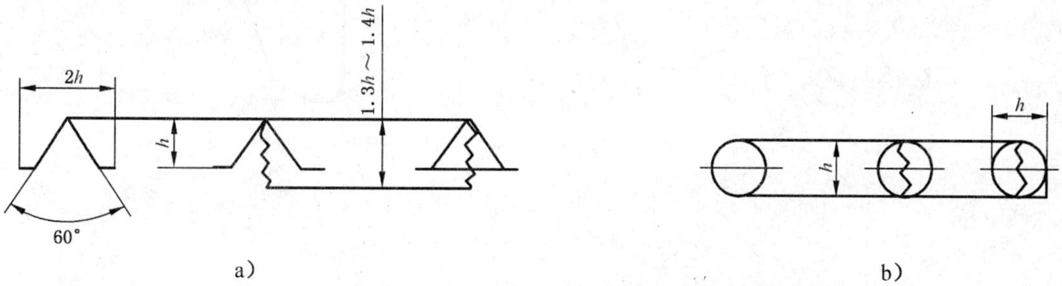

a)　　b)

图 1 定位支承和辅助支承用符号的尺寸比例

5.1.2 联合定位与辅助支承符号的基本图形尺寸应符合图 1 的规定，基本符号间的连线长度可根据工序图中的位置确定。连线允许画成折线，如附录 A 中的序号 29 所示。

5.1.3 活动式定位支承符号和辅助支承符号内的波纹形状不作具体规定。

5.1.4 定位支承符号与辅助支承符号用 GB/T 4457.4 中规定的细实线绘制，符号高度 h 应是工艺图中数字高度的 1～1.5 倍。

5.1.5 定位支承符号与辅助支承符号允许标注在视图轮廓的延长线上，或投影面的指引线上，如附录 A 中的序号 19、序号 29 和附录 B 中的序号 3、序号 4 所示。

5.1.6 未剖切的中心孔指引线应由轴线与端面的交点开始，如附录 A 中的序号 1、序号 2 所示。

5.1.7 在工件的一个定位面上布置两个以上的定位点，且对每个点的位置无特定要求时，允许用定位符号右边加数字的方法进行表示，不必将每个定位点的符号都画出，符号右边数字的高度应与符号的高度 h 一致。标注示例见附录 A 和附录 B。

5.2 夹紧符号的画法

5.2.1 夹紧符号的尺寸应根据工艺图的大小与位置确定。

5.2.2 夹紧符号线宽按 GB/T 4457.4 中规定的细实线绘制。

5.2.3 联动夹紧符号的连线长度应根据工艺图中的位置确定，允许连线画成折线，如附录 A 中的序号 28 所示。

5.3 装置符号的画法

装置符号的大小应根据工艺图中的位置确定，其线宽按 GB/T 4457.4 中规定的细实线绘制。

6 定位、夹紧符号及装置符号的使用

6.1 定位符号、夹紧符号和装置符号可单独使用，也可联合使用。

6.2 当仅用符号表示不明确时，可用文字补充说明。

7 各种符号应用的标注示例

7.1 定位、夹紧符号和装置符号的综合标注示例见附录 A。

7.2 定位、夹紧符号的应用及相对应的夹具结构示例见附录 B。

附 录 A
（资料性附录）
定位、夹紧符号与装置符号综合标注示例

表 A.1

序号	说　明	定位、夹紧符号标注示意图	装置符号标注或与定位、夹紧符号联合标注示意图
1	床头固定顶尖、床尾固定顶尖定位拨杆夹紧	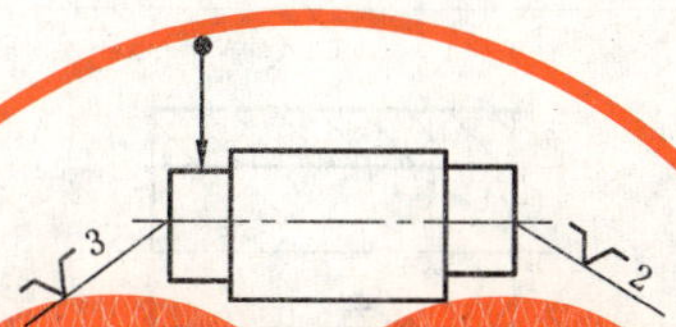	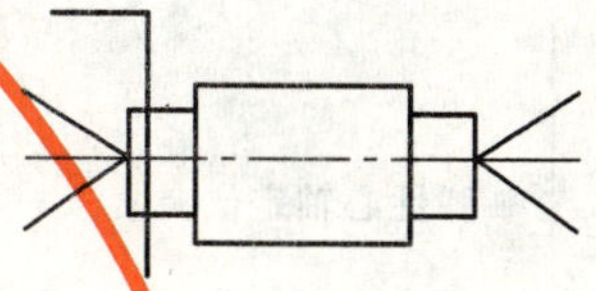
2	床头固定顶尖、床尾浮动顶尖定位拨杆夹紧		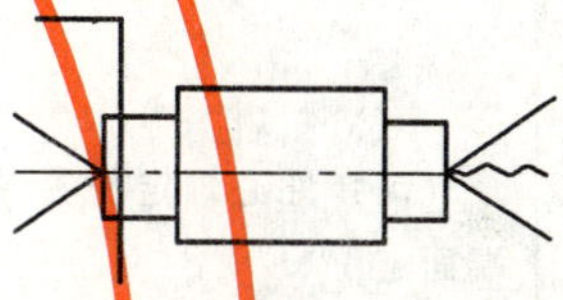
3	床头内拨顶尖、床尾回转顶尖定位夹紧	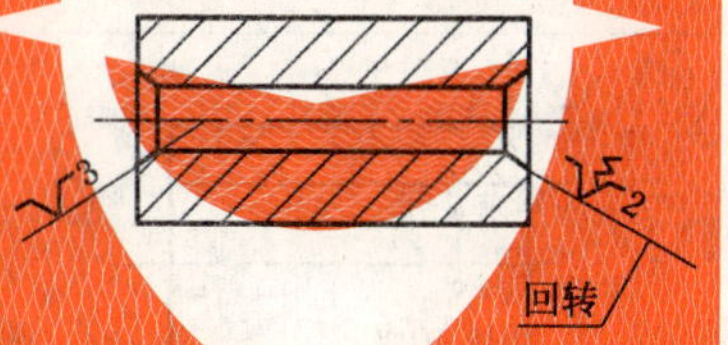	
4	床头外拨顶尖、床尾回转顶尖定位夹紧	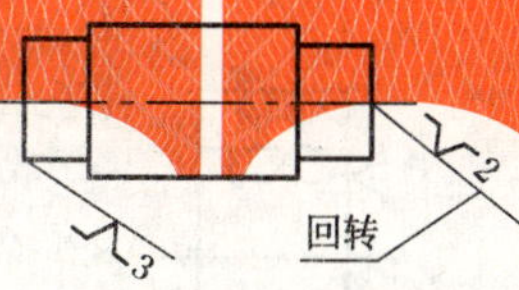	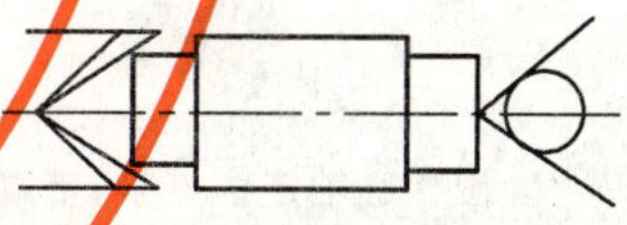
5	床头弹簧夹头定位夹紧，平头内带有轴向定位，床尾内顶尖定位	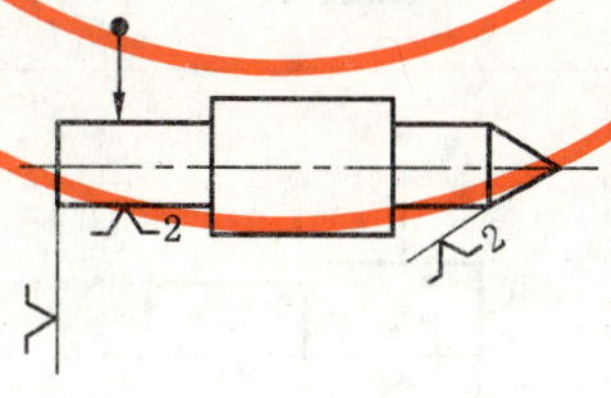	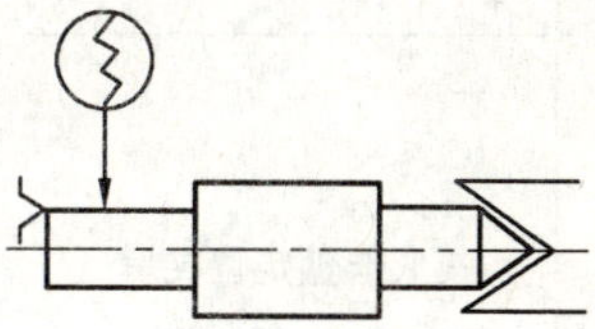
6	弹簧夹头定位夹紧	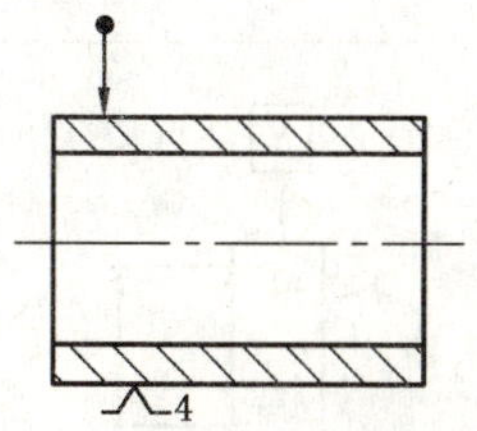	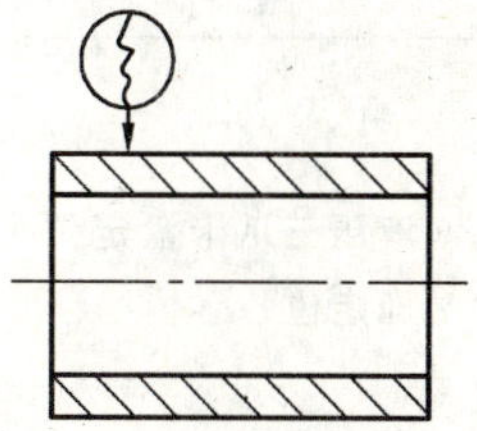

表 A.1（续）

序号	说　明	定位、夹紧符号标注示意图	装置符号标注或与定位、夹紧符号联合标注示意图
7	液压弹簧夹头定位夹紧，夹头内带有轴向定位	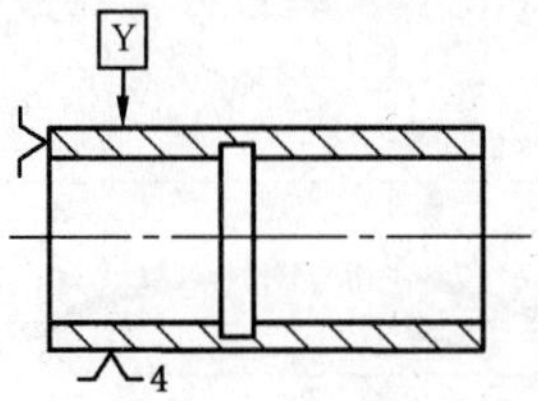	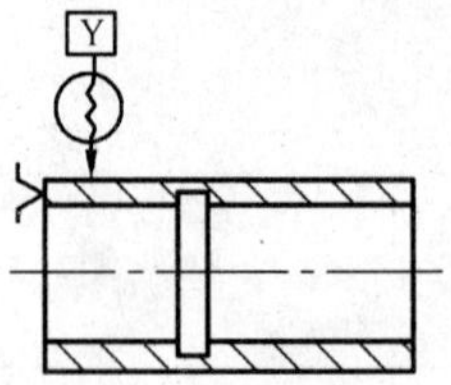
8	弹性心轴定位夹紧	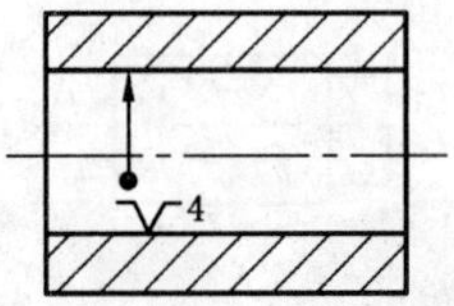	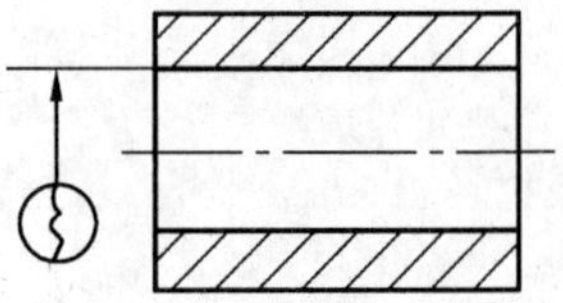
9	气动弹性心轴定位夹紧，带端面定位	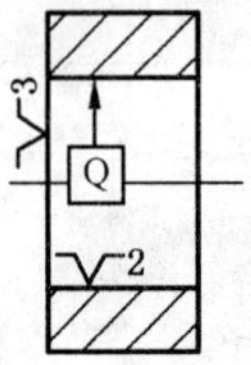	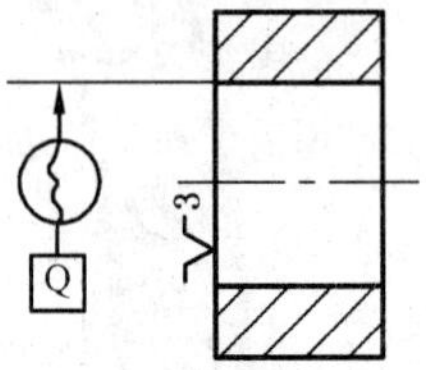
10	锥度心轴定位夹紧	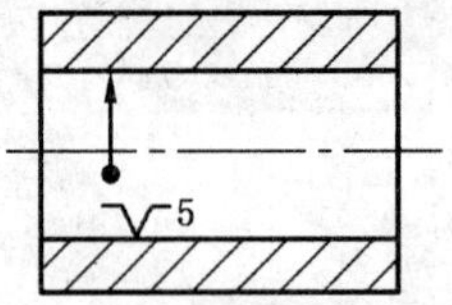	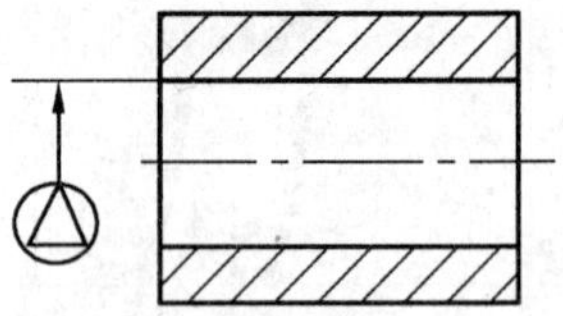
11	圆柱心轴定位夹紧，带端面定位	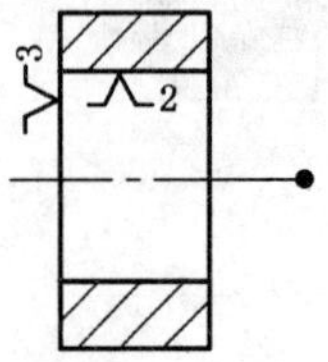	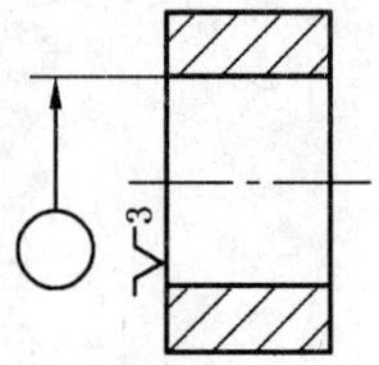
12	三爪卡盘定位夹紧	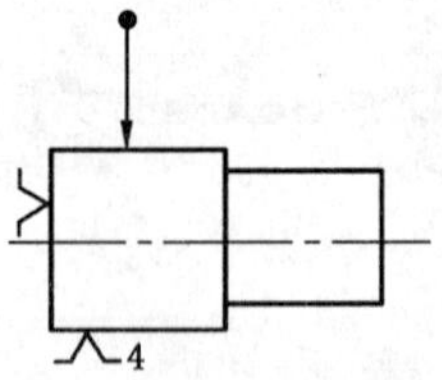	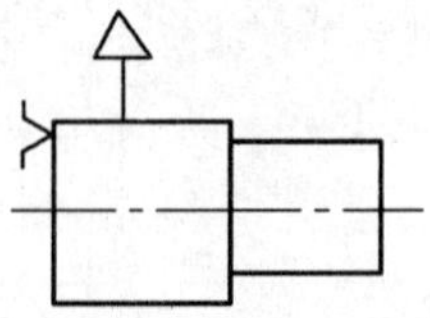
13	液压三爪卡盘定位夹紧，带端面定位	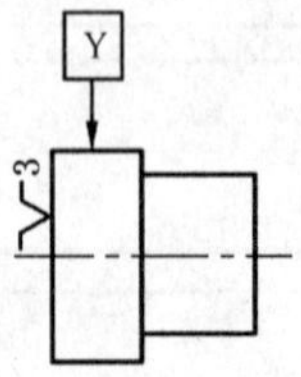	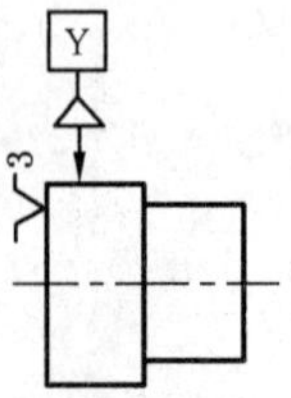

表 A.1（续）

序号	说　明	定位、夹紧符号标注示意图	装置符号标注或与定位、夹紧符号联合标注示意图
14	四爪卡盘定位夹紧，带轴向定位	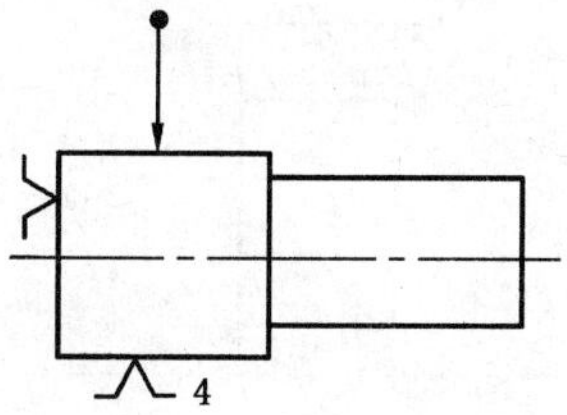	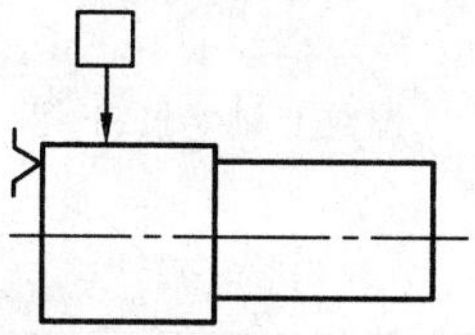
15	四爪卡盘定位夹紧，带端面定位	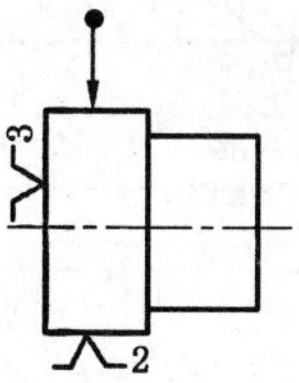	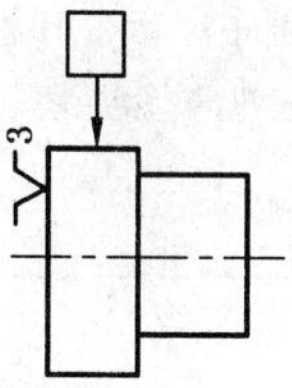
16	床头固定顶尖，床尾浮动顶尖定位，中部有跟刀架辅助支承，拨杆夹紧(细长轴类零件)	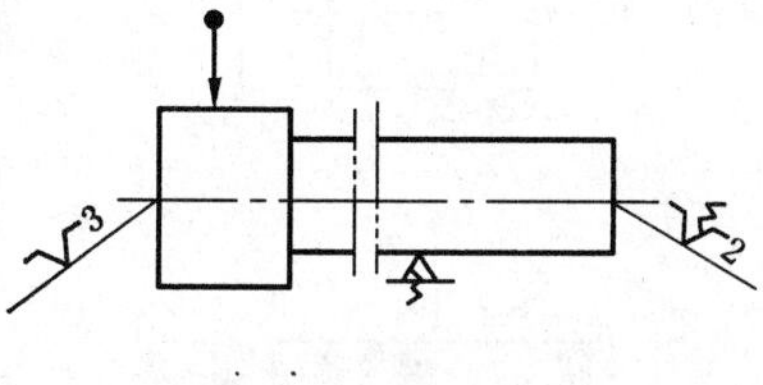	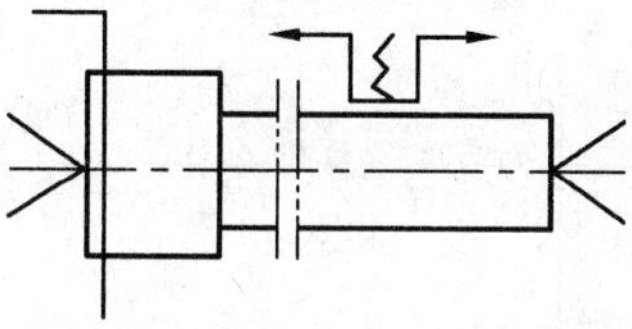
17	床头三爪卡盘带轴向定位夹紧，床尾中心架支承定位	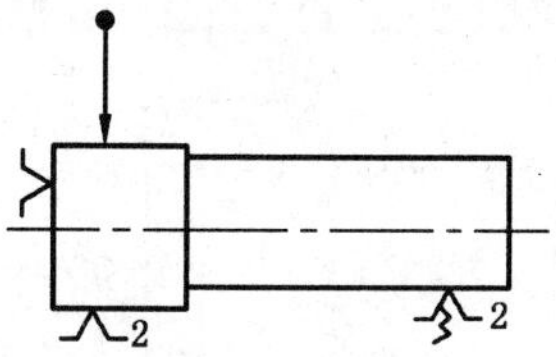	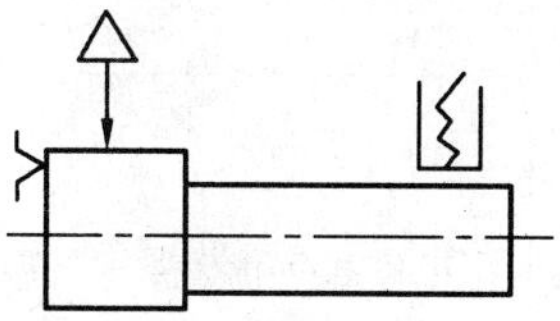
18	止口盘定位螺栓压板夹紧	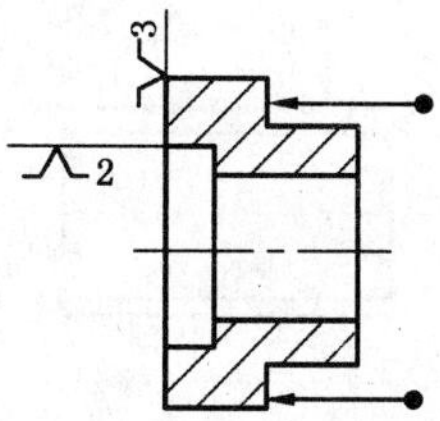	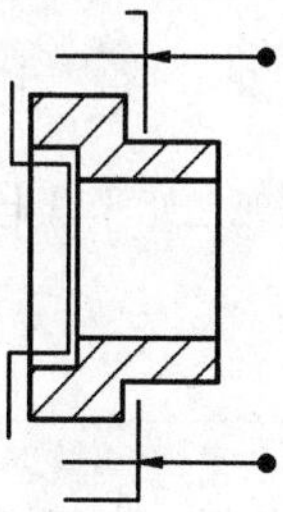
19	止口盘定位气动压板联动夹紧	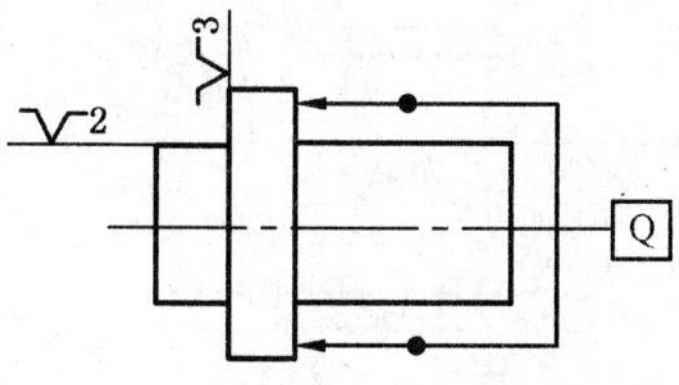	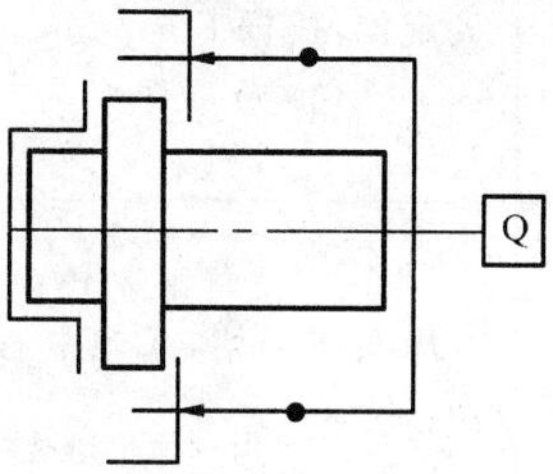

表 A.1（续）

序号	说　明	定位、夹紧符号标注示意图	装置符号标注或与定位、夹紧符号联合标注示意图
20	螺纹心轴定位夹紧	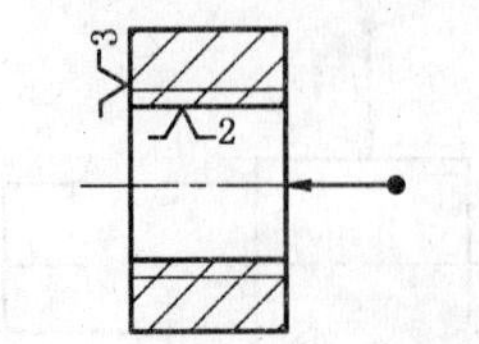	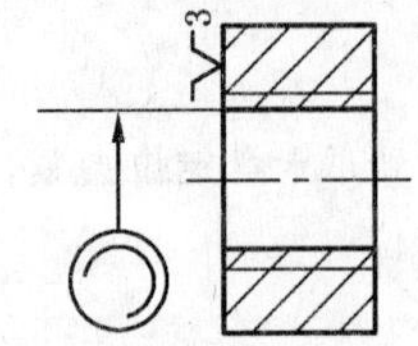
21	圆柱衬套带有轴向定位，外用三爪卡盘夹紧	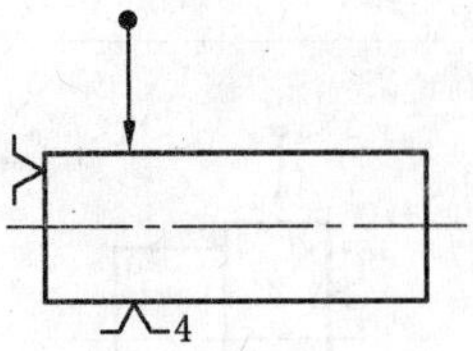	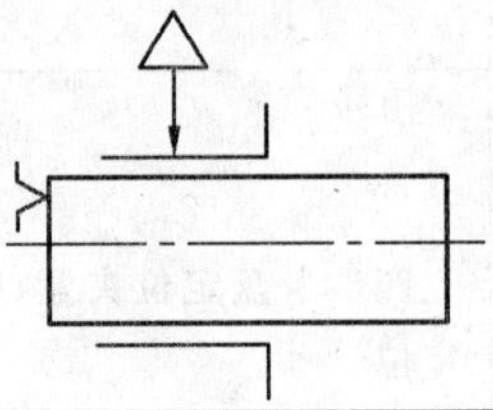
22	螺纹衬套定位，外用三爪卡盘夹紧	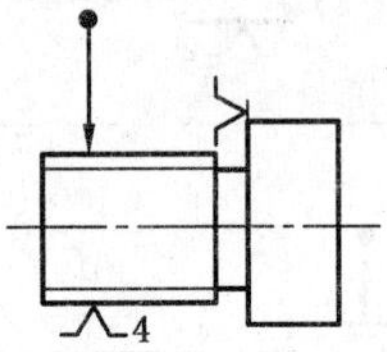	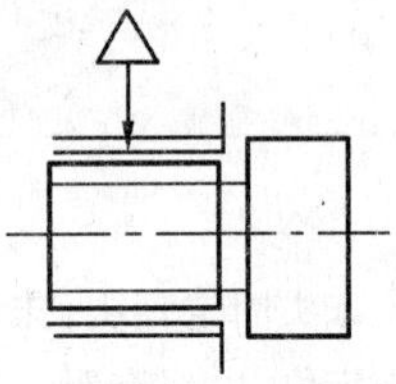
23	平口钳定位夹紧	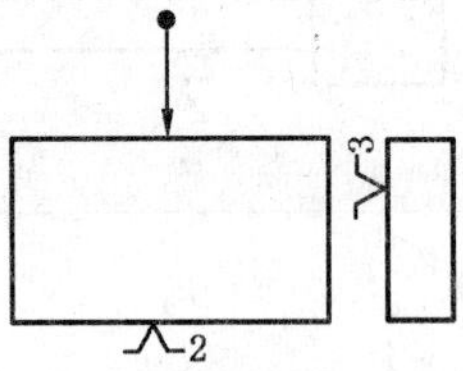	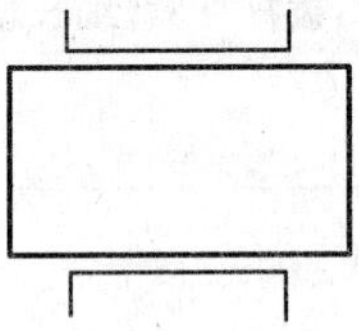
24	电磁盘定位夹紧	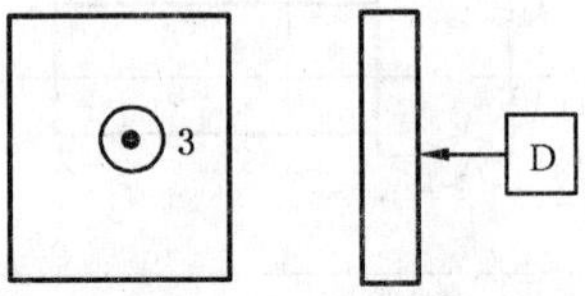	
25	软爪三爪卡盘定位卡紧	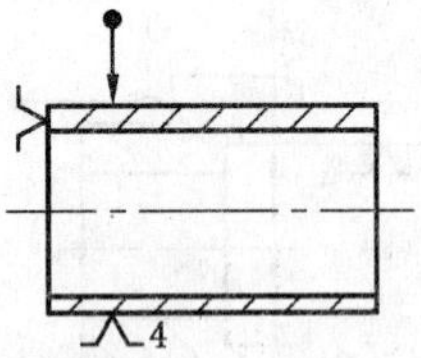	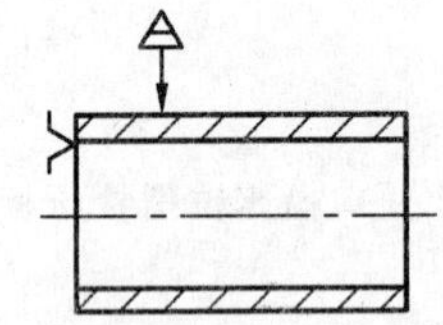
26	床头伞形顶尖，床尾伞形顶尖定位，拨杆夹紧	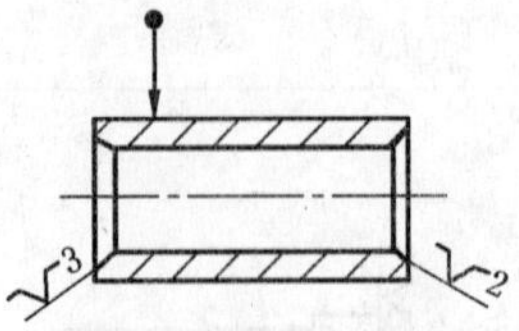	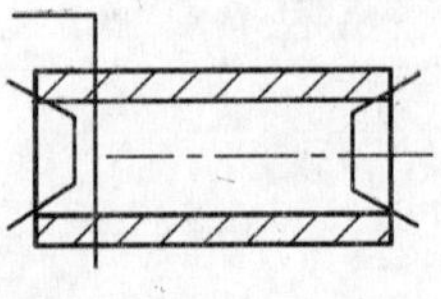
27	床头中心堵，床尾中心堵定位，拨杆夹紧	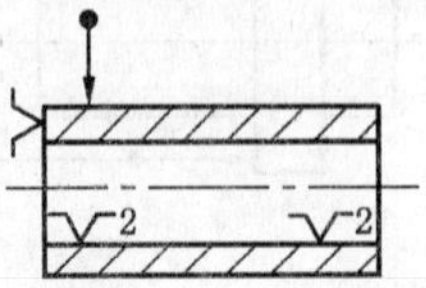	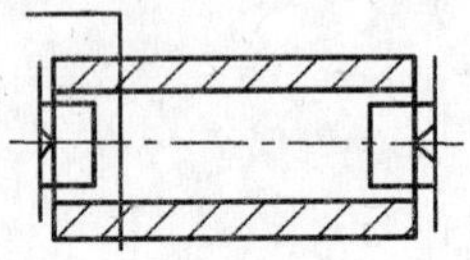

表 A.1（续）

序号	说　明	定位、夹紧符号标注示意图	装置符号标注或与定位、夹紧符号联合标注示意图
28	角铁、V 形铁及可调支承定位，下部加辅助可调支承，压板联动夹紧	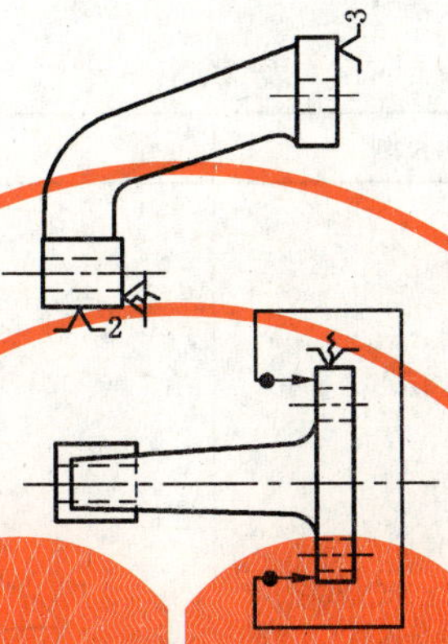	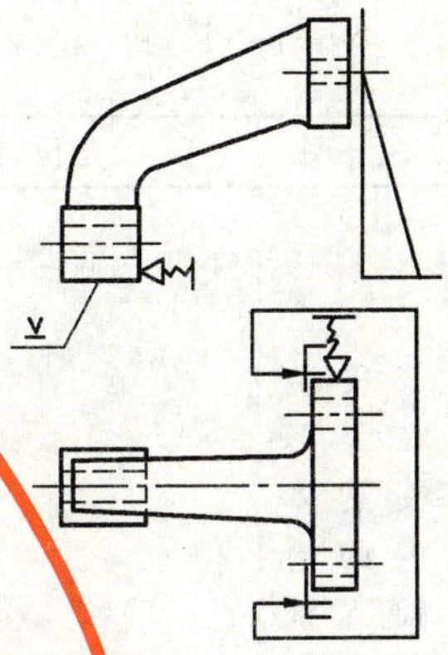
29	一端固定 V 形铁，下平面垫铁定位，另一端可调 V 形铁定位夹紧		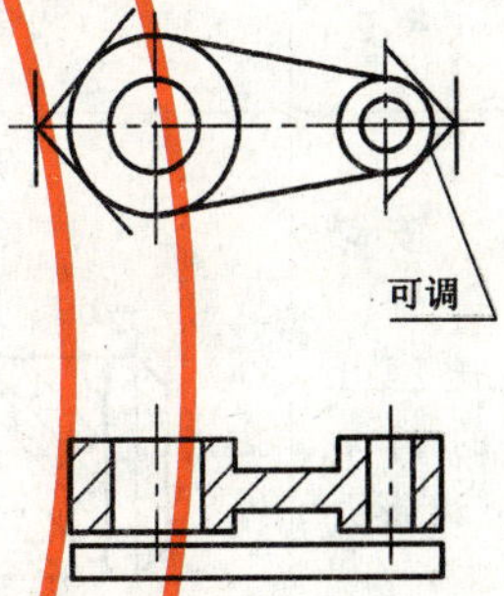

附 录 B
（资料性附录）
定位、夹紧符号应用及相对应的夹具结构示例

表 B.1

序号	说 明	定位、夹紧符号应用示例	夹具结构示例
1	安装在V形夹具体内的销轴（铣槽）	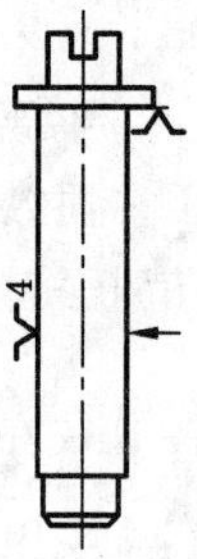 （三件同加工）	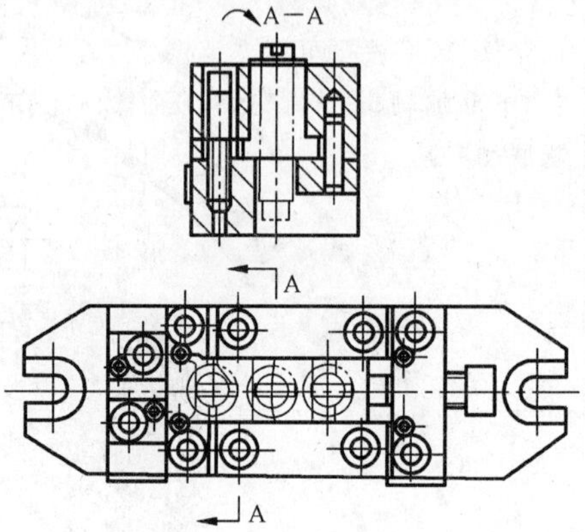
2	安装在铣齿底座上的齿轮（齿形加工）	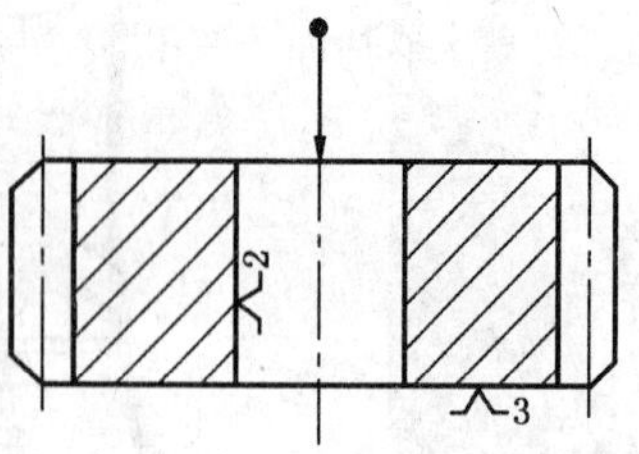	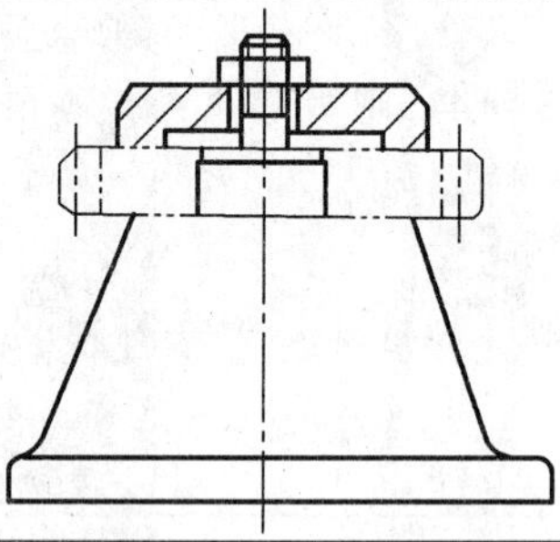
3	安装在一圆柱销和一菱形销夹具上的箱体（箱体镗）	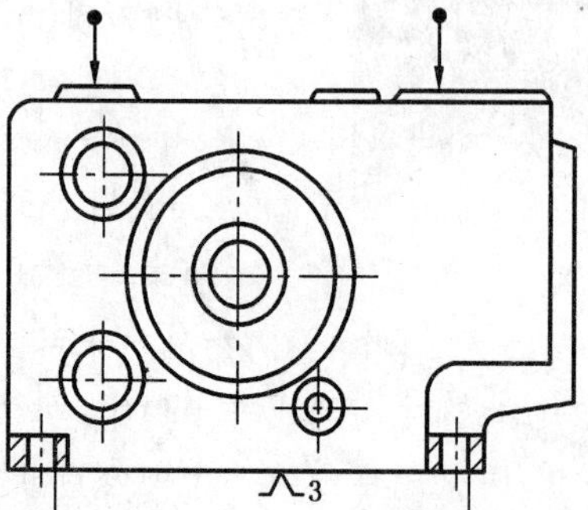	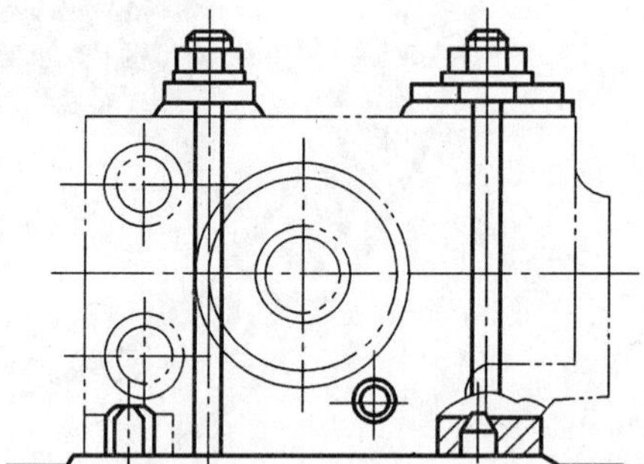
4	安装在三面定位夹具上的箱体（箱体镗孔）	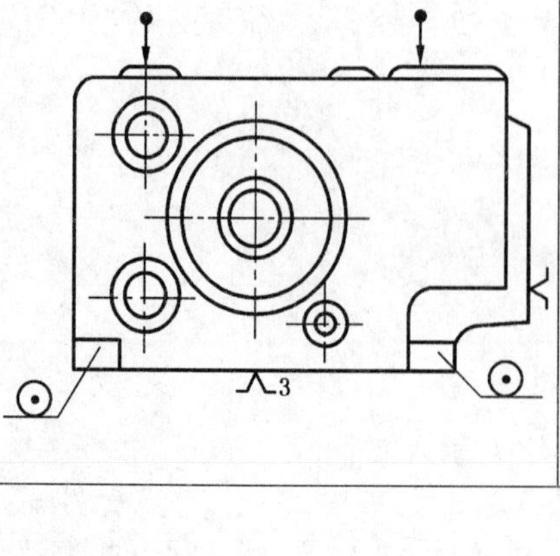	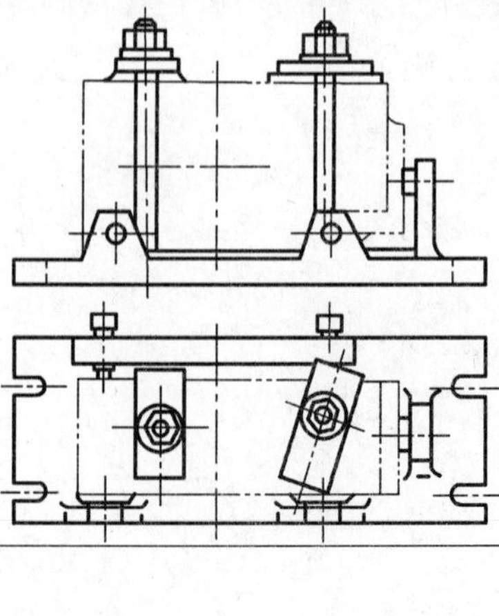

表 B.1（续）

序号	说 明	定位、夹紧符号应用示例	夹具结构示例
5	安装在钻模上的支架（钻孔）	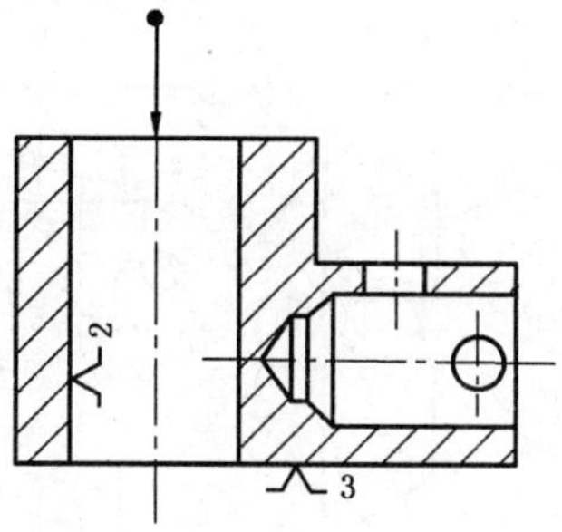	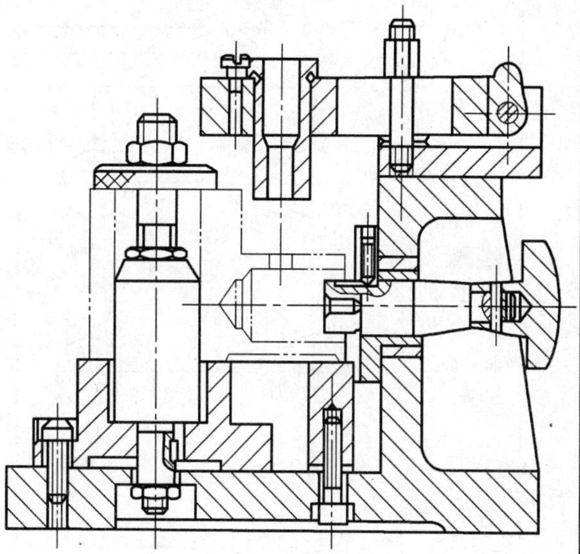
6	安装在专用曲轴夹具上的曲轴（铣曲轴侧面）	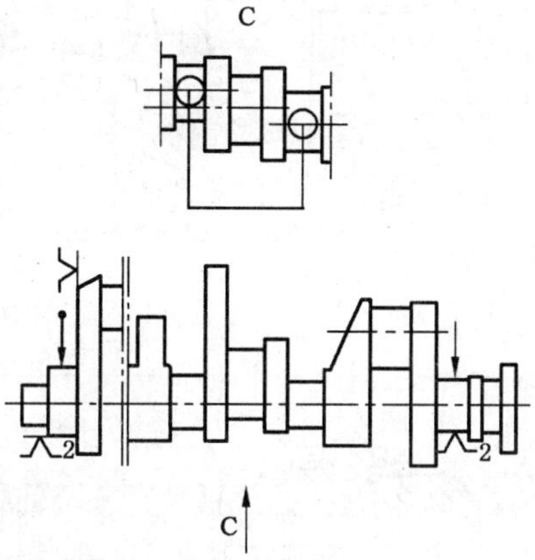	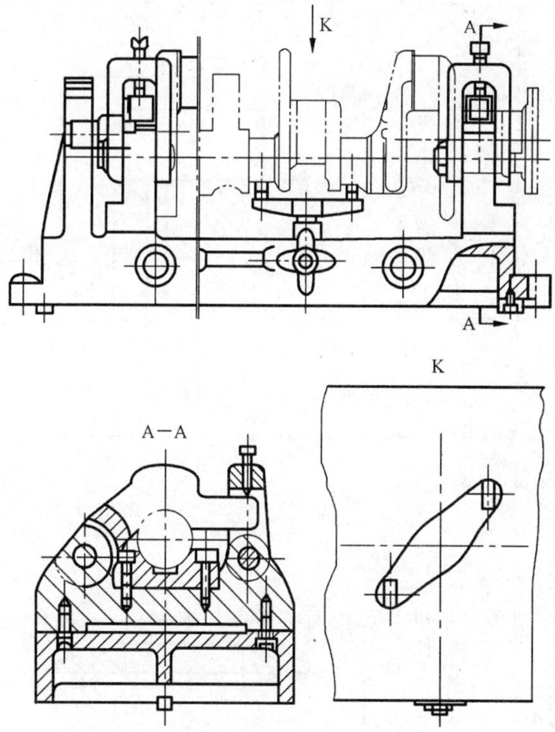
7	安装在联动夹紧夹具上的垫块（加工端面）	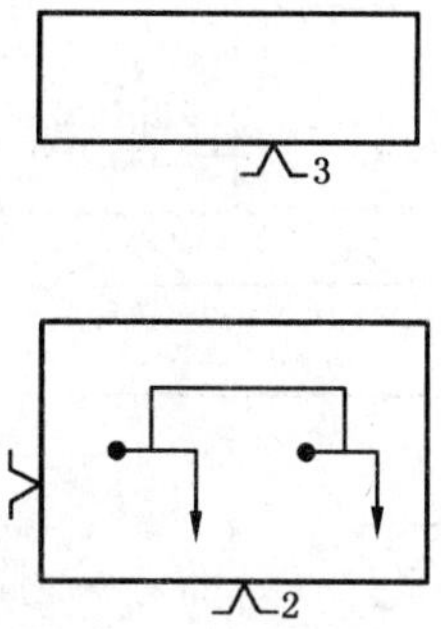	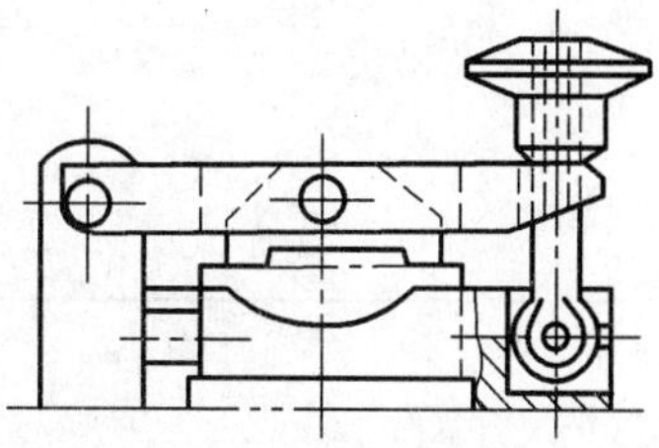

表 B.1（续）

序号	说　明	定位、夹紧符号应用示例	夹具结构示例
8	安装在联动夹紧夹具上的多件短轴（加工端面）	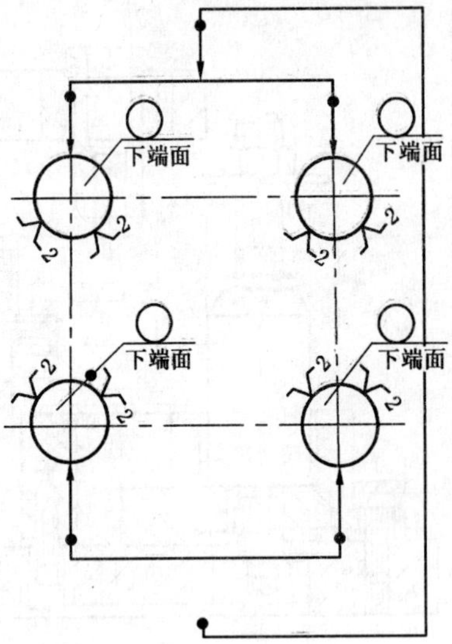	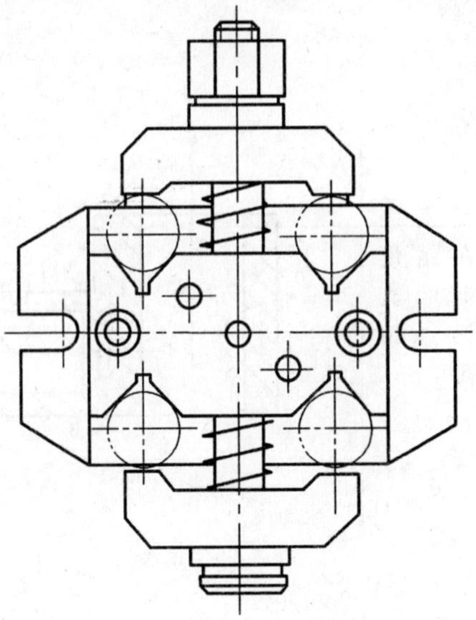
9	安装在液压杠杆夹紧夹具上的垫块（加工侧面）	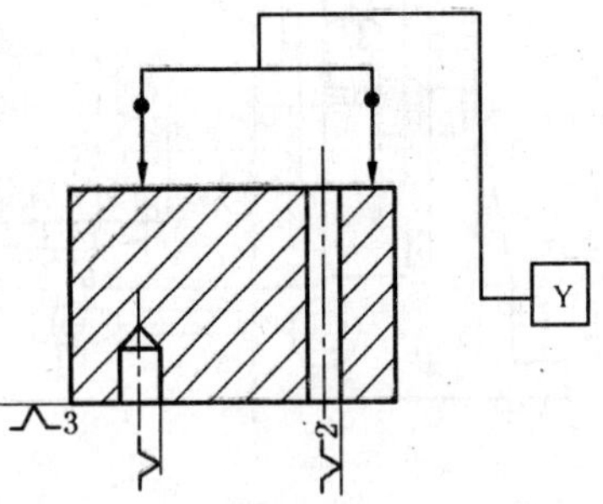	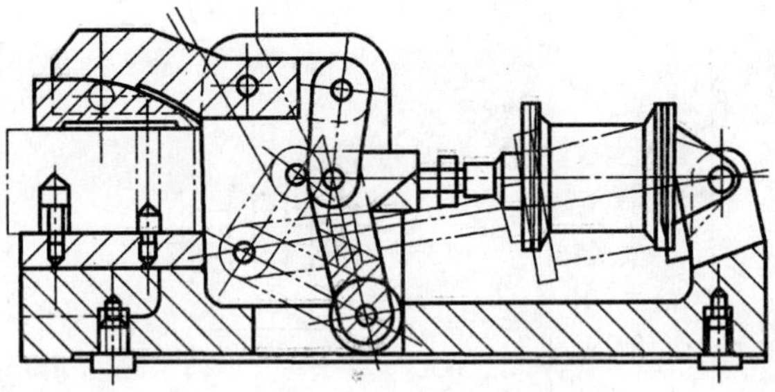
10	安装在气动铰链杠杆夹紧夹具上的圆盘上（加工上面）	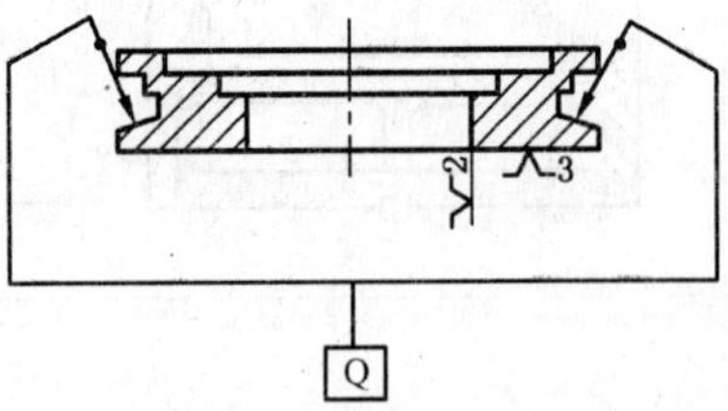	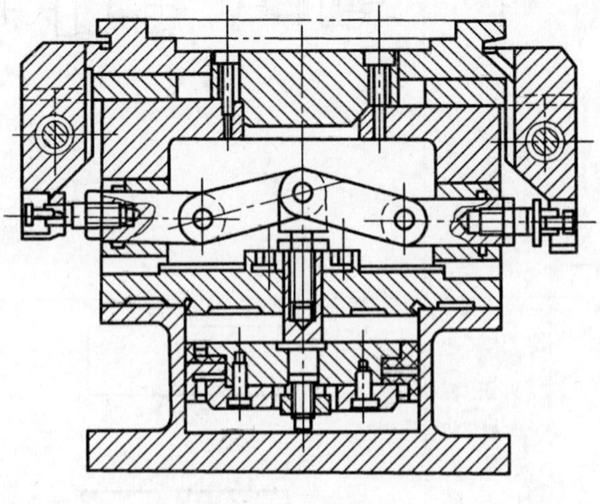

ICS 01.100.01
J 04

中华人民共和国国家标准

GB/T 24741.1—2009/ISO 5845-1:1995

技术制图　紧固组合的简化表示法
第1部分:一般原则

Technical drawings—Simplified representation of the assembly of parts with fasteners—Part 1:General principles

(ISO 5845-1:1995,IDT)

2009-11-30 发布　　2010-09-01 实施

中华人民共和国国家质量监督检验检疫总局
中国国家标准化管理委员会　发布

前言

GB/T 24741—2009《技术制图 紧固组合的简化表示法》分为2部分：

——第1部分：一般原则

——第2部分：航空航天设备用铆钉

本部分为GB/T 24741—2009的第1部分。

本部分等同采用ISO 5845-1:1995《技术制图 紧固组合的简化表示法 第1部分：一般原则》。

本部分由全国技术产品文件标准化技术委员会提出并归口。

本部分起草单位：中机生产力促进中心、合肥工业大学、吉林大学。

本部分主要起草人：杨东拜、马明、郭锐、李学京、张永才、王秀英、庞薇。

技术制图　紧固组合的简化表示法 第1部分:一般原则

1　范围

GB/T 24741 的本部分规定了技术制图中,孔、螺栓(螺纹)、铆钉等简化表示法的一般通则。

本部分适用于紧固组合的表示,其他技术图样也可以参照使用。

2　规范性引用文件

下列文件中的条款通过 GB/T 24741 的本部分的引用而成为本部分的条款。凡是注日期的引用文件,其随后所有的修改单(不包括勘误的内容)或修订版均不适用于本部分,然而,鼓励根据本部分达成协议的各方研究是否可使用这些文件的最新版本。凡是不注日期的引用文件,其最新版本适用于本部分。

GB/T 1237　紧固件标记方法(GB/T 1237—2000,eqv ISO 8991:1986)

GB/T 4457.4　机械制图　图样画法　图线(GB/T 4457.4—2002,ISO 128-24:1999,Technical drawings—General principles of presentation—Part 24: Lines on mechanical engineering drawing, MOD)

GB/T 4458.4　机械制图　尺寸注法

GB/T 4656　技术制图　棒料、型材及其断面的符号表示法(GB/T 4656—2008,ISO 5261:1995,IDT)

GB/T 13361　技术制图　通用术语

GB/T 16948　技术产品文件　词汇　投影法术语(GB/T 16948—1997,eqv ISO 10209-2:1993)

GB/T 17450　技术制图　图线(GB/T 17450—1998,idt ISO 128-20:1996)

GB/T 24741.2　技术制图　紧固组合的简化表示法　第2部分:航空航天设备用铆钉(GB/T 24741.2—2009,ISO 5845-2:1995,IDT)

3　术语和定义

GB/T 13361 和 GB/T 16948 中所涉及的术语和定义适用于 GB/T 24741 的本部分。

4　紧固件简化表示法

4.1　紧固件轴线垂直于投影面时的表示法

当紧固件的轴线垂直于投影面时,孔、螺栓和铆钉应用 GB/T 17450 中规定的粗实线画出十字线,见图1。

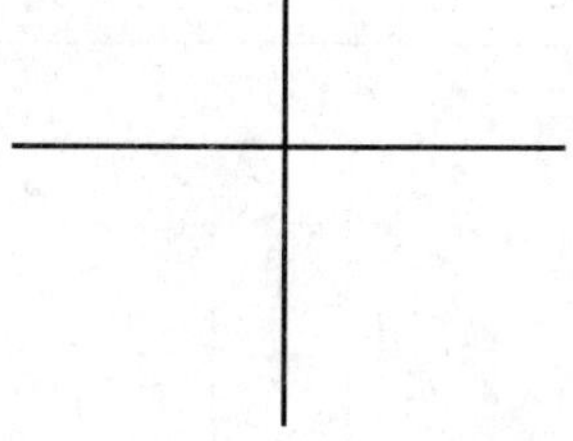

图1　轴线垂直于投影面时的孔和紧固件画法

其他附加信息的表示应按照表1和表2的规定，或按GB/T 24741.2的要求进行。

表1 螺栓或铆钉与孔装配的符号表示法(紧固件轴线垂直于投影面)

孔[a]、螺栓或铆钉	无沉孔	近侧有沉孔	远侧有沉孔	两侧有沉孔
在车间钻孔及装配		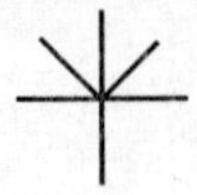	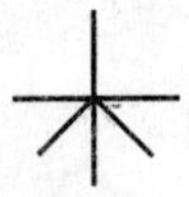	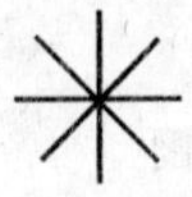
在车间钻孔后现场装配	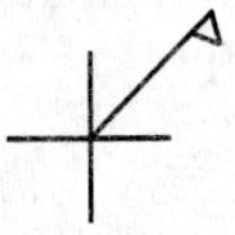	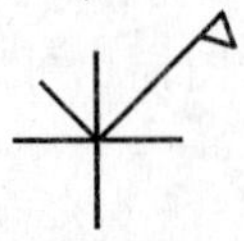	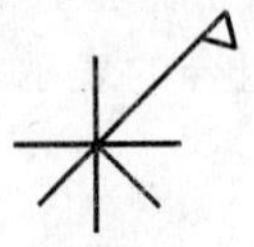	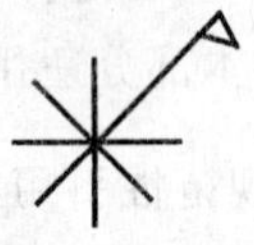
钻孔和装配均在使用现场	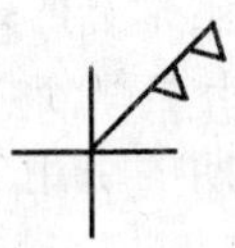	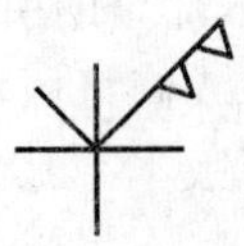	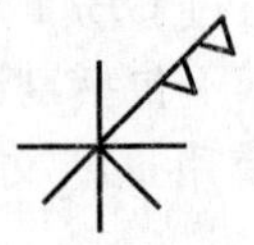	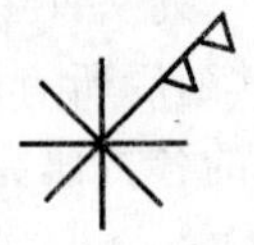

[a] 为将螺栓、铆钉与孔明确区分开，孔和紧固件的正确标记应按照相关的标准确定。

标记示例：

孔的直径为13 mm，标记为ϕ13；螺栓的公称直径为12 mm，长度为50 mm，标记为M12×50；铆钉的直径为12 mm，长度为50 mm，标记为ϕ12×50。

4.2 投影面平行于紧固件的轴线时的表示法

当紧固件的轴线平行于投影面时，孔以及螺栓和铆钉装配在孔内的符号表示法按表2和表3。符号中的水平线用GB/T 4457.4中规定的细实线表示，其余部分均用粗实线表示。

表2 孔的符号表示

孔	无沉孔	一侧有沉孔	两侧有沉孔
车间钻孔	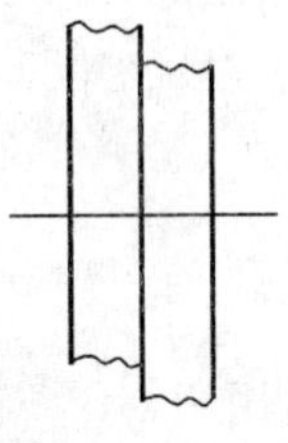	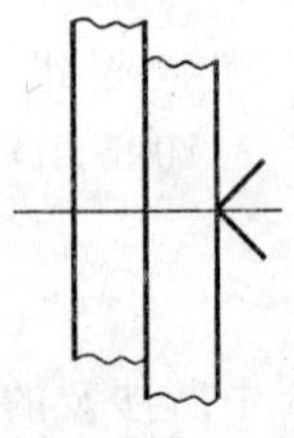	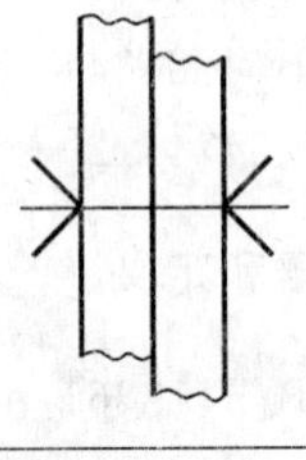
在工程现场钻孔	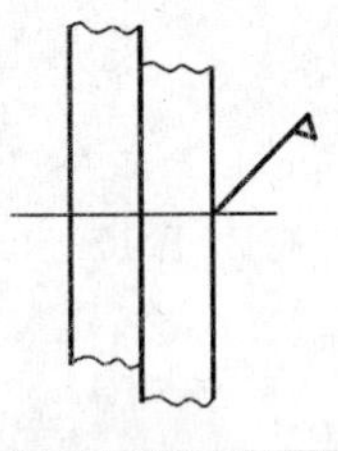	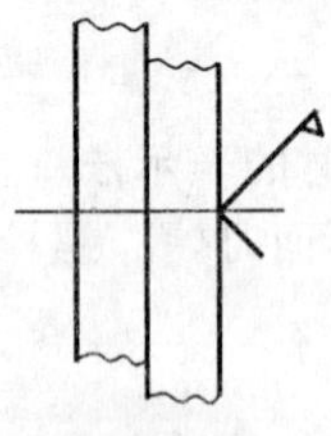	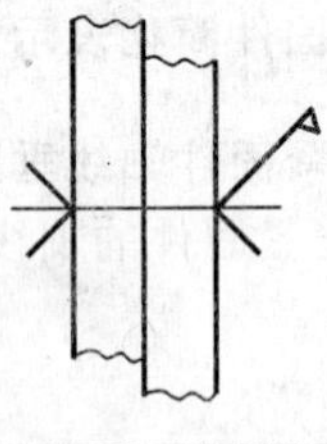

表3 螺栓或铆钉装配在孔内的符号表示法(紧固件轴线平行于投影面)

螺栓或铆钉[a]	无沉孔	一侧有沉孔	两侧有沉孔	指定螺帽位置的螺栓
在车间装配	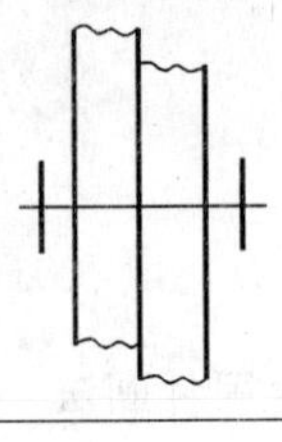	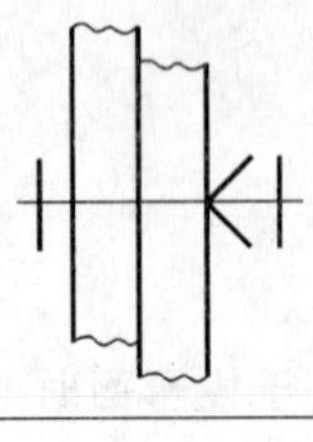	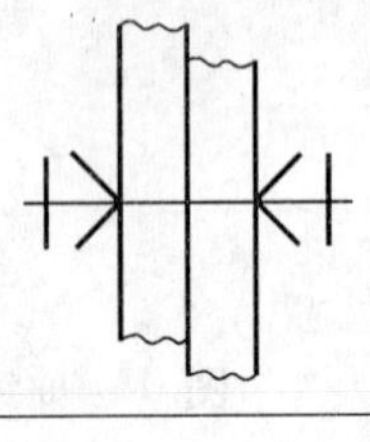	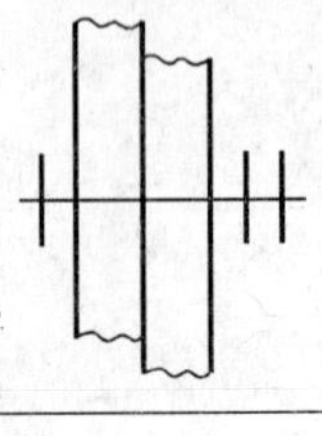

表 3（续）

螺栓或铆钉[a]	无沉孔	一侧有沉孔	两侧有沉孔	指定螺帽位置的螺栓
在工程现场装配	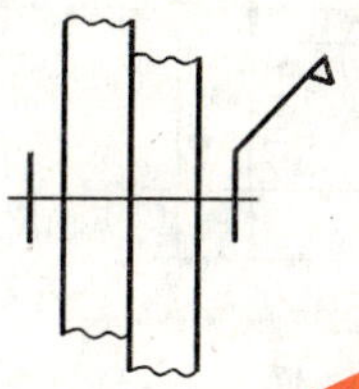	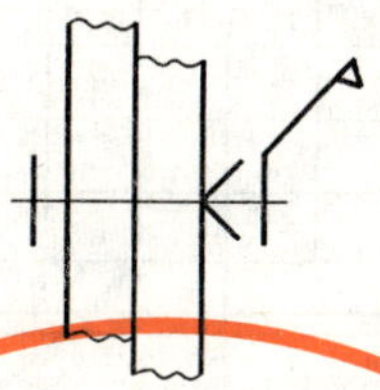	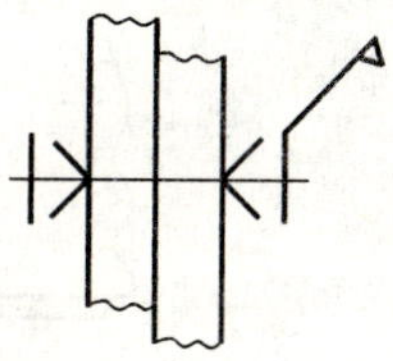	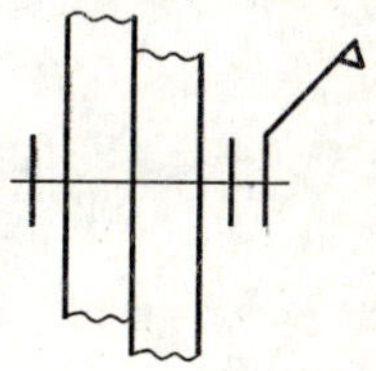
钻孔，螺栓或铆钉装配均在工程现场		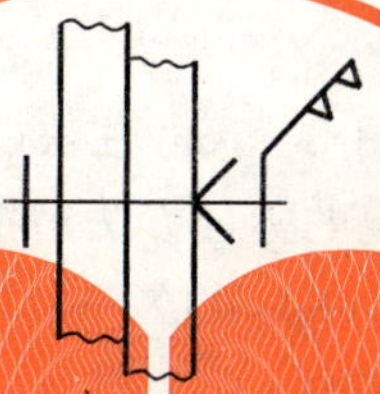		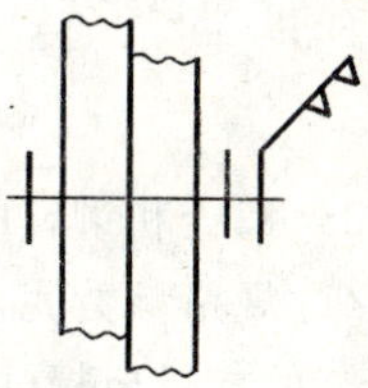

[a] 为将螺栓与铆钉明确区分开，紧固件的正确标记应按照相关的标准确定。

标记示例：

螺栓的公称直径为 12 mm，长度为 50 mm，标记为 M12×50；铆钉的直径为 12 mm，长度为 50 mm，标记为 ϕ12×50。

5 尺寸注法及标记

尺寸线的表示应符合 GB/T 4458.4 的要求。

5.1 孔、螺栓和铆钉的轴线平行投影面时，尺寸界线应与符号断开（见图 2）。

5.2 孔的直径应用指引线标注在孔符号的附近（见图 3）。

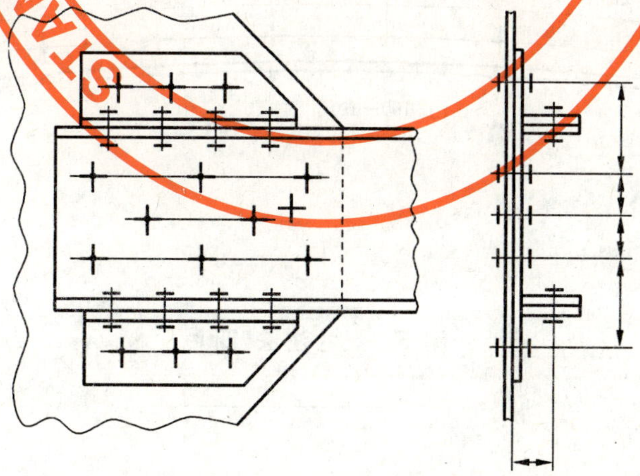

图 2 尺寸注法（一）

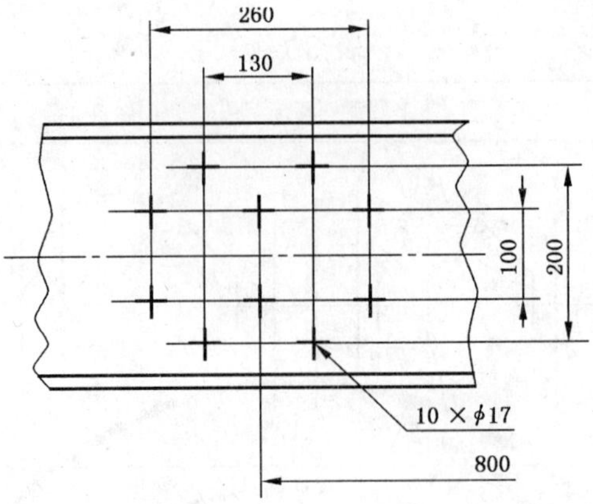

图 3　尺寸注法(二)

5.3　螺栓和铆钉的规格应按相应标准规定的标记方法用指引线进行标注。

5.4　规格参数完全相同的一组孔、螺栓和铆钉,可在一个单元中进行标注。在这种情况下,孔、螺栓和铆钉的数量应标注在标记的前面(见图 3 和图 4)。

5.5　当孔、螺栓和铆钉与中心线等距离时,应按图 3、图 4 和图 5 的形式标注。

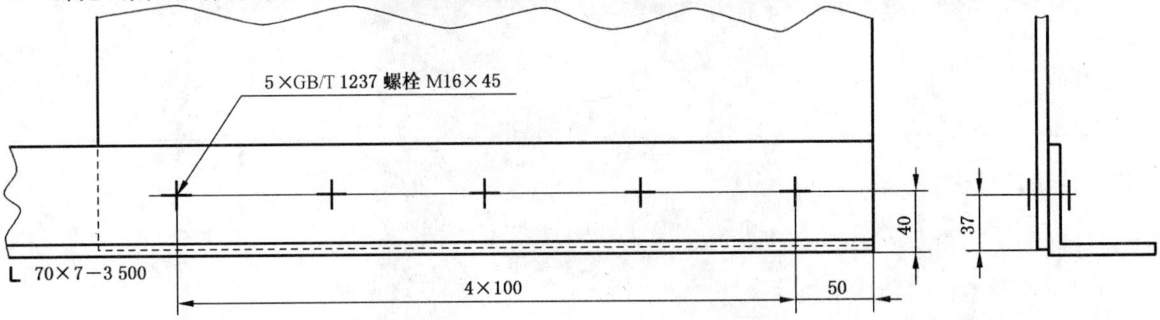

图 4　尺寸注法(三)

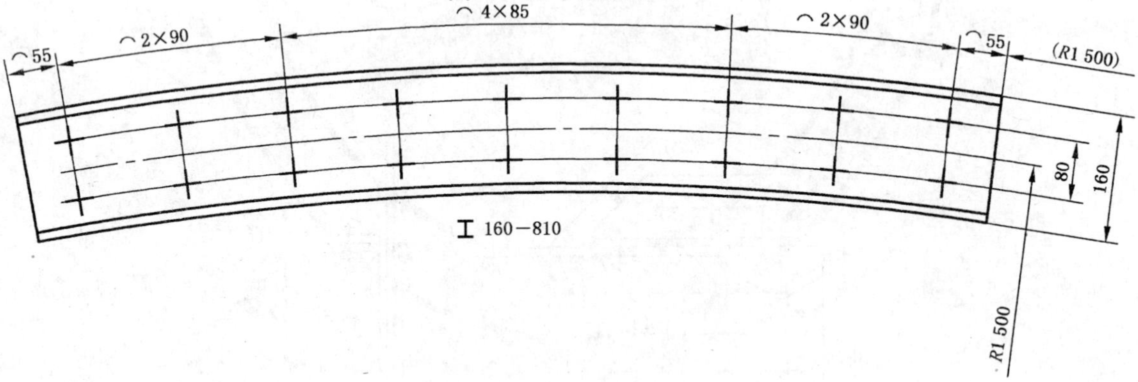

图 5　尺寸注法(四)

ICS 01.100.01
J 04

中华人民共和国国家标准

GB/T 24741.2—2009/ISO 5845-2:1995

技术制图　紧固组合的简化表示法 第2部分:航空航天设备用铆钉

Technical drawings—Simplified representation of the assembly of parts with fasteners—Part 2: Rivets for aerospace equipment

(ISO 5845-2:1995,IDT)

2009-11-30 发布　　　　2010-09-01 实施

中华人民共和国国家质量监督检验检疫总局
中国国家标准化管理委员会　发布

前　言

GB/T 24741—2009《技术制图　紧固组合的简化表示法》分为2部分：

——第1部分：一般原则

——第2部分：航空航天设备用铆钉

本部分为GB/T 24741—2009的第2部分。

本部分等同采用ISO 5845-2:1995《技术制图　紧固组合的简化表示法　第2部分：航空航天设备用铆钉》。

本部分由全国技术产品文件标准化技术委员会提出并归口。

本部分起草单位：中机生产力促进中心、陕西省标准化研究院、中航工业第一飞机设计研究院、大连海事大学、西安科技大学。

本部分主要起草人：杨东拜、侯维亚、张永才、庞薇、邹玉堂、李勇。

技术制图　紧固组合的简化表示法 第 2 部分:航空航天设备用铆钉

1　范围

GB/T 24741 的本部分规定了绘制航空航天设备用铆钉的基本方法。

本部分适用于航空航天设备用铆钉的表示,其他技术图样也可以参照使用。

2　规范性引用文件

下列文件中的条款通过 GB/T 24741 的本部分的引用而成为本部分的条款。凡是注日期的引用文件,其随后所有的修改单(不包括勘误的内容)或修订版均不适用于本部分,然而,鼓励根据本部分达成协议的各方研究是否可使用这些文件的最新版本。凡是不注日期的引用文件,其最新版本适用于本部分。

GB/T 1237　紧固件标记方法(GB/T 1237—2000,eqv ISO 8991:1986)

GB/T 4457.4　机械制图　图样画法　图线(GB/T 4457.4—2002,ISO 128-24:1999,Technical drawings—General principles of presentation—Part 24:Lines on mechanical engineering drawing,MOD)

GB/T 4458.2　机械制图　装配图中零、部件序号及其编排方法

GB/T 4458.4　机械制图　尺寸注法

GB/T 4656　技术制图　棒料、型材及其断面的符号表示法(GB/T 4656—2008,ISO 5261:1995,IDT)

GB/T 10609.2　技术制图　明细栏(GB/T 10609.2—2009,ISO 7573:1983,IDT)

GB/T 13361　技术制图　通用术语

GB/T 16948　技术产品文件　词汇　投影法术语(GB/T 16948—1997,eqv ISO 10209-2:1993)

GB/T 24741.1　技术制图　紧固组合的简化表示法　第 1 部分:一般规则(GB/T 24741.1—2009,ISO 5845-1:1995,IDT)

3　术语和定义

GB/T 13361 和 GB/T 16948 中所涉及的术语和定义适用于 GB/T 24741 的本部分。

4　图解符号的表示

GB/T 24741 的本部分所涉及的内容适用所有按照下列方法进行表示的包括铆钉的技术图样。

4.1　固定铆钉的符号表示

固定铆钉的表示符号按照 GB/T 24741.1 中规定的"十字线"符号表示其位置,见图 1。铆钉和铆钉组装的其他信息的表示应符合 4.1.1～4.1.4 的要求。

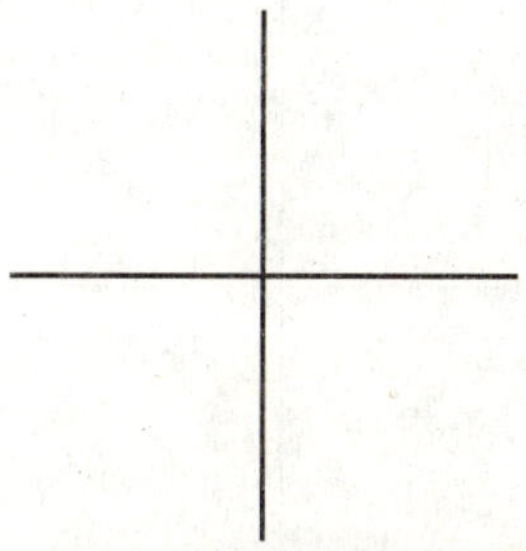

图 1　固定铆钉的符号表示

4.1.1 第二象限的信息标注

第二象限中标注铆钉的信息为 GB/T 4458.2 和 GB/T 10609.2 中规定的数字信息，或在图中以表的形式给出铆钉的必要的基本信息（如标记，头部形状，材料，直径，长度，表面处理等）。数字前应以大写字母“*R*”开头。

对于具有套筒的组合铆钉（见图 2），其套筒的数字信息应标注在铆钉信息的数字下面。

例如：

表示符号	说　　明
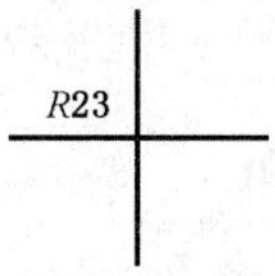	固定铆钉 *R*23＝铆钉，在装配图的明细栏中，固定铆钉的序号为 23
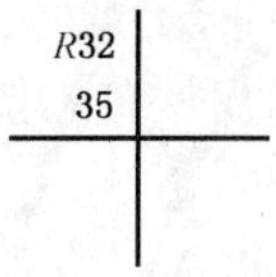	组合铆钉 *R*32＝铆钉，在装配图的明细栏中，铆钉的序号为 32 35＝套筒，在装配图的明细栏中，套筒的序号为 35

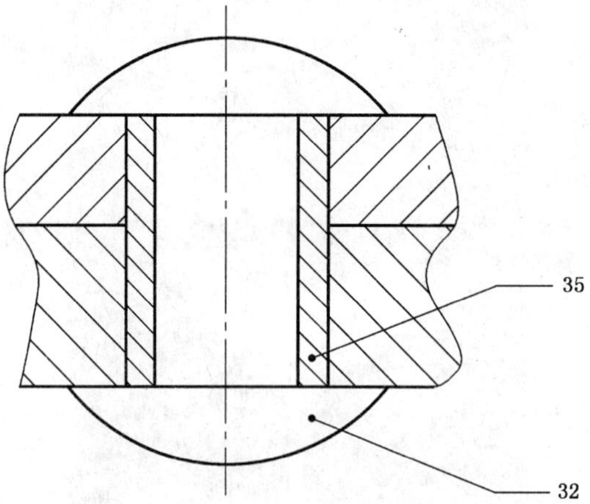

图 2　第二象限的信息标注

4.1.2 第一象限的信息标注

本象限使用一个大写字母表示预制头的位置：

——“N”表示预制头位于近端；

——“F”表示预制头位于远端。

例如：

表示符号	说　　明
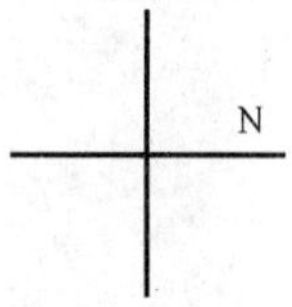	铆钉预制头在近端
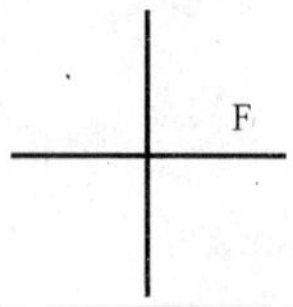	铆钉预制头在远端

4.1.3 第三象限的信息标注

本象限中,给出埋头孔(见 4.1.3.1)、沉孔(见 4.1.3.2)或两者结合情况(见 4.1.3.3)位置信息的标注。标注时,应按照 GB/T 4457.4 中规定的粗实线表示。

4.1.3.1 埋头孔

部件上的埋头孔用一个等边三角形表示。

——"▽"埋头孔在近端;

——"△"埋头孔在远端。

当埋头孔的角度为 100°,则用一个三角形表示。当埋头孔的角度不是 100°时,则在三角形的右侧标明角度值。

例如:

表示符号	说　明
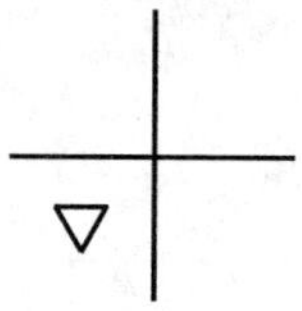	100° 埋头孔在近端
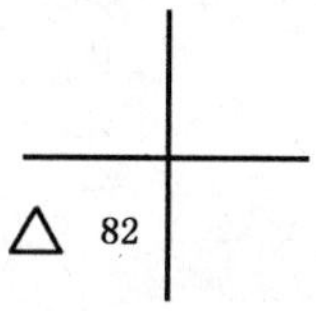	82° 埋头孔在远端
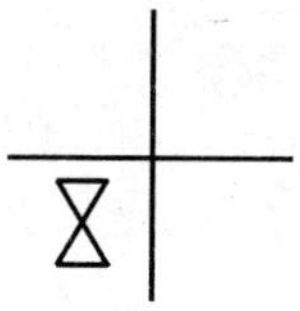	100° 埋头孔在两端

4.1.3.2 沉孔

表面沉孔按照以下形式,用一个开口的等腰三角形表示:

——"∨"表示沉孔在近端;

——"∧"表示沉孔在远端。

当沉孔的角度为 100°,则用一个开口的等腰三角形表示。当沉孔的角度不是 100°时,则在开口的等腰三角形右侧标明角度值。

如果多个片材带有沉孔,则片材数目应标注在三角形前面。

例如:

表示符号	说　明
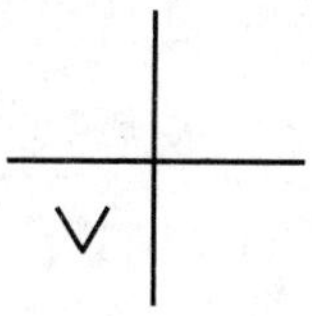	100° 沉孔在近端[见图 3 a)]
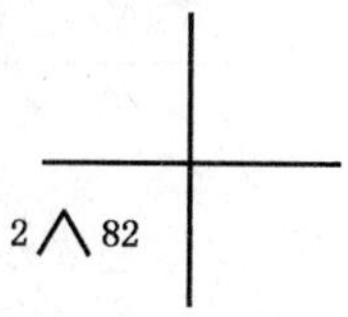	两个片材,82° 沉孔在远端[见图 3 b)]

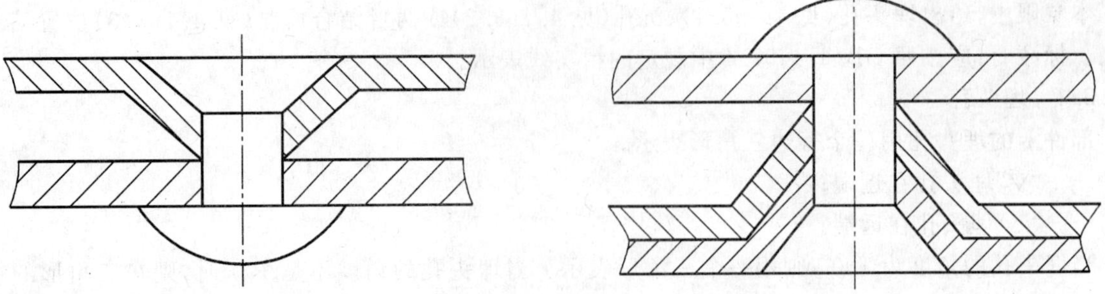

a) 100° 沉孔在近端　　　　b) 82° 沉孔在远端的两个片材

图 3　沉孔的表示法

4.1.3.3 埋头孔与沉孔的组合

当埋头孔和沉孔同时存在时,用一个等边三角形和一个开口等腰三角形表示。标注的三角形和角度值应按照 4.1.3.1 和 4.1.3.2 规定的相关要求。

例如:

表示符号	说　明
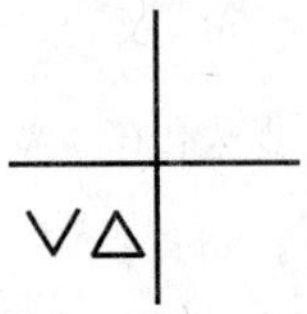	片材一,100° 沉孔在近端 片材二,100° 埋头孔在远端
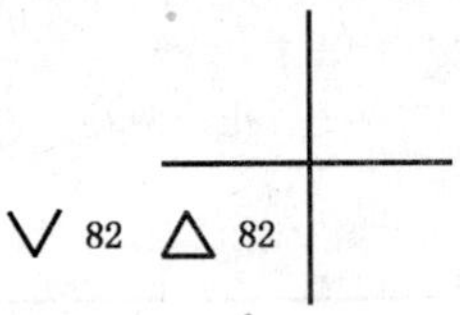	片材一,82° 沉孔在近端 片材二,82° 埋头孔在远端

4.1.4　第四象限

该象限不包含任何信息。

4.2　一行铆钉的符号表示

4.2.1　十字线应沿绘图的轴线排成一行,铆钉的数目可任意标注在一处,见图 4。

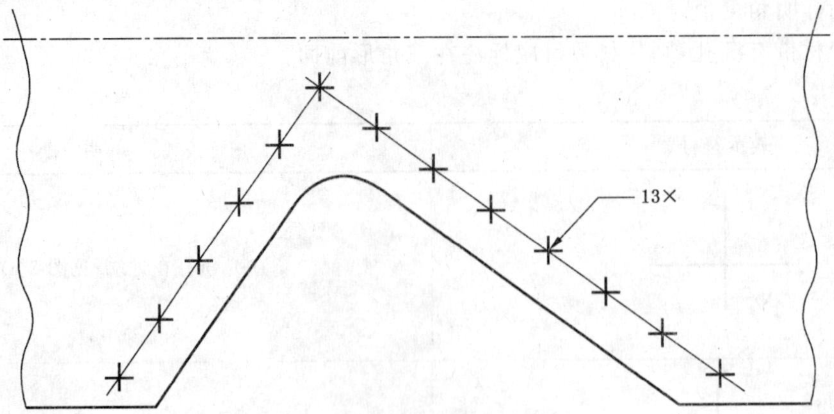

图 4　一行铆钉的符号表示

如果空间足够,附加信息应标注在图样符号上。否则,可用指引线将附加信息表示在相对应铆钉的图样符号外,见图 5 和图 6。

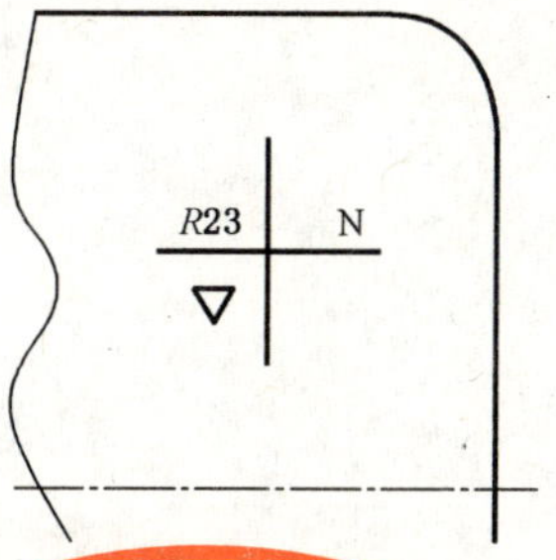

图 5 铆钉的简化表示法(一)

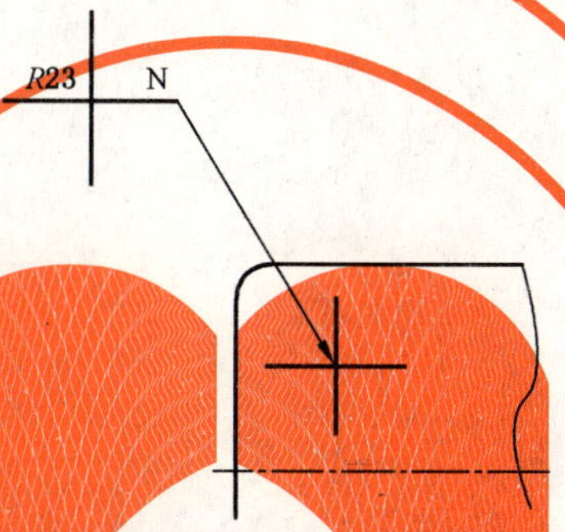

图 6 铆钉的简化表示法(二)

4.2.2 铆钉的位置和铆钉之间的间距,均应按照 GB/T 4458.4 的规定标注。

当一系列的铆钉等距离排成一行时,则在第一个表示铆钉的十字线符号和最后一个十字线符号上标注信息,总间距通过个数乘以间距获得,见图 7。

图 7 铆钉的简化表示法(三)

ICS 01.100.01
J 04

中华人民共和国国家标准

GB/T 24742—2009

技术产品文件 工艺流程图表用图形符号的表示法

**Technical product documentation—
Graphical symbols for process chart**

2009-11-30 发布　　2010-09-01 实施

中华人民共和国国家质量监督检验检疫总局
中国国家标准化管理委员会　发布

前　言

本标准的附录A、附录B和附录C为资料性附录。

本标准由全国技术产品文件标准化技术委员会(SAC/TC 146)提出并归口。

本标准起草单位:中机生产力促进中心、中国电子科技集团、合肥工业大学、大连海事大学。

本标准主要起草人:杨东拜、张红旗、强毅、李学京、邹玉堂。

技术产品文件
工艺流程图表用图形符号的表示法

1 范围

本标准规定了工艺流程图表通用的图形符号。

本标准适用于工业生产中的工艺流程管理。

2 术语和定义

下列术语和定义适用于本标准。

2.1

工艺流程 flow process；process

生产对象由投入到产出，经过一定顺序排列的加工、搬运、检验、停放、储存的过程。

3 图形符号

3.1 基本符号

工艺流程图表通用的基本符号按表1规定。

表1 工艺流程图表用基本符号

序号	符号名称		基本符号	符号含义
1	加工			表示对生产对象进行加工、装配、合成、分解、包装、处理等
2	搬运			表示对生产对象进行搬运、运输、输送等，或作业人员作业位置的变化
3	检验	数量检验		表示对生产对象进行数量检验
		质量检验	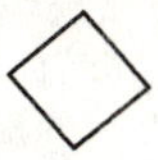	表示对生产对象进行质量检验
4	停放			表示生产对象在工作地附近的临时停放
5	储存		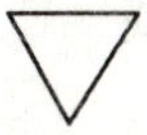	表示生产对象在保管场地有计划的存放

3.2 辅助符号

工艺流程图表用辅助符号按表2规定。

表 2　工艺流程图表用辅助符号

序号	符号名称	辅助符号	符号含义
1	流程线	│	表示在工艺流程图表中工序间的顺序连接
2	分区	～～～	表示在工艺流程图表中对管理区域的划分
3	省略	═	表示对工艺流程图作部分省略
注：当顺序关系难以辨明时，可以"↓"或"↑"表示流程方向。流程线交叉处可用"-∧-"或"⊱"表示。			

3.3　复合符号

工艺流程图表用复合符号按表 3 规定。

表 3　工艺流程图表用复合符号

序号	复合符号	符号含义
1	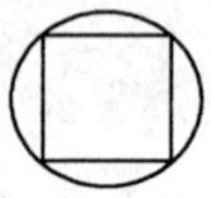	在给定的时间内，加工与数量检测同时进行
2	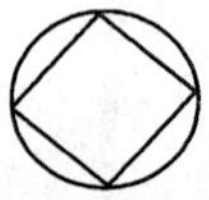	在给定的时间内，加工与质量检测同时进行
3		在给定的时间内，加工与搬运同时进行
4	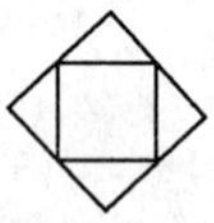	在给定的时间内，质量检测与数量检测同时进行

3.4　在执行本标准规定的基础上，各单位可根据需要适当增加有关专用符号。

4　应用

工艺流程图表用图形符号的尺寸比例见附录 A。工艺流程图表用图形符号应用示例见附录 B。工艺流程图表的使用与绘制说明见附录 C。

附　录　A
（资料性附录）
工艺流程图表用图形符号的尺寸比例

A.1　基本符号的绘制尺寸比例

绘制基本符号的尺寸比例见图 A.1。

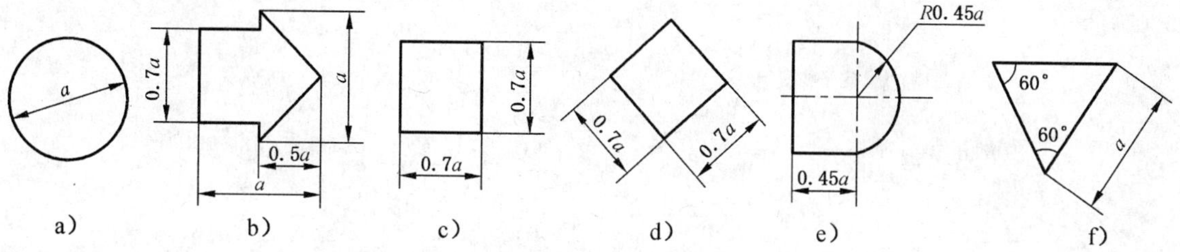

注：图中 $a=1.4h$，h 为字体高度。

图 A.1　绘制基本符号的尺寸比例

A.2　复合符号的绘制

外图形符号按图 A.1 规定的尺寸比例绘制，内图形符号按比例相应缩小并与外图形符号内接。

附 录 B
（资料性附录）
工艺流程图表用图形符号应用示例

B.1 工艺流程图表用图形符号的应用示例见图 B.1 及表 B.1、表 B.2。

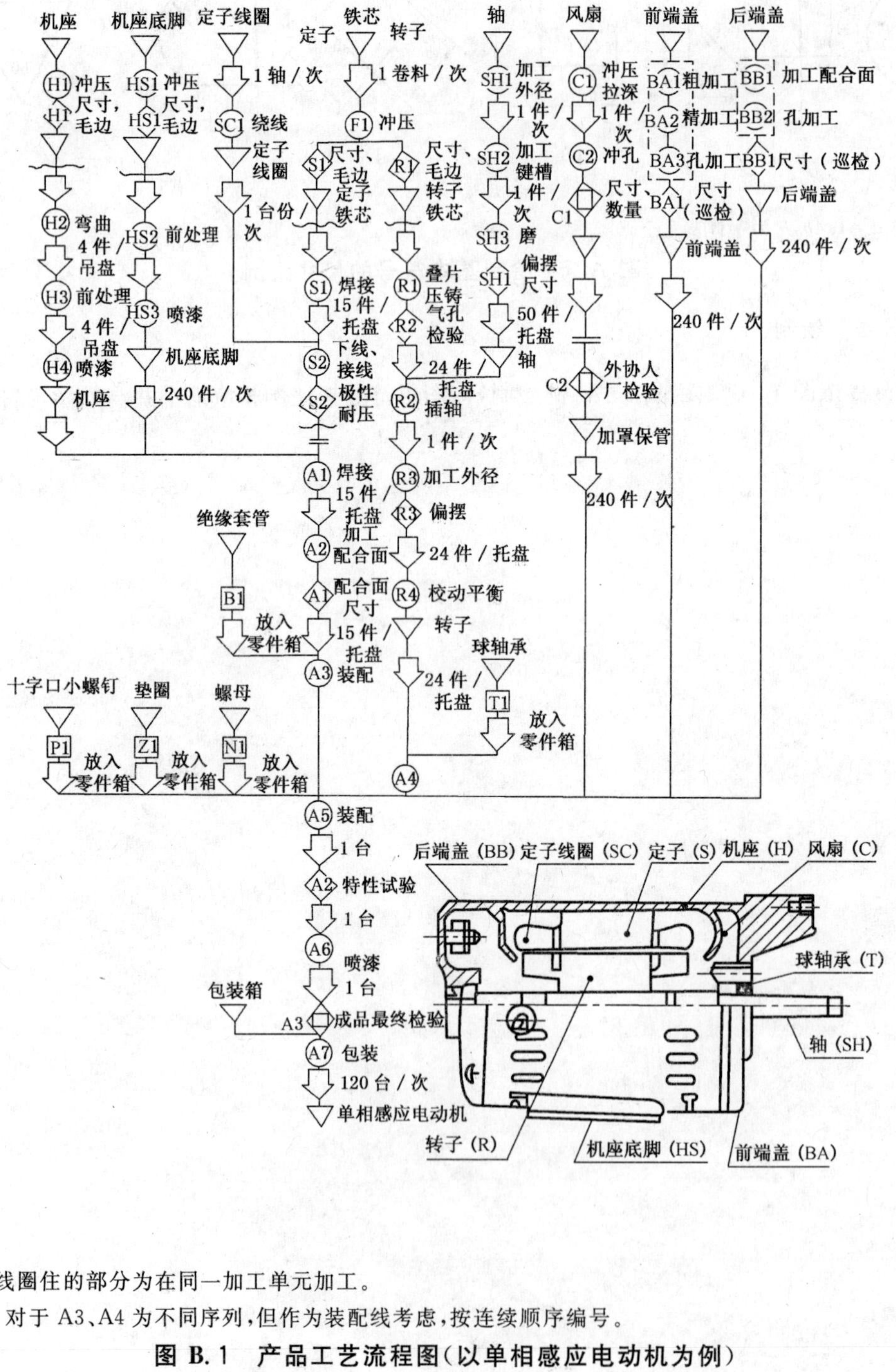

注 1：虚线圈住的部分为在同一加工单元加工。

注 2：A5 对于 A3、A4 为不同序列，但作为装配线考虑，按连续顺序编号。

图 B.1 产品工艺流程图（以单相感应电动机为例）

表 B.1 工艺流程分析表应用示例(改进前)

工艺流程分析表		
分析项目: 内外框部件生产线工艺流程局部改进 分析流程起-止端: 材料库切断加工 分析人(部门、职务、职称) ×××工程师 年 月 日	改进要点: 1. 平底货箱改制成箱式托架,以利叉车直接搬运,并可取消托盘及码盘作业,节省储存停放面积,节省搬运工时,减少装卸货箱次数,利于维护产品质量 2. 彻底改变工件落地的不良习惯,为之创造必要的物质条件: ① 在成型机与切断机之间设滑道衔接; ② 设载货台,货箱事先放在载货台上,便于直接装箱	审定结论: 同意改进意见; 由工艺科拟定实施计划报批后实行

	序号	工序说明	距离/m	时间/min	工序:加工	搬运	储存	停放	数量检测	质量检测	何事
	1	材料于材料库平底货箱堆存			○	⇩	▽	D	□	◇	
	2	将货箱人工码放在托盘上	10	60	○	⇩	▽	D	□	◇	√
	3	叉车将托盘货箱运至车间分库	100	20	○	⇩	▽	D	□	◇	
	4	材料在车间分库储存		平均(3 日) 1 440	○	⇩	▽	D	□	◇	
	5	叉车将托盘货箱运至成型机旁	35	15	○	⇩	▽	D	□	◇	
	6	托盘货箱在成型机旁停放		平均(0.5 日) 240	○	⇩	▽	D	□	◇	
描图	7	成型机成型		360	○	⇩	▽	D	□	◇	
	8	成型工件落地停放		平均(0.5 日) 240	○	⇩	▽	D	□	◇	√
描校	9	切断机操作工从地面捡起供料	合计 250	合计 60	○	⇩	▽	D	□	◇	√
	10	切断机切断		360	○	⇩	▽	D	□	◇	
底图号	11	切断工件落地停放		平均(0.5 日) 240							√
	12	从地面捡起装箱	合计 50	合计 80							
装订号		(以下从略)									

标记	处数	更改文件号	签字	日期	标记	处数	更改文件号	签字	日期

表 B.1(续)

产品型号	CW15	零(部)件图号	HC5·308·901	(文件编号)	
产品名称	框架构件	零(部)件名称	内外框部件	共2页	第1页

	项目		方案对比					
			原方案		新方案		比较结果	
			次数	时间/min	次数	时间/min	次数	时间/min
总工程师 年 月 日	加工		2	720	2	720	—	—
	搬运		5	235	4	35	1	200
	储存		1	1 440	1	1 440	—	—
	停放		3	720	2	480	1	240
	数量检测							
	质量检测							
	合计	时间/min	3 115		2 675		440	
		距离/m	435		125		310	

分析				存在问题——改进设想	措施				改进措施说明
何处	何时	何人	何法		取消	合并	变更	简化	
			√	叉车不能直接叉取——改进货箱			√		将平底货箱改制为箱式托架
			√	此项作业浪费——若“1”改进,可取消	√				取消托盘及码盘作业
			√				√	√	叉车搬运箱式托架
			√				√	√	叉车搬运箱式托架
			√				√	√	叉车搬运箱式托架
			√	工件不得落地——设滑道			√	√	成型机与切断机间增设滑道衔接
		√	√	此项作业浪费——若“8”改进,可取消	√				由滑道依靠重力自动供料
			√	工件不得落地——直接放入货箱			√	√	设载物台,货箱事先放上
		√	√	此项作业浪费——若“11”改进,可取消	√				

设计(日期)	审核(日期)	标准化(日期)	会签(日期)			

表 B.2 工艺流程分析表应用示例(改进后)

工艺流程分析表		
分析项目： (见表 B.1 第 1 页)	改进要点： (见表 B.1 第 1 页)	审定结论： (见表 B.1 第 1 页)

	序号	工序说明	距离/m	时间/min	工序：加工 搬运 储存 停放 数量检测 质量检测	何事
	1	材料于材料库箱式托架堆存				
	2	叉车将托架运至车间分库	100	20		
	3	材料在车间分库储存		平均(3 日) 1 440		
	4	叉车将托架运至成型机旁	25	15		
描图	5	托架在成型机旁停放		平均(0.5 日) 240		
	6	成型机成型		360		
描校	7	成型工件随时放入滑道				
	8	切断机切断		360		
底图号	9	切断工件随时装箱				
	10	停放		平均(0.5 日) 240		
装订号						

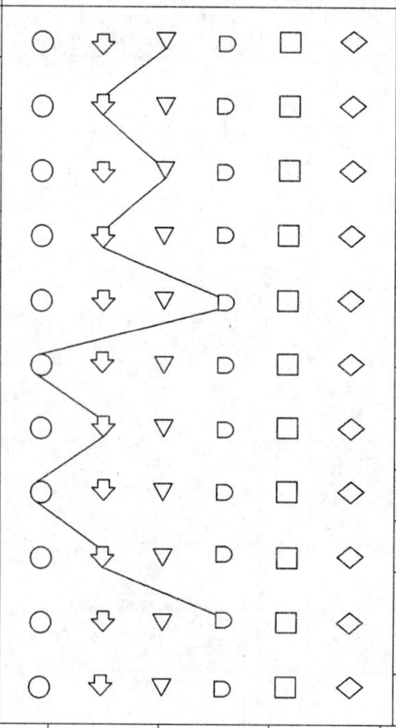

	标记	处数	更改文件号	签字	日期	标记	处数	更改文件号	签字	日期

表 B.2（续）

产品型号	CW15	零(部)件图号	HC5·308·901	（文件编号）	
产品名称	框架构件	零(部)件名称	内外框部件	共 2 页	第 2 页

项目	方案对比					
	原方案		新方案		比较结果	
	次数	时间/min	次数	时间/min	次数	时间/min
加工			2	720		
搬运			4	35		
储存			1	1 440		
停放			2	480		
数量检测						
质量检测						
合计 时间/min			2 675			
合计 距离/m			125			

分析				存在问题——改进设想	措施				改进措施说明
何处	何时	何人	何法		取消	合并	变更	简化	

设计(日期)	审核(日期)	标准化(日期)	会签(日期)			

附 录 C
（资料性附录）
工艺流程图表的使用与绘制说明

C.1 工艺流程图表的用途

由本标准规定的符号组成的工艺流程图表，主要是在工业生产中用以研究、设计、分析和改进工艺流程。

C.2 工艺流程图表绘制要点

C.2.1 工艺流程图表根据使用目的不同，其内容可以有所简化或省略。

C.2.2 在工艺流程图中，对于不同的管理区域划分，除了应用分区符号"～～～"外，还可使用不同颜色加以表示。

C.2.3 在工艺流程图中，根据需要，可按符号类别分别排序，并将序号填注于相应的符号内，以便统计和分析。

C.2.4 在工艺流程表的"工序"栏内，加工、搬运、储存、停放、数量检验和质量检验的符号是预先印制的，填写时依工序顺序用流程线连接。如需用复合符号时，可在表中的印制符号内手工补充绘制。

C.2.5 在工艺流程表中，前页末行和续页首行加注"※"号，用以表示在此处接续。

C.2.6 在工艺流程表的统计栏内，以工序为单位作出统计，对于使用复合符号的工序，也按一道工序统计。

ICS 01.100.01
J 04

中华人民共和国国家标准

GB/T 24743—2009/ISO 15787:2001

技术产品文件 钢铁零件热处理表示法

**Technical product documentation—
Heat treated ferrous parts presentation and indications**

(ISO 15787:2001,Technical product documentation—Heat-treated ferrous parts—Presentation and indications,IDT)

2009-11-30 发布　　2010-09-01 实施

中华人民共和国国家质量监督检验检疫总局
中国国家标准化管理委员会 发布

前　言

本标准等同采用ISO 15787:2001《技术产品文件　钢铁零件热处理　表述和表示》。

本标准的附录A为资料性附录。

本标准由全国技术产品文件标准化技术委员会(SAC/TC 146)提出并归口。

本标准起草单位:中机生产力促进中心、中航第一飞机设计研究院、西安科技大学、成都航利(集团)实业有限公司。

本标准主要起草人:杨东拜、庞薇、张永才、李勇、潘钢、彭中亚。

技术产品文件 钢铁零件热处理表示法

1 范围

本标准规定了技术产品文件中钢铁零件热处理的表示方法。

本标准适用于黑色金属零件热处理方法在技术产品文件中的表示。

2 规范性引用文件

下列文件中的条款通过本标准的引用而成为本标准的条款。凡是注日期的引用文件，其随后所有的修改单(不包括勘误的内容)或修订版均不适用于本标准，然而，鼓励根据本标准达成协议的各方研究是否可使用这些文件的最新版本。凡是不注日期的引用文件，其最新版本适用于本标准。

GB/T 230.1 金属洛氏硬度试验 第1部分：试验方法(A、B、C、D、E、F、G、H、K、N、T标尺)[GB/T 230.1—2004，ISO 6508-1：1999，Metallic materials—Rockwell hardness test—Part 1：Test method (scales A，B，C，D，E，F，G，H，K，N，T)，MOD]

GB/T 231.1 金属材料 布氏硬度试验 第1部分：试验方法(GB/T 231.1—2009，ISO 6506-1：2005，MOD)

GB/T 4340.1 金属材料 维氏硬度试验 第1部分：试验方法(GB/T 4340.1—2009，ISO 6507-1：2005，MOD)

GB/T 4457.4 机械制图 图样画法 图线(GB/T 4457.4—2002，ISO 128-24：1999，Technical drawings—General principles of presentation—Part 24：Lines on mechanical engineering drawings，MOD)

GB/T 9450 钢件渗碳淬火硬化层深度的测定和校核(GB/T 9450—2005，ISO 2639：2002，MOD)

ISO 4885 铁制品 热处理 词汇

3 术语和定义、缩略语

ISO 4885确立的术语和定义以及下列缩略语适用于本标准。

CHD 表面硬化深度

CD 渗碳深度

CLT 化合物层厚度

FHD 熔合硬化深度

NHD 渗氮硬化深度

SHD 淬火硬化深度

FTS 熔合处理规范

HTO 热处理顺序

HTS 热处理规范

4 图样中的表示法

4.1 总则

一般情况下，由于零件热处理后还需进行机加工(如磨削)，所以在图样中标注时应考虑热处理和机加工(如磨削)对零件的影响。碳氮共渗零件的覆盖层的硬度随厚度减小而减小，尤其是表面硬化、淬火硬化、熔合硬化和渗氮零件。因此，必须考虑到热处理过程中需要的适当的机加工余量。如果没有单独图样进行说明，应在相关图样中用合适的标注来说明热处理之前或随后的机械加工信息。例如，在图样中用一个附加表示或在[ ]括号内加入“先磨削”或“后磨削”之类的文字标注。

4.2 材料数据

不论热处理的方法如何，通常在图样中会说明热处理工件所用的材料(材料的名称，材料相关内容的清单等)。

4.3 热处理条件

应用文字表示热处理要求的条件，例如“淬火硬化”,“淬火硬化和回火”或“渗碳”。

当不仅有一个热处理要求时，要逐个用文字在其后面表示，例如“淬火硬化和回火”。文字的表示法应符合 ISO 4885。详细说明见第 6 章实例。

可以通过不同的方法实现热处理条件。结果造成性能特征不同。技术过程中的重要热处理条件应指明补充文件。

4.4 硬度数据

4.4.1 表面硬度

表面硬度的表示应该依据 GB/T 4340.1 用维氏硬度表示，或依据 GB/T 231.1 用布氏硬度表示，或依据 GB/T 230.1 用洛氏硬度表示。额外的硬度变化应另外表示，比如热处理条件零件表面区域性的硬度变化，见 4.5。

表面硬化的详细说明见表 A.1～表 A.3。它与极限硬度的关系见表 A.4。

4.4.2 核心硬度

当有需要和测试规格时，核心硬度应在图样中表示。核心硬度的表示应该依据 GB/T 4340.1 用维氏硬度表示，或依据 GB/T 231.1 用布氏硬度表示，或依据 GB/T 230.1 用洛氏硬度表示(方法 B 和 C)。

注：经测试不可避免出现需要销毁或损坏的工件。如有必要，测试可以用一个热处理样本与作此用途的工件进行参考。

4.4.3 硬度值

所有的硬度值都应有误差范围。

误差要在功能允许的范围内尽可能大。

4.5 测试点的标记

如果需要在图样中标记测试点，测试点的符号应参照图 1 a)表示。符号应参照图 1 b)直接与具体数值一起表示，可以用尺寸表示精确位置，例如图 2、图 3 和图 5。

a) 测试点的普通尺寸标注　　　　b) 测试点 2 的尺寸标注

图 1 测试点的标记

4.6 硬化深度

硬化深度应根据热处理方法表示，如淬火硬化深度(SHD)，表面硬化深度(CHD)，熔合硬化深度(FHD)或渗氮硬化深度(NHD)。硬化深度值相应的推荐等级，见表 A.5、表 A.6、表 A.7 和表 A.8。

硬化深度值应有误差范围。其偏差要在功能允许的范围内尽可能大。允许的上极限偏差推荐值，见表 A.5、表 A.6、表 A.7 和表 A.8。

当有需要和测试规格时，核心硬度应在图样中表示。核心硬度的表示应该依据 GB/T 4340.1 用维氏硬度表示，或依据 GB/T 231.1 用布氏硬度表示，或依据 GB/T 230.1 用洛氏硬度表示(方法 B 和 C)。

注：经测试不可避免出现需要销毁或损坏的工件。如有必要，测试可以用一个热处理样本与作此用途的工件进行参考。

4.7 渗碳(CD)

这通常是由轮廓的碳含量确定,用最大的百分比作为极限特征(见 ISO 4885)。碳含量极限应该作为后缀(下标)附加在符号上。

示例:一个碳含量极限为 0.35 的碳含量百分数用 $CD_{0.35}$ 表示。

渗碳值相应的推荐等级,见表 A.9。

当有需要和测试规格时,核心硬度应在图样中表示。核心硬度的表示应该依据 GB/T 4340.1 用维氏硬度表示,或依据 GB/T 231.1 用布氏硬度表示,或依据 GB/T 230.1 用洛氏硬度表示(方法 B 和 C)。

注:经测试不可避免出现需要销毁或损坏的工件。如有必要,测试可以用一个热处理样本与作此用途的工件进行参考。

渗碳深度值应有误差范围。为施行本标准,下限偏差应为零,上限偏差的推荐值见表 A.9。其偏差要在功能允许的范围内尽可能大。

4.8 化合物层厚度(CLT)

这是渗氮层以外区域的厚度(见 ISO 4885)。一般通过光学显微术测定。化合物层厚度值相应的推荐等级,见表 A.10。

化合物层厚度允许一定范围的偏差。其偏差要在功能允许的范围内尽可能大。为施行本标准,下限偏差应为零,上限偏差的推荐值见表 A.10。

4.9 强度值

如果需要使用强度值,应有误差范围。如果工件样本需要测试,并与热处理在同一时间,应标注出测试的位置。

在这种情况下不需要标注核心硬度值。强度值允许一定范围的偏差。其偏差要在功能允许的范围内尽可能大。为施行本标准,下限偏差应为零。

强度值仅在需要的地方标注。

4.10 微观结构

如有必要,硬度及硬化深度的信息可能会通过热处理零件微观结构信息加以说明,例如最高残余奥氏体部分。

注:对微观结构进行研究时,销毁或(至少)损伤工件是不可避免的。这是十分肯定的,但是,为了进行研究可以用一个热处理样本与作此用途的工件进行参考。

5 图示法

5.1 总则

热处理要求的图示法见图 2～图 39。

5.2 零件整体的热处理

5.2.1 统一要求

热处理条件应该用文字表示,说明需要的条件。例如图 2～图 6,图 20～图 25 和图 34～图 37。

5.2.2 不同区域的要求

如果工件的不同区域有不同要求,应该在后面说明。

每个区域都应该分别标注各自的具体处理要求和范围。其特征序号应依据 4.3,与具体要求的数值一起放在文字信息下面,见图 7、图 14、图 16、图 17、图 21、图 26、图 27 和图 30。如果合适,应该依据 4.5 标记具体测试点。

5.3 局部热处理

5.3.1 总则

与零件整体处理相比,限制局部热处理被认为需要额外的费用。

依据热处理的方法以及待处理零件的材料和形状决定热处理和非热处理区域之间过渡区域的大小。热处理区域的位置和具体尺寸和公差的大小要适当,要与硬化车间的意见保持一致。

不需要标注热处理区域时不用标记。

5.3.2 热处理区域要求

零件上需要热处理的这些区域应该按照GB/T 4457.4，用04.2粗点画线的图形标注在零件外部轮廓上。对于旋转对称零件，为了简化，在不导致误解的情况下，一条有关表面线（“母线”）就足以说明，例如图10。如果有必要，应该用尺寸和公差表示这些区域的大小和位置。

在原则上，热处理和非热处理区域之间过渡区域的位置，在热处理区域长度公称尺寸之外。

5.3.3 可能热处理区域

除了必须进行热处理的区域，可能进行热处理的区域的信息应给出，因为这样可以方便进行局部热处理并且减少损伤。

按照GB/T 4457.4，用02.2粗虚线在零件外部轮廓上标记可能热处理区域，如有需要，应标注尺寸。这些区域的公差一般没有要求，见图9、图11和图31。

5.3.4 可能不被热处理区域

在完全硬化或用粗长点画线或粗点画线标记的区域，允许有非热处理区域。应按照GB/T 4457.4，用04.1细点画线标记。

5.4 图样提供的具体热处理标记

一个零件上的热处理可能单独表示。这个标记可能会不完整，并且可放置在图样上任何一个空白区域，应题为“热处理的标记”，见图17。

这也适用于类似的表层熔合硬化的图样中。

6 实例

6.1 总则

数字和相关的说明是实际例子的，应在确定热处理工艺技术细节的基础上得到适当的说明。

除非另有规定，所有尺寸单位为毫米。

6.2 淬火硬化、淬火硬化和回火、等温淬火

6.2.1 零件整体的热处理——统一要求

图2说明了零件的淬火硬化条件，应标注“淬火硬化”的文字、硬度值和允许偏差，以及测试点的标记。

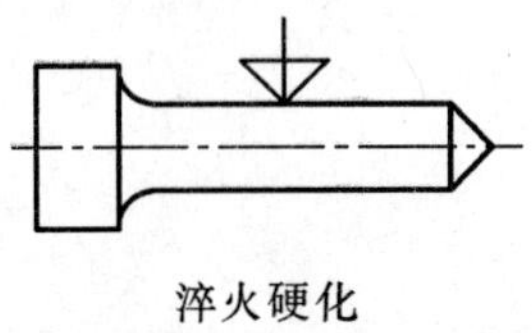

淬火硬化

(60^{+4}_{0}) HRC

图2 零件整体的热处理（一）

如果要在硬化后进行回火，“淬火硬化”不足以准确地说明淬火硬化和回火条件，在这种情况下按照4.3，要标注“淬火硬化和回火”的全部文字，见图3。

单位为毫米

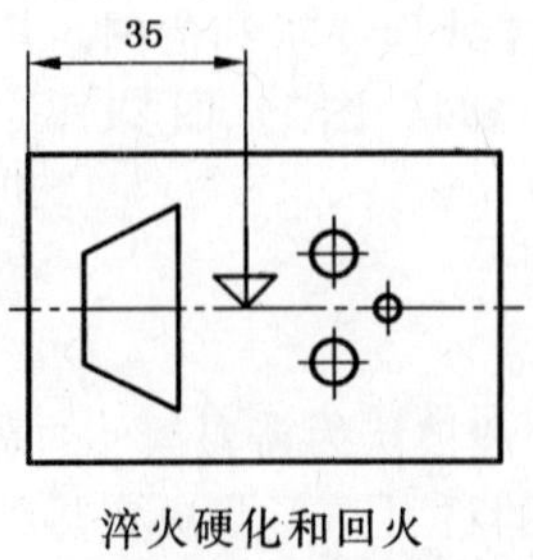

淬火硬化和回火

(59^{+4}_{0}) HRC

图3 零件整体的热处理（二）

图 4 所示的是淬火硬化和回火热处理零件，其说明应该写“淬火硬化和回火”。

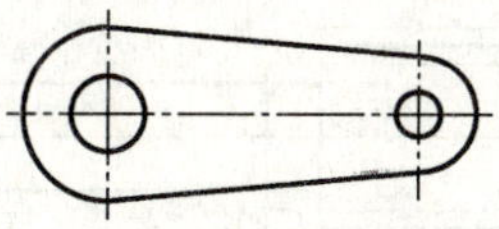

淬火硬化和回火

(350^{+50}_{0})HBW 2.5/187.5

图 4　零件整体的热处理(三)

如果零件的一部分由于被用作淬火硬化和回火转台测试而被切掉，应该如图 5 所示的方法标记。

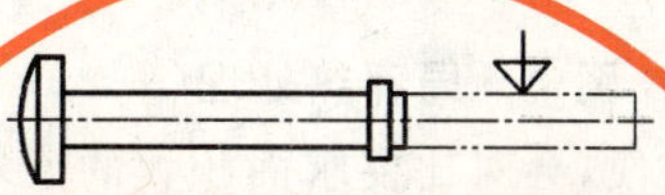

淬火硬化和回火

$R_m = 1\,100^{+100}_{0}$ N/mm^2

$R_{p0.2} \geqslant 900$ N/mm^2

$A_5 \geqslant 9\%$

图 5　零件整体的热处理(四)

图 6 所示的是等温淬火热处理零件，其说明应该写“等温淬火”。

等温淬火

参照 HTO 进行热处理

(59^{+2}_{0})HRC

图 6　零件整体的热处理(五)

6.2.2　零件整体的热处理——不同区域的数据变化

如果零件的个别区域有不同的硬度值，并且热处理的进行是根据热处理顺序(HTO)，不同区域的硬度值应标记，如果有必要，用尺寸标记。在此外，应参照 HTO 进行热处理，见图 7。

单位为毫米

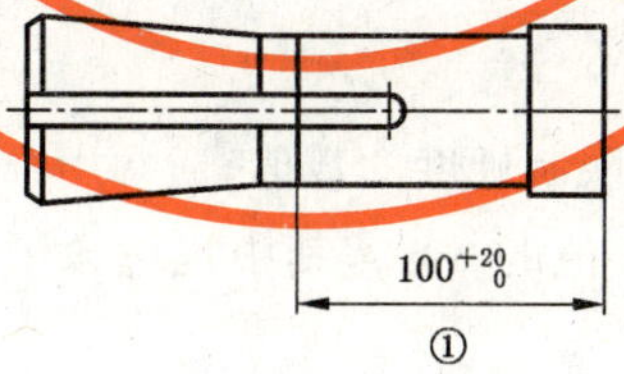

淬火硬化和回火

参照 HTO 进行热处理

(58^{+4}_{0})HRC

① (40^{+5}_{0})HRC

图 7　不同区域数据变化的热处理

6.2.3　局部热处理

图 8 所示的是局部热处理零件。热处理区域应该按照 GB/T 4457.4，用 04.2 粗点画线和依据 5.3 的尺寸数值标记。测试点应依据 4.5 标记。

单位为毫米

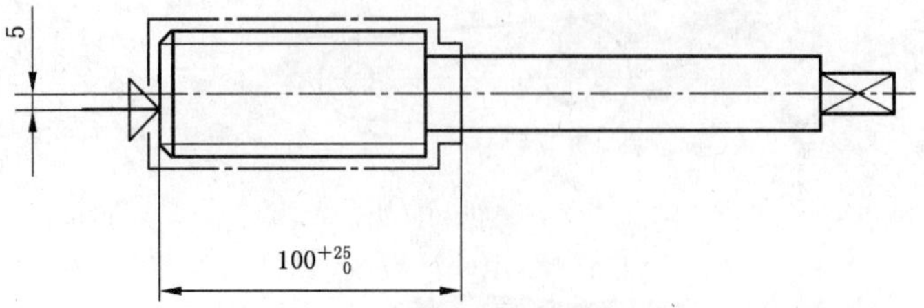

——·——·—— 零件整体淬火硬化和回火

(60^{+3}_{0})HRC

图 8　局部热处理(一)

当热处理工件时,由于为了更加方便,会对比要求面积大的区域进行硬化。如果是这样做,额外的淬火硬化面积应该按照 GB/T 4457.4,用 04.2 粗点画线标记,并用尺寸数值标记热处理区域的位置,见图 9。

单位为毫米

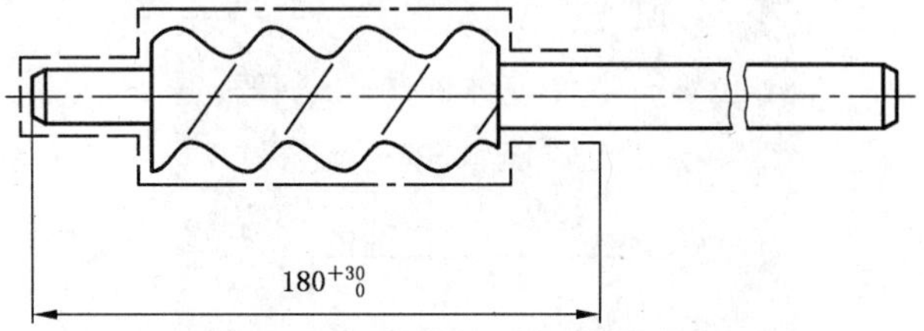

——·——·—— 零件整体淬火硬化和回火

(61^{+3}_{0})HRC

图 9　局部热处理(二)

6.3　淬火硬化

6.3.1　总则

淬火硬化几乎都限定在一定区域内。因此使用 5.3 给出的规则。

6.3.2　淬火硬化的规定

当规定了淬火硬化零件的表面硬度时,测试淬火硬化深度的载荷要适当并小心观察。测试选择的载荷见表 A.1～表 A.3。

6.3.3　淬火硬化深度(SHD)的规定

代表硬化深度的符号 SHD,应附加限制硬度的数值,通常用维氏硬度 HV1 衡量。极限硬度通常是用维氏硬度计算或表 A.4 中规定的最小值的 80%,其中也包含了 HRC,HRA,HRN 规定的表面淬火的极限硬度。

用以毫米为单位的公称尺寸表示硬化深度。淬火硬化深度值的推荐等级和参考最低值,见表 A.5。

6.3.4　应用实例

6.3.4.1　普遍适用的例子

在这个简单的例子中,当标有淬火硬化的文字时,淬火硬化面积应该按照 GB/T 4457.4,用 04.2 粗点画线标记,见图 10。表面硬度和淬火硬化深度是淬火硬化状态的特征。

在原则上,淬火硬化和非淬火硬化区域之间过渡区域的位置,在淬火硬化区域长度公称尺寸之外。依据淬火硬化的方法以及待处理零件的材料和形状决定淬火硬化和非淬火硬化区域之间过渡区域的大小。

单位为毫米

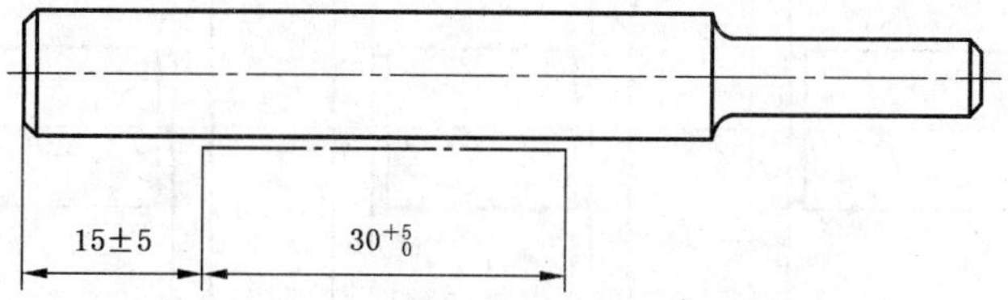

——·——·—— 淬火硬化

$(620^{+160}_{\ 0})$HV30

SHD 500＝$0.8^{+0.8}_{\ 0}$

图 10　淬火硬化的表示(一)

当热处理工件时，为了更加方便会对比要求面积大的区域进行硬化。如果是这样做，额外的淬火硬化面积应该按照 GB/T 4457.4，用 02.2 粗虚线标记，并用尺寸数值标记淬火硬化区域的位置(见图 11)。

单位为毫米

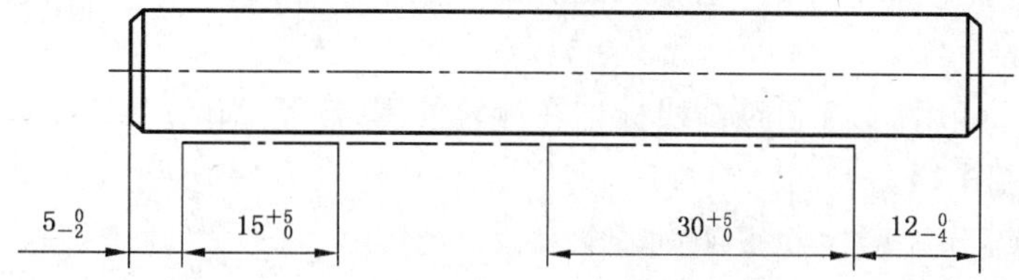

——·——·—— 零件整体淬火硬化和回火

$(525^{+100}_{\ 0})$HV10

SHD 425＝$0.4^{+0.4}_{\ 0}$

图 11　淬火硬化的表示(二)

如果淬火硬化零件是图 12 所示的零件，没有必要把淬火硬化层扩张的边缘(通过标注具体数值降低边缘滑落的危险性)，应标注适合的尺寸。

单位为毫米

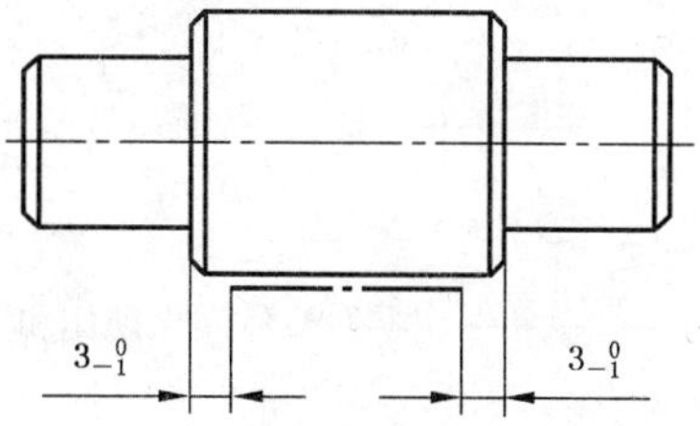

——·——·—— 淬火硬化

$(620^{+160}_{\ 0})$HV50

SHD 500＝$0.8^{+0.8}_{\ 0}$

图 12　淬火硬化的表示(三)

在硬化层延伸到边缘的地方，热处理结构应该按照 GB/T 4457.4，用 04.1 细点画线在零件轮廓上标记(如图 13 所示的零件的右侧凸轮)。当硬化表面层延伸到边缘，容许直接毗邻边缘的区域有一个较低的维氏硬度值(硬化区域的末端)，用 04.1 细点画线在零件轮廓上标记(如图 13 所示的零件的左侧凸轮)。

注：在这两个例子中，边缘都有一个倒角，以减少裂缝的危险。

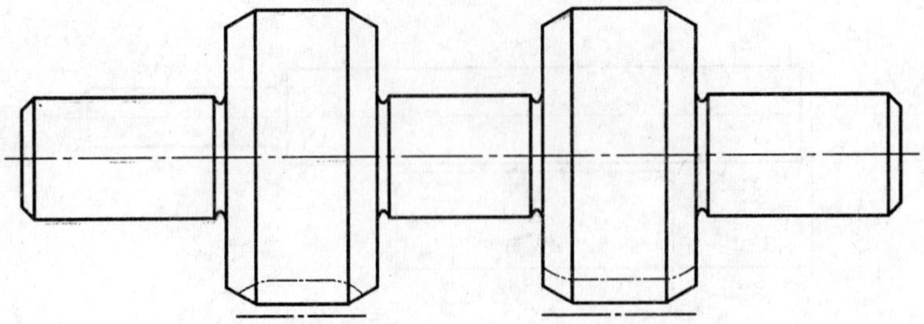

———·——— 淬火硬化和回火

(61^{+4}_{0})HRC

SHD 600=$0.8^{+0.8}_{0}$

图 13 淬火硬化的表示(四)

6.3.4.2 齿轮的热处理图

6.3.4.2.1 总则

当淬火硬化层的结构和位置对性能特点很重要时(如要考虑齿轮的齿侧面的变化深度,包括齿底),用 04.1 细点画线在零件轮廓上标记,见图 14、图 15 和图 16。

6.3.4.2.2 全齿硬化

按照 GB/T 4457.4,用 04.2 粗点画线标记在齿轮外围;按照 GB/T 4457.4,用 04.1 细点画线标记出需要硬化的范围,见图 14。

注:过程由性质决定,分别标注齿上不同高度的硬度值。

在测试点处不必要标注深度硬化。

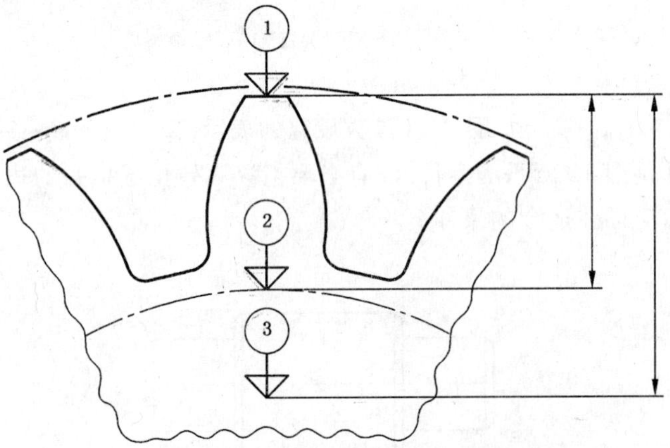

———·——— 零件整体淬火硬化和回火

① (54^{+6}_{0})HRC

② (54^{+6}_{0})HRC

③ ≤30HRC

图 14 淬火硬化的表示(五)

6.3.4.2.3 齿侧淬火硬化

按照 GB/T 4457.4,用 04.2 粗点画线标记轮廓上的淬火硬化区域;按照 GB/T 4457.4,用 04.1 细点画线标记位置和结构。由于硬化层的结构,淬火硬化深度的测试点应被指定,见图 15。

6.3.4.2.4 齿底部淬火硬化

按照 GB/T 4457.4,用 04.2 粗点画线标记轮廓上的淬火硬化区域;按照 GB/T 4457.4,用 04.1 细点画线标记位置和结构。由于硬化层的结构,淬火硬化深度的测试点应被指定,见图 16。

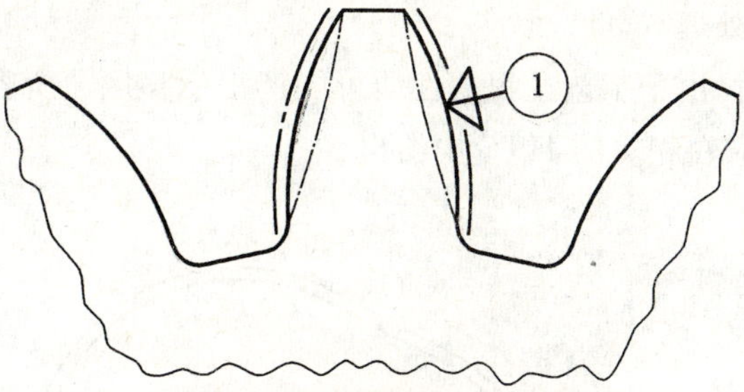

—·—·— 零件整体淬火硬化和回火

① (55^{+6}_{0})HRC

SHD 475=1^{+1}_{0}

图 15　淬火硬化的表示(六)

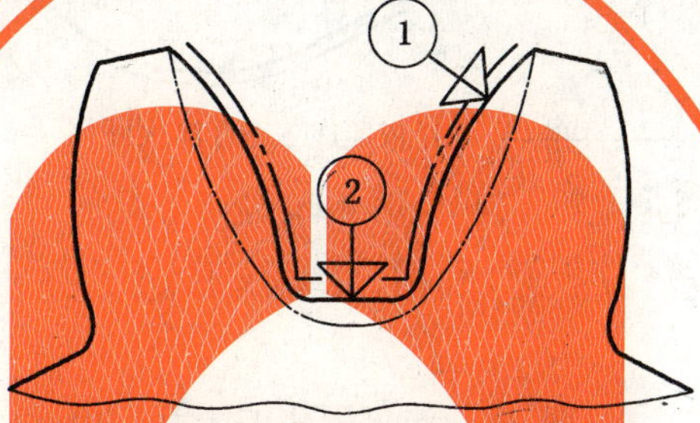

—·—·— 零件整体淬火硬化和回火

(52^{+6}_{0})HRC

① SHD 425=$1.6^{+1.3}_{0}$

② SHD 425=1^{+1}_{0}

图 16　淬火硬化的表示(七)

6.3.4.3　不同淬火硬化深度

在图 17 所示的零件上有两个区域,它们的硬化深度值要求不同。此外,硬化区域的尺寸也是必要的。但是这些额外的标注在零件上不能清楚反映。因此,热处理图样上包括了 Y 和 Z 这两个细节视图。按照 GB/T 4457.4,用 04.1 细点画线标记淬火硬化层的结构。大小和位置应该用尺寸说明。

单位为毫米

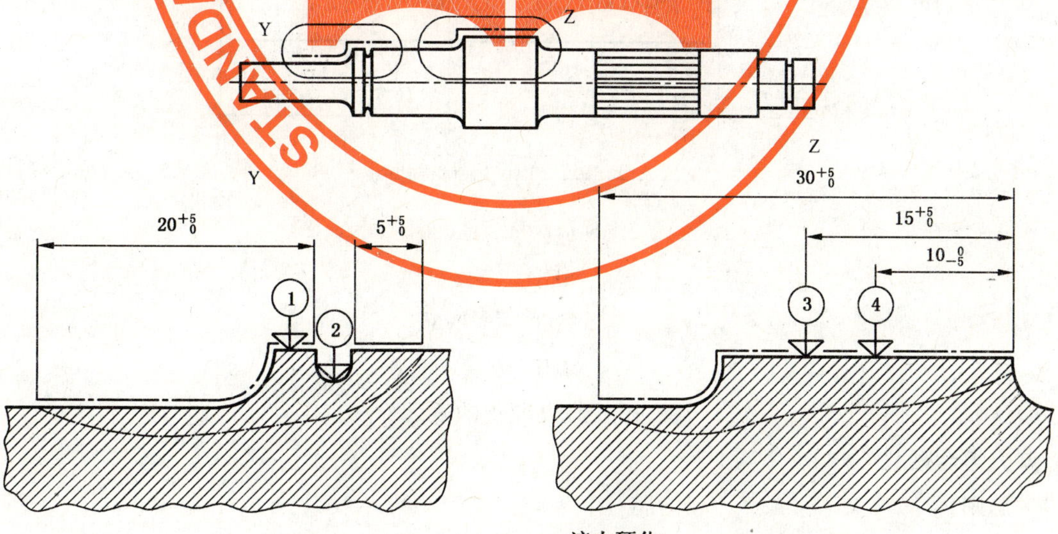

—·—·— 淬火硬化

① (550^{+100}_{0})HV30　　③ (550^{+100}_{0})HV30

② SHD 450=$0.6^{+0.6}_{0}$　　④ HD 450=1^{+1}_{0}

图 17　淬火硬化的表示(八)

6.3.4.4 滑移区的淬火热处理

当淬火硬化一个零件时，由于工艺过程的性质可能产生滑移区。所容许的滑移区应用尺寸界定标注，见图 18。额外的数据，应在相关的 HTS 中给出。

单位为毫米

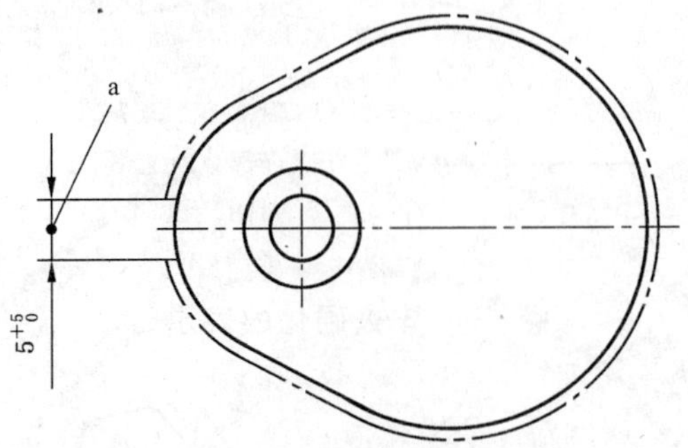

a 滑移区。

图 18 淬火硬化的表示(九)

6.3.4.5 标注不止一个测试点的例子

淬火硬化零件，见图 19，应该给定数值，按照 GB/T 4457.4，用 04.2 粗点画线标记区域，并标注尺寸(例如可以通过局部回火实现工艺)。

单位为毫米

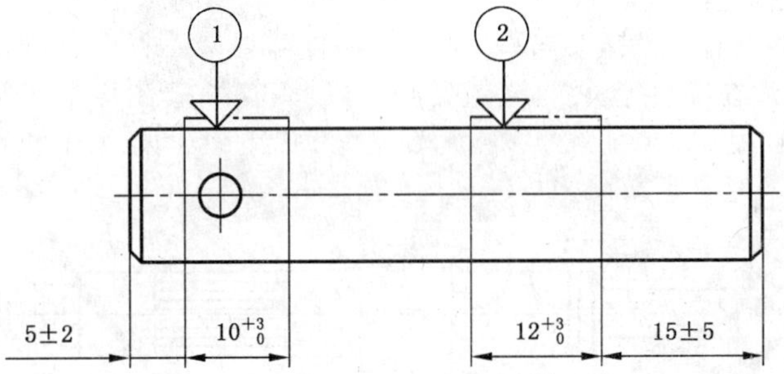

图 19 淬火硬化的表示(十)

6.4 淬火熔合硬化

6.4.1 总则

淬火熔合硬化几乎都限定在一定区域内。因此使用 5.3 给出的规则。

6.4.2 淬火熔合硬化的规定

当规定了淬火熔合硬化零件的表面硬度时，测试熔合硬化深度的载荷要适当并小心观察。测试选择的载荷，见表 A.1。

6.4.3 熔合硬化深度(FHD)的规定

代表硬化深度的符号FHD,应附加限制硬度的数值,通常用维氏硬度HV1衡量。极限硬度通常是用维氏硬度计算或表A.4中规定的最小值的80%,其中也包含了HRC,HRA,HRN规定的表面淬火的极限硬度。

用以毫米为单位的公称尺寸表示熔合硬化深度。熔合硬化深度的推荐等级和数值相关最小公差,见表A.8。

6.4.4 应用实例

6.4.4.1 普遍适用的例子

淬火熔合硬化区域的标记与淬火硬化标志的方式相同,见6.3。在这个简单的例子中,当标有“淬火熔合硬化”的文字时,淬火硬化面积应该按照GB/T 4457.4,用04.2粗点画线标记,见图10;表面硬度和淬火硬化深度也要一起标注,见图20。

单位为毫米

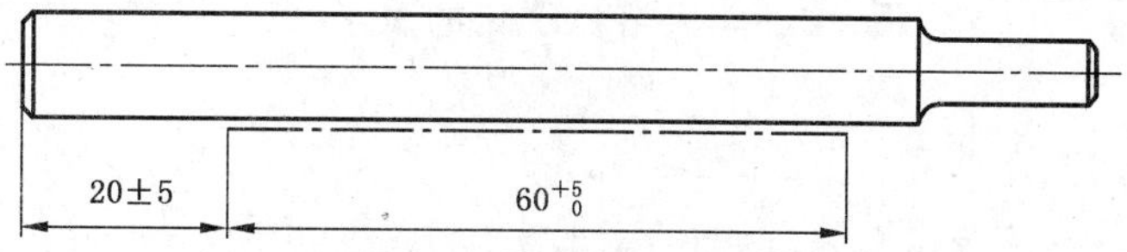

——·——·—— 淬火熔合硬化

(620^{+160}_{0})HV10

FHD 500 $=0.6^{+0.6}_{0}$

图20 淬火熔合硬化表示(一)

图21所示的是在淬火熔合硬化区域内有不同的熔合深度,并且用尺寸界定了测试点。

单位为毫米

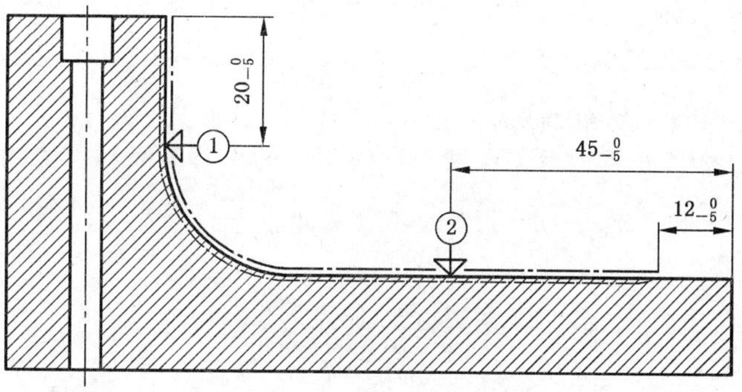

——·——·—— 淬火熔合硬化

① (650^{+160}_{0})HV10

FHD $=1^{+0.5}_{0}$

② (650^{+160}_{0})HV10

FHD $=0.8^{+0.4}_{0}$

图21 淬火熔合硬化的表示(二)

6.4.4.2 滑移区的淬火熔合热处理

当淬火硬化一个零件时,由于工艺过程的性质可能产生滑移区。所容许的滑移区应用尺寸界定标注,见图22。额外的数据,应在相关的熔合处理规范FTS中给出。

单位为毫米

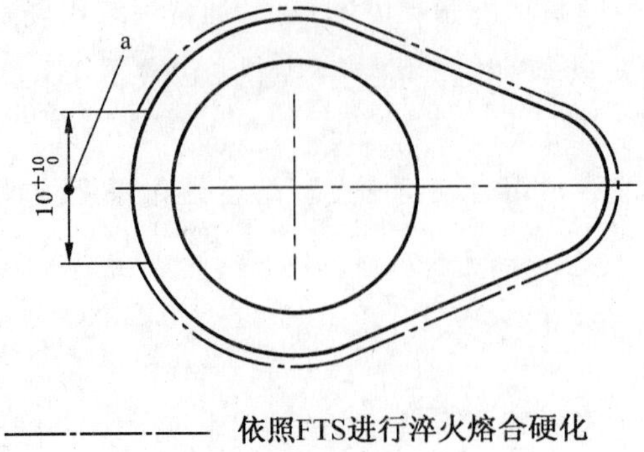

(58^{+3}_{0})HRC

FHD 525=$0.8^{+0.8}_{0}$

[a] 滑移区。

图 22 淬火熔合硬化的表示(三)

6.5 表面硬化

6.5.1 表面硬化的规定

当规定了表面硬化零件的表面硬度时,测试表面硬化深度的载荷要适当并小心观察。测试选择的载荷,见表 A.1,表 A.2 和表 A.3。

6.5.2 表面硬化深度(CHD)的规定

代表表面硬化深度的符号为 CHD。其极限硬度通常为 550HV1。

用以毫米为单位的公称尺寸表示熔合硬化深度。熔合硬化深度的推荐等级和数值相关最小公差,见表 A.6。

6.5.3 渗碳深度的规定

渗碳深度的规定应用在渗碳后不立即进行淬火硬化处理的情况下,例如为调整加工或水平时。

符号 CD 被用来表示渗碳深度,应该在其后附上下标,用来指定决定渗碳深度的特征。

注:这是一个一般规则,其限定特点是碳含量的百分比为 0.35。不过,在标记其他不同值时也允许使用。

用以毫米为单位的公称尺寸表示渗碳深度。渗碳深度的推荐等级和数值相关最小公差,见表 A.9。

6.5.4 应用实例

6.5.4.1 全周表面硬化

全周表面硬化当标记“表面硬化”的文字,见图 23~图 27。

在这个简单的例子中,应如图 23 所示标记热处理条件,每个表面的淬火硬化和表面硬化深度都要标注允许偏差,见图 23 和 6.5.3 的注。

表面硬化和回火

(60^{+4}_{0})HRC

CHD=$0.8^{+0.4}_{0}$

图 23 表面硬化的表示(一)

如果限定了硬度或者测试载荷,或两者都有时,则依据 GB/T 9450 中的相关规定来测试表面硬化深度,在说明表面硬化深度时应标记出,见图 24。

表面硬化和回火

(700^{+100}_{0})HV30

CHD 600HV3=$0.5^{+0.3}_{0}$

图 24 表面硬化的表示(二)

如果在热处理过程中规定了具体的必须观察的内容(例如需要考虑时间/温度曲线时),这些规定应依据热处理顺序(HTO)或热处理规范(HTS)实施。下面的视图依据该文件绘制,见图 25。

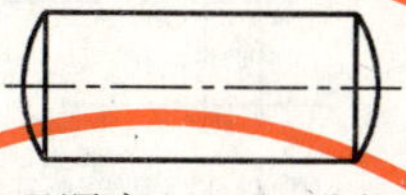

依据热处理顺序(HTO)进行表面硬化

(700^{+100}_{0})HV30

CHD 600HV3=$0.5^{+0.3}_{0}$

图 25 表面硬化的表示(三)

6.5.4.2 有不同表面硬度或渗碳影响深度不同的全周表面硬化

6.5.4.2.1 总则

当全周表面硬化零件的某些区域淬火或表面硬化深度值不同时应如图 26 和图 27 所示来标记。

单位为毫米

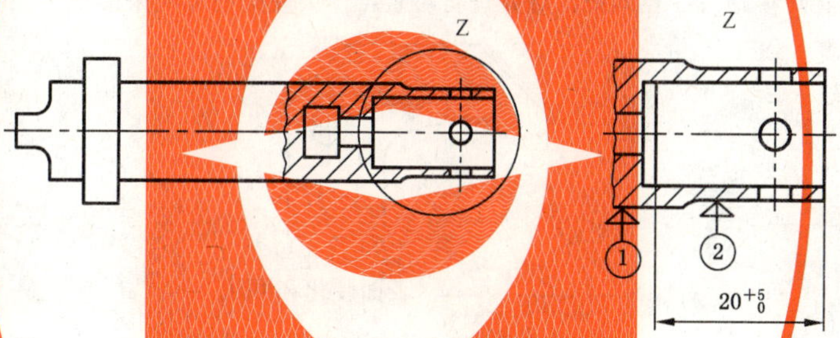

表面硬化和回火

① CHD=$0.3^{+0.2}_{0}$

② (700^{+100}_{0})HV10

≤550HV10

图 26 表面硬化的表示(四)

6.5.4.2.2 不同的表面硬化深度

如图 27 所示的齿轮是全周表面硬化。在测试点的区域要标记具体的数值,包括表面硬度和渗碳影响深度。

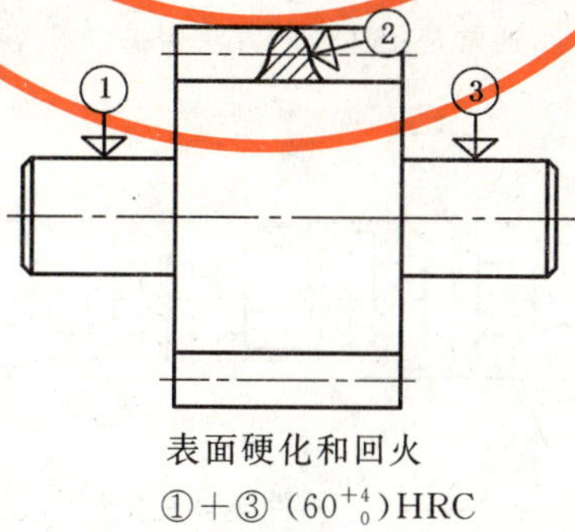

表面硬化和回火

①+③ (60^{+4}_{0})HRC

CHD=$0.8^{+0.4}_{0}$

② (700^{+100}_{0})HV10

CHD=$0.5^{+0.3}_{0}$

图 27 表面硬化的表示(五)

6.5.4.3 局部表面硬化

6.5.4.3.1 总则

表面硬化区域和非表面硬化区域的标记应依据5.3。

在原则上，表面硬化区域和非表面硬化区域之间过渡区域的位置，在表面硬化区域长度公称尺寸之外。过渡区域的宽度决定于渗碳影响深度、表面硬化的方法、材料、工件的形状和局部硬化的方法。

单位为毫米

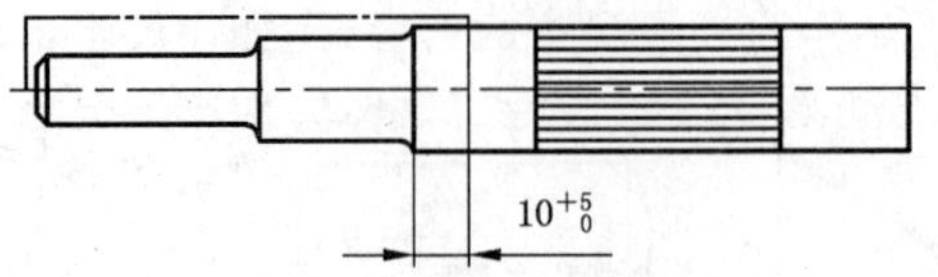

——·——·—— 零件整体表面硬化和回火

(680^{+140}_{0})HV10

CHD=$0.3^{+0.2}_{0}$

图28 表面硬化的表示(六)

6.5.4.3.2 非渗碳或淬火的局部表面硬化

应按照GB/T 4457.4，用04.2粗点画线标记表面硬化区域，见图29。在这个区域之外允许进行渗碳并且应用"允许零件整体渗碳"的文字。

注：这种局部表面硬化可以通过在点画线区域先进行渗碳再淬火硬化的方法来实现。

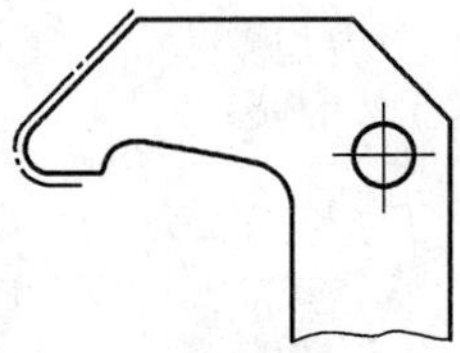

——·——·—— 表面硬化和回火

允许零件整体渗碳

(60^{+4}_{0})HRC

CHD=$0.8^{+0.4}_{0}$

图29 表面硬化的表示(七)

6.5.4.3.3 非渗碳处理的局部硬化区域

在热处理图样中，当表达不清楚时，可以用适合的特征数值描述热处理条件，见图30。按照GB/T 4457.4，用04.2粗点画线标记表面硬化区域。该区域不被渗碳，但要硬化此区域之外的部分。因此，需要标记"零件整体硬化"的文字。

注：此种没被点画线标记局部区域硬化，通常是用适合的方法保护的其不渗碳。

单位为毫米

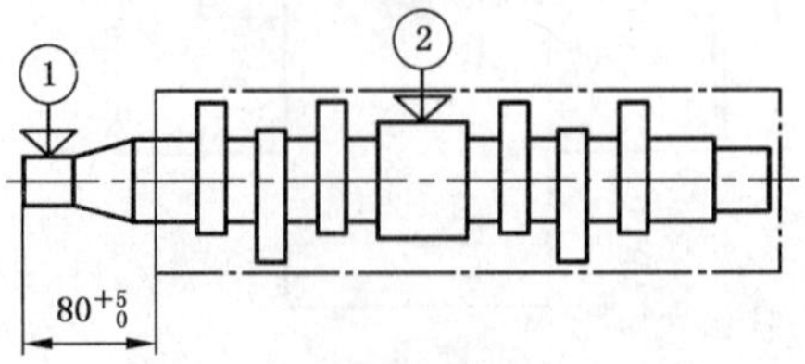

——·——·—— 零件整体硬化和回火

① (25^{+15}_{0})HRC

② (58^{+4}_{0})HRC

CHD=$1.2^{+0.5}_{0}$

图30 表面硬化的表示(八)

6.5.4.3.4 可能表面硬化的局部表面硬化

按照 GB/T 4457.4,用 04.2 粗点画线标记表面硬化区域,见图 31。为了便于加工,也可以按照 GB/T 4457.4,用 02.2 粗虚线标记表面硬化区域。零件上没有标记的区域,图 31 中的孔不进行渗碳或硬化处理。

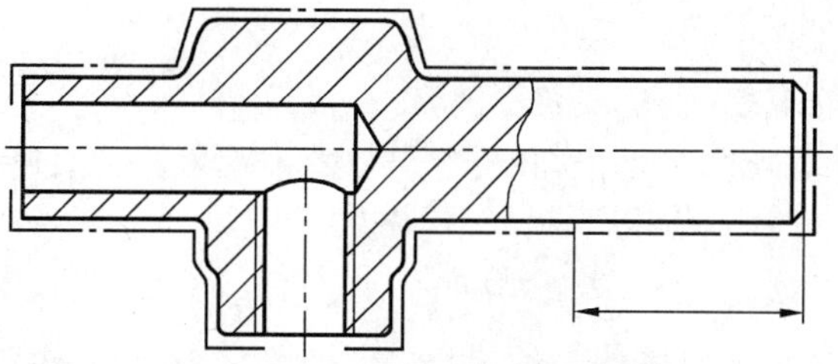

——·——·—— 零件整体硬化和回火

(57^{+6}_{0})HRC

$CHD=1.2^{+0.5}_{0}$

图 31 表面硬化的表示(九)

6.5.4.4 渗碳零件实例

6.5.4.4.1 整体渗碳

描述整体渗碳时,应标记"渗碳"的文字,见图 32。

在最简单的情况下,标记的渗碳条件应该用"渗碳"的文字,并指明渗碳的允许偏差,见图 32。

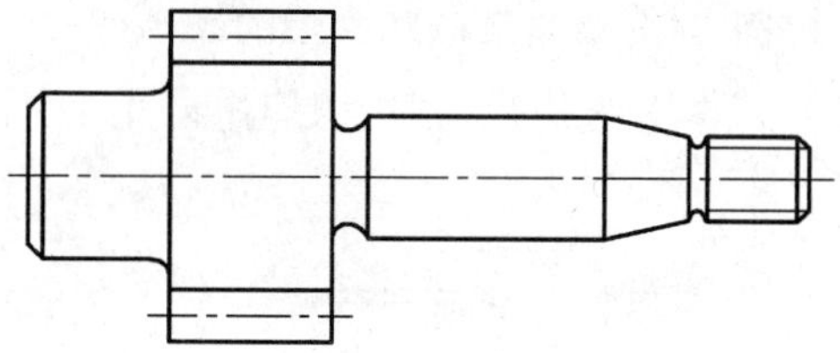

渗碳

$CD_{0.35}=1.2^{+0.5}_{0}$

图 32 表面硬化的表示(十)

6.5.4.4.2 局部渗碳

渗碳区域和非渗碳区域的标记依据 5.3。

在原则上,渗碳和非渗碳区域之间过渡区域的位置,在渗碳区域长度公称尺寸之外。依据渗碳深度、热处理的方法、零件的材料和形状以及局部渗碳的方法决定渗碳区域和非渗碳区域之间过渡区域的大小。

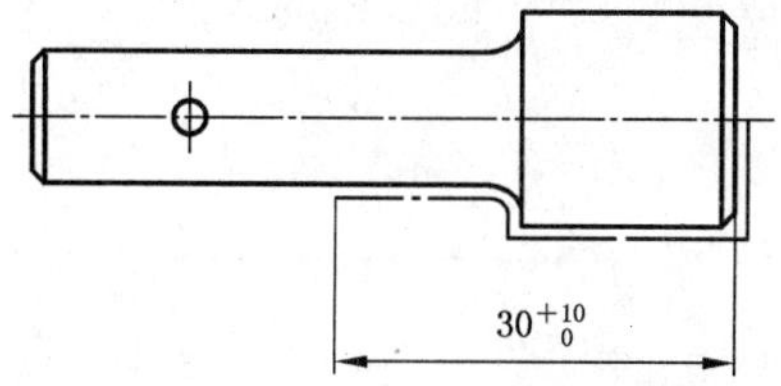

——·——·—— 渗碳

$CD_{0.35}=0.8^{+0.4}_{0}$

图 33 表面硬化的表示(十一)

6.6 渗氮及碳氮共渗

6.6.1 淬火硬化的规定

当规定了渗氮零件的表面硬度时,测试淬火硬化深度的载荷要适当并小心观察。测试选择的载荷,见表 A.1。

6.6.2 **渗氮硬化深度(NHD)的规定**

使用符号 NHD 表示渗氮硬化深度。其极限硬度通常为 50HV0.5,并标注实际核心硬度。

用以毫米为单位的公称尺寸表示渗氮硬化深度。渗氮硬化深度值的推荐等级和最小公差,见表 A.7。

6.6.3 **复合层厚度(CLT)的规定**

复合层厚度的公称尺寸以微米为单位,其公称尺寸的推荐值和极限偏差,见表 A.10。

6.6.4 **应用实例**

6.6.4.1 **整体渗氮**

在最简单的情况下,标记的渗氮条件应该用"渗氮"的文字,并指明渗氮深度的允许偏差,见图 34。

如果是进行气体或等离子渗氮,应该按照 ISO 4885,用文字加以补充,例如图 34。

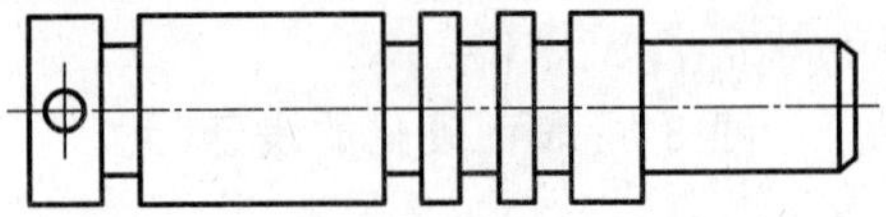

等离子渗氮

≥950HV10

$NHD=0.3^{+0.1}_{0}$

图 34 渗氮及碳氮共渗的表示(一)

当用规定规则之外的方法测试渗氮硬化深度时,例如用大于 HV0.5 的载荷进行测试,应如图 35 中的例子,标出渗氮硬化深度。

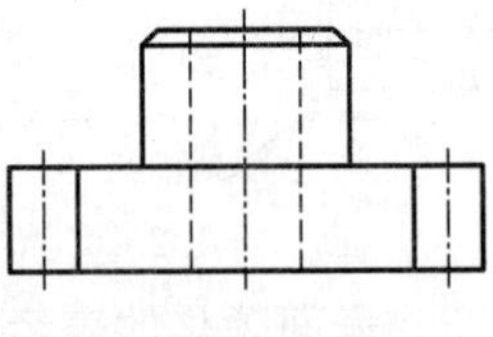

渗氮

≥800HV3

$NHD\ HV0.3=0.1^{+0.05}_{0}$

图 35 渗氮及碳氮共渗的表示(二)

6.6.4.2 **整体碳氮共渗**

在最简单的情况下,标记的碳氮共渗条件应该用"碳氮共渗"的文字,并标注复合层厚度(CLT)和以微米为单位的极限偏差,见图 36。

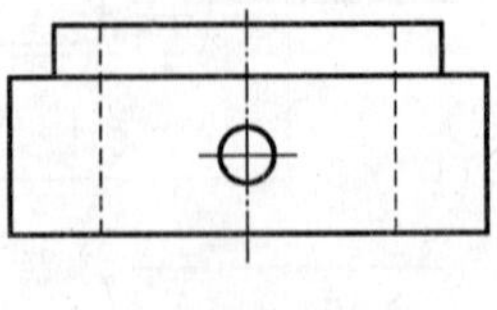

碳氮共渗

$CLT=(12^{+6}_{0})\mu m$

图 36 渗氮及碳氮共渗的表示(三)

如果通过规定的介质进行碳氮共渗,应该按照 ISO 4885,用文字说明工艺。如果需要,要标注附加信息,见图 37。

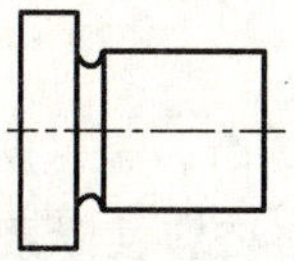

依据热处理顺序 HTO 进行盐浴碳氮共渗

CLT=$(10^{+5}_{\ 0})\mu m$

图 37 渗氮及碳氮共渗的表示(四)

6.6.4.3 局部渗氮

渗氮区域和非渗氮区域的标记依据 5.3。

在原则上,渗氮和非渗氮区域之间过渡区域的位置,在渗氮区域长度公称尺寸之外。依据渗氮深度、热处理的方法、零件的材料和形状以及局部渗氮的方法决定渗氮和非渗氮区域之间过渡区域的大小,见图 38。

单位为毫米

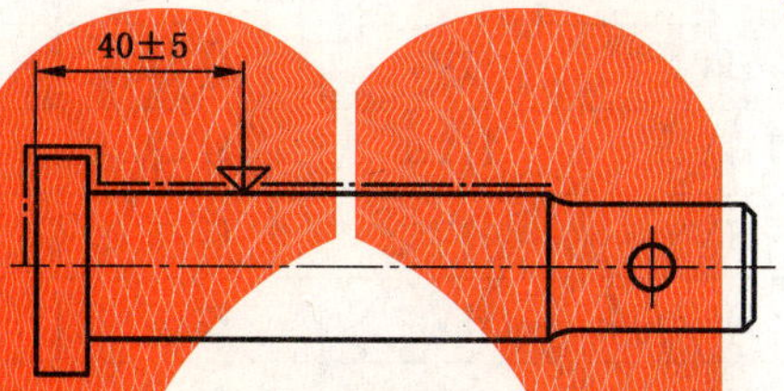

渗氮

≥900HV10

NHD=$0.4^{+0.2}_{\ 0}$

图 38 渗氮及碳氮共渗的表示(五)

6.6.4.4 局部碳氮共渗

碳氮共渗区域和非碳氮共渗区域的标记依据 5.3。

在原则上,碳氮共渗和非碳氮共渗区域之间过渡区域的位置,在碳氮共渗区域长度公称尺寸之外。依据渗氮深度、热处理的方法、零件的材料和形状以及局部碳氮共渗的方法决定碳氮共渗和非碳氮共渗区域之间过渡区域的大小,见图 39。

碳氮共渗

CLT=$(15^{+8}_{\ 0})\mu m$

图 39 渗氮及碳氮共渗的表示(六)

6.7 退火

应用文字“退火”表示退火状态条件,附加一个指定的退火方法会更准确(见 ISO 4885):

——“消除应力”;

——“软化退火”;

——“球化退火”;

——“recristallized”;

——“标准退火”。

此外,硬度数据或结构状况的进一步数据如果需要应给出。

附 录 A
（资料性附录）

表 A.1 根据维氏硬度 HV 最小深度硬化和最小表面硬度数据选择测试方法

硬化最小深度/mm SHD,CHD, NHD,FHD	维氏硬度的最小表面硬度						
	HV200～ HV300	HV300～ HV400	HV400～ HV500	HV500～ HV600	HV600～ HV700	HV700～ HV800	HV800 以上
0.05	—	—	—	HV0.5	HV0.5	HV0.5	HV0.5
0.07	—	HV0.5	HV0.5	HV0.5	HV0.5	HV1	HV1
0.08	HV0.5	HV0.5	HV0.5	HV0.5	HV1	HV1	HV1
0.09	HV0.5	HV0.5	HV0.5	HV1	HV1	HV1	HV1
0.1	HV0.5	HV1	HV1	HV1	HV1	HV1	HV3
0.15	HV1	HV1	HV3	HV3	HV3	HV3	HV5
0.2	HV1	HV3	HV5	HV5	HV5	HV5	HV5
0.25	HV3	HV5	HV5	HV5	HV10	HV10	HV10
0.3	HV3	HV5	HV10	HV10	HV10	HV10	HV10
0.4	HV5	HV10	HV10	HV10	HV10	HV30	HV30
0.45	HV5	HV10	HV10	HV10	HV30	HV30	HV30
0.5	HV10	HV10	HV10	HV30	HV30	HV30	HV30
0.55	HV10	HV10	HV30	HV30	HV30	HV50	HV50
0.6	HV10	HV10	HV30	HV30	HV50	HV50	HV50
0.65	HV10	HV30	HV30	HV50	HV50	HV50	HV50
0.7	HV10	HV30	HV50	HV50	HV50	HV50	HV50
0.75	HV30	HV30	HV50	HV50	HV50	HV100	HV100
0.8	HV30	HV30	HV50	HV50	HV100	HV100	HV100
0.9	HV30	HV30	HV50	HV100	HV100	HV100	HV100
1	HV30	HV50	HV100	HV100	HV100	HV100	HV100
1.5[a]	HV30	HV50	HV100	HV100	HV100	HV100	HV100
2[a]	HV30	HV50	HV100	HV100	HV100	HV100	HV100
2.5[a]	HV30	HV50	HV100	HV100	HV100	HV100	HV100

[a] 只适用于熔合硬化处理，此表格仅规定了测试允许的最大载荷。当然用更低的测试载荷代替规定值是允许的（例如：用 HV10 代替 HV30）。高合金钢的渗氮或碳氮共渗工件（如氮化钢），适用的测试载荷应该低于表中给出的数值，因为表层硬度等级高。

示例：淬火硬化深度 SHD：淬火硬化工件的表面硬度要求是 $(650^{+100}_{\ 0})$HV，硬化深度是 SHD=$0.6^{+0.6}_{\ 0}$。因此，最小硬化深度为 0.6 mm，最低表面硬度为 650HV。对于以上数据，表中给出的表面硬度最大的测试值仅为 HV50（或者也可以用 HV30、HV10 等代替）。则图样中应标注如下指示：

淬火硬化

$(650^{+100}_{\ 0})$HV50

SHD 525=$0.6^{+0.6}_{\ 0}$

表 A.2 HR15N,HR30N 或 HR45N 最小深度硬化和最小表面硬度数据选择测试方法

最小硬化深度/mm SHD,CHD	根据 HRN 的最小表面硬度										
	HR15N82～HR15N85	HR15N85～HR15N88	HR15N88 以上	HR30N60～HR30N68	HR30N68～HR30N73	HR30N73～HR30N78	HR30N78 以上	HR45N44～HR45N54	HR45N54～HR45N61	HR45N61～HR45N67	HR45N67 以上
0.1	—	—	HR15N	—	—	—	—	—	—	—	—
0.15	—	HR15N	HR15N	—	—	—	—	—	—	—	—
0.2	HR15N	HR15N	HR15N	—	—	—	HR30N	—	—	—	—
0.25	HR15N	HR15N	HR15N	—	—	HR30N	HR30N	—	—	—	—
0.35	HR15N	HR15N	HR15N	—	HR30N	HR30N	HR30N	—	—	—	HR45N
0.4	HR15N	HR15N	HR15N	HR30N	HR30N	HR30N	HR30N	—	—	HR45N	HR45N
0.5	HR15N	HR15N	HR15N	HR30N	HR30N	HR30N	HR30N	—	HR45N	HR45N	HR45N
≥0.55	HR15N	HR15N	HR15N	HR30N	HR30N	HR30N	HR30N	HR45N	HR45N	HR45N	HR45N

示例:淬火硬化深度 SHD:淬火硬化工件的表面硬度要求用 HR...N(洛氏硬度)测量,硬化深度是 SHD=$0.4^{+0.4}_{0}$。因此,最小硬化深度为 0.4 mm。此表所示的表面硬度可以用 HR15N,HR30N 或 HR45N 测试。如果用 HR45N 测试,最小的表面硬度应在 61HR45N 以上。例如如果表面硬度为(62^{+6}_{0})HR45N,则在视图中的表达方式如下:

淬火硬化

(62^{+6}_{0})HR45N

SHD 500=$0.4^{+0.4}_{0}$

表 A.3 根据 HRA 或 HRC 最小深度硬化和最小表面硬度数据选择测试方法

最小硬化深度/mm SHD,CHD	HRA 或 HRC 最小表面硬度							
	70HRA～75HRA	75HRA～78HRA	78HRA～81HRA	81HRA 以上	40HRC～49HRC	49HRC～55HRC	55HRC～60HRC	60HRC 以上
0.4	—	—	—	HRA	—	—	—	—
0.45	—	—	HRA	HRA	—	—	—	—
0.5	—	HRA	HRA	HRA	—	—	—	—
0.6	HRA	HRA	HRA	HRA	—	—	—	—
0.8	HRA	HRA	HRA	HRA	—	—	—	HRC
0.9	HRA	HRA	HRA	HRA	—	—	HRC	HRC
1	HRA	HRA	HRA	HRA	—	HRC	HRC	HRC
1.2	HRA	HRA	HRA	HRA	HRC	HRC	HRC	HRC

示例：淬火硬化深度 SHD：淬火硬化工件的表面硬度要求是$(55^{+0.5}_{0})$HRC，硬化深度是 SHD 500＝$0.8^{+0.8}_{0}$。因此，最小硬化深度为 0.8 mm，最低表面硬度为 55HRC。在此表中没有这个表明硬度的测试类型。在这种情况下就采用其他的测试方法，例如 HRA 或 HV。如果最小表面硬度值是 79HRA 符合 55HRC，则在视图中的表达方式如下：

淬火硬化

(79^{+2}_{0})HRA

SHD 500＝$0.8^{+0.8}_{0}$

表 A.4 维氏硬度 HV，洛氏硬度 HRA、HRC、HRN 与硬度极限的关系(适合 80%的最小表面硬度)

硬度极限 HV	HV,HRA,HRC 或 HRN 最小表面硬度值					
	HV	HRC	HRA	HR15N	HR30N	HR45N
200[a]	240～265	20～25	—	—	—	—
225[a]	270～295	26～29	—	—	—	—
250	300～330	30～33	65～67	75,76	51～53	32～35
275	335～355	34～36	68	77,78	54,55	36～38
300	360～385	37～39	69,70	79	56～58	39～41
325	390～420	40～42	71	80,81	59～62	42～46
350	425～445	43～45	72,73	82,83	63,64	47～49
375	460～480	46,47	74	84	65,66	50～52
400	485～515	48～50	75	85	67,68	53,54
425	520～545	51,52	76	86	69,70	55～57
450	550～575	53	77	87	71	58,59
475	580～605	54,55	78	88	72,73	60,61
500	610～635	56,57	79	89	74	62,63
525	640～665	58	80	—	75,76	64,65
550	670～705	59,60	81	90	77	66,67
575	710～730	61	82	—	78	98

表 A.4（续）

硬度极限 HV	HV,HRA,HRC 或 HRN 最小表面硬度值					
	HV	HRC	HRA	HR15N	HR30N	HR45N
600	735～765	62	—	91	79	69
625	770～795	63	83	—	80	70
650	800～835	64,65	—	92	81	71,72
675	840～865	66	84	—	82	73
700[a]	870～895	66.5	—	—	—	—
725[a]	900～925	67	—	—	—	—
750[a]	930～955	68	—	—	—	—
775[a]	960～985	—	—	—	—	—
800[a]	900～1 020	—	—	—	—	—
825[a]	1 025～1 060	—	—	—	—	—

注：此表不能用来与硬度值表进行对比。

[a] 只适用于熔合硬化处理。

表 A.5 淬火硬化深度 SHD 值和极限偏差

淬火硬化深度 SHD/mm	以毫米为单位的上极限偏差		
	感应淬火	火焰硬化	激光和电子束硬化
0.1	0.1	—	0.1
0.2	0.2	—	0.1
0.4	0.4	—	0.2
0.6	0.6	—	0.3
0.8	0.8	—	0.4
1	1	—	0.5
1.3	1.1	—	0.6
1.6	1.3	2	0.8
2	1.6	2	1
2.5	1.8	2	1
3	2	2	1
4	2.5	2.5	—
5	3	3	—

表 A.6 表面硬化深度 CHD 值和极限偏差

表面硬化深度 CHD/mm	上极限偏差/mm
0.05	0.03
0.07	0.05
0.1	0.1

表 A.6（续）

表面硬化深度 CHD/mm	上极限偏差/mm
0.3	0.2
0.5	0.3
0.8	0.4
1.2	0.5
1.6	0.6
2	0.8
2.5	1
3	1.2

表 A.7　渗氮硬化深度 NHD 值和极限偏差

渗氮硬化深度 NHD/mm	上极限偏差/mm
0.05	0.02
0.1	0.05
0.15	0.05
0.2	0.1
0.25	0.1
0.3	0.1
0.35	0.15
0.4	0.2
0.5	0.25
0.6	0.3
0.75	0.3

表 A.8　熔合硬化深度 FHD 值和极限偏差

熔合硬化深度 FHD/mm	以毫米为单位的上极限偏差	
	激光和电子束表面熔合硬化处理	电弧表面熔合硬化处理
0.1	0.1	—
0.2	0.1	—
0.4	0.2	0.4
0.6	0.3	0.6
0.8	0.4	0.8
1	0.5	1
1.3	0.6	1.1
1.6	0.8	1.3
2	1	1.6
2.5	1	—

表 A.9 渗碳深度 $CD_{0.35}$ 值和极限偏差

渗碳深度 $CD_{0.35}$/mm	上极限偏差/mm
0.1	0.1
0.3	0.2
0.5	0.3
0.8	0.4
1.2	0.5
1.6	0.6
2	0.8
2.5	1
3	1.2

表 A.10 复合材料层厚度 CLT 值和极限偏差

复合材料层厚度 CLT/μm	上极限偏差/μm
5	3
8	4
10	5
12	6
15	8
20	10
24	12